(개정판)
토지관련 주요법령 해설

경기도

일러두기

"경기도는 2007년 이후로 매해 토지관련 법령의 주요 내용과 개별 사업법령의 추진 절차를 담은 「토지관련 주요법령 해설」을 작성하여 경기도민의 토지관련 법령의 이해도를 제고하고자 노력하고 있습니다."

토지 관련 분야의 법령은 개별 법령의 내용이 방대하고 법령마다 절차와 주요내용 등이 상이해 법령을 운영하는 관련 실과와 도내 시·군 실무자 사이에도 업무지원서가 필요한 실정이었습니다. 이에 2007년 처음 발간을 시작하였고 2015년부터는 경기넷과 경기부동산포털을 통한 온라인 배포로 경기도민은 물론이고 누구나 손쉽게 활용할 수 있도록 지원하고 있으며 이번 16차 개정판을 발간하기에 이르렀습니다.

「2022 토지관련 주요법령 해설」은 2021년 4월부터 2022년 4월까지의 기간 동안 개별 법령의 제·개정 사항을 모니터링하여 분야별로는 국토, 도시개발, 주거, 기반시설, 농지·산지, 환경·재해·경관, 토지관리 및 개발이익 환수, 교통, 산업단지, 물류단지, 지역개발·지원 등 총 11개 분야 39개 법령의 주요내용과 추진 절차 등을 체계화하였으며, 경기도 31개 시·군의 도시계획조례 내용 등을 수록하였습니다.

경기도는 살기좋은 도시를 만들기고자 경기도 실과 및 31개 시·군 관계자들이 효율적인 업무를 수행하기 위하여 노력하고 있으며, 경기도민이 지역 내 도시계획 사업과 관련 법령 이해도 향상을 통하여 도민 만족도를 제고하고 경기도민으로서 자부심을 느낄 수 있도록 관련 업무에 최선을 다하도록 하겠습니다.
  마지막으로 「2022 토지관련 주요법령 해설」에 많은 관심과 활용을 부탁드립니다.

감사합니다.

2022년 5월

경기도 도시주택실 공간전략과 도시계획상임기획단

목 차

[국토 관련 체계]
- 국토계획체계 ·· 1
- 토지이용계획체계 ·· 2

[국토 관련 법률]
- 국 토 기 본 법 ·· 3
  - 경기도 종합계획 ·· 6
- 국토의 계획 및 이용에 관한 법률 ·· 8
  - 성장관리계획 수립지침 ·· 43
  - 입지규제최소구역의 지정 등에 관한 지침 ·· 45
  - 도시·군계획시설 장기미집행 해소 및 관리가이드라인 ······································ 49
  - 도시·군계획시설의 결정·구조 및 설치기준에 관한 규칙 ·································· 51
  - 도시의 지속가능성 및 생활인프라 평가지침 ·· 62
- 수도권정비계획법 ·· 63
- 개발제한구역의 지정 및 관리에 관한 특별조치법 ·· 74
  - 개발제한구역관리계획 수립 및 입지대상시설의 심사에 관한 규정 ················ 84

[도시개발 관련 법률]
- 택지개발촉진법 ·· 88
- 도 시 개 발 법 ·· 95
- 도시 및 주거환경정비법 ·· 102
- 도시재정비 촉진을 위한 특별법 ·· 114
- 빈집 및 소규모주택 정비에 관한 특례법 ·· 121
- 도시재생 활성화 및 지원에 관한 특별법 ·· 129
- 스마트시티 조성 및 산업진흥에 관한 법률 ·· 141
- 역세권의 개발 및 이용에 관한 법률 ·· 150
- 도시 공업지역의 관리 및 활성화에 관한 특별법 ·· 154

[주거 관련 법률]
- 공공주택특별법 ·· 162
- 민간임대주택에 관한 특별법 ·· 173

[기반시설 관련 법률]
- 도시공원 및 녹지 등에 관한 법률 ·· 182
- 자 연 공 원 법 ·· 189
- 체육시설의 설치·이용에 관한 법률 ·· 196
- 지속가능한 기반시설 관리기본법 ·· 199

[농지·산지 관련 법률]
- ■ 농　　지　　법 ·· 202
- ■ 산 지 관 리 법 ·· 209

[환경·재해·경관 관련 법률]
- ■ 환경정책기본법 ·· 215
- ■ 환경영향평가법 ·· 218
- ■ 자연재해대책법 ·· 229
- ■ 경　　관　　법 ·· 238

[토지 관리 및 개발이익 환수 관련 법률]
- ■ 토지이용규제 기본법 ·· 243
- ■ 토지이용 인·허가 절차 간소화를 위한 특별법 ······························· 245
- ■ 공익사업을 위한 토지 등의 취득 및 보상에 관한 법률 ················ 247
- ■ 개발이익환수에 관한 법률 ··· 254

[교통 관련 법률]
- ■ 대도시권 광역교통관리에 관한 특별법 ·· 259
- ■ 도시교통정비촉진법(교통영향분석·개선대책) ·································· 263

[산업단지 관련 법률]
- ■ 산업입지 및 개발에 관한 법률 ·· 268
- ■ 산업단지 인·허가 절차 간소화를 위한 특례법 ······························· 276
- ■ 산업집적활성화 및 공장설립에 관한 법률 ····································· 281

[물류단지 관련 법률]
- ■ 물류정책기본법 ·· 288
- ■ 물류시설의 개발 및 운영에 관한 법률 ··· 291

[지역개발·지원 특별법]
- ■ 경제자유구역의 지정 및 운영에 관한 특별법 ································ 297
- ■ 주한미군 공여구역주변지역 등 지원 특별법 ·································· 302
- ■ 접경지역지원특별법 ··· 306

[경기도 및 시군 조례]
- □ 경기도 사무위임조례 ··· 312
- □ 시군별 도시계획조례상 건폐율 ··· 316
- □ 시군별 도시계획조례상 용적률 ··· 321

국토계획체계

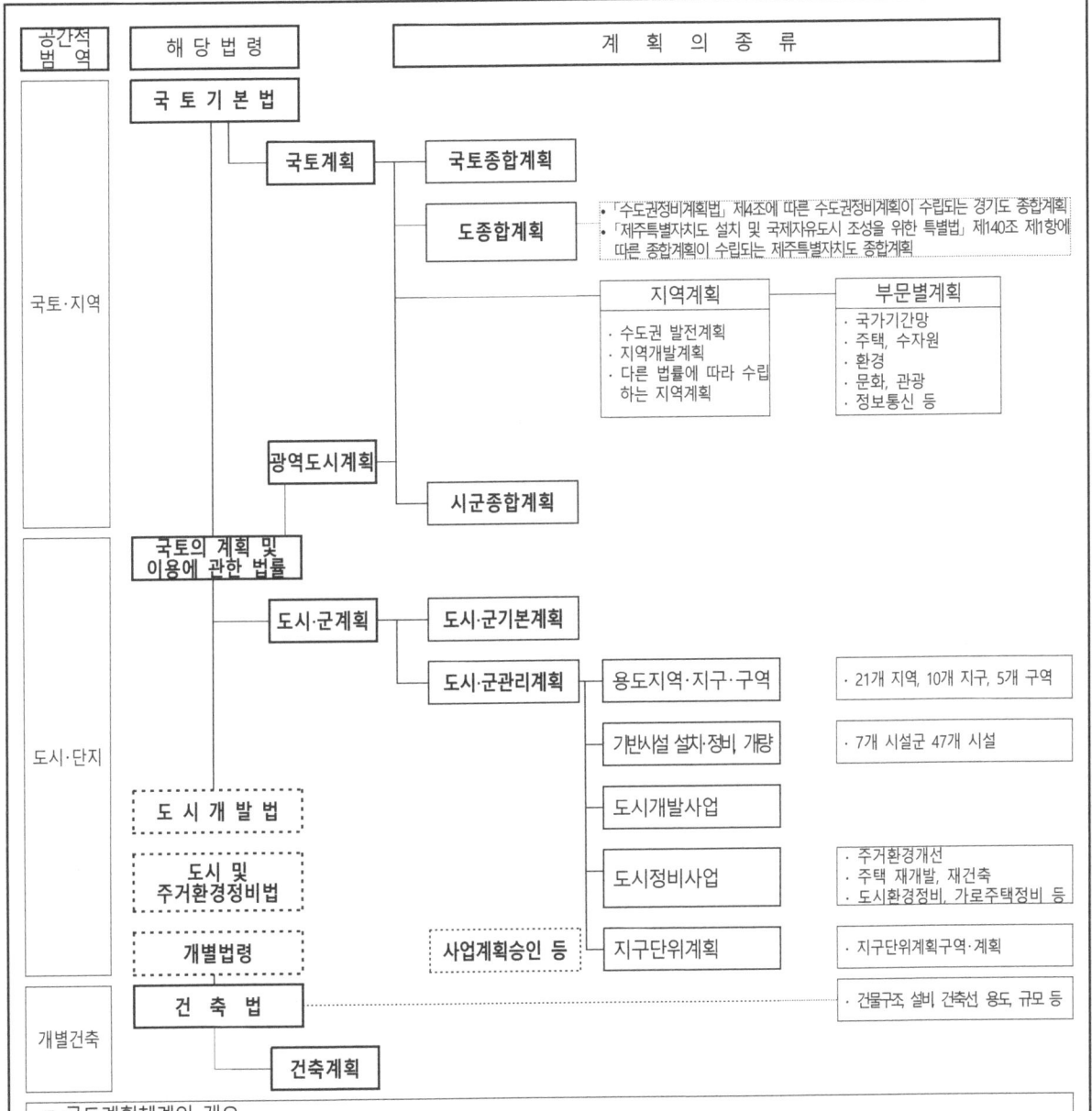

- **국토계획체계의 개요**
- 종전의 국토계획체계는 국토건설종합계획법, 국토이용관리법, 도시계획법을 기본으로 하여 약 90여 개의 개별 법령에 의해 토지이용규제 및 개발행위허가가 이루어짐에 따라 일관성 있고 효율적인 국토계획 및 국토관리가 어려워 국토의 난개발 초래
- 이와 관련하여 국토 및 토지이용계획체계를 개편하여 국토의 난개발을 방지하고 국토의 지속가능한 발전을 도모하기 위하여 2003년에 국토건설종합계획의 절차법 성격이 강한 국토건설종합계획법을 국토관리의 기본이념과 국토의 균형 있는 발전, 경쟁력 있는 국토여건의 조성, 환경친화적 국토관리에 관한 사항을 명기한「국토기본법」으로 개편
- 「국토기본법」에서는 국토계획체계를 명확히 하기 위하여 국토종합계획은 도종합계획 및 시·군종합계획의 기본이 되며, 부문별 계획과 지역계획은 국토종합계획과 조화를 이루어야 하고, 도종합계획은 당해 도의 관할 구역 내에서 수립되는 시·군종합계획의 기본이 된다고 명시함으로서 국토계획체계 명확화
- 시·군종합계획을 「국토의 계획 및 이용에 관한 법률」에 따라 수립되는 도시계획인 도시·군기본계획과 도시·군관리계획으로 갈음함으로써 국토계획체계를 국토종합계획부터 도시·군관리계획까지 체계화

토지이용계획체계

| 국토기본법 | → | 국토에 관한 계획 및 정책의 수립·시행에 관한 기준 제시 |

- 국토종합계획 : 국토교통부장관
- 도종합계획 : 도지사
- 시·군종합계획 : 시장·군수
- 지역계획 : 중앙행정기관의 장 또는 지방자치단체의 장
- 부문별 계획 : 중앙행정기관의 장

| 수도권정비계획법 | → | 수도권의 인구 및 산업의 집중을 적정 배치하기 위한 종합계획 |

- 과밀억제권역 : 인구 및 산업이 과도하게 집중되었거나 집중될 우려가 있어 이전 및 정비가 필요한 지역
- 성장관리권역 : 과밀억제권역에서 이전하는 인구 및 산업을 계획적으로 유치하고 산업의 입지와 도시개발을 적정하게 관리할 필요가 있는 지역
- 자연보전권역 : 한강수계의 수질 및 녹지 등 자연환경의 보전이 필요한 지역

| 국토의 계획 및 이용에 관한 법률 | → | 국토의 이용·개발 및 보전을 위한 계획의 수립 및 집행 등에 관하여 규정 |

- 도시지역 : 인구와 산업이 밀집되거나 밀집이 예상되어 당해 지역에 대하여 체계적인 개발·정비·관리·보전 등이 필요한 지역
- 관리지역 : 도시지역의 인구와 산업을 수용하기 위하여 도시지역에 준하여 체계적으로 관리하거나 농림업의 진흥, 자연환경 또는 산림의 보전을 위하여 농림지역 또는 자연환경보전지역에 준하여 관리가 필요한 지역
- 농림지역 : 농림업을 진흥시키고 산림을 보전하기 위하여 필요한 지역
- 자연환경보전지역 : 자연환경·수자원·해안·생태계·상수원 및 문화재의 보전과 수산자원의 보호·육성 등을 위하여 필요한 지역

| 용도지역 의제 관련법 | → | 개별법에 의거 용도구역 등으로 지정·고시되면 도시지역으로 인정 |

- 항만구역 : 「항만법」에 의한 항만구역으로서 도시지역에 연접된 공유수면
- 어항구역 : 「어촌·어항법」에 의한 어항구역으로서 도시지역에 연접된 공유수면
- 산업단지 : 「산업입지 및 개발에 관한 법률」에 의한 국가산업단지, 일반산업단지 및 도시첨단산업단지
- 택지지구 : 「택지개발촉진법」에 의한 택지개발지구
- 전원구역 : 「전원개발촉진법」에 의한 전원개발사업구역 및 예정구역
- ※ 「국토계획법」 제42조에 의거 의제

| 기타 개별법에 의한 토지의 사용 및 규제 | → | |

- 「건축법」(건축물 설치관련)
- 「산지관리법」(산림형질변경, 벌채 등)
- 「군사시설보호법」(군사시설보호구역 내 행위제한 등)
- 「자연공원법·도시공원 및 녹지 등에 관한 법률」(공원구역 내 행위제한 등)
- 「농지법」(농지전용 등)
- 「수도법」(상수원보호구역 내 행위제한 등)
- 「환경정책기본법」(팔당상수원수질보전특별대책지역 내 행위제한 등)

국토기본법

법공포 : 최초 '02. 2. 4.   최종개정 : '21. 8. 10.   시행일자 : '21. 8. 10.
영공포 : 최초 '02. 12. 18.   최종개정 : '20. 11. 24.   시행일자 : '20. 11. 24.

「국토기본법」 구성체계

제1장 총칙	제2장 국토계획의 수립 등		
제1조 목적 제2조 국토관리의 기본 이념 제3조 국토의 균형 있는 발전 제4조 경쟁력 있는 국토 여건의 조성 제4조의2 국민의 삶의 질 향상을 위한 국토 여건 조성 제5조 환경친화적 국토관리 제5조의2 지속가능한 국토관리의 평가 지표 및 기준	국토종합계획의 수립 제6조 국토계획의 정의 및 구분 제7조 국토계획의 상호 관계 제8조 다른 법령에 따른 계획과의 관계 제9조 국토종합계획의 수립 제10조 국토종합계획의 내용 제11조 공청회의 개최 제12조 국토종합계획의 승인	도종합계획의 수립 제13조 도종합계획의 수립 제14조 도종합계획의 수립을 위한 공청회 제15조 도종합계획의 승인	지역계획의 수립 제16조 지역계획의 수립 부문별계획의 수립 제17조 부문별계획의 수립 제17조의2 국민의 의견 청취 등
제3장 국토계획의 효율적 추진	**제4장 국토의 계획 및 이용에 관한 연차보고 등**	**제5장 국토정책위원회**	**제6장 보칙**
제18조 실천계획의 수립 및 평가 제19조 국토종합계획의 정비 제19조의2 국토계획평가의 대상 및 기준 제19조의3 국토계획평가의 절차 제20조 계획 간의 조정 제21조 국토계획에 관한 처분 등의 조정 제22조 재정상의 조치	제23조 삭제 제24조 국토의 계획 및 이용에 관한 연차보고 제25조 국토 조사 제25조의2 국토모니터링의 추진 등	제26조 국토정책위원회 제27조 구성 등 제28조 분과위원회 및 전문위원 등 제29조 삭제 제30조 삭제	제31조 비용 부담의 원칙 제32조 「공간정보의 구축 및 관리 등에 관한 법률」의 준용 제33조 권한의 위임 및 업무의 위탁

제1장 총칙

목적 (법 제1조)	• 국토에 관한 계획 및 정책의 수립·시행에 관한 기본적인 사항을 정함으로써 국토의 건전한 발전과 국민의 복리향상에 이바지함
국토관리의 기본이념 (법 제2조)	• 국토는 모든 국민의 삶의 터전이며 후세에 물려줄 민족의 자산이므로, 국토에 관한 계획 및 정책은 개발과 환경의 조화를 바탕으로 국토를 균형 있게 발전시키고 국가의 경쟁력을 높이며 국민 삶의 질을 개선함으로써 국토의 지속가능한 발전을 도모할 수 있도록 이를 수립·집행하여야 함
국토의 균형 있는 발전 (법 제3조)	• 국가와 지방자치단체는 각 지역이 특성에 따라 개성 있게 발전하고, 자립적인 경쟁력을 갖추도록 함으로써 국민 모두가 안정되고 편리한 삶을 누릴 수 있는 국토 여건을 조성하여야 한다. • 국가와 지방자치단체는 수도권과 비수도권, 도시와 농촌·산촌·어촌, 대도시와 중소도시 간의 균형 있는 발전을 이룩하고, 생활 여건이 현저히 뒤떨어진 지역이 발전할 수 있는 기반을 구축하여야 한다. • 국가와 지방자치단체는 지역 간의 교류협력을 촉진시키고 체계적으로 지원함으로써 지역 간의 화합과 공동 번영을 도모하여야 한다.
경쟁력 있는 국토여건의 조성 (법 제4조)	• 국가와 지방자치단체는 도로, 철도, 항만, 공항, 용수 시설, 물류 시설, 정보통신 시설 등 국토의 기간시설을 체계적으로 확충하여 국가경쟁력을 강화하고 국민생활의 질적 향상을 도모하여야 한다. • 국가와 지방자치단체는 농지, 수자원, 산림자원, 식량자원, 광물자원, 생태자원, 해양수산자원 등 국토자원의 효율적인 이용과 체계적인 보전·관리를 위하여 노력하여야 한다. • 국가와 지방자치단체는 국제교류가 활발히 이루어질 수 있는 국토 여건을 조성함으로써 대륙과 해양을 잇는 국토의 지리적 특성을 최대한 살리도록 하여야 한다.
국민의 삶의 질 향상을 위한 국토여건 조성 (법 제4조의2)	• 국가와 지방자치단체는 국민의 삶의 질을 향상하기 위하여 국민 모두가 생활에 필요한 적정한 수준의 서비스를 제공받을 수 있는 국토 여건을 조성하여야 한다.

환경친화적 국토관리 (법 제5조)		• 국가와 지방자치단체는 국토에 관한 계획 또는 사업을 수립·집행할 때에는 「환경정책기본법」에 따른 환경계획의 내용을 고려하여 자연환경과 생활환경에 미치는 영향을 사전에 검토함으로써 환경에 미치는 부정적인 영향이 최소화될 수 있도록 하여야 한다. • 국가와 지방자치단체는 국토의 무질서한 개발을 방지하고 국민생활에 필요한 토지를 원활하게 공급하기 위하여 토지이용에 관한 종합적인 계획을 수립하고 이에 따라 국토 공간을 체계적으로 관리하여야 한다. • 국가와 지방자치단체는 산, 하천, 호수, 늪, 연안, 해양으로 이어지는 자연생태계를 통합적으로 관리·보전하고 훼손된 자연생태계를 복원하기 위한 종합적인 시책을 추진함으로써 인간이 자연과 더불어 살 수 있는 쾌적한 국토 환경을 조성하여야 한다. • 국토교통부장관은 제1항에 따른 국토에 관한 계획과 「환경정책기본법」에 따른 환경계획의 연계를 위하여 필요한 경우에는 적용범위, 연계 방법 및 절차 등을 환경부장관과 공동으로 정할 수 있다.
지속가능한 국토관리의 평가지표 및 기준 (법 제5조의2)		• 국토교통부장관은 국토의 지속가능하고 균형 있는 발전을 위하여 국토관리의 현황 및 지속가능성을 측정·평가하기 위한 지표 및 기준을 설정(변경하는 경우를 포함한다. 이하 이 조에서 같다)하여 공고하여야 한다. 이 경우 국토교통부장관은 미리 관계 중앙행정기관의 장과 협의하여야 한다. • 지방자치단체의 장은 지역의 특수성을 고려하여 필요하다고 인정할 때에는 제1항에 따른 지표 및 기준을 충분히 고려하여 별도의 지표 및 기준을 설정하여 공고할 수 있다. 이 경우 지방자치단체의 장은 미리 관계 행정기관의 장과 협의한 후 「국토의 계획 및 이용에 관한 법률」 제113조에 따라 그 지방자치단체에 설치된 지방도시계획위원회의 심의를 거쳐야 한다. • 지방자치단체의 장은 제2항에 따라 지표 및 기준을 설정·공고하였을 때에는 지체 없이 국토교통부장관에게 보고하여야 한다. • 관계 행정기관의 장은 국토에 관한 계획 및 정책을 수립할 때에는 제1항과 제2항에 따라 설정·공고한 지표 및 기준을 고려하여야 한다. • 국토교통부장관과 지방자치단체의 장은 제1항과 제2항에 따른 지표 및 기준을 활용하여 대통령령으로 정하는 바에 따라 국토관리의 지속가능성을 측정·평가할 수 있다.
국토계획의 구분 (법 제6조)		• 국토계획이란? 국토를 이용·개발 및 보전할 때 미래의 경계적 사회적 변동에 대응하여 국토가 지향하여야 할 발전 방향을 설정하고 이를 달성하기 위한 계획
	국토종합계획 (법 제10조)	**국토 전역을 대상으로 하여 국토의 장기적인 발전방향을 제시** 1. 국토의 현황 및 여건 변화 전망에 관한 사항 2. 국토발전의 기본 이념 및 바람직한 국토 미래상의 정립에 관한 사항 2의2. 교통, 물류, 공간정보 등에 관한 신기술의 개발과 활용을 통한 국토의 효율적인 발전 방향과 혁신 기반 조성에 관한 사항 3. 국토의 공간구조의 정비 및 지역별 기능 분담 방향에 관한 사항 4. 국토의 균형발전을 위한 시책 및 지역산업 육성에 관한 사항 5. 국가경쟁력 향상 및 국민생활의 기반이 되는 국토 기간 시설의 확충에 관한 사항 6. 토지, 수자원, 산림자원, 해양수산자원 등 국토자원의 효율적 이용 및 관리에 관한 사항 7. 주택, 상하수도 등 생활 여건의 조성 및 삶의 질 개선에 관한 사항 8. 수해, 풍해, 그 밖의 재해의 방제에 관한 사항 9. 지하 공간의 합리적 이용 및 관리에 관한 사항 10. 지속가능한 국토 발전을 위한 국토 환경의 보전 및 개선에 관한 사항 11. 그 밖에 제1호부터 제10호까지에 부수되는 사항
	도종합계획 (법 제13조)	**도 또는 특별자치도의 관할구역을 대상으로 하여 해당 지역의 장기적인 발전방향을 제시** 1. 지역 현황·특성의 분석 및 대내외적 여건 변화의 전망에 관한 사항 2. 지역발전의 목표와 전략에 관한 사항 3. 지역 공간구조의 정비 및 지역 내 기능 분담 방향에 관한 사항 4. 교통, 물류, 정보통신망 등 기반시설의 구축에 관한 사항 5. 지역의 자원 및 환경 개발과 보전·관리에 관한 사항 6. 토지의 용도별 이용 및 계획적 관리에 관한 사항 7. 그 밖에 도의 지속가능한 발전에 필요한 사항으로서 대통령령으로 정하는 사항
	시·군종합계획	특별시·광역시·시 또는 군(광역시 군 외의)의 관할구역을 대상으로 하여 해당 지역의 기본적인 공간구조와 장기발전방향을 제시하고, 토지이용, 교통, 환경, 안전, 산업, 정보통신, 보건, 후생, 문화 등에 관하여 수립하는 계획으로서 「국토의 계획 및 이용에 관한 법률」에 따라 수립되는 도시·군계획
	지역계획 (법 제16조)	**특정지역을 대상으로 특별한 정책목적을 달성하기 위하여 수립하는 계획** 1. 수도권 발전계획: 수도권에 과도하게 집중된 인구와 산업의 분산 및 적정배치를 유도하기 위하여 수립하는 계획 2. 지역개발계획: 성장 잠재력을 보유한 낙후지역 또는 거점지역 등과 그 인근지역을 종합적·체계적으로 발전시키기 위하여 수립하는 계획 3. 삭제 4. 삭제 5. 그 밖에 다른 법률에 따라 수립하는 지역계획
	부문별계획	**국토 전역을 대상으로 하여 특정 부문에 대한 장기적인 발전 방향을 제시**

국토계획의 상호관계 (법 제7조)	• 국토종합계획 : 도종합계획 및 시·군종합계획의 기본, 부문별계획과 지역계획은 국토종합계획과 조화를 이룸 • 도종합계획 : 해당 도의 관할구역 안에서 수립되는 시·군종합계획의 기본이 됨 • 국토종합계획은 20년 단위 수립, 도종합계획·시·군종합계획·지역계획 및 부문별계획의 수립권자는 국토종합계획의 수립주기를 고려하여 그 수립주기를 정하여야 함 • 국토계획의 기간이 만료되었으나 차기 계획이 미수립된 경우 해당 계획의 기본이 되는 계획과 저촉하지 아니하는 범위에서 종전의 계획을 따를 수 있음

국토계획의 수립 (법 제9조~제17조의2)	구분	국토종합계획	도종합계획	지역계획	부문별 계획
	수립권자	국토교통부장관	도지사	중앙행정기관·지방자치단체의 장	중앙행정기관의 장
	공청회 개최	국민 및 전문가 의견청취	국민 및 전문가 의견청취	• 지역특성에 맞는 정비나 개발을 위해 필요 시 관계 중앙행정기관의 장과 협의하며 관계 법령에서 정하는 바에 따라 지역계획 수립·변경 시 국토교통부장관 통보	• 국토종합계획 내용을 반영하여 상충되지 않도록 함
	협의·의견청취	관계 중앙행정기관의 장과 협의 시·도지사 의견청취(국토교통부장관이 국토정책위원회의 심의를 받을 경우)			
	승인	국토정책위원회와 국무회의 심의 후 대통령 승인	도지사가 수립 시 국토교통부장관 승인 국토교통부장관 승인 시 관계 중앙행정기관의 장 협의 후 국토정책위원회의 심의		
	승인 후	관보의 공고, 관계 중앙행정기관의 장, 시·도지사 시장·군수 송부	공보에 공고, 관할 구역 시장·군수 송부		

국토계획의 정비·평가 (법 제19조~제19조의3)	• 국토교통부장관은 평가결과와 사회적·경제적 여건변화를 고려 5년마다 국토종합계획의 재검토·정비 • 국토계획평가 대상 : 중장기적·지침적 성격의 국토계획 대상 • 평가 : 국토관리의 기본 이념에 따라 수립되었는지 평가 (국토모니터링 결과 우선적 검토) - 평가기준 : 균형적 국토발전, 국토의 경쟁력 강화, 환경친화적 국토관리, 계획의 적정성
다른 법령에 의한 계획과의 관계 및 정비 (법 제8조, 제19조, 제19조의2)	• 국토종합계획은 다른 법령에 따라 수립되는 국토에 관한 계획에 우선·기본이 됨(군사계획 예외) • 국토교통부장관은 실천계획의 수립 및 평가에 의한 평가결과와 사회적·경제적 여건변화를 고려하여 5년마다 국토종합계획을 전반적으로 재검토하고 필요 시 정비 • 국토계획평가의 대상 및 기준 : 중장기적·지침적 성격의 국토계획을 대상으로 국토관리의 기본 이념에 따라 수립되었는지 평가

국토계획평가제도[1]

제도 개요	• 국토계획평가제도란 국토계획 수립단계에서 국토관리 기본이념인 '효율성, 형평성, 친환경성'을 계획에 반영하고, 국토종합계획 및 상위·유관계획과의 정합성을 확보 할 수 있도록 계획수립권자가 스스로 '계획(안)'을 평가하는 제도
평가의 대상 및 시기	• (평가대상) 도종합계획, 광역도시계획 등 종합계획·지역계획 (5개 유형), 국가기간교통망계획, 대도시권 광역교통기본계획 등 기간시설계획(11개 계획), 주거종합계획 등 부문별 계획(12개 계획) • (평가시기) 대상계획의 내용을 사전 검증하고 보완하는 등 실질적 도움이 될 수 있도록 계획수립단계에서 평가

평가기준 및 평가절차	• (평가기준) 지속가능한 국토발전 등 국토관리의 기본이념의 반영여부를 평가할 수 있는 기준(4개)*
	  * 국토의 균형발전, 국토의 경쟁력 강화, 친환경적 국토관리, 계획의 적정성
	• (평가절차) 계획수립기관의 장은 계획 수립. 변경 시 평가요청서를 제출, 국토부 장관은 평가 및 국토정책위원회 상정·심의 후 통보
	  * 평가절차 예시도(도시·군기본계획)
	
	도시기본계획(안) 수립 (시장·군수) → 평가요청서 제출 (자체평가 포함) (시장·군수) → 평가요청서 검토 (환경부, 국토연구원) → 국토계획평가 (국토교통부)
	
	국토계획평가 결과 심의 (국토정책위원회) → 심의결과 통보 (국토교통부) → 계획(안) 반영 (시장·군수)

---

[1] 국토교통부 자료 「국토계획평가제도 안내」 (2021. 12.)

경기도종합계획(2012~2020)

수립 배경	• 국가 및 국민경제에서 차지하는 경기도의 비중과 역할을 수행하고 경기도와 도민의 비전을 담을 종합계획 필요(근거 : 「국토기본법」 제13조, 영 제5조)
주요 내용	• 국토종합계획의 기본방향에 따라 도 장기비전을 구체화하는 지역별·부문별 계획 • 지역발전 목표·전략, 지역공간구조 정비 및 지역 내 기능분담 방향 등
계획의 개요	• 계획의 목적 - 광역경제권 간 글로벌 경쟁시대에 대응한 경기도의 비전과 발전전략을 수립 - 지역개발·교통·산업경제·문화관광·환경생태 등 부문별 계획의 정합성을 확보하여 경기도 도정을 일관된 방향으로 추진하기 위한 계획 수립 • 계획의 성격 - 「국토기본법」에 따라 도의 비전과 발전전략을 제시하는 법정계획 - 경기도의 비전과 전략을 도 차원에서 종합·조정하는 계획 - 국토계획의 방침을 수용하고 시·군에서 수립하는 도시·군기본계획의 지침 • 계획의 범위 - 시간적 범위 : 2012년~2020년(기준연도 2011년) - 공간적 범위 : 경기도 행정구역 전역(10,167㎢)
계획의 비전과 목표	• 비전 달성을 위한 4대 목표, 8대 기본과제 설정 | 비전	4대 목표	8대 기본과제
---	---	---
환황해권의 중심 더불어 사는 사회	대한민국 성장의 선도 지역	세계에 개방된 글로벌 국제교류거점 형성
		동북아 신성장 산업의 거점
	참살이가 보장되는 복지공동체	수요자 중심의 통합 복지체계 완성
		평생교육 기반과 동아시아 교육허브 조성
	건강한 녹색사회	저탄소 녹색환경기반 구축
		수도권 광역, 녹색 교통체계 완성
	살고 싶은 문화생활 공간	품격 있는 문화, 아시아 창조산업의 선도지역
		매력 있는 도시, 더불어 사는 신생활지역 조성	
공간구조의 형성	• 중심지 체계를 8 광역거점, 8 전략거점, 17 지역거점으로 형성 • 발전축을 경부축, 서해안축, 경의축, 경원축, 경춘축, 동부내륙축 1·2, 북부동서축, 남부동서축, 경인비즈니스축, 남부축 등 11개축으로 설정 • 서울 주변을 탈피하여 초광역권의 활동 중심지역으로 역할 전환 • 다중심화 전략과 연계형 광역생활권 형성 전략 추진 • GTX 광역·도시철도를 중심으로 한 수도권 철도망 완성과 TOD 역세권 개발 • 5+2 광역경제권, 충청권, 강원권, 개성권과 연계 강화 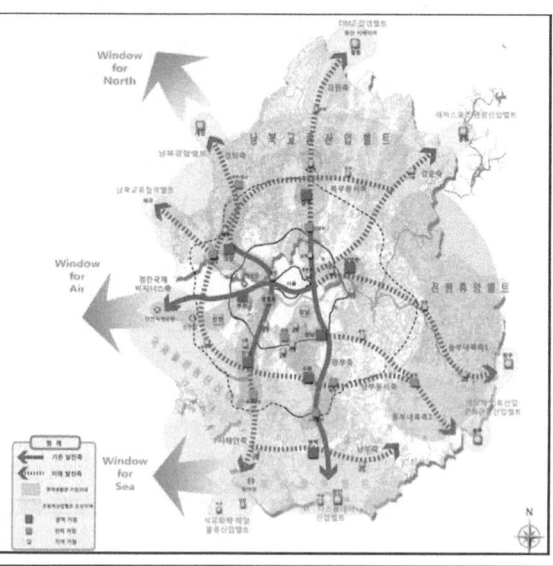

	부문	부문별 전략계획	부문	부문별 전략계획
8대 부문별 전략계획	국제 남북 교류	국제교류협력과 남북공동번영 거점의 조성 - 생산적이고 유기적인 국제교류협력 네트워크 형성 - 지역사회와 주한미군이 함께하는 화합과 상생의 지역사회 개발 - 교류협력시대에 대비한 남북한 경제사회 협력지대 조성	환경	저탄소 녹색환경 기반 구축 - 저탄소 녹색도시 구현 - 사람과 생태계가 하나되는 물 관리 - DMZ 평화생태벨트 구축 - 지속가능한 녹지 인프라 구축 - 건강한 생활환경 조성
	산업 경제	동북아 신성장산업의 거점 조성 - 글로벌 경쟁력 강화 - 첨단 융·복합산업 성장활력의 확충 - 기업의 성장기반 조성 - 대·중·소기업 간, 산업 간, 지역 간 조화로운 성장 도모 - 생명·건강·매력이 어우러진 농어촌 건설	교통 물류	수도권 광역·녹색 교통체계 완성 - 철도 중심의 수도권 교통체계의 구축 - 대중교통 서비스 제고 - 도로 및 물류체계의 완성 - 교통복지 실현 - 미래 교통체계 도입 - 차세대 정보통신 인프라 확충
	복지 여성 안전	수요자 중심의 통합 복지체계 완성 - 수요자 중심의 경기도형 복지체계 구축 - 사회적 위험에 대응한 다층적 안전망 구축 - 복지와 일자리 연계의 역동적 지역사회 구축 - 출산과 육아를 책임지는 가족친화 지역사회 환경 조성 - 안전과 재해걱정 더는 안전경기 실현	문화 관광	품격있는 문화, 창조산업의 선도지역 실현 - 생활 속 문화예술 창조 및 소비기반 강화 - 아시아를 대표하는 글로벌 관광레저 거점화 - 문화콘텐츠산업 클러스터 강화 및 창조도시 육성 - 다문화 사회기반 구축 및 국제교류 강화
	교육	교육과 인적자원 개발의 중심지 육성 - '경기도로 유학가자' 국제교육 중심지 조성 - 더불어 다 함께 성장하는 공교육 정상화 기반 조성 - 평생교육기반 조성 - 청소년 교육과 일자리 연계 - 대학유치와 산·학·연 클러스터 조성	도시 주택	매력 있고, 더불어 사는 신생활지역 조성 - 광역 도시성장관리와 토지이용관리 합리화 - 도시 경쟁력 확보를 위한 신지역생활거점 조성 - 구도시의 재생과 낙후지역 신발전 거점 조성 - 모바일 사회, 녹색문화 사회에 실현을 위한 창조적 도시 조성 - 고령사회에 대응한 주거 지원체계 구축
5대 권역별 발전전략	경부 권역	수원, 성남, 용인, 과천, 안양, 군포, 의왕, 안성 - 수도권 GRAND R&D 벨트 조성 - 수원 화성~용인 민속촌~에버랜드 역사문화관광 벨트 - 제2경부고속도로(성남~용인~안성) 주변지역 개발 - 경기 남부지역 내륙 산업물류 클러스터 - 향유와 체험의 녹지인프라 구축	경원 권역	의정부, 양주, 동두천, 포천, 연천 - 동두천~양주~의정부 신발전거점(반환공여지 개발) - 경기북부지역 SOC 확충 - 경기북부지역 대학 설립 - DMZ 평화생태벨트 조성 - 경원선 역세권 주변 섬유·패션 산업클러스터 조성
	서해 안권 역	안산, 부천, 광명, 시흥, 화성, 오산, 평택 - 시화대송~화성지구 전략특구 - 안산~시흥~광명~부천 광역권 개발과 거점도시 조성 - 경기만 Smart Highway 건설 - KTX 광명 역세권 활성화 - (시화~화성~평택)서해안 글로벌 빌리지 조성	동부 권역	남양주, 광주, 이천, 구리, 하남, 양평, 여주, 가평 - 경기~강원 여가관광벨트 공동개발(경기·강원 WIN-WIN 프로젝트) - 미래세대 건강관리 '아토피 클러스터' 조성 - 한강 강변문화 실크로드 개발 - 동부권(경춘선, 중앙선, 성남~여주선)역세권 개발 - 구리~남양주~하남 녹색시범도시 벨트 조성
	경의 권역	고양, 김포, 파주 - 고양 일산~김포 한강~(상암)디지털 방송문화 클러스터 조성 - 파주 문산 통일경제특구 개발 - 생활 속 문화·소비 거점 조성 - 김포·고양·파주 녹색교통체계(철도망) 및 환승센터 구축 - 3세대 자연·생태 체험벨트 구축		

국토의 계획 및 이용에 관한 법률

법공포 : 최초 '02. 2. 4.   최종개정 : '21. 1. 12.   시행일자 : '22. 1. 13.
영공포 : 최초 '02. 12. 26. 최종개정 : '21. 12. 16. 시행일자 : '22. 1. 13.

「국토의 계획 및 이용에 관한 법률」 구성체계

제1장 총칙
- 제1조 목적
- 제2조 정의
- 제3조 국토 이용 및 관리의 기본원칙
- 제3조의2 도시의 지속가능성 및 생활인프라수준 평가
- 제4조 국가계획, 광역도시계획 및 도시·군계획의 관계 등
- 제5조 도시·군계획 등의 명칭
- 제6조 국토의 용도 구분
- 제7조 용도지역별 관리 의무
- 제8조 다른 법률에 따른 토지 이용에 관한 구역 등의 지정 제한 등
- 제9조 다른 법률에 따른 도시·군관리계획의 변경 제한

제2장 광역도시계획
- 제10조 광역계획권의 지정
- 제11조 광역도시계획의 수립권자
- 제12조 광역도시계획의 내용
- 제13조 광역도시계획의 수립을 위한 기초조사
- 제14조 공청회의 개최
- 제15조 지방자치단체의 의견 청취
- 제16조 광역도시계획의 승인
- 제17조 광역도시계획의 조정
- 제17조의2 광역도시계획협의회의 구성 및 운영

제3장 도시·군기본계획
- 제18조 도시·군기본계획의 수립권자와 대상지역
- 제19조 도시·군기본계획의 내용
- 제20조 도시·군기본계획 수립을 위한 기초조사 및 공청회
- 제21조 지방의회의 의견 청취
- 제22조 특별시·광역시·특별자치시·특별자치도의 도시·군기본계획의 확정
- 제22조의2 시·군 도시·군기본계획의 승인
- 제22조의3 삭제
- 제23조 도시·군기본계획의 정비

제4장 도시·군관리계획

제1절 수립절차
- 제24조 도시·군관리계획의 입안권자
- 제25조 도시·군관리계획의 입안
- 제26조 도시·군관리계획 입안의 제안
- 제27조 도시·군관리계획의 입안을 위한 기초조사 등
- 제28조 주민과 지방의회의 의견 청취
- 제29조 도시·군관리계획의 결정권자
- 제30조 도시·군관리계획의 결정
- 제31조 도시·군관리계획 결정의 효력
- 제32조 도시·군관리계획에 관한 지형도면의 고시 등
- 제33조 삭제
- 제34조 도시·군관리계획의 정비
- 제35조 도시·군관리계획 입안의 특례

제2절 용도지역·용도지구·용도구역
- 제36조 용도지역의 지정
- 제37조 용도지구의 지정
- 제38조 개발제한구역의 지정
- 제38조의2 도시자연공원구역의 지정
- 제39조 시가화조정구역의 지정
- 제40조 수산자원보호구역의 지정
- 제40조의2 입지규제최소구역의 지정 등
- 제41조 공유수면 매립지에 관한 용도지역의 지정
- 제42조 다른 법률에 따라 지정된 지역의 용도지역 지정 등의

제3절 도시·군계획시설
- 제43조 도시·군계획시설의 설치·관리
- 제44조 공동구의 설치
- 제44조의2 공동구의 관리·운영 등
- 제44조의3 공동구의 관리비용 등
- 제45조 광역시설의 설치·관리 등
- 제46조 도시·군계획시설의 공중 및 지하 설치기준과 보상 등
- 제47조 도시·군계획시설 부지의 매수 청구
- 제48조 도시·군계획시설결정의 실효 등
- 제48조의2 도시·군계획시설결정의 해제 신청 등

제4장 도시·군관리계획
제4절 지구단위계획
- 제49조 지구단위계획의 수립
- 제50조 지구단위계획구역 및 지구단위계획의 결정
- 제51조 지구단위계획구역의 지정 등
- 제52조 지구단위계획의 내용
- 제52조의2 공공시설등의 설치비용 등
- 제53조 지구단위계획구역의 지정 및 지구단위계획에 관한 도시·군관리계획결정의 실효 등
- 제54조 지구단위계획구역에서의 건축 등
- 제55조 삭제

제5장 개발행위의 허가 등

제1절 개발행위의 허가
- 제56조 개발행위의 허가
- 제57조 개발행위허가의 절차
- 제58조 개발행위허가의 기준 등
- 제59조 개발행위에 대한 도시계획위원회의 심의
- 제60조 개발행위허가의 이행 보증 등
- 제61조 관련 인·허가 등의 의제
- 제61조의2 개발행위복합민원 일괄협의회
- 제62조 준공검사
- 제63조 개발행위허가의 제한
- 제64조 도시·군계획시설 부지에서의 개발행위
- 제65조 개발행위에 따른 공공시설 등의 귀속

제2절 개발행위에 따른 기반시설의 설치
- 제66조 개발밀도관리구역
- 제67조 기반시설부담구역의 지정
- 제68조 기반시설 설치비용의 부과대상 및 산정기준
- 제69조 기반시설 설치비용의 납부 및 체납처분
- 제70조 기반시설 설치비용의 관리 및 사용 등
- 제71조 삭제
- 제72조 삭제
- 제73조 삭제
- 제74조 삭제
- 제75조 삭제

제6장 용도지역·용도지구 및 용도구역에서의 행위제한
- 제76조 용도지역 및 용도지구에서의 건축물의 건축 제한 등
- 제77조 용도지역의 건폐율
- 제78조 용도지역에서의 용적률
- 제79조 용도지역 미지정 또는 미세분 지역에서의 행위 제한 등
- 제80조 개발제한구역에서의 행위 제한 등
- 제80조의2 도시자연공원구역에서의 행위 제한 등
- 제80조의3 입지규제최소구역에서의 행위 제한
- 제81조 시가화조정구역에서의 행위 제한 등
- 제82조 기존 건축물에 대한 특례
- 제83조 도시지역에서의 다른 법률의 적용 배제
- 제83조의2 입지규제최소구역에서의 다른 법률의 적용 특례
- 제84조 둘 이상의 용도지역·용도지구·용도구역에 걸치는 대지에 대한 적용기준

제7장 도시·군계획시설사업의 시행
- 제85조 단계별 집행계획의 수립
- 제86조 도시·군계획시설사업의 시행자
- 제87조 도시·군계획시설사업의 분할 시행
- 제88조 실시계획의 작성 및 인가 등
- 제89조 도시·군계획시설사업의 이행 담보
- 제90조 서류의 열람 등
- 제91조 실시계획의 고시
- 제92조 관련 인·허가 등의 의제

제7장 도시·군계획시설사업의 시행	제8장 비용	제9장 도시계획위원회
제93조 관계 서류의 열람 등 제94조 서류의 송달 제95조 토지 등의 수용 및 사용 제96조 「공익사업을 위한 토지 등의 취득 및 보상에 관한 법률」의 준용 제97조 국공유지의 처분 제한 제98조 공사완료의 공고 등 제99조 공공시설 등의 귀속 제100조 다른 법률과의 관계	제101조 비용 부담의 원칙 제102조 지방자치단체의 비용 부담 제103조 삭제 제104조 보조 또는 융자 제105조 취락지구에 대한 지원 제105조의2 방재지구에 대한 지원	제106조 중앙도시계획위원회 제107조 조직 제108조 위원장 등의 직무 제109조 회의의 소집 및 의결 정족수 제110조 분과위원회 제111조 전문위원 제112조 간사 및 서기
제9장 도시계획위원회	제10장 토지거래의 허가 등	제12장 벌칙
제113조 지방도시계획위원회 제113조의2 회의록의 공개 제113조의3 위원의 제척·회피 제113조의4 벌칙 적용 시의 공무원 의제 제114조 운영 세칙 제115조 위원 등의 수당 및 여비 제116조 도시·군계획상임기획단	제117조~제126조 삭제 **제11장 보칙** 제127조 시범도시의 지정·지원 제128조 국토이용정보체계의 활용 제129조 전문기관에 자문 등 제130조 토지에의 출입 등 제131조 토지에의 출입 등에 따른 손실 보상 제132조 삭제 제133조 법률 등의 위반자에 대한 처분 제134조 행정심판 제135조 권리·의무의 승계 등 제136조 청문 제137조 보고 및 검사 등 제138조 도시·군계획의 수립 및 운영에 대한 감독 및 조정 제139조 권한의 위임 및 위탁	제140조 벌칙 제140조의2 벌칙 제141조 벌칙 제142조 벌칙 제143조 양벌규정 제144조 과태료

제1장 총칙

목적 (법 제1조)		• 국토의 이용·개발 및 보전을 위한 계획의 수립 및 집행 등에 관하여 필요한 사항을 정함으로써 공공복리의 증진과 국민의 삶의 질 향상
정의 (법 제2조)	광역도시계획	• 광역계획권의 장기발전방향을 제시하는 계획
	도시·군계획	• 특별시·광역시·특별자치시·특별자치도·시 또는 군의 관할구역에 대하여 수립하는 공간구조와 발전방향에 대한 계획으로서 도시·군기본계획과 도시·군관리계획으로 구분
	도시·군 기본계획	• 특별시·광역시·특별자치시·특별자치도·시 또는 군의 관할 구역에 대하여 기본적인 공간구조와 장기발전방향을 제시하는 종합계획으로서 도시·군관리계획 수립의 지침이 되는 계획
	도시·군 관리계획	• 특별시·광역시·특별자치시·특별자치도·시 또는 군의 개발·정비 및 보전을 위하여 수립하는 토지이용, 교통, 환경, 경관, 안전, 산업, 정보통신, 보건, 복지, 안보, 문화 등에 관한 다음 계획 - 용도지역·용도지구의 지정 또는 변경에 관한 계획 - 개발제한구역, 도시자연공원구역, 시가화조정구역, 수산자원보호구역의 지정 또는 변경에 관한 계획 - 기반시설의 설치·정비 또는 변경에 관한 계획 - 도시개발사업이나 정비사업에 관한 계획 - 지구단위계획구역의 지정 또는 변경에 관한 계획과 지구단위계획 - 입지규제최소구역의 지정 또는 변경에 관한 계획과 입지규제최소구역계획
	지구단위계획	• 도시·군계획 수립 대상지역의 일부에 대하여 토지이용을 합리화하고 그 기능을 증진시키며 미관을 개선하고 양호한 환경을 확보하며 그 지역을 체계적, 계획적으로 관리하기 위하여 수립하는 도시·군관리계획

정의 (법 제2조)	입지규제 최소구역계획	• 입지규제최소구역에서의 토지의 이용 및 건축물의 용도·건폐율·용적률·높이 등의 제한에 관한 사항 등 입지규제최소구역의 관리에 필요한 사항을 정하기 위하여 수립하는 도시·군관리계획	
	성장관리계획	• 성장관리계획구역에서의 난개발을 방지하고 계획적인 개발을 유도하기 위하여 수립하는 계획	
	기반시설	도로·철도·항만·공항·주차장 등 교통시설	도로·철도·항만·공항·주차장·자동차정류장·궤도·차량검사 및 면허시설
		광장·공원·녹지 등 공간시설	광장·공원·녹지·유원지·공공공지
		유통업무설비, 수도·전기·가스공급설비, 방송·통신시설, 공동구 등 유통 공급시설	유통업무설비, 수도·전기·가스·열공급설비, 방송·통신시설, 공동구·시장, 유류저장 및 송유설비
		학교·공공청사·문화시설 및 공공필요성이 인정되는 체육시설 등 공공·문화체육시설	학교·공공청사·문화시설·공공 필요성이 인정되는 체육시설·연구시설·사회복지시설·공공직업훈련시설·청소년수련시설
		하천·유수지·방화설비 등 방재시설	하천·유수지·저수지·방화설비·방풍설비·방수설비·사방설비·방조설비
		장사시설 등 보건위생시설	장사시설·도축장·종합의료시설
		하수도, 폐기물 처리 및 재활용시설, 빗물저장 및 이용시설 등 환경기초시설	하수도·폐기물처리 및 재활용시설·빗물저장 및 이용시설·수질오염방지시설·폐차장
	도시·군 계획시설	• 기반시설 중 도시·군관리계획으로 결정된 시설	
	광역시설	• 기반시설 중 광역적인 정비체계가 필요한 다음 각 목의 시설로서 대통령령으로 정하는 시설 - 둘 이상의 특별시·광역시·특별자치시·특별자치도·시 또는 군이 관할구역에 걸쳐 있는 시설 ※ 도로·철도·광장·녹지, 수도·전기·가스·열공급설비, 방송·통신시설, 공동구, 유류저장 및 송유설비, 하천·하수도(하수종말처리시설 제외) - 둘 이상의 특별시·광역시·특별자치시·특별자치도·시 또는 군이 공동으로 이용하는 시설 ※ 항만·공항·자동차정류장·공원·유원지·유통업무설비·문화시설·공공필요성이 인정되는 체육시설·사회복지시설·공공직업훈련시설·청소년수련시설·유수지·장사시설·도축장·하수도(하수종말처리시설에 한함)·폐기물처리 및 재활용시설·수질오염방지시설·폐차장	
	공동구	• 전기·가스·수도 등의 공급설비, 통신시설, 하수도시설 등 지하매설물을 공동 수용함으로써 미관의 개선, 도로구조의 보전 및 교통의 원활한 소통을 위하여 지하에 설치하는 시설물	
	도시·군계획 시설사업	• 도시·군계획시설을 설치 정비 또는 개량하는 사업	
	도시·군 계획사업	• 도시·군관리계획을 시행하기 위한 다음의 사업 - 도시·군계획시설사업, 「도시개발법」에 따른 도시개발사업, 「도시 및 주거환경정비법」에 따른 정비사업	
	도시·군계획 사업시행자	• 이 법 또는 다른 법률에 따라 도시·군계획사업을 하는 자	
	공공시설	• 도로·공원·철도·수도, 그 밖에 대통령령으로 정하는 공공용 시설 - 항만·공항·광장·녹지·공공공지·공동구·하천·유수지·방화설비·방풍설비·방수설비·사방설비·방조설비·하수도·구거 - 행정청이 설치하는 시설로서 주차장, 저수지 및 그 밖에 국토교통부령으로 정하는 시설 - 「스마트도시 조성 및 산업진흥 등에 관한 법률」 제2조 제3호 다목에 따른 시설	
	국가계획	• 중앙행정기관이 법률에 따라 수립하거나 국가의 정책적인 목적을 이루기 위하여 수립하는 계획 중 도시·군기본계획 사항이나 도시·군관리계획으로 결정하여야 할 사항이 포함된 계획	
	용도지역	• 토지의 이용 및 건축물의 용도, 건폐율, 용적률, 높이 등을 제한함으로써 토지를 경제적·효율적으로 이용하고 공공복리의 증진을 도모하기 위하여 서로 중복되지 아니하게 도시·군관리계획으로 결정하는 지역	
	용도지구	• 토지의 이용 및 건축물의 용도·건폐율·용적률·높이 등에 대한 용도지역의 제한을 강화하거나 완화하여 적용함으로써 용도지역의 기능을 증진시키고 경관·안전 등을 도모하기 위하여 도시·군관리계획으로 결정하는 지역	
	용도구역	• 토지의 이용 및 건축물의 용도·건폐율·용적률·높이 등에 대한 용도지역 및 용도지구의 제한을 강화하거나 완화하여 따로 정함으로써 시가지의 무질서한 확산방지 계획적이고 단계적인 토지 이용의 도모, 토지이용의 종합적 조정·관리 등을 위하여 도시·군관리계획으로 결정하는 지역	

구분		내용
정의 (법 제2조)	개발밀도 관리구역	• 개발로 인하여 기반시설이 부족할 것으로 예상되나 기반시설을 설치하기 곤란한 지역을 대상으로 건폐율이나 용적률을 강화하여 적용하기 위하여 제66조에 따라 지정하는 구역
	기반시설 부담구역	• 개발밀도관리구역 외의 지역으로서 개발로 인하여 도로, 공원, 녹지 등 대통령령으로 정하는 기반시설의 설치가 필요한 지역을 대상으로 기반시설을 설치하거나 그에 필요한 용지를 확보하게 하기 위하여 제67조에 따라 지정·고시하는 구역
	기반시설 설치비용	• 단독주택 및 숙박시설 등 대통령령으로 정하는 시설의 신·증축 행위로 인하여 유발되는 기반시설을 설치하거나 그에 필요한 용지를 확보하기 위하여 제69조에 따라 부과·징수하는 금액
국토의 이용 및 관리의 기본 원칙 (법 제3조)		• 국토는 자연환경의 보전과 자원의 효율적 활용을 통하여 환경적으로 건전하고 지속 가능한 발전을 이루기 위하여 다음의 목적을 이룰 수 있도록 이용되고 관리되어야 함 - 국민생활과 경제활동에 필요한 토지 및 각종 시설물의 효율적 이용과 원활한 공급 - 자연환경 및 경관의 보전과 훼손된 자연환경 및 경관의 개선 및 복원 - 교통, 수자원, 에너지 등 국민생활에 필요한 각종 기초 서비스 제공 - 주거 등 생활환경 개선을 통한 국민의 삶의 질 향상 - 지역의 정체성과 문화유산의 보전 - 지역 간 협력과 균형발전을 통한 공동번영의 추구 - 지역경제의 발전과 지역 및 지역 내 적절한 기능 배분을 통한 사회적 비용의 최소화 - 기후변화에 대한 대응 및 풍수해 저감을 통한 국민의 생명과 재산의 보호 - 저출산·인구의 고령화에 따른 대응과 새로운 기술변화를 적용한 최적의 생활환경 제공
도시의 지속가능성 및 생활인프라 수준 평가 (법 제3조의2)		• 도시의 지속가능성 및 생활인프라 수준 평가자 : 국토교통부장관 • 평가목적 : 도시의 지속가능하고 균형있는 발전과 주민의 편리하고 쾌적한 삶을 확보 • 평가결과 활용 : 도시·군계획의 수립 및 집행에 반영
국가계획, 광역도시계획 및 도시·군계획의 관계 등 (법 제4조)	구분	지위 / 관계
	국가계획	지위: 최상위 계획 관계: - 광역도시계획 또는 도시·군계획의 내용이 국가계획과 다를 때는 국가계획의 내용이 우선 - 국가계획 수립 시 중앙 행정기관의 장은 미리 지자체장의 의견을 듣고 협의 ↓
	광역도시계획	관계: - 국가계획과 부합 ↓
	도시·군계획	지위: 관할 구역에서 수립되는 다른 법률에 따른 토지의 이용개발 및 보전에 관한 계획의 기본 관계: - 도시·군기본계획의 내용이 광역도시계획의 내용과 다를 때는 광역도시계획의 내용이 우선 - 관할 구역에 대해 다른 법률에 따른 환경·교통·수도·하수도·주택 등에 관한 부문별 계획을 수립할 때에는 도시·군기본계획의 내용에 부합
국토의 용도 구분 (법 제6조)		• 국토는 토지의 이용실태 및 특성, 장래 토지이용 방향, 지역 간 균형발전 등을 고려 구분
	도시지역	인구와 산업이 밀집되어 있거나 밀집이 예상되어 그 지역에 대하여 체계적인 개발·정비·관리·보전 등이 필요한 지역
	관리지역	도시지역의 인구와 산업을 수용하기 위하여 도시지역에 준하여 체계적으로 관리하거나 농림업의 진흥, 자연환경 또는 산림의 보전을 위하여 농림지역 또는 자연환경보전지역에 준하여 관리할 필요가 있는 지역
	농림지역	도시지역에 속하지 아니하는 「농지법」에 따른 농업진흥지역 또는 「산지관리법」에 따른 보전산지 등으로서 농림업을 진흥시키고 산림을 보전하기 위하여 필요한 지역
	자연환경 보전지역	자연환경·수자원·해안·생태계·상수원 및 문화재의 보전과 수산자원의 보호·육성 등을 위하여 필요한 지역

| 다른 법률에 따른 토지 이용에 관한 구역 등의 지정 제한 (법 제8조) | <ul><li>중앙행정기관의 장이나 지방자치단체의 장은 다른 법률에 따라 토지 이용에 관한 지역·지구·구역 또는 구획 등을 지정하려면 그 구역 등의 지정목적이 이 법에 따른 용도지역·용도지구 및 용도구역의 지정목적에 부합되도록 하여야 한다.</li><li>중앙행정기관의 장이나 지방자치단체의 장은 다른 법률에 따라 지정되는 구역 등 중 대통령령으로 정하는 면적 이상의 구역등을 지정하거나 변경하려면 중앙행정기관의 장은 국토교통부장관과 협의하여야 하며 지방자치단체의 장은 국토교통부장관의 승인을 받아야 한다.</li><li>제2항 및 제3항에도 불구하고 다음 각 호의 어느 하나에 해당하는 경우에는 국토교통부장관과의 협의를 거치지 아니하거나 국토교통부장관 또는 시·도지사의 승인을 받지 아니하는 경우
1. 다른 법률에 따라 지정하거나 변경하려는 구역 등이 도시·군기본계획에 반영된 경우
2. 제36조에 따른 보전관리지역·생산관리지역·농림지역 또는 자연환경보전지역에서 다음 각 목의 지역을 지정하려는 경우
  가.「농지법」제28조에 따른 농업진흥지역
  나.「한강수계 상수원수질개선 및 주민지원 등에 관한 법률」등에 따른 수변구역
  다.「수도법」제7조에 따른 상수원보호구역
  라.「자연환경보전법」제12조에 따른 생태·경관보전지역
  마.「야생생물 보호 및 관리에 관한 법률」제27조에 따른 야생생물 특별보호구역
  바.「해양생태계의 보전 및 관리에 관한 법률」제25조에 따른 해양보호구역
3. 군사상 기밀을 지켜야 할 필요가 있는 구역 등을 지정하려는 경우
4. 협의 또는 승인을 받은 구역 등을 대통령령으로 정하는 범위에서 변경하려는 경우</li><li>국토교통부장관 또는 시·도지사는 지역지구구역 지정 또는 면적이상 지정 변경을 위한 협의 또는 승인 시 중앙도시계획위원회 또는 시·도도시계획위원회의 심의 필요 단, 아래의 경우 제외

      \| 보전관리지역이나 생산관리지역에서 다음 각 목의 구역 등을 지정하는 경우 \| 가.「산지관리법」제4조제1항제1호에 따른 보전산지
나.「야생생물 보호 및 관리에 관한 법률」제33조에 따른 야생생물 보호구역
다.「습지보전법」제8조에 따른 습지보호지역
라.「토양환경보전법」제17조에 따른 토양보전대책지역 \|
      \| 농림지역이나 자연환경보전지역에서 다음 각 목의 구역 등을 지정하는 경우 \| 가. 제1호 각 목의 어느 하나에 해당하는 구역 등
 - 보전산지, 야생생물 보호구역, 습지보호지역, 토양보전대책지역
나.「자연공원법」제4조에 따른 자연공원
다.「자연환경보전법」제34조 제1항 제1호에 따른 생태·자연도 1등급 권역
라.「독도 등 도서지역의 생태계보전에 관한 특별법」제4조에 따른 특정도서
마.「문화재보호법」제25조 및 제27조에 따른 명승 및 천연기념물과 그 보호구역
바.「해양생태계의 보전 및 관리에 관한 법률」제12조제1항제1호에 따른 해양생태도 1등급 권역 \|</li><li>시·도지사가 농업진흥지역·보전산지 해제를 추진 시 도시·군관리계획의 변경이 필요하여 시·도도시계획위원회의 심의를 거친 경우에는 해당 각 호에 따른 심의를 거친 것으로 간주
-「농지법」제31조제1항에 따른 농업진흥지역의 해제 :「농업·농촌 및 식품산업 기본법」제15조에 따른 시·도 농업·농촌및식품산업정책심의회의 심의
-「산지관리법」제6조제3항에 따른 보전산지의 지정해제 :「산지관리법」제22조제2항에 따른 지방산지관리위원회의 심의</li></ul> |

제2장 광역도시계획

광역계획권의 지정 (법 제10조)	• 목 적 : 둘 이상의 특별시·광역시·특별자치시·특별자치도·시 또는 군의 공간구조 및 기능을 상호 연계시키고 환경을 보전하며 광역시설을 체계적으로 정비하기 위하여 필요한 경우
	지정권자 | 세부
	국토교통부장관 | 광역계획권이 둘 이상의 특별시·광역시·특별자치시·도 또는 특별자치도의 관할 구역에 걸쳐 있는 경우
	도지사 | 광역계획권이 도의 관할 구역에 속하여 있는 경우

광역도시계획 수립절차 (법 제12조~ 제16조)	

광역도시계획의 수립을 위한 기초조사 (법 제13조)	• 시행주체 : 국토교통부장관, 시·도지사, 시장 또는 군수 • 조사내용 : 인구, 경제, 사회, 문화, 토지이용, 환경, 교통, 주택, 그 밖에 대통령령으로 정하는 사항 중 광역도시계획의 수립 또는 변경에 필요한 사항 • 조사 의뢰 : 효율적인 조사 또는 측량을 위한 필요시 전문기관 의뢰 가능 • 기초조사 실시 후 기초조사정보체계 구축 운영(5년마다 확인 변동사항 반영)
⇩	
광역도시계획의 내용 (법 제12조)	• 광역도시계획에는 광역계획권의 지정목적을 이루는데 필요사항에 대한 정책방향 포함 • 광역도시계획 내용 - 광역계획권의 공간구조와 기능분담에 관한 사항 - 광역계획권의 녹지관리체계와 환경 보전에 관한 사항 - 광역시설의 배치, 규모, 설치에 관한 사항 - 경관계획에 관한 사항 - 그 밖에 광역계획권에 속하는 특별시·광역시·특별자치시·특별자치도·시 또는 군 상호 간의 기능 연계에 관한 사항으로서 광역계획권의 교통 및 물류유통체계에 관한 사항, 광역계획권의 문화·여가공간 및 방재에 관한 사항
⇩	
광역도시계획협의회 자문	광역도시계획 공동수립 시(법 제17조의2)
⇩	
공청회의 개최 (법 제14조)	주민과 관계 전문가 등으로부터 의견을 들어야 하며, 공청회에서 제시된 의견이 타당하다고 인정하면 광역도시계획에 반영
⇩	
지방자치단체의 의견 청취 (법 제15조)	30일 이내 의견제시 | 수립권자 | 지자체 의견청취절차 | |---|---| | 시·도지사, 시장 또는 군수 | 시·도, 시 또는 군 의회와 관계 시장 또는 군수 의견 청취 | | 국토교통부장관 | 시·도지사에게 송부, 시·도지사가 시·도의회, 관계 시장·군수 의견 청취 후 국토교통부장관 제출 | ※ 입안권자는 공청회·지방의회 의견청취·지방도시계획위원회 자문 등 순차 추진, 신속한 추진이 필요 시 이를 동시·병행적 추진, 그 청취의견 등의 결과를 종합적으로 검토·반영 가능(「광역도시계획수립지침」 4-4-1)
⇩	
중앙행정기관 협의 및 중앙도시계획위원회 심의	국토교통부장관이 광역도시계획을 승인하거나 직접 광역도시계획의 수립 또는 변경 시(시·도지사와 공동 수립·변경 포함) 중앙행정기관의 장과 협의(30일 이내 의견 제시) 후 중앙도시계획위원회 심의
⇩	
승인·수립·통보 (법 제16조)	승인권자 : 국토교통부장관(도지사가 수립한 경우 제외, 시장 또는 군수가 수립 변경 시 도지사가 승인)
⇩	
공고·열람 (법 제16조)	시·도지사 또는 시장·군수가 시·도 시·군 공보 게재 30일 이상 일반인 열람

제3장 도시·군기본계획

구분	내용
기초조사 (법 제20조, 영 제16조의2)	• 기초조사(토지적성평가, 재해취약성분석 포함) - 시·도지사, 시장 또는 군수는 기초조사의 내용에 국토교통부장관이 정하는 바에 따라 실시하는 토지의 토양, 입지, 활용 가능성 등 토지의 적성평가(토지적성평가)와 재해 취약성에 관한 분석(재해취약성분석)을 포함 • 기초조사 중 토지적성평가 및 재해취약성분석 제외 가능 {표} | 구분 | 제외사유 | |---|---| | 토지적성평가 | - 도시·군기본계획 입안 일부터 5년 이내 실시 - 다른 법률에 따른 지역·지구 등 지정이나 개발계획 수립 등으로 도시·군기본계획 변경 필요시 | | 재해취약성분석 | - 도시·군기본계획 입안 일부터 5년 이내에 재해취약성분석을 실시한 경우 - 다른 법률에 따른 지역·지구 등의 지정이나 개발계획 수립 등으로 도시·군기본계획 변경 필요시 |
도시·군기본 계획 수립 (법 제18조, 영 제15조)	【수립권자(의무)】 특별시장·광역시장·특별자치시장·특별자치도지사·시장 또는 군수 - 지역여건상 필요하다고 인정될 시 미리 그 특별시장·광역시장·특별자치시장·특별자치도지사·시장 또는 군수와 협의 후, 인접한 특별시, 광역시, 특별자치시, 특별자치도, 시 또는 군의 관할 구역 전부 또는 일부를 포함하여 수립가능 【수립하지 않아도 되는 시·군】 - 「수도권정비계획법」 제2조 제1호의 규정에 의한 수도권에 속하지 아니하고 광역시와 경계를 같이하지 아니한 시 또는 군으로서 인구 10만 명 이하인 시 또는 군 - 관할 구역 전부에 대하여 광역도시계획이 수립되어 있는 시 또는 군으로서 당해 광역도시계획에 도시·군기본계획 내용이 모두 포함되어 있는 시 또는 군 • 도시·군기본계획 내용 - 지역적 특성 및 계획의 방향·목표에 관한 사항 - 공간구조, 생활권의 설정 및 인구의 배분에 관한 사항 - 토지의 이용 및 개발에 관한 사항 - 토지의 용도별 수요 및 공급에 관한 사항 - 환경의 보전 및 관리에 관한 사항 - 기반시설에 관한 사항 - 공원·녹지에 관한 사항 - 경관에 관한 사항 - 기후변화 대응 및 에너지절약에 관한 사항 - 방재·방범 및 안전에 관한 사항 - 위의 규정된 사항의 단계별 추진에 관한 사항 - 도심 및 주거환경의 정비·보전에 관한 사항 - 다른 법률에 따라 도시·군기본계획에 반영되어야 하는 사항 - 도시·군기본계획의 시행을 위하여 필요한 재원조달 - 그 밖에 법 제22조의2 제1항에 따른 도시·군기본계획 승인권자가 필요하다고 인정하는 사항
공청회의견청취 (법 제20조, 제21조)	• 공청회 개최 • 지방의회 의견청취(특별시·광역시·특별자치시·특별자치도·시 또는 군 의회) : 30일 내 의견 제시
도시·군기본 계획 확정 (법 제22조)	• 관계 행정기관의 장(국토교통부장관 포함)과 협의 후 지방도시계획위원회의 심의 - 30일 이내 특별시장·광역시장·특별자치시장 또는 특별자치도지사에게 의견 제시 • 관계 행정기관의 장에게 서류 송부, 계획의 일반인 열람
승인 (법 제22조의2, 영 제17조)	• 시장·군수는 도시·군기본계획을 수립하거나 변경 시 도지사 승인 • 시장 또는 군수는 도시·군기본계획의 승인을 받으려면 도시·군기본계획(안)에 다음의 서류를 첨부하여 도지사에게 제출 1. 기초조사 결과 2. 공청회 개최결과 3. 법 제21조에 따른 해당 시·군의 의회의 의견청취 결과 4. 해당 시·군에 설치된 지방도시계획위원회의 자문을 거친 경우에는 그 결과 5. 관계 행정기관의 장과의 협의 및 도의 지방도시계획위원회의 심의에 필요한 서류
공고·열람 (법 제22조의2, 영 제17조)	• 승인 후 조치 : 관계 행정기관의 장과 시장 또는 군수에게 관계서류를 송부, 관계 서류를 받은 시장 또는 군수는 그 계획을 공고하고 일반인 열람 - 도시·군기본계획 공고는 해당 시·군의 공보, 관계 서류의 열람기간 30일 이상
정비 (법 제23조)	• 정비 의무 : 특별시장, 광역시장, 특별자치시장, 특별자치도지사, 시장 또는 군수 • 5년마다 관할 구역의 도시·군기본계획에 대해 타당성 여부 재검토 정비 - 도시·군기본계획의 내용에 우선하는 광역도시계획의 내용 및 도시·군기본계획에 우선하는 국가계획 내용을 도시·군기본계획에 반영

구분	내용
도시·군기본 계획의 수립기준 (영 제16조)	• 특별시·광역시·특별자치시·특별자치도·시 또는 군의 기본적인 공간구조와 장기발전방향을 제시하는 토지이용·교통·환경 등에 관한 종합계획이 되도록 할 것 • 여건변화에 탄력적으로 대응할 수 있도록 포괄적이고 개략적으로 수립하도록 할 것 • 법 제23조의 규정에 의하여 도시·군기본계획을 정비할 때에는 종전의 도시·군기본계획의 내용 중 수정이 필요한 부분만을 발췌하여 보완함으로써 계획의 연속성이 유지되도록 할 것 • 도시와 농어촌 및 산촌지역의 인구밀도, 토지이용의 특성 및 주변환경 등을 종합적으로 고려하여 지역별로 계획의 상세정도를 다르게 하되, 기반시설의 배치계획, 토지용도 등은 도시와 농어촌 및 산촌지역이 서로 연계되도록 할 것 • 부문별 계획은 법 제19조 제1항 제1호의 규정에 의한 도시·군기본계획의 방향에 부합하고 도시·군기본계획의 목표를 달성할 수 있는 방안을 제시함으로써 도시·군기본계획의 통일성과 일관성을 유지하도록 할 것 • 도시지역 등에 위치한 개발가능 토지는 단계별로 시차를 두어 개발되도록 할 것 • 녹지축·생태계·산림·경관 등 양호한 자연환경과 우량농지, 보전목적의 용도지역, 문화재 및 역사문화환경 등을 충분히 고려하여 수립하도록 할 것 • 법 제19조 제1항 제8호의 경관에 관한 사항에 대하여는 필요한 경우에는 도시·군기본계획도서의 별책으로 작성할 수 있도록 할 것 • 「재난 및 안전관리 기본법」 제24조 제1항에 따른 시·도 안전관리계획 및 같은 법 제25조 제1항에 따른 시·군·구안전관리계획과 「자연재해대책법」 제16조 제1항에 따른 시·군 자연재해저감 종합계획을 충분히 고려하여 수립하도록 할 것

제4장 도시·군관리계획[제1절 수립절차]

구분	내용		
도시·군관리계획 입안권자 (법 제24조, 제25조 제113조)	• 입안권자 : 특별시장·광역시장·특별자치시장·특별자치도지사·시장 또는 군수 • 인접한 특별시·광역시·특별자치시·특별자치도·시 또는 군의 관할 구역 전부 또는 일부를 포함 입안 가능한 경우 - 지역 여건상 필요 인정하여 미리 인접한 특별시장·광역시장·특별자치시장·특별자치도지사·시장 또는 군수와 협의 - 특별시·광역시·특별자치시·특별자치도·시 또는 군의 관할 구역을 포함하여 도시·군기본계획 수립		
	구분	국토교통부장관	도지사
	입안자 지정	- 둘 이상 시·도 관할구역에 걸쳐 있을 경우	- 인접한 시·군 간 협의 미성립
	직접 입안	- 국가계획과 관련된 경우 - 둘 이상의 시·도에 걸쳐 지정되는 용도지역, 용도지구 또는 용도구역과 둘 이상의 시도에 걸쳐 이루어지는 사업의 계획 중 도시·군관리계획으로 결정하여야 할 사항이 있는 경우 - 특별시장·광역시장·특별자치시장·특별자치도지사·시장 또는 군수가 국토교통부장관의 도시·군관리계획 조정 요구에 따라 도시·군관리계획을 정비하지 아니하는 경우	- 둘 이상 시·군에 걸쳐 지정되는 용도지역·용도지구 또는 용도구역과 둘 이상 시·군에 걸쳐 이루어지는 사업의 계획 중 도시·군관리계획을 입안 - 도지사가 직접 수립하는 계획으로 도시·군관리계획으로 결정사항 포함
	• 도시·군관리계획의 필수요건 : 상위계획인 광역도시계획과 도시·군기본계획과의 정합성		
도시·군관리계획 입안자료 작성 (법 제25조)	• 도시·군관리계획은 광역도시계획과 도시·군기본계획에 부합 • 국토교통부장관, 시·도지사, 시장 또는 군수는 도시·군관리계획 도서와 이를 보조하는 계획설명서(기초조사 결과, 재원조달방안 및 경관계획 등 포함)를 작성		

도시·군관리계획 입안제안 (법 제26조, 영 제19조의 2)	• 주민의 도시·군관리계획 입안 제안 : 도시·군관리계획 도서와 계획설명서 첨부
	• 주민이 제안할 수 있는 사항
	  - 기반시설의 설치·정비 또는 개량
	  - 지구단위계획구역의 지정 및 변경과 지구단위계획의 수립 및 변경
	  - 다음 어느 하나에 해당하는 용도지구의 지정 및 변경
	   · 개발진흥지구 중 공업기능 또는 유통물류기능 등을 집중적으로 개발 정비하기 위한 개발진흥지구로서 산업유통개발진흥지구의 지정 및 변경
	   · 용도지구에 따른 건축물이나 그 밖의 시설의 용도, 종류 및 규모 등의 제한을 지구단위계획으로 대체
	  - 입지규제최소구역의 지정 및 변경과 입지규제최소구역계획의 수립 및 변경에 관한 사항
	• 주민이 제안한 도시·군관리계획 입안 시 토지소유자 동의비율(국·공유지 면적 제외)
	
		구분	토지면적 동의비율

기반시설의 설치 정비 또는 개량 관련	대상 토지면적의 5분의 4이상
지구단위계획구역, 개발진흥지구, 입지규제최소구역 관련	대상 토지면적의 3분의 2이상 | • 산업유통개발진흥지구의 지정 제안 가능한 대상지 요건(다음 요건을 모두 충족) | 1) 면적 규정	• 1만㎡ 이상~3만㎡ 미만	
---	---	---
2) 용도지역 규정	원칙	자연녹지지역, 계획관리지역 또는 생산관리지역
	예외적으로 보전관리, 농림지역 지역 포함	계획관리지역에 있는 기존공장의 증축이 필요한 경우로서 해당 공장이 도로·철도·하천·건축물·바다 등으로 둘러싸여 있어 증축을 위해서는 불가피하게 보전관리지역 또는 농림지역을 포함 하는 경우에는 전체 면적의 20% 이하
	보전관리지역 토지 20% 이상 허용	- 보전관리·농림지역의 해당 토지가 개발행위허가를 받는 등 이미 개발된 토지인 경우 - 보전관리·농림지역의 해당 토지를 개발하여도 주변지역의 환경오염·환경훼손 우려가 없는 경우로서 해당 도시·군계획위원회의 심의를 거친 경우
3) 계획관리지역 비율	• 지정 대상지역의 전체 면적에서 계획관리지역의 면적이 차지하는 비율이 50% 이상일 것. 이 경우 자연녹지지역 또는 생산관리지역 중 도시·군기본계획에 반영된 지역은 계획관리지역으로 보아 산정	
4) 지정 대상지역의 토지특성이 과도한 개발행위의 방지를 위하여 국토교통부장관이 정한 고시 기준에 적합			 • 용도지구 중 해당 용도지구에 따른 건축물이나 그 밖의 시설의 용도·종류 및 규모 등의 제한을 지구단위계획으로 대체하기 위한 용도지구의 지정·변경에 관한 도시·군관리계획의 입안을 주민이 제안요건 (다음 각 호의 요건을 모두 충족) - 둘 이상의 용도지구가 중첩하여 지정되어 해당 행위제한의 내용을 정비하거나 통합적으로 관리할 필요가 있는 지역을 대상지역으로 제안할 것 - 해당 용도지구에 따른 건축물이나 그 밖의 시설의 용도·종류 및 규모 등의 제한을 대체하는 지구단위계획구역의 지정 및 변경과 지구단위계획의 수립 및 변경에 관한 사항을 동시에 제안할 것
도시·군관리계획 수립기준 (영 제19조)	• 광역도시계획 및 도시·군기본계획 등에서 제시한 내용을 수용하고 개별 사업계획과의 관계 및 도시의 성장추세를 고려하여 수립하도록 할 것 • 도시·군기본계획을 수립하지 아니하는 시·군의 경우 당해 시·군의 장기발전구상 및 법 제19조 제1항의 규정에 의한 도시·군기본계획에 포함될 사항 중 도시·군관리계획의 원활한 수립을 위하여 필요한 사항이 포함되도록 할 것 • 도시·군관리계획의 효율적인 운영 등을 위하여 필요한 경우에는 특정지역 또는 특정부문에 한정하여 정비할 수 있도록 할 것 • 공간구조는 생활권단위로 적정하게 구분하고 생활권별로 생활·편익시설이 고루 갖추어지도록 할 것 • 도시와 농어촌 및 산촌지역의 인구밀도, 토지이용의 특성 및 주변환경 등을 종합적으로 고려하여 지역별로 계획의 상세정도를 다르게 하되, 기반시설의 배치계획, 토지용도 등은 도시와 농어촌 및 산촌지역이 서로 연계되도록 할 것 • 토지이용계획을 수립할 때에는 주간 및 야간활동인구 등의 인구규모, 도시의 성장추이를 고려하여 그에 적합한 개발밀도가 되도록 할 것 • 녹지축·생태계·산림·경관 등 양호한 자연환경과 우량농지, 문화재 및 역사문화환경 등을 고려하여 토지이용계획을 수립하도록 할 것 • 수도권안의 인구집중유발시설이 수도권외의 지역으로 이전하는 경우 종전의 대지에 대하여는 그 시설의 지방이전이 촉진될 수 있도록 토지이용계획을 수립하도록 할 것 • 도시·군계획시설은 집행능력을 고려하여 적정한 수준으로 결정하고, 기존 도시·군계획시설은 시설의 설치현황과 관리·운영상태를 점검하여 규모 등이 불합리하게 결정되었거나 실현가능성이 없는 시설 또는 존치 필요성이 없는 시설은 재검토하여 해제하거나 조정함으로써 토지이용의 활성화를 도모할 것 • 도시의 개발 또는 기반시설의 설치 등이 환경에 미치는 영향을 미리 검토하는 등 계획과 환경의 유기적 연관성을 높여 건전하고 지속가능한 도시발전을 도모하도록 할 것 • 「재난 및 안전관리 기본법」에 따른 시·도안전관리계획 및 시·군·구안전관리계획과 「자연재해대책법」에 따른 시·군 자연재해저감 종합계획을 고려하여 재해로 인한 피해가 최소화되도록 할 것

		구분	세부 내용
도시·군관리계획 입안을 위한 기초조사 (법 제27조, 영 제21조)	• 국토교통부장관, 시·도지사, 시장 또는 군수가 실시 • 기초조사 내용 - 인구·경제·사회·문화·토지이용·환경·교통·주택·그 밖에 대통령령으로 정하는 사항 중 도시·군관리계획 수립 또는 변경에 필요한 사항 - 도시·군관리계획 환경에 미치는 영향 등에 대한 환경성 검토, 토지적성평가와 재해취약성분석 포함		
		기초조사 실시 제외요건	- 해당 지구단위계획구역이 도심지(상업지역과 상업지역에 연접한 지역)에 위치하는 경우 - 해당 지구단위계획구역 안의 나대지 면적이 구역면적의 2%에 미달하는 경우 - 해당 지구단위계획구역 또는 도시·군계획시설부지가 다른 법률에 따라 지역·지구 등으로 지정되거나 개발계획이 수립된 경우 - 해당 지구단위계획구역의 지정목적이 해당 구역을 정비 또는 관리하고자 하는 경우로서 지구단위계획의 내용에 너비 12m 이상 도로의 설치계획이 없는 경우 - 기존의 용도지구를 폐지하고 지구단위계획을 수립 또는 변경하여 그 용도지구에 따른 건축물이나 그 밖의 시설의 용도·종류 및 규모 등의 제한을 그대로 대체하려는 경우 - 해당 도시·군계획시설의 결정을 해제하려는 경우 - 그 밖에 국토교통부령으로 정하는 요건에 해당하는 경우
		환경성 검토 제외요건	- 기초조사 실시 제외요건에 해당하는 경우 - 「환경영향평가법」 제9조에 따른 전략환경영향평가 대상인 도시·군관리계획을 입안하는 경우

		토지적성평가 제외요건	- 기초조사 실시 제외요건에 해당하는 경우
			- 도시·군관리계획 입안일부터 5년 이내에 토지적성평가를 실시한 경우
			- 주거지역·상업지역 또는 공업지역에 도시·군관리계획을 입안하는 경우
			- 법 또는 다른 법령에 따라 조성된 지역에 도시·군관리계획을 입안하는 경우
			- 「개발제한구역의 지정 및 관리에 관한 특별조치법 시행령」 제2조 제3항 제1호·제2호 또는 제6호(같은 항 제1호 또는 제2호에 따른 지역과 연접한 대지로 한정)의 지역에 해당하여 개발제한구역에서 조정 또는 해제된 지역에 대하여 도시·군관리계획을 입안하는 경우
			- 「도시개발법」에 따른 도시개발사업의 경우
			- 지구단위계획구역 또는 도시·군계획시설 부지에서 도시·군관리계획을 입안하는 경우
			- 다음의 어느 하나에 해당하는 용도지역·용도지구·용도구역의 지정 또는 변경의 경우
			  1) 주거지역·상업지역·공업지역 또는 계획관리지역의 그 밖의 용도지역으로의 변경(계획관리지역을 자연녹지지역으로 변경 제외)
			  2) 주거지역·상업지역·공업지역 또는 계획관리지역 외의 용도지역 상호 간의 변경(자연녹지지역으로 변경 제외)
			  3) 용도지구·용도구역의 지정 또는 변경(개발진흥지구의 지정 또는 확대지정은 제외)
			- 다음의 어느 하나에 해당하는 기반시설을 설치하는 경우
			  1) 제55조 제1항 각 호에 따른 용도지역별 개발행위규모에 해당하는 기반시설
			  2) 도로·철도·궤도·수도·가스 등 선형으로 된 교통시설 및 공급시설
			  3) 공간시설(체육공원·묘지공원, 유원지 제외)
			  4) 방재시설 및 환경기초시설(폐차장 제외)
			  5) 개발제한구역 안에 설치하는 기반시설

		재해취약성 분석 실시 제외 요건	다음 각 목의 어느 하나에 해당하는 경우 1) 기초조사 실시 제외요건에 해당하는 경우 2) 도시·군관리계획 입안일부터 5년 이내에 재해취약성분석을 실시한 경우 3) 토지적성평가 실시를 제외하는 요건 중 용도지역·용도지구·용도구역 지정 또는 변경의 경우에 해당하는 경우(방재지구의 지정·변경 제외) 4) 다음의 어느 하나에 해당하는 기반시설을 설치하는 경우 - 토지적성평가 실시 제외요건 중 용도지역별 개발행위규모에 해당하는 기반시설 - 토지적성평가 실시 제외요건 중 도로·철도·궤도·수도·가스 등 선형으로 된 교통시설 및 공급시설(도시지역에서 설치하는 것은 제외) - 공간시설 중 녹지·공공공지

구분	내용

주민 및 지방의회
의견청취
(법 제28조, 영 제22조)
	• 주민의견 청취(국방상 또는 국가안전보장상 기밀유지 필요 시 제외)
	- 도시·군관리계획(안)의 주요내용을 해당 지방자치단체의 공보나 전국 또는 해당 특별시·광역시·특별자치시·특별자치도·시 또는 군의 지역을 주된 보급지역으로 하는 2 이상 일간신문에 게재하고, 해당 지방자치단체의 인터넷 홈페이지 등에 공고 후 14일 이상 일반 열람
	- 열람기간 내 의견서를 제출 할 수 있으며, 열람 종료후 60일 이내 반영 여부를 통보해야 함
	• 다음 도시·군관리계획의 수립 시 지방의회 의견청취
	- 용도지역·용도지구 또는 용도구역의 지정 또는 변경지정, 다만, 용도지구에 따른 건축물이나 그 밖의 시설의 용도·종류 및 규모 등의 제한을 그대로 지구단위계획으로 대체하기 위한 경우로서 해당 용도지구를 폐지하기 위하여 도시·군관리계획을 결정하는 경우에는 제외
	- 광역도시계획에 포함된 광역시설의 설치·정비 또는 개량에 관한 도시·군관리계획의 결정 또는 변경결정
	- 다음 각 목의 어느 하나에 해당하는 기반시설의 설치·정비 또는 개량에 관한 도시·군관리계획의 결정 또는 변경결정. 다만, 지방의회의 권고대로 도시·군계획시설 결정을 해제하기 위한 도시·군관리계획을 결정하는 경우는 제외
	
	  - 도로 중 주간선도로 - 공공청사 중 지방자치단체의 청사
	  - 철도 중 도시철도 - 하수도(하수종말처리시설에 한함)
	  - 자동차정류장 중 여객자동차터미널(시외버스운송사업용에 한함) - 폐기물처리시설 및 재활용시설
	  - 공원(소공원, 어린이공원 제외), - 수질오염방지시설
	  - 유통업무설비 - 그밖에 국토교통부령으로 정하는 시설
	  - 학교 중 대학

관계 행정기관 협의 및 도시계획위원회 심의 (법 제30조, 영 제25조)	• 시·도지사 : 관계 행정기관의 장과 협의, 시·도도시계획위원회 심의 - 국토교통부장관이 입안·결정한 도시·군관리계획 변경 시 미리 국토교통부장관과 협의 필요 - 시·도지사가 지구단위계획(지구단위계획과 지구단위구역을 동시)이나 지구단위계획으로 대체하는 용도지구 폐지에 관한 사항을 결정 시 시·도에 두는 건축위원회와 도시계획위원회가 공동으로 하는 심의를 거쳐야 함 • 국토교통부장관 : 관계 중앙행정기관의 장과 협의, 중앙도시계획위원회 심의 - 협의 요청을 받은 기관의 장은 특별한 사유가 없을 시 30일 이내 의견 제시 - 국방상 국가 안전보장상 기밀을 지켜야 할 경우 도시·군관리계획의 전부 또는 일부에 대해 협의와 도시계획위원회 심의 절차 생략 가능

관계 행정기관장
협의 및
도시계획위원회
심의 생략 가능
(영 제25조 3항)
	• 다음 각 호의 어느 하나에 해당하는 경우(다른 호에 저촉되지 않는 경우로 한정)에는 법 제30조 제5항 단서에 따라 관계 행정기관의 장과의 협의, 국토교통부장관과의 협의 및 중앙도시계획위원회 또는 지방도시계획위원회의 심의를 거치지 않고 도시·군관리계획(지구단위계획 및 입지규제최고구역 계획은 제외)을 변경 가능
	1. 다음 각목의 어느 하나에 해당하는 경우
	  가. 단위 도시·군계획시설부지 면적 5% 미만의 변경. 단 다음 시설은 해당 요건을 충족하는 경우만
	
	      | 1) 도로 | 시작지점 또는 끝지점이 변경(해당 도로와 접한 도시·군계획시설의 변경으로 시작지점 또는 끝지점이 변경되는 경우는 제외)되지 않는 경우로서 중심선이 종전에 결정된 도로의 범위를 벗어나지 않는 경우 |
	      | 2) 공원 및 녹지 | 다음의 어느 하나에 해당하는 경우
	      가) 면적이 증가되는 경우
	      나) 최초 도시·군계획시설 결정 후 변경되는 면적의 합계가 1만㎡ 미만, 최초 도시·군계획시설 결정 당시 부지 면적의 5% 미만 범위에서 면적이 감소. 단, 완충녹지 제외 |
	
	  나. 지형사정으로 인한 도시·군계획시설의 근소한 위치변경 또는 비탈면 등 시설부지의 불가피한 변경
	  다. 그밖에 국토교통부령으로 정하는 경미한 사항의 변경인 경우
	2. 삭제 <2019. 8. 6.>
	3. 이미 결정된 도시·군계획시설의 세부시설을 변경하는 경우로서 세부시설 면적, 건축물 연면적 또는 건축물 높이의 변경[50% 미만으로서 시·도 또는 대도시(「지방자치법」 제198조제1항에 따른 서울특별시·광역시 및 특별자치시를 제외한 인구 50만 이상 대도시)의 도시·군계획조례로 정하는 범위 이내의 변경은 제외하며, 건축물 높이의 변경은 층수변경이 수반되는 경우를 포함한다]이 포함되지 않는 경우
	4. 도시지역의 축소에 따른 용도지역·용도지구·용도구역 또는 지구단위계획구역의 변경인 경우
	5. 도시지역외의 지역에서「농지법」에 의한 농업진흥지역 또는 「산지관리법」에 의한 보전산지를 농림지역으로 결정하는 경우

관계 행정기관장 협의 및 도시계획위원회 심의 생략 가능 (영 제25조 3항)	6. 「자연공원법」에 따른 공원구역, 「수도법」에 의한 상수원보호구역, 「문화재보호법」에 의하여 지정된 지정문화재 또는 천연기념물과 그 보호구역을 자연환경보전지역으로 결정하는 경우 6의2. 체육시설 및 그 부지의 전부 또는 일부를 다른 체육시설 및 그 부지로 변경(둘 이상의 체육시설을 같은 부지에 함께 결정하기 위하여 변경하는 경우를 포함)하는 경우 6의3. 문화시설 및 그 부지의 전부 또는 일부를 다른 문화시설 및 그 부지로 변경(둘 이상의 문화시설을 같은 부지에 함께 결정하기 위하여 변경하는 경우를 포함)하는 경우 6의4. 장사시설(제2조제3항에 따라 세분된 장사시설) 및 그 부지의 전부 또는 일부를 다른 장사시설 및 그 부지로 변경(둘 이상의 장사시설을 같은 부지에 함께 결정하기 위하여 변경하는 경우를 포함)하는 경우 7. 그 밖에 국토교통부령(법 제40조에 따른 수산자원보호구역)이 정하는 경미한 사항의 변경인 경우
관계 행정기관장 협의 및 도시계획위원회 심의 생략 가능 (영 제25조 4항)	• 지구단위계획 중 다음의 경우 관계 행정기관의 장과의 협의, 국토교통부장관과의 협의 및 중앙도시계획위원회·지방도시계획위원회 또는 제2항에 따른 공동위원회의 심의 생략 1. 지구단위계획으로 결정한 용도지역·용도지구 또는 도시·군계획시설에 대한 변경결정으로서 제3항 각 호의 어느 하나에 해당하는 변경인 경우(다른 호에 저촉되지 않는 경우로 한정한다) 2. 가구면적의 10% 이내의 변경 3. 획지면적의 30% 이내의 변경 4. 건축물높이의 20% 이내(층수변경이 수반 포함)의 변경 5. 획지의 규모 및 조성계획의 변경 6. 삭제 <2019.8.6.> 7. 건축선 또는 차량출입구의 변경으로서 건축선의 1m 이내의 변경, 교통영향평가서의 심의를 거쳐 결정된 경우 8. 건축물의 배치·형태 또는 색채의 변경인 경우 9. 지구단위계획에서 경미한 사항으로 결정된 사항의 변경. 단, 용도지역·지구·도시·군계획시설·가구면적·획지면적·건축물높이 또는 건축선의 변경에 해당하는 사항을 제외 10. 제2종 지구단위계획으로 보는 개발계획에서 정한 건폐율 또는 용적률을 감소시키거나 10% 이내에서 증가시키는 경우(한도 초과 제외) 11. 지구단위계획구역 면적의 10%(용도지역 변경 포함 시 5%) 이내의 변경 및 동 변경지역 안의 지구단위계획의 변경 12. 국토교통부령으로 정하는 경미한 사항의 변경 13. 그 밖에 1호부터 12호까지와 유사한 사항으로서 도시·군계획조례로 정하는 사항의 변경인 경우 14. 「건축법」 등 다른 법령의 규정에 따른 건폐율 또는 용적률 완화 내용을 반영하기 위하여 지구단위계획을 변경하는 경우
관계 행정기관장 협의 및 도시계획위원회 심의 생략 가능 (영 제25조 5항)	• 입지규제최소구역계획 중 다음 각 호의 어느 하나에 해당하는 경우(다른호에 저촉되지 않는 경우로 한정한다) 관계 행정기관의 장과의 협의, 국토교통부장관과의 협의 및 중앙도시계획위원회·지방도시계획위원회의 심의 생략 1. 입지규제최소구역계획으로 결정한 용도지역·용도지구, 지구단위계획 또는 도시·군계획시설에 대한 변경결정으로서 제3항 각 호, 같은 조 제4항제2호부터 제5호까지, 제7호 및 제8호의 어느 하나에 해당하는 변경인 경우(다른 호에 저촉되지 않는 경우로 한정한다) 2. 입지규제최소구역계획에서 경미한 사항으로 결정된 사항의 변경인 경우. 다만, 용도지역·용도지구, 도시·군계획시설, 가구면적, 획지면적, 건축물 높이 또는 건축선의 변경에 해당하는 사항 3. 입지규제최소구역 면적의 10% 이내의 변경 및 해당 변경지역 안에서의 입지규제최소구역계획의 변경
도시·군관리계획 결정 (시·도지사) (법 제29조)	• 결정권자 : 시·도지사가 직접 또는 시장 군수의 신청에 따라 결정 | 결정권자	세부 내용
해당 시장	서울특별시와 광역시 및 특별자치시를 제외한 인구 50만 이상의 대도시
시장 또는 군수 직접 결정	- 시장 또는 군수가 입안한 지구단위계획구역의 지정·변경과 지구단위계획의 수립·변경에 관한 도시·군관리계획 - 지구단위계획으로 대체하는 용도지구 폐지에 관한 도시·군관리계획(해당 시장(대도시 시장 제외) 또는 군수가 도지사와 미리 협의한 경우에 한정)
국토교통부장관	- 국토교통부장관이 입안한 도시·군관리계획 - 개발제한구역의 지정 및 변경에 관한 도시·군관리계획 - 시가화조정구역의 지정 및 변경에 관한 도시·군관리계획
해양수산부장관	- 수산자원보호구역의 지정 및 변경에 관한 도시·군관리계획	

구분	내용
도시·군관리계획 결정 효력 및 지형도면 고시 (법 제31조~제32조)	• 관계 서류의 송부 및 일반인 열람 • 도시·군관리계획 결정 고시 후 지형도면의 고시, 지형도면 고시한 날부터 효력 발생 ※ 지적이 표시된 지형도에 도시·군관리계획에 관한 사항을 자세히 밝힌 도면을 작성 고시 • 시·도 또는 대도시 공보 게재
도시·군관리계획 정비 (법 제34조, 영 제29조)	• 정비의무 : 특별시장·광역시장·특별자치시장·특별자치도지사·시장 또는 군수 • 5년마다 관할구역의 도시군관리계획에 대해 타당성 여부를 재검토 정비 • 도시군계획시설 결정 후 3년 이내에 시설 사업의 전부 또는 일부가 시행되지 아니하였을 경우 시설결정의 타당성, 존치 필요성이 없는 시설에 대한 해제여부 등 검토
도시·군관리계획 정비 (<u>특별시장·광역시장·특별 자치시장·특별자치도지 사·시장 또는 군수</u>) (법 제34조, 영 제29조)	• 도시·군관리계획을 정비하는 경우에는 다음 사항을 검토하여 그 결과를 도시·군관리계획 입안에 반영 | 구분 | 세부 내용 | |---|---| | 도시군계획시설 설치에 관한 도시군관리계획 | - 도시·군관리계획 결정의 고시일부터 3년 이내에 해당 도시·군계획시설 설치에 관한 도시·군계획시설사업의 전부 또는 일부가 시행되지 아니한 경우 해당 시설 결정의 타당성 - 도시·군계획시설 결정에 따라 설치된 시설 중 여건 변화 등으로 존치 필요성이 없는 도시·군계획시설에 대한 해제 | | 용도지구 지정에 관한 도시군관리계획 | - 지정 목적을 달성하거나 여건 변화 등으로 존치 필요성이 없는 용도지구에 대한 변경 또는 해제 여부 - 해당 용도지구와 중첩하여 지구단위계획구역이 지정되어 지구단위계획이 수립되거나 다른 법률에 따른 지역·지구 등이 지정된 경우 해당 용도지구의 변경 및 해제 여부 등을 포함한 용도지구 존치의 타당성 - 둘 이상의 용도지구가 중첩하여 지정되어 있는 경우 용도지구의 지정 목적, 여건 변화 등을 고려할 때 해당 용도지구를 지구단위계획으로 대체할 필요성 여부 | • 시 또는 군의 위치, 인구의 규모, 인구감소율 등을 고려하여 대통령령으로 정하는 시 또는 군은 도시·군기본계획을 수립하지 아니할 수 있으며, 해당 시·군의 시장·군수는 도시·군관리계획을 정비할 때에는 입안시 계획설명서에 당해 시·군의 장기발전구상을 포함시켜야 하며 이에 관한 주민의견을 들어야함
도시군관리계획 입안의 특례 (법 제35조)	• 도시·군관리계획을 조속히 입안하여야 할 필요가 있다고 인정되면 <u>광역도시계획이나 도시·군기본계획을 수립할 때 도시·군관리계획을 함께 입안 가능</u> • 국토교통부장관(수산자원보호구역의 경우 해양수산부장관), 시·도지사, 시장 또는 군수는 필요하다고 인정되면 <u>도시·군관리계획을 입안할 때에 관계 중앙행정기관의 장이나 관계 행정기관의 장과 협의 가능.</u> 이 경우 시장이나 군수는 도지사에게 그 도시·군관리계획(지구단위계획구역의 지정·변경과 지구단위계획의 수립·변경에 관한 도시·군관리계획은 제외)의 결정을 신청할 때에 관계 행정기관의 장과의 협의 결과 첨부. 미리 협의한 사항에 대하여는 협의 생략

제4장 도시·군관리계획 [제2절 용도지역·지구·구역]

용도지역				지 정 목 적
도시지역	주거지역			• 인구와 산업이 밀집되어 있거나 밀집이 예상되어 그 지역에 대하여 체계적인 개발·정비·관리·보전 등이 필요한 지역
				• 거주의 안녕과 건전한 생활환경의 보호를 위하여 필요한 지역
		전용주거지역		• 양호한 주거환경을 보호하기 위하여 필요한 지역
			제1종전용주거지역	- 단독주택 중심의 양호한 주거환경을 보호하기 위하여 필요한 지역
			제2종전용주거지역	- 공동주택 중심의 양호한 주거환경을 보호하기 위하여 필요한 지역
		일반주거지역		• 편리한 주거환경을 조성하기 위하여 필요한 지역
			제1종일반주거지역	- 저층주택을 중심으로 편리한 주거환경을 조성하기 위하여 필요한 지역
			제2종일반주거지역	- 중층주택을 중심으로 편리한 주거환경을 조성하기 위하여 필요한 지역
			제3종일반주거지역	- 중고층주택을 중심으로 편리한 주거환경을 조성하기 위하여 필요한 지역
		준주거지역		• 주거기능을 위주로 하되 일부 상업 및 업무기능의 보완이 필요한 지역
	상업지역			• 상업이나 그 밖의 업무의 편익을 증진하기 위하여 필요한 지역
		중심상업지역		- 도심·부도심의 상업기능 및 업무기능의 확충을 위하여 필요한 지역
		일반상업지역		- 일반적인 상업기능 및 업무기능을 담당하게 하기 위하여 필요한 지역
		근린상업지역		- 근린지역에서의 일용품 및 서비스의 공급을 위하여 필요한 지역
		유통상업지역		- 도시 내 및 지역 간 유통기능의 증진을 위하여 필요한 지역
	공업지역			• 공업의 편익을 증진하기 위하여 필요한 지역
		전용공업지역		- 주로 중화학공업, 공해성공업 등을 수용하기 위하여 필요한 지역
		일반공업지역		- 환경을 저해하지 아니하는 공업의 배치를 위하여 필요한 지역
		준공업지역		- 경공업 및 기타 공업을 수용하되, 주거·상업·업무기능 보완이 필요한 지역
	녹지지역			• 자연환경·농지 및 산림의 보호, 보건위생, 보안과 도시의 무질서한 확산을 방지하기 위하여 녹지의 보전이 필요한 지역
		보전녹지지역		- 도시의 자연환경·경관·산림 및 녹지공간을 보전할 필요가 있는 지역
		생산녹지지역		- 주로 농업적 생산을 위하여 개발을 유보할 필요가 있는 지역
		자연녹지지역		- 도시 녹지공간 확보 등을 위해 보전할 필요가 있는 지역으로서 불가피한 경우에 한하여 제한적인 개발이 허용되는 지역
관리지역				• 도시지역의 인구와 산업을 수용하기 위하여 도시지역에 준하여 체계적으로 관리하거나 농림업의 진흥, 자연환경 또는 산림의 보전을 위하여 농림지역 또는 자연환경보전지역에 준하여 관리할 필요가 있는 지역
	보전관리지역			- 자연환경 보호, 산림 보호, 수질오염 방지, 녹지공간 확보 및 생태계 보전 등을 위하여 보전이 필요하나, 주변 용도지역과의 관계 등을 고려할 때 자연환경보전지역으로 지정하여 관리하기가 곤란한 지역
	생산관리지역			- 농업·임업·어업생산 등을 위하여 관리가 필요하나 주변 용도지역과의 관계 등을 고려할 때 농림지역으로 지정하여 관리하기가 곤란한 지역
	계획관리지역			- 도시지역으로의 편입이 예상되는 지역 또는 자연환경을 고려하여 제한적인 이용·개발을 하려는 지역으로서 계획적·체계적인 관리가 필요한 지역
농림지역				• 도시지역에 속하지 아니하는 「농지법」에 따른 농업진흥지역 또는 「산지관리법」에 따른 보전산지 등으로서 농림업을 진흥시키고 산림을 보전하기 위하여 필요한 지역
자연환경보전지역				• 자연환경·수자원·해안·생태계·상수원 및 문화재의 보전과 수산자원의 보호·육성 등을 위하여 필요한 지역

용도지구(법 제37조, 영 제31조)		지 정 목 적
1)경관지구	3개 지구로 세분	• 경관의 보전·관리 및 형성을 위하여 필요한 지구
	자연경관지구	- 산지·구릉지 등 자연경관을 보호하거나 유지하기 위하여 필요한 지구
	시가지경관지구	- 지역 내 주거지, 중심지 등 시가지의 경관을 보호 또는 유지하거나 형성하기 위하여 필요한 지구
	특화경관지구	- 지역 내 주요 수계의 수변 또는 문화적 보존가치가 큰 건축물 주변의 경관 등 특별한 경관을 보호 또는 유지하거나 형성하기 위하여 필요한 지구
2)고도지구		• 쾌적한 환경조성 및 토지의 효율적 이용을 위하여 건축물 높이의 최고한도를 규제할 필요가 있는 지구
3)방화지구		• 화재의 위험을 예방하기 위하여 필요한 지구
4)방재지구	2개 지구로 구분	• 풍수해, 산사태, 지반의 붕괴 그 밖의 재해를 예방하기 위하여 필요한 지구
	시가지방재지구	- 건축물·인구가 밀집되어 있는 지역으로서 시설 개선 등을 통하여 재해 예방이 필요한 지구
	자연방재지구	- 토지의 이용도가 낮은 해안변, 하천변, 급경사지 주변 등의 지역으로서 건축 제한 등을 통하여 재해 예방이 필요한 지구
5)보호지구	3개 지구로 구분	• 문화재, 중요시설물(항만, 공항 등 대통령령으로 정하는 시설물) 및 문화적·생태적으로 보존가치가 큰 지역의 보호와 보존을 위하여 필요한 지구
	역사문화환경보호지구	- 문화재·전통사찰 등 역사·문화적으로 보존가치가 큰 시설 및 지역의 보호와 보존
	중요시설물보호지구	- 중요시설물의 보호와 기능의 유지와 증진을 위하여 필요한 지구
	생태계보호지구	- 야생 동·식물서식처 등 생태적으로 보존가치가 큰 지역의 보호와 보존
6)취락지구	2개 지구로 구분	• 녹지지역·관리지역·농림지역·자연환경보전지역·개발제한구역 또는 도시자연공원구역의 취락을 정비하기 위한 지구
	자연취락지구	- 녹지지역·관리지역·농림지역 또는 자연환경보전지역 안의 취락 정비
	집단취락지구	- 개발제한구역 안의 취락 정비
7)개발진흥지구	5개 지구로 구분	• 주거기능·상업기능·공업기능·유통물류기능·관광기능·휴양기능 등을 집중적으로 개발·정비할 필요가 있는 지구
	주거개발진흥지구	- 주거기능을 중심으로 개발·정비할 필요가 있는 지구
	산업·유통개발진흥지구	- 공업기능 및 유통·물류기능을 중심으로 개발·정비할 필요가 있는 지구
	관광·휴양개발진흥지구	- 관광·휴양기능을 중심으로 개발·정비할 필요가 있는 지구
	복합개발진흥지구	- 주거, 공업, 유통물류 및 관광·휴양기능 중 2 이상의 기능을 중심으로 개발·정비
	특정개발진흥지구	- 주거, 공업, 유통물류기능 및 관광·휴양기능 이외의 목적을 중심으로 개발·정비
8) 특정용도제한지구		• 주거 및 교육 환경 보호나 청소년 보호 등의 목적으로 오염물질 배출시설, 유해시설 등 특정시설의 입지를 제한할 필요가 있는 지구
9) 복합용도지구		• 지역의 토지이용 상황, 개발수요 및 주변여건 등을 고려하여 효율적이고 복합적인 토지이용을 도모하기 위하여 특정시설의 입지를 완화할 필요가 있는 지구
10) 그밖에 대통령령으로 정하는 지구		

- 시·도지사 또는 대도시 시장은 지역 여건상 필요한 때에는 해당 시·도 또는 대도시의 도시·군계획조례로 정하는 바에 따라 경관지구를 추가적으로 세분(특화경관지구의 세분 포함)하거나 중요시설물보호지구 및 특정용도제한지구를 세분하거나 지정 가능
- 시·도 또는 대도시의 도시·군계획조례로 용도지구외의 용도지구를 정할 시 기준
  - 용도지구의 신설은 법에서 정하고 있는 용도지역·용도지구·용도구역·지구단위계획구역 또는 다른 법률에 따른 지역·지구만으로는 효율적인 토지이용을 달성할 수 없는 부득이한 사유가 있는 경우에 한 할 것
  - 용도지구 안에서의 행위제한은 그 용도지구의 지정목적 달성에 필요한 최소한도에 그치도록 할 것
  - 당해 용도지역 또는 용도구역의 행위제한을 완화하는 용도지구를 신설하지 아니할 것
- 복합용도지구 지정 시 기준
  - 용도지역의 변경 시 기반시설이 부족해지는 등의 문제가 우려되어 해당 용도지역의 건축제한만을 완화하는 것이 적합한 경우에 지정할 것
  - 간선도로의 교차지, 대중교통의 결절지 등 토지이용 및 교통 여건의 변화가 큰 지역 또는 용도지역 간의 경계지역, 가로변 등 토지를 효율적으로 활용할 필요가 있는 지역에 지정할 것
  - 용도지역의 지정목적이 크게 저해되지 아니하도록 해당 용도지역 전체 면적의 3분의 1 이하의 범위에서 지정할 것
  - 그 밖에 해당 지역의 체계적·계획적인 개발 및 관리를 위하여 지정 대상지가 국토교통부장관이 정하여 고시하는 기준에 적합할 것

용도구역	지 정 목 적
개발제한구역 (법 제38조)	• 지정권자 : 국토교통부장관 • 지정목적 - 도시의 무질서한 확산을 방지하고 도시주변의 자연환경을 보전하여 도시민의 건전한 생활환경을 확보하기 위하여 도시의 개발을 제한할 필요가 있거나 국방부장관의 요청이 있어 보안상 도시의 개발을 제한할 필요가 있다고 인정되는 경우 - 개발제한구역의 지정 또는 변경에 필요한 사항은 따로 법률로 정함
도시자연공원구역 (법 제38조의2)	• 지정권자 : 시·도지사 또는 대도시 시장 • 지정목적 - 도시의 자연환경 및 경관을 보호하고 도시민에게 건전한 여가·휴식공간을 제공하기 위하여 도시지역 안에서 식생이 양호한 산지의 개발을 제한할 필요가 있다고 인정하는 경우 - 도시자연공원구역의 지정 또는 변경에 필요한 사항은 따로 법률로 정함
시가화조정구역 (법 제39조)	• 지정권자 : 시·도지사(직접 또는 관계행정기관의 장 요청, 국가계획과 연계하여 시가화조정구역의 지정 또는 변경 필요 시 국토교통부장관이 직접) • 지정목적 - 도시지역과 그 주변지역의 무질서한 시가화를 방지하고 계획적·단계적인 개발을 도모하기 위하여 5년 이상 20년 이내 동안 시가화를 유보할 필요가 있다고 인정되면 시가화조정구역의 지정 또는 변경을 도시·군관리계획으로 결정 • 시가화조정구역의 실효 - 시가화 유보기간이 끝난 날의 다음날부터 그 효력 상실, 시가화조정구역 지정의 실효고시는 실효일자 및 실효사유와 실효된 도시·군관리계획의 내용을 국토교통부장관이 하는 경우에는 관보 및 홈페이지에 시·도지사가 하는 경우에는 해당 시·도의 공보와 홈페이지 게재
수산자원보호구역 (법 제40조)	• 지정권자 : 해양수산부장관(직접 또는 관계 행정기관의 장의 요청에 의함) • 지정목적 - 수산자원을 보호·육성하기 위하여 필요한 공유수면이나 그 인접한 토지에 대한 수산자원보호구역의 지정 또는 변경을 도시·군관리계획으로 결정
입지규제최소구역 (법 제40조의2)	• 지정권자 : 국토교통부장관 • 지정목적 - 도시지역에서 복합적인 토지이용을 증진시켜 도시정비를 촉진하고 지역거점을 육성할 필요가 있다고 인정될 시 다음의 지역과 그 주변지역의 전부 또는 일부를 지정 • 지정 대상지역 <table><tr><td>- 도시·군기본계획에 따른 도심·부도심 또는 생활권의 중심지역 - 철도역사, 터미널, 항만, 공공청사, 문화시설 등의 기반시설 중 지역의 거점 역할을 수행하는 시설을 중심으로 주변지역을 집중적으로 정비할 필요가 있는 지역 - 세 개 이상의 노선이 교차하는 대중교통 결절지로부터 1km 이내에 위치한 지역</td><td>- 「도시 및 주거환경정비법」 제2조 제3호에 따른 노후·불량건축물이 밀집한 주거지역 또는 공업지역으로 정비가 시급한 지역 - 「도시재생 활성화 및 지원에 관한 특별법」 제2조 제1항 제5호에 따른 도시재생활성화지역 중 도시경제기반형 활성화계획을 수립하는 지역 - 그 밖에 창의적인 지역개발이 필요한 지역으로 대통령령으로 정하는 지역</td></tr></table> • 입지규제최소구역계획의 내용 <table><tr><td>- 건축물의 용도·종류 및 규모 등 - 건축물의 건폐율·용적률·높이 - 간선도로 등 주요 기반시설의 확보 - 용도지역·용도지구, 도시·군계획시설 및 지구단위계획의 결정</td><td>- 제83조의2 제1항 및 제2항에 따른 다른 법률 규정 적용 완화 또는 배제 - 그 밖에 입지규제최소구역의 체계적 개발과 관리에 필요사항</td></tr></table> • 입지규제최소구역계획 수립 시 건축제한 완화는 기반시설의 확보 현황 등을 고려하여 적용 • 시·도지사, 시장, 군수 또는 구청장은 기반시설 확보를 위한 부지 또는 설치비용 전부 또는 일부를 부담시킬 수 있음(기반시설의 부지 또는 설치비용 부담은 건축제한의 완화에 따른 토지가치상승분 초과하지 않음)

구 역	지 정 목 적
입지규제최소구역 (법 제40조의2)	• 입지규제최소구역 지정 및 변경 시 고려사항(도시·군관리계획으로 결정) - 입지규제최소구역의 지정 목적 - 해당 지역의 용도지역·기반시설 등 토지이용 현황 - 도시·군기본계획과의 부합성 - 주변 지역의 기반시설, 경관, 환경 등에 미치는 영향 및 도시환경 개선·정비 효과 - 도시의 개발 수요 및 지역에 미치는 사회적·경제적 파급효과 • 도시·군관리계획 결정권자가 입지규제최소구역 계획에 따른 도시·군관리계획을 결정하기 위하여 관계 행정기관의 장과 협의 하는 경우 협의 요청을 받은기관의 장은 그 요청을 받은 날로부터 10일(근무일기준)이내에 의견을 회신하여야 함 • 다른 법률에서 제30조에 따른 도시·군관리계획의 결정을 의제하고 있는 경우에도 「국토의 계획 및 이용에 관한 법률」에 따르지 아니하고 입지규제최소구역의 지정과 입지규제최소구역 계획을 결정할 수 없음 • 입지규제최소구역계획의 수립기준 등 입지규제최소구역의 지정 및 변경과 입지규제최소구역 계획의 수립 및 변경에 관한 세부적인 사항은 국토교통부장관이 정하여 고시
다른 법률에 따라 지정된 지역의 용도지역 지정 등의 의제(법 제42조)	• 다음 각 호의 어느 하나의 구역 등으로 지정·고시된 지역은 이 법에 따른 <u>도시지역</u>으로 결정·고시된 것으로 간주 - 「항만법」 제2조제4호에 따른 <u>항만구역으로서 도시지역에 연접한 공유수면</u> - 「어촌·어항법」 제17조제1항에 따른 <u>어항구역으로서 도시지역에 연접한 공유수면</u> - 「산업입지 및 개발에 관한 법률」 제2조제8호가목부터 다목까지의 규정에 따른 <u>국가산업단지, 일반산업단지 및 도시첨단산업단지</u> - 「택지개발촉진법」 제3조에 따른 <u>택지개발지구</u> - 「전원개발촉진법」 제5조 및 같은 법 제11조에 따른 <u>전원개발사업구역 및 예정구역</u>(수력발전소 또는 송·변전설비만을 설치하기 위한 전원개발사업구역 및 예정구역은 제외) • 관리지역에서 「농지법」에 따른 농업진흥지역으로 지정·고시된 지역은 이 법에 따른 <u>농림지역</u>, 관리지역의 산림 중 「산지관리법」에 따라 보전산지로 지정·고시된 지역은 그 고시에서 구분하는 바에 따라 이 법에 따른 <u>농림지역 또는 자연환경보전지역</u>으로 결정·고시로 간주

제4장 도시·군관리계획[제3절 도시·군계획시설]

도시·군계획시설의 설치·관리 (법 제43조, 영 제35조)	• 지상·수상·공중·수중 또는 지하에 기반시설을 설치하려면 그 시설의 종류·명칭·위치 규모 등을 미리 도시·군관리계획으로 결정 • 도시·군계획시설의 결정·구조 및 설치의 기준 등에 필요한 사항은 국토교통부령으로 정하고 그 세부사항은 국토교통부령으로 정하는 범위에서 시·도 조례로 정함. 단, 타 법 규정이 있는 경우 그 법률에 따름 • 도시·군계획시설의 관리에 관하여 이 법 또는 다른 법률에 특별한 규정이 있는 경우 외에는 국가가 관리하는 경우에는 대통령령으로, 지자체가 관리하는 경우는 그 지자체 조례로 도시·군계획시설의 관리에 관한 사항을 정함
광역시설의 설치·관리 (법 제45조)	• 주체 : 관계 특별시장·광역시장·특별자치시장·특별자치도지사·시장 또는 군수 • 광역시설의 설치관리 : 협약을 체결하거나 협의회 등을 구성하여 광역시설을 설치·관리 • 환경오염이 심하게 발생하거나 해당 지역의 개발이 현저하게 위축될 우려가 있는 광역시설을 다른 지방자치단체의 관할 구역에 설치 시 환경오염방지를 위한 사업이나 해당 지역의 주민 편익 증진을 위한 사업을 시행하거나 자금을 지원

구분	내용
도시·군계획시설의 공중 및 지하 설치기준과 보상 등 (법 제46조)	• 도시·군계획시설을 공중·수중·수상 또는 지하에 설치하는 경우 그 높이나 깊이의 기준과 그 설치로 인하여 토지나 건물의 소유권 행사에 제한을 받는 자에 대한 보상 등에 관하여는 따로 법률로 정함
도시·군계획시설 부지의 매수청구 (법 제47조)	• 매수청구(토지소유자 → 특별시장·광역시장·특별자치시장·특별자치도지사·시장 또는 군수) | 매수청구요건	세부
기간 및 사업추진	- 도시·군계획시설 결정고시일부터 10년 이내 그 도시·군계획시설의 설치에 관한 도시·군계획시설사업이 시행되지 아니하는 경우(실시계획인가나 그에 상당하는 절차 진행 경우 제외)
대 상	- 도시·군계획시설의 부지로 되어 있는 토지 중 지목이 "대"인 토지
매수청구 의무대상	- 이 법에 따라 도시·군계획시설사업의 시행자가 정해진 경우 그 시행자 - 이 법 또는 다른 법률에 따라 도시·군계획시설을 설치하거나 관리하여야 할 의무가 있는 자가 있으면 그 의무가 있는 자. 시설을 설치하거나 관리해야 할 의무가 있는 자가 서로 다른 경우 설치하여야 할 의무가 있는 자에게 매수청구
토지소유자 개발행위허용	- 개발행위허가를 통해 건축물 또는 공작물 설치가 가능 - 지구단위계획과 개발행위허가기준, 도시·군계획시설부지에서의 개발행위 허가 규정의 적용 제외
조건	- 매수청구를 한 토지의 소유자의 토지를 매수하지 아니하기로 결정 - 매수결정을 알린 날부터 2년이 지날 때까지 해당 토지 미매수	
도시·군계획시설의 실효 (법 제48조)	• 도시·군계획시설 실효 : 시설 결정 고시일부터 20년, 20년이 되는 날의 다음날 효력 상실 • 도시·군계획시설 실효고시 : 시·도지사 또는 대도시 시장 • 특별시장·광역시장·특별자치시장·특별자치도지사·시장 또는 군수는 <u>도시·군계획시설 결정이 고시된 도시·군계획시설</u>(국토교통부장관이 결정·고시한 도시·군계획시설 중 관계 중앙행정기관의 장이 직접 설치하기로 한 시설은 제외)<u>을 설치할 필요성이 없어진 경우</u> 또는 <u>그 고시일부터 10년이 지날 때까지 해당 시설의 설치에 관한 도시·군계획시설사업이 시행되지 아니하는 경우</u>에는 대통령령으로 정하는 바에 따라 그 현황과 제85조에 따른 <u>단계별 집행계획을 해당 지방의회에 보고</u> • 지방의회는 도시·군계획시설의 해제권고 가능 • 도시·군계획시설결정의 해제를 권고받은 특별시장·광역시장·특별자치시장·특별자치도지사·시장 또는 군수는 특별한 사유가 없으면 대통령령으로 정하는 바에 따라 그 도시·군계획시설 결정의 해제를 위한 도시·군관리계획을 결정하거나 도지사에게 그 결정을 신청. 이 경우 신청을 받은 도지사는 특별한 사유가 없으면 그 도시·군계획시설 결정의 해제를 위한 도시·군관리계획을 결정

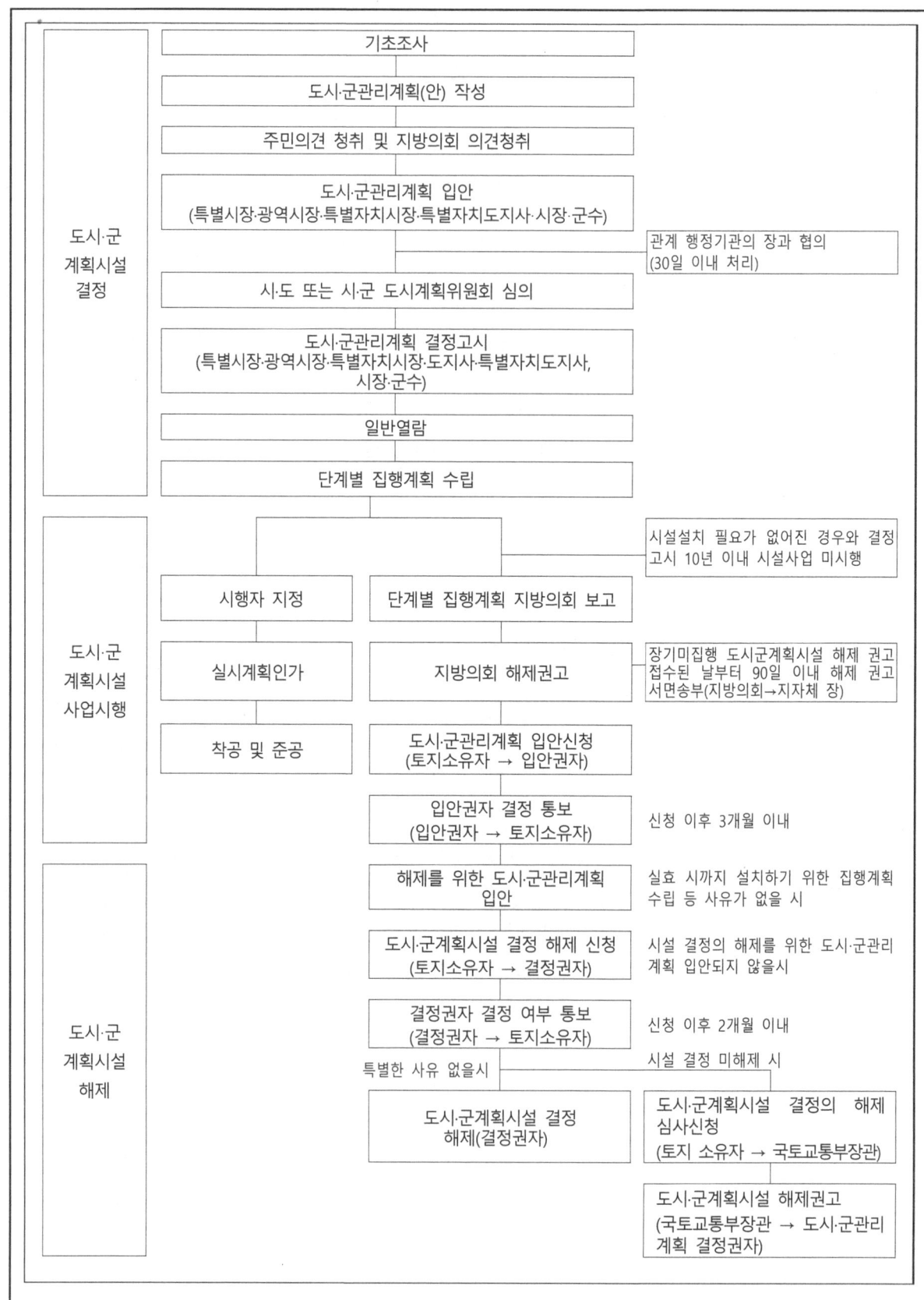

제4장 도시·군관리계획[제4절 지구단위계획]

정의 (법 제2조)	• 도시·군계획 수립 대상지역의 일부에 대하여 토지이용을 합리화하고 그 기능을 증진시키며 미관을 개선하고 양호한 환경을 확보하며, 그 지역을 체계적·계획적으로 관리하기 위하여 수립하는 도시·군관리계획
지구단위계획 수립 시 고려사항 (법 제49조, 영 제42조의3)	• 도시의 정비·관리·보전·개발 등 지구단위계획구역의 지정 목적 • 주거·산업·유통·관광휴양·복합 등 지구단위계획구역의 중심기능 • 해당 용도지역의 특성 • 지역공동체의 활성화 • 안전하고 지속가능한 생활권의 조성 • 해당 지역 및 인근 지역의 토지이용을 고려한 토지이용계획과 건축계획의 조화
지구단위계획 수립기준 고려사항 (영 제42조의3)	1. 개발제한구역에 지구단위계획을 수립할 때에는 개발제한구역의 지정 목적이나 주변환경이 훼손되지 아니하도록 하고, 「개발제한구역의 지정 및 관리에 관한 특별조치법」을 우선하여 적용할 것 1의2. 보전관리지역에 지구단위계획을 수립할 때에는 제44조제1항제1호의2 각 목 외의 부분 후단에 따른 경우를 제외하고는 녹지 또는 공원으로 계획하는 등 환경 훼손을 최소화할 것 1의3. 「문화재보호법」 제13조에 따른 역사문화환경 보존지역에서 지구단위계획을 수립하는 경우에는 문화재 및 역사문화환경과 조화되도록 할 것 2. 지구단위계획구역에서 원활한 교통소통을 위하여 필요한 경우에는 지구단위계획으로 건축물 부설주차장을 해당 건축물의 대지가 속하여 있는 가구에서 해당 건축물의 대지 바깥에 단독 또는 공동으로 설치하게 할 수 있도록 할 것. 이 경우 대지 바깥에 공동으로 설치하는 건축물 부설주차장의 위치 및 규모 등은 지구단위계획으로 정한다. 3. 제2호에 따라 대지 바깥에 설치하는 건축물부설주차장의 출입구는 간선도로변에 두지 아니하도록 할 것. 다만, 특별시장·광역시장·특별자치시장·특별자치도지사·시장 또는 군수가 해당 지구단위계획구역의 교통소통에 관한 계획 등을 고려하여 교통소통에 지장이 없다고 인정하는 경우에는 그러하지 아니하다. 4. 지구단위계획구역에서 공공사업의 시행, 대형건축물의 건축 또는 2필지 이상의 토지소유자의 공동개발 등을 위하여 필요한 경우에는 특정 부분을 별도의 구역으로 지정하여 계획의 상세정도 등을 따로 정할 수 있도록 할 것 5. 지구단위계획구역의 지정 목적, 향후 예상되는 여건변화, 지구단위계획구역의 관리 방안 등을 고려하여 제25조 제4항 제9호에 따른 경미한 사항을 정하는 것이 필요한지를 검토하여 지구단위계획에 반영하도록 할 것 6. 지구단위계획의 내용 중 기존의 용도지역 또는 용도지구를 용적률이 높은 용도지역 또는 용도지구로 변경하는 사항이 포함되어 있는 경우 변경되는 구역의 용적률은 기존의 용도지역 또는 용도지구의 용적률을 적용하되, 공공시설부지의 제공현황 등을 고려하여 용적률을 완화할 수 있도록 계획할 것 7. 제46조 및 제47조에 따른 건폐율·용적률 등의 완화 범위를 포함하여 지구단위계획을 수립하도록 할 것 8. 법 제51조 제1항 제8호의2에 해당하는 도시지역 내 주거·상업·업무 등의 기능을 결합하는 복합적 토지 이용의 증진이 필요한 지역은 지정 목적을 복합용도개발형으로 구분하되, 3개 이상의 중심기능을 포함하여야 하고 중심기능 중 어느 하나에 집중되지 아니하도록 계획할 것 9. 법 제51조 제2항 제1호의 지역에 수립하는 지구단위계획의 내용 중 법 제52조 제1항 제1호 및 같은 항 제4호(건축물 용도제한 제외)의 사항은 해당 지역에 시행된 사업이 끝난 때의 내용을 유지함을 원칙으로 할 것 10. 도시지역 외의 지역에 지정하는 지구단위계획구역은 해당 구역의 중심기능에 따라 주거형, 산업·유통형, 관광·휴양형 또는 복합형 등으로 지정 목적을 구분할 것 11. 도시지역 외의 지구단위계획구역에서 건축할 수 있는 건축물의 용도·종류 및 규모 등은 해당 구역의 중심기능과 유사한 도시지역의 용도지역별 건축제한 등을 고려 지구단위계획으로 정할 것

지구단위계획구역 및 계획의 결정 (법 제50조)	• 지구단위계획구역 및 지구단위계획은 도시·군관리계획으로 결정

지구단위계획구역 지정 등 (법 제51조, 영 제43조)	• 지구단위계획구역 지정 가능지역(전부 또는 일부)
	1. 용도지구　　2. 도시개발구역　　3. 정비구역　　4. 택지개발지구　　5. 대지조성사업지구
	6. 산업단지와 준산업단지　　　　7. 관광단지와 관광특구
	8. 개발제한구역·도시자연공원구역·시가화조정구역 또는 공원에서 해제되는 구역, 녹지지역에서 주거·상업·공업지역으로 변경되는 구역과 새로 도시지역으로 편입되는 구역 중 계획적인 개발 또는 관리가 필요한 지역
	8의 2. 도시지역 내 주거·상업·업무 등의 기능을 결합하는 등 복합적인 토지 이용을 증진시킬 필요가 있는 지역으로서 준주거지역, 준공업지역 및 상업지역에서 낙후된 도심 기능을 회복하거나 도시균형 발전을 위한 중심지 육성이 필요하여 도시·군기본계획에 반영된 경우로서 다음에 해당하는 지역
	
	  - 주요 역세권, 고속버스 및 시외버스 터미널, 간선도로의 교차지 등 양호한 기반시설을 갖추고 있어 대중교통 이용이 용이한 지역
	  - 역세권의 체계적·계획적 개발이 필요한 지역
	  - 세 개 이상의 노선이 교차하는 대중교통 결절지로부터 1km 이내에 위치한 지역
	  - 「역세권의 개발 및 이용에 관한 법률」에 따른 역세권개발구역, 「도시재정비 촉진을 위한 특별법」에 따른 고밀복합형 재정비촉진지구로 지정된 지역
	
	8의3. 도시지역 내 유휴토지를 효율적으로 개발하거나 교정시설, 군사시설, 그 밖에 대통령령으로 정하는 시설을 이전 또는 재배치하여 토지이용을 합리화하고, 그 기능을 증진시키기 위하여 집중적으로 정비가 필요한 지역으로서 대통령령으로 정하는 요건에 해당하는 지역
	
		대통령령으로 정하는 시설	- 철도, 항만, 공항, 공장, 병원, 학교, 공공청사, 공공기관, 시장, 운동장 및 터미널
			- 그 밖에 제1호와 유사한 시설로서 특별시·광역시·특별자치시·특별자치도·시 또는 군의 도시·군계획조례로 정하는 시설 |
			
				대통령령으로 정하는 요건에 해당하는 지역	- 대규모 시설의 이전에 따라 도시기능의 재배치 및 정비가 필요한 지역
					- 토지의 활용 잠재력이 높고 지역거점 육성이 필요한 지역
					- 지역경제 활성화와 고용창출의 효과가 클 것으로 예상되는 지역 |
					
					9. 도시지역의 체계적·계획적인 관리 또는 개발이 필요한 지역
					10. 그 밖에 양호한 환경의 확보나 기능 및 미관의 증진 등을 위하여 필요한 지역으로 대통령령으로 정하는 지역
					
					  - 시범도시
					  - 개발행위허가 제한지역
					  - 지하 및 공중공간을 효율적으로 개발하고자 하는 지역
					  - 용도지역의 지정·변경에 관한 도시·군관리계획을 입안하기 위하여 열람공고된 지역
					  - 주택재건축사업에 의하여 공동주택을 건축하는 지역
					  - 지구단위계획구역으로 지정하고자 하는 토지와 접하여 공공시설을 설치하고자 하는 자연녹지지역
					  - 그 밖에 양호한 환경의 확보 또는 기능 및 미관의 증진 등을 위하여 필요한 지역으로서 특별시·광역시·특별자치시·특별자치도·시 또는 군의 도시·군계획조례가 정하는 지역
					
					• 지구단위계획구역으로 지정해야하는 지역(단, 관련 법률에 따라 토지이용과 건축계획 수립 제외)
					  - 「도시 및 주거환경정비법」에 따라 지정된 정비구역, 「택지개발촉진법」에 의해 지정된 택지개발지구에서 시행되는 사업이 끝난 후 10년이 지난 지역
					  - 지구단위계획구역의 지정 대상지역으로 체계적 계획적 개발 또는 관리가 필요한 다음의 지역으로 면적이 30만m² 이상인 지역
					
					    - 시가화조정구역 또는 공원에서 해제되는 지역. 다만, 녹지지역으로 지정 또는 존치되거나 법 또는 다른 법령에 의하여 도시·군계획사업 등 개발계획이 수립되지 아니하는 경우를 제외
					    - 녹지지역에서 주거지역·상업지역 또는 공업지역으로 변경되는 지역
					    - 그 밖에 특별시·광역시·특별자치시·특별자치도·시 또는 군의 도시·군계획조례로 정하는 지역

도시 외 지구단위계획구역 지정 (영 제44조)	• 지정하려는 구역 면적의 <u>100분의 50 이상 계획관리지역</u>으로 다음에 해당하는 지역 1. 계획관리지역 외에 지구단위계획구역에 포함하는 지역은 <u>생산관리지역 또는 보전관리지역</u>일 것 1의2. 지구단위계획구역에 보전관리지역을 포함하는 경우 해당 보전관리지역의 면적은 다음 각 목의 구분에 따른 요건을 충족할 것 이 경우 개발행위허가를 받는 등 이미 개발된 토지와 해당 토지를 개발하여도 주변 지역의 환경오염·환경훼손 우려가 없는 경우로서 해당 도시계획위원회 또는 공동위원회의 심의를 거쳐 지구단위계획구역에 포함되는 토지의 면적은 다음 각 목에 따른 보전관리지역의 면적 산정에서 제외 | 면적구분 | 면적구분에 따른 포함비율 | |---|---| | 지구단위계획구역 면적 10만㎡ 이하 | 전체 지구단위계획구역 면적의 20% 이내 | | 지구단위계획구역 면적 10만㎡ 초과 20만㎡ 이하 | 2만㎡ | | 지구단위계획구역 면적 20만㎡ 초과 | 전체 지구단위계획구역 면적의 10% 이내 | 2. 지구단위계획구역으로 지정하고자 하는 토지의 면적이 다음 각목의 어느 하나에 규정된 면적 요건에 해당할 것 (아래 경우를 제외하고는 3만㎡ 이상일 것) | | | |---|---| | 지정하고자 하는 지역에 공동주택 중 아파트 또는 연립주택의 건설계획이 포함시 30만㎡ 이상. 이 경우 다음 요건에 해당하는 때에는 일단의 토지를 통합하여 하나의 지구단위계획구역으로 지정 | (1) 아파트 또는 연립주택의 건설계획이 포함되는 각각의 토지의 면적이 10만㎡ 이상, 그 총면적이 30만㎡ 이상 (2) (1)의 각 토지는 국토교통부장관이 정하는 범위 안에 위치하고 국토교통부장관이 정하는 규모 이상의 도로로 서로 연결되어 있거나 연결도로의 설치가 가능할 것 | | 지정하고자 하는 지역에 공동주택 중 아파트 또는 연립주택의 건설계획이 포함 시 다음의 어느 하나에 해당하는 경우에는 10만㎡ 이상일 것 | (1) 지구단위계획구역이 자연보전권역인 경우 (2) 지구단위계획구역 안에 초등학교 용지를 확보하여 관할 교육청의 동의를 얻거나 지구단위계획구역 안 또는 지구단위계획구역으로부터 통학이 가능한 거리에 초등학교가 위치하고 학생수용이 가능한 경우로서 관할 교육청의 동의를 얻은 경우 | 3. 당해 지역에 도로·수도공급설비·하수도 등 기반시설을 공급할 수 있을 것 4. 자연환경·경관·미관 등을 해치지 아니하고 문화재의 훼손우려가 없을 것 • 개발진흥지구로서 지구단위계획구역 면적, 시설공급, 환경훼손의 우려가 없는 지역으로 다음에 위치 | 주거개발진흥지구, 복합개발진흥지구(주거기능 포함 시) 및 특정개발진흥지구 | 계획관리지역 | |---|---| | 산업·유통개발진흥지구 및 복합개발진흥지구(주거기능 미포함) | 계획관리지역, 생산관리지역 또는 농림지역 | | 관광휴양개발진흥지구 | 도시지역외의 지역 |
지구단위계획 내용 (법 제52조)	• 지구단위계획에는 다음 각 호의 사항 중 제2호와 제4호의 사항을 포함한 둘 이상의 사항이 포함되어야 함. 다만, 제1호의2를 내용으로 하는 지구단위계획의 경우에는 제외 1. 용도지역이나 용도지구를 대통령령으로 정하는 범위에서 세분하거나 변경하는 사항 1의2. 기존의 용도지구를 폐지하고 그 용도지구에서의 건축물이나 그 밖의 시설의 용도·종류 및 규모 등의 제한을 대체하는 사항 2. 대통령령으로 정하는 기반시설의 배치와 규모 - 도시개발구역, 정비구역, 택지개발지구, 대지조성사업지구, 산업단지와 준산업단지, 관광단지와 관광특구 개발사업으로 설치 가능한 기반시설 - 법 제2조의 기반시설 (교통시설, 공간시설, 유통·공급시설, 공공·문화체육시설, 방재시설, 보건위생시설, 환경기초시설) 중 다음 각 목의 시설 중 시·도 또는 대도시의 도시·군계획조례로 정하는 기반시설은 제외 (철도, 항만, 공항, 궤도, 공원 중 묘지공원, 유원지, 방송·통신시설, 유류저장 및 송유설비, 「고등교육법」 제2조에 따른 학교, 저수지, 도축장) 3. 도로로 둘러싸인 일단의 지역 또는 계획적인 개발·정비를 위하여 구획된 일단의 토지의 규모와 조성 4. 건축물의 용도제한, 건축물의 건폐율 또는 용적률, 건축물 높이의 최고한도 또는 최저한도 5. 건축물의 배치·형태·색채 또는 건축선에 관한 계획 6. 환경관리계획 또는 경관계획 7. 교통처리계획 8. 그 밖에 토지이용의 합리화, 도시나 농·산·어촌의 기능증진 등에 필요한 사항으로서 다음사항 | | | |---|---| | - 지하 또는 공중공간에 설치할 시설물 높이·깊이·배치 또는 규모 - 대문·담 또는 울타리의 형태 또는 색채 - 간판의 크기·형태·색채 또는 재질 - 장애인·노약자 등의 편의시설 계획 | - 에너지 및 자원의 절약과 재활용에 관한 계획 - 생물서식공간의 보호·조성·연결 및 물과 공기의 순환 등에 관한 계획 - 문화재 및 역사문화환경 보호에 관한 계획 |

구분	내용

지구단위계획 내용
(법 제52조)
	• 지구단위계획은 도로·주차장·공원·녹지·공공공지, 수도·전기·가스·열공급설비, 학교(초등학교 및 중학교)·하수도 및 폐기물처리시설의 처리·공급 및 수용능력이 지구단위계획구역에 있는 건축물의 연면적, 수용인구 등 개발밀도와 적절한 조화를 이룰 수 있도록 하여야 함
	• 지구단위계획구역에서는 제76조부터 제78조까지의 규정(건축물의 건축제한, 건폐율, 용적률)의 규정과 건축법에 따른 대지내조경, 공개공지 등의 확보, 대지와 도로의 관계, 건축물의 높이제한 등과 부설주차장 설치계획 등을 완화하여 적용할 수 있음
	
	- 공공시설등의 부지를 제공하는 경우
	  완화할 수 있는 건폐율 = 용도지역 적용 건폐율 × [1 + 공공시설등의 부지로 제공하는 면적 ÷ 원래의 대지면적] 이내
	  완화할 수 있는 용적률 = 해당 용도지역에 적용되는 용적률 + [1.5 × 공공시설등의 부지로 제공하는 면적 × 공공시설등 제공 부지의 용적률) ÷ 공공시설등의 부지 제공 후의 대지면적] 이내
	  완화할 수 있는 높이 = 「건축법」 제60조에 따라 제한된 높이 × (1 + 공공시설등의 부지로 제공하는 면적 ÷ 원래의 대지면적) 이내
	- 공개공지, 공개공간 등 건축법에 따른 의무 면적을 초과하여 설치한 경우
	  완화할 수 있는 용적률 = 공개공지 제공에 의해 완화된 용적률+(당해 용도지역에 적용되는 용적률×의무면적을 초과하는 공개공지 또는 공개공간의 면적의 절반÷대지면적) 이내
	  완화할 수 있는 높이 = 공개공지 제공에 의해 완화된 완화된 높이+(「건축법」 제60조에 따른 높이×의무면적을 초과하는 공개공지 또는 공개공간의 면적의 절반÷대지면적) 이내
	- 다음의 경우에는 주차장 설치기준을 100퍼센트까지 완화하여 적용할 수 있음
	  1. 한옥마을을 보존하고자 하는 경우
	  2. 차없는 거리를 조성하고자 하는 경우(지구단위계획으로 보행자 전용도로를 지정하거나 차량의 출입을 금지한 경우를 포함)
	  3. 그 밖에 원활한 교통소통 또는 보행환경 조성을 위하여 도로에서 대지로의 차량통행이 제한되는 차량 진입금지 구간을 지정한 경우

지구단위계획구역의 지정에 관한 도시·군관리계획 결정의 실효 (법 제53조)	• 국토교통부장관, 시·도지사, 시장 또는 군수는 지구단위계획구역 지정 및 지구단위계획 결정이 효력을 잃으면 대통령령으로 정하는 바에 따라 지체 없이 그 사실을 고시 | 구분	구역지정을 위한 도시·군관리계획 유효기간	지구단위계획구역 지정 유지를 위한 조건	구역 지정 실효일	비고
---	---	---	---	---
원칙	구역 지정 고시일 기준 3년	지구단위계획구역에 관한 계획 결정고시	3년이 되는 날의 다음날	타 법률에서 지구단위계획 결정에 관해 따로 정한 경우 그 법률에 따라 지구단위계획 결정 시까지 구역지정 효력 유지
주민 입안 제안	지구단위계획에 관한 도시·군관리계획 결정 고시일부터 5년	『국토의 계획 및 이용에 관한 법률』 또는 다른 법률에 따라 허가·인가·승인 등을 받아 사업이나 공사에 착수	5년이 된 날의 다음 날	주민이 입안 제안한 지구단위계획 실효와 관련한 도시·군관리계획 결정에 관한 사항은 지구단위계획구역 지정 당시 도시·군관리계획으로 환원	
구역지정 결정절차 (특별시장·광역시장·특별자치시장·특별자치도지사·시장·군수)	기초조사 ↓ 지구단위계획구역 지정(안) 작성 ↓ 주민의견청취 ↓ 지구단위계획구역의 지정 입안 ↓ 시·도 또는 시·군 도시계획위원회 심의 ↓ 지구단위계획구역의 지정 결정·고시 ↓ 일반열람 ※ 국토교통부장관 또는 도지사가 입안 시 기초조사 및 구역 지정(안) 작성 직접 수행, 당해 시장·군수·구청장의 의견청취 • 관계행정기관의 장과 협의(30일 이내 처리) • 구역지정과 계획수립을 동시 추진 시 공동위원회 심의 가능 ※ 국토교통부장관이 결정 시 중앙도시계획위원회 심의, 국토교통부장관이 지구단위계획구역의 지정을 직접 결정·고시

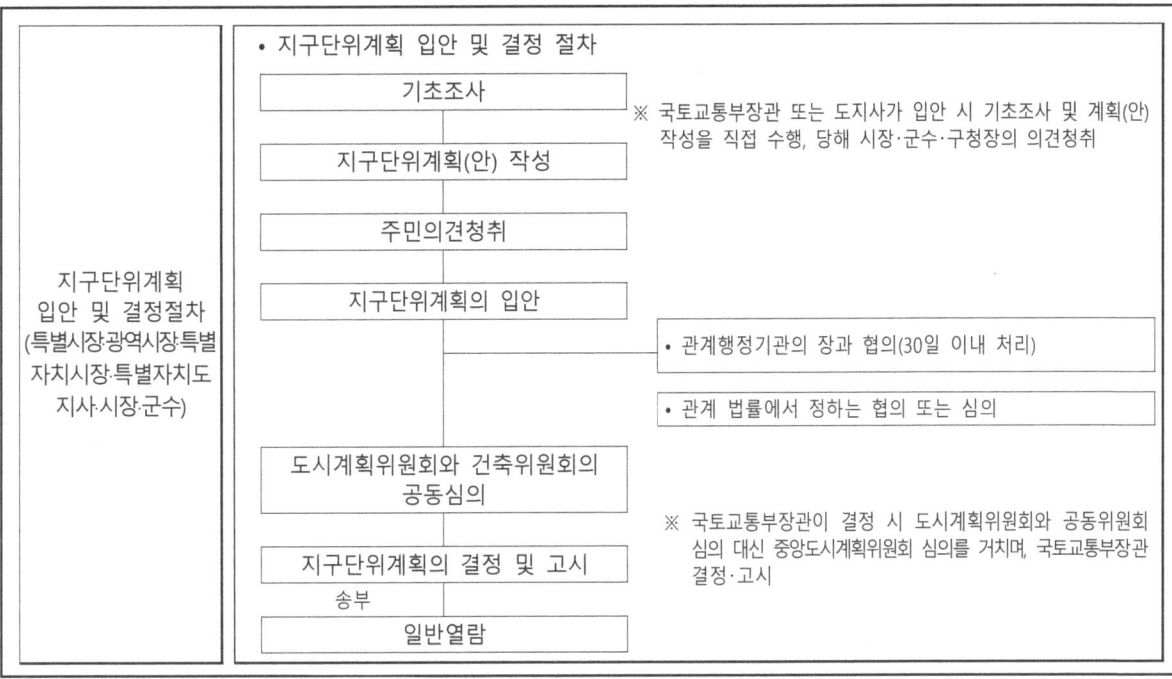

제5장 개발행위허가 [제1절 개발행위허가]

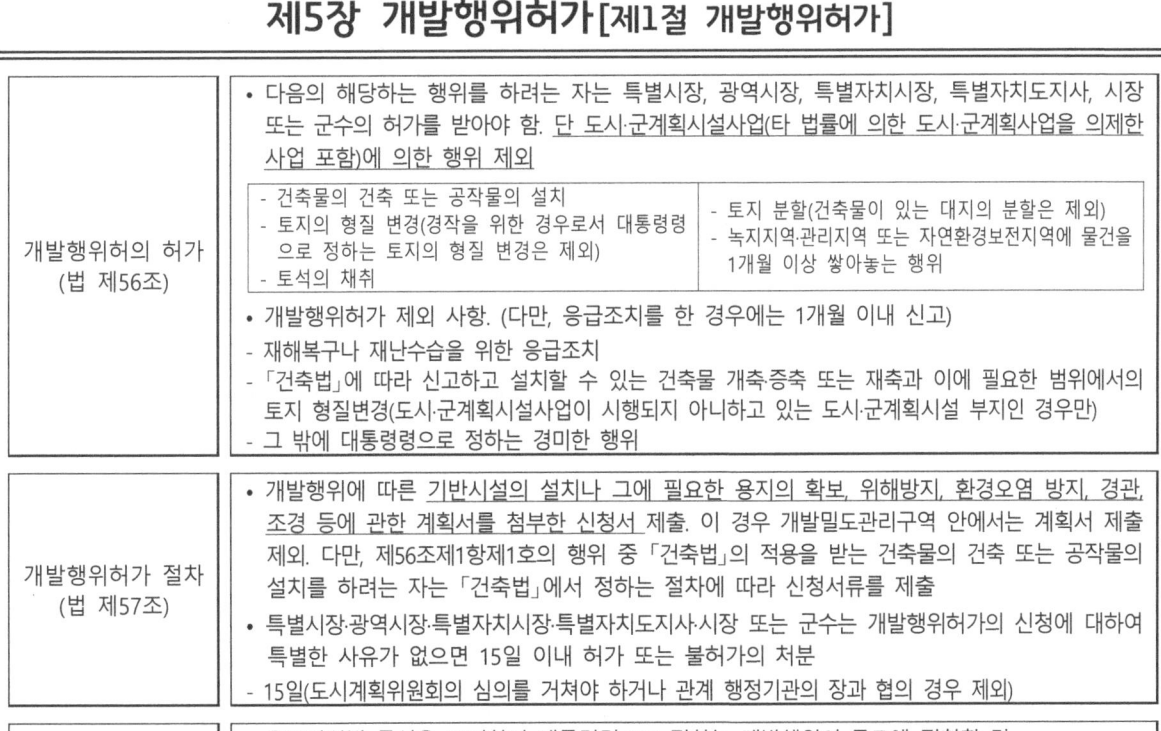

개발행위허가 기준 (법 제58조)	• 특별시장·광역시장·특별자치시장·특별자치도지사·시장 또는 군수는 개발행위허가 또는 변경허가를 하려면 그 개발행위가 도시·군계획사업의 시행에 지장을 주는지에 관하여 해당 지역에서 시행되는 도시·군사업의 시행자의 의견을 들어야함 • 개발행위허가기준은 지역의 특성, 지역의 개발상황, 기반시설의 현황을 고려하여 시가화 용도, 유보용도, 보전용도의 구분에 따라 정함		
	시가화용도	토지의 이용 및 건축물의 용도·건폐율·용적률·높이 등에 대한 용도지역의 제한에 따라 개발행위허가의 기준을 적용하는 주거지역·상업지역 및 공업지역	
	유보용도	도시계획위원회의 심의를 통하여 개발행위허가의 기준을 강화 또는 완화하여 적용할 수 있는 계획관리지역·생산관리지역 및 녹지지역 중 자연녹지지역	
	보전용도	도시계획위원회 심의를 통하여 개발행위허가의 기준을 강화하여 적용할 수 있는 보전관리지역·농림지역·자연환경보전지역 및 녹지지역 중 생산녹지지역 및 보전녹지지역	

| 개발행위허가에 대한 도시계획위원회 심의
(법 제59조, 영 제57조) | • 건축물의 건축 또는 공작물의 설치, 토지의 형질변경, 토석의 채취 중 대통령령으로 정하는 행위의 허가·변경 허가 시 중앙도시계획위원회나 지방도시계획위원회 심의 필요
- 건축물의 건축 또는 공작물의 설치를 목적으로 하는 토지의 형질변경으로 개발행위면적규모 이상. 단, 시·도도시계획위원회 또는 시·군·구 도시계획위원회 중 대도시에 두는 도시계획위원회 심의를 거치는 토지 형질 변경 제외
- 녹지지역, 관리지역, 농림지역 또는 자연환경보전지역에서 건축물의 건축 또는 공작물의 설치를 목적으로 하는 토지형질변경으로 그 면적이 개발행위면적 규모 미만. 단 자연취락지구, 개발진흥지구, 기반시설부담구역, 준산업단지 또는 공장입지유도지구에 위치한 경우, 해당 토지가 이미 기반시설이 설치되어 있거나 설치에 관한 도시·군관리계획이 수립된 지역으로 인정하여 지방도시계획위원회의 심의를 거쳐 지자체 공보에 고시한 지역에 위치한 경우 제외
- 부피 3만㎥ 이상의 토석채취 |

개발행위허가 면적 규모 (영 제55조)	• 용도지역별 개발행위허가 면적 규모				
	용도지역		규 모	용도지역	규 모	비고
	도시 지역	주거·상업·자연녹지 생산녹지지역	1만㎡ 미만	관리지역	3만㎡ 미만	조례에서 별도규정 가능
		보전녹지지역	5천㎡ 미만	농림지역	3만㎡ 미만	조례에서 별도규정 가능
		공업지역	3만㎡ 미만	자연환경보전지역	5천㎡ 미만	
	- 개발행위허가의 대상인 토지가 2 이상의 용도지역에 걸치는 경우에는 각각의 용도지역에 위치하는 토지부분에 대하여 각각의 용도지역의 개발행위의 규모에 관한 규정을 적용 • 단, 개발행위허가의 대상인 토지의 총면적이 당해 토지가 걸쳐 있는 용도지역 중 개발행위의 규모가 가장 큰 용도지역의 개발행위 규모를 초과해서는 안 됨				

개발행위허가 제한 (법 제63조)	• 개발행위허가 제한 시 제한지역, 사유, 대상행위 및 기간을 미리 고시 • 개발행위제한 사유 소멸 시 그 제한기간이 끝나기 전이라도 지체없이 제한해제, 해제지역 및 시기 고시 • 국토교통부장관, 시·도지사, 시장 또는 군수가 개발행위허가를 제한하거나 개발행위 제한을 연장 또는 해제하는 경우 그 지역의 지형도면 고시, 지정의 효력, 주민 의견 청취 등에 관하여는 「토지이용규제 기본법」 제8조에 따름		
	제한권자	대상지역	절차 및 기간
	국토교통부장관, 시·도지사, 시장 또는 군수	- 녹지지역이나 계획관리지역으로서 수목이 집단적으로 자라고 있거나 조수류 등이 집단적으로 서식하고 있는 지역 또는 우량농지 등으로 보전할 필요가 있는 지역 - 개발행위로 인하여 주변의 환경, 경관, 미관, 문화재 등이 크게 오염되거나 손상될 우려가 있는 지역	중앙·지방도시계획위원회의 심의를 거쳐 한 차례만 3년 이내 기간 동안
		- 도시·군관리계획이나 도시·군관리계획을 수립하고 있는 지역으로서 그 도시·군기본계획이나 군관리계획이 결정될 경우 용도지역·용도지구 또는 용도구역의 변경이 예상되고 그에 따라 개발행위허가의 기준이 크게 달라질 것으로 예상되는 지역 - 지구단위계획구역, 기반시설부담구역으로 지정된 지역	중앙·지방도시계획위원회 심의없이 한 차례만 2년 이내 기간동안 개발행위허가 제한 연장

= 국토의 계획 및 이용에 관한 법률

개발행위 허가절차 (법 제56조~제58조, 규칙 제9조)	신청서 제출 (개발행위자)	• 신청서 세부 1. 토지의 소유권 또는 사용권 등 신청인이 당해 토지에 개발행위를 할 수 있음을 증명하는 서류. 단, 타 법 의제로 개발행위허가 서류를 제출 시 그 확인으로 갈음) 2. 배치도 등 공사 또는 사업관련 도서(토지의 형질변경 및 토석채취) 3. 설계도서(공작물의 설치) 4. 당해 건축물의 용도 및 규모를 기재한 서류 5. 개발행위의 시행으로 폐지되거나 대체 또는 새로이 설치할 공공시설의 종류·세목·소유자 등의 조서 및 도면과 예산내역서(토지의 형질변경 및 토석채취) 6. 위해방지·환경오염방지·경관·조경 등을 위한 설계도서 및 그 예산내역서(토지분할 제외). 단, 경미한 건설공사, 단순한 토지형질변경은 개략설계서로 설계도서에, 견적서 등 개략적인 내역서로 예산내역서 갈음 7. 관계 행정기관의 장과의 협의에 필요한 서류
	개발행위허가 기준검토	• 허가권자 : 특별시장·광역시장·특별자치시장·특별자치도지사·시장 또는 군수 도시·군계획 사업자의 의견청취 및 관련 인·허가 등의 의제 협의 (허가권자)
	도시계획 위원회 심의	<도시계획위원회의 심의 예외사항> - 도시계획위원회의 심의를 받는 구역에서 하는 개발행위 - 지구단위계획, 성장관리방안을 수립한 지역에서 하는 개발행위 - 주거지역·상업지역·공업지역 내 개발행위 중 특별시·광역시·특별자치시·특별자치도·시 또는 군의 조례로 정하는 규모·위치 등에 해당하지 아니하는 개발행위 - 「환경영향평가법」에 따라 환경영향평가를 받는 개발행위 - 「도시교통정비촉진법」에 따라 교통영향평가에 대한 검토를 받은 개발행위 - 「농어촌정비법」에 따른 농어촌정비사업 중 대통령령으로 정하는 사업을 위한 개발행위 - 산림사업 및 사방사업을 위한 개발행위 • 도시계획위원회 심의 시 제출서류 - 개발행위의 목적, 필요성, 배경, 내용, 추진절차 등을 포함한 내용 - 대상지역과 주변지역의 용도지역·기반시설 등을 표시한 축적 2만5천분의 1의 토지이용현황도 - 배치도 입면도 및 공사계획서 - 그밖에 국토교통부령으로 정하는 서류 <면적에 따른 도시계획위원회 심의 규모>

구분	토지 형질변경(면적)	토석채취(부피)
중앙도시계획위원회의 심의	1km² 이상	1백만m³ 이상
시·도 도시계획위원회 또는 시·군·구 도시계획위원회 중 대도시에 두는 도시계획위원회의 심의	30만m² 이상 1km² 미만	50만m³ 이상 1백만m³ 미만
시·군·구 도시계획위원회의 심의	30만m² 미만	3만m³ 이상 50만m³ 미만

• 환경영향평가를 받은 개발행위, 교통영향분석·개선대책에 검토를 받은 개발행위가 도시·군계획에 미포함 시 관계행정기관의 장에게 중앙도시계획위원회나 지방도시계획위원회의 심의 요청

허가, 불허가, 조건부허가 처분(허가권자)
• 15일 이내(도시계획위원회의 심의, 관계 행정기관 협의기간 제외)
• 허가 또는 불허가 처분 시 지체 없이 신청인에게 허가내용이나 불허가 사유를 서면 또는 국토이용정보체계를 통하여 알림

개발행위

의제사항 준공협의 준공검사 (허가권자)
• 준공검사자 : 특별시장, 광역시장, 특별자치시장, 특별자치도지사, 시장 또는 군수
- 「건축법」에 따른 건축물의 사용승인을 받은 경우 제외
• 개발행위준공신청서 제출
• 준공검사필증 교부

구분	내용
도시·군계획시설 내 개발행위허가 원칙 (법 제64조)	• 도시·군계획시설의 설치 장소로 결정된 지상·수상·공중·수중 또는 지하는 그 도시·군계획시설이 아닌 건축물의 건축이나 공작물의 설치 허가 금지 • 도시·군계획시설 결정의 고시일부터 2년이 지날 때까지 그 시설의 설치에 관한 사업이 시행되지 아니한 도시·군계획시설 중 단계별 집행계획이 수립되지 아니하거나 단계별 집행계획에서 1단계 집행계획에 포함되지 아니한 도시·군계획시설의 부지에 대해서는 다음 개발행위허가 가능 - 가설건축물의 건축과 이에 필요한 범위 내에서 토지형질 변경 - 도시·군계획시설의 설치에 지장이 없는 공작물의 설치와 이에 필요한 범위에서의 토지의 형질변경 - 건축물의 개축 또는 재축과 이에 필요한 범위에서의 토지의 형질변경
도시·군계획시설 내 개발행위허가의 예외적 허용 (영 제61조)	• 지상·수상·공중·수중 또는 지하에 일정한 공간적 범위를 정하여 도시·군계획시설이 결정되어 있고, 그 도시·군계획시설의 설치·이용 및 장래의 확장 가능성에 지장이 없는 범위에서 도시·군계획시설이 아닌 건축물 또는 공작물을 그 도시·군계획시설인 건축물 또는 공작물의 부지에 설치 • 도시·군계획시설과 도시·군계획시설이 아닌 시설을 같은 건축물 안에 설치한 경우로서 실시계획 인가를 받아 다음 각목의 어느 하나에 해당하는 경우 - 건폐율이 증가하지 아니하는 범위 안에서 당해 건축물을 증축 또는 대수선하여 도시·군계획시설이 아닌 시설을 설치 - 도시·군계획시설의 설치·이용 및 장래의 확장 가능성에 지장이 없는 범위 안에서 도시·군계획시설을 도시·군계획시설이 아닌 시설로 변경 • 「도로법」 등 도시·군계획시설의 설치 및 관리에 관하여 규정하고 있는 다른 법률에 의하여 점용허가를 받아 건축물 또는 공작물을 설치 • 도시·군계획시설의 설치·이용 및 장래의 확장 가능성에 지장이 없는 범위에서 「신에너지 및 재생에너지 개발·이용보급 촉진법」에 따른 신·재생에너지 설비 중 태양에너지 설비 또는 연료전지 설비 설치 • 도시·군계획시설의 설치·이용이나 장래의 확장 가능성에 지장이 없는 범위에서 재해복구 또는 재난 수습을 위한 응급조치로서 가설건축물 또는 공장물을 설치하는 경우
단계별 집행계획 미수립 및 단계별 집행계획 미포함시 개발행위허용 (법 제64조)	• 도시·군계획시설 결정의 고시일부터 2년이 지날 때까지 그 시설의 설치에 관한 사업이 시행되지 아니한 시설 중 단계별 집행계획이 수립되지 아니하거나 단계별 집행계획에서 제1단계 집행계획에 포함되지 아니한 도시·군계획시설의 부지 - 가설건축물의 건축과 이에 필요한 범위에서의 토지의 형질 변경 - 도시·군계획시설의 설치에 지장이 없는 공작물의 설치와 이에 필요한 범위에서의 토지의 형질 변경 - 건축물의 개축 또는 재축과 이에 필요한 범위에서의 토지의 형질 변경 • 특별시장·광역시장·특별자치시장·특별자치도지사·시장 또는 군수는 가설건축물의 건축이나 공작물의 설치를 허가한 토지에서 도시·군계획시설사업이 시행되는 경우에는 그 시행예정일 3개월 전까지 가설건축물이나 공작물 소유자의 부담으로 그 가설건축물이나 공작물의 철거 등 원상회복에 필요한 조치를 명함. 원상회복이 필요하지 아니하다고 인정되는 경우 제외
성장관리계획 수립권자	• 특별시장·광역시장·특별자치시장·특별자치도지사·시장 또는 군수
성장관리계획 수립목적	• 난개발 방지와 지역특성을 고려한 계획적 개발을 유도
성장관리계획구역의 지정 등 (법 제75조의2)	• 다음 중 어느 하나에 해당하는 지역의 전부 또는 일부에 대하여 성장관리계획구역 지정 1. 개발수요가 많아 무질서한 개발이 진행되고 있거나 진행될 것으로 예상되는 지역 2. 주변의 토지이용이나 교통여건 변화 등으로 향후 시가화가 예상되는 지역 3. 주변지역과 연계하여 체계적인 관리가 필요한 지역 4. 토지이용규제기본법에 따른 지역·지구 등의 변경으로 토지이용에 대한 행위제한이 완화되는 지역 5. 그 밖에 대통령령으로 정하는지역(인구 감소 등으로 효율적 관리가 필요한지역, 공장 등과 입지 분리 등을 통해 쾌적한 주거환경 조성이 필요한 지역, 그밖에 난개발 방지와 체계적 관리가 필요하여 조례로 정하는 지역)
성장관리계획의 수립 등 (법 제75조의3)	• 다음 각 호의 둘 이상의 사항이 포함 1. 도로, 공원 등 기반시설의 배치와 규모 2. 건축물의 용도제한, 건폐율 또는 용적률 3. 건축물의 배치·형태·색채·높이 4. 환경관리계획 또는 경관계획 5. 그 밖에 난개발을 방지하고 계획적 개발을 유도하기 위하여 도시·군계획조례로 정하는 사항

제6장 용도지역·용도지구 및 용도구역에서 행위제한

용도지역 및 용도지구에서의 건축물 건축제한(용도, 종류 및 규모) (법 제76조)

- **용도지역**에서의 건축물은 **대통령령으로**, **용도지구**에서의 **건축물은** 다른 법률에 의한 규정이 있는 경우 외에는 대통령령으로 정하는 기준에 따라 **지자체 조례로 정할 수 있음**
- 용도지역·용도지구의 건축물이나 그 밖의 시설의 용도·종류 및 규모 제한에도 불구하고 별도로 정하는 사항

구분	적용규정
취락지구, 개발진흥지구, 복합용도지구	지정목적 범위에서 대통령령으로 따로 정함
농공단지	「산업입지 및 개발에 관한 법률」에 따라 정함
농림지역 중 농업진흥지역	「농지법」
보전산지	「산지관리법」
초지	「초지법」
자연환경보전지역 중 공원구역	「자연공원법」
상수원보호구역	「수도법」
지정문화재 또는 천연기념물과 그 보호구역	「문화재보호법」
해양보호구역	「해양생태계의 보전 및 관리에 관한 법률」
수산자원보호구역	「수산자원관리법」

용도지역의 건폐율·용적률 (법 제77조~제78조)

구 분		건폐율(%)	용적률(%)
도시지역	주거	70 이하	500 이하
	상업	90 이하	1,500 이하
	공업	70 이하	400 이하
	녹지	20 이하	100 이하
관리지역	보전관리	20 이하	80 이하
	생산관리	20 이하	80 이하
	계획관리	40 이하	100, 단 성장관리계획 수립지역은 지자체 조례로 125% 이내 완화 적용
농림지역		20 이하	80 이하
자연환경보전지역		20 이하	80 이하
적용 예외		- 80% 이하 범위 내 지자체조례로 정함 - 취락지구, 개발진흥지구, 수산자원보호구역, 자연공원, 농공단지, 국가산업단지, 일반산업단지 및 도시첨단산업단지와 같은 준산업단지 - 다음의 경우 지자체 조례로 정함 -토지 과밀화 방지를 위하여 강화가 필요한 경우 -토지 이용도를 높이기 위하여 완화가 필요한 경우 -녹지,보전관리,생산관리,농림,자연보전지역에서 농·임·어업용 건축물 건축하는 경우 -보전,생산관리,농림,자연보전지역에서 주민편익 증진을 위한 건축물을 건축하는경우	- 200% 이하 범위 대통령령으로 정하는 기준에 따라 지자체 조례로 정함 - 건축물 주위에 공원, 광장, 도로, 하천 등의 공지가 있거나 이를 설치하는 경우 지자체 조례로 용적률을 따로 정함 - 사회복지시설 중 대통령령으로 정하는 시설을 설치하여 국가 또는 지방자치단체에 기부채납하는 경우 지자체 조례로 용적률 완화 가능

기존 건축물에 대한 특례 (법 제82조)

- 법령의 제정·개정이나 그밖에 대통령령으로 정하는 사유로 기존 건축물이 이 법에 맞지 않게 된 경우에는 대통령령으로 정하는 범위에서 증축, 개축, 재축 또는 용도변경 가능

도시지역에서의 다른 법률에 적용 배제(법 제83조)

- 도시지역에 대해 다음 각 호의 법률 규정을 적용하지 아니함
- 「도로법」에 따른 접도구역, 농지법에 따른 농지취득자격증명 단, 녹지지역의 농지로서 도시·군계획시설사업에 필요하지 아니한 농지는 제외

입지규제최소구역에서의 다른 법률의 적용 특례 (법 제83조의 2)

- 입지규제최소구역에서 다음 각호의 법률 규정을 적용하지 아니할 수 있음
- 「주택법」에 따른 주택의 배치, 부대시설, 복리시설의 설치기준 및 대지조성기준
- 「주차장법」에 따른 부설주차장의 설치 - 「문화예술진흥법」에 따른 건축물에 대한 미술작품 설치
- 「건축법」에 따른 공개공지 등의 확보

둘 이상의 용도지역, 용도지구, 용도구역에 걸치는 대지 적용기준 (법 제84조)

- 하나의 대지가 둘 이상의 용도지역, 용도지구 또는 용도구역에 걸치는 경우로 각 용도지역 등에 걸치는 부분 중 가장 작은 부문의 규모가 대통령령으로 정하는 규모 이하인 경우 전체 대지의 건폐율 및 용적률은 각 부분이 전체 대지 면적에서 차지하는 비율을 고려, 그 가중평균 값을 적용, 그 밖에 건축 제한 등에 관한 사항은 대지 중 가장 넓은 면적이 속하는 용도지역 등에 관한 규정을 적용. 단 고도지구에 걸친 경우는 그 건축물 및 대지의 전부에 대해 고도지구 규정 적용

	• 용도지구의 건축제한		
	구분		건축제한
용도지구의 건축제한 (영 제72조~ 제81조)	경관지구		- 그 지구의 경관의 보전·관리·형성에 장애가 된다고 인정하여 도시군계획조례가 정하는 건축물을 건축불가. 단, 특별시장·광역시장·특별자치시장·특별자치도지사·시장 또는 군수가 지구 지정의 목적에 위배되지 아니하는 범위 안에서 도시·군계획조례로 정하는 기준에 적합하다고 인정하여 해당 지자체에 설치된 도시계획위원회 심의 거친 경우 제외 - 건축물의 건폐율, 용적률, 높이, 최대너비, 색채 및 대지 안 조경에 관하여 도시·군계획조례로 정함 - 다음의 경우 도시·군관리계획으로 경관지구 건축제한 내용을 별도로 정할 수 있음 - 도시·군계획조례로 정해진 건축제한을 적용하여도 해당 지구의 주변지역의 토지이용상황이나 여건 등을 비추어 불합리한 경우. 이 경우 도시·군관리계획으로 정할 수 있는 건축제한은 도시·군계획 조례로 정해진 건축제한의 일부에 한정 - 도시·군계획조례로 정해진 건축제한을 적용하여도 해당 지구의 위치, 환경, 그 밖의 특성에 따라 경관의 보전·관리·형성이 어려운 경우. 이 경우 도시·군관리계획으로 정할 수 있는 건축제한은 규모 및 형태, 건축물 바깥쪽으로 돌출하는 건축설비 및 그 밖의 이와 유사한 것의 형태나 설치의 제한 또는 금지에 관한 사항으로 한정
	고도지구		- 도시·군관리계획으로 정하는 높이는 초과하는 건축물 건축제한
	방재지구		- 풍수해·산사태·지반붕괴·지진 그 밖에 재해예방에 장애가 된다고 인정하여 도시·군계획 조례가 정하는 건축물을 건축불가. 단 지정권자가 지정목적에 위배되지 않는 범위 안에서 도시·군계획조례가 정하는 기준에 적합하다고 인정하여 지자체 도시계획위원회 심의를 거친 경우 제외
	보호지구	역사문화 보호지구	「문화재보호법」의 적용을 받는 문화재를 직접 관리·보호하기 위한 건축물과 문화적으로 보존가치가 큰 지역의 보호 및 보전을 저해하지 아니하는 건축물로서 도시·군계획조례가 정하는 것
		중요시설물 보호지구	중요 시설물의 보호와 기능 수행에 장애가 되지 아니하는 건축물로서 도시·군계획조례가 정하는 것. 공항시설에 대한 보호지구를 세분하여 지정하는 경우 공항시설을 보호하고 항공기의 이착륙에 장애가 되지 아니하는 범위에서 건축물의 용도 및 형태 등에 관한 건축제한을 포함하여 정할 수 있음
		생태계 보호지구	생태적으로 보존가치가 큰 지역의 보호와 보존을 저해하지 아니하는 건축물로서 도시·군계획조례로 정하는 것
	취락지구		- 자연취락지구 안에서 건축할 수 있는 건축물은 [별표 23] - 집단취락지구 안에서의 건축제한은 「개발제한구역의 지정 및 관리에 관한 특별법」에 의함
	개발진흥 지구		- 지구단위계획 또는 관계 법률에 따른 개발계획을 수립하는 개발진흥지구에서는 지구단위계획 또는 관계 법률에 따른 개발계획에 위반하여 건축물을 건축불가. 지구단위계획 또는 개발계획이 수립되기 전에는 개발진흥지구의 계획적 개발에 위배되지 아니하는 범위에서 조례로 정하는 건축물 건축 - 산업·유통개발진흥지구에서는 해당 용도지역에서 허용되는 건축물 외의 해당 지구단위계획에 따라 각 호의 구분에 따른 요건을 갖춘 도시·군계획조례로 정하는 건축물을 건축가능
		구분	해당 용도지역에 건축이 허용되지 아니하는 공장 중 다음 요건을 갖춘 것
		계획관리지역	- 「대기환경보전법」, 「물환경보전법」, 또는 「소음·진동관리법」에 따른 배출시설의 설치·허가·신고대상이 아닐 것 - 「악취방지법」에 따른 배출시설이 없는 것 - 「산업집적활성화 및 공장설립에 관한 법률」에 따른 공장 설립가능 여부의 확인 및 공장설립 등의 승인에 필요한 서류를 갖추어 관계 행정기관의 장과 미리 협의
		자연녹지지역 생산관리지역 보전관리지역 또는 농림지역	- 산업유통개발진흥지구 지정 전에 계획관리지역에 설치된 기존 공장이 인접한 용도지역의 토지로 확장하여 설치하는 공장일 것 - 해당 용도지역에 확장하여 설치되는 공장부지의 규모가 3천㎡ 이하 일 것. 다만 해당 용도지역 내에 기반시설이 설치되어 있거나, 기반시설의 설치에 필요한 용지의 확보가 충분하다고 주변지역의 환경오염·환경훼손이 우려 없는 경우로서 도시계획위원회 심의를 거친 경우 5천㎡까지로 할 수 있음
	특정용도 제한지구		주거기능 및 교육환경을 훼손하거나 청소년 정서에 유해하다고 인정하여 도시·군계획조례가 정하는 건축물 건축불가
	복합용도 지구		해당 용도지역에서 허용되는 건축물 외에 다음 각 호에 따른 건축물 중 도시·군계획조례가 정하는 건축물을 건축 가능
		구분	허용 가능한 건축물 용도
		일반주거	준주거지역에서 허용되는 건축물. 단, 안마시술소, 관람장, 공장, 위험물저장 및 처리시설, 동물 및 식물관련 시설, 장례시설 제외
		일반공업	준공업지역에서 허용되는 건축물. 단, 아파트, 단란주점 및 안마시술소, 노유자시설 제외
		계획관리	제2종근생 중 일반음식점·휴게음식점·제과점, 판매시설, 숙박시설, 유원시설업의 시설

제7장 도시·군계획시설사업의 시행

구분	내용
단계별 집행계획의 수립 (법 제85조)	• 수립권자 : 특별시장·광역시장·특별자치시장·특별자치도지사·시장 또는 군수 • 기한 : 도시·군계획시설 결정의 고시일부터 3개월 내, 단, 도시·군관리계획의 결정이 의제 시 해당 도시·군계획시설 결정의 고시일부터 2년 내 • 내용 : 재원조달계획, 보상계획 등 포함 1단계 집행계획(3년 이내 시행)과 2단계 집행계획(3년 후 시행) 구분하여 수립
시행자 (법 제86조)	• 특별시장·광역시장·특별자치시장·특별자치도지사·시장 또는 군수는 이 법 또는 다른 법률에 특별한 규정이 있는 경우 외에는 관할 구역의 도시·군계획시설사업 시행
사업의 분할 시행 (법 제87조)	• 도시·군계획시설사업을 효율적으로 추진하기 위하여 필요하다고 인정되면 사업시행대상지역 또는 대상시설을 둘 이상으로 분할하여 시행 가능
실시계획의 작성 및 인가 등 (법 제88조)	• 도시·군계획시설사업의 시행자는 도시·군계획시설사업에 관한 실시계획을 작성 • 도시·군계획시설사업의 시행자(국토교통부장관, 시·도지사와 대도시 시장은 제외)는 제1항에 따라 실시계획을 작성하면 대통령령으로 정하는 바에 따라 국토교통부장관, 시·도지사 또는 대도시 시장의 인가를 받아야 함. 다만, 제98조에 따른 준공검사를 받은 후에 해당 도시·군계획시설사업에 대하여 국토교통부령으로 정하는 경미한 사항을 변경하기 위하여 실시계획을 작성하는 경우에는 국토교통부장관, 시·도지사 또는 대도시 시장의 인가를 받지 아니함 • 국토교통부장관, 시·도지사 또는 대도시 시장은 도시·군계획시설사업의 시행자가 작성한 실시계획이 도시·군계획시설의 결정·구조 및 설치의 기준 등에 맞다고 인정하는 경우에는 실시계획을 인가. 이 경우 국토교통부장관, 시·도지사 또는 대도시 시장은 기반시설의 설치나 그에 필요한 용지의 확보, 위해 방지, 환경오염 방지, 경관 조성, 조경 등의 조치를 할 것을 조건으로 실시계획을 인가 가능 • 실시계획에는 사업시행에 필요한 설계도서, 자금계획, 시행기간, 그 밖에 대통령령으로 정하는 사항(제4항에 따라 실시계획을 변경하는 경우에는 변경되는 사항에 한정)을 자세히 밝히거나 첨부 • 제1항·제2항 및 제4항에 따라 실시계획이 작성(도시·군계획시설사업의 시행자가 국토교통부장관, 시·도지사 또는 대도시 시장인 경우) 또는 인가된 때에는 그 실시계획에 반영된 제30조 제5항 단서에 따른 경미한 사항의 범위에서 도시·군관리계획이 변경된 것으로 봄. 이 경우 제30조 제6항 및 제32조에 따라 도시·군관리계획의 변경사항 및 이를 반영한 지형도면을 고시 • 도시·군계획시설결정의 고시일부터 10년 이후에 제1항 또는 제2항에 따라 실시계획을 작성하거나 인가 받은 도시·군계획시설사업의 시행자가 제91조에 따른 실시계획 고시일부터 5년 이내에「공익사업을 위한 토지 등의 취득 및 보상에 관한 법률」제28조제1항에 따른 재결신청을 하지 아니한 경우에는 실시계획 고시일부터 5년이 지난 다음 날에 그 실시계획은 효력상실. 다만, 장기미집행 도시·군계획시설사업의 시행자가 재결신청을 하지 아니하고 실시계획 고시일부터 5년이 지나기 전에 해당 도시·군계획시설사업에 필요한 토지 면적의 3분의 2 이상을 소유하거나 사용할 수 있는 권원을 확보하고 실시계획 고시일부터 7년 이내에 재결신청을 하지 아니한 경우 실시계획 고시일부터 7년이 지난 다음 날에 그 실시계획은 효력 상실 • 제7항에도 불구하고 장기미집행 도시·군계획시설사업의 시행자가 재결신청 없이 도시·군계획시설사업에 필요한 모든 토지·건축물 또는 그 토지에 정착된 물건을 소유하거나 사용할 수 있는 권원을 확보한 경우 그 실시계획은 효력을 유지 • 실시계획이 폐지되거나 효력을 잃은 경우 해당 도시·군계획시설결정은 제48조제1항에도 불구하고 다음 각 호에서 정한 날 효력상실. 이 경우 시·도지사 또는 대도시 시장은 대통령령으로 정하는 바에 따라 지체 없이 그 사실을 고시 - 제48조제1항에 따른 도시·군계획시설결정의 고시일부터 20년이 되기 전에 실시계획이 폐지되거나 효력을 잃고 다른 도시·군계획시설사업이 시행되지 아니하는 경우: 도시·군계획시설 결정의 고시일부터 20년이 되는 날의 다음 날 - 제48조제1항에 따른 도시·군계획시설결정의 고시일부터 20년이 되는 날의 다음 날 이후 실시계획이 폐지되거나 효력을 잃은 경우: 실시계획이 폐지되거나 효력을 잃은 날
도시·군계획시설 사업의 이행담보 (법 제89조)	• 기반시설의 설치나 그에 필요한 용지의 확보, 위해방지, 환경오염 방지, 경관 조성, 조경 등을 위하여 필요하다고 인정되는 경우로서 대통령령으로 정하는 경우는 그 이행을 담보하기 위하여 시행자에게 이행보증금 예치 가능

제8장 비용	
비용부담의 원칙 (법 제101조)	• 광역도시계획 및 도시·군계획의 수립과 도시·군계획시설사업에 관한 비용은 이 법 또는 다른 법률에 특별한 규정이 있는 경우 외에는 국가는 국가예산, 지자체는 지자체가, 행정청이 아닌자가 하는 경우는 그 자가 부담을 원칙
지방자치단체의 비용부담 (법 제102조)	• 국토부장관이나 시·도지사는 그가 시행한 도시·군계획시설사업으로 현저히 이익을 받는 시·도 또는 시·군이 있으면 시설사업의 비용의 일부를 그 이익을 받는 시·도 또는 시·군에 부담가능. 이 경우 행정안전부장관과 협의 • 시장이나 군수는 그가 시행한 도시·군계획시설사업으로 현저히 이익을 받는 다른 지방자치단체가 있으면 그 도시·군계획시설사업에 든 비용의 일부를 그 이익을 받는 타 지자체와 협의하여 그 지자체에 부담시킬 수 있음
보조 또는 융자 (법 제104조)	• 시·도지사 또는 시장 또는 군수가 수립하는 광역도시, 군계획 또는 도시·군계획에 관한 기초조사나 지형도면의 작성에 드는 비용은 대통령령으로 정하는 바에 따라 그 비용의 전부 또는 일부를 국가예산에서 보조 가능 • 행정청이 시행하는 도시·군계획시설사업에 드는 비용은 그 비용의 전부 또는 일부를 국가예산에서 보조하거나 융자할 수 있으며, 행정청이 아닌 자가 시행하는 도시·군계획시설사업에 드는 비용의 일부는 국가 또는 지자체가 보조하거나 융자할 수 있음 • 이 경우 국가 또는 지자체는 다음 각호의 어느 하나에 해당하는 지역을 우선 지원가능 - 도로 상하수도 등 기반시설이 인근지역에 비해 부족한 지역 - 광역도시계획에 반영된 광역시설이 설치되는 지역 - 개발제한구역(집단취락만)에서 해제된 지역 - 도시·군계획시설결정의 고시일부터 10년이 지날 때까지 그 도시·군계획시설의 설치에 관한 도시·군계획시설사업이 시행되지 아니한 경우로서 해당 도시·군계획시설의 설치 필요성이 높은 지역

☐ 도시·군기본계획 수립현황

('22년 4월 기준)

시.군명	목표 년도	수립일자			단계별계획인(천명)					비고
		기수립	변경수립		11~15	16~20	21~25	26~30	31~35	
계 (31개시·군)		국토부 16 경기도 15	경기도	국토부 (공공주택)	10,534	15,998	17,138	17,640	17,819	2035년 12 2030년 11 2025년 1 2020년 7
본청 (21개시·군)					8,850	11,978	12,627	12,908	13,015	2035년 7 2030년 9 2020년 5
수원시	2030	'07.09.18	'09.05.25 '10.08.10 **'14.01.04** '18.12.31		1,230	1,270	1,300	1,322	1,322	-
성남시	2035	'05.06.29	'14.01.04 '15.11.24 '17.06.01 **'20.06.02**	'10.05.26	-	988	1,054	1,075	1,082	
부천시	2030	'07.01.10	'12.07.05 **'14.11.07** '17.04.11	'09.12.03	935	962	981	991	991	
용인시	2035	'07.03.21	'10.07.15 '16.12.22 **'18.11.08**		992	1,177	1,232	1,260	1,287	
안산시	2020	'08.08.08	**'14.12.29** '17.02.22	'13.12.31	870	930	930	930	930	
안양시	2030	'05.06.02	'11.11.28 **'17.06.08**		598	630	645	655	655	
평택시	2035	'07.12.04	'09.07.20 **'14.11.18** **'18.11.08**		479	740	850	870	900	

시.군명	목표년도	수립일자		단계별계획인(천명)					비고
		기수립	변경수립	11~15	16~20	21~25	26~30	31~35	
시흥시	2020	'07.11.13	'09.03.30 **'11.07.06**	'09.12.03 '10.05.26 '19.07.19.	597	704	704	704	704	
화성시	2035	'08.03.10	'08.11.28 '12.10.23 '15.10.29 **'19.06.21**		1,053	1,095	1,152	1,174	1,196	
광명시	2030	'07.09.04	'12.09.21 **'17.12.26**	'10.05.26	353	391	406	427	427	
군포시	2030	'07.09.06	**'19.04.24**		296	312	332	342	342	
광주시	2030	'07.11.07	'09.05.08 '12.07.25 **'17.03.08**		324	459	470	475	475	
김포시	2035	'07.09.13	'09.09.15 '15.06.09 **'22.01.27**		-	544	692	724	738	
이천시	2030	'08.05.28	'10.08.31 '18.07.26 **'19.03.06**		212	274	298	303	303	
안성시	2030	'07.06.13	'08.06.27 '12.04.19 **'15.10.01**		217	252	274	309	309	
오산시	2035	'07.01.11	'13.04.17 '17.09.18 **'20.09.01**		-	319	335	346	352	
하남시	2020	'07.08.09	**'14.01.07**	'09.06.03 '10.05.26 '10.12.27	330	333	333	333	333	
의왕시	2035	'07.09.18	'12.12.13 **'14.11.25** '20.11.16		-	194	215	221	222	
여주시	2020	'07.12.31	'08.12.26		168	180	180	180	180	
양평군	2030	'06.07.07	**'18.02.13**		108	129	149	172	172	
과천시	2020	'08.08.13	'11.09.27 **'14.02.06** '16.06.21	'11.11.02	88	95	95	95	95	
북부청 (10개시·군)					1,684	4,020	4,511	4,732	4,804	2035년 5 2030년 2 2025년 1 2020년 2
고양시	2035	'06.09.18	'08.09.18 '12.02.01 '13.12.13 **'16.07.05** '21.12.28	'09.06.03	-	1077	1,239	1,255	1,260	
남양주시	2020	'07.09.27	'08.06.02 '12.02.01 **'12.07.31**	'09.12.03	795	988	988	988	988	
의정부시	2035	'08.04.15	'10.11.10 '12.06.28 **'16.07.19** '21.11.11		-	470	516	520	521	
파주시	2030	'06.12.29	'08.06.02 **'11.08.16** '17.12.22		453	507	614	692	692	
구리시	2035	'04.09.24	'08.10.15 **'21.12.07**	'09.12.03 '18.07.09.	-	208	219	229	235	
양주시	2035	'08.11.18	**'14.06.26** '21.06.28		-	247	377	457	504	
포천시	2020	'06.12.04	**'13.11.05**		205	280	280	280	280	
동두천시	2025	'06.09.08	'11.01.13 '12.04.19 **'13.10.23**		115	123	140	140	140	
가평군	2035	'06.12.28	**'19.10.16**		63	68	76	87	100	
연천군	2030	'07.01.19	'09.07.15 '12.10.25 **'19.08.23**		53	52	62	84	84	

출처 : 경기도 도시정책과('22. 4월 기준)

도시·군기본계획 수립절차

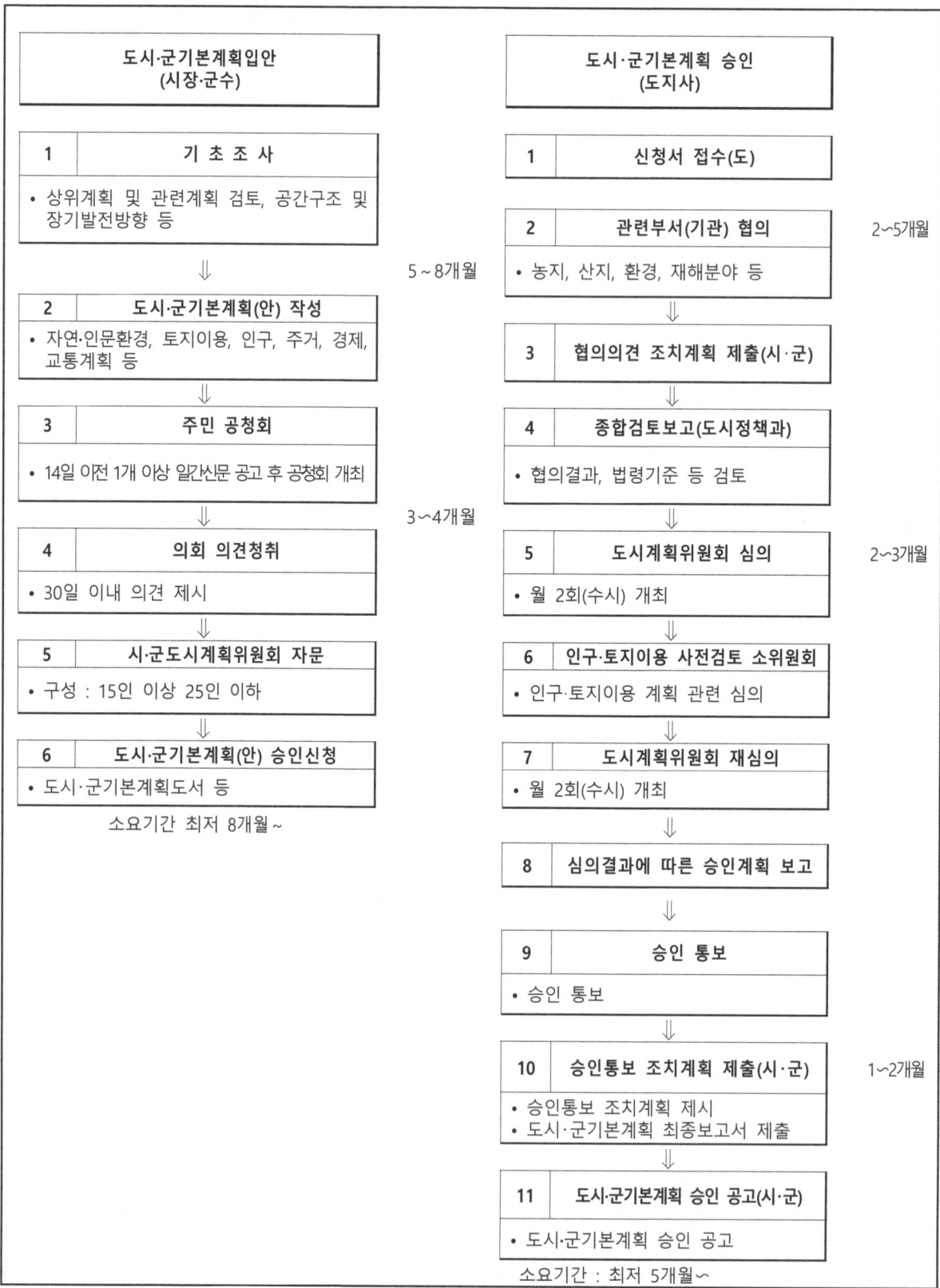

□ 도시·군관리계획 수립절차

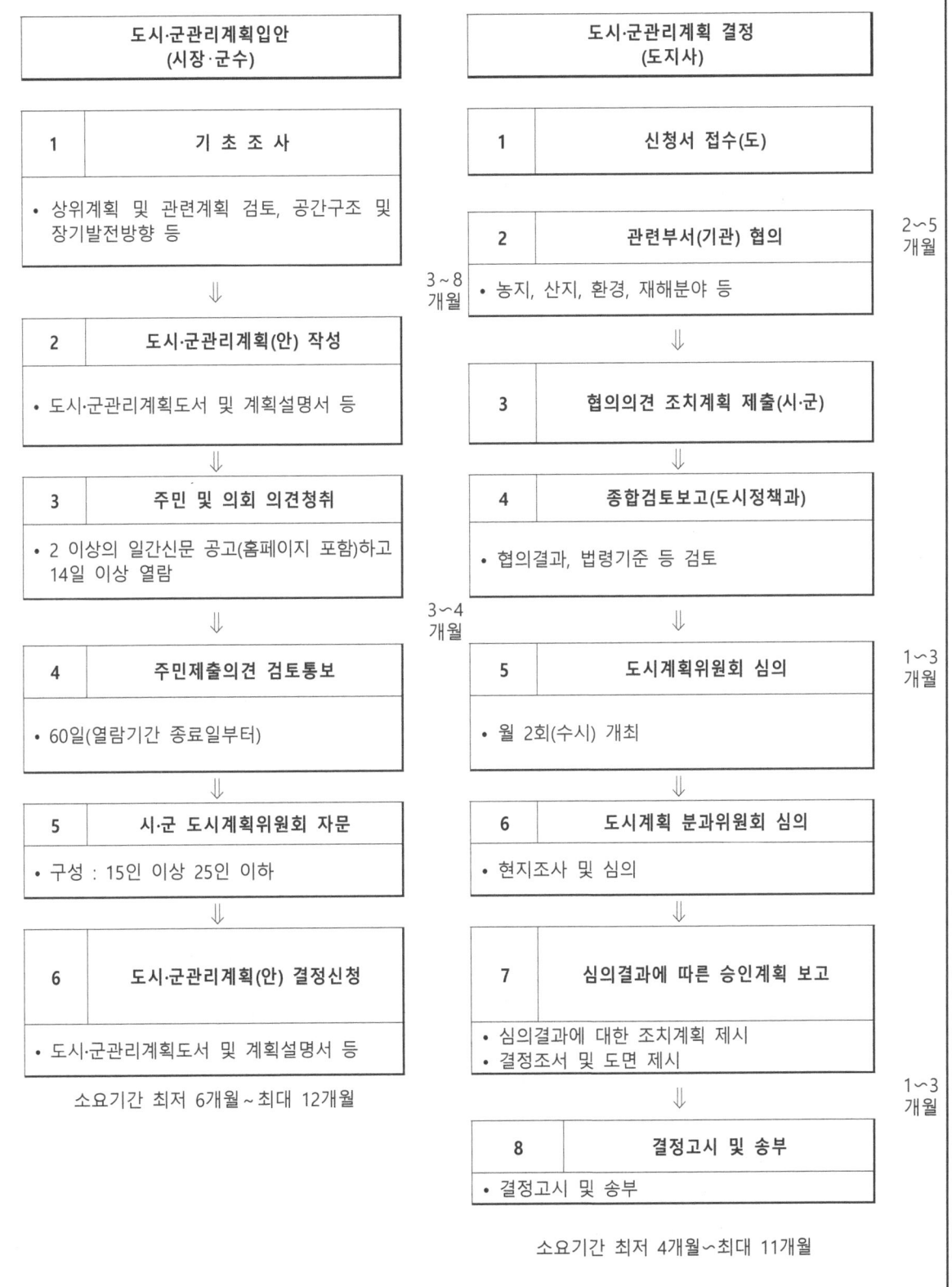

□ 도시·군계획시설 수립절차 (시장·군수가 입안하는 경우)

성장관리계획수립지침

국토교통부 훈령 제1428호('21. 9. 14.) [시행 '21. 9. 14.]

목적 (제1절)	• 「국토의 계획 및 이용에 관한 법률」 및 같은 법 영 제70조의 15의 규정에 의하여 성장관리계획의 수립기준을 정함
용어의 정의 (제2절)	• 성장관리계획구역 - 지역특성, 개발여건 등을 고려하여 계획적 개발 및 관리를 통한 난개발 방지를 목적으로 성장관리계획을 수립하기 위하여 설정한 지역 또는 성장관리계획이 수립된 지역 • 성장관리계획 - 성장관리계획구역에서의 난개발을 방지하고 계획적인 개발을 유도하기 위하여 수립하는 계획

수립절차

기초조사

도시·군기본계획 및 도시·군관리계획의 구축자료 활용, 필요한 부분의 추가 조사

비시가화지역 토지이용 특성분석	- 해당지역의 비시가화지역(녹지,관리,농림 및 자연환경보전지역)의 인구·경제·자연환경·인문환경 현황을 조사·분석 - 비시가화지역의 토지이용현황, 건축물현황, 주요시설 입지 등을 분석하여 공간적 특성 도출 - 지역의 표고, 경사 등 자연환경적 요소와 법적제한 등 인문환경적 요소를 종합하여 개발가능지, 개발억제지, 개발불능지를 분석 (개발가능지 등 분석은 「도시·군기본계획수립지침」준용)
비시가화지역 개발현황 및 난개발현황분석	- 10년동안 개발행위허가의 연도별·지역별·용도지역별·건축물의 용도 통계 데이터를 분석하여 제시 - 지역 내 난개발 유형과 이로 인한 위험성을 검토 - 난개발이 발생한 지역과 향후 난개발이 발생할 가능성이 높은지역 예측

⇩

성장관리계획 입안

• 구역설정

일반원칙	- 개발행위 및 인구증가 추세, 주변지역의 개발여건 변화 및 지가변동률 등 객관적인 기초자료를 활용하되, 당해 지역의 여건과 정책적 고려사항 종합 - 당해 지역 및 주변지역의 토지이용, 교통여건, 관련 계획 등을 함께 고려 성장관리지역으로 의도하는 목적이 달성될 수 있는지 그 타당성 검토
지정기준	- 비시가화지역 중 다음 어느 하나에 해당하는 지역의 전부 또는 일부 지정 · 개발수요가 많아 무질서한 개발이 진행되고 있거나 진행될 것으로 예상되는 지역 · 주변의 토지이용이나 교통여건 변화 등으로 향후 시가화가 예상되는 지역 · 주변 지역과 연계하여 체계적인 관리가 필요한 지역 · 「토지이용규제 기본법」 제2조 제1호에 따른 지역·지구 등의 변경으로 토지이용에 대한 행위제한이 완화되는 지역 · 인구감소, 경제성장 정체 등으로 압축적이고 효율적인 도시성장관리가 필요한 지역 · 공장, 제조업소 및 축사 등과 입지 분리 등을 통해 쾌적한 주거환경 조성이 필요한 지역 · 그 밖에 위에 준하는 지역으로 도시·군계획조례로 정하는 지역
경계설정	- 성장관리계획의 목적달성과 효율적 관리를 위하여 가능한 정형화된 지역으로 설정 - 정형화된 지역, 도로·하천 그 밖에 특색 있는 지형지물을 이용하는 경계선이 분명하게 구분

• 성장관리계획의 수립기준
- 다음사항 중 성장관리계획구역의 지정목적을 이루는데 필요한 사항을 포함하여 수립

1. 구역 내 토지개발·이용, 기반시설 수급, 생활환경, 난개발 정도 등의 현황 및 문제점 2. 도로, 공원 등 기반시설의 배치와 규모에 관한 사항	3. 건축물의 용도제한, 건축물의 건폐율 또는 용적률 4. 건축물의 배치·형태·색채·높이 5. 환경관리계획 및 경관계획, 그 외 조례로 정하는 사항

- 도시·군기본계획 및 도시·군관리계획 내용과 부합
- 지역현황 및 개발여건, 성장잠재력 등 고려, 환경친화적 계획 수립
- 주민의견을 수렴하기위한 설문조사, 주민설명회 등 실시 가능
- 도시계획, 건축, 경관, 토목, 조경, 교통 등 필요 분야의 전문가에게 협력
- 기반시설계획 등 꼭 필요사항만 포함, 가능한 수립내용의 간소화하여 지역 개발행위 등 경제활동에 미치는 영향 최소화

수립절차			
	성장관리 방안입안	구분	세부 내용
		기반 시설	- 이 지침에서 정하지 아니한 사항은 「지구단위계획수립지침」 및 「도시·군계획시설의 결정·구조 및 설치기준에 관한 규칙」 등 규정 준용 - 기반시설계획 수립 시 고려사항 : 예상되는 지역 상주·상근인구 및 이용인구, 도로 등의 시설의 향후 주변지역의 성장방향과 성장 가능성, 도로·상하수도 등 용량 - 기반시설을 계획 시 에너지 및 자원의 절약에 관한 사항을 고려 환경친화적으로 설치 - 주거가 밀집되는 지역은 학교, 공원, 유치원, 보육시설 등에 대한 시설을 함께 고려 - 경사지 내 도로는 원지형을 살린 형태로 조성하며, 급경사 도로가 조성 지양 - 도로 등의 기반시설을 계획 시 기존의 기반시설을 우선적으로 활용, 토지소유자 및 이해 관계자 간의 형평성을 최대한 고려하여 효율적이고 합리적인 계획 - 지역 여건을 고려한 도로계획선 등 기법 도입으로 부족한 기반시설 설치 가능
		건축물 용도	- 「건축법」 시행령 [별표 1]에 따라 구분, 당해 지역여건, 기존 건축물 용도 등 적절 설정 - 설정목적에 맞지 않는 과도한 용도지정에 따른 주민불편 최소화

		건축물
		건폐율
		용적률
			- 당해 용도지역의 건폐율 및 용적률을 적용하는 것을 원칙, 토지 일부의 기반시설 편입 여부, 권장사항 이행 여부 등에 따라 인센티브를 차등 제공하는 등 허용범위를 다르게 제시하여 성장관리방안의 목적달성 방안 활용
			- 성장관리방안 수립 시 건폐율 및 용적률은 다음 각 호의 범위에서 도시·군계획조례로 정한 바에 따라 완화하여 적용
			  (1) 건폐율은 계획관리지역은 50% 이하, 자연녹지지역 및 생산관리지역은 30% 이하
			  (2) 용적률은 계획관리지역 125% 이하

		건축물
		배치·형태·
		색채·높이
			- 지역의 이미지, 가로경관의 연속성, 자연경관 및 수변경관과의 조화 등을 고려하여 계획
			- 다음 각 호에 해당되는 경우에 한하여 우선 포함하는 것을 원칙
			  (1) 차량통행이 많은 주요간선도로 변, 관광지주변, 산책로 등 경관관리의 필요성이 높은 지역, 전통마을이나 문화재 주변지역, 공장·창고·발전시설 등 대형 건축물 밀집지역
			  (2) 당해 지역 여건 등으로 동 내용을 포함하는 것이 필요하다고 수립권자가 인정
			- 건축물의 배치·형태·색채·높이 등을 권장사항으로 계획하는 경우, 건폐율 및 용적률 완화 조건과 연계하여 운용가능

		환경관리 계획	- 야생동물의 서식지 주변 지역, 자연생태계 보전이 필요한 지역, 환경오염으로 인한 피해가 예상되는 지역 등에 대하여 환경관리계획을 수립 - 자연생태계보전, 산림·녹지·하천의 연속성 보호, 임상이 양호한 지역 훼손되지 않도록 개발제한 및 저감방안 마련, 경사지에서는 자연지형을 살린 개발 유도와 환경영향저감대책 마련 등의 사항을 고려하여 계획
		경관계획	- 다음을 고려한 경관계획 수립 (1) 지역의 정체성을 살릴 수 있는 자연경관과 농촌경관은 보전을 원칙 (2) 역사·문화적 자산은 경관관리의 우선 고려사항으로 검토 (3) 하천·도로·해변·녹지 등의 경관축을 보호하여 해당 지역 전체의 주요 경관이 상호 조화를 이루도록 유도 (4) 건축물 건축, 공작물 설치 등의 경우 주변 경관과 조화를 이루도록 하여야 하며, 주변 경관에 대한 조망권이 침해되지 않도록 유도 - 경사지를 개발하는 경우 위압적인 경관을 최소화하고 자연경관과의 조화 추구 (절토 최소화, 옹벽높이 제한, 인공구조물 녹화계획, 대형건축물 부지 조경등)
		기존건축물 특례	- 건축물대장에 따라 확인되는 경우 종전용도로 사용 허용 - 기존 건축물의 대수선은 건폐율,용적률이 증가되지 않는 범위에서 허용
	⇩		
	주민·지방 의회의견청취		전국 또는 해당 지방자치단체의 지역을 주된 보급지역으로 하는 둘 이상의 일간신문과 해당 지방자치단체의 인터넷 홈페이지 등에 공고하고 14일 이상 일반인 열람, 지방의회는 특별한 사유가 없으면 송부 받은 날부터 60일 이내에 지정권자에게 의견을 제시
	⇩		
	관계기관 협의		• 관계기관 협의 및 시·군도시계획위원회 심의 제외 - 전체 면적 10% 미만 변경 및 그 변경지역에서 성장관리방안을 변경(대상지역에 둘 이상의 읍·면 또는 동이 포함 시 구분한 지역 면적이 10% 이내 변경) - 기반시설부지 면적의 10% 미만(도로 시종점 변경과 중심선이 도로의 범위를 벗어나는 경우 제외) - 지형사정으로 기반시설의 근소한 위치변경 또는 비탈면 등으로 인한 부지 불가피한 변경 - 건축물의 배치·형태·색채·높이의 변경 - 그 밖의 조례로 정하는 경미한 변경
	⇩		
	시·군 도시 계획위원회 심의		
	⇩		
	결정고시		• 성장관리방안 내용 고시 및 일반인 열람 - 성장관리방안의 목적, 위치 및 경계, 면적 및 규모, 수립 내용 등
	⇩		
	일반열람		• 14일 이상 서류 열람 및 5년마다 재검토하여 정비

입지규제최소구역 지정 등에 관한 지침

[국토교통부고시 제2020-712호, 2020. 10. 6. 일부개정]

입지규제 최소구역	• 광역도시계획, 도시기본계획 등 상위계획에서 제시한 도시개발 및 관리 방향을 달성하기 위하여 특정 공간을 별도로 관리할 필요가 있는 지역에 대해 도시·군관리계획으로 지정하는 용도구역
의의	• 용도지역·지구에 따른 일률적인 기준을 특정 공간에 대해 유연하게 적용할 수 있도록 하여 공간 맞춤형 도시계획을 허용함으로써 개성있고 창의적인 도시공간 조성 유도 • 도시지역 내 주거·상업·산업·문화 등 다양한 기능을 집적시켜 복합적이고 압축적인 토지이용을 증진시켜 도시활력을 되살리고 지역경제를 활성화하기 위한 거점을 육성 • 기성시가지의 침체되고 낙후된 주거환경, 경제활동, 사회·문화기능 등을 제고하고 기존 도시기능을 전환하거나 낙후된 도시환경을 개선하는 등 다양한 도시개발 및 정비를 지원
입지규제최소 구역계획	• 입지규제최소구역에서의 토지의 이용 및 건축물의 용도·건폐율·용적률·높이 등의 제한에 관한 사항 등 입지규제최소구역의 관리에 필요한 사항을 정하기 위하여 수립하는 도시·군관리계획
위상	• 특별건축구역으로 지정된 것으로 간주
구역지정의 일반원칙	• 도시지역에서 복합적인 공간이용을 증진시켜 도시 정비를 촉진하고 지역 거점을 육성할 필요가 있는 지역 • 지역의 특수한 수요와 여건에 대응, 다양하고 창의적인 도시공간을 조성하기 위해서 용도지역·지구에 따른 기준의 예외 적용이 필요한 지역 • 기반시설 등이 어느 정도 갖추어져 다양한 기능의 복합화로 토지의 효율적 이용이 가능하거나, 낙후된 도심의 기능 회복, 지역 경제 활성화 및 도시 활력을 되살리기 위한 거점 조성이 가능한 잠재력이 있는 지역 • 도시기본계획의 비전과 목표, 도시 발전전략, 공간구조 및 입지규제최소구역 지정 목적의 실현가능성 등을 종합적으로 고려 • 다른 법률에 따라 지정된 개발구역(도시개발구역, 정비사업구역 등)의 전부 또는 일부에 대해 중첩하여 지정하거나, 여러 사업구역을 통합하여 지정 • 거점시설 부지 등의 단일 부지에 대해 지정하거나, 특화된 기능을 집중시킬 필요가 있는 일단의 지역 (관광특구, 경관사업지역 등)을 대상으로 지정 • 지역 산업 발전을 견인하면서 지역경제 경쟁력을 강화하기 위해 「국가균형발전 특별법」 제22조에 따른 지역발전위원회의 심의를 거쳐 선정된 지역전략산업을 육성할 수 있도록 규제 특례 적용 등을 적용하여 창의적인 개발 등이 필요한 경우에 지정
구역지정 요건	• 도시지역 중 복합적인 토지이용을 증진시켜 도시정비를 촉진하고 지역 거점을 육성할 필요가 있는 지역을 대상으로 다음의 해당하는 지역과 그 주변지역의 전부 또는 일부 - 도시·군기본계획에 따른 도심·부도심 또는 생활권의 중심지역 - 철도역사, 터미널, 항만, 공공청사, 문화시설 등 기반시설 중 지역의 거점 역할을 수행하는 시설을 중심으로 집중적으로 정비할 필요가 있는 지역 - 이 경우 기반시설 중 지역의 거점 역할을 수행하는 시설이란 도시·군계획시설 중 지역의 거점 역할 수행이 가능한 다음 3가지 유형의 시설

거점시설 유형	해당되는 시설의 종류
교통거점형	철도역사, 여객자동차터미널, 물류터미널, 복합환승센터, 항만, 공항
생활문화거점형	학교, 공공청사, 문화·체육시설, 사회복지시설, 도서관
경제거점형	유통업무설비, 연구시설, 종합의료시설

구분	내용
구역지정 요건	• 세 개 이상의 노선이 교차하는 대중교통 결절지로부터 1km 이내에 위치한 지역 - 세 개 이상의 노선이 교차하는 대중교통 결절지로부터 1km 이내에 위치한 지역'이란 지하철, 철도, 고속버스, 시외버스, 광역버스, 항만, 공항 등 3개 이상의 대중교통 정류장이 반경 500m 이내 지역 • 노후·불량 건축물이 밀집한 주거지역 또는 공업지역으로 정비가 시급한 지역 -「도시재생 활성화 및 지원에 관한 특별법」제2조 제1항 제5호에 따른 도시재생활성화지역 중 같은 법 제2조 제1항 제6호에 따른 도시경제기반형 활성화계획을 수립하는 지역 • 도시지역에 지정, 녹지지역은 전체 구역 면적의 10% 이내 범위에서 포함(단, 거점시설 부지 또는 다른 법률에 따라 이미 지정된 개발구역 내 녹지지역은 면적비율 산정 대상에서 제외) • 입지규제최소구역이 무분별하게 지정되지 않도록, 도시계획위원회에서 지정 필요성과 계획의 합리성 등을 종합적으로 고려하여 지정
계획수립의 일반원칙	• 복합적 토지이용 증진을 위해 주거, 업무, 판매, 산업, 문화, 관광 등의 기능 중에서 2개 이상의 중심기능을 복합하여 계획하며, 어느 하나의 기능에 집중되지 않도록 기능별 최대 비율이 60%를 넘지 않도록 함 - 주거 계획 시 구역 내 가용 총 연면적 중 주거에 해당하는 연면적은 20% 이하, 단, 특별시·광역시·특별자치시·특별자치도 및 인구 50만 이상의 대도시의 경우는 40%로 하되, 입지규제최소구역 지정 주요 목적인 노후 주거지 정비인 경우에는 50% 이하로 하며, 이 경우 임대주택 연면적은 전체 주택 총 연면적의 30%(주거기능비율이 40%를 초과하는 경우에는 주거기능비율에서 10%를 감한비율) 이상이 되도록 함 | 중심기능 | 해당 건축물 용도(「건축법」 시행령 [별표 1] 기준) | |---|---| | 주거 | 단독주택, 공동주택 | | 업무·판매 | 업무시설(공공, 일반), 판매시설(도매시장, 소매시장, 상점) | | 산업 | 공장, 자동차 관련시설, 창고 | | 사회문화 | 문화시설, 방송통신시설, 교육연구시설, 사회복지시설, 종합의료시설 | | 관광 | 관광휴게시설, 운동시설, 숙박시설, 위락시설 | • 입지규제최소구역계획은 도시·군기본계획의 기본방향 등에 부합하도록 계획. 도시재생활성화계획 등 관련 계획과 연계 • 입지규제최소구역에서의 토지이용계획을 수립할 때에는 토지이용 현황, 개발수요, 기반시설, 경관, 환경 등을 고려하여 그에 적합하게 허용용도, 건폐율, 용적률, 높이 등을 완화 또는 강화하여 계획 • 입지규제최소구역 지정으로 인해 주변 지역에 미치는 영향을 검토하여 주변에 미치는 부정적 영향이 최소화되도록 하고 주변 지역에 대한 보완대책 등을 함께 검토 • 입지규제최소구역에 녹지지역 또는 역사문화환경 보전지역이 포함되는 경우에는 자연환경 및 역사문화환경의 훼손이 최소화되도록 계획 • 기반시설 확보가 필요한 경우에는 이에 대한 재원조달 계획 등을 수립하여 입지규제최소구역 지정 목적의 실현 가능성 제고
용도지역지구, 도시군계획시설 및 지구단위계획 결정에 관한 사항	• 입지규제최소구역계획의 내용에 따라 구역 내 종전의 용도지역지구, 도시군계획시설 및 지구단위계획의 변경 또는 수립이 필요하거나, 구역 주변지역의 도시관리계획 변경 또는 수립이 필요한 경우 입지규제최소구역 계획 내용에 이를 포함하여 결정한다.
다른 법률 규정의 완화 배제	• 다음 각 호의 기준을 완화 또는 배제가능 -「주택법」제21조에 따른 주택의 배치, 주택과의 복합 건축 및 부대시설·복리시설의 설치기준 -「주차장법」제19조에 따른 부설주차장의 설치기준 -「문화예술진흥법」제9조에 따른 건축물에 대한 미술작품의 설치 의무
입지규제 최소구역의 체계적 개발관리	• 지역전략산업 육성을 위하여 입지규제최소구역을 계획시 구역의 공간적 범위가 과도하게 되지 않도록 하며, 지역전략산업 육성을 위한 핵심적인 개발사업 등을 중심으로 구역이 지정 • 이 경우 계획의 입안권자가 시장·군수인 경우에는 해당 계획이 지역전략산업 육성을 위한 것으로 시·도지사가 인정하는 사항이어야 하며, 이를 위해 시·도지사는 해당 시·도도시계획위원회 자문을 거칠 수 있음

절차도

□ 입지규제최소구역 지정절차

기초조사 (특별시장·광역시장·특별자치시장·특별자치도지사·시장·군수)	「도시·군기본계획수립지침」에 규정된 사항을 준용 실시
⇩	

입지규제최소구역 지정 및 입지규제최소구역계획 입안
(특별시장·광역시장·특별자치시장·특별자치도지사·시장·군수)
	입지규제최소구역 지정 시 입지규제최소구역계획의 동시 수립
	• 지정 및 계획안 입안 시 고려사항
	  - 입지규제최소구역의 지정 목적
	  - 해당 지역의 용도지역·기반시설 등 토지이용 현황
	  - 도시·군기본계획과의 부합성
	  - 주변지역의 기반시설, 경관, 환경 등에 미치는 영향 및 도시환경 개선·정비효과
	  - 도시의 개발수요 및 지역에 미치는 사회적·경제적 파급효과

⇩	
주민의견 청취	
⇩	

도시·군관리계획 결정 신청
(해당 지자체장 → 결정권자)
	• **결정신청서 포함사항**
	  - 도시·군관리계획 결정조서, 결정도, 계획설명서
	• **결정조서 작성사항**
	  - 용도구역 결정에 관한 사항
	  - 기반시설계획에 관한 사항(도시군계획시설 결정 기반시설계획 및 확보방안)
	  - 토지이용계획에 관한 사항(건축물의 용도·종류·규모 및 건폐율, 용적률, 높이 등에 관한 사항)
	  - 다른 법률 규정 적용의 완화 또는 배제에 관한 사항
	  - 용도지역·지구, 도시·군계획시설 및 지구단위계획의 결정(변경)
	  - 입지규제최소구역의 체계적 개발과 관리에 필요한 사항

⇩	
관계 행정기관 협의(10일) 및 관련 법률에 따른 각종 평가·협의(결정권자)	
⇩	
지방도시계획위원회 심의	• 도시계획위원회 심의 시 학교환경위생정화위원회 및 문화재위원회와 공동심의 - 학교환경위생 정화구역에서의 행위제한 또는 역사환경 보존지역에서의 행위제한 완화에 대한 검토 필요 경우
⇩	
입지규제최소구역의 지정 및 계획 결정·고시 (결정권자)	• 시·도지사가 결정 가능한 경우 - 면적 10% 이내 변경 및 동 변경지역 내 계획 변경 - 지정목적을 저해하지 않는 범위 내 시·도지사가 인정하여 변경(건폐율·용적률 20% 이내)
지자체에 송부 ⇩	
일반 열람 (특별시장·광역시장·특별자치시장·특별자치도지사·시장·군수)	

- 47 -

□ 입지규제최소구역 사전협의절차

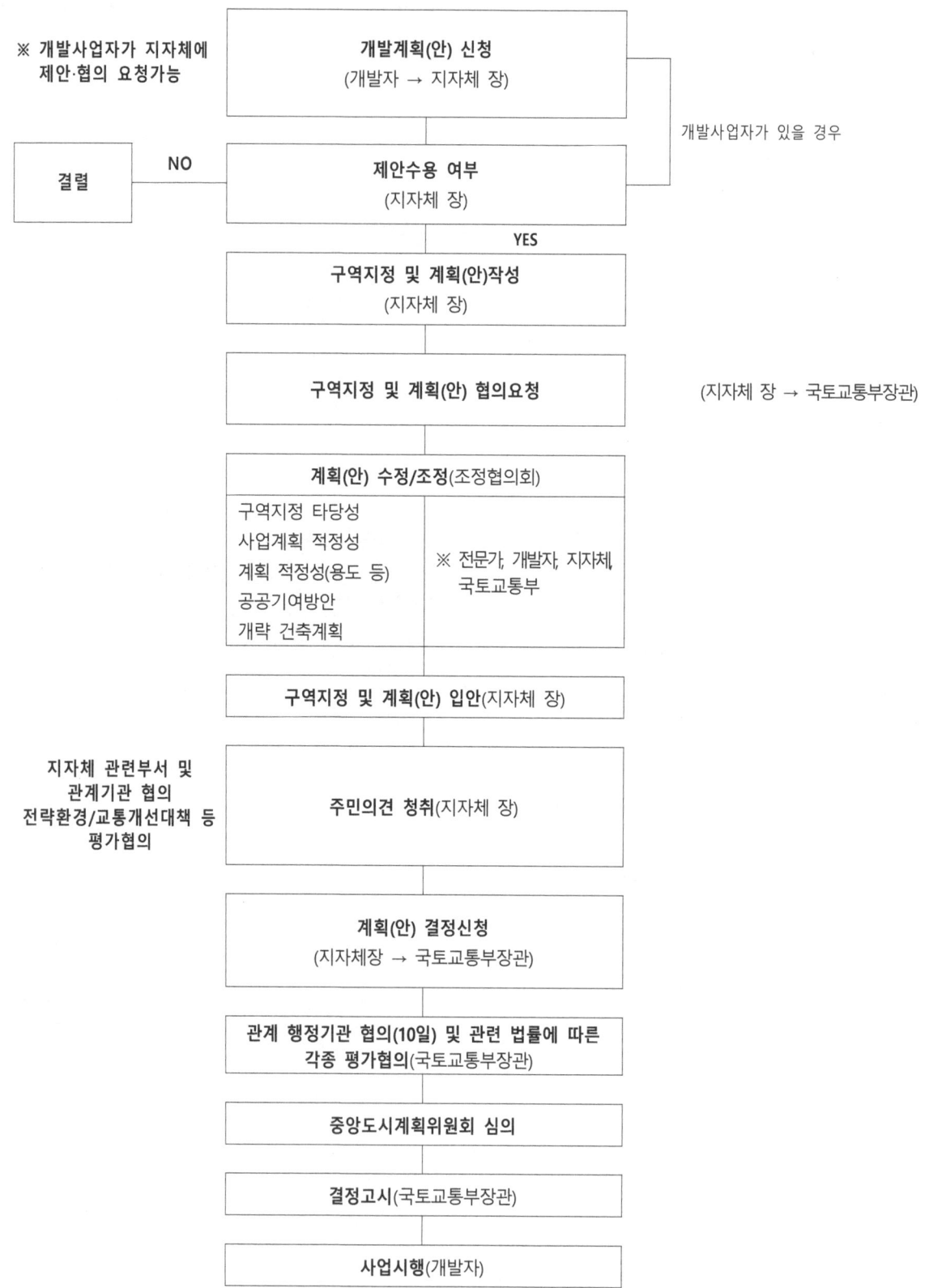

도시·군계획시설 장기미집행 해소 및 관리 가이드라인

국토교통부 도시정책과-2357(2018. 3. 14.)호

구분	내용
목적	• 「국토의 계획 및 이용에 관한 법률」 제25조에 의해 결정된 도시·군계획시설 중 시행령 제19조 제9호에 따라 규모 등이 도시·군의 여건 변화로 인하여 현 시점에서 불합리하거나 집행 가능성이 없는 시설을 재검토하여 해제하거나 조정함으로써 토지이용의 활성화 도모
가이드라인 성격과 의의	• 「국토의 계획 및 이용에 관한 법률」 제25조에 의해 결정된 도시·군계획시설 중 결정 고시 후 10년 이상 장기미집행된 도시·군계획시설의 해제를 위한 방향과 기준 제시 • 장기미집행 시설의 자동 실효에 대비하여 도시기능을 유지시키기 위한 객관적인 기준과 합리적인 절차를 제공하고, 도시·군관리계획 결정 과정에서 나타나는 문제점 최소화
적용 대상 및 범위	• 도시·군계획시설 결정 고시일부터 10년 이내에 그 시설의 설치에 관한 사업이 시행되지 아니한 모든 도시·군계획시설을 대상, 필요 시 고시일로부터 10년 미만의 시설도 일부 포함 • 해제가 검토되는 대상 시설의 범위는 단계별 집행계획 수립시점을 기준으로 가이드라인에 따라 단계별 집행계획을 수립 또는 재수립하는 날 현재 장기미집행 도시·군계획시설에 해당하는 모든 도시·군계획시설
가이드라인의 적용	• 기본적인 고려사항 - 도시·군계획시설별 설치목적과 기능 고려, 관리목표와 방향 검토 - 장기미집행 시설 중 구성 비율이 높고 집행에 많은 예산이 소요되는 도로, 공원 중점 검토 - 재정투입을 통해 장기미집행시설의 실효시점 전까지 집행 가능한 시설은 중기재정계획과 연계 집행계획 수립함으로 재원확보 및 우선순위 설정 - 재정투입을 통해 집행 불가한 장기미집행시설은 예상되는 문제점 분석 및 관리방안 수립 - 장기미집행 도시·군계획시설 해제에 대한 정비절차 진행시 가급적 신규시설 결정 불가, 향후 신규시설 결정시 재원조달방안 마련 등 구체적 집행계획 마련 • 재검토 기준 - 미래 개발수요에 대비하기 위해 토지확보 차원에서 결정시설은 조정·해제 - 예산상 집행가능성은 시설부지의 보상 및 시설의 설치를 위한 재원조달 가능성을 시군 재정상황과 합리적 추정을 근거한 예측을 바탕으로 검토 - 지방재정여건상 실현가능한 단계별 집행계획에 포함될 수 없는 시설은 원칙적으로 폐지 검토 - 민간투자사업과 도시·군계획시설과 연계된 사업으로 집행하는 비재정적 집행가능시설은 본 가이드라인에서 제시한 기준 준수 분류 • 적용 순서 장기미집행시설 중 도시·군계획시설사업 ├ 법적, 기술적, 환경적 문제로 사업시행이 곤란한 시설 → 우선해제시설 └ 우선 해제시설 외 → 단계별 집행계획 수립공고, '15년 12월 31일까지 ※ 지자체 재정으로 집행 불가한 시설 중 비재정적 집행가능시설에 대해선 가이드라인에 따라 집행계획 수립 단계별 집행계획에 반영 ※ 우선해제시설 및 단계별 집행계획 집행이 불가한 시설은 장기미집행 시설 정비절차 이행
우선해제시설 분류에 따른 해제기준	**공통기준** - 「도시·군계획시설의 결정·구조 및 설치기준에 관한 규칙」 및 관례 법령에 의한 입지 및 규모기준에 부적합 - 종·횡단 단차가 극심하여 지형조건상 당해 시설 설치가 불가능(방재시설 제외) - 도시·군계획시설의 설치나 공사로 인해 환경·생태적으로 양호한 자연환경 훼손 **도로** - 급경사지 등 자연적 제약 요소로 도로가 미개설된 경우 - 미개설구간에 군부대, 공공시설, 공동주택 등 철거가 사실상 불가능한 시설 입지 - 기존 도로 확폭시 일부는 단차가 심하여 계단, 옹벽처리 등이 필요한 경우 - 환경 생태적으로 우수한 개발제한구역, 보전녹지지역, 공원 등을 관통하여 지나치게 경관 훼손하거나 과도한 터널계획 필요 **공원** - 공원 등이 공공시설물 건축으로 인하여 시설의 일부가 해제되거나 도로에 의해 공원이 분리되어 잔여 토지면적으로 도시공원규모 기준에 미달되어 지정목적의 공원기능수행 불가 - 공원조성보다는 임상이 양호하여 보전목적으로 과다 지정(공원지정 불필요한 지역) - 공원조성계획이 본 가이드라인 배포 시까지 미입안

구분			세부내용
우선해제시설 분류에 따른 해제기준	녹지		- 원인시설이 도로·하천 그 밖에 이와 유사한 다른 시설과 접속되어 있어 다른 시설이 녹지기능의 용도로 대체 가능 - 접도구역과 저촉되고 주용도가 소음저감을 위한 녹지인 경우로 대체시설로 그 기능을 대신할 수 있는 경우 - 철도보호지구로 지정되었거나 이미 시가지가 조성되어 녹지의 설치가 곤란한 지역 중 방음벽 등 안전시설을 설치한 지역 - 철도 및 도로변 완충녹지 내 상가 및 주택 등이 밀집되어 있어 시설 집행의 장기화가 예상되고 주용도가 소음 저감을 위한 녹지인 경우로 철도 및 도로의 장래확장에 지장이 없고 대체시설이 설치되어 있어 그 기능을 대신할 수 있는 경우 - 주거지역과 다른 용도지역간의 상충을 완화하기 위해 결정된 완충녹지로서 주거환경을 저해하는 용도의 건축물이 주거지역으로부터 지자체가 정한 거리 내 없는 경우
	기타		- 원인이 되는 도시·군계획시설이 우선해제시설로 분류 - 원인이 되는 도시·군계획시설이 폐지 또는 변경되었음에도 불구하고 존치되어 있는 시설
단계별 집행계획 수립에 따른 해제기준	기본원칙		- 우선해제시설을 제외한 모든 미집행 중인 도시·군계획시설에 대해 필요성과 재정수요의 추정범위 내 투자우선순위 결정 - 장기미집행시설 실효시점의 전까지 단계별 집행계획에 포함된 시설에 한하여 재정적 집행가능시설로 분류
	도시·군계획시설사업 집행예산 산정		- '16년부터 향후 10년간 도시·군계획시설에 대한 집행예산 추계, 도시·군계획시설 사업 예산규모를 산정, '15년 12월 31일까지 수립 또는 재수립 - 처음 5년(2016년~2020년)은 중기재정계획상 도시·군계획시설사업 예산을 기초로 이후 5년은 중기재정 계획 증감추세를 감안하여 산정. 단 이후 5년의 총액은 처음 5년간 집행계획 예산 총액의 120% 초과 불가 - 단계별 집행계획의 예산은 시설 실효 전까지 실시계획인가나 그에 상당하는 절차가 진행될 수 있는 경우에 한정하여 투입시점으로 반영
	도시군계획시설사업의 집행순위		- 우선해제시설을 제외한 모든 미집행 도시·군계획시설에 대해 투자우선순위를 정한 단계별 집행계획을 수립 '15년 12월 31일까지 공고 - 도시·군계획시설 결정일부터 미집행기간이 긴 시설은 집행의 필요성이 낮은 시설로 분류 - 현재 토지이용상 지장물 유무 및 자연조건을 고려하여 개설가능 여부를 검토하여 집행의 필요성이 낮은 시설로 분류
비재정적 집행방안 수립에 따른 해제기준	기본원칙		- 「사회기반시설에 대한 민간투자법」 및 「도시공원 및 녹지 등에 관한 법률」 등 관련 법에 따른 민간투자사업과 도시·군계획사업과의 연계를 통한 공공기여 방식으로 한정 - 2015년 12월 31일까지 분류 - 비재정적 집행가능시설은 본 가이드라인에 따라 수립되는 단계별 집행계획에 포함되어야 하며, 장기 미집행 시설의 실효 전까지 실시계획인가나 그에 상응하는 절차가 진행될 수 있는 경우에 한정하여 투입시점으로 반영
	민간투자사업	범위	- 민간투자사업, 민간공원 추진자가 도시공원 조성 및 비공원시설 설치하는 사업 - 기타 관계 법령에 따라 민간부문이 자금을 조달하여 도시·군계획시설을 설치하는 사업
		적용기준	- 과거 5년간 기반시설 설치를 위한 민간투자사업의 총액 범위 내 비재정적 집행가능시설로 분류
	공공기여	범위	- 「도시개발법」에 따른 도시개발사업 - 「도시 및 주거환경정비법」에 따른 정비사업 - 기타 관련법에 따라 도시·군계획시설에 대한 도시·군관리계획
		적용기준	- 기부채납 운영기준에 따라 사업구역 전체 면적 대비 최대 25% 이내 비재정적 집행가능시설로 분류
관리방안			- 용도지역·지구·구역 지정을 통한 대체 관리방안 - 지구단위계획, 성장관리방안 등 계획적 관리방안 - 개발행위허가 운영기준, 지방도시계획위원회 심의기준, 개발사업 검토기준 등 인허가 관리를 통한 계획적 개발을 유도하는 관리방안 - 현황에 맞춘 시설결정 또는 기타 관리방안
장기 미집행시설 정비절차	구분		세부내용
	도시·군관리계획 입안 전 절차		장기미집행 도시·군계획시설을 갖고 있는 모든 지방자치단체는 본 가이드라인에 따라 '15년 12월 31일까지 다음 절차 완료 - 우선해제시설 분류 - 단계별 집행계획 분류 - 비재정적 집행가능시설 검토 - 필요시 미집행공원에 대한 편입토지별 기초조사 - 단계별 집행계획에 대한 지방의회 의견청취 및 공고
	도시·군관리계획 입안·결정 절차		- 재정적 집행가능시설과 비재정적 집행가능시설을 제외한 모든 장기미집행시설 대상으로 '16년 1월 1일부터 착수 - 시설별 관리방안을 마련하여 '16년 12월 31일까지 도시·군관리계획 결정·고시 - 지구단위계획, 정비계획 등 별도의 도시·군계획이 수립되어 있는 구역 내의 미집행 도시·군계획시설의 경우 시설의 해제에 대한 도시·군관리계획과 시설 해제를 반영한 도시·군관리계획을 가급적 동시 입안 - 입안된 도시·군관리계획에 대해 결정권자는 관계기관 협의과정에서 이견이 발생하거나 주민의견 청취 과정에서 민원이 발생하는 등 조정 필요시설을 제외한 나머지 시설에 대하여는 즉시 도시·군관리계획을 결정·고시

도시·군계획시설의 결정·구조 및 설치기준에 관한 규칙

영공포 : 최초 '02. 12. 30.　　최종개정 : '21. 8. 27.　　시행일자 : '21. 8. 27.

「도시·군계획시설의 결정구조 및 설치기준에 관한 규칙」 구성체계

제1장 총칙			
제1조 목적 제2조 도시·군계획시설결정의 범위 제3조 도시·군계획시설의 중복결정 제4조 입체적 도시·군계획시설결정		제4조의2 도시·군계획시설을 통한 도시활성화 제5조 도시·군계획시설의 규모 제6조 건축물인 도시·군계획시설의 구조 및 설비 제6조의2 부대시설 및 편익시설의 설치	제7조 장애인 등을 위한 편의시설 제8조 환경·문화·경관의 보호 제8조의2 도시안전 및 건강 제8조의3 자연상태의 물순환 회복
제2장 교통시설(8개 시설): 도로, 철도, 항만, 공항, 주차장, 자동차정류장, 궤도, 차량검사 및 면허시설			
제1절 도로			제2절 철도
제9조 도로의 구분 제10조 도로의 일반적 결정기준 제11조 용도지역별 도로율 제12조 도로의 구조 및 설치에 관한 일반적 기준 제13조 노선 및 노선번호 제14조 도로모퉁이의 길이 등 제14조의2 보도의 결정기준	제14조의3 보도의 구조 및 설치기준 제15조 횡단보도 제16조 지하도로 및 고가도로의 결정기준 제17조 지하도로 및 고가도로의 구조 및 설치기준 제18조 보행자전용도로의 결정기준	제19조 보행자전용도로의 구조 및 설치기준 제19조의2 보행우선도로의 결정기준 제19조의3 보행우선도로의 구조 및 설치기준 제20조 자전거전용도로의 결정기준 제21조 자전거전용도로의 구조 및 설치기준	제22조 철도 제23조 철도의 결정기준 제24조 철도의 구조 및 설치기준
제3절 항만	제4절 공항	제5절 주차장	제6절 자동차정류장
제25조 항만 제26조 항만의 결정기준 및 구조·설치기준	제27조 공항 제28조 공항의 결정기준 및 구조·설치기준	제29조 주차장 제30조 주차장의 결정기준 및 구조·설치기준	제31조 자동차정류장 제32조 자동차정류장의 결정기준 제33조 자동차정류장의 구조 및 설치기준
제7절 궤도	제8절 삭제(삭도), 제9절 삭제(운하)	제10절 차량검사 및 면허시설	
제34조 궤도 제35조 궤도의 결정기준 제36조 궤도의 구조 및 설치기준	제37조~제42조 삭제	제43조 차량검사 및 면허시설 제44조 차량검사 및 면허시설의 결정기준 제45조 차량검사 및 면허시설의 구조 및 설치기준	
제3장 공간시설(5개 시설)			
제1절 광장	제2절 공원	제3절 녹지	제4절 유원지	제5절 공공공지
제49조 광장 제50조 광장의 결정기준 제51조 광장의 구조 및 설치기준	제52조 공원 제53조 공원의 결정기준 및 구조·설치기준	제54조 녹지 제55조 녹지의 결정기준 및 구조·설치기준	제56조 유원지 제57조 유원지의 결정기준 제58조 유원지의 구조 및 설치기준	제59조 공공공지 제60조 공공공지의 결정기준 제61조 공공공지의 구조 및 설치기준
제4장 유통 및 공급시설(9개 시설)			
제1절 유통업무설비	제2절 수도공급설비	제3절 전기공급설비	제4절 가스공급설비	제5절 열공급설비
제62조 유통업무설비 제63조 유통업무설비의 결정기준 제64조 유통업무설비의 구조 및 설치기준	제65조 수도공급설비 제66조 수도공급설비의 결정기준 및 구조·설치기준	제67조 전기공급설비 제68조 전기공급설비의 결정기준 제69조 전기공급설비의 구조 및 설치기준	제70조 가스공급설비 제71조 가스공급설비의 결정기준 제72조 가스공급설비의 구조 및 설치기준	제73조 열공급설비 제74조 열공급설비의 결정기준 제75조 열공급설비의 구조 및 설치기준
제6절 방송·통신시설	제7절 공동구	제8절 시장	제9절 유류저장 및 송유설비	
제76조 방송·통신시설 제77조 방송·통신시설의 결정기준 제78조 방송·통신시설의 구조 및 설치기준	제79조 공동구 제80조 공동구의 결정기준 제81조 공동구의 구조 및 설치기준	제82조 시장 제83조 시장의 결정기준 제84조 시장의 구조 및 설치기준	제85조 유류저장 및 송유설비 제86조 유류저장 및 송유설비의 결정기준 제87조 유류저장 및 송유설비의 구조 및 설치기준	
제5장 공공·문화체육시설(8개 시설)			
제1절 학교	제2절 삭제(운동장)	제3절 공공청사	제4절 문화시설	제5절 체육시설
제88조 학교 제89조 학교의 결정기준 제90조 학교의 구조 및 설치기준	제91조 삭제 제92조 삭제 제93조 삭제	제94조 공공청사 제95조 공공청사 결정기준 및 구조·설치기준	제96조 문화시설 제97조 문화시설 결정기준 제98조 문화시설의 구조 및 설치기준	제99조 체육시설 제100조 체육시설의 결정기준 제101조 체육시설의 구조 및 설치기준

제5장 공공·문화체육시설(8개 시설)

제6절 삭제(종전 도서관)	제7절 연구시설	제8절 사회복지시설	제9절 공공직업훈련시설	제10절 청소년수련시설
제102조 삭제 제103조 삭제 제104조 삭제	제105조 연구시설 제106조 연구시설 결정기준 및 구조·설치기준	제107조 사회복지시설 제108조 사회복지시설 결정기준 제109조 사회복지시설 구조 및 설치기준	제110조 공공직업훈련시설 제111조 공공직업훈련시설 결정기준 및 구조·설치기준	제112조 청소년수련시설 제113조 청소년수련시설 결정기준 제114조 청소년수련시설 구조 및 설치기준

제6장 방재시설(8개 시설)

제1절 하천	제2절 유수지	제3절 저수지	제4절 방화설비
제115조 하천 제116조 하천의 결정기준 제117조 하천의 구조 및 설치기준	제118조 유수지 제119조 유수시설의 결정기준 및 구조·설치기준 제120조 저류시설의 결정기준 및 구조·설치기준	제121조 저수지 제122조 저수지의 결정기준 및 구조·설치기준	제123조 방화설비 제124조 방화설비의 결정기준 및 구조·설치기준
제5절 방풍설비	**제6절 방수설비**	**제7절 사방설비**	**제8절 방조설비**
제125조 방풍설비 제126조 방풍설비의 결정기준 제127조 방풍설비의 구조 및 설치기준	제128조 방수설비 제129조 방수설비의 결정기준 및 구조·설치기준	제130조 사방설비 제131조 사방설비의 결정기준 제132조 사방설비의 구조 및 설치기준	제133조 방조설비 제134조 방조설비의 결정기준 제135조 방조설비의 구조 및 설치기준

제7장 보건위생시설(3개 시설)

제1절 장사시설	제2절 삭제(공동묘지)	제3절 삭제(봉안시설)	제3절의 2 삭제(자연장지)
제136조 장사시설 제137조 장사시설의 결정기준 제138조 장사시설의 구조 및 설치기준	제139조 삭제 제140조 삭제 제141조 삭제	제142조 삭제 제143조 삭제 제144조 삭제	제144조의2 삭제 제144조의3 삭제 제144조의4 삭제
제4절 삭제(장례식장)	**제5절 도축장**	**제6절 종합의료시설**	
제145조 삭제 제146조 삭제 제147조 삭제	제148조 도축장 제149조 도축장의 결정기준 제150조 도축장의 구조 및 설치기준	제151조 종합의료시설 제152조 종합의료시설의 결정기준 제153조 종합의료시설 구조 및 설치기준	

제8장 환경기초시설(5개 시설)

제1절 하수도	제2절 폐기물처리 및 재활용시설	제2절의2 빗물저장 및 이용시설	제3절 수질오염방지시설	제4절 폐차장
제154조 하수도 제155조 하수도의 결정기준 및 구조·설치기준	제156조 폐기물처리 및 재활용시설 제157조 폐기물처리 및 재활용시설의 결정기준 제158조 폐기물처리 및 재활용시설의 구조 및 설치기준	제158조의2 빗물저장 및 이용시설 제158조의3 빗물저장 및 이용시설의 결정·구조 및 설치기준	제159조 수질오염방지시설 제160조 수질오염방지시설의 결정기준 제161조 수질오염방지시설의 구조 및 설치기준	제162조 폐차장 제163조 폐차장의 결정기준 제164조 폐차장의 구조 및 설치기준

제1장 총칙

목 적 (법 제1조)	도시·군계획시설의 결정·구조 및 설치의 기준과 기반시설의 세분 및 범위에 관한 사항을 규정함
도시·군계획시설 결정의 범위 (법 제2조)	• 기반시설에 대한 도시·군관리계획결정(이하 "도시·군계획시설결정")을 할 경우에는 해당 도시·군계획시설의 종류와 기능에 따라 그 위치·면적 등을 결정 - 시장·공공청사·문화시설·연구시설·사회복지시설·장사시설 중 장례식장·종합의료시설 등 건축물인 시설로서 그 규모로 인하여 특별시·광역시·특별자치시·시 또는 군(광역시의 관할구역에 있는 군을 제외)의 공간이용에 상당한 영향을 주는 도시·군계획시설인 경우에는 건폐율·용적률 및 높이의 범위를 함께 결정 • 다음 각 호의 시설에 대하여 도시·군계획시설 결정을 하는 경우에는 그 시설의 기능발휘를 위하여 설치하는 중요한 세부시설에 대한 조성계획을 함께 결정. 다만, 다른 법률에서 해당 법률에 따른 허가, 승인, 인가 등을 받음에 따라 「국토의 계획 및 이용에 관한 법률」 제30조에 따른 도시·군관리계획의 결정을 받은 것으로 의제되는 경우에는 그 시설의 기능발휘를 위하여 설치하는 중요한 세부시설에 대한 조성계획은 해당 도시·군계획시설사업의 실시계획 인가를 받기 전까지 결정 1. 항만 2. 공항 3. 유원지 4. 유통업무설비 5. 학교(제88조제3호에 따른 학교로 한정) 6. 체육시설(제99조제7호에 따른 운동장 한정) 7. 문화시설(제96조제7호 및 제8호에 따른 문화시설 한정)

구분	내용

도시·군계획시설 결정의 범위 (법 제2조)	• 중요한 세부시설에 대한 조성계획을 결정할 경우에는 도시·군계획시설의 기능 및 장래의 공간수요를 고려한 다음 각 호에 관한 사항을 포함해야 한다. <신설 2019. 12. 27.>
	
	{{표 삽입}}
	1. 다음 각 목의 사항이 포함된 토지이용계획
	  가. 세부시설의 면적(토지용도별로 세분된 구역의 면적)
	  나. 주요 건축물·공작물에 대한 배치계획
	2. 제1호의 토지이용계획에 따라 세분된 구역별로 설치할 수 있는 건축물에 관한 다음 각 목의 사항. 이 경우 건축물별로 그 내용 및 범위를 달리 정할 수 있음
	  가. 건축물의 용도
	  나. 건축면적의 합계
	  다. 건축물 연면적의 합계(「건축법 시행령」 제119조 제1항 제4호 각 목에 해당하는 면적은 제외)
	  라. 건축물의 높이
	
	• 주차장, 공원, 녹지, 유원지, 광장, 학교, 체육시설, 공공청사, 문화시설, 청소년수련시설 및 종합의료시설을 다음 각 호의 어느 하나에 해당하는 지역 등 재해에 취약한 지역(이하 "재해취약지역")이나 그 인근에 설치하는 경우에는 저류시설 및 주민대피시설 등을 포함하여 도시·군계획시설 결정 가능
	 - 「국토의 계획 및 이용에 관한 법률」 제37조제1항제5호에 따른 방재지구
	 - 「급경사지 재해예방에 관한 법률」 제2조제1호에 따른 급경사지
	 - 「자연재해대책법」 제12조에 따른 자연재해위험지구 및 같은 법 제16조에 따라 수립되는 풍수저감종합계획에서 자연재해의 발생 위험이 높은 것으로 평가된 지역

도시·군계획시설의 중복결정 (법 제3조)	• 토지를 합리적으로 이용하기 위하여 필요한 경우 중복결정 가능. 이 경우 각 도시·군계획시설의 이용에 지장이 없어야 하고, 장래의 확장가능성 고려 • 도시지역에 도시·군계획시설을 결정할 때에는 둘 이상의 도시·군계획시설을 같은 토지에 함께 결정할 필요가 있는지를 우선적으로 검토 - 공공청사, 문화시설, 체육시설, 사회복지시설 및 청소년수련시설 등 공공·문화체육시설을 결정하는 경우에는 시설의 목적, 이용자의 편의성 및 도심 활성화 등을 고려하여 둘 이상의 도시·군계획시설을 같은 토지에 함께 설치할 것인지 여부를 반드시 검토
입체적 도시·군계획시설 결정 (법 제4조)	• 도시·군계획시설이 위치하는 지역의 적정하고 합리적인 토지이용을 촉진하기 위하여 도시·군계획시설이 위치하는 공간의 일부만을 구획하여 도시·군계획시설 결정 가능 - 이 경우 도시·군계획시설의 보전, 장래의 확장 가능성, 주변의 도시·군계획시설 등을 고려하여 필요한 공간 충분히 확보 • 도시·군계획시설을 설치하고자 하는 때에는 미리 토지 소유자, 토지에 관한 소유권 외의 권리를 가진 자 및 그 토지에 있는 물건에 관하여 소유권 그 밖의 권리를 가진 자와 구분지상권의 설정 또는 이전 등을 위한 협의 필요 • 도시지역에 건축물인 도시·군계획시설이나 건축물과 연계되는 도시·군계획시설을 결정할 때에는 도시·군계획시설이 위치하는 공간의 일부만을 구획하여 도시·군계획시설 결정을 할 수 있는지를 우선 검토 • 도시·군계획시설을 결정하는 경우 시설들을 유기적으로 배치하여 보행을 편리하게 하고 대중교통과 연계
도시·군계획시설을 통한 도시활성화 (법 제4조의2)	• 도시재생계획과 연계하여 도시를 활성화 • 도로 및 철도 등 교통시설은 토지이용계획을 고려하여 결정하고 교통 결절점에는 이용빈도가 높은 시설을 배치하여 토지의 압축적 활용가능성을 높일 수 있도록 함
시설의 규모 (법 제5조)	• 도시·군계획시설은 당해 지역 기능의 유지 및 증진에 기여할 수 있도록 장래의 수요를 고려하여 적정한 규모로 결정하여야 하며, 부당하게 과대하거나 과소한 규모로 결정하여서는 아니 됨
건축물인 도시·군계획시설 구조 및 설비 (법 제6조)	• 건축물인 도시·군계획시설은 그 구조 및 설비가 「건축법」에 적합하여야 함 • 국가 또는 지방자치단체가 설치하거나 소유하는 건축물인 시설로서 연면적 5천㎡ 이상인 공공청사, 문화시설, 사회복지시설 및 청소년수련시설은 녹색건축의 인증과 건축물의 에너지효율등급 인증을 받아야 함

구분	내용
부대시설 및 편익시설의 설치 (법 제6조의2)	• 도시·군계획시설에는 주 시설의 기능 지원 및 이용자 편의 증진 등을 위하여 다음 각 호의 구분에 따른 부대시설 및 편익시설을 설치 가능 {추가 표 참조}
장애인등을 위한 편의시설(법 제7조)	• 도시·군계획시설에는 「장애인·노인·임산부 등의 편의증진보장에 관한 법률」이 정하는 바에 따라 장애인·노인·임산부 등을 위한 각종 편의시설을 우선적으로 설치
환경·문화·경관의 보호(법 제8조)	• 도시·군계획시설 결정을 하는 경우에는 환경, 생태계 및 자연경관의 훼손을 최소화 • 도시·군계획시설은 온실가스 배출량과 에너지소비량을 줄이고 친환경적인 도시를 만들 수 있도록 하여야 함 • 도시·군계획시설은 역사적, 문화적 또는 향토적 가치가 있는 자원을 보전·육성할 수 있도록 결정 • 도시·군계획시설은 도시경관을 형성하는 주요 요소로서 주변 지역의 경관을 선도할 수 있도록 결정 • 도시·군계획시설은 설치되는 장소에 적합한 규모와 구조미를 갖추도록 하여 시각적인 연속성과 경관자원에 대한 조망을 확보하고 주변의 경관과 조화를 이루도록 결정
도시안전 및 건강 (법 제8조의 2)	• 도시·군계획시설은 재해로 인한 도시·군계획시설물의 피해를 최소화하고 재해로부터 주변지역을 보호할 수 있도록 결정 • 도시·군계획시설은 범죄 발생을 줄일 수 있는 구조로 설치하고 주민의 육체적·정신적 건강을 높일 수 있도록 함
자연상태의 물순환 회복(법 제8조의3)	• 도시·군계획시설은 스며들지 않는 표면에서 발생하는 빗물 유출을 최소화하여 자연상태의 물순환 회복에 이바지할 수 있도록 결정

부대시설 및 편익시설의 설치 세부 표:

구분	시설세부	설치기준
부대시설	주시설의 기능 지원을 위하여 설치하는 시설	주시설의 기능 및 설치목적에 부합
편익시설	도시군계획시설의 이용자 편의 증진과 이용 활성화를 위하여 설치하는 시설	다음 요건에 적합 - 주 시설 및 부대시설의 기능 발휘 및 이용에 지장을 초래하지 아니할 것 - 「국토의 계획 및 이용에 관한 법률 시행령」 제71조부터 제80조까지 및 제82조에서 정하는 용도지역·용도지구에 따른 건축제한에 적합할 것
	부대시설, 편익시설의 시설설치 공통기준	- 부대시설과 편익시설을 합한 면적은 주 시설 면적 초과 불가. 이 경우 이 경우 「주차장법」에 따른 부설주차장, 「영유아보육법」에 따른 직장어린이집 등 관계 법령에 따라 주 시설에 의무적으로 설치하여야 하는 시설은 주 시설과 부대시설 및 편익시설의 면적에 산입 제외 - 도시·군계획시설을 다기능 복합시설로 활용할 수 있도록 도시·군계획시설 내에 다양한 편익시설의 설치를 고려 - 위 규정 사항 이외의 부대시설 및 편익시설의 구조 및 설치기준에 관하여는 해당 도시·군계획시설의 구조 및 설치기준에 따름

제2장 교통시설(8개 시설)

구분	내용
제1절 도로	• 도로의 구분 - 사용 및 형태구분 {아래 표 참조}

구분	설명
일반도로	폭 4m 이상 도로로 통상의 교통소통을 위하여 설치되는 도로
자동차전용도로	특별시·광역시·특별자치시·시 또는 군 내 주요지역 간이나 시·군 상호간에 발생하는 대량 교통량을 처리하기 위한 도로로서 자동차만 통행할 수 있도록 하기 위하여 설치하는 도로
보행자전용도로	폭 1.5m 이상, 보행자의 안전하고 편리한 통행을 위하여 설치하는 도로
보행자우선도로	폭 20m 미만, 보행자와 차량이 혼합하여 이용하되 보행자의 안전과 편의를 우선적으로 고려하여 설치하는 도로
자전거전용도로	하나의 차로를 기준으로 폭 1.5m(지역 상황 등에 따라 부득이할 시 1.2m) 이상의 도로로서 자전거의 통행을 위하여 설치하는 도로
고가도로	시·군 내 주요지역을 연결하거나 시·군 상호 간을 연결하는 도로로서 지상교통의 원활한 소통을 위하여 공중에 설치하는 도로
지하도로	시·군 내 주요지역을 연결하거나 시·군 상호간을 연결하는 도로로서 지상교통의 원활한 소통을 위하여 지하에 설치하는 도로(도로·광장 등의 지하에 설치된 지하공공보도시설을 포함). 다만, 입체교차를 목적으로 지하에 도로를 설치하는 경우를 제외

구분				구분		
제1절 도로	- 규모 구분					

광로	1류	폭 70m 이상		중로	1류	폭 20m 이상 25m 미만
	2류	폭 50m 이상 70m 미만			2류	폭 15m 이상 20m 미만인 도로
	3류	폭 40m 이상 50m 미만			3류	폭 12m 이상 15m 미만인 도로
대로	1류	폭 35m 이상 40m 미만		소로	1류	폭 10m 이상 12m 미만
	2류	폭 30m 이상 35m 미만			2류	폭 8m 이상 10m 미만
	3류	폭 25m 이상 30m 미만			3류	폭 8m 미만

제1절 도로

- 기능별 구분

주간선도로	시·군 내 주요지역을 연결하거나 시·군 상호간을 연결하여 대량통과교통을 처리하는 도로로서 시·군의 골격을 형성하는 도로
보조간선도로	주간선도로를 집산도로 또는 주요 교통발생원과 연결하여 시·군 교통의 집산기능을 하는 도로로서 근린주거구역의 외곽을 형성하는 도로
집산도로	근린주거구역의 교통을 보조간선도로에 연결하여 근린주거구역 내 교통의 집산기능을 하는 도로로서 근린주거구역의 내부를 구획하는 도로
국지도로	가구(도로로 둘러싸인 일단의 지역)를 구획하는 도로
특수도로	보행자전용도로·자전거전용도로 등 자동차 외의 교통에 전용되는 도로

- 용도지역별 도로율
- 용도지역별 도로율은 다음 각 호의 구분에 따르며, 「도시교통정비 촉진법」 제15조에 따른 교통영향평가, 건축물의 용도·밀도, 주택의 형태 및 지역여건에 따라 적절히 증감 가능
  1. 주거지역 : 15% 이상 30% 미만. 이 경우 간선도로(주간선도로와 보조간선도로)의 도로율은 8% 이상 15% 미만
  2. 상업지역 : 25% 이상 35% 미만. 이 경우 간선도로의 도로율은 10% 이상 15% 미만
  3. 공업지역 : 8% 이상 20% 미만. 이 경우 간선도로의 도로율은 4% 이상 10% 미만.

제2절 철도

- 「철도의 건설 및 철도시설 유지관리에 관한 법률」 제2조 제1호의 규정에 의한 철도
- 「도시철도법」 제2조 제2호에 따른 도시철도
- 「국가철도시설공단법」 제7조 및 「한국철도공사법」 제9조 제1항의 규정에 의한 사업의 시설

제3절 항만

- 「항만법」 제2조 제5호에 따른 항만시설
- 「어촌·어항법」 제2조 제5호에 따른 어항시설
- 「마리나항만의 조성 및 관리 등에 관한 법률」 제2조 제2호에 따른 마리나항만시설

제4절 공항

- 「공항시설법」 제2조 제3호에 따른 공항
- 「공항시설법」 제2조 제7호에 따른 공항시설

제5절 주차장

- 「주차장법」 제2조 제1호 나목의 규정에 의한 노외주차장

제6절 자동차정류장

여객자동차터미널	「여객자동차 운수사업법」에 의한 여객자동차터미널로서 여객자동차터미널사업자가 시내버스운송사업·농어촌버스운송사업·시외버스운송사업 또는 전세버스운송사업에 제공하기 위하여 설치하는 터미널
물류터미널	「물류시설의 개발 및 운영에 관한 법률」에 따른 물류터미널로서 물류터미널 사업자가 「화물자동차운수사업법 시행령」에 따른 일반화물자동차운송사업 또는 「해운법」에 따른 해상화물운송사업에 제공하기 위하여 설치하는 터미널
공영차고지	여객자동차 운수사업용	「여객자동차 운수사업법 시행규칙」에 의한 공영터미널
	화물자동차 운수사업용	「화물자동차 운수사업법」에 따른 공영차고지

제6절 자동차정류장	공동 차고지	노선여객 자동차운송 사업용 차고지	「개발제한구역의 지정 및 관리에 관한 특별조치법 시행령」에 따라 개발제한구역에 설치하는 「여객자동차 운수사업법 시행령」 제3조 제1호에 따른 노선여객자동차운송사업용 차고지로서 다음의 어느 하나에 해당하는 시설 1) 「여객자동차 운수사업법」 제53조에 따른 조합 또는 같은 법 제59조에 따른 연합회가 설치하는 차고지 2) 1)에서 정하는 자 외의 자가 설치하여 지방자치단체에 기부채납하는 차고지
		전세버스 운송사업용 차고지	「개발제한구역의 지정 및 관리에 관한 특별조치법 시행령」에 따라 개발제한구역에 설치하는 「여객자동차 운수사업법 시행령」 제3조 제2호 가목에 따른 전세버스운송사업용 차고지로서 다음의 어느 하나에 해당하는 시설 1) 「여객자동차 운수사업법」 제53조에 따른 조합 또는 같은 법 제59조에 따른 연합회가 설치하는 차고지 2) 1)에서 정하는 자 외의 자가 설치하여 지방자치단체에 기부채납하는 차고지
		화물자동차 운송사업용 차고지	「화물자동차 운수사업법」 제21조제4항제2호에 따른 공동차고지로서 다음의 어느 하나에 해당하는 시설 1) 「화물자동차 운수사업법」 제48조에 따른 협회 또는 같은 법 제50조에 따른 연합회가 설치하는 차고지 2) 1)에서 정하는 자 외의 자가 「개발제한구역의 지정 및 관리에 관한 특별조치법 시행령」에 따라 개발제한구역에 설치하여 지방자치단체에 기부채납하는 차고지
	화물 자동차 휴게소		「화물자동차 운수사업법」에 따른 화물자동차 휴게소로서 국가 또는 지방자치단체가 설치하거나 소유하는 휴게소
	복합 환승센터		「국가통합교통체계효율화법」에 따른 복합환승센터
제7절 궤도	• 「궤도운송법」 제2조 제3호에 따른 궤도시설		
제8절 삭제	• 삭제		
제9절 삭제	• 삭제		
제10절 차량검사 및 면허시설	• 이 절에서 "자동차 및 건설기계검사시설"이라 함은 다음 각 호의 시설 - 「자동차관리법 시행규칙」 제73조의 규정에 의한 자동차검사시설 - 「건설기계관리법 시행규칙」 제32조 제1항에 따른 검사소 - 「도로교통법」 제121조에 따라 설치하는 운전면허시험장		
제11절 삭제	• 삭제		

제3장 공간시설(5개 시설)

제1절 광장	• 교통광장 : 교차점광장, 역전광장, 주요시설광장 • 일반광장 : 중심대광장, 근린광장 • 경관광장 • 지하광장 • 건축물부설광장
제2절 공원	• 「도시공원 및 녹지 등에 관한 법률」 제15조 제1항 각 호의 공원 • 도시지역 외의 지역에 「도시공원 및 녹지 등에 관한 법률」을 준용하여 설치하는 공원
제3절 녹지	• 「도시공원 및 녹지 등에 관한 법률」 제35조 각 호의 완충녹지·경관녹지 및 연결녹지 • 도시지역 외의 지역에 「도시공원 및 녹지 등에 관한 법률」을 준용하여 설치하는 녹지
제4절 유원지	• 주민의 복지향상에 기여하기 위하여 설치하는 오락과 휴양을 위한 시설
제5절 공공공지	• "공공공지"라 함은 시·군 내 주요시설물 또는 환경의 보호, 경관의 유지, 재해대책, 보행자의 통행과 주민의 일시적 휴식공간의 확보를 위하여 설치하는 시설

제4장 유통 및 공급시설(9개 시설)

제1절 유통업무설비	• 「물류시설의 개발 및 운영에 관한 법률」에 따른 일반물류단지 • 다음 각 목의 시설로서 각 목별로 1개 이상의 시설이 동일하거나 인접한 장소에 함께 설치되어 상호 그 효용을 다하는 시설 　다음의 시설 중 어느 하나 이상의 시설 　　(1) 대규모 점포·임시시장·전문상가단지 및 공동집배송센터　(3) 자동차경매장 　　(2) 농수산물도매시장·농수산물공판장 및 농수산물종합유통센터 　다음의 시설 중 어느 하나 이상의 시설 　　(1) 물류터미널 또는 화물자동차운수사업용 공영차고지　(3) 화물의 운송·하역 및 보관시설 　　(2) 화물을 취급하는 철도역　(4) 하역시설 　다음의 시설 중 어느 하나 이상의 시설 　　(1) 창고·야적장 또는 저장소(「위험물안전관리법」의 저장소 제외)　(3) 축산물위생관리법」에 따른 축산물보관장 　　(2) 화물적하시설·화물적치용건조물 그 밖에 유사시설　(4) 생산된 자동차를 인도하는 출고장
제2절 수도공급설비	• 수도(일반수도 및 공업용수도에 한함) 중 다음 각 호의 시설 - 취수시설·저수시설·정수시설 및 배수시설　- 전용관로부지상에 설치하는 도수시설 및 송수시설
제3절 전기공급설비	• 전기사업용 전기설비 중 다음 각 호의 시설 　- 발전시설　　　　　　　　　　- 송전선로(15만 4천 볼트 이상인 경우에만 해당) 　- 변전시설(옥내에 설치 제외)　- 배전사업소(배전설비와 연결된 기계 및 기구가 설치된 것에 한함)
제4절 가스공급설비	• 「고압가스 안전관리법」에 따른 저장소(저장능력 30톤 이하의 액화가스저장소 및 저장능력 3천㎥ 이하인 압축가스저장소를 제외) 및 고정식 압축천연가스이동충전차량 충전시설 • 「액화석유가스의 안전관리 및 사업법 시행규칙」에 따른 용기충전시설과 자동차에 고정된 탱크충전시설 • 「도시가스사업법」 제2조 제5호의 규정에 의한 가스공급시설
제5절 열공급설비	• 「집단에너지사업법」에 의한 집단에너지사업의 허가를 받은 자가 설치하는 다음 각 호의 시설 - 「집단에너지사업법 시행규칙」 제2조 제1호의 규정에 의한 열원시설 - 「집단에너지사업법 시행규칙」 제2조 제2호의 규정에 의한 열수송시설
제6절 방송·통신시설	• 방송·통신시설"이란 국가 또는 지방자치단체가 설치하는 시설(제1호의 경우에는 방송통신위원회가 지정하는 시설을 포함)로서 다음 각 호의 시설 - 「전기통신사업법」 제2조 제4호에 따른 사업용전기통신설비 - 「전파법」 제2조 제5호에 따른 무선설비(「전기통신사업법」 제2조 제4호에 따른 사업용전기통신설비는 제외) - 「방송법」 제79조에 따른 유선방송국설비(종합유선방송국으로 한정)
제7절 공동구	• 「국토의 계획 및 이용에 관한 법률」 제2조 제9호의 규정에 의한 공동구
제8절 시장	• 「유통산업발전법」 제2조 제3호 및 제5호에 따른 대규모점포 및 임시시장 • 「농수산물유통 및 가격안정에 관한 법률」 제2조 제2호·제5호 및 제12호의 규정에 의한 농수산물도매시장·농수산물공판장 및 농수산물종합유통센터 • 「축산법」 제34조에 따른 가축시장
제9절 유류저장 및 송유설비	• 「석유 및 석유대체연료 사업법」 제2조 제7호에 따른 석유정제업자나 한국석유공사가 석유를 비축·저장하는 시설과 송유시설 • 「송유관안전관리법」 제3조의 규정에 의한 공사계획인가를 받은 자가 설치하는 송유관 • 「위험물안전관리법」 제6조의 규정에 의한 제조소 등의 설치 허가를 받은 자가 동법 시행령 [별표 1]의 규정에 의한 제1석유류·제2석유류·제3석유류 또는 제4석유류를 저장하기 위하여 설치하는 저장소

제5장 공공·문화체육시설(8개 시설)

제1절 학교	• 「유아교육법」 제2조 제2호의 규정에 의한 유치원 • 「초·중등교육법」 제2조의 규정에 의한 학교 • 「고등교육법」 제2조 제1호부터 제5호까지의 규정에 따른 학교 및 같은 조 제7호의 각종학교 중 국가 또는 지방자치단체가 설치·운영하는 교육기관. 다만, 같은 법 제2조제5호에 따른 원격대학 중 사이버대학 및 같은 법 제30조에 따른 대학원대학은 제외 • 「경제자유구역 및 제주국제자유도시의 외국교육기관 설립·운영에 관한 특별법」 제5조의 규정에 의하여 설립하는 외국교육기관으로서 제1호 내지 제3호의 규정에 의한 학교에 상응하는 외국교육기관
제2절 삭제	• 삭제
제3절 공공청사	• 공공업무를 수행하기 위하여 설치·관리하는 국가 또는 지방자치단체의 청사 • 우리나라와 외교관계를 수립한 나라의 외교업무수행을 위하여 정부가 설치하여 주한외교관에게 빌려주는 공관 • 교정시설(교도소·구치소·소년원 및 소년분류심사원에 한함)
제4절 문화시설	• "문화시설"이란 국가 또는 지방자치단체가 설치하거나 문화체육관광부장관(제6호의 경우에는 과학기술정보통신부장관을, 제7호의 경우에는 산업통상자원부장관), 특별시장, 광역시장, 특별자치시장, 도지사 또는 특별자치도지사가 도시·군계획시설로 설치할 필요성이 있다고 인정하여 도시·군관리계획의 입안권자에게 요청하여 설치하는 다음 각 호의 시설 1. 「공연법」에 의한 공연장 2. 「박물관 및 미술관 진흥법」에 의한 박물관 및 미술관 3. 「지방문화원진흥법 시행령」에 의한 시설 4. 「문화예술진흥법」 제2조 제1항 제3호의 규정에 의한 문화시설 5. 「문화산업진흥 기본법」 제2조 제17호 및 제18호에 따른 문화산업진흥시설 및 문화산업단지 6. 「과학관육성법」 제2조 제1호의 규정에 의한 과학관 7. 「전시산업발전법」 제2조 제4호에 따른 전시시설 8. 「국제회의산업 육성에 관한 법률」 제2조 제3호에 따른 국제회의시설 9. 「도서관법」 제2조 제4호에 따른 공공도서관 및 같은 조 제7호에 따른 전문도서관
제5절 체육시설	• "체육시설"이란 「체육시설의 설치·이용에 관한 법률」에서 정하는 체육시설로서 다음 각 호의 시설. 다만, 제1호 및 제2호의 경우에는 같은 법 제5조에 따른 전문체육시설 및 제6조에 따른 생활체육시설(건축물 안에 설치하는 골프연습장은 제외)만 해당 1. 국가 또는 지방자치단체가 설치하거나 소유하는 체육시설 2. 「국민체육진흥법」 제33조에 따른 통합체육회, 제34조에 따른 대한장애인체육회 및 제36조에 따른 서울올림픽기념국민체육진흥공단이 설치·관리하는 체육시설 3. 「2002년월드컵축구대회지원법」 제2조 제1호에 따른 경기장시설 4. 「제14회아시아경기대회지원법」 제2조에 따른 경기장시설 5. 「2011대구세계육상선수권대회, 2013충주세계조정선수권대회, 2014인천아시아경기대회, 2014인천장애인아시아경기대회 및 2015광주하계유니버시아드대회 지원법」 제2조에 따른 경기장시설 6. 「2018 평창 동계올림픽대회 및 장애인동계올림픽대회 지원 등에 관한 특별법」 제2조에 따른 경기장시설 7. 국민의 건강진흥과 여가선용에 기여하기 위하여 설치하는 시설로서 관람석의 수가 1천석 이하인 소규모 실내운동장을 제외한 종합운동장
제6절 삭제	• 삭제
제7절 연구시설	• 과학·기술·학술·문화·예술 및 산업경제 등에 관한 조사·연구·시험 등을 위하여 설치하는 연구시설

제8절 사회복지시설	• "사회복지시설"이란 「사회복지사업법」 제34조에 따라 설치하는 사회복지시설. 다만, 해당시설의 주요 부분을 분양 또는 임대할 목적으로 설치하는 사회복지시설은 제외
제9절 공공직업훈련시설	• "공공직업훈련시설"이라 함은 「근로자직업능력 개발법」 제2조 제3호 가목에 따른 공공직업훈련시설
제10절 청소년수련시설	• 「청소년활동진흥법」 제10조 제1호의 규정에 의한 청소년수련시설

제6장 방재시설(8개 시설)

제1절 하천	• 「하천법」 제7조에 따른 국가하천·지방하천 • 「소하천정비법」 제2조 제1호의 규정에 의한 소하천 • 「하천법」 제2조 제3호의 규정에 따른 하천시설 중 운하
제2절 유수지	• 유수시설 : 집중강우로 인하여 급증하는 제내지 및 저지대의 배수량을 조절하고 이를 하천에 방류하기 위하여 일시적으로 저장하는 시설 • 저류시설 : 빗물을 일시적으로 모아 두었다가 바깥수위가 낮아진 후에 방류하기 위한 시설
제3절 저수지	• 발전용수·생활용수·공업용수·농업용수 또는 하천유지용수의 공급이나 홍수조절을 위한 댐·제방 그 밖에 당해 댐 또는 제방과 일체가 되어 그 효용을 높이는 시설 또는 공작물과 공유수면
제4절 방화설비	• 「소방시설 설치유지 및 안전관리에 관한 법률」 제2조 제1호의 소방시설 중 소화용수설비
제5절 방풍설비	• "방풍설비"라 함은 바람으로 인하여 발생하는 피해를 방지하고, 토사 및 먼지의 이동과 대기오염 등 공해를 방지하기 위하여 외부에서 불어오는 바람을 차단하는 다음 각호의 시설 - 방풍림시설 : 수림대 또는 수림단지를 조성하여 방풍효과를 얻는 시설 - 방풍담장시설 : 인공적인 구조물 또는 담장을 설치하여 방풍효과를 얻는 시설 - 방풍망시설 : 염화비닐망 등을 설치하여 방풍효과를 얻는 시설
제6절 방수설비	• "방수설비"라 함은 저지대나 지반이 약한 지역에 대한 내수범람 및 침수피해를 방지하기 위하여 설치하는 배수 및 방수시설
제7절 사방설비	• 「사방사업법」 제2조 제3호의 규정에 의한 사방시설
제8절 방조설비	• 「항만법」에 의한 항만시설 중 방조제 • 「어촌·어항법」에 따른 어항시설 중 방조제 • 「방조제관리법」에 의한 방조제

제7장 보건위생시설(3개 시설)

제1절 장사시설	• 다음 각 호의 시설	
	화장시설	「장사 등에 관한 법률」 제13조제1항에 따른 공설화장시설 「장사 등에 관한 법률」 제15조제1항에 따른 사설화장시설 중 일반의 사용에 제공하는 화장시설
	공동묘지	국가가 설치·운영하는 공동묘지(법인 등에 위탁하여 설치·운영하는 경우를 포함, 이하 "국립묘지") 「장사 등에 관한 법률」 제13조제1항에 따른 공설묘지 「장사 등에 관한 법률」 제14조제1항에 따른 사설묘지 중 일반의 사용에 제공되는 묘지
	봉안시설	국가가 설치·운영하는 봉안시설(법인 등에 위탁하여 설치·운영하는 경우를 포함) 「장사 등에 관한 법률」 제13조제1항에 따른 공설봉안시설 「장사 등에 관한 법률」 제15조제1항에 따른 사설봉안시설 중 일반의 사용에 제공되는 봉안시설
	자연장지	「장사 등에 관한 법률」 제13조제1항에 따른 공설자연장지 「장사 등에 관한 법률」 제16조제1항제3호에 따른 법인등자연장지 중 일반의 사용에 제공되는 자연장지
	장례식장	「장사 등에 관한 법률」 제29조제1항에 따른 장례식장

제2절 삭제	• 삭제
제3절 삭제	• 삭제
제3절의 2 삭제	• 삭제
제4절 삭제	• 삭제
제5절 도축장	• 「축산물위생관리법」 제2조 제11호에 따른 도축장
제6절 종합의료시설	• "종합의료시설"이란 다음 각 호의 시설 - 「의료법」 제3조 제2항 제3호 가목·다목 및 라목에 따른 병원·한방병원 또는 요양병원으로서 다음 각 목의 요건을 모두 갖춘 병원급 의료기관 · 300개 이상의 병상(요양병원의 경우는 요양병상), 7개 이상의 진료과목 - 「의료법」 제3조 제2항 제3호 마목에 따른 종합병원

제8장 환경기초시설(5개 시설)

제1절 하수도	• 「하수도법」 제2조 제4호에 따른 공공하수도중 간선기능을 갖는 하수관로(주변여건상 필요한 경우에는 지선기능을 가지는 하수관로를 포함) • 「하수도법」 제2조 제9호에 따른 공공하수처리시설. 다만, 하루 처리 용량이 500m³ 미만 제외

제2절
폐기물처리시설
및 재활용시설
	• "폐기물처리 및 재활용시설"이란 다음 각 호의 시설. 다만 「폐기물관리법 시행규칙」 제38조 각 호의 시설은 제외
	폐기물처리시설 중 다음 각 목의 어느 하나에 해당하는 자가 설치하는 시설
	  - 국가 또는 지방자치단체
	  - 폐기물처리업의 허가를 받은 자(폐기물의 재활용을 목적으로 시설을 설치하는 경우를 제외)
	  - 폐기물처리업의 허가를 받고자 하는 자로서 사업계획의 적합통보를 받은 자(폐기물의 재활용을 목적으로 시설을 설치 제외)
	광역폐기물처리시설
	재활용시설 중 다음 각 목의 어느 하나에 해당하는 자가 설치하는 시설
	  - 국가 또는 지방자치단체 - 재활용지정사업자 - 재활용단지를 조성하는 자
	  - 폐기물처리업의 허가를 받은 자 또는 폐기물처리업의 허가를 받고자 하는 자로서 사업계획의 적합통보를 받은 자
	건설폐기물처리업의 허가를 받은 자 또는 건설폐기물처리업의 허가를 받고자 하는 자로서 사업계획의 적합통보를 받은 자가 설치하는 시설

제2절의2 빗물저장 및 이용시설	• "빗물저장 및 이용시설"이란 「물의 재이용 촉진 및 지원에 관한 법률」 제2조제3호에 따른 빗물이용시설
제3절 수질오염 방지시설	• "수질오염방지시설"이란 다음 각 호의 시설 - 「물환경보전법」 제48조에 따라 설치하는 공공폐수처리시설 - 「물환경보전법」 제62조 제2항 제1조에 따른 폐수 수탁처리업을 위한 폐수처리시설 - 시장·군수·구청장 또는 대행업자가 설치하는 「가축분뇨의 관리 및 이용에 관한 법률」에 따른 처리시설, 같은 조 제9호에 따른 공공처리시설 및 「하수도법」에 따른 분뇨처리시설 - 「광산피해의 방지 및 복구에 관한 법률」에 따른 한국광해관리공단이 동법 제11조에 따른 광해방지사업의 일환으로 폐광의 폐수를 처리하기 위하여 설치하는 시설
제4절 폐차장	• 「자동차관리법」 제2조 제6호의 규정에 의한 자동차관리사업 중 동법 제53조의 규정에 의한 자동차폐차업의 등록을 한 자가 설치하는 사업장

□ 용도지역별 제한받는 도시·군계획시설

시설		전용주거 1종	전용주거 2종	일반주거 1종	일반주거 2종	일반주거 3종	준주거	상업지역 중심	상업지역 일반	상업지역 근린	상업지역 유통	공업지역 전용	공업지역 일반	공업지역 준	녹지지역 보전	녹지지역 생산	녹지지역 자연	관리지역 계획	관리지역 생산	관리지역 보전	농림지역	자연환경보전지역
교통	○ 철도(철도역)	×	○	○	○	○	○	○	○	○	○	○	○	○	×	○	○	○	○	×	○	○
	○ 여객자동차 터미널/여객자동차운수사업 공영차고지	×	×	×	×	×	○	○	○	×	○	×	×	○	×	×	○	○	×	×	×	×
	- 시내버스 운수사업용 여객자동차터미널	×	×	×	×	×	○	○	○	×	×	×	×	○	×	×	○	○	×	×	×	×
	- 시외/전세버스, 공영차고지(버스)	×	×	×	×	×	○	○	○	×	○	×	×	○	×	×	○	○	×	×	×	×
	- 화물터미널/공영차고지(화물)	×	×	×	×	×	×	○	×	○	○	×	○	○	×	×	◐	○	×	×	×	×
	- 자동차 및 건설기계검사시설	×	×	×	×	×	○	×	×	○	×	○	○	○	×	○	○	○	×	×	×	×
	- 자동차 및 건설기계검사학원	×	×	×	×	×	○	×	×	○	×	○	○	○	×	○	○	○	×	×	×	×
	- 복합환승센터	×	○	○	○	○	○	○	○	○	○	○	○	○	×	○	○	○	×	×	×	×
공간	○ 유원지	×	×	×	×	×	×	×	×	×	×	×	×	×	×	○	○	○	×	×	×	×
유통공급	○ 유통업무설비	×	×	×	×	×	×	○	○	×	○	×	○	○	×	×	◐	○	×	×	×	×
	○ 전기공급설비	○	○	○	○	○	×	○	○	○	○	○	○	○	○	○	○	○	○	○	○	○
	○ 가스공급설비	×	×	×	×	×	○	○	○	○	○	○	○	○	○	○	○	○	○	○	○	○
	○ 시장(대규모 점포제외)	×	×	○	○	○	○	○	○	○	○	×	×	○	×	×	○	○	×	×	×	×
	○ 시장(대규모 점포포함)	×	×	×	×	×	○	○	○	×	○	×	×	○	×	×	○	○	×	×	×	×
	○ 유류저장 및 송유설비(배관제외)	×	×	×	×	×	×	×	×	×	×	○	○	○	×	×	○	○	×	×	×	×
	○ 열공급설비(열원시설)	×	○	×	○	○	○	○	○	○	○	○	○	○	×	×	○	○	×	×	×	×
공공문화체육	○ 운동장	×	○	○	○	○	○	○	○	○	×	×	○	○	×	×	○	○	×	×	×	×
	○ 청소년수련시설	×	○	○	○	○	○	○	○	○	×	×	×	○	×	○	○	○	×	×	○	○
	○ 체육시설	◐	○	○	○	○	○	○	○	○	×	×	×	○	×	○	○	○	×	×	×	×
보건위생	○ 장례식장	×	×	×	×	×	×	×	×	×	×	○	○	○	×	○	○	○	×	×	×	×
	○ 도축장	×	×	×	×	×	×	×	×	×	×	○	○	○	×	○	○	○	×	×	×	×
	○ 종합의료시설	×	×	×	×	×	○	○	○	○	×	×	×	○	×	×	○	○	×	×	×	×
환경기초	○ 폐기물처리시설	×	×	×	◐	◐	◐	×	◐	×	×	○	○	○	○	○	○	○	○	◐	○
	○ 수질오염방지시설	×	×	×	×	×	×	×	×	×	×	○	○	○	○	○	○	○	○	○	○	×
	○ 폐차장	×	×	×	×	×	×	×	×	×	×	○	○	○	×	×	○	○	×	×	×	×

※ 위에 표기되지 않는 시설은 용도지역 구분없이 설치가능

[범례] × 불허, ◐ 예외적 입지허용, ○ 입지허용

※ 2020 도시업무편람(국토부) 자료

도시의 지속가능성 및 생활인프라 평가지침

영공포 : 최초 '14. 1. 17.   최종개정 : '21. 6. 14.   시행일자 : '21. 6. 14.

「도시의 지속가능성 및 생활인프라 평가지침」 구성체계

제1장 총칙	제2장 평가의 절차	제3장 평가의 일반원칙	제4장 평가방법 및 주기	제5장 재검토기한
제1절 제정목적 제2절 법적근거 제3절 평가의 목적과 범위	제1절 평가의 주체 제2절 평가절차	제1절 평가지표의 선정 제2절 자료수집 및 구축		

제정목적	• 「국토의 계획 및 이용에 관한 법률」 제3조의2 규정에 따라 도시의 지속가능성 및 생활인프라 수준 평가 등을 위한 필요사항을 정함
법적근거	• 「국토의 계획 및 이용에 관한 법률」 제3조의2 • 「국토계획법」 시행령 제4조의4
평가의 목적	• 도시의 지속가능성 및 생활인프라 수준의 평가를 통해 지자체 개선 노력과 건전한 도시정책을 유도함으로써 국토의 지속가능성을 제고하고 국민의 삶의 질 개선
평가의 범위	• 특별시, 광역시, 특별자치시, 특별자치도(행정시 포함), 시·군·구

평가절차

평가시행공고	평가의 목적 및 의의, 평가지표 및 자료, 방법 기간 등 내용과 작성양식 공고
평가서의 작성 및 제출	30일 이내 제출, 기준연도는 통계자료의 공개시기를 고려해 전년도 기준 필요시 평가 자료는 도시계획위원회 자문 가능, 자료 작성 및 제출 관련 행정적·재정적 비용은 지자체 부담
평가서의 접수 (국토교통부장관)	• 우선 검토사항 - 평가자료 목록과의 누락여부 - 자료양식과의 부합여부 - 지표별 평가자료 공신력과 증빙자료의 충실 여부 - 그 밖의 필요사항
지자체 평가서의 검증 및 채택	통계자료의 부합성 여부 확인, 증빙 가능한 자료 중심으로 검증 평가자료로의 채택 여부가 불확실할 시 평가위원회 자문을 통해 결정, 실사 실시
종합분석 및 평가	
평가결과보고서 작성 및 통보	평가결과를 부문별로 정리, 최종보고서 작성

평가의 일반원칙

구분	개념적용
지속가능 발전	경제발전, 더 나은 환경, 사회적 약자에 대한 배려, 지역사회 구성원들의 의사결정 참여 등을 포함한 도시정책을 포괄하는 개념으로 경제, 환경, 사회 시스템의 선순환적 균형 유지를 통한 발전 추구
도시지속 가능성	지속가능한 발전이 가지는 선순환적 구조형성이라는 큰 틀을 받아들이되, 장기적인 국토의 효율적 이용 및 관리에 초점을 맞춰 국토공간이라는 공간적 대상을 위주
생활인프라	거주민이 주거, 근로, 교육, 휴식, 육아, 이동 등의 일상생활을 영위하는데 필요한 모든 기반시설로 정의

평가주기	• 매년 실시 • 평가로 인한 행·재정적 낭비를 줄일 수 있도록 지표별로 평가주기 다양화
평가결과 활용	• 지역에 미치는 파급성 등을 감안하여 평가결과의 일부를 공개 • 평가의 결과는 도시재생사업, 보조금 대상, 도시대상 등 각종 국가 및 지자체 지원대상의 선정과정에서 중요한 평가요소로 활용 • 도시·군관리계획의 기초조사 등 국토 및 도시계획의 수립 및 집행에 활용
도시대상의 시상	• 도시대상 시상은 일반부문과 우수정책 부문으로, 일반부문은 종합순위별 시상과 부분시상으로 구분 • 우수정책부문 시상은 평가위원회가 기본지표와 응모지표의 제출 여부에 관계없이 지자체의 개별 정책을 고려 정성적으로 평가 결과에 따라 하는 시상을 말함 • 우수정책부문 시상의 대상과 내용은 국토부장관이 매년 다르게 정할 수 있음
재검토기한	• 2021년 7월 1일 기준으로 매 3년이 되는 시점 마다 타당성을 검토하여 조치해야 함

수도권정비계획법

법공포 : 최초 '82. 12. 31.   최종개정 : '19. 12. 10.   시행일자 : '20. 6. 11.
영공포 : 최초 '83. 10. 20.   최종개정 : '20. 3. 24.   시행일자 : '20. 3. 24.

「수도권정비계획법」 구성체계

개요	권역별 행위제한	부담금	수도권정비위원회 등
제1조 목적 제2조 정의 제3조 다른 계획 등과의 관계 제4조 수도권정비계획의 수립 제5조 추진 계획	제6조 권역의 구분과 지정 제7조 과밀억제권역의 행위 제한 제8조 성장관리권역의 행위 제한 제9조 자연보전권역의 행위 제한 제10조 이전하는 자에 대한 지원 제11조 종전 대지에 관한 조치	제12조 과밀부담금의 부과·징수 제13조 부담금의 감면 제14조 부담금의 산정 기준 제15조 부담금의 부과·징수 및 납부 기한 등 제16조 부담금의 배분 제17조 이의신청 제18조 총량규제 제19조 대규모개발사업에 대한 규제 제20조 광역적 기반 시설의 설치비용 부담	제21조 수도권정비위원회의 설치 등 제22조 구성 제22조의2 위촉위원의 결격사유 제22조의3 벌칙 적용 시의 공무원 의제 제23조 수도권정비실무위원회 설치 등 제23조의2 회의록 작성·보존 및 공개 제23조의3 심의결과의 집계·공표 제24조 위원회 등의 조직 등 제25조 기초조사 등 제26조 보고와 감독 제27조 권한의 위임

개 요

목적 (법 제1조)	• 수도권 정비에 관한 종합적인 계획의 수립과 시행에 필요한 사항을 정함으로써 수도권에 과도하게 집중된 인구와 산업을 적정하게 배치하도록 유도하여 수도권의 질서 있는 정비와 균형 발전 도모
정의 (법 제2조, 영 제2조)	• 수도권 : 서울특별시, 인천광역시, 경기도 • 수도권정비계획 - 「국토기본법」에 따른 국토종합계획을 기본으로 국토교통부장관이 수도권의 인구 및 산업의 집중을 억제하고 적정하게 배치하기 위하여 중앙행정기관의 장과 서울특별시장·광역시장 또는 도지사의 의견을 들어 입안·수립한 계획 • 인구집중유발시설 - 학교, 공장, 공공청사, 업무용 건축물, 판매용 건축물, 연수시설, 그 밖에 인구집중을 유발하는 시설로서 대통령령으로 정하는 종류 및 규모 이상의 시설 • 대규모개발사업 - 택지, 공업용지 및 관광지 등을 조성할 목적으로 하는 사업으로서 대통령령으로 정하는 종류 및 규모 이상의 사업 • 공업지역 - 「국토의 계획 및 이용에 관한 법률」에 따라 지정된 공업지역 - 공업용지와 이에 딸린 용도로 이용되고 있거나 이용될 일단의 지역으로 대통령령으로 정하는 종류 및 규모 이상의 지역
다른 계획과의 관계 (법 제3조)	• 수도권정비계획은 수도권의 「국토의 계획 및 이용에 관한 법률」에 따른 도시·군계획, 그 밖의 다른 법령에 따른 토지이용계획 또는 개발계획 등에 우선하며, 그 계획의 기본이 됨(군사 제외) • 중앙행정기관의 장이나 서울특별시장, 광역시장, 도지사 또는 시장·군수·자치구의 구청장 등 관계 행정기관의 장은 수도권정비계획에 맞지 아니하는 토지이용계획이나 개발계획 등을 수립·시행 불가

수도권정비계획 (법 제4조)	• 정비계획의 내용 - 수도권 정비의 목표와 기본방향에 관한 사항 - 인구와 산업 등의 배치에 관한 사항 - 권역의 구분과 권역별 정비에 관한 사항 - 인구집중유발시설 및 개발사업의 관리에 관한 사항 - 광역적 교통시설과 상하수도 시설 등의 정비에 관한 사항 - 환경보전에 관한 사항 - 수도권정비를 위한 지원 등에 관한 사항 - 위의 계획의 집행 및 관리에 관한 사항 - 그 밖에 대통령령으로 정하는 수도권 정비에 관한 사항
수도권정비계획 절차 (법 제4조)	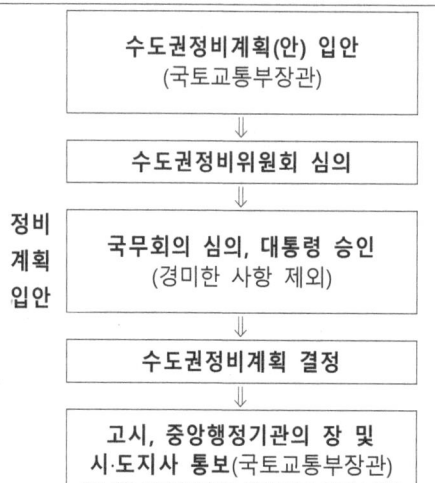

용어 정의

☐ 인구집중유발시설

구분	세부시설
학교	• 「고등교육법」 제2조의 규정에 따른 학교로서 대학·산업대학·교육대학 또는 전문대학
공장	• 「산업집적 활성화 및 공장설립에 관한 법률」 제2조 제1호에 따른 공장으로서 건축물의 연면적(제조시설로 사용되는 기계·장치를 설치하기 위한 건축물 및 사업장 각층의 바닥면적의 합계)이 500㎡ 이상인 것
공공 청사	• 다음에 해당하는 공공청사(도서관·전시장·공연장 및 군사시설 중 군부대의 청사, 국가정보원 및 그 소속기관 청사를 제외)로서 건축물의 연면적이 1천㎡ 이상인 것 - 중앙행정기관 및 그 소속기관의 청사 - 정부가 자본금의 100분의 50 이상을 출자한 법인 및 그 법인이 자본금의 100분의 50 이상을 출자한 법인 - 「국유재산법」에 따른 정부출자기업체 - 법률에 따른 정부 출연 대상 법인으로서 정부로부터 출연을 받거나 받은 법인 - 개별 법률에 따라 설립되는 법인으로서 주무부장관의 인가 또는 허가를 받지 아니하고 해당 법률에 따라 직접 설립된 법인
업무용 건축물	• 다음에 해당하는 업무용 시설이 주 용도(당해 건축물의 업무용 시설면적의 합계가 「건축법」 시행령 [별표 1]의 분류에 의한 용도별 면적 중 가장 큰 경우)인 건축물로서 그 연면적이 25,000㎡ 이상인 건축물 또는 업무용 시설이 주 용도가 아닌 건축물로서 그 업무용 시설 면적의 합계가 25,000㎡ 이상인 건축물 - 「건축법」 시행령 [별표 1] 제10호 마목의 연구소 및 동표 제14호 나목의 일반업무시설 - 「건축법」 시행령 [별표 1] 제3호의 제1종 근린생활시설, 제4호의 제2종 근린생활시설, 제5호의 문화 및 집회시설(라목, 마목) 및 제18호의 창고시설에 따른 시설 면적의 합계보다 작은 경우 ※ 업무·판매·복합용 건축물 공통 - 지방자치단체가 출자 또는 출연한 법인의 사무소로 사용되는 건축물과 자연보전권역 외의 지역에 설치되는 「벤처기업육성에 관한 특별조치법」 제2조 제4항의 규정에 의한 벤처기업집적시설 및 「국제회의산업육성에 관한 법률」 시행령 제3조의 규정에 의한 국제회의시설 중 전문회의시설 제외

구분	세부시설
판매용 건축물	• 다음에 해당하는 판매용 시설이 주용도(당해 건축물의 판매용 시설의 면적의 합계가 용도별 면적 중 가장 큰 경우)인 건축물로서 그 연면적이 15,000㎡ 이상인 건축물 또는 판매용 시설이 주용도가 아닌 건축물로서 그 판매용시설의 면적의 합계가 15,000㎡ 이상인 건축물 - 「건축법」 시행령 [별표 1] 제7호의 판매시설 및 같은 표 제16호의 위락시설 - 「건축법」 시행령 [별표 1] 제3호의 제1종 근린생활시설, 제4호의 제2종 근린생활시설, 제5호의 문화 및 집회시설, 제13호의 운동시설 및 동표 제18호의 창고시설(각 시설 면적이 위의 판매 및 위락 면적의 합계보다 작은 경우) • 업무용 시설 및 판매용 시설(복합용)이 주용도가 아닌 건축물로서 복합용 시설면적의 합계가 1만 5천㎡ 이상 2만 5천㎡ 미만, 판매용 시설면적이 업무용 시설면적보다 큰 건축물의 복합용 시설에 해당하는 부분
복합 건축물	• 복합시설이 주용도인 건축물로서 그 연면적이 2만5천㎡ 이상인 건축물 또는 복합시설이 주용도가 아닌 건축물로서 그 복합시설의 면적의 합계가 2만5천㎡ 이상인 건축물
연수 시설	• 「건축법」 시행령 [별표 1] 제10호 나 목의 교육원 및 다 목의 직업훈련소와 제20호 사목의 운전 및 정비 관련 직업훈련소로서 건축물의 연면적이 3만㎡ 이상인 연수시설(지방자치단체가 설치하는 시설 및 지방자치단체가 출자하거나 출연한 법인이 설치하는 시설 제외)

□ 대규모 개발사업

대규모 개발 사업 (영 제4조)	• 택지, 공업용지 및 관광지 등을 조성할 목적으로 하는 사업으로써 다음에 해당하는 사업으로 같은 목적으로 여러 번 걸쳐 부분적으로 개발하거나 연접하여 개발함으로써 사업의 전체 면적이 다음의 어느 하나로 정하는 규모 이상이 되는 사업 포함	
	택지조성사업 (100만㎡ 이상)	• 「택지개발촉진법」에 의한 택지개발사업 • 「주택법」에 의한 주택건설사업 및 대지조성사업 • 「산업입지 및 개발에 관한 법률」에 의한 산업단지 및 특수지역에서의 주택지 조성사업
	공업용지 조성사업 (30만㎡ 이상)	• 「산업입지 및 개발에 관한 법률」에 따른 산업단지개발사업 및 특수지역개발사업 • 「자유무역지역의 지정 및 운영에 관한 법률」에 의한 자유무역지역 조성사업 • 「중소기업진흥에 관한 법률」에 따른 중소기업협동화단지 조성사업 • 「산업집적활성화 및 공장설립에 관한 법률」에 따른 공장설립을 위한 공장용지 조성사업
	관광지조성사업 시설계획지구 면적 (10만㎡ 이상, 공유수면매립지에서 는 30만㎡ 이상)	• 「관광진흥법」에 의한 관광지 및 관광단지 조성사업과 관광시설 조성사업 • 「국토의 계획 및 이용에 관한 법률」에 따른 유원지 설치사업 • 「온천법」에 따른 온천이용시설 설치사업 * 시설계획지구 면적이 10만㎡ 이상, 공유수면매립지는 30만㎡ 이상
	도시개발사업	• 「도시개발법」에 의한 도시개발사업으로서 그 면적이 100만㎡ 이상인 것 또는 그 면적이 100만㎡ 미만인 도시개발사업으로서 공업용도로 구획되는 면적이 30만㎡ 이상
	지역종합 개발사업	• 「지역균형개발 및 지방중소기업 육성에 관한 법률」에 의한 지역종합개발사업으로서 그 면적이 100만㎡ 이상인 것과 그 면적이 100만㎡ 미만인 지역종합개발사업으로서 공업용도로 구획되는 면적이 30만㎡ 이상인 것 또는 10만㎡ 이상의 관광단지가 포함된 것

□ 공업지역의 종류

- 「국토의 계획 및 이용에 관한 법률」에 의하여 지정된 공업지역
- 「국토의 계획 및 이용에 관한 법률」과 그 밖의 관계 법률에 따라 공업 용지와 이에 딸린 용도로 이용되고 있거나 이용될 일단의 지역으로서 대통령령으로 정하는 종류 및 규모 이상의 지역
- 「산업입지 및 개발에 관한 법률」에 따른 산업단지(단, 성장관리권역 중 「경제자유구역의 지정 및 운영에 관한 특별법」에 따른 경제자유구역이나 「주한미군 공여구역주변지역 등 지원특별법」에 따른 반환공여구역 또는 지원도시사업구역에서 지정되는 산업단지는 제외)
- 「국토의 계획 및 이용에 관한 법률」 제51조 제3항에 따른 지구단위계획구역 및 같은 법 시행령 제31조 제2항 제7호에 따른 개발진흥지구로서 공업용도로 구획되는 면적이 3만㎡ 이상인 것

과밀억제권역 행위제한

지정여건 (법 제6조)			인구와 산업이 지나치게 집중되었거나 집중될 우려가 있어 이전하거나 정비할 필요가 있는 지역
행위제한 (법 제7조)			• 허가·인가·승인 또는 협의 등 금지 - 대통령령으로 정하는 학교, 공공청사, 연수시설, 그 밖의 인구집중유발시설의 신설 또는 증설(용도변경을 포함, 학교 입학정원 증원), 공업지역의 지정 • 예외 사항 - 대통령령으로 정하는 학교 또는 공공청사의 신설 또는 증설 - 서울특별시·광역시·도별 기존 공업지역의 총면적을 증가시키지 않는 범위에서 공업지역의 지정(단, 국토교통부장관이 수도권정비위원회의 심의를 거쳐 지정하거나 허가 등만 해당)
행위완화 (법 제7조, 영 제15조)	학교	신설	• 총량규제의 내용에 적합한 범위에서의 산업대학, 전문대학 또는 대학원 대학의 신설(단, 산업대학과 전문대학의 경우 서울특별시가 아닌 지역에 신설만 해당)
		증원	• 총량규제의 내용에 적합한 범위에서의 학교 입학정원의 증원
		이전	• 과밀억제권역에서의 학교이전(서울시로 이전 제외). 다만, 대학이나 교육대학을 이전하는 경우에는 교육여건의 개선 등 교육정책상 부득이하거나 도시 안의 지역균형발전을 위하여 수도권정비위원회 심의를 거친 경우만 해당
		입학정원 증원	• 「한국예술종합학교설치령」에 따른 한국예술종합학교의 각원을 설치하기 위한 입학정원의 증원
		전문대학→ 대학 변경(간호)	• 전문대학 중 수업연한이 3년인 간호전문대학을 대학 중 간호대학으로 변경하는 것으로 다음 요건을 갖춘 것 - 간호전문대학은 설립 후 10년이 지날 것 - 변경하려는 간호대학의 총 학생정원은 간호전문대학의 총 학생정원을 초과하지 아니할 것 - 수도권정비위원회의 심의를 거칠 것
		대학과 전문대학간 통·폐합	• 교육부장관이 대학의 구조개혁을 위하여 고시하는 국립대학 및 사립대학의 통·폐합(서울시 밖의 대학과 서울시 안의 전문대학 간 통·폐합 제외)으로 대학의 신설·증설 또는 이전으로서 다음 요건을 갖춘 것 - 해당 대학 및 전문대학이 관할 시·도지사의 의견을 들어 교육부장관에게 요청한 것으로 2012년 12월 31일까지 수도권정비위원회의 심의를 거친 것 - 대학본부가 과밀억제권역 밖에서 과밀억제권역으로 이전하거나 과밀억제권역에 신설되지 아니할 것 - 대학의 교사와 교지 등이 종전과 같이 사용되고 폐지되는 전문대학의 교사와 교지 등은 대학의 교사와 교지 등으로 전환될 것
		산업대학 폐지	• 「고등교육법」 제40조의2에 따른 산업대학의 폐지로 인한 대학의 설립으로서 2011년 9월 28일까지 수도권정비위원회의 심의를 거친 것
	공공청사		• 다음 공공청사 신축, 증축 또는 용도변경으로서 수도권정비위원회 심의를 거친 것 - 중앙행정기관(청 제외)의 청사 - 중앙행정기관 중 청의 청사, 중앙행정기관의 소속 기관의 청사(교육, 연수 또는 시험기관의 청사 제외) : 증축이나 용도변경만 가능 - 공공법인의 사무소(수도권이 아닌 지역에 있는 법인이 과밀억제권역에 신축 제외) • 다음에 해당하는 행위 - 중앙행정기관의 소속 기관 및 공공법인(지점 포함) 중 수도권만을 관할하는 기관 및 공공법인의 청사 또는 사무소의 신축, 증축 또는 용도변경 - 중앙행정기관의 소속기관 및 공공법인(지점 포함) 중 관할구역이 수도권과 그 인근의 도 지역만을 관할하는 기관 및 공공법인의 청사 또는 사무소의 신축, 증축 또는 용도변경으로서 국토교통부장관의 협의를 거친 것

성장관리권역 행위제한

지정여건 (법 제6조)			과밀억제권역으로부터 이전하는 인구 및 산업을 계획적으로 유치하고 산업의 입지와 도시개발을 적정하게 관리할 필요가 있는 지역
행위제한 (법 제8조)			• 지나친 인구집중을 초래하지 않도록 대통령령으로 정하는 학교, 공공청사, 연수시설, 그 밖의 인구집중 유발시설의 신설·증설이나 그 허가 등 금지 • 관계행정기관의 장은 성장관리권역에서 공업지역을 지정하려면 대통령령으로 정하는 범위에서 수도권정비계획으로 정하는 바에 따름
행위제한 완화 (영 제12조)	대학	신설	• 총량규제의 내용에 적합한 범위 안에서의 산업대학·전문대학·대학원대학 또는 입학정원 50인 이내인 대학의 신설 ※ 컴퓨터·통신·디자인·영상·신소재·생명공학 등 첨단전문분야의 대학으로서 교육부장관이 정하여 고시하는 대학의 경우에는 입학정원 100인 이내의 대학(소규모대학) • 소규모대학 신설인 경우 수도권정비위원회의 심의를 거친 것에 한함
		증원	• 영 제24조에 따른 총량규제의 내용에 적합한 범위 안에서의 학교의 입학정원 증원 • 신설된 지 8년이 지나지 아니한 소규모대학 입학정원의 증원(최초 입학정원의 100% 안에서의 증원에 한하며, 신설된 후 8년 이내에는 영 제24조에 따른 총량규제의 내용에 적합한 범위에서의 입학정원의 증원 불가)으로서 수도권정비위원회의 심의를 거친 것
		이전	• 수도권 안에서의 학교의 이전 허용
		대학과 전문대학 간 통폐합	• 교육부장관이 대학의 구조개혁을 위하여 고시하는 국립대학 및 사립대학 통·폐합기준에 따른 대학과 전문대학간 통·폐합으로 인한 대학의 신설·증설 또는 이전 - 시·도지사의 의견을 들어 교육부장관에게 요청한 것으로 2012년 12월 31일까지 수도권정비위원회의 심의를 거칠 것 - 대학본부가 수도권 밖에서 성장관리권역으로 이전하거나 성장관리권역에 신설되지 않을 것 - 대학의 교사와 교지 등이 종전과 같이 사용되고, 폐지되는 전문대학의 교사와 교지 등은 대학의 교사와 교지 등으로 전환될 것 •「고등교육법」제40조의 2에 따른 산업대학의 폐지로 인한 대학의 설립으로서 2011년 9월 28일까지 수도권정비위원회의 심의를 거친 것
	공공청사		• 수도권정비위원회의 심의 후 신축·증축 또는 용도변경 허용 - 중앙행정기관(청 제외)의 청사, 공공법인의 사무소(성장관리권역에 사무소 신축 제외) • 수도권정비위원회의 심의 후 증축 또는 용도변경 허용(신축 금지) - 중앙행정기관 중 청의 청사, 중앙행정기관 소속기관의 청사(교육·연수 또는 시험기관 청사 제외) • 중앙행정기관의 소속기관 및 공공법인(지점 포함) 수도권만 관할하는 기관 및 공공법인의 청사 또는 그 사무소의 신축, 증축, 용도변경 • 중앙행정기관의 소속 기관 및 공공법인(지점 포함) 중 관할구역이 수도권과 그 인근 도 지역만을 관할하는 기관 및 공공법인의 청사 또는 사무소의 신축 증축 또는 용도변경으로 국토교통부장관과 협의를 거친 것
	연수시설		• 신축·증축 또는 용도변경은 수도권정비위원회 심의를 거친 것 • 기존 연수시설 건축물 연면적의 20% 범위 안에서의 증축 허용 • 수도권에서 이전하는 연수시설의 종전 규모 범위에서의 신축·증축 또는 용도변경
	공업지역 지정		• 아래에서 정하는 범위 안에서 수도권정비계획에 따라 허용 - 과밀억제권역에서 이전하는 공장 등의 계획적 유치를 위하여 필요한 지역 - 개발수준이 다른 지역에 비하여 뚜렷하게 낮은 지역의 주민소득 기반을 확충하기 위하여 필요한 지역 - 공장이 밀집된 지역의 재정비를 위하여 필요한 지역 - 관계 중앙행정기관의 장이 산업정책상 필요하다고 인정하여 국토교통부장관에게 요청한 지역

자연보전권역 행위제한

지정여건 (법 제6조)	한강수계의 수질 및 녹지 등 자연환경의 보전이 필요한 지역		
행위제한 (법 제9조, 영 제13조)	• 관계행정기관의 장은 자연보전권역에서는 다음 각호의 행위나 그 허가 금지. 단 국민경제의 발전과 공공복리의 증진을 위하여 필요하다고 인정되는 경우는 제외		
	사업의 구분	허가 금지 행위	
	택지, 공업용지, 관광지 등의 조성 목적 사업	- 택지조성사업. 단, 공동주택 중 아파트 또는 연립주택의 건설계획이 포함되지 아니한 택지조성사업과 오염총량관리계획을 수립·시행하는 시·군이 아닌 지역에서 시행하는 택지조성사업은 그 면적이 3만㎡ 이상 - 면적 3만㎡ 이상인 공업용지조성사업, 도시개발사업, 지역종합개발사업 - 시설계획지구의 면적 3만㎡ 이상인 관광지조성사업	
	학교, 공공청사, 업무용·판매용 건축물, 연수시설, 그 밖의 인구집중유발시설의 신설 또는 증설	- 학교, 공공 청사, 업무용 건축물, 판매용 건축물 또는 복합건축물로서 창고시설과 주차장의 면적을 제외한 면적이 인구집중유발시설에 해당하는 건축물 - 연수시설 중 교육원, 직업훈련소 및 운전 및 정비 관련 직업훈련소 중 직업능력 개발훈련시설	
행위제한 완화 (법 제9조, 영 제14조)	• 개발사업 등 행위제한 완화		
	오염총량관리계획 시행지역이 아닌 지역	택지조성사업, 도시개발사업, 지역종합개발사업 또는 관광지조성사업 중 그 면적(관광지조성사업 시설계획지구의 면적)이 6만㎡ 이하로 수도권정비위원회의 심의를 거친 것	
	오염총량 관리계획 시행지역	택지 조성 사업	도시지역 중 주거지역, 상업지역, 공업지역 및 개발진흥지구 10만㎡ 이상 지구단위계획구역	수도권정비위원회의 심의를 거친 것
			도시지역 등 10만㎡ 미만 지구단위계획구역	주변지역이 이미 시가화 등이 완료되어 추가적인 개발을 할 수 있는 지역이 없는 것으로서 국토교통부장관과 협의를 거친 것
			도시지역 등이 아닌 지역 10만㎡ 이상 50만㎡ 이하 지구단위계획구역	수도권정비위원회의 심의를 거친 것
			도시지역 등과 도시지역 등이 아닌 지역에 걸쳐진 경우 10만㎡ 이상 50만㎡ 이하 지구단위계획구역	
		도시개발 지역종합 개발사업	6만㎡ 이하	수도권정비위원회의 심의를 거친 것
			도시지역 등 10만㎡ 이상	수도권정비위원회의 심의를 거친 것
			도시지역 등 면적 10만㎡ 미만	주변 지역이 이미 시가화 등이 완료되어 추가적으로 개발할 수 있는 지역이 없는 것으로서 국토교통부장관과 협의를 거친 것
			도시지역 등이 아닌 지역에서 시행되거나 도시지역 등과 도시지역 등이 아닌 지역에 걸쳐서 시행되는 면적이 10만㎡ 이상 50만㎡ 이하	수도권정비위원회의 심의를 거친 것
		관광지 조성사업	시설계획지구의 면적이 3만㎡ 이상	수도권정비위원회의 심의를 거친 것
		공업용지 조성사업	6만㎡ 이하	수도권정비계획위원회의 심의를 거친 것
		학교	신설	총량규제의 내용에 적합한 범위에서의 전문대학, 대학원대학 또는 소규모 대학의 신설로서 수도권정비위원회의 심의를 거친 것
			입학정원의 증원	총량규제의 내용에 적합한 범위에서의 학교 입학 정원의 증원 신설된 지 8년이 지나지 아니한 소규모 대학 입학정원의 증원(최초 입학정원의 100% 범위 내 증원만 허용, 신설 후 8년 이내에는 증원 불가)으로서 수도권정비위원회의 심의를 거친 것

행위제한 완화 (영 제13조, 제14조)	오염총량 관리계획 시행지역	학교	이전	자연보전권역에서 전문대학, 대학원대학 또는 소규모 대학의 이전
			대학과 전문대학 간 통·폐합에 따른 신설·증설 또는 이전	교육부장관이 대학의 구조개혁을 위하여 고시하는 국립대학 및 사립대학 통·폐합기준에 따른 대학과 전문대학 간 통·폐합으로 인한 대학의 신설·증설 또는 이전으로 - 해당 대학 및 전문대학이 관할 시·도지사의 의견을 들어 교육부장관에게 요청한 것으로서 '12년 12월 31일까지 수도권정비위원회 심의를 거칠 것 - 대학 본부가 자연보전권역 밖에서 자연보전권역으로 이전하거나 자연보전권역에 신설되지 아니할 것 - 대학교사와 교지 등이 종전과 같이 사용되고 폐지되는 전문대학의 교사와 교지 등은 대학의 교사와 교지 등으로 전환될 것
		연수시설		- 기존 연수시설 건축물의 연면적 100분의 10의 범위에서의 증축 - 오염총량관리계획 시행지역에서 시행하는 연수시설의 신축, 증축(기존 연수시설의 건축물 연면적의 10% 범위에서의 증축 제외) 또는 용도변경으로서 수도권정비위원회 심의를 거친 것
		공공청사	신축, 증축 또는 용도변경	중앙행정기관(청은 제외)의 청사, 공공법인의 사무소로 수도권정비위원회의 심의를 거친 것
			증축이나 용도변경	중앙행정기관 중 청의 청사, 중앙행정기관의 소속 기관의 청사(교육, 연수 또는 시험기관의 청사는 제외)
		연수시설	신축, 증축	- 기존 연수 시설의 건축물 연면적의 100분의 10 범위에서의 증축 - 오염총량관리계획 시행지역에서 시행하는 연수 시설의 신축, 증축(기존 연수 시설의 건축물 연면적의 100분의 10 범위에서의 증축은 제외) 또는 용도변경으로서 수도권정비위원회의 심의를 거친 것
		업무용 건축물, 판매용 건축물 및 복합 건축물의 신축, 증축 또는 용도변경		

부담금

과밀부담금 부과징수 (법 제12조)	• 부과대상 : 과밀억제권역에 속하는 지역으로 서울특별시에서 인구집중 유발시설 중 업무용 건축물, 판매용 건축물, 공공청사, 그 밖에 복합 건축물을 건축(신축·증축·용도변경)하려는 자, 조합인 경우 조합 해산 시 조합원이 납부
감면 (법 제13조, 영 제17조)	• 다음 각 호의 건축물에 대해 부담금 감면 1. 국가나 지방자치단체가 건축하는 건축물 부담금 부과 제외 2. 「도시 및 주거환경정비법」에 따른 재개발사업에 따른 건축물의 부담금의 50% 감면 3. 건축물 중 주차장이나 주택, 직장어린이집 및 국가나 지자체에 기부채납되는 시설의 부담금 감면 4. 수도권만 관할하는 공공법인(지점 포함) 사무소에 대하여는 부담금 부과제외 5. 연구소 중 다음에 해당하는 단지에서 건축하는 연구소에 대해서는 부담금 감면 - 산업단지, 과학연구단지, 나노기술연구단지, 산업기술단지 6. 금융중심지에 건축하는 일반업무시설 중 금융업소 부담금 감면 7. 건축물 중 부담금이 부과된 시설을 용도변경하는 경우 부담금 부과 제외 8. 업무용건축물(25천㎡) 판매용건축물(15천㎡), 복합건축물로 판매용건축물면적이 가장 큰 건축물(15천㎡), 다목외의 복합건축물(25천㎡)의 부담금 감면
부담금 산정기준 (법 제14조)	• 건축비의 10%, 지역별 여건을 고려 건축비의 5%까지 조정가능, 건축비는 국토교통부장관이 고시하는 표준건축비를 기준으로 산정
부담금의 배분 (법 제16조)	• 징수된 부담금의 50% 국가균형발전특별회계에 귀속, 50%는 관할 시·도에 귀속

제4차 수도권정비계획

계획수립의 배경	• 행정중심복합도시 건설, 공공기관 지방이전 등 국내적 여건이 변화하고, 중국의 급속한 성장과 경제 개방화의 진전에 따라 수립된 제3차 수도권정비계획(2006~2020)의 계획기간 만료 • 저성장, 고령화, 인구감소 4차 산업혁명 등 급격한 여건변화에 대응하여 수도권 주민의 삶의 질 향상, 수도권의 질적 발전 및 대도시 문제 해결 등의 관리방향 마련 필요 • 제5차 국토종합계획이 수립되었고, 수도권 광역도시계획 등 다양한 유관·하위 계획들이 동시에 수립중인 시기적 특성을 고려해 수도권에 대한 최상위 계획으로서 장기비전 제시
계획의 성격	• 상위계획인 국토종합계획과 연계하여 장기적 국토정책방향의 정합성을 유지하면서, 수도권의 최상위 계획으로 수도권과 관련 계획에 대한 지침 역할을 수행함 • 수도권을 공간적 범역으로 하는 최상위 법정계획으로 수도권 내에서 다른 법령에 따른 토지이용계획 및 개발 계획에 우선하며 그 기본이 됨 ※ 관계행정기관의 장은 이 계획과 부합되지 않는 토지이용계획 또는 개발계획 등을 수립·시행할 수 없음
산업 배치	• 특화산업 분포 및 네트워크 분석, 수도권 지자체별 공간계획 및 주요 개발 예정지 검토 등을 통해 수도권 공간구조 구상 • 글로벌 혁신 허브 : 주요 거점 도시 자족기능 확보 및 테크노밸리 혁신역량 강화 • 국제 물류·첨단산업 벨트 : 수도권 남서부 (기계, 전기 등 산업고도화), 인천 서부 (혁신첨단산업유치) • 스마트 반도체 벨트 : 경기 남부 (스마트 제조업 집적·연계), 산업 거점 마련 및 연계기능 강화 • 평화경제 벨트 : 수도권 북부 (생활 밀착형 산업 특화산업 육성 지원), 평화경제 체계 구축의 거점 조성 • 생태 관광·휴양 벨트 : 경기 동부(자연환경보전, 난개발 방지), 친환경 관광산업 ,휴양단지 육성
공업용지	• 공업용지 관리 기본 방향 - 수도권 제조업 집중관리 총량규제, 면적규제 수도권정비위원회 심의 등을 통한 제조업 집중관리를 지속하고, 전통적인 제조업 중심에서 혁신형명산업구조로의 전환 및 인구·산업집중 완화·분산 도모 - 신규 개발수요의 개발접 입지 유도 및 기존 공장 정비를 유도하여 난개발 해소 - 수도권 신규 산업단지 개발수요 등 산업측면에서의 수도권 지역 남부-북부간 균형발전 도모 • 과밀억제권역 관리방안 - 인구·산업 집중 억제를 위해 기존 공업지역의 총면적을 증가시키지 않는 범위에서 대체지정만 허용 - 대체지정은 해제와 지정을 동시에 하는 것이 원칙이며, 수도권 정비위원회 심의를 통하여 불가피성을 인정받은경우에 한하여 선해제 후지정 허용 • 성장관리권역에 대한 관리방안 - 산업단지만 관리하던 기존 '산업단지 공급계획'을 산업단지 외 공업지역까지 포함하여 관리하는 '공업지역 물량 공급계획'으로 개편하여 계획입지유도 기능 강화 및 균형발전 도모 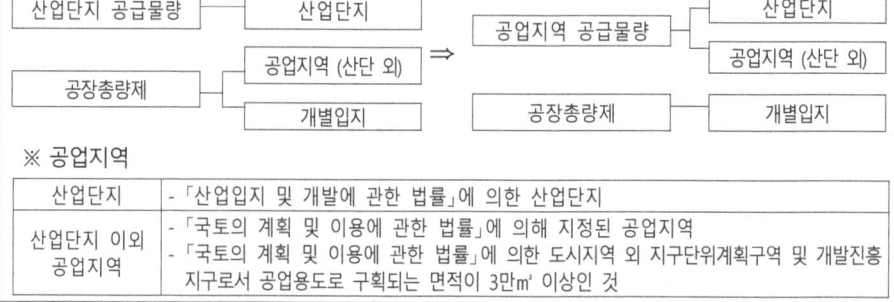 • 자연보전권역에 대한 관리방안 - 성장관리방안과 연계하여 공장총량을 배정하는 등 개별입지 공장의 무계획적 확산억제 - 공장의 집단화, 개별입지 공장 밀집지역 기반시설 확충을 위한 공업용지 유도방안 검토

공장	• 지방과의 상생발전 등 국토균형발전 달성을 위한 공장건축 총허용량 제한을 통한 제조업 집중관리 - 수도권 북부지역 공업지역 물량 비중확대를 통해 수도권의 내적 균형발전 도모 - 신규 개별입지 공장의 설립은 억제, 기존 개별입지 공장은 집단화 및 기반시설 정비를 통한 계획입지화 추진 • 수도권 개별입지 공장 난개발 집중관리를 위해 공장총량제는 개별입지 공장에 대해서만 적용 - 시·도지사는 연도별·지역별 배정계획을 수립하여 국토부장관의 승인을 받아 시행 - 공장총량제를 통한 개별입지 물량은 단계적 축소, 이를 수용하기 위한 공업지역 물량 공급등을 통해 신규 공장을 산업단지 등 계획입지로 유도 ※ 연도별·지역별 배정계획 수립 시 공장 난개발 방지 대책 제시
대학	• 대학의 유형에 따라 신설 및 이전을 엄격하게 제한하고 총량 제도를 활용한 입학정원 관리 • 수도권 대학 입학정원 총량은 저출산·인구감소 등으로 인한 인구 추이를 감안하여 조정 • 단, 국가적 필요에 의해 교육부장관이 요청하여 수도권 정비위원회에서 불가피 하다고 인정하는 경우 국토교통부 장관은 수도권 대학 입학정원 총량 조정 가능
공공청사	• 권역별로 기관의 종류에 따라 청사의 신축·증축·용도변경 등 관리 (수도권정비위원회 심의등을 통해 지속 관리) • 수도권을 관할하는 기관이 아닌 경우 원칙적으로 수도권에 신설하는 것을 금지, 신설이 가능한 경우에 대하여 추가 관리방안 검토 • 국가균형발전 정책 추진에 따라 지방으로 이전할 가능성이 있는 공공기관 청사의 경우 신·증축 등을 보다 엄격히 관리
연수시설	• 과밀억제권역에서는 연수시설의 입지를 금지하고, 성장관리권역·자연보전권역에서는 심의를 통해 신·증축 등 관리 • 중장기적으로는 연수시설의 소형화 추세 및 수도권 연수시설 신규입지 감소 추세 등을 고려하여 연수시설 관리방안 검토
대형건축물	• 서울시내 일정규모 이상의 판매·업무·복합 건축물에 대해 과밀부담금을 부과하여 집중을 억제하고, 이를 통해 마련된 재원은 국토균형발전 및 과밀로 야기된 문제 해결에 사용 • 중장기적으로 대형건축물 입지에 따른 과밀화 확산추세 및 인구유발효과 등을 평가하여 과밀부담금 부과 범위, 대상 및 활용방안 등 체계개선 검토
종전대지 관리	• 종전대지는 기본적으로 선계획 및 후이용 하는 것을 원칙으로 하고, 이를 위해 심의 상정 이전에도 종전대리 활용관련 이슈 발생시 해당 지자체는 국토부와 사전협의 ※ 종전대지에 대한 지구단위계획 수립을 통한 관리는 지속 유도 • 분할 매각 및 분할된 필지에 순차적으로 인구집중유발시설이 입주하는 경우에도 심의 대상은 기본적으로 종전대지를 대상으로 하는 것을 원칙으로 하여 관리
개발사업 관리	

개발사업 관리	기본방향	• 수도권 내 대규모 개발사업에 대해 수도권정비위원회 심의를 통한 인구유발효과 검토 및 계획적 개발 유도 등 관리 지속 • 권역지정 취지 및 개발사업 유형별 특성 등을 중점적으로 고려하여 심의 내실화 • 중장기적으로 대규모 개발사업 추이 등을 평가하여 수도권정비위원회 심의 기준 및 사업유형 등 적정성 검토
	과밀억제권역 성장관리권역	• 사업유형별 법적기준 이상의 대규모 개발사업을 심의하고, 과밀억제권역은 인구유발 최소화, 성장관리권역은 계획적 개발 및 수도권 남부·북부지역 균형발전 등을 고려하여 심의
	자연보전권역	• 상수원 및 자연환경 보전 등을 위해 다른 권역 대비 소규모 개발사업에 대해서 도 수도권정비위원회 심의를 통해 관리 • 오염총량관리제 시행지역과 비시행지역에 대한 차등관리를 지속하는 등 지역특성을 고려한 운용방안 검토

수도권정비계획법

□ 수도권 권역별 면적 및 인구현황

('21.12월 기준)

권역	시군		면적(km²) 10,196.73	(%)	인구(명) 13,565,450	(%)	비고
과밀억제권역		계	1,170.30	11.5	6,956,801	51.3	
	남부	소계	740.47	7.3	4,977,931	36.7	
		수원시	120.8	1.2	1,182,139	8.7	수원-용인-화성 경계조정
		성남시	141.63	1.4	930,948	6.9	
		용인시	0.04	0.0	0	0.0	수원-용인 경계조정
		화성시	0.2	0.0	0	0.0	수원-화성 경계조정
		부천시	53.45	0.5	806,067	5.9	
		안양시	58.48	0.6	547,178	4.0	
		시흥시	108.03	1.1	393,383	2.9	반월특수지역 및 해제지역 제외
		광명시	38.53	0.4	292,893	2.2	
		군포시	36.42	0.4	268,535	2.0	
		하남시	92.99	0.9	320,087	2.4	
		의왕시	54.03	0.5	163,356	1.2	
		과천시	35.87	0.4	73,345	0.5	
	북부	소계	429.83	4.2	1,978,870	14.6	
		고양시	268.1	2.6	1,079,353	8.0	
		남양주시	46.85	0.5	243,908	1.8	洞지역
		의정부시	81.55	0.8	463,661	3.4	
		구리시	33.33	0.3	191,948	1.4	
성장관리권역		계	5,196.00	51.0	5,342,228	39.4	
	남부	소계	2,396.38	23.5	3,979,326	29.3	
		수원시	0.29	0.0	1,575	0.0	수원-용인 경계조정
		용인시	288.21	2.8	864,416	6.4	자연보전권역외 전지역
		안산시	156.41	1.5	652,726	4.8	
		화성시	699.21	6.9	887,015	6.5	수원-화성 경계조정
		평택시	458.26	4.5	564,288	4.2	
		시흥시	31.65	0.3	118,647	0.9	반월특수지역 및 해제지역
		김포시	276.60	2.7	486,508	3.6	
		오산시	42.71	0.4	229,983	1.7	
		안성시	443.04	4.3	174,168	1.3	자연보전권역 외 전지역
	북부	소계	2,799.62	27.5	1,362,902	10.0	
		남양주시	216.39	2.1	358,037	2.6	특별대책지역 외 읍·면지역
		파주시	673.88	6.6	483,245	3.6	
		양주시	310.47	3.0	236,368	1.7	
		포천시	826.99	8.1	148,939	1.1	
		동두천시	95.67	0.9	93,592	0.7	
		연천군	676.22	6.6	42,721	0.3	
자연보전권역		계	3,830.43	37.6	1,266,421	9.3	
	남부	소계	2,791.94	27.4	1,072,304	7.9	
		용인시	302.99	3.0	213,092	1.6	특별대책지역 등
		광주시	430.99	4.2	387,289	2.9	
		이천시	461.47	4.5	223,177	1.6	
		안성시	110.42	1.1	15,366	0.1	일죽면,죽산면일부,삼죽면일부
		여주시	608.28	6.0	112,150	0.8	
		양평군	877.79	8.6	121,230	0.9	
	북부	소계	1,038.49	10.2	194,117	1.4	
		남양주시	194.91	1.9	131,853	1.0	특별대책지역(화도·수동·조안)
		가평군	843.58	8.3	62,264	0.5	

「수도권정비계획법」상 수도권 권역별 행위제한 주요내용

('21.12월 기준)

구 분			과밀억제권역	성장관리권역	자연보전권역
인구(1,356만명)			695만명(51%)	534만명(39%)	126만명(9%)
면적(10,196㎢)			1,170㎢(11%)	5,196㎢(51%)	3,830㎢(38%)
해당 시·군			16개 시 수원(일부), 용인(일부), 고양, 성남, 화성(일부), 부천, 남양주(일부), 안양, 시흥, 의정부, 광명, 하남, 군포, 구리, 의왕, 과천	15개 시·군 수원(일부), 용인(일부), 안산, 남양주(일부), 화성(일부), 평택, 시흥, 파주, 김포, 오산, 양주, 안성, 포천, 동두천, 연천	8개 시·군 용인(일부), 남양주(일부), 광주, 이천, 안성(일부), 양평, 여주, 가평
공업지역 지정			금 지 (대체지정시 심의 후 허용)	가 능 (30만㎡이상 심의 후 허용) ※ 산업단지, 공장 등 물량배정	가 능 (3만~6만㎡이하 심의 후 허용) ※ 별도 물량배정 없음
인구집중유발시설	공장기준		500㎡이상 공장 신·증설은 공장총량제 물량배정(단 사무실·창고 제외)		
	대학	신설	금 지 ※ 산업대학·전문대학, 대학원대학 신설 ※ 간호전문대학(3년제, 신설 10년이후)을 간호대학으로 신설(심의)	금 지 ※ 산업대학·전문대학, 대학원대학 신설 ※ 소규모대학(50인이하) 신설(심의) ※ 신설 8년미만 소규모대학 증원(심의)	금 지 ※ 전문대학·대학원대학·소규모대학(50인이하) 신설(심의) ※ 신설 8년미만 소규모대학 증원(심의)
		이전	심의 후 가능 과밀→과밀 ※단, "과밀→서울" 금지	가 능 수도권→성장	금 지 ※전문·대학원대학, 소규모대학(50인 이하)에 한하여 권역내 이전 가능
		증원	매년 총량으로 규제		
	대형건축물		판매용 15천㎡, 업무용 25천㎡, 복합용 25천㎡이상의 규모일 경우		
			과밀부담금 부과 (인천·경기지역 제외)	가 능	가 능
	연수시설 (연면적 3만㎡이상)		금 지	심의 후 허용 (이전 및 20%내 증축은 심의없이 가능)	심의 후 허용 (10%내 증축은 심의없이 가능)
	공공청사		- 신축·증축 또는 용도변경(임대) 시 심의　　※중앙행정기관의 청사(청을 제외) - 증축 또는 용도변경(임대) 시 심의 ※중앙행정기관중 청의 청사 및 중앙행정기관의 소속기관의 청사(교육, 연수 또는 시험기관의 청사는 제외), 공공법인 사무소		

구 분		과밀억제권역·성장관리권역		자연보전권역
대규모개발사업	택지조성	100만㎡ 이상 심의 후 허용 ※주택건설사업, 택지개발사업, 산업단지 내 주택지조성사업	공통	금 지 아파트·연립주택이 없는 3만㎡미만 사업 가능
			도시	10만㎡이상의 지구단위계획구역 내 사업에 한해 심의 후 허용 ※주변 시가화 완료로 추가개발이 불가능한 10만㎡미만의 구역 내 사업인 경우 국토부장관협의 후 가능
			비도시	10만~50만㎡의 지구단위계획구역 내 사업에 한해 심의 후 허용
	도시개발	100만㎡ 이상 심의 후 허용 ※100만㎡미만의 사업 중에서 공업 용도가 30만㎡ 이상인 사업 심의	공통	6만㎡ 이하 심의 후 허용 ※6만㎡초과~10만㎡미만의 사업은 금지
			도시	10만㎡이상 심의 후 허용 ※주변 시가화 완료로 추가개발이 불가능한 10만㎡미만의 사업인 경우 국토부장관협의 후 가능
			비도시	10만~50만㎡ 심의 후 허용
	공업용지	30만㎡ 이상 심의 후 허용		3만~6만㎡ 심의 후 허용
	관광지	시설계획지구면적이 10만㎡ 이상인 사업의 경우 심의 후 허용		시설계획지구면적 3만㎡ 이상인 사업의 경우 심의 후 허용

출처 : 경기도 지역정책과

개발제한구역의 지정 및 관리에 관한 특별조치법

법공포 : 최초 '00. 1. 28.   최종개정 : '21. 7. 27.   시행일자 : '21. 7. 27.
영공포 : 최초 '00. 7. 1.   최종개정 : '22. 1. 21.   시행일자 : '22. 1. 21.

「개발제한구역의 지정 및 관리에 관한 특별조치법」 구성체계

개요	개발제한구역의 지정		관리계획
제1조 목적 제2조 국가 등의 책무	제3조 개발제한구역의 지정 등 제4조 개발제한구역의 지정 등에 관한 도시·군관리계획의 입안 제4조의2 토지소유자 등의 훼손지 정비사업 제5조 해제된 개발제한구역의 재지정 등에 관한 특례	제6조 기초조사 등 제7조 주민과 지방의회의 의견청취 제8조 도시·군관리계획의 결정 제9조 도시·군관리계획에 관한 지형도면의 고시 제10조 삭제	제11조 개발제한구역관리계획의 수립 등

행위제한	특례	토지매수 및 부담금	기타
제12조 개발제한구역에서의 행위제한 제12조의2 시도지사 행위허가 제한 등 제13조 존속 중인 건축물 등에 대한 특례 제13조의2 허가 또는 신고 등의 통보 제13조의3 개발제한구역 관리전산망의 구성·운영 등 제13.조의4 개발제한구역 내의 공무원의 배치 등 제14조 인·허가 등의 의제	제15조 취락지구에 대한 특례 제16조 주민지원사업 등 제16조의2 생활비용 보조의 신청 제16조의3 금융정보 등의 제공 제16조의4 자료제출 요구 등	제17조 토지매수의 청구 제18조 매수청구의 절차 등 제19조 비용의 부담 제20조 협의에 의한 토지 등의 매수 제21조 개발제한구역 보전 부담금 제22조 부담금 부과를 위한 자료의 통보 제23조 삭제 제24조 부담금의 산정 기준 제25조 부담금의 부과·징수 및 납부 등 제26조 부담금의 귀속 및 용도 제27조 이의신청	제28조 공공시설의 귀속 제29조 권한 등의 위임 및 위탁 제30조 법령 등의 위반자에 대한 행정처분 제30조의2 이행강제금 제30조의3 이행강제금 징수 유예 특례 제30조의4 벌칙적용에서 공무원 의제 제31조 벌칙 제32조 벌칙 제33조 양벌규정 제34조 과태료

개 요

목적 (법 제1조)	• 개발제한구역 지정과 개발제한구역에서의 행위제한, 주민에 대한 지원, 토지매수, 기타 개발제한구역의 효율적인 관리를 위하여 필요한 사항을 정함으로써 도시의 무질서한 확산을 방지하고 도시 주변의 자연환경을 보전하여 도시민의 건전한 생활환경을 확보

개발제한구역의 지정

개발제한구역의 지정 (법 제3조)	• 지정권자 : 국토교통부장관 • 도시의 무질서한 확산을 방지하고 도시주변의 자연환경을 보전하여 도시민의 건전한 생활환경을 확보하기 위하여 도시의 개발을 제한할 필요가 있거나 국방부장관의 요청이 있어 보안상 도시의 개발을 제한할 필요가 있다고 인정되면 개발제한구역의 지정 및 해제를 도시·군관리계획으로 결정

개발제한구역 지정·해제기준
(법 제3조, 영 제2조)
	• 개발제한구역 지정대상지역
	  - 도시가 무질서하게 확산되는 것 또는 서로 인접한 도시가 시가지로 연결되는 것을 방지
	  - 도시의 정체성 확보 및 적정한 성장관리
	  - 도시주변의 자연환경 및 생태계를 보전하고 도시민의 건전한 생활환경 확보
	  - 국가보안
	• 개발제한구역은 지정목적을 달성하기 위하여 공간적으로 연속성을 갖도록 지정하되, 도시 자족성 확보, 합리적인 토지이용 및 적정한 성장관리 등을 고려

개발제한구역의 지정 및 관리에 관한 특별조치법

구분	내용
개발제한구역 지정·해제기준 (법 제3조, 영 제2조)	• 개발제한구역의 조정 및 해제 기준 {표1} • 도로, 철도 또는 하천 개수로로 단절된 3만㎡ 미만 토지의 해제 후 용도지역 지정 {표2} • 개발제한구역에 도시·군계획시설을 설치계획 수립하거나 이를 설치 시 소규모 단절 토지가 발생되지 않도록 함. 부득이 소규모 단절 토지의 발생을 피할 수 없을 시 미리 협의 - 중앙행정기관의 장, 특별시장, 광역시장, 특별자치시장, 특별자치도지사, 시장, 군수 또는 구청장은 국토교통부장관 및 해당 지역을 관할하는 시장, 군수 또는 구청장과 미리 협의(사유, 규모, 발생시기 등)
개발제한구역 지정 등에 관한 도시·군관리계획 입안 (법 제4조)	• 입안권자 {표3} • 개발제한구역 지정을 위한 도시·군관리계획의 내용 - 도시·군관리계획은 광역도시계획이나 도시·군계획에 부합되도록 입안 - 개발제한구역에 대한 관리방안(개발제한구역 중 해제하는 지역의 개발계획 등 구체적인 활용방안과 해제지역이 아닌 지역으로 개발제한구역 안의 훼손된 지역의 복구계획 등) 포함 * 훼손지 범위는 해제대상지역의 면적의 10%부터 20%까지의 범위에서 중앙도시계획위원회 심의를 거쳐 국토교통부장관이 입안권자와 협의하여 결정

개발제한구역의 훼손지

구분	내용
개발제한구역 훼손지 복구 (법 제4조)	• 복구의무 : 해제 대상지역의 개발사업에 관한 계획의 결정을 받은 개발사업자 • 비용부담 : 개발사업자 • 예외 : 국토교통부장관이 중앙도시계획위원회 심의를 거쳐 해당 시·군·구 및 인접 시·군·구에 훼손지가 없는 등 부득이한 사유가 있다고 인정 시 제외

{표1} 개발제한구역의 조정 및 해제 기준

구분	비고
1. 환경평가결과상 보전가치가 낮은 지역의 도시용지 공급	도시기능이 쇠퇴하여 활성화할 필요가 있는 지역과 연계하여 개발할 수 있는 지역 우선고려
2. 주민이 집단적 거주하는 취락으로 주거환경 개선 및 취락정비	※ 개발제한구역 해제 시 지구단위계획구역으로 지정 지구단위계획 수립
3. 도시의 균형적 성장을 위해 기반시설의 설치 및 시가화면적 조정 등 토지이용의 합리화	
4. 지정 목적이 달성되어 개발제한구역의 유지필요가 없는 지역	
5. 도로(국토교통부장관이 정하는 규모만), 철도 또는 하천 개수로로 인해 단절된 3만㎡ 미만의 토지	조정 또는 해제 시 그 지역과 주변지역에 무질서한 개발 또는 투기행위 발생하거나 그 밖에 도시의 적정관리에 지장을 줄 우려가 큰 경우 제외 ※ 면적이 1만㎡ 초과하는 개발제한구역 해제 시 지구단위계획구역으로 지정 지구단위계획 수립
6. 개발제한구역 경계선이 관통하는 대지로 다음을 모두 갖춘 지역 - 지정 또는 해제 시 대지면적 1천㎡이하로 경계선이 그 대지를 관통 - 대지 중 개발제한구역인 부분이 기준 면적 이하	기준 면적은 관할구역 중 개발제한구역 경계선이 관통하는 대지의 수, 그 대지 중 개발제한구역인 부분의 규모와 그 분포 상황, 토지이용 실태 및 지형·지세 등 지역 특성을 고려하여 시·도의 조례로 정함
7. 경계선 관통대지로 개발제한구역 해제시 개발제한구역의 공간적 연속성이 상실되는 1천㎡미만 소규모 토지	

{표2} 도로, 철도 또는 하천 개수로로 단절된 3만㎡ 미만 토지의 해제 후 용도지역 지정

원칙	녹지지역
타 용도지역으로 지정 허용	- 도시발전을 위해 다른 용도지역으로 지정할 필요가 있고 도시·군기본계획에 부합될 것 - 개발제한구역에서 해제된 인근의 집단취락 또는 인근의 개발제한구역이 아닌 지역의 용도지역과 조화되게 정할 필요가 있을 것 - 다른 용도지역으로 지정되더라도 기반시설을 추가적으로 설치할 필요가 없을 것

{표3} 입안권자

		해당 도시를 관할하는 특별시장·광역시장·특별자치시장·특별자치도지사·시장 또는 군수
국가계획 관련	국토교통부장관	직접 입안
	관계 중앙행정기관의 장의 요청에 따라 관할 특별시장·광역시장·특별자치시장·도지사·특별자치도지사	시장·군수 의견청취 후 입안
광역도시계획 관련	도지사	직접 또는 관계 시장 또는 군수의 요청에 따라 시장·군수 의견청취 후 입안

구분	내용	
토지소유자의 훼손지 정비사업 (법 제4조의2) ※ 2020년 12월 31일까지 한시규정	• 토지소유자 : 국유지·공유지를 제외한 훼손지의 토지소유자, 국유지·공유지를 제외한 훼손지의 토지소유자가 정비사업을 위하여 설립하는 조합, 지방자치단체, 공공기관, 지방공기업 • 축사 등 동물·식물 관련 시설이 밀집된 훼손지의 정비사업 시행	
	밀집된 훼손지 정비사업(안)	정비사업 내용(영 제2조의7) 1. 도시공원 또는 녹지, 물류창고(고압가스, 위험물, 유독물질 제외 높이 8m 이하, 용적률 120% 이하), 정비사업구역 내 건축물 철거하고 종전 용도로 신축하는 건축물의 설치 2. 정비사업구역 내 기존 건축물의 철거 후 신축 3. 도로 등 기반시설의 설치 또는 정비 * 사업방식은 「도시개발법」에 따른 환지방식의 도시개발사업, 개발제한구역에서의 행위허가
	개발제한구역 관리계획의 수립 또는 변경 요청 (토지 소유자→시장·군수·구청장을 거쳐 시·도지사)	토지소유자 · 국유지·공유지를 제외한 해당 훼손지의 토지소유자 · 위 토지소유자가 정비사업을 위하여 설립하는 조합(조합설립은 「도시개발법」 준용) 관련 제출서류 - 정비사업 구역의 위치 및 면적 - 정비사업 내용 및 방법에 관한 사항 - 토지이용계획 - 정비사업 구역 밖에 기반시설을 설치하여야 하는 경우 시설 설치비용의 부담계획 - 도시·군관리계획의 수립 또는 변경 - 그밖에 국토교통부령으로 정하는 사항
	기부채납 (토지소유자→공원 관리청)	정비사업 구역 면적의 100분의 30 이상을 「도시공원 및 녹지 등에 관한 법률」 제2조에 따른 도시공원 또는 녹지로 조성
훼손지 선정 (영 제2조의2)	• 훼손지 선정(도시·군관리계획 입안권자와 국토교통부장관 및 시장·군수 또는 구청장 협의)기준 - 그 지역이 법 제4조 제4항에 따른 개발제한구역 중 해제하려는 지역이 속한 해당 개발제한구역 내에 있을 것. 이 경우 훼손지가 여러 곳에 있는 경우에는 인접지를 우선하여 선정 복구함으로써 개발제한구역의 지정목적을 달성하는 효과가 클 것 - 도시민의 여가활동을 위한 휴식공간으로서 접근성이 좋을 것	
복구사업지역 선정기준 (개발제한구역 훼손지 업무처리규정 제6조)	• 다음 각 호의 요건 중 어느 하나를 충족하는 지역을 우선 선정	
	훼손지 복구가 필요한 지역의 현황 및 그 복구계획이 반영된 지역	
	복구함으로써 개발제한구역의 지정목적을 달성하는 효과가 큰 지역으로 다음 요건 중 어느 하나를 충족하는 지역	가. 친환경 보전법령에 따른 생태자연도 1등급, 녹지자연도 7등급, 생태계 보전지역, 천연기념물 서식처 등 생태민감지역 인근에 위치한 지역 나. 훼손의 정도가 심하여 입안권자가 시급히 복구가 필요하다고 인정하는 지역 다. 훼손지 복구사업을 통하여 무분별한 도시의 평면적 확산을 방지할 수 있는 지역 라. 도시기능을 충분히 발휘하기 위하여 차단녹지, 완충녹지, 시설녹지 등 녹지 확보가 필요한 지역이거나 광역녹지축, 도시녹지축 등의 기능이 큰 지역
	대중교통, 주차장 등 기반시설을 추가적으로 설치하지 않아도 도시민의 여가이용이 가능한 지역	
	개발제한구역 안의 도시계획시설 결정 후 10년 이상 경과할 때까지 조성되지 않은 공원	
	• 복구사업의 대상지가 취락지구인 경우에는 지역 여건을 감안하여 공원·녹지 확보의 필요성과 시급성이 명백한 곳에 한하여 선정, 복구사업지역 대상지에 이축대상 건축물이 있는 경우 그 설치면적이 훼손시설 총 설치면적의 50% 미만인 지역을 복구사업지역으로 선정 • 해제대상지역의 개발사업에 복구사업지역을 포함하여 복구사업 시행가능(이 경우 복구사업지역을 개발사업에 포함, 개발사업 완료) • 개발사업에 복구사업 포함시행 시 주변 개발제한구역과의 연계성 고려 복구사업지역 선정 • 개발제한구역 해제에 관한 도시·군관리계획 입안일 현재 적법한 절차에 따라 건축 또는 설치중이거나 건축 또는 설치가 완료된 건축물 또는 공작물 중 시설물이 설치된 지역은 복구사업지역에서 제외하는 것을 원칙. 단, 복구사업지역의 정형화, 중앙도시계획위원회의 복구사업의 원활한 추진을 위해 필요 인정 시 국토교통부장관과 협의 후 해당지역 포함 또는 시설물 존치 또는 철거 등 필요조치 가능	

구분		내용
밀집된 훼손지 정비사업 구역의 요건 (영 제2조의6)		• 밀집된 훼손지 구역의 요건(아래 요건 모두 충족)
	밀집훼손지 - 규모	1만㎡ 이상 (밀집훼손지가 2개 이상인 경우 각 3천㎡이상이어야 하고, 그 위치는 동일한 시·군 또는 구의 관할 구역 내 있어야 함)
	밀집훼손지 - 설치	해당 동물·식물 관련 시설이 2016년 3월 30일 전에 건축허가를 받았거나 설치
	밀집훼손지 - 시설 비율	밀집훼손지에서 동물·식물 관련 시설이 설치된 토지(필지 면적에서 동물·식물 관련 시설의 건축면적이 20% 이상인 토지)가 차지하는 면적이 70% 이상
	밀집훼손지 - 그 외	동물·식물 관련 시설이 설치된 토지 외의 밀집훼손지 내 토지는 임야 불포함 (단, 부득이한 경우 밀집훼손지 5% 범위 내에서 포함할 수 있음)
	밀집된 훼손지 구역 내 토지	밀집훼손지 주변에 흩어져 있는 개발제한구역 내의 토지로 동물·식물관련 시설이 설치된 토지(2016.03.30. 전에 건축허가를 받았거나 시설이 설치된 토지로 한정)를 도시공원 또는 녹지로 조성하거나 원상복구하는 경우만 정비사업구역에 포함
	그 외	다음 시기에 동물·식물에 관련 시설에 대한 이행강제금의 체납이 없을 것 - 시·도지사가 정비사업에 관한 협의를 국토교통부장관에게 요청할 때 - 정비사업의 시행을 위하여 개발제한구역 내 행위허가 신청 시
해제된 개발제한구역의 재지정의 특례 (법 제5조)		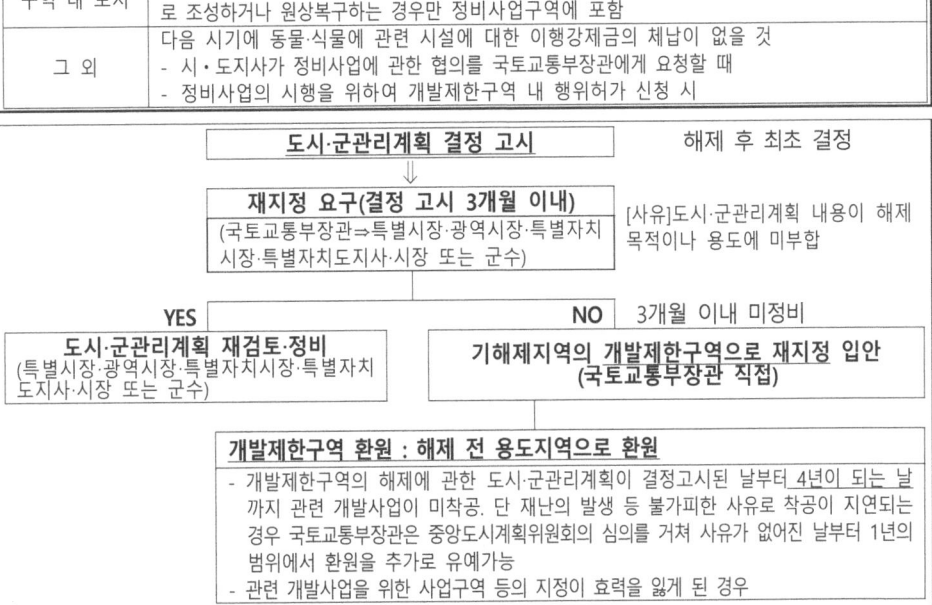

개발제한구역 도시·군관리계획

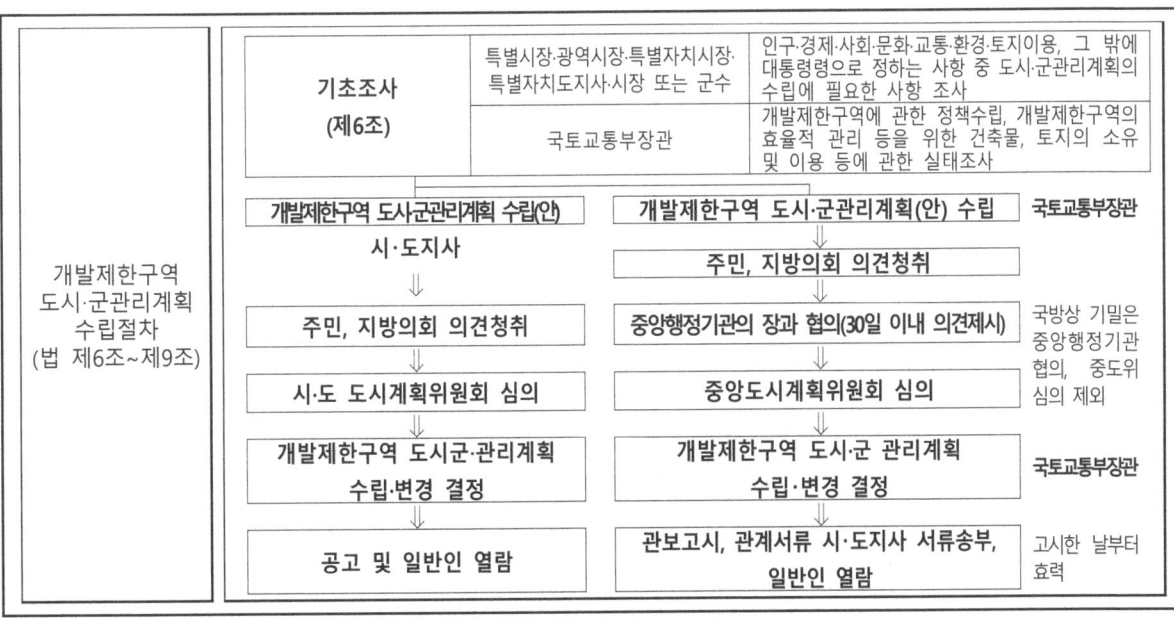

개발제한구역 도시·군관리계획 수립절차 (법 제6조~제9조)

개발제한구역관리계획

수립권자 (법 제11조)	• 수립권자 / 승인권자 : 개발제한구역을 관할하는 시·도지사 / 국토교통부장관 • 수립기간 : 5년 단위
개발제한구역 관리계획 내용 (법 제11조)	• 개발제한구역 관리의 목표와 기본방향 • 개발제한구역의 현황 및 실태에 대한 조사 • 개발제한구역의 토지이용 및 보전 • 개발제한구역에서 도시·군계획시설 설치(국토교통부장관이 정하는 도시·군계획시설 제외) • 개발제한구역에서 대통령령으로 정하는 규모 이상인 건축물의 건축 및 토지의 형질변경(단, 국토교통부장관이 정하는 건축물 건축, 개발제한구역 지정 이전에 조성된 기존 부지 내 증축 제외) • 취락지구의 지정 및 정비 • 주민지원사업 • 개발제한구역의 관리와 주민지원사업에 필요한 재원의 조달 및 운용 • 그 밖에 개발제한구역의 합리적인 관리를 위하여 대통령령으로 정하는 사항

개발제한구역 행위제한

행위제한 원칙 (법 제12조, 영 제18조)	• 개발제한구역에서는 건축물의 건축 및 용도변경, 공작물의 설치, 토지의 형질변경, 죽목의 벌채, 토지의 분할, 물건을 쌓아놓는 행위 또는 도시·군계획사업의 시행을 할 수 없음

특별자치시장·특별자치도지사·시장·군수 또는 구청장의 허가 시 가능 행위
(특별자치시장·특별자치도지사·시장·군수 또는 구청장)
(법 제12조)
	1) 건축물 건축 또는 공장물의 설치와 이에 따른 토지형질변경
	   가. 공원, 녹지, 실외체육시설, 시장·군수·구청장이 설치하는 노인의 여가활용을 위한 소규모 실내 생활체육시설 등 개발제한구역의 존치 및 보전에 도움이 될 수 있는 시설
	   나. 도로, 철도 등 개발제한구역을 통과하는 선형시설과 필수 수반되는 시설
	   다. 개발제한구역이 아닌 지역에 입지가 곤란하여 개발제한구역 내에 입지하여야만 그 기능과 목적이 달성되는 시설
	   라. 국방·군사에 관한 시설 및 교정시설
	   마 개발제한구역 주민의 주거·생활편익·생업을 위한 시설
	1)의 2. 도시공원, 물류창고 등 정비사업을 위하여 필요한 시설로서 대통령령으로 정하는 시설을 정비사업 구역에 설치하는 행위와 이에 따르는 토지의 형질변경 (2020.12.31.일까지 유효)
	2) 개발제한구역의 건축물로서 취락지구로의 이축
	3) 공익사업의 시행에 따라 철거된 건축물을 이축하기 위한 이주단지의 조성
	3)의2 공익사업의 시행에 따라 철거되는 건축물 중 취락지구로 이축이 곤란한 건축물로서 개발제한구역 지정 당시부터 있던 주택, 공장 또는 종교시설을 취락지구가 아닌 지역으로 이축
	4) 건축물의 건축을 수반하지 아니하는 토지의 형질변경으로서 영농을 위한 경우 등 토지의 형질변경
	5) 벌채 면적 및 수량, 그밖에 규모이상의 죽목의 벌채
	6) 대통령령으로 정하는 범위의 토지분할
	7) 모래·자갈·토석 등 대통령령으로 정하는 물건을 대통령령으로 정하는 기간까지 쌓아놓는 행위

특별자치시장·특별자치도지사·시장·군수 또는 구청장의 허가 시 가능 행위 (특별자치시장·특별자치도지사·시장·군수 또는 구청장) (법 제12조)	8) 1) 또는 존속중인 건축물 중 건축물을 근린생활시설 등 대통령령으로 정하는 용도로 변경하는 행위 **a. 주택을 다음 시설로 용도변경** — 제1종 근린생활시설(안마원 제외), 제2종 근린생활시설(단란주점, 안마시술소, 노래연습장 제외), 종교시설, 노유자시설, 박물관 및 미술관 **b. 근린생활시설(주택에서 용도변경되었거나 1999년 6월 24일 이후 신축된 경우만)** — 주택, 제1종근린생활시설(안마원 제외), 제2종근린생활시설(단란주점, 안마시술소, 노래연습장 제외), 종교시설, 노유자 시설, 박물관 및 미술관 **c. 주택을 다른 용도로 변경한 건축물을 다시 주택으로 용도변경** **d. 개발제한구역에서 공장 등 신축이 금지된 건축물을 다음 각 목의 시설로 용도변경** — 제1종근린생활시설(안마원 제외), 제2종근린생활시설(단란주점, 안마시술소, 노래연습장 제외), 종교시설, 교육원 및 연구소, 노유자 시설, 박물관 및 미술관, 물류창고 ※ 밑줄은 공장을 용도변경하는 경우로 한정 **e.** 폐교된 학교시설을 기존 시설의 연면적 범위에서 자연학습시설, 청소년수련시설, 연구소, 교육원, 연수원, 도서관, 박물관, 미술관 또는 종교시설로 용도변경하는 행위 **f.** 가축의 사육이 제한된 지역에 있는 기존 축사를 기존시설의 연면적의 범위에서 그 지역에서 생산되는 농수산물보관 **g.** 기존 공항의 여유시설을 활용하기 위하여 공항개발사업 실시계획에 따라 기존 건축물을 연면적 범위에서 용도변경하는 행위 **h.** 건축 또는 설치의 범위에서 시설 상호간에 용도변경을 하는 행위. 이 경우 기존 건축물의 규모 위치 등이 새로운 용도에 적합하여 기존 시설의 확장이 필요하지 아니하여야 하며, 주택이나 근린생활시설로 용도변경하는 것은 개발제한구역 지정 당시부터 지목이 대인 토지에 개발제한 구역 지정 이후에 건축물이 건축되거나 공작물이 설치된 경우만 해당 **I.** 기존 공공업무시설을 일반 업무시설로 용도변경 ※ a, b, d에 따라 휴게음식점, 제과점 또는 일반음식점으로 용도 변경할 수 있는 자는 다음에 해당하는 자이며, 용도변경하려는 건축물의 연면적은 300㎡ 이하이어야 함 - 허가신청일 현재 해당 개발제한구역에서 5년 이상 계속 거주 - 허가신청일 현재 해당 개발제한구역에서 해당 시설을 5년 이상 계속 직접 소유하면서 경영 - 개발제한구역 지정 당시부터 해당 개발제한구역에 거주하고 있는 자(개발제한구역 지정 당시 해당 개발제한구역에 거주하고 있던 자로서 개발제한구역에 주택이나 토지를 소유하고, 생업을 위하여 3년 이하의 기간 동안 개발제한구역 밖에 거주하였던 자를 포함하되, 세대주 또는 직계비속 등의 취학을 위하여 개발제한구역 밖에 거주한 기간은 개발제한구역에 거주한 기간으로 봄) 9) 개발제한구역 지정 당시 지목이 대인 토지가 개발제한구역 지정 이후 지목이 변경된 경우로서 개발제한구역 주민의 주거, 생활편익, 생업을 위한 시설 중 다음 건축물의 건축과 이에 따르는 토지의 형질변경(2015.12.31.일까지 유효) **개발제한구역 주민의 주거, 생활편익 및 생업을 위한 시설** — 축사, 작물 재배사의 구조와 입지기준에 대하여는 시·군·구의 조례로 정함 축사, 사육장, 작물 재배사는 1가구당 1개 시설만 건축, 다만, 개발제한구역에서 2년 이상 계속 농업에 종사하고 있는 자가 이미 허가를 받아 설치한 축사, 사육장, 작물 재배사를 허가받은 용도대로 사용하고 있는 경우에는 시·군·구의 조례로 정하는 바에 따라 추가적인 건축을 허가
행위제한 완화 (법 제12조, 영 제18조)	• 시장·군수·구청장의 허가 시 허가대상 행위가 관리계획을 수립하여야만 할 수 있는 행위인 경우 미리 관리계획이 수립되어 있는 경우만 행위를 허가 가능 • 주택 및 근린생활시설의 대수선 등 대통령령으로 정하는 행위는 시장·군수·구청장에게 신고 후 가능 • 경미한 행위의 경우 허가를 받지 아니하거나 신고를 하지 아니하고 가능 • 다음 건축물의 건축, 토지의 형질변경은 주민의견청취, 관계 행정기관의 협의 후 특별자치시·특별자치도·시·군·구 도시계획위원회의 심의를 거침(국방·군사에 관한 시설 설치 및 설치를 위한 토지 형질변경 제외) - 연면적(하나 필지를 분할하여 각각의 필지에 건축물을 건축하는 경우 각 필지에 건축하는 연면적을 합한 총면적)이 1,500㎡ 이상인 건축물의 건축 - 면적(하나 필지 분할하여 토지의 형질을 변경하는 경우에는 각 필지의 형질변경 면적을 합한 총면적)이 5,000㎡ 이상인 토지의 형질변경. 단, 경작을 위한 경우는 1만㎡ 이상

시·도지사의 행위제한 완화 (법 제12조의2)	• 시·도지사는 개발제한구역의 보전 및 관리를 위해 특히 필요하다고 인정시 시장·군수·구청장의 행위허가를 제한 가능 주민의견청취 ⇩ 시도 도시계획위원회 심의 ⇩ 시·도지사의 행위제한 — 사유: 개발제한구역의 보전 및 관리를 위해 필요 제한기간 2년 이내, 한 차례만 1년의 범위에서 제한기간 연장 가능 ⇩ 시장·군수·구청장 통보/ — 제한 목적, 기간, 대상과 행위허가 제한구역의 위치,면적, 경계 등을 상세하게 정하여 관할 시장·군수·구청장 통보 국토교통부장관 보고 — 국토교통부장관은 제한내용이 지나치다고 인정 시 해제명령 가능 ⇩ 공고
존속 건축물 특례 (법 제13조)	• 법령의 개정·폐지나 그 밖에 대통령령으로 정하는 사유로 인하여 그 사유가 발생할 당시에 이미 존재하고 있던 대지·건축물 또는 공작물이 이 법에 적합하지 아니하게 된 경우에는 대통령령으로 정하는 바에 따라 건축물의 건축이나 공작물의 설치를 허가
인허가 등의 의제 (법 제14조)	• 개발제한구역의 행위제한 완화 또는 존속중인 건축물의 허가를 받은 경우로 시장·군수·구청장이 관계 행정기관의 장과 협의한 사항에 대해서는 허가·협의·신고로 간주 - 「산지관리법」에 따른 산지전용허가 및 산지전용신고, 산지일시사용허가·신고와 입목벌채 등의 허가 및 신고 - 「수도법」에 따른 행위허가 또는 신고 - 「도시공원 및 녹지 등에 관한 법률」에 따른 도시공원의 점용허가와 도시자연공원구역에서의 행위허가 - 「하천법」에 따른 하천의 점용허가 및 하천수의 사용허가 • 협의 요청을 받은 날부터 20일 이내 의견제출, 회신기간 연장 내에 의견 미제출 시 협의로 간주
취락지구 특례 (법 제15조)	• 지정권자 : 시·도지사 • 대상지역 : 개발제한구역 안에 주민이 집단적으로 거주하는 취락 • 취락지구의 지정기준 및 정비에 관한 사항 - 취락을 구성하는 주택의 수가 10호 이상일 것 - 취락지구 1만㎡당 주택의 수(호수밀도)가 10호 이상일 것. 다만, 해당 지역이 상수원보호구역에 해당하거나 이축수요를 수용할 필요가 있는 등 지역의 특성상 필요한 경우에는 취락지구의 면적, 취락지구의 경계선 설정, 취락지구 정비계획의 내용에 대하여 국토교통부장관과 협의한 후, 도시·군계획조례가 정하는 바에 따라 호수밀도를 5호 이상 가능 - 취락지구의 경계설정은 도시·군관리계획 경계선, 다른 법률에 의한 지역·지구 및 구역의 경계선, 도로, 하천, 임야, 지적경계선 기타 자연적 또는 인공적 지형지물을 이용하여 설정하되, 지목이 대인 경우에는 가능한 한 필지가 분할되지 않도록 할 것 • 취락지구 지정의 주택의 수는 국토교통부령으로 정하는 기준에 따라 산정 • 시·도지사, 시장·군수 또는 구청장은 취락지구에서 주거환경을 개선하고 기반시설을 정비하기 위한 사업을 시행 가능 • 취락지구 정비사업 시행 시 취락지구를 지구단위계획구역으로 지정, 취락지구의 정비를 위한 지구단위계획 수립
권한 등의 위임 및 위탁 (법 제29조)	• 국토교통부장관의 권한은 그 일부를 시·도지사, 시장·군수·구청장에게 위임 가능 • 시·도지사, 시장, 군수 또는 구청장은 권한이 위임된 사무 중 대통령령으로 정하는 사무를 처리하는 경우에는 공익성, 환경훼손 가능성 및 중앙도시계획위원회의 심의 필요성 등에 관하여 국토교통부장관과 미리 협의 • 국토교통부장관 또는 시장·군수·구청장의 업무는 대통령령으로 정하는 바에 따라 그 일부를 보건복지부장관에게 위탁 가능 • 국토교통부장관은 토지 등의 매수에 관한 사무를 대통령령으로 정하는 바에 따라 토지 등의 취득·관리 등의 업무를 수행하는 기관이나 단체에 위탁 가능

개발제한구역 현황자료

☐ GB 지정연혁

('22. 3월 기준, 단위 : ㎢)

지정일	지 정		해 제		현 재	
	시.군	면적	시.군	면적	시.군	면적
'71.7~'76.12(4차례)	21	1,302.078	20	170.372	21	1,131.705

☐ GB해제가능총량(수도권 광역도시계획(변경) 반영)

('22년 3월 기준, 단위 : ㎢)

해제가능 총량(1차+2차)	1차 해제가능물량 ('07.7.4.)	2차 해제가능물량 ('09.5.6.)	해제면적	잔여물량	비고
135.499	104.230	31.269	91.949	43.549	

☐ 시·군별 GB현황

('22년 3월 기준, 단위 : ㎢)

구 분	행정구역 면적	GB 면적	GB 해제	비고
경기도(21)	4,955.21	1,131.532	170.545	
남 부(16)	3803.61	651.181	109.066	
수원시	121.09	32.154	4.345	
성남시	141.63	47.611	7.188	
용인시	591.24	3.600	-	
부천시	53.45	12.131	8.279	
안산시	156.41	34.920	4.990	
안양시	58.48	29.201	1.799	
화성시	698.41	90.646	5.574	
광명시	38.53	15.079	14.741	
시흥시	139.68	83.719	27.811	
김포시	276.60	16.949	1.860	
군포시	36.42	22.190	2.520	
광주시	430.99	104.359	2.131	
의왕시	54.03	44.829	4.981	
하남시	92.99	66.897	19.512	
양평군	877.79	17.143	0.057	
과천시	35.87	29.753	3.278	
북 부(5)	1,151.6	480.351	61.479	
고양시	268.11	112.869	21.561	
의정부	81.55	57.068	6.821	
남양주	458.14	214.162	26.959	
구리시	33.33	20.003	3.367	
양주시	310.47	76.249	2.771	

출처 : 경기도 공간전략과

□ 개발제한구역 해제절차(정부시행사업)

주체	단계	근거	내용
국토교통부 장관	기초조사 ※ 시장·군수 협조	법 제6조 제1항	인구·경제·사회·문화·교통·환경·토지이용 등
국토교통부 장관	도시관리계획 입안서 작성	법 제4조 제3항	도시관리계획(변경) 결정도서(훼손지복구 계획 포함)
시장·군수·도지사	지자체 의견청취 주민공람 및 의견청취 - 시의회 의견청취 - 경기도 종합의견	법 제7조 제1항 제6항	2개 이상 일간신문 공고 14일 이상 일반 열람
국토교통부 장관	도시관리계획 결정(변경)	법 제4조 제1항	관계부처 협의(30일), 중앙도시계획위원회 상정, 안건 검토보고 및 심의
국토교통부 장관	중앙도시계획위원회 심의	법 제8조 제3항	중앙도시계획위원회 심의결과 보고
국토교통부 장관	도시관리계획(변경) 고시	법 제8조 제6항	관보 게재
국토교통부 장관	지형도면 고시	법 제9조, 토지법 제8조	관보 게재, 도시관리계획 결정 고시 후 2년 이내 ※ 2년 이내 미이행 시 효력 상실

□ 개발제한구역 해제절차(지역현안사업)

주체	단계	근거	내용
시장·군수	사전검토 조서작성 및 협의요청	법 제6조 제1항	사전검토 신청조서, GB해제를 위한 체크리스트
도지사	사전협의사항 검토 및 결과통보	경기도 GB해제 물량관리지침	상위계획과의 정합성, 해제물량, 토지이용계획, 기반시설, 훼손지 복구 등 친환경복합단지 조성의 적정성 등 검토
시장·군수	기초조사	법 제6조 제1항	인구·경제·사회·문화·교통·환경·토지이용 등
시장·군수	도시관리계획 입안서 작성	법 제4조 제3항	도시관리계획(변경) 결정도서 (사전협의 반영사항, 훼손지 복구계획 포함)
시장·군수	주민 및 지방의회 의견청취	법 제7조 1항 제6항	2개 이상 일간신문 공고, 14일 이상 일반열람 공람기일 내 제출된 주민의견에 대해 공람기일이 끝난 날부터 60일 이내 반영 여부 통보
시장·군수	도시관리계획 결정(변경) 신청	법 제4조 제1항 해제지침 4-2-2(2)①	관련 기관 협의(30일), 중앙도시계획위원회 상정 ※ 국토부 신청시 도지사와 사전협의
국토부(30만㎡ 이상) 경기도(30만㎡ 이하)	중앙도시계획위원회 심의	법 제8조 제3항	
국토부(30만㎡ 이상) 경기도(30만㎡ 이하)	도시관리계획 결정(변경)고시	법 제8조 제6항	관보 게재
국토부(30만㎡ 이상) 경기도(30만㎡ 이하)	지형도면 고시	법 제9조 토지법 제8조	관보 게재, 도시관리계획 결정고시 후 2년 이내 ※ 2년 이내 미이행 시 효력상실

□ 집단취락, 소규모 단절토지, 경계선 관통대지

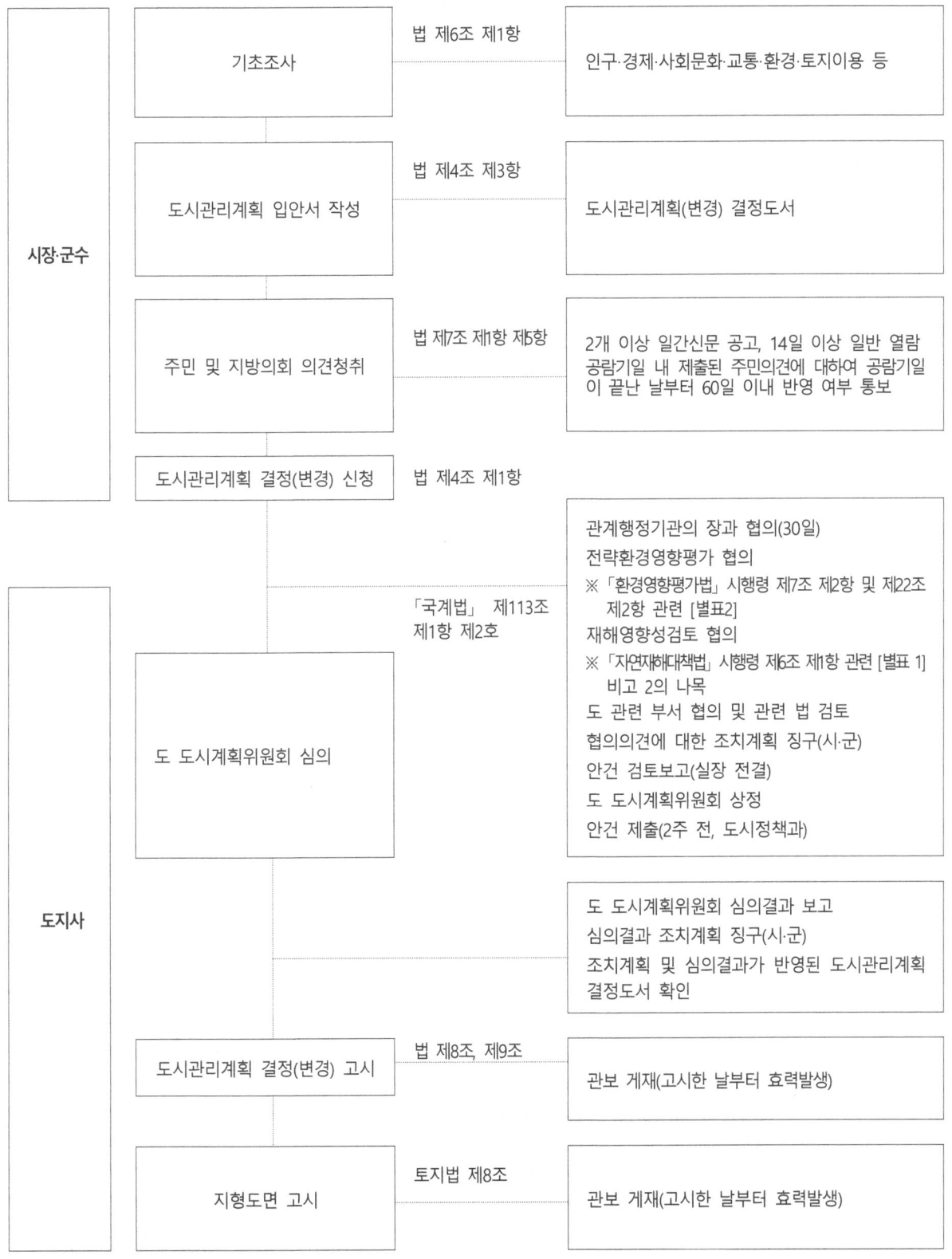

개발제한구역관리계획 수립 및 입지대상시설의 심사에 관한 규정

[시행 2021. 10. 27.] [국토교통부훈령 제1354호, 2021. 10. 27. 일부개정]

개 요

목 적 (제1조)	• 「개발제한구역의 지정 및 관리에 관한 특별조치법」 및 같은 법 시행령에 따라 개발제한구역관리계획의 수립에 필요한 사항과 관리계획을 수립·승인함에 있어 입지대상시설에 대한 심사기준 및 심사절차 등 필요한 사항을 규정함을 목적으로 함
관리계획의 수립범위 및 계획기간	• 각 시·도지사가 관할하는 개발제한구역을 대상으로 수립 • 개발제한구역이 2 이상의 특별시·광역시·도에 걸치는 경우에는 시·도지사가 협의하여 공동 수립 • 시·도지사는 효율적인 관리계획의 수립을 위해 필요할 경우 시·군 단위의 관리계획을 수립 가능 • 관리계획의 계획기간은 5년 단위로 하며, 목표연도의 끝자리는 1 또는 6으로, 최초 관리계획의 목표연도는 2006년으로 함
관리계획의 내용 (제6조)	1. 개발제한구역 관리의 기본방향과 목표 2. 개발제한구역의 현황 및 실태의 조사 3. 토지의 이용 및 보전에 관한 사항 4. 도시·군계획시설의 설치계획 5. 대규모 건축물 및 시설의 설치계획 6. 취락지구의 지정 및 정비에 관한 사항 7. 구역주민을 위한 지원사업에 관한 사항 8. 위법행위의 지도·단속 및 항공사진 촬영 9. 해제지역 및 해제대상지역의 주변지역에 관한 관리방안 10. 훼손지 복구가 필요한 지역의 현황 및 복구에 관한 계획 11. 개발제한구역의 관리를 위한 시설·인원·장비에 관한 사항 12. 구역관리의 전산화에 관한 사항 13. 재원조달에 관한 사항 14. 환경성 검토에 관한 사항
관리계획 수립의 기본원칙 (제7조)	• 개발제한구역의 지정형태에 따라 7개 광역권별로 관계 시·도지사가 협의하여 공동으로 관리계획 수립 | 광역권	관리계획 수립(변경) 행정구역
경기도 (21)	수원시, 군포시, 의왕시, 과천시, 용인시, 의정부시, 고양시, 남양주시, 김포시, 양주시, 하남시, 구리시, 성남시, 양평군, 광주시, 안양시, 시흥시, 광명시, 안산시, 부천시, 화성시 | • 개발제한구역 외에 도시권 전체의 현황 및 특성을 고려하여, 개발제한구역이 도시의 성장관리 및 인접 도시 간 연담화 방지에 기여할 수 있도록 계획 • 전국건설종합계획, 광역권계획, 도건설종합계획, 광역도시계획, 도시기본계획, 도시관리계획 등 상위계획 또는 관련계획의 내용을 중점적으로 고려 • 개발제한구역 안의 환경보전을 위한 대책을 포함하여 계획하여야 하며, 환경보전에 필요하다고 판단되는 때에는 지방 환경관서와 협의하여 수립 • 개발제한구역 안의 훼손지 등 환경적 보전가치가 낮은 지역은 구역의 지정목적에 위배되지 않는 자연친화적 시설을 확충하여 도시민의 여가공간으로 기능할 수 있도록 함 • 시·도지사는 도시·군계획시설 또는 대규모 건축물 및 시설의 설치 계획을 입안하는 경우에는 기존의 시가화지역, 해제지역, 해제대상지역 및 개발제한구역이 아닌 다른 지역을 우선 활용하는 방안 고려 • 시·도지사는 관리계획의 입안 시 유관 시장·군수 또는 구청장의 의견을 듣도록 하며, 의견을 요청받은 시장·군수 또는 구청장은 주민의견을 수렴하여 의견을 제출해야 함 • 관리계획에는 개발제한구역을 해제하는 것에 관한 내용을 포함하지 않음 • 관리계획은 주민불편의 해소와 구역의 친환경적 관리를 위한 기본방향과 원칙을 제시하는 계획으로서, 토지이용계획도와 같은 구체적인 도면은 작성하지 아니함 • 개발제한구역의 안정적인 관리를 위하여 관리계획은 원칙적으로 변경하지 않으며, 매 5년마다 계획의 타당성을 재검토

관리계획수립의 기본원칙 (제7조)	- 예외적으로 개발제한구역 관리계획을 변경하는 경우 1. 국가적 행사의 개최 2. 재난의 예방 및 복구 3. 훼손지의 복구 4. 개발제한구역의 존치 및 보전관리에 도움이 될 수 있는 시설의 설치 5. 집단취락의 정비 및 주민지원사업을 위한 사항 6. 도로·철도 등 국가계획의 시행 7. 광역도시계획에 따른 광역도시계획시설의 설치 8. 기타 시설 설치가 시급하고 불가피성이 특히 요구되는 경우 • 각 부문별 계획은 집행가능성을 고려하여 수립

부문별 작성기준

도시계획시설의 설치계획 (제11조)	• 「개발제한구역의 지정 및 관리에 관한 특별조치법」 제12조(개발제한구역에서의 행위제한) 및 시행령 [별표 1]의 건축물 및 공작물의 종류, 건축 또는 설치의 범위에서 허용되는 시설 중 도시계획시설은 시설명·설치주체·위치·규모 등을 관리계획에 반영하여 관리함 - 공원·녹지 및 실외체육시설 등 개발제한구역의 보전과 관리에 도움이 될 수 있거나 도로·철도 등 개발제한구역을 통과하는 선형시설 등 [별표 2] 관리계획에 반영하지 아니할 수 있는 시설의 종류 및 범위의 시설은 관리계획에 반영하지 않을 수 있음 • 관리계획에 반영되는 도시계획시설의 설치주체, 규모, 높이 및 입지여건 등은 「개발제한구역의 지정 및 관리에 관한 특별조치법령」에 따라야 하며, 「도시·군계획시설의 결정·구조 및 설치기준에 관한 규칙」 및 「도시·군관리계획수립지침」 중 도시·군계획시설에 관한 사항 등 관련 규정에 의한 최소기준을 적용하여 계획함으로써 구역훼손을 최소화함 • 기결정된 도시계획시설의 경우 도시관리계획 결정내용대로 조서에 수록하되 입지의 불가피성, 예산확보 등 집행가능성, 시설의 시급성 등을 감안하여 불요불급한 도시·군계획시설은 조서작성 대상에서 제외함 • 도시·군관리계획으로 결정되지 않았으나 계획기간 중에 반드시 설치하여야 할 시급성이 있고 개발제한구역 내 입지가 불가피한 결정예정인 도시계획시설은 조서에 수록 • 관리계획에 반영하여 설치할 도시계획시설(기결정된 도시계획시설 및 결정예정인 도시계획시설)에 대한 구체적인 조서는 [별지 9]의 양식에 따라 구체적으로 작성 • 관리계획에 반영되는 각각의 개별 도시계획시설에 대하여는 설치의 시급성 및 입지의 불가피성(구역외 적정부지의 존재여부 포함)을 입증하는 자료 첨부 • 개별 도시계획시설의 위치는 동·리 단위의 행정구역까지 표기, 대표지번도 함께 병기·궤도·삭도 등 선형시설의 경우 기점·종점 및 주요 경과지에 대하여는 동·리 단위의 행정구역까지만 표기 • 기결정된 도시계획시설인지 또는 결정예정인 도시계획시설인지를 알 수 있도록 "기결정" 또는 "결정예정"으로 표시 • 국토교통부장관과 협의해야 하는 시설에 대해 국토교통부장관은 필요 시 중앙도시계획위원회 자문
취락지구의 지정 및 정비에 관한 사항 (제13조)	• 개발제한구역 안에 집단취락에 대해 취락지구의 지정 및 정비에 관하여 다음사항이 포함된 기본 정책방향을 제시함 - 지역의 실정을 고려한 취락지구지정 밀도기준 - 취락지구의 경계선 설정기준 - 정비대상 취락지구의 선정기준 - 정비대상 취락지구에 대한 기반시설 지원기준 - 취락지구 정비사업의 형태 - 취락지구 정비사업의 재원조달계획 등

개발제한구역관리계획 수립절차

검토·조정 (시·도지사)	• 개발제한구역 내 시장·군수 등의 도시계획시설 또는 대규모 건축물 및 시설의 설치계획 입안 전에 아래 사항에 대해 검토 조정 - 개발제한구역 밖의 적정 부지 여부 - 해제지역의 해제대상지역 활용 여부 - 입지의 타당성 - 설치의 시급성 및 설치에 대한 인접 지자체간 협의 여부
⇩	
국토교통부장관 협의	• 시·도지사가 검토·조정 후 협의 • 국토교통부장관은 계획의 타당성 등을 재검토 필요가 있다고 판단 시 의견제시 가능
⇩	
관리계획(안) 작성	• 입안권자 : 시·도지사, 개발제한구역 2 이상 시·도에 걸치는 때 관계 시·도지사가 협의·공동 • 공동 입안 시 시·도지사가 협의하여「○○권 관리계획협의회」구성 - 관리계획협의회의 구성 및 운영에 관한 사항 시·도지사가 협의로 정함 • 승인신청 또는 조정신청(시·도지사 단독입안 → 국토교통부장관) - 관리계획협의회 협의가 성립되지 아니하거나, 일부 시·도지사가 회피하는 등 협의할 수 없는 경우
⇩	
시장·군수·구청장 의견청취 및 의견요지 제출 (→시·도지사)	• 시장·군수 또는 구청장이 관리계획안에 대한 의견을 제시하고자 하는 경우 미리 주민의 의견 청취(2 이상의 일간신문과 시·군·구 지역의 인터넷 홈페이지 공고, 14일 이상 일반인 공람) • 의견의 타당성 인정 시 관리계획에 반영. 단 국방상 기밀을 요하는 사항은 주민의견 생략 가능 • 시·도지사에게 시장·군수·구청장이 주민의 의견요지를 함께 제출
⇩	
지방도시계획 위원회 심의	• 관리계획을 2개 이상의 시·도가 공동 입안할 경우에는 각각 해당 도시계획위원회의 심의
⇩	
관리계획 승인신청	• 시·도지사가 협의 공동 수립 시 관리계획협의회에서 정한 시·도지사가 국토교통부장관에게 승인 신청 • 변경승인 신청 : 시·도지사는 원칙적으로 연 2회 국토교통부장관에게 관리계획 변경 신청 • 승인신청서류 | 관리계획승인신청 공문 주민의견청취 및 관계 행정기관과의 협의에 대한 조치내용 각 1부 관리계획(안) | 관련도면 - 도시계획시설 및 대규모 건축물·시설의 위치 : 축척 5천분의 1 이하부터 1만분의 1 까지의 적정한 도면에 표시 - 기타 해제지역 주변지역 및 훼손지 복구가 필요한 지역 등의 위치 : 축척 2만5천분의 1 이하의 도면에 표시 |
⇩	
중앙행정기관 협의 및 중앙도시계획위원회 심의	
⇩	
관리계획 승인, 공고	• 시·도지사 송부 • 지방자치단체가 발행하는 공보에 게재 • 시·도지사는 시장·군수 또는 구청장 송부 → 14일 이상 일반인 열람 조치

입지대상시설

심사의 기본원칙 (제30조)	• 입지대상시설을 심사함에 있어 특별하고 불가피한 경우에만 관리계획에 해당 시설입지가 반영되도록 함으로써 개발제한구역에 미치는 해로운 영향을 최소화 • 입지대상시설의 심사는 객관적이고 공정한 방법으로 시행
입지대상시설별 심사방향(제31조)	• 제1종시설은 중앙심사 중점적 심사대상으로서, 지방심사에서는 입지에 특별한 결격사유가 없는 한 원칙적으로 반영 • 제2종시설은 지방심사의 중점적 심사대상으로서, 시·도지사는 자체심사계획을 미리 수립한 후, 그 계획에 의하여 심사하여야 하며 최소한 입지 반영

구분			
일반적 심사기준 (제32조)	형식 절차	· 관련 법령에서 규정한 절차의 적정한 이행	· 관련 제출서류 등의 구비
	내용 사항	· 국가의 정책과 부합성 · 당해 시설의 시급성 및 불가피성 · 당해 시설의 수요 및 설치규모의 적정성 · 경관 및 개방성(openness)의 적정성 · 토지의 환경평가등급 적정성 · 지역현안과 연계성 · 대체지(기존의 시가화, 해제, 해제예정지역 및 개발제한구역 이 아닌 다른 지역) 활용가능성 여부	· 당해 시설설치로 인하여 발생하게 될 해로운 영향에 대한 저감대책 · 당해 시설이 개발제한구역 밖 인근 여타 개발사업 추진에 따른 공원, 학교시설 등 입지목적으로 사용되는지 여부 · 당해 시설이 기타 개발제한구역의 보전·관리에 미치는 영향 · 해당 지방자치단체의 개발제한구역 불법 훼손방지 및 개발제한구역 보전부담금 체납 방지를 위한 노력
내용적 심사의 세부기준(별표 3)	입지여부	입지대상시설의 설치목적, 입지의 중요성, 시설의 수요, 환경평가등급 등 종합 검토, 입지여부 심사	
		입지의 중요성	· 관할 시·도지사가 개발제한구역 안에 그 시설의 입지가 발생하게 될 개발제한구역 훼손보다 중요하다는 것을 근거자료로 입증
		시설의 수요	· 입지대상시설의 수요에 대한 근거자료 · 광역시설인 경우 시설배치계획도, 시설배치에 대한 근거자료
		환경평가등급	· 전문기관의 연구결과 참고자료로 활용
	설치규모 심사	· 개별 법령 또는 소관 중앙행정기관에서 정한 설치 기준에 의하여 판단. 최소규모로 설치 · 기능과 특성을 감안하여 지하공간을 활용하는 방안 강구	
	경관심사	경관시뮬레이션 또는 유사 방법으로, 필요 시 현장 조사	· 조망점은 시설치 전·후의 경관변화를 확인할 수 있는 다음 한 곳 선정 - 지역 자연경관자원을 잘 조망할 수 있는 지역 - 주통행로, 주택지 등 사람이 많이 모이는 지역 · 경관시뮬레이션 등은 경관변화를 판단할 수 있는 수준으로 작성
		개발제한구역의 개방성 유지와 시각적 어메니티 확보 등을 주요 경관심사 기준	· 개발제한구역의 개방성(openness)을 확보하기 위하여 시설입지를 제한하거나, 기존시설과 적정한 이격거리를 두게 할 수 있음 · 건물의 형태와 크기, 전체적인 디자인이 그 주변의 경관과 조화를 이룸으로써, 시각적 어매니티(amenity)를 확보
관리계획에 반영하지 아니할 수 있는 시설의 종류 및 범위 (별표 2)		구 분	세부 시설
		개발제한구역의 보전 및 관리에 도움이 될 수 있는 시설로 다음에 열거된 시설과 이를 설치하기 위한 토지의 형질변경	· 공공공지 및 녹지 · 하천 및 운하 · 방재시설 · 그 외 도시·군계획시설로서 토지형질변경 면적이 50,000㎡ 이하, 건축연면적이 10,000㎡ 이하로 위치·규모 등에 관하여 미리 국토교통부장관과 협의한 시설
		개발제한구역을 통과하는 선형시설과 필수시설로 다음에 열거된 시설과 이를 설치하기 위한 토지의 형질변경	· 철도(고속철도 및 도시철도 포함)시설 중 정거장(역사, 주차장, 환승시설 등)·철도기지(차량기지, 선로기지 등)·철도연구시설 이외의 시설 · 도로시설 중 휴게시설 이외의 시설(규모·위치 등 미리 국토교통부장관과 협의) · 광장 : 경관광장, 교통광장(위치·규모 등 미리 국토교통부장관과 협의) · 철도시설 중 변전소 및 급전·구분소(위치, 규모 등 미리 국토교통부장관과 협의) · 공동구 · 수도시설 중 정수시설 이외의 시설 · 하수도시설 중 하수종말처리시설 이외 시설 · 다음 토지형질변경 330㎡ 이하의 소규모시설 또는 공급배관·송전선로·배전선로·관로 및 유사시설 - 전기공급시설로 1) 규모 330㎡ 이하 2) 태양에너지시설 설비시설을 기존 건축물 상부나 대지화되어 있는 토지상 설치하는 경우 시설의 규모제한 제외에 해당하는 경우 - 전기통신시설·방송통신시설 및 중계탑시설, 송유설비, 집단에너지공급시설
		개발제한구역 내 입지해야만 기능과 목적이 달성되는 시설로 다음 시설과 이를 위한 토지의 형질변경	· 공항구역 내 공항시설 · 보건소(노인요양시설을 병설 제외) · 경찰파출소, 119 안전센터, 초소 · 영유아보육시설에 따른 어린이집 · 도서관 · 토지형질변경 면적 330㎡ 이하의 소규모 시설 또는 공급배관 관로 및 이와 유사한 시설(가스공급시설, 유류저장설비, 기상시설) · 학교(개발제한구역 관리계획에 반영된 기존 부지 안에서 증축에 한함)
		다음 시설로 설치 위치 규모 및 시기 등 국토교통부장관과 미리 협의한 경우	· 자연공원시설 · 관개 및 발전용수로 · 잔디광장 및 피크닉장 · 주요 군사시설의 방호 설계기준상 3등급 이상 보안시설 · 주민지원사업으로 조성되는 주차장·공원 등 · 자연공원시설, 관개 및 발전용수로, 잔디광장 및 피크닉장과 유사시설로 국토교통부장관이 인정 · 토지형질변경 면적 10,000㎡ 이하, 건축연면적 3,000㎡ 이하인 도시·군계획시설 · 국가의 안전, 보안 업무의 수행을 위한 시설

택지개발촉진법

법공포 : 최초 '80. 12. 31.   최종개정 : '20. 12. 31.   시행일자 : '22. 1. 1.
영공포 : 최초 '81. 5. 1.   최종개정 : '21. 12. 28.   시행일자 : '21. 12. 28.

「택지개발촉진법」 구성체계

개요	지구 지정	실시계획	개발·준공
제1조 목적 제2조 용어의 정의	제3조 택지개발지구의 지정 등 제3조의2 택지개발지구의 지정 제안 제3조의3 주민 등의 의견청취 제4조 택지개발지구의 기초조사 제5조 삭제 제6조 행위제한 등 제7조 택지개발사업의 시행자 등 제8조 택지개발계획의 수립 등	제9조 택지개발사업 실시계획의 작성 및 승인 등 제10조 토지에의 출입 등	제11조 다른 법률과의 관계 제12조 토지수용 제12조의2 건축물의 존치 등 제13조 환매권 제14조 간선시설의 설치 제15조 삭제 제16조 준공검사 제17조 토지매수 업무 등의 위탁
택지공급	**기타**		
제18조 택지의 공급 제18조의2 택지조성원가의 공개 제19조 택지의 용도 제19조의2 택지의 전매행위 제한 등 제20조 선수금 등	제21조 서류의 열람 및 송달 제22조 자료 제공의 요청 제22조의2 택지정보체계의 구축·운영 제23조 감독 제23조의2 청문 제24조 보고 및 조사 등 제25조 공공시설 등의 귀속 제26조 국유지·공유지의 처분 제한 등 제27조 행정심판	제28조 자금의 지원 제29조 삭제 제30조 권한의 위임 및 위탁 제30조의2 택지개발지구 밖의 사업에 대한 준용 제31조 삭제 제31조의2 벌칙 제32조 벌칙 제33조 삭제 제34조 양벌규정 제35조 과태료	

개요

구분	내용
목적 (법 제1조)	• 도시지역의 시급한 주택난을 해소하기 위하여 주택건설에 필요한 택지의 취득·개발·공급 및 관리 등에 관하여 특례를 규정함으로써 국민 주거생활의 안정과 복지향상에 이바지함을 목적함

용어의 정의 (법 제2조, 영 제2조)	구분	정의
	택지	• 이 법이 정하는 바에 따라 개발·공급되는 주택건설용지 및 공공시설용지

	공공시설
	용지
		• 다음의 시설을 설치하기 위한 토지
		- 「국토의 계획 및 이용에 관한 법률」 제2조 제6호에서 정하는 기반시설
		○ 어린이놀이터, 노인정, 집회소(마을회관 포함), 그 밖에 주거생활의 편익을 위하여 이용되는 시설로서 국토교통부령으로 정하는 시설
		○ 지역의 자족기능 확보를 위하여 필요한 다음 각 목의 시설
		  가. 판매시설, 업무시설, 의료시설, 유통시설, 그 밖에 거주자의 생활복리를 위하여 제3조의2에 따른 지정권자가 필요하다고 인정하는 시설
		  나. 지역의 발전 및 고용창출을 위한 다음의 시설
		    1) 「벤처기업육성에 관한 특별조치법」에 따른 벤처기업집적시설 3) 「소프트웨어산업 진흥법」에 따른 소프트웨어진흥시설
		    2) 「산업집적활성화 및 공장설립에 관한 법률」에 따른 도시형공장 4) 1)부터 3)까지의 시설과 유사한 시설로서 국토교통부령으로 정하는 시설
		  다. 「관광진흥법」 제3조 제1항 제2호 가목에 따른 호텔업 시설
		  라. 「건축법 시행령」 별표 1에 따른 문화 및 집회시설
		  마. 「건축법 시행령」 별표 1에 따른 교육연구시설
		  바. 원예시설 등 농업 관련 시설로서 국토교통부령으로 정하는 시설
		  사. 그 밖에 지역의 자족기능 확보를 위하여 필요한 시설로서 국토교통부령으로 정하는 시설
		○ 공공시설 등의 관리시설

용어의 정의 (법 제2조, 영 제2조)	구분	정의
	택지개발지구	• 택지개발사업을 시행하기 위하여 「국토의 계획 및 이용에 관한 법률」에 따른 도시지역과 그 주변지역 중 국토교통부장관 또는 특별시장·광역시장·도지사·특별자치도지사가 지정·고시하는 지구
	택지개발사업	• 일단의 토지를 활용하여 주택건설 및 주거생활이 가능한 택지를 조성하는 사업
	간선시설	• 「주택법」 제2조 제17호에서 정하는 시설 - 도로·상하수도·전기시설·가스시설·통신시설 및 지역난방시설 등 주택단지 안의 기간시설을 그 주택단지 밖에 있는 같은 종류의 기간시설에 연결시키는 시설. 다만, 가스·통신 및 지역난방은 주택단지 안의 기간시설을 포함
특징		토지를 전면 매수하여 개발한 후 실소유자에게 공급하는 "공영개발방식"으로 개발

택지개발지구 지정

택지개발지구 지정 (법 제3조, 영 제2조의 2)	지정권자	• 특별시장·광역시장·도지사 또는 특별자치도지사 ※ 택지개발사업이 필요하다고 인정되는 지역이 둘 이상의 특별시·광역시·도 또는 특별자치도에 걸치는 경우에는 관계 시·도지사가 협의하여 지정권자를 정함
		• 국토교통부장관 - 국가의 택지개발사업을 실시 필요 - 관계 중앙행정기관의 장이 요청 - 한국토지주택공사가 택지수급계획상 택지공급을 위하여 100만㎡ 규모 이상 택지개발지구 지정제안 - 택지개발사업이 필요하다고 인정되는 지역이 둘 이상의 특별시·광역시·도 또는 특별자치도에 걸치는 경우로 관계 시·도지사가 지정권자를 정하는데 협의가 이루어지지 아니하는 경우
	대상지역	• 「주거기본법」 제5조에 따른 주거종합계획 중 주택·택지의 수요·공급 및 관리에 관한 사항에서 정하는 바에 따라 택지를 집단적으로 개발하기 위하여 필요한 지역
		• 시·도지사가 택지수급계획에서 정한 시·도의 계획량을 초과하여 지정하는 경우 - 국토교통부장관과 미리 협의, 330만㎡ 이상 시 주거정책심의위원회의 심의 후 국토교통부장관의 승인
택지개발 지구지정절차 (법 제3조)		• 기초조사 → 미리 관계 중앙행정기관의 장과 협의 → 해당 시장·군수 또는 자치구의 구청장의 의견청취 → 시·도 주거정책심의위원회의 심의 → 택지개발지구 지정 → 관보 고시 → 시장·군수 또는 자치구의 구청장에게 내용 송부, 일반인 열람(단, 지정권자가 특별자치도지사인 경우 직접 그 내용을 일반인이 열람하도록 함) ※ 지정권자가 시·도지사로 국토교통부장관이 주거정책심의위원회의 심의를 거친 경우 시·도 주거정책심의위원회의 심의를 거친 것으로 간주
택지개발지구 지정해제 (법 제3조)		• 택지개발지구가 고시된 날부터 3년 이내에 시행자가 택지개발사업 실시계획의 작성 또는 승인신청을 하지 아니하는 경우 지정 해제 • 택지개발지구의 지정 또는 해제가 있는 때에는 「국토의 계획 및 이용에 관한 법률」 제51조에 따른 지구단위계획구역의 지정 또는 해제가 있는 것으로 봄
행위제한 등 (법 제6조)		• 택지개발지구의 지정에 관한 주민 등의 의견청취를 위한 공고가 있는 지역 및 택지개발지구에서 건축물의 건축, 공작물의 설치, 토지의 형질변경, 토석의 채취, 토지분할, 물건을 쌓아놓는 행위 등 대통령령으로 정하는 행위를 하려는 자는 특별자치도지사·시장·군수 또는 자치구청장의 허가를 받아야 함 (단, 재해복구 또는 재난수습에 필요한 응급조치를 하는 행위나 그 밖에 대통령령으로 정하는 행위 제외)
사업시행자 (법 제7조)		• 택지개발사업의 지정권자가 지정하는 자가 시행 - 국가·지방자치단체, 한국토지주택공사, 지방공사 - 「주택법」에 따른 등록업자로 지정하려는 택지개발지구의 토지면적 중 대통령령으로 정하는 비율 이상의 토지를 소유하거나 소유권 이전계약을 체결하고 도시지역의 주택난 해소를 위한 공익성 확보 등 대통령령으로 정하는 요건과 절차에 따라 위의 사업자와 공동으로 개발사업을 시행하는 자 - 주택건설 등 사업자(투자지분 100분의 50미만)로서 공공시행자와 협약체결하여 공동으로 개발사업을 시행하는 자 또는 공공시행자와 주택건설 등 사업자가 공동출자하여 설립한 법인

구분	내용

개발계획의
수립 내용
(법 제8조, 영 제7조)
	• 택지개발계획 수립내용
	  - 개발계획의 개요, 개발기간
	  - 토지이용에 관한 계획 및 주요 기반시설 설치계획
	  - 수용할 토지 등의 소재지, 지번 및 지목, 면적, 소유권 및 소유권 외의 권리의 명세와 그 소유자 및 권리자의 성명·주소
	  - 택지개발계획의 명칭
	  - 시행자의 명칭 및 주소와 대표자의 성명
	  - 개발하려는 토지의 위치와 면적

실시계획의 작성
(영 제8조)
	• 실시계획승인신청서 기재사항
	  - 사업 시행지
	  - 사업의 종류와 명칭
	  - 시행자의 명칭 및 주소와 대표자의 성명
	  - 시행기간(공정별 소요기간)
	• 실시계획 신청서 첨부서류
	  - 자금계획서(연차별자금 및 재원조달계획)
	  - 사업시행지의 위치도
	  - 계획평면도 및 개략설계도서
	  - 법 제25조 규정에 의한 공공시설 등의 명세서 및 처분계획서
	  - 토지·물건 또는 권리의 매수 및 보상계획서
	  - 토지 등을 수용 또는 사용하려는 경우 수용할 토지 등의 소재지, 지번 및 지목, 면적, 소유권 및 소유권 외의 권리의 명세와 그 소유자 및 권리자의 성명·주소를 기재한 서류
	  - 공급할 토지의 위치 및 면적, 공급의 대상지 또는 그 선정방법, 공급의 시기·방법 및 조건, 공급가격 결정방법을 정한 택지의 공급에 관한 계획서와 토지이용에 관한 계획에서 정한 택지의 용도 및 공급 대상자별 분할도면
	  - 공공시행자가 주택건설 등 사업자와 협약 체결 시의 협약서

실시계획의 작성 및 승인 등 (법 제9조)	• 시행자는 택지개발사업 실시계획을 작성, 지정권자가 아닌 시행자는 실시계획에 대해 지정권자의 승인을 받아야 함(기승인 된 실시계획의 변경도 동일함) • 실시계획에는 「국토의 계획 및 이용에 관한 법률」 제52조 규정에 따라 지구단위계획과 택지의 공급에 관한 계획 포함 • 지정권자가 실시계획을 작성하거나 승인한 때 이를 고시하고 시행자 및 관할 시장·군수 또는 자치구의 구청장에게 통지함 • 토지 등 수용을 요하는 실시계획을 작성 또는 승인한 때 시행자의 성명·사업의 종류와 수용할 토지 등 세목을 관보에 고시하고 토지 등 소유자 및 권리자에게 통지 • 시행자는 택지개발사업을 시행할 때 대통령령으로 정하는 특별한 사유가 있는 경우 「도시개발법」에 따른 도시개발사업 실시 가능
다른 법률과의 관계 (법 제11조)	• 시행자가 실시계획을 작성하거나 승인을 받았을 때에는 다음 각 호의 결정·인가·허가·협의·동의·면허·승인·처분·해제·령 또는 지정(이하 "인·허가등")을 받은 것으로 보며, 지정권자가 실시계획을 작성하거나 승인한 것을 고시하였을 때에는 관계 법률에 따른 인·허가등의 고시 또는 공고로 간주 1. 「국토의 계획 및 이용에 관한 법률」 제30조에 따른 도시·군관리계획의 결정, 같은 법 제56조에 따른 개발행위의 허가, 같은 법 제86조에 따른 도시·군계획시설사업 시행자의 지정, 같은 법 제88조에 따른 실시계획의 인가 2. 「도시개발법」 제17조에 따른 실시계획의 인가 3. 「주택법」 제15조에 따른 사업계획의 승인 4. 「수도법」 제17조 및 제49조에 따른 일반수도사업과 공업용수도사업의 인가, 같은 법 제52조 및 제54조에 따른 전용수도설치의 인가 5. 「하수도법」 제16조에 따른 공공하수도공사 시행의 허가 6. 「공유수면 관리 및 매립에 관한 법률」 제8조에 따른 공유수면의 점용·사용허가, 같은 법 제28조에 따른 공유수면의 매립면허, 같은 법 제35조에 따른 국가 등이 시행하는 매립의 협의 또는 승인 및 같은 법 제38조에 따른 공유수면매립실시계획의 승인 7. 「하천법」 제30조에 따른 하천공사 시행의 허가 및 하천공사실시계획의 인가, 같은 법 제33조에 따른 하천의 점용허가 및 같은 법 제50조에 따른 하천수의 사용허가 8. 「도로법」 제36조에 따른 도로공사 시행의 허가, 같은 법 제61조에 따른 도로점용의 허가 9. 「농지법」 제34조에 따른 농지전용의 허가·협의, 같은 법 제35조에 따른 농지의 전용신고, 같은 법 제36조에 따른 농지의 타용도 일시 사용 허가·협의, 같은 법 제40조에 따른 용도변경의 승인 10. 「산지관리법」 제14조·제15조에 따른 산지전용허가 및 산지전용신고, 같은 법 제15조의2에 따른 산지일시사용허가·신고, 「산림자원의 조성 및 관리에 관한 법률」 제36조제1항·제4항에 따른 입목벌채 등의 허가·신고 및 「산림보호법」 제9조제1항 및 제2항제1호·제2호에 따른 산림보호구역(산림유전자원보호구역 제외)에서의 행위의 허가·신고 11. 「초지법」 제23조에 따른 초지전용의 허가 12. 「사방사업법」 제14조에 따른 벌채 등의 허가, 같은 법 제20조에 따른 사방지 지정의 해제 13. 「산업입지 및 개발에 관한 법률」 제16조에 따른 산업단지개발사업 시행자의 지정, 같은 법 제17조 및 제18조에 따른 산업단지개발실시계획의 승인 14. 「광업법」 제24조에 따른 불허가처분, 같은 법 제34조에 따른 광구감소처분 또는 광업권취소처분 15. 「건축법」 제20조에 따른 가설건축물의 허가·신고 16. 「국유재산법」 제30조에 따른 행정재산의 사용허가 17. 「공유재산 및 물품 관리법」 제20조제1항에 따른 행정재산의 사용·수익허가 18. 「장사 등에 관한 법률」 제27조에 따른 무연분묘의 개장허가 19. 「소하천정비법」 제10조에 따른 비관리청의 공사 시행허가, 같은 법 제14조에 따른 소하천의 점용허가 20. 「공간정보의 구축 및 관리 등에 관한 법률」 제86조 제1항에 따른 사업의 착수·변경 또는 완료의 신고

현황자료

☐ 택지개발사업 현황

(2022. 3월말 기준)

시군별	지구명	면적 (천㎡)	사업비 (억원)	세대수 (호)	수용인구 (인)	사업기간	시행자	추진현황
택지개발사업 (12개 지구)		88,577	657,664	441,945	1,111,680			
수원시	광교	11,305	93,968	31,429	78,423	'05.12.22~'23.12.31	경기도, 수원시 용인시 경기도시공사	공사 99% 보상 100%
성남시	위례 (하남시, 성남시)	6,754	111,009	44,458	110,719	'08.08.05~'22.12.31	LH, SH	공사 97% 보상 100%
화성시	태안3	1,188	8,978	3,763	12,228	'03.05.06~'23.12.31	LH	공사 81% 보상 100%
화성시	동탄	9,035	42,353	41,410	125,549	'01.12.14~'22.12.31	LH	공사 95% 보상 100%
화성시	동탄2	24,028	161,144	117,283	285,878	'08.07.11~'24.12.31	LH, 경기도시공사	공사 97% 보상 100%
평택시	고덕	13,360	81,603	59,530	144,983	'08.05.30~'25.12.31	경기도, LH, 경기도시공사, 평택도시공사	공사 65% 보상 99%
이천시	중리	607	5,242	4,472	10,905	'16.05.09~'23.6.30.	LH, 이천시	공사 50% 보상 99%
오산시	세교2	2,807	22,880	18,693	44,804	'06.10.17~'23.12.31	LH	공사 86% 보상 99%
파주시	운정3	7,157	51,847	45,491	107,490	'08.12.31~'23.12.31	LH	공사 70% 보상 100%
양주시	회천	4,106	30,824	24,404	61,629	'07.09.21~'25.12.31	LH	공사 49% 보상 100%
양주시	옥정	7,061	40,716	42,019	107,750	'07.03.30~'22.12.31	LH	공사 99% 보상 100%
양주시	광석	1,169	7,100	8,993	21,322	'07.12.17~'26.12.31	LH	미착공 보상 99%

출처: 경기도 도시주택실 택지개발과

☐ 택지개발지구 지정절차

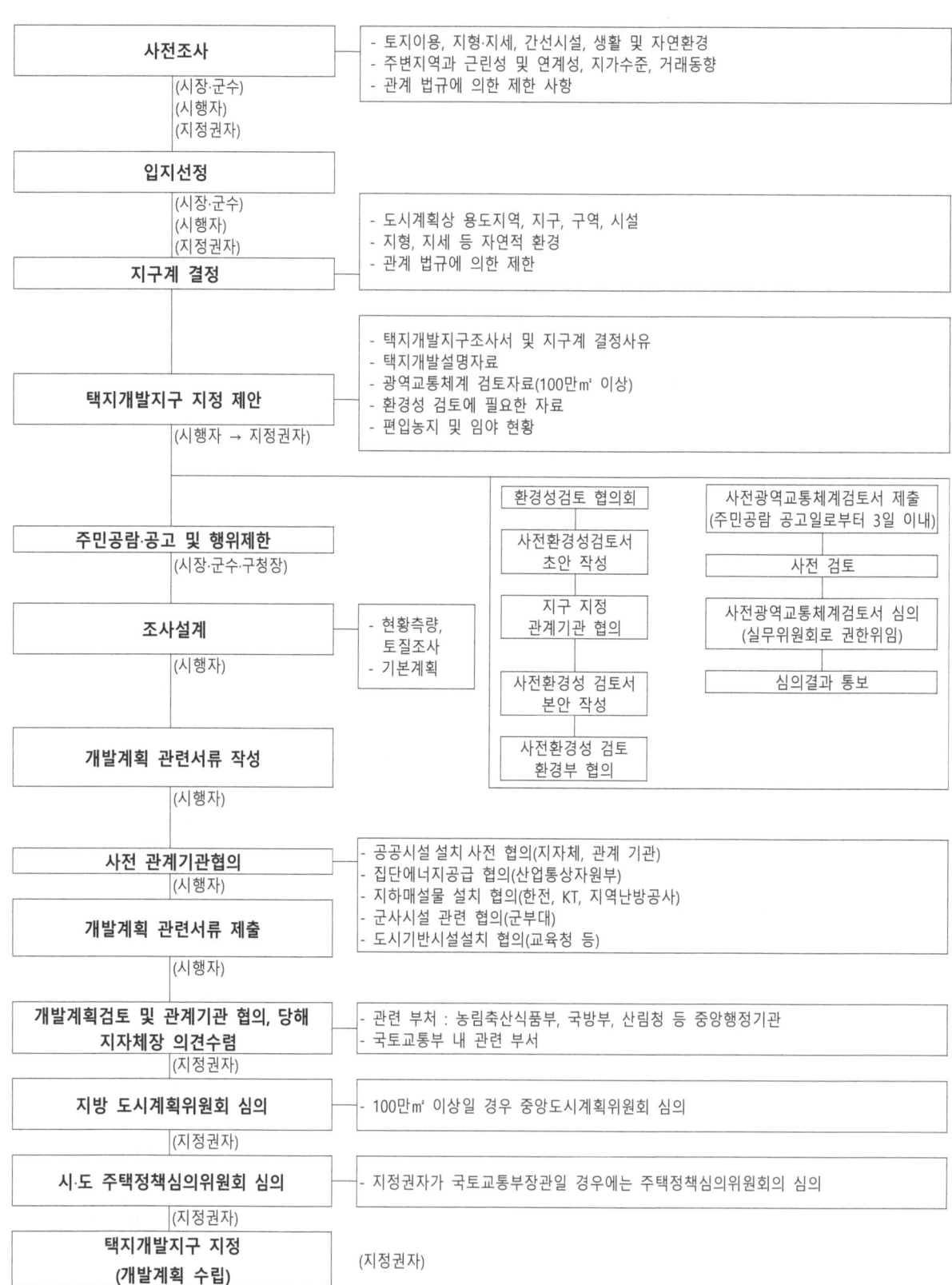

□ 택지개발계획 수립절차

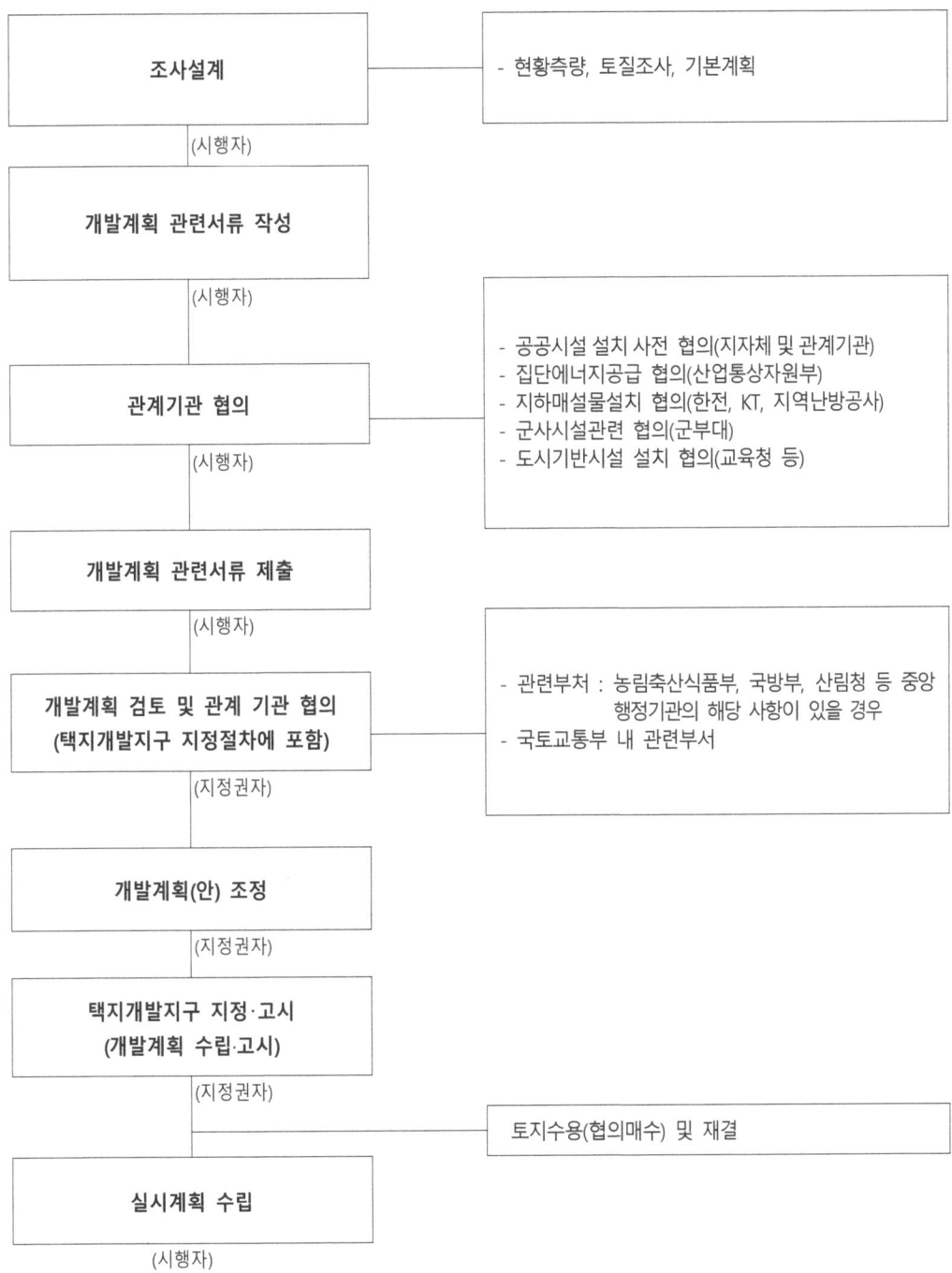

* 개발계획은 지정권자가 수립하며 지구지정제안자에게 개발계획 관련 서류의 제출을 요구가능
* 지구지정 제안자(시행자)가 관련 서류를 제출하는 경우의 절차임

실시계획승인 및 택지공급절차

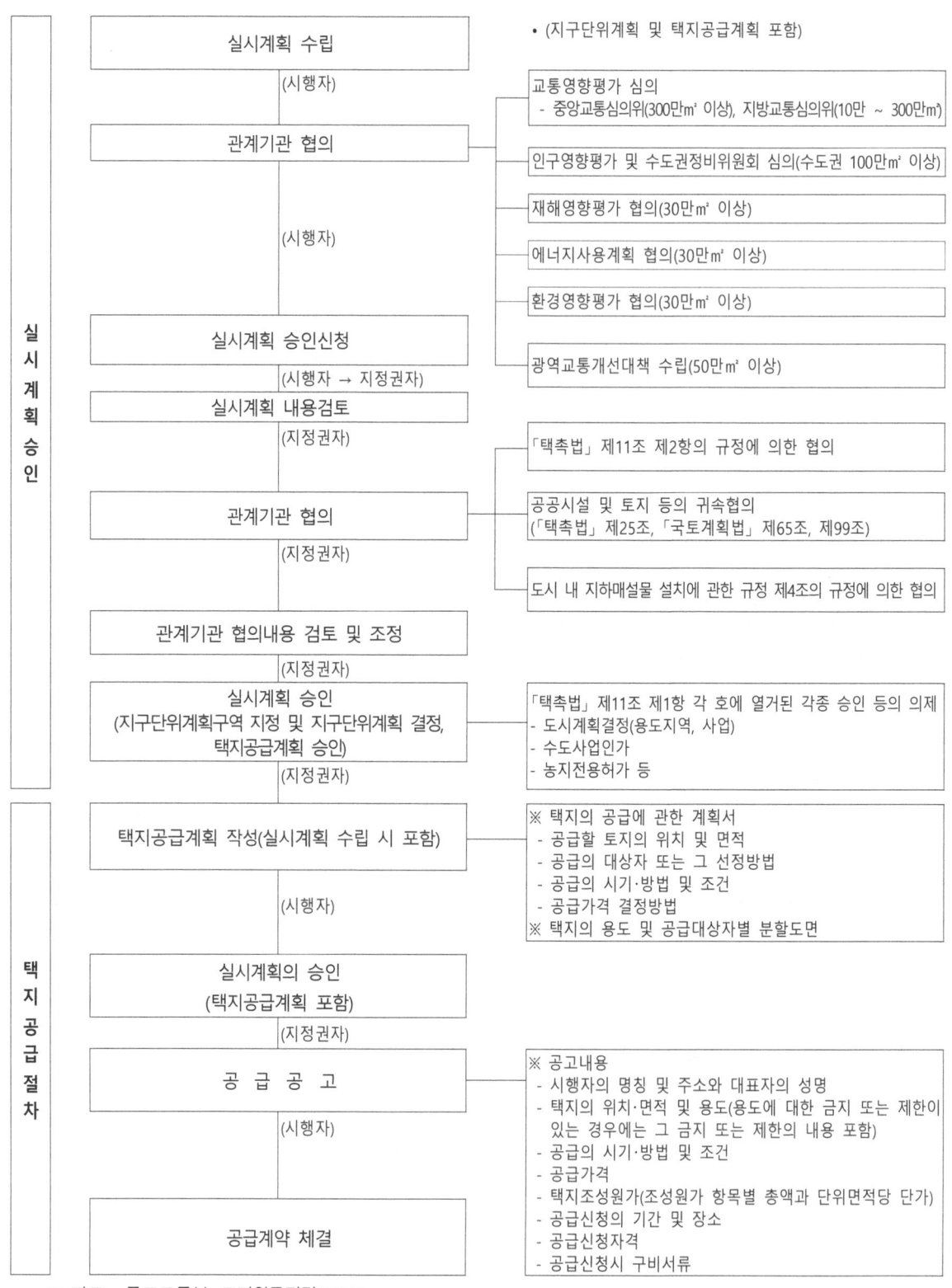

※ 자료 : 국토교통부. 토지업무편람(2020)

도시개발법

법공포 : 최초 '00. 1. 28.   최종개정 : '21. 1. 12.   시행일자 : '22. 1. 13.
영공포 : 최초 '00. 8. 2.   최종개정 : '22. 2. 17.   시행일자 : '22. 2. 18.

「도시개발법」 구성체계

제1장 총칙	제2장 도시개발구역의 지정 등	제3장 도시개발사업의 시행		
		제1절 시행자 및 실시계획 등		
제1조 목적 제2조 정의	제3조 도시개발구역의 지정 등 제3조의2 도시개발구역의 분할 및 결합 제4조 개발계획의 수립 및 변경 제5조 개발계획의 내용 제6조 기초조사 등 제7조 주민 등의 의견청취 제8조 도시계획위원회의 심의 등 제9조 도시개발구역지정의 고시 등 제10조 도시개발구역 지정의 해제 제10조의2 보안관리 및 부동산투기 방지대책	제11조 시행자 등 제12조 도시개발사업시행의 위탁 등 제13조 조합 설립의 인가 제14조 조합원 제15조 조합의 법인격 등 제16조 조합원의 경비 부담 등 제17조 실시계획의 작성 및 인가 등 제18조 실시계획의 고시	제19조 관련 인·허가등의 의제 제20조 도시개발사업에 관한 공사의 감리 제21조 도시개발사업의 시행 방식 제21조의2 순환개발방식의 개발사업 제21조의3 세입자등을 위한 임대주택 건설용지의 공급 등 제21조의4 도시개발사업분쟁조정 위원회의 구성 등	

제3장 도시개발사업의 시행			
제2절 수용 또는 사용방식에 따른 사업시행	제3절 환지방식에 의한 사업시행		
제22조 토지등의 수용 또는 사용 제23조 토지상환채권의 발행 제24조 이주대책 등 제25조 선수금 제25조의2 원형지의 공급과 개발 제26조 조성토지 등의 공급 계획 제27조 학교 용지 등의 공급 가격	제28조 환지 계획의 작성 제29조 환지 계획의 인가 등 제30조 동의 등에 따른 환지의 제외 제31조 토지면적을 고려한 환지 제32조 입체 환지 제32조의2 환지 지정 등의 제한 제32조의3 입체 환지에 따른 주택 공급 등 제33조 공공시설의 용지 등에 관한 조치 제34조 체비지 등	제35조 환지 예정지의 지정 제36조 환지 예정지 지정의 효과 제36조의2 환지 예정지 지정 전 토지 사용 제37조 사용·수익의 정지 제38조 장애물 등의 이전과 제거 제39조 토지의 관리 등 제40조 환지처분 제41조 청산금 제42조 환지처분의 효과 제43조 등기	제44조 체비지의 처분 등 제45조 감가보상금 제46조 청산금의 징수·교부 등 제47조 청산금의 소멸시효 제48조 임대료 등의 증감청구 제49조 권리의 포기 등 제50조 준공검사 제51조 공사 완료의 공고 제52조 공사완료에 따른 관련 인허가등의 의제 제53조 공사 완료의 공고

제4장 비용 부담 등	제5장 보칙	제6장 벌칙
제54조 비용 부담의 원칙 제55조 도시개발구역의 시설 설치 및 비용부담 등 제56조 지방자치단체의 비용 부담 제57조 공공시설 관리자의 비용 부담 제58조 도시개발구역 밖의 기반시설의 설치 비용 제59조 보조 또는 융자 제60조 도시개발특별회계의 설치 등 제61조 특별회계의 운용 제62조 도시개발채권의 발행 제63조 도시개발채권의 매입	제64조 타인 토지의 출입 제65조 손실보상 제66조 공공시설의 귀속 등 제67조 공공시설의 관리 제68조 국공유지의 처분 제한 등 제69조 국공유지 등의 임대 제70조 수익금 등의 사용 제한 등 제71조 조세와 부담금 등의 감면 등 제71조의2 결합개발 등에 관한 적용 기준 완화의 특례 제72조 관계 서류의 열람 및 보관 등 제73조 권리의무의 승계 제74조 보고 및 검사 등 제75조 법률 등의 위반자에 대한 행정처분 제76조 청문 제77조 행정심판 제78조 도시개발구역 밖의 시설에 대한 준용 제79조 위임 등	제80조 벌칙 제81조 벌칙 제82조 벌칙 제83조 양벌규정 제84조 벌칙 적용 시 공무원 의제 제85조 과태료

제1장 총칙

목 적	• 계획적이고 체계적인 도시개발을 도모하고 쾌적한 도시환경 조성과 공공복리의 증진에 기여
용어의 정의 (법 제2조)	• 도시개발구역 : 도시개발사업을 시행하기 위하여 지정·고시된 구역 • 도시개발사업 : 도시개발구역에서 주거, 상업, 산업, 유통, 정보통신, 생태, 문화, 보건 및 복지 등의 기능이 있는 단지 또는 시가지를 조성하기 위하여 시행하는 사업

제2장 도시개발구역의 지정

기초조사(시행자) (법 제6조)	• 도시개발구역 안의 토지, 건축물 공작물, 주민 및 생활실태, 주택수요, 그 밖에 필요한 사항에 관하여 조사·측량 가능

⇓

개발계획(안) 작성
(도지사, 시장·군수, 민간)
(법 제4조, 제5조)

- 개발계획 내용(밑줄 친 사항은 구역 지정 후 개발계획에 포함가능)

  - 도시개발구역의 명칭·위치 및 면적
  - 도시개발구역의 지정 목적과 시행기간
  - 도시개발구역을 둘 이상의 사업시행지구로 분할하거나 서로 떨어진 둘 이상의 지역을 하나의 구역으로 결합하여 도시개발사업 시행 시 그 분할이나 결합에 관한 사항
  - 도시개발사업의 시행자에 관한 사항
  - 도시개발사업의 시행방식
  - 인구수용계획
  - 토지이용계획
  - 원형지로 공급될 대상토지의 개발방향
  - 교통처리계획
  - 환경보전계획
  - 보건의료시설 및 복지시설의 설치계획
  - 도로, 상하수도 등 주요 기반시설의 설치계획
  - 재원조달계획
  - <u>도시개발구역 밖의 지역에 기반시설을 설치시 그 시설의 설치에 필요한 비용의 부담계획</u>
  - <u>수용 또는 사용의 대상이 되는 토지·건축물 또는 토지에 정착한 물건과 이에 관한 소유권외의 권리, 광업권, 어업권, 물의 사용에 관한 권리가 있는 경우에는 그 세부 목록</u>
  - <u>임대주택건설계획 등 세입자 등의 주거 및 생활안정 대책</u>
  - <u>순환개발 등 단계적 사업추진이 필요한 경우 사업추진 계획 등에 관한 사항</u>
  - 그 밖에 대통령령으로 정하는 사항

- 도시·군기본계획 및 광역도시계획에 부합
- 330만㎡ 이상은 주거·생산·교육·유통·위락 등의 기능이 상호 조화 검토

- 도시개발구역 지정 시 개발계획 수립 선행
- 개발계획 공모 또는 아래 지역은 도시개발구역 지정 후 개발계획 수립

  - 자연녹지지역, 생산녹지지역, 도시지역 외의 지역
  - 국토교통부장관이 국가균형발전을 위하여 관계 중앙행정기관의 장과 협의하여 도시개발구역으로 지정하려는 지역(자연환경보전지역 제외)
  - 해당 도시개발구역에 포함되는 주거지역·상업지역·공업지역의 면적의 합계가 전체 도시개발구역 지정 면적의 30% 이하인 지역

⇓

도시개발구역 지정 제안

• 지정권자

특별시장·광역시장·도지사· 특별자치도지사	※ 둘 이상의 특별시·광역시·특별자치도 또는 서울특별시와 광역시를 제외한 인구 50만 이상 대도시의 행정구역에 걸치는 시·도지사 또는 대도시시장의 협의로 정함
인구 50만 이상 대도시시장(서울, 광역시 제외)	
국토교통부장관	- 국가가 도시개발사업을 실시할 필요, 관계 중앙행정기관의 장 요청 - 공공기관의 장 또는 정부출연기관의 장이 30만㎡ 규모 이상으로 국가계획과 밀접한 관련이 있는 도시개발구역의 지정을 제안하는 경우 - 특별시와 광역시를 제외한 50만 이상의 대도시인 두 개 시의 협의 미성립 - 그 밖에 천재지변, 그 밖의 사유로 인하여 도시개발사업을 긴급하게 할 필요

⇓	
도시개발구역 지정 제안	• 지정지역 및 규모(영 제2조) 	도시지역	주거지역 및 상업지역	1만㎡ 이상	자연녹지지역	1만㎡ 이상
---	---	---	---	---
	공업지역	3만㎡ 이상	생산녹지지역(30% 이하)	1만㎡ 이상
도시지역 외	• 30만㎡ 이상 • 공동주택 중 아파트 또는 연립주택 건설계획이 포함되는 다음의 10만㎡ 이상 - 도시개발구역에 초등학교용지를 확보(도시개발구역 내 또는 도시개발구역으로부터 통학이 가능한 거리에 학생을 수용가능)하여 관할 교육청과 협의한 경우 - 도시개발구역에서 「도로법」 제12조부터 제15조까지의 규정에 해당하는 도로 또는 국토교통부령으로 정하는 도로와 연결되거나 4차로 이상의 도로를 설치하는 경우				
자연·생산녹지 지역 및 도시지역외 지역	• 광역도시계획 또는 도시·군기본계획에 의하여 개발이 가능한 지역에서만 국토교통부장관이 정하는 기준에 의거하여 지정. • 단, 광역도시계획 및 도시·군기본계획이 수립되지 아니한 지역인 경우 자연녹지지역 및 계획관리지역에서만 도시개발구역 지정				| • 취락지구 또는 개발진흥지구, 지구단위계획구역 지정된 지역, 국토교통부장관이 국가균형발전을 위하여 관계 중앙행정기관의 장과 협의하여 도시개발구역으로 지정하고자 하는 지역(자연환경보전지역 제외)의 어느 하나에 지정권자가 계획적인 도시개발이 필요하다고 인정하는 지역은 위 제한규정 적용 제외 • 도시개발구역으로 지정하려는 지역이 둘 이상의 용도지역에 걸치는 경우, 같은 목적으로 여러 차례 걸쳐 부분적으로 개발하거나 이미 개발한 지역과 붙어있는 지역을 개발하는 경우 도시개발구역의 지정기준(시행규칙 [별표 1])에 따라 지정 • 도시개발구역을 둘 이상의 사업시행지구로 분할·결합 지정가능 | 둘 이상 사업시행지구로 분할지정	분할 후 각 사업시행지구의 면적이 1만㎡ 이상
서로 떨어진 둘 이상의 지역 결합	1만㎡ 이상 다음 각 호의 해당하는 지역이 도시개발구역에 하나 이상 포함된 경우 1. 도시경관, 문화재, 군사시설 및 항공시설 등을 관리하거나 보호하기 위하여 「국토의 계획 및 이용에 관한 법률」, 「문화재보호법」, 「군사기지 및 군사시설 보호법」 및 「공항시설법」 등 관계 법령에 따라 토지이용이 제한되는 지역 2. 용도구역별 개발행위허가의 규모 이상의 기반시설, 공장, 공공청사 및 관사, 군사시설 등이 철거되거나 이전되는 지역(해당 시설물의 주변 포함) 3. 방화지구 또는 방재지구, 자연재해위험개선지구, 특별재난지역의 어느 하나에 해당하는 지역·지구(도시개발사업으로 재해예방시설 또는 주민안전시설 등을 설치하여 재해 등을 장기적으로 예방하거나 복구할 수 있는 경우로 한정) 4. 순환개발방식으로 도시개발사업을 시행하는 지역 5. 도시·군계획시설사업의 시행이 필요한 지역(결합개발이 필요한 지역으로서 사업비가 총사업비 이상 한정) ※ 토지 소유자(지상권자 포함) 동의 필요 6. 「개발제한구역의 지정 및 관리에 관한 특별조치법」 제4조의2 토지소유자의 훼손지 정비사업에 따른 정비사업 구역에 포함된 밀집훼손지 주변에 흩어진 개발제한구역 내 토지로서 동·식물 시설이 설치된 토지('16년 3월 30일 전)로 도시공원 또는 녹지로 조성하는 경우 ※ 1만㎡ 미만도 허용 7. 그 밖에 지정권자가 도시개발사업의 효율적인 시행을 위하여 결합개발이 필요 지역	
⇓	
주민의견청취·공람	• 국토교통부장관, 시·도지사 또는 대도시 시장, 대도시가 아닌 시장·군수 또는 구청장 • 주민 및 관계 전문가 의견청취를 위한 공람·공고 • 14일 이상 일반인 공람. 10만㎡ 미만의 경우는 일간신문 공고 제외 - 둘 이상의 일간신문과 해당 시·군·구 인터넷 홈페이지에 공고
⇓	

시·군·구 도시계획위원회 자문	• 대도시시장·군수·구청장이 특별시장·광역시장·도지사에게 도시개발구역 지정 요청 시 • 지구단위계획구역에서 기결정된 지구단위계획에 따라 도시개발구역의 지정 요청 시 시·군·구 도시계획위원회에 자문 생략
⇩	
공청회 개최 (법 제7조) (영 제11조~제13조)	• 공청회 : 구역의 면적이 100만㎡ 이상인 경우 공람기간의 만료 후 공청회 개최 - 일간신문과 인터넷 홈페이지에 공청회 개최 예정일 14일 전까지 1회 이상 공고
⇩	
관계 행정기관 협의	• 관계기관 협의 시 국토교통부장관 협의 - 도시개발구역이 100만㎡ 이상이거나, 국가계획을 포함하거나 관련이 있을 경우
⇩	
도시계획위원회 심의 (법 제8조, 영 제14조)	• 도시계획위원회 심의 제외 - 지구단위계획에 따라 도시개발사업 시행을 위하여 구역 지정하는 경우 - 다음에 해당하지 아니하는 경우 2. 너비가 12미터 이상인 도로를 신설 또는 폐지 3. 사업시행지구를 분할하거나 분할된 사업시행지구를 통합 4. 도로를 제외한 기반시설의 면적이 종전보다 100분의 10(공원 또는 녹지의 경우에는 100분의 5) 이상으로 증감하거나 신설되는 기반시설의 총면적이 종전 기반시설 면적의 100분의 5 이상 5. 수용예정인구가 종전보다 10% 이상 증감(변경 이후 수용예정인구가 3천명 미만 제외) 6. 기반시설을 제외한 도시개발구역의 용적률이 종전보다 100분의 5 이상 증가하는 경우 7. 토지이용계획(종전 개발계획에서 분류한 최하위 토지용도, 기반시설은 제외)의 변경으로서 다음 각 목의 어느 하나에 해당하는 경우. 다만, 용도별 변경 면적이 1천 제곱미터 이상인 경우로 한정 가. 용도별 면적이 종전보다 10% 이상 증감 나. 신설되는 용도의 토지 총면적이 종전 도시개발구역 면적(기반시설 면적은 제외)의 5% 이상 8. 기반시설의 설치에 필요한 비용이 종전보다 100분의 5 이상 증가하는 경우 9. 사업시행방식을 변경하는 경우 10. 용도지역·용도지구·용도구역에 대한 도시·군관리계획이 변경(제1호부터 제4호까지 및 제7호의 규정에 해당하는 경우는 제외)되는 경우 - 환경영향평가에 대한 협의결과, 교통영향평가서 검토결과, 재해영향성 협의결과 또는 교육환경평가서 심의 결과에 반영하는 경우
⇩	
도시개발구역 지정 (지정권자) (법 제9조~제10조) (법 제22조)	• 도시개발구역 지정 효력 - 도시개발구역이 지정·고시된 경우 해당 도시개발구역은 「국토의 계획 및 이용에 관한 법률」에 따른 도시지역과 대통령령으로 정하는 지구단위계획구역으로 결정·고시로 간주. 단, 지구단위계획구역에 따른 취락지구로 지정 제외 • 도시개발구역의 지정해제(규정된 날의 다음날) | 구분	도시개발구역 지정해제 요건	구역지정 해제 시 환원
---	---	---
개발계획 수립 후 도시개발구역 지정	- 도시개발구역이 지정 고시된 날부터 3년이 되는 날까지 실시계획인가 신청을 아니하는 경우 그 3년이 되는 날 - 도시개발사업의 공사완료(환지방식에 따른 사업일 경우 환지 처분)의 공고일	용도지역 및 지구단위계획구역은 해당 도시개발구역 지정 전의 용도지역 및 지구단위계획구역으로 각각 환원되거나 폐지 ※ 공사 완료에 따른 지정해제 제외
도시개발구역 지정 후 개발계획 수립	- 도시개발구역이 지정 고시된 날부터 2년이 되는 날까지 개발계획을 수립·고시하지 아니하는 경우 그 2년이 되는 날, 도시개발구역 면적이 330만㎡ 이상인 경우 5년 - 개발계획을 수립 고시한 날부터 3년이 되는 날까지 실시계획인가신청을 아니하는 경우 그 3년이 되는 날, 구역 면적이 330만㎡ 이상인 경우 5년		
⇩	

도시개발구역 지정고시	• 지정권자가 도시개발구역을 지정·개발계획을 수립 시 관보나 공보에 고시

지정권자	지정 후 고시절차
대도시시장	관계 서류의 일반인 공람
대도시 시장이 아닌 지정권자	해당 도시개발구역을 관할하는 시장·군수 또는 구청장에게 관계 서류의 사본 송부. 시장·군수 또는 구청장이 관계 서류의 일반인 공람

• 시·도지사 또는 대도시 시장이 도시개발구역을 지정·고시한 경우 국토교통부장관에게 통보
• 도시·군관리계획에 관한 지형도면의 고시는 도시개발사업의 시행기간에 가능

제3장 도시개발사업의 시행

시행자 지정 (법 제11조)

• 시행자 지정

1. 국가나 지방자치단체　　2. 공공기관
3. 정부출연기관　　　　　4. 지방공사
5. 토지소유자(토지면적 3분의 2 이상 소유)
6. 토지소유자 조합(환지방식)
7. 과밀억제권역에서 수도권 외 지역으로 이전법인
8. 「주택법」상 도시개발사업을 시행할 능력이 있다고 인정되는 자로서 대통령령으로 정하는 요건에 해당하는 자 (주택단지와 그에 수반되는 기반시설을 조성하는 경우)
9. 토목공사업 또는 토목건축공사업의 면허를 받는 등 개발계획에 맞게 도시개발사업을 시행할 능력이 있다고 인정되는 자로서 대통령령으로 정하는 요건에 해당하는 자
9의2. 부동산개발업자로서 대통령령으로 정하는 자
10. 자기관리부동산투자회사 또는 위탁관리부동산투자회사로서 대통령령으로 정하는 요건에 해당하는 자
11. 위의 시행자가 도시개발사업을 시행할 목적으로 출자에 참여하여 설립한 법인으로서 대통령령으로 정하는 요건에 해당하는 법인

• 지정권자 또는 국토교통부장관(시행자가 시·도지사 또는 대도시 시장인 경우)의 시행자 지정

- 토지 소유자나 조합이 대통령령으로 정하는 기간에 시행자 지정을 하지 않거나 지정권자가 신청된 내용이 위법이거나 부당함을 인정한 경우
- 자치단체장이 집행하는 공공시설에 대한 사업과 병행 시행할 필요가 인정될 경우
- 도시개발구역의 국공유지를 제외한 토지면적의 1/2이상에 해당하는 토지소유자 및 토지 총수의 1/2 이상이 동의한 경우

• 지정권자의 시행자 변경

- 도시개발사업 실시계획 인가를 받은 후 2년 이내에 사업을 착수하지 아니하는 경우
- 행정처분으로 시행자의 지정이나 실시계획의 인가가 취소된 경우
- 시행자의 부도·파산, 그 밖에 이와 유사한 사유로 도시개발사업의 목적을 달성하기 어렵다고 인정
- 시행자로 지정된 자가 도시개발구역 지정의 고시일부터 1년 이내(연장 시 6개월 연장범위 내) 실시계획인가를 신청하지 아니하는 경우

• 법인의 설립과 사업시행자 등 (2022. 6. 22. 시행 제11조의2)

- 공공시행자가 민간사업자와 법인을 설립하여 도시개발사업을 시행하고자 하는 경우 총사업비, 예상 수익률, 민간참여자와의 역할분담 등이 포함된 사업계획을 마련
- 공공시행자는 공모방식을 통하여 민간참여자를 선정해야 하며, 사업시행을 위한 협약을 체결하여야 함 (출자자간 역할 분담 및 책임·의무에 관한 사항, 총사업비 및 자금조달계획, 출자자간 비용분담 및 수익 배분에 관한 사항, 민간참여자 이윤율에 관한사항 등)
- 협약 내용은 지정권자의 승인을 받고 국토교토부 장관에게 보고해야 하며, 장관은 내용에 보완이 필요하다고 인정하는 경우 전문기관의 적정성검토를 통하여 시정을 명할 수 있음

실시계획 작성 (법 제17조, 영 제38조)

• 시행자는 도시개발사업에 관한 실시계획 작성(실시계획은 지구단위계획 포함)
• 지정권자가 시행자인 경우를 제외하고 시행자는 실시계획에 대해 지정권자의 인가를 받아야 함
• 지정권자가 실시계획을 작성하거나 인가하는 경우 국토교통부장관은 시·도지사 또는 대도시시장의 의견, 시·도지사가 지정권자일시 시장·군수 또는 구청장의 의견 청취

실시계획 인가·고시 (법 제18조, 제19조)

• 관보 또는 공보 고시, 시행자에 관련 서류사본 송부, 일반인의 공람
• 실시계획을 고시한 경우 그 고시 내용 중 도시·군관리계획(지구단위계획 포함)으로 결정하는 사항은 도시·군관리계획이 결정고시된 것으로 보며, 종전에 도시·군관리계획의 결정사항 중 고시내용에 저촉되는 사항은 고시내용으로 변경된 것으로 봄
• 「수도법」외 31개 관계 법률에 의한 인·허가 등의 의제

구분	내용
사업시행(시행자) (법 제20조, 제21조)	• 감리전문회사를 도시개발사업의 공사에 대한 책임감리 또는 시공감리를 할 자로 지정 • 수용 또는 사용방식, 환지방식, 혼용방식
사업준공 및 공고 (시행자 → 도지사) (법 제50조, 제51조)	• 공사완료 보고서를 작성하여 지정권자에게 준공검사를 받음 • 시행자에게 준공검사 증명서 교부 → 공사완료 공고

기 타

구분	내용
순환개발방식 개발사업 (법 제21조의2)	• 시행자는 도시개발사업을 원활하게 시행하기 위하여 도시개발구역 내외에 새로 건설하는 주택 또는 이미 건설되어 있는 주택에 그 도시개발사업의 시행으로 철거되는 주택의 세입자 또는 소유자를 임시로 거주하게 하는 등의 방식으로 도시개발구역을 순차적으로 개발 가능
세입자 등을 위한 임대주택 건설용지 공급 (법 제21조의3)	• 시행자는 도시개발사업에 따른 세입자 등 주거안정을 등을 위하여 주거 및 생활실태조사와 주택 수요조사 결과를 고려하여 임대주택 건설용지를 조성·공급하거나 임대주택을 건설·공급
도시개발사업분쟁 조정위원회 구성 (법 제21조의4)	• 도시개발사업으로 인한 분쟁을 조정하기 위하여 도시개발구역이 지정된 특별자치도 또는 시·군·구에 도시개발사업 분쟁조정위원회를 둘 수 있음
원형지 공급과 개발 (법 제25조의2)	• 시행자는 도시를 자연친화적으로 개발하거나, 복합적, 입체적으로 개발하기 위하여 필요한 경우 대통령령이 정하는 절차에 따라 미리 지정권자 승인을 받아 원형지 공급·개발 가능(원형지의 면적은 도시개발구역 전체 토지면적의 3분의 1 이내로 한정)
학교 용지 등의 공급가격 (법 제27조)	• 시행자는 학교, 폐기물처리시설, 그 밖에 대통령령으로 정하는 시설을 설치하기 위한 조성토지 등과 이주단지의 조성을 위한 토지를 공급하는 경우에는 해당 토지의 가격을 「부동산가격공시 및 감정평가에 관한 법률」에 따른 감정평가법인등이 감정평가한 가격 이하로 정할 수 있음 • 토지 외에 지역특성화사업 유치 등 도시개발사업의 활성화를 위하여 필요한 경우 대통령령으로 정하는 바에 따라 감정평가한 가격 이하로 공급 가능
환지지정 등의 제한 (법 제32조의2)	• 공람 또는 공청회의 개최에 관한 사항을 공고한 날 또는 투기억제를 위하여 시행예정자의 요청에 따라 지정권자가 따로 정하는 다음 날부터 다음에 해당하는 경우 금전으로 청산하거나 환지지정 제한 - 1 필지의 토지가 여러 개의 필지로 분할되는 경우 - 단독주택 또는 다가구주택이 다세대주택으로 전환되는 경우 - 하나의 대지범위 안에 속하는 동일인 소유의 토지와 주택 등 건축물을 토지와 주택 등 건축물로 각각 분리하여 소유하는 경우 - 나대지에 건축물을 새로 건축하거나 기존 건축물을 철거하고 다세대 주택이나 그 밖의 「집합건물의 소유 및 관리에 관한 법률」에 따른 구분소유권의 대상이 되는 건물을 건축하여 토지 또는 건축물의 소유자가 증가되는 경우
입체환지에 따른 주택공급 등 (법 제32조의3)	• 입체환지로 건설된 주택 등 건축물을 인가된 환지계획에 따라 환지신청자에게 공급. 단, 주택공급의 경우 「주택법」에 따른 주택공급의 기준을 적용하지 않음 • 입체환지로 주택을 공급하는 기준 - 1세대 또는 1명이 하나 이상의 주택 또는 토지를 소유한 경우 1주택을 공급할 것 - 같은 세대에 속하지 아니하는 2명 이상이 1주택 또는 1토지를 공유한 경우에 1주택만 공급 • 다음의 토지소유자에 대해서는 소유한 주택의 수만큼 공급 - 「수도권정비계획법」에 따른 과밀억제권역에 위치하지 아니하는 도시개발구역의 토지소유자 - 근로자 숙소나 기숙사의 용도로 주택을 소유하고 있는 토지소유자

현황 및 절차도

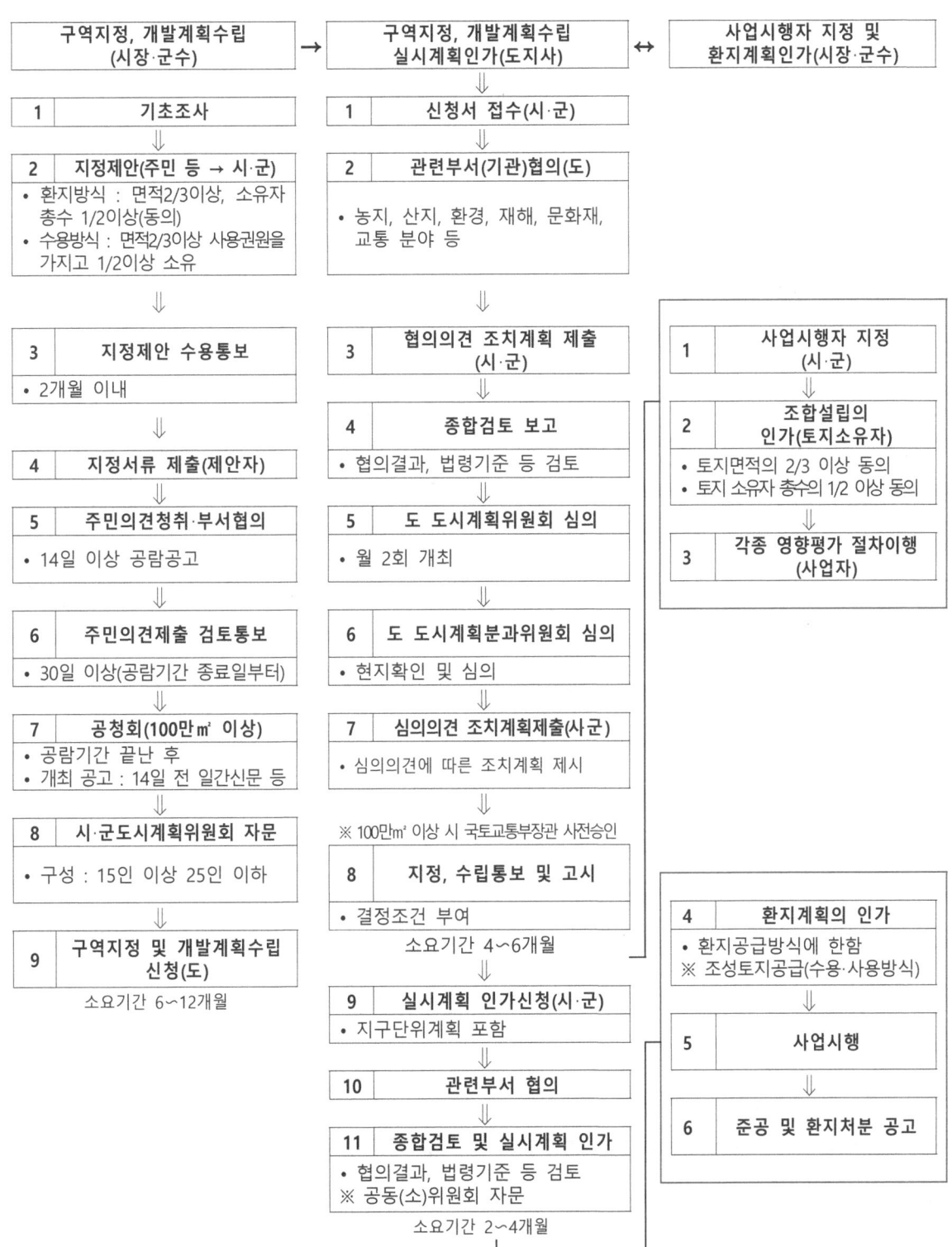

도시 및 주거환경정비법

법공포 : 최초 '02. 12. 30.　　최종개정 : '22. 2. 3.　　시행일자 : '22. 2. 3.
영공포 : 최초 '03. 06. 30.　　최종개정 : '22. 1. 21.　　시행일자 : '21. 1. 21.

「도시 및 주거환경정비법」 구성체계

제1장 총칙	제2장 기본계획의 수립 및 정비구역의 지정	
제1조 목적 제2조 정의 제3조 도시·주거환경정비 기본방침	제4조 도시·주거환경정비기본계획의 수립 제5조 기본계획의 내용 제6조 기본계획 수립을 위한 주민의견청취 등 제7조 기본계획의 확정·고시 등 제8조 정비구역의 지정 제9조 정비계획의 내용 제10조 임대주택 및 주택규모별 건설비율 제11조 기본계획 및 정비계획 수립 시 용적률 완화 제12조 재건축사업 정비계획 입안을 위한 안전진단	제13조 안전진단 결과의 적정성 검토 제14조 정비계획의 입안 제안 제15조 정비계획 입안을 위한 주민의견청취 등 제16조 정비계획의 결정 및 정비구역의 지정·고시 제17조 정비구역 지정·고시의 효력 제18조 정비구역의 분할, 통합 및 결합 제19조 행위제한 등 제20조 정비구역 등의 해제 제21조 정비구역 등의 직권해제 제21조의2 도시재생선도지역 지정 요청 제22조 정비구역등 해제의 효력

제3장 정비사업의 시행			
제1절 정비사업의 시행방법	제2절 조합설립추진위원회 및 조합의 설립 등	제3절 사업시행계획 등	제4절 정비사업 시행을 위한 조치등
제23조 정비사업의 시행방법 제24조 주거환경개선사업의 시행자 제25조 재개발사업·재건축사업의 시행자 제26조 재개발사업·재건축사업의 공공시행자 제27조 재개발사업·재건축사업의 지정개발자 제28조 재개발사업·재건축사업의 사업대행자 제29조 계약의 방법 및 시공자 선정 등 제29조의2 공사비의 검증 요청 등 제30조 임대사업자의 선정	제31조 조합설립 추진위원회의 구성·승인 제32조 추진위원회의 기능 제33조 추진위원회의 조직 제34조 추진위원회의 운영 제35조 조합설립인가 등 제36조 토지등소유자의 동의방법 등 제37조 토지등소유자의 동의서 재사용의 특례 제38조 조합의 법인격 등 제39조 조합원의 자격 등 제40조 정관의 기재사항 등 제41조 조합의 임원 제42조 조합임원의 직무 등 제43조 조합임원의 결격사유 및 해임 제44조 총회의 소집 제45조 총회의 의결 제46조 대의원회 제47조 주민대표회의 제48조 토지등소유자 전체회의 제49조 민법의 준용	제50조 사업시행계획인가 제51조 기반시설의 기부채납 기준 제52조 사업시행계획서의 작성 제53조 시행규정의 작성 제54조 재건축사업 등의 용적률 완화 및 소형주택 건설비율 제55조 소형주택의 공급 및 인수 제56조 관계 서류의 공람과 의견청취 제57조 인·허가 등의 의제 등 제58조 사업시행계획인가의 특례 제59조 순환정비방식의 정비사업 등 제60조 지정개발자의 정비사업비의 예치 등	제61조 임시거주시설·임시상가의 설치 등 제62조 임시거주시설·임시상가의 설치 등에 따른 손실보상 제63조 토지 등의 수용 또는 사용 제64조 재건축사업에서의 매도청구 제65조 「공익사업을 위한 토지 등의 취득 및 보상에 관한 법률」의 준용 제66조 용적률에 관한 특례 제67조 재건축사업의 범위에 관한 특례 제68조 건축규제의 완화 등에 관한 특례 제69조 다른 법령의 적용 및 배제 제70조 지상권 등 계약의 해지 제71조 소유자의 확인이 곤란한 건축물 등에 대한 처분

제3장 정비사업의 시행		제4장 비용의 부담등	제5장 정비사업전문관리업
제5절 관리처분계획 등	제6절 공사완료에 따른 조치 등		
제72조 분양공고 및 분양신청 제73조 분양신청을 하지 아니한 자 등에 대한 조치 제74조 관리처분계획의 인가 등 제75조 사업시행계획인가 및 관리처분계획인가의 시기 조정 제76조 관리처분계획의 수립기준 제77조 주택 등 건축물을 분양받을 권리의 산정 기준일 제78조 관리처분계획의 공람 및 인가절차 등 제79조 관리처분계획에 따른 처분 제80조 지분형주택 등의 공급 제81조 건축물 등의 사용·수익의 중지 및 철거 등 제82조 시공보증	제83조 정비사업의 준공인가 제84조 준공인가 등에 따른 정비구역의 해제 제85조 공사완료에 따른 관련 인허가 등의 의제 제86조 이전고시 제87조 대지 및 건축물에 대한 권리의 확정 제88조 등기절차 및 권리변동의 제한 제89조 청산금 등 제90조 청산금의 징수방법 등 제91조 저당권의 물상대위	제92조 비용부담의 원칙 제93조 비용의 조달 제94조 정비기반시설 관리자의 비용부담 제95조 보조 및 융자 제96조 정비기반시설의 설치 제97조 정비기반시설 및 토지 등의 귀속 제98조 국유·공유재산의 처분 등 제99조 국유·공유재산의 임대 제100조 공동이용시설 사용료 면제 제101조 국·공유지의 무상양여 등	제102조 정비사업전문관리업의 등록 제103조 정비사업전문관리업자의 업무제한 등 제104조 정비사업전문관리업자와 위탁자와의 관계 제105조 정비사업전문관리업자의 결격사유 제106조 정비사업전문관리업의 등록취소 등 제107조 정비사업전문관리업자에 대한 조사 등 제108조 정비사업전문관리업 정보의 종합관리 제109조 협회의 설립 등 제110조 협회의 업무 및 감독

제6장 감독 등	제7장 보칙	제8장 벌칙
제111조 자료의 제출 등 제112조 회계감사 제113조 감독 제113조의2 시공자 선정 취소명령 또는 과징금 제113조의3 건설업자의 입찰참가 제한 제114조 정비사업 지원기구 제115조 교육의 실시 제116조 도시분쟁조정위원회의 구성 등 제117조 조정위원회의 공정 등 제118조 정비사업의 공공지원 제119조 정비사업관리시스템의 구축 제120조 정비사업의 정보공개 제121조 청문	제122조 토지등소유자의 설명의무 제123조 재개발사업 등의 시행방식의 전환 제124조 관련 자료의 공개 등 제125조 관련 자료의 보관 및 인계 제126조 도시·주거환경정비기금의 설치 등 제127조 노후·불량주거지 개선계획의 수립 제128조 권한의 위임 등 제129조 사업시행자 등의 권리·의무의 승계 제130조 정비구역의 범죄 예방 제131조 재건축사업의 안전진단 재실시 제132조 조합임원 등의 선임·선정 시 행위제한 제132조의2 건설업자의 관리·감독 의무 제133조 조합설립인가 등의 취소에 따른 채권의 손해액 산입 제134조 벌칙 적용에서 공무원 의제	제135조 벌칙 제136조 벌칙 제137조 벌칙 제138조 벌칙 제139조 양벌규정 제140조 과태료 제141조 자수자에 대한 특례 제142조 금품향응 수수행위 등에 대한 신고포상금

제1장 총칙

목 적 (법 제1조)	도시기능의 회복이 필요하거나 주거환경이 불량한 지역을 계획적으로 정비하고 노후·불량 건축물을 효율적으로 개량하기 위하여 필요한 사항을 규정함으로써 도시환경을 개선하고 주거생활의 질을 높이는데 이바지함		
정 의 (법 제2조, 제2조의2)	정비구역	정비사업을 계획적으로 시행하기 위하여 제16조의 규정에 의하여 지정·고시된 구역	
	정비사업	도시기능을 회복하기 위하여 정비구역에서 정비기반시설을 정비하거나 주택 등 건축물을 개량 또는 건설하는 다음 각목의 사업	
		주거환경개선	도시저소득주민이 집단으로 거주하는 지역으로서 정비기반시설이 극히 열악하고 노후·불량건축물이 과도하게 밀집한 지역의 주거환경을 개선하거나 단독주택 및 다세대 주택이 밀집한 지역에서 정비기반시설과 공동이용시설 확충을 통하여 주거환경을 보전·정비·개량하기 위한 사업
		재개발사업	정비기반시설이 열악하고 노후·불량건축물이 밀집한 지역에서 주거환경을 개선하거나 상업지역·공업지역 등에서 도시기능의 회복 및 상권 활성화 등을 위하여 도시환경을 개선하기 위한 사업
		재건축사업	정비기반시설은 양호하나 노후·불량건축물에 해당하는 공동주택이 밀집한 지역에서 주거환경을 개선하기 위한 사업
	노후불량 건축물	• 건축물이 훼손되거나 일부가 멸실되어 붕괴 그 밖의 안전사고의 우려가 있는 건축물 • 내진성능이 확보되지 아니한 건축물 중 중대한 기능적 결함 또는 부실 설계·시공으로 인한 구조적 결함이 있는 건축물로서 대통령령으로 정하는 건축물 • 다음의 요건에 해당하는 건축물로서 특별시·광역시·특별자치시·도·특별자치도 또는 서울특별시·광역시 및 특별자치시를 제외한 인구 50만 이상 대도시의 조례로 정하는 건축물 - 주변 토지의 이용상황 등에 비추어 주거환경이 불량한 곳에 소재할 것 - 건축물 철거 후 새 건축물 건설 시 소요비용에 비하여 효용의 현저한 증가가 예상될 것 • 도시미관을 저해하거나 노후화로 인하여 구조적 결함 등이 있는 건축물로서 대통령령으로 정하는 바에 따라 시·도조례로 정하는 건축물	
	정비 기반시설	도로·상하수도·공원·공용주차장·공동구 그 밖에 주민의 생활에 필요한 열·가스 등의 공급시설 - 녹지, 하천, 공공공지, 광장, 소방용수시설, 비상대피시설, 가스공급시설, 지역난방시설	
	공동이용시설	주민이 공동으로 사용하는 놀이터·마을회관·공동작업장 그 밖에 대통령령이 정하는 시설	
	대지	정비사업으로 조성된 토지	
	토지 등 소유자	주거환경개선사업 및 재개발사업	- 정비구역에 위치한 토지 또는 건축물의 소유자 또는 그 지상권자
		재건축사업	- 정비구역에 위치한 건축물 및 그 부속토지의 소유자
도시·주거환경 정비 기본방침 (법 제3조)	• 국토교통부장관은 도시 및 주거환경을 개선하기 위하여 10년마다 다음 사항을 포함한 기본방침을 수립하고 5년마다 그 타당성을 검토하여 그 결과를 기본방침에 반영 - 도시 및 주거환경 정비를 위한 국가 정책방향 - 도시·주거환경정비기본계획의 수립방향 - 노후·불량주거지 조사 및 개선계획의 수립 - 도시 및 주거환경 개선에 필요한 재정지원 계획 - 그 밖에 도시 및 주거환경개선을 위하여 필요한 사항으로 대통령령으로 정하는 사항		

제2장 기본계획의 수립 및 정비구역 지정

도시·주거환경정비기본계획의 수립 (50만 이상) (법 제4조)

- 수립권자 : 특별시장·광역시장·특별자치시장·특별자치도지사 또는 시장
  - 단, 도지사가 대도시가 아닌 시로서 기본계획을 수립할 필요가 없다고 인정하는 시는 제외
- 수립기간 : 10년 단위로 수립, 수립권자는 5년마다 그 타당성 여부를 검토하여 기본계획에 반영
- 도시·주거환경정비기본계획의 내용

  1. 정비사업의 기본방향
  2. 정비사업의 계획기간
  3. 인구·건축물·토지이용·정비기반시설·지형 및 환경 등의 현황
  4. 주거지 관리계획
  5. 토지이용계획·정비기반시설계획·공동이용시설설치계획 및 교통계획
  6. 녹지·조경·에너지공급·폐기물처리 등에 관한 환경계획
  7. 사회복지시설 및 주민문화시설 등의 설치계획
  8. 도시의 광역적 재정비를 위한 기본방향
  9. <u>정비구역으로 지정할 예정인 구역의 개략적 범위</u>
  10. <u>단계별 정비사업추진계획(정비예정구역별 정비계획의 수립시기 포함)</u>
  11. 건폐율, 용적률 등에 관한 건축물의 밀도계획
  12. 세입자에 대한 주거안정대책
  13. 그밖에 주거환경 등을 개선하기 위하여 필요한 사항으로서 대통령령으로 정하는 사항
  - 도시관리·주택·교통정책 등 도시·군계획과 연계된 도시·주거환경정비의 기본방향
  - 도시·주거환경정비의 목표
  - 도심기능의 활성화 및 도심 공동화 방지방안
  - 역사적 유물 및 전통건축물의 보존계획
  - 정비사업의 유형별 공공 및 민간부문의 역할
  - 정비사업의 시행을 위해 필요한 재원조달에 관한 사항

- 도시·주거환경정비기본계획상 다음 사항을 포함하는 경우 기본계획의 제9호, 제10호 생략가능
  - 생활권의 설정, 생활권별 기반시설 설치계획 및 주택수급계획
  - 생활권별 주거지의 정비·보전·관리의 방향

도시·주거환경정비기본계획 수립절차 (법 제6조, 제7조)

기초조사 및 정비계획(안) 입안 — 특별시장·광역시장·특별자치시장·특별자치도지사 또는 시장
⇩
주민공람 (14일 이상)
⇩
지방의회 의견청취 (60일 이내 의견 제시, 경과 후 없음으로 간주)
⇩
관계행정기관의 장 협의, 지방 도시계획위원회 심의
⇩
도지사 승인 — 대도시 시장이 아닌 시장이 수립·변경 시 도지사 승인 (경미한 변경 제외)
⇩
지방자치단체 공보의 고시, 일반인 열람
⇩
국토교통부장관 보고 — 특별시장, 광역시장, 특별자치시장, 특별자치도지사 또는 시장

- 주민공람과 지방의회 의견청취 및 관계 행정기관의 장 협의와 지방도시계획위원회 절차생략
  - 정비기반시설의 규모 확대 또는 면적의 10% 미만 축소
  - 정비사업의 계획기간 단축
  - 공동이용시설에 대한 설치계획 변경
  - 사회복지시설 및 주민문화시설 등의 설치계획의 변경
  - 정비예정구역의 면적을 20% 미만의 범위에서 변경
  - 단계별 정비사업 추진계획의 변경
  - 건폐율 및 용적률의 각 20% 미만의 변경
  - 정비사업 시행을 위해 필요한 재원조달에 관한 사항의 변경
  - 도시·군기본계획 변경에 따른 변경

구분	내용
정비구역의 지정 (법 제8조)	• 지정권자 : 특별시장·광역시장·특별자치시장·특별자치도지사·시장 또는 군수 • 정비구역 지정 - 기본계획에 적합한 범위에서 노후 불량건축물이 밀집하는 등 대통령령으로 정하는 요건에 해당하는 구역에 대하여 제16조에 따라 정비계획을 결정하여 정비구역을 지정할 수 있음 - 재개발·재건축사업의 공공시행자, 재개발·재건축사업의 지정개발자가 천재지변, 사용제한·사용금지, 그 밖에 불가피한 사유로 긴급히 정비사업을 시행할 경우에는 기본계획을 수립하거나 변경하지 아니하고 정비구역을 지정 가능 - 정비구역의 진입로 설치를 위해 필요한 경우에는 진입로 지역과 그 인접지역을 포함하여 정비구역을 지정 가능 - 정비구역 지정권자는 정비구역 지정을 위해 직접 정비계획을 입안 가능 - 자치구의 구청장 또는 광역시의 군수는 정비계획을 입안하여 특별시장·광역시장에게 정비구역 지정을 신청(지방의회 의견 첨부)
정비구역 지정 시 정비계획의 내용 (법 제9조)	• 구역지정 시 정비계획 내용 1. 정비사업의 명칭 2. 정비구역 및 그 면적 3. 도시·군계획시설의 설치에 관한 계획 4. 공동이용시설 설치계획 5. 건축물의 주용도·건폐율·용적률·높이에 관한 계획 6. 환경보전 및 재난방지에 관한 계획 7. 정비구역 주변의 교육환경 보호에 관한 계획 8 세입자 주거대책 9. 정비사업 시행예정시기 10. 정비사업을 통하여 공공지원민간임대주택을 공급하거나, 주택임대관리업자에게 임대할 목적으로 주택을 위탁하려는 경우에는 다음 각 목의 사항(다만, 밑줄의 사항은 건설하는 주택 전체 세대수에서 공공지원 민간임대주택 또는 임대할 목적으로 주택임대관리업자에게 위탁하려는 주택이 차지하는 비율이 20% 이상, 임대기간이 8년 이상의 범위로 한정) 가. 공공지원민간임대주택 또는 임대관리 위탁주택에 관한 획지별 토지이용 계획 나. 주거·상업·업무 등의 기능을 결합하는 등 복합적인 토지이용을 증진시키기 위하여 필요한 건축물의 용도에 관한 계획 다. 「국토의 계획 및 이용에 관한 법률」에 따른 주거지역을 세분 또는 변경하는 계획과 용적률에 관한 사항 라. 그 밖에 공공지원민간임대주택 또는 임대관리 위탁주택의 원활한 공급 등을 위하여 대통령령으로 정하는 사항 11. 「국토의 계획 및 이용에 관한 법률」 제52조 제1항 각 호의 사항에 관한 계획(필요 시) 12. 그 밖에 정비사업의 시행을 위하여 필요한 사항으로서 대통령령이 정하는 사항
토지 등 소유자 정비계획 수립절차 (법 제14조~제17조)	**토지 등 소유자 정비계획 입안 제안** 1. 단계별 정비계획추진계획상 정비예정구역별 정비계획의 입안시기가 지났음에도 불구하고 정비계획이 입안되지 아니하거나 같은 호에 따른 정비예정구역별 정비계획의 수립시기를 정하고 있지 아니한 경우 2. 토지 등 소유자가 토지주택공사 등을 사업시행자로 요청 3. 대도시가 아닌 시 또는 군으로 시·도조례로 정하는 경우 4. 정비사업을 통해 기업형임대주택을 공급하거나 임대할 목적으로 주택을 주택임대관리업자에게 위탁하려는 경우로 정비계획의 입안을 요청하는 경우 5. 재개발사업·재건축사업의 공공시행자, 지정개발자가 천재지변 또는 사용제한, 사용금지 그 밖에 불가피한 사유로 긴급히 정비사업 시행이 필요해 정비사업 시행하는 경우 6. 토지 등 소유자(조합이 설립된 경우 조합원)가 3분의 2 이상의 동의로 정비 계획의 변경을 요청하는 경우. 다만, 경미한 사항의 경우 토지 등 소유자의 동의절차를 거치지 아니함 ⇩ **정비계획(안) 수립** 시장·군수·구청장 ※ 정비기본계획을 수립한 지역에서 정비계획 수립 시 시장·군수는 그 정비 구역을 포함한 해당 생활권에 대해 세부계획 수립 ⇩ **주민서면 통보**

토지 등 소유자 정비계획 수립절차 (법 제14조~제17조)	⇩ 주민설명회 및 주민공람(30일 이상)	※ 주민 서면통보, 주민설명회, 주민공람 및 지방의회 의견청취 생략(영 제13조) - 정비구역 면적의 10% 미만의 변경 - 정비기반시설 위치 변경과 정비기반시설 규모의 10% 미만의 변경 - 공동이용시설 설치계획의 변경, 재난방지에 관한 계획의 변경 - 정비사업 시행예정시기를 3년 범위 내 조정 - 용도범위 내 건축물의 주용도의 변경 - 건축물 건폐율 또는 용적률을 축소하거나 10% 미만 범위 내 확대 - 건축물의 최고 높이 변경, 용적률 완화 변경 - 도시·군기본계획, 도시·군관리계획 또는 기본계획의 변경에 따른 변경 - 정비구역이 통합 또는 분할되는 변경 - 교통영향평가 등 관계 법령에 의한 심의결과에 따른 건축계획의 변경 - 위와 유사한 사항으로 시·도조례가 정하는 사항의 변경
	지방의회 의견청취 (60일 이내 의견 제시, 경과 후 없음으로 간주)	
	⇩ 정비구역 지정 신청	특별시장·광역시장·특별자치시장·특별자치도지사·시장 또는 군수 직접지정 (단, 자치구의 구청장 또는 광역시의 군수 → 특별시장·광역시장 지정 신청)
	⇩ 관계행정기관의 장 협의	※ 시장·군수가 정비기반시설 및 국공유재산의 귀속처분에 관한 사항이 포함된 정비계획 수립 시 정비기반시설 및 국공유재산관리청 의견청취
	⇩ 지방 도시계획위원회 심의	단, 경미한 사항의 변경 시 지방도시계획위원회 심의 제외
	⇩ 지방자치단체 공보 고시 (시·도지사 또는 대도시 시장)	**정비구역 지정고시의 효력** ※ 정비구역의 지정·고시가 있는 경우 해당 정비구역 및 정비계획 중 지구단위계획의 해당하는 사항은 「국토의 계획 및 이용에 관한 법률」에 따른 지구단위계획구역 및 지구단위계획으로 결정고시로 간주 ※ 「국토의 계획 및 이용에 관한 법률」에 따른 지구단위계획구역에 대하여 「도시 및 주거환경정비법」에 따른 정비계획의 내용을 포함한 지구단위계획을 결정·고시하는 경우 해당 지구단위계획구역은 정비구역으로 지정된 것으로 봄 - 정비계획을 통한 토지의 효율적 활용을 위해 건폐율·용적률 등의 완화 규정은 정비계획에 준용 - 용적률이 완화되는 경우 사업시행자가 정비구역에 대지의 가액 일부에 해당하는 금액을 현금으로 납부하는 경우 공공시설 또는 기반시설의 부지를 제공하거나 공공시설등을 설치하여 제공한 것으로 간주
	⇩ 국토교통부장관 보고 관계 서류 일반인 열람	
정비구역의 분할, 통합 및 결합 (법 제18조)	• 정비구역의 지정권자는 정비사업의 효율적 추진 또는 도시의 경관보호를 위하여 필요하다고 인정하는 경우 다음 각호 방법에 따라 정비구역을 지정 가능 - 하나의 정비구역을 둘 이상의 정비구역으로 분할 - 서로 연접한 정비구역을 하나의 정비구역으로 통합 - 서로 연접하지 아니한 둘 이상의 구역 또는 정비구역을 하나의 정비구역으로 결합	
행위제한 등 (법 제19조)	• 정비구역에서 다음에 해당하는 행위를 하려는 자는 시장·군수 등의 허가 필요. 허가 받은 사항의 변경하려는 때도 동일 - 건축물의 건축, 공작물의 설치, 토지의 형질변경, 토석의 채취, 토지분할, 물건을 쌓아놓는 행위, 그 밖에 대통령령으로 정하는 행위 • 허가 없이 가능한 행위 - 재해복구 또는 재난수습에 필요한 응급조치를 위한 행위 - 기존 건축물의 붕괴 등 안전사고의 우려가 있는 경우 해당 건축물에 대한 안전조치를 위한 행위 - 그밖에 대통령령으로 정하는 행위 • 국토교통부장관, 시도지사, 시장, 군수 또는 구청장은 비경제적인 건축행위 또는 투기수요의 유입을 막기 위해 기본계획을 공람 중인 정비예정구역 또는 정비계획을 수립 중인 지역에 대해 3년 이내 기간을 정하여 건축물의 건축, 토지의분할 행위를 제한 가능 • 정비예정구역 또는 정비구역에서는 주택법에 따른 지역주택조합의 조합원을 모집 불가	

정비구역 해제 (법 제20조~제22조)

정비예정구역 또는 구역 해제요청(구청장 등→특별시장·광역시장)

- 해제요청 사유
  - 정비예정구역에 대해 기본계획에서 정한 정비구역 지정 예정일부터 3년이 되는 날까지 특별자치시장, 특별자치도지사, 시장 또는 군수가 정비구역 미지정, 구청장 등이 정비구역 지정 미신청

구분	내용
재개발·재건축	· 토지 등 소유자가 정비구역으로 지정·고시된 날부터 2년이 되는 날까지 조합설립추진위원회의 승인 미신청 · 토지 등 소유자가 정비구역으로 지정·고시된 날부터 3년이 되는 날까지 조합 설립인가를 미신청 · 추진위원회가 추진위원회 승인일부터 2년이 되는 날까지 조합 설립인가를 미신청 · 조합이 조합 설립인가를 받은 날부터 3년이 되는 날까지 사업시행인가를 미신청
토지 소유자 시행 재개발사업	· 토지 등 소유자가 정비구역으로 지정·고시된 날부터 5년이 되는 날까지 사업시행인가를 미신청

주민공람(30일 이상) 및 주민 의견청취

- 정비구역 등을 해제하는 경우
- 정비구역 등의 해제를 요청하는 경우

의회 의견청취

정비구역 등의 해제 계획을 통지한 날부터 60일 이내 의견제시, 의견 없을 시 이의가 없는 것으로 간주

지방도시계획위원회 심의·해제

- 특별시장, 광역시장, 특별자치시장, 특별자치도지사, 시장 또는 군수 해제
- 단 「도시재정비 촉진을 위한 특별법」 제5조에 따른 재정비 촉진지구에서는 도시재정비위원회의 심의를 거쳐 정비구역 해제

구분	요건
2년 범위 내 연장하여 정비구역 등을 미해제	- 정비구역 등의 토지 등 소유자 100분의 30 이상의 동의로 해제 요청기준에 따른 해당 기간 도래 전까지 연장을 요청 - 정비사업의 추진상황으로 보아 주거환경의 계획적 정비 등을 위하여 정비구역 등의 존치가 필요하다고 인정하는 경우

정비구역 등의 직권해제 (지정권자)

- 지정권자의 해제가능 사유(지방도시계획위원회 심의를 통한 해제)
  - 정비사업의 시행에 따른 토지 등 소유자의 과도한 부담이 예상
  - 정비구역 등의 추진 상황으로 보아 지정 목적을 달성할 수 없다고 인정
  - 토지 등 소유자의 100분의 30 이상이 정비구역 등(추진위원회가 구성되지 아니한 구역)의 해제 요청
  - 주거환경개선사업은 정비구역이 지정·고시된 날부터 10년 이상 지나고, 추진 상황으로 보아 지정 목적을 달성할 수 없다고 인정되는 경우로서 토지 등 소유자의 3분의 2 이상이 정비구역의 해제 동의
  - 추진위원회 구성 또는 조합설립에 동의한 토지 등 소유자의 2분의 1 이상 3분의 2 이하의 범위에서 시도 조례로 정하는 비율 이상의 동의로 정비구역의 해제를 요청하는 경우(사업시행인가 미신청으로 한정)
  - 추진위원회가 구성되거나 조합이 설립된 정비구역에서 토지등소유자가 과반수의 동의로 정비구역의 해제를 요청하는 경우(사업시행인가를 신청하지 아니한 경우로 한정)

정비구역 해제고시

- 해제권자 : 특별시장, 광역시장, 특별자치시장, 특별자치도지사, 시장 또는 군수
- 지자체의 공보 고시, 국토교통부장관 통보
- 관계 서류 일반인 열람

도시재생선도지역 지정요청

- 정비구역 등이 해제된 경우 정비구역의 지정권자는 해제된 정비구역 등을 도시재생선도지역으로 지정하도록 국토교통부장관 요청 가능

- 정비구역의 해제효력
  - 정비구역 등이 해제된 경우 정비계획으로 변경된 용도지역, 정비기반시설 등은 지정 이전상태로 환원
  - 단, 정비구역의 지정권자가 직권으로 해제하는 경우(도시계획위원회의 심의를 거쳐 주거환경개선사업의 정비구역이 지정 고시된 날부터 10년 이상 경과하고, 추진상황으로 보아 지정목적 달성할 수 없다고 인정되는 경우로 토지소유자의 과반수가 정비구역 해제에 동의)시 정비구역 지정권자는 정비기반시설의 설치 등 해당 정비사업의 추진상황에 따라 환원되는 범위를 제한가능
  - 정비구역 등이 해제된 경우 정비구역의 지정권자는 해제된 정비구역 등을 주거환경개선사업으로 시행하는 주거환경개선구역으로 지정 가능. 이 경우 주거환경개선구역으로 지정된 구역은 도시환경정비기본계획에 반영된 것으로 간주

제3장 정비사업의 시행 [제1절 정비사업의 시행방법]

시행방법 (법 제23조)	구분	정비사업의 시행방법		
	주거환경개선사업	• 사업시행자가 정비구역에서 정비기반시설 및 공동이용시설을 새로 설치하거나 확대하고 토지 등 소유자가 스스로 주택을 보전·정비하거나 개량하는 방법 • 사업시행자가 토지 등의 수용 또는 사용에 따라 정비구역의 전부 또는 일부를 수용하여 주택을 건설한 후 토지 등 소유자에게 우선 공급하거나 대지를 토지 등 소유자 또는 토지 등 소유자외의 자에게 공급하는 방법 • 사업시행자가 정비사업과 관련한 환지에 관하여 도시개발사업을 준용하여 환지로 공급하는 방법 • 사업시행자가 정비구역에서 인가받은 관리처분계획에 따라 주택 및 부대시설 복리시설을 건설하여 공급하는 방법		
	재개발사업	• 정비구역에서 인가받은 관리처분계획에 따라 건축물을 건설하여 공급하거나 「도시개발법」을 준용하여 환지로 공급하는 방법		
	재건축사업	• 정비구역에서 인가받은 관리처분계획에 따라 주택, 부대시설·복리시설 및 오피스텔을 건설하여 공급하는 방법. 단, 주택단지에 있지 아니하는 건축물의 경우 지형여건·주변의 환경으로 보아 사업 시행상 불가피한 경우로서 정비구역으로 보는 사업에 한정 • 오피스텔을 건설하여 공급하는 경우 「국토의 계획 및 이용에 관한 법률」에 따른 준주거지역 및 상업지역에서만 건설 가능. 이때 오피스텔의 연면적은 전체 건축연면적의 30% 이하		

시행자 (법 제24조~제25조)	구분		시행자	요건
	주거환경개선사업	정비구역의 전부 또는 일부를 수용하여 주택건설 후 공급, 환지로 공급, 인가 받은 관리처분계획에 따라 주택 및 부대시설·복리시설을 건설하여 공급하는 방법으로 시행	• 시장·군수 등 직접, 단 토지주택공사 등 사업시행자로 지정 시행(공람·공고일 현재 토지 등 소유자의 과반수의 동의)	
			• 시장·군수 등이 직접 시행 • 다음을 사업시행자로 지정 - 토지주택공사 등 - 주거환경개선사업을 시행하기 위하여 국가, 지자체, 토지주택공사 등 또는 공공기관이 총 지분 50%를 초과하여 출자로 설립한 법인	공람공고일 현재 해당 정비예정구역의 토지 또는 건축물의 소유자 또는 지상권자의 3분의 2 이상의 동의와 세입자 세대수의 과반수의 동의 각각 필요, 단 세입자의 세대수가 토지 등 소유자의 50% 이하인 경우 세입자 동의 절차 생략 가능
		천재지변, 그밖에 불가피한 사유로 건축물이 붕괴할 우려가 있어 긴급히 정비사업 시행 필요	• 시장·군수 직접 시행 또는 토지주택공사 등을 사업시행자로 지정하여 시행 가능	토지 등 소유자에게 긴급한 사업의 시행사유, 방법 및 시기 등 통보
	재개발		• 조합 • 시장·군수 등 토지주택공사 등, 건설업자, 등록사업자 또는 요건을 갖춘 자와 공동시행	조합원 과반수의 동의
			• 토지 등 소유자가 20인 미만인 경우 토지소유자 • 토지소유자와 시장·군수, 토지주택공사 등, 건설업자, 등록사업자 또는 요건을 갖춘 자와 공동시행	토지 등 소유자의 과반수의 동의
	재건축		• 조합 • 조합이 시장·군수 등 토지주택공사 등, 건설업자, 등록사업자 또는 대통령령으로 정하는 요건을 갖춘 자와 공동으로 시행	조합원의 과반수의 동의
	• 재개발·재건축사업의 공공시행자(시장·군수가 직접 시행 또는 토지주택공사 등을 사업시행자로 지정)			
	- 천재지변, 「재난 및 안전관리 기본법」 제27조 또는 「시설물의 안전 및 유지관리에 관한 특별법」 제23조에 따른 사용제한·사용금지, 그 밖의 불가피한 사유로 긴급하게 정비사업을 시행할 필요가 있다고 인정하는 때 - 정비계획에서 정한 정비사업시행 예정일부터 2년 이내에 사업시행계획인가를 신청하지 아니하거나 사업시행계획인가를 신청한 내용이 위법 또는 부당하다고 인정하는 때(재건축 제외) - 추진위원회가 시장·군수 등의 구성승인을 받은 날부터 3년 이내에 조합설립인가를 신청하지 아니하거나 조합이 조합설립인가를 받은 날부터 3년 이내에 사업시행계획인가를 신청하지 아니한 때 - 지방자치단체의 장이 시행하는 도시·군계획사업과 병행하여 정비사업을 시행할 필요가 있다고 인정하는 때 - 순환정비방식으로 정비사업을 시행할 필요가 있다고 인정하는 때 - 사업시행계획인가가 취소된 때 - 해당 정비구역의 국·공유지 면적 또는 국·공유지와 토지주택공사 등이 소유한 토지를 합한 면적이 전체 토지 면적의 2분의 1 이상으로서 토지등소유자의 과반수가 시장·군수 등 또는 토지주택공사 등을 사업시행자로 지정하는 것에 동의하는 때 - 해당 정비구역의 토지면적 2분의 1 이상의 토지소유자와 토지등소유자의 3분의 2 이상에 해당하는 자가 시장·군수 등 또는 토지주택공사 등을 사업시행자로 지정할 것을 요청하는 때. 이 경우 토지등소유자가 정비계획의 입안을 제안한 경우 입안제안에 동의한 토지등소유자는 토지주택공사 등의 사업시행자 지정에 동의한 것으로 간주. 다만, 사업시행자의 지정 요청 전에 시장·군수등 및 주민대표회의에 사업시행자의 지정에 대한 반대의 의사표시를 한 토지등소유자의 경우 제외.			

구분	내용
재개발·재건축사업의 지정개발자 (법 제27조)	• 시장·군수 등은 재개발사업 및 재건축사업이 다음 각 호의 어느 하나에 해당하는 때에는 토지등소유자, 「사회기반시설에 대한 민간투자법」에 따른 민관합동법인 또는 신탁업자로서 대통령령으로 정하는 요건을 갖춘 자를 사업시행자로 지정 가능 - 천재지변, 「재난 및 안전관리 기본법」 제27조 또는 「시설물의 안전 및 유지관리에 관한 특별법」 제23조에 따른 사용제한·사용금지, 그 밖의 불가피한 사유로 긴급하게 정비사업을 시행할 필요 인정 - 고시된 정비계획에서 정한 정비사업시행 예정일부터 2년 이내에 사업시행계획인가를 신청하지 아니하거나 사업시행계획인가를 신청한 내용이 위법 또는 부당하다고 인정하는 때(재건축사업 제외) - 재개발사업 및 재건축사업의 조합설립을 위한 동의요건 이상에 해당하는 자가 신탁업자를 사업시행자로 지정하는 것에 동의하는 때
공사비 검증요청 (법 제29조의2)	• 재개발·재건축사업의 사업시행자와 시공자와 계약 체결 후 다음에 해당하는 때는 정비사업 지원기구에 공사비 검증을 요청해야 함 - 토지등소유자 또는 조합원 5분의 1 이상이 사업시행자에게 검증 의뢰를 요청하는 경우 - 공사비의 증액 비율(당초 계약금액 대비 누적 증액 규모의 비율로서 생산자물가상승률은 제외)이 다음 각 목의 어느 하나에 해당하는 경우 　· 사업시행계획인가 이전에 시공자를 선정한 경우: 100분의 10 이상 　· 사업시행계획인가 이후에 시공자를 선정한 경우: 100분의 5 이상 - 제1호 또는 제2호에 따른 공사비 검증이 완료된 이후 공사비의 증액 비율(검증 당시 계약금액 대비 누적 증액 규모의 비율로서 생산자물가상승률은 제외)이 100분의 3 이상인 경우

제3장 정비사업의 시행 [제2절 조합설립추진위원회 및 조합의 설립]

구분	내용
조합설립 추진위원회 구성·승인 (법 제31조~제32조)	• 정비구역 지정고시 후 토지소유자 과반수의 동의를 받아 조합설립 추진위원회 구성 시장·군수 승인 • 추진위원회의 기능 - 정비사업 전문관리업자의 선정, 설계자의 선정 및 변경, 개략적인 정비사업 시행계획서의 작성, 조합설립 인가를 위한 준비업무, 그 밖에 조합설립 추진을 위하여 대통령령이 정하는 업무 • 추진위원회가 정비사업 전문관리업자를 선정하려는 경우 추진위원회 승인을 받은 후 경쟁입찰 또는 수의계약의 방법으로 선정 • 추진위원회가 조합설립인가 신청 전 조합설립을 위한 창립총회 개최 • 추진위원회 수행업무의 내용이 토지 등 소유자의 비용부담을 수반하는 것이거나 권리와 의무에 변동을 발생하는 경우 대통령령으로 정하는 비율이상의 토지 등 소유자의 동의 필요
조합설립인가 (법 제35조)	• 조합설립 인가권자 : 시장·군수 • 시장·군수 등 토지주택공사 등 또는 지정개발자가 아닌 자가 정비사업을 시행하려는 경우 토지등소유자로 구성된 조합을 설립. 단 토지등소유자가 재개발사업을 시행하려는 경우 제외

조합설립주체	동의요건
재개발사업의 추진위원회	- 토지 등 소유자의 4분의 3 이상 및 토지면적의 2분의 1 이상의 토지소유자의 동의 후 시장 군수의 인가를 받아야 함
재건축사업의 추진위원회	- 주택단지 안의 공동주택 각 동(복리시설의 경우에는 주택단지 안 복리시설 전체를 하나의 동으로 간주)별 구분 소유자 과반수 동의와 주택단지 안의 전체 구분 소유자의 4분의 3 이상 및 토지면적의 4분의 3 이상의 토지소유자의 동의 후 시장군수 등의 인가를 받아야 함 ※ 주택단지가 아닌 지역이 정비구역에 포함 시 주택단지가 아닌 지역안의 토지 또는 건축물 소유자의 4분의 3 이상 토지면적의 3분의 2 이상의 토지소유자의 동의

• 조합이 인가 받은 인가 받은 사항을 변경하고자 하는 때는 총회에서 조합원의 3분의 2이상의 찬성으로 의결하고 시장·군수의 인가를 받아야 함. 경미한 사항의 변경은 의결없이 시장·군수 신고 후 변경

제3장 정비사업의 시행[제3절 사업시행계획]

구분	내용
사업시행인가 (법 제50조~제58조)	• 사업시행자(공동시행 포함, 시장·군수 제외)는 정비사업을 시행하려는 경우 시장·군수에게 서류 제출, 사업시행인가를 받아야 함(경미한 사항은 시장·군수 신고) (인가 받은 사항의 변경, 정비사업의 중지 또는 폐지도 동일) **[사업시행계획 총회 의결]** 	구분	사업유형	사업시행계획인가 신청 전 동의요건
---	---	---
토지 등 소유자	재개발	토지 등 소유자 4분의 3 이상 및 토지면적 2분의 1 이상의 토지소유자 동의 ※ 인가사항 변경 시 토지소유자 과반수 동의 경미한 변경 제외
지정 개발자	정비사업	토지 등 소유자의 과반수의 동의 및 토지면적의 2분의 1 이상 토지소유자 동의 ※ 경미한 사항의 변경 제외 | **[관련 협의]** 소형주택에 관한 사항 인수자와 협의 사업시행계획서 반영 **[사업시행 계획서 제출 및 인가신청 [사업시행자 → 시장·군수]]** • 사업시행계획서 제출이 있는 날부터 60일 이내 인가여부 결정 사업시행자 통보 • 사업시행계획서 작성내용(법 제52조) 1. 토지이용계획(건축물배치계획 포함) 2. 정비기반시설 및 공동이용시설 설치계획 3. 임시거주시설을 포함한 주민이주대책 4. 세입자의 주거 및 이주 대책 5. 사업시행기간 동안 정비구역 내 가로등 설치, 폐쇄회로 텔레비전 설치 등 범죄예방대책 6. 임대주택 건설계획(재건축사업 제외) 7. 소형주택 건설계획(주거환경개선사업 제외) 8. 공공지원민간임대주택 또는 임대관리 위탁주택의 건설계획(필요시 한정) 9. 건축물 높이 및 용적률 등에 관한 건축계획 10. 정비사업의 시행과정에서 발생하는 폐기물의 처리계획 11. 교육시설의 교육환경 보호에 관한 계획(정비구역부터 200m 이내 교육시설이 설치되어 있는 경우 한정) 12. 정비사업비 13. 그 밖에 사업시행을 위한 사항으로 대통령령으로 정하는 바에 따라 시도조례로 정하는 사항 **[도시계획 위원회 심의]** • 재건축사업 등의 용적률 완화 및 소형주택 건설비율(법 제54조) - 사업시행자가 과밀억제권역 내 재개발 및 재건축사업(주거지역 한정), 시·도조례로 정하는 재개발·재건축사업을 시행하는 경우 정비계획(재정비촉진지구 내 사업 제외)으로 정하여진 용적률에도 불구하고 지방도시계획위원회 심의를 거쳐 용적률의 상한(법적 상한용적률)까지 건축가능 - 정비계획에 정하여진 용적률 초과하여 건축하려는 경우 시 또는 군조례로 정한 용적률 제한 또는 정비계획상 허용세대수 제한 제외 - 사업시행자는 법적상한용적률에서 정비계획으로 정한 용적률을 뺀 용적률의 다음 각 호 비율에 해당하는 면적에 주거전용면적 60m² 이하의 소형주택을 건설해야 함 | 구분		초과용적률에 대한 소형주택 건설비율
---	---	---
과밀억제권역 내	재건축	초과용적률의 30%~50% 이하
	재개발	초과용적률의 50%~75% 이하
과밀억제권역 외 지역	재건축	초과용적률의 50% 이하
	재개발	초과용적률의 75% 이하	 **[관계 서류의 공람 및 의견청취]** 14일 이상 일반인 공람 **[관계 행정기관의 장 협의]** 30일 이내 의견, 정비구역부터 200m 이내 교육시설 설치된 경우 교육감 또는 교육장과 협의 **[사업시행인가 및 공보 고시]** 시장·군수 → 사업시행자, 60일 이내 인가 여부 시행자 통보
사업시행인가의 특례 (법 제58조)	• 시장·군수 등은 존치 또는 리모델링하는 건축물 및 건축물이 있는 토지가 「주택법」 및 「건축법」에 따른 다음 각 호의 기준에 적합하지 않더라도 대통령령으로 정하는 기준에 따라 사업시행인가 가능 - 주택단지의 범위, 부대시설 및 복리시설의 설치기준, 대지와 도로와의 관계, 건축선의 지정, 일조 등의 확보를 위한 건축물의 높이제한

제3장 정비사업의 시행 [제4절 정비사업 시행을 위한 조치 등]

구분	내용
재건축사업 매도청구 (법 제64조)	• 사업시행자는 사업시행계획인가 고시 후 30일 이내 다음 각 호의 자에게 조합설립 또는 사업시행자 지정의 관한 동의여부 회답서면 촉구. - 조합설립 미동의, 시장·군수 등, 토지주택공사 등 또는 신탁업자사업 시행자 지정에 동의하지 아니한 자 • 2개월 내 미회답 시 사업시행자 지정 미동의 회답으로 간주, 해당 기간 경과 후 사업시행자는 그 기간이 만료된 때부터 2개월 이내 조합설립 또는 사업시행자 지정 미동의 건축물 및 토지 소유자에게 매도청구 가능
용적률 특례 (법 제66조)	• 사업 시행자는 다음 경우 「국토의 계획 및 이용에 관한 법률」에도 불구하고 정비구역에 적용되는 용적률의 125% 범위 내 완화 적용 - 대통령령으로 정하는 손실보상 기준 이상으로 세입자에게 주거 이전비 지급하거나 영업폐지 또는 휴업에 따른 손실 보상 - 손실보상에 더하여 임대주택을 추가로 건설하거나 임대상가를 건설하는 등 추가 세입자 손실보상대책을 수립·시행
재건축사업의 범위의 특례 (법 제67조)	• 사업시행자 또는 추진위원회는 다음 각 호에 해당하는 경우에는 그 주택단지 안의 일부 토지에 대하여 토지 면적이 같은 조에서 정하는 면적에 미달되더라도 토지분할을 청구 가능 - 주택법의 사업계획승인을 받아 건설된 둘 이상의 건축물이 있는 주택단지에 재건축 사업 추진 - 조합설립의 동의요건을 충족시키기 위해 필요한 경우
건축규제 완화 등에 관한 특례 (법 제68조)	• 주거환경개선사업 - 건축허가를 받은 때와 부동산등기를 하는 경우에는 국민주택채권의 매입에 관한 규정을 미적용 - 「도시·군계획시설의 결정·구조 및 설치기준」 등에 필요한 사항은 국토교통부령으로 정하는 바에 의함 - 사업시행자는 주거환경개선구역에서 「건축법」에 따른 대지와 도로와의 관계, 건축물의 높이제한 사항은 시·도 조례로 정하는 바에 따라 기준을 따로 정할 수 있음 • 재건축구역에서는 다음에 해당하는 사항에 대해 대통령령으로 정하는 범위에서 지방건축위원회의 심의를 거쳐 기준 완화 - 대지의 조경기준, 건폐율의 산정기준, 대지 안의 공지 기준, 건축물의 높이제한, 부대시설 및 복리시설의 설치기준, 이외 재건축사업의 원활한 시행을 위해 대통령령으로 정하는 사항

제3장 정비사업의 시행 [제5절 관리처분계획 등]

구분	절차	내용
분양공고 및 신청 (법 제72조, 제73조)	사업시행인가 고시	■ 사업시행인가 이후 시공자를 선정한 경우 시공자와 계약 체결일 기준
	통지 및 일간신문 공고	■ 120일 이내. 토지 소유자에게 분양대상이 되는 대지 또는 건축물 내역
	분양신청	■ 통지일 후 30일 이상 60일 이내(관리처분계획에 지장이 없을 시 20일 내 한차례 연장) ■ 투기과열지구의 정비사업에서 관리처분계획에 따라 분양대상자 및 그 세대에 속한 자는 분양대상자 선정일부터 5년 이내 투기과열지구 분양신청불가. 단 상속, 결혼, 이혼으로 조합원 자격 취득 시 가능 관리처분계획 인가고시 다음 날부터 90일 이내
	매도청구 (손실보상)협의	■ 분양신청을 하지 않은 자, 분양신청기간 종료 이전 신청 철회, 관리처분계획에 따라 분양대상에서 제외된 자 ■ 협의 미성립 시 기간 만료일 다음날부터 60일 내 수용재결 신청하거나 매도청구소송 제기
	분양신청완료	

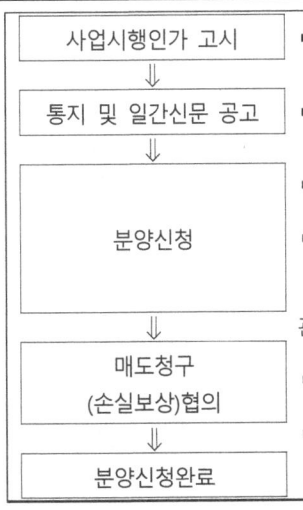

구분	내용
관리처분 계획인가 (법 제74조)	• 사업시행자가 분양신청기간 종료 후 분양신청현황을 기초로 관리처분계획을 수립, 시장·군수 인가(관리처분계획 변경·중지 또는 폐지 동일)를 받아야 하며, 관리처분계획 변경·중지 또는 폐지도 동일. 경미한 사항은 시장·군수 등에게 신고 **관리처분계획 (사업시행자)** 1. 분양설계 2. 분양대상자의 주소 및 성명 3. 분양대상자별 분양예정인 대지 또는 건축물의 추산액(임대관리 위탁주택에 관한 내용 포함) 4. 다음 각 목에 해당하는 보류지 등의 명세와 추산액 및 처분방법 - 일반분양분, 공공지원민간임대주택, 임대주택, 그 밖에 부대시설·복리시설 등 5. 분양 대상자별 종전의 토지 또는 건축물 명세 및 사업시행계획인가 고시가 있은 날을 기준으로 한 가격(사업시행계획인가 전 철거 건축물은 시장·군수 등에게 허가를 받은 날 기준 가격) 6. 정비사업비의 추산액(재건축사업 「재건축초과이익 환수에 관한 법률」에 따른 재건축부담금에 관한 사항을 포함) 및 그에 따른 조합원 분담규모 및 분담시기 7. 분양대상자의 종전 토지 또는 건축물에 관한 소유권 외의 권리명세 8. 세입자별 손실보상을 위한 권리명세 및 그 평가액 9. 그 밖에 정비사업과 관련한 권리 등에 관하여 대통령령으로 정하는 사항 **관리처분계획 인가**: 1년 이내 인가 조정 인가 신청 후 30일 이내, 관리처분계획 타당성 검증의 요청 시 60일 이내 **시행자 통지 및 지차제 공보 고시**: 시장·군수 등의 고시가 있은 때는 토지 등 소유자에게 공람 계획 통지, 분양 신청자에게는 관리처분계획 인가 내용 통지
건축물의 철거 (법 제81조)	• 관리처분계획 인가 후 기존 건축물 철거 • 소유자 동의 및 시장 군수 등의 허가를 받아 철거
시공보증 (법 제82조)	• 조합이 정비사업의 시행을 위하여 시장·군수 등 또는 토지주택공사 등이 아닌 자를 시공자로 선정한 경우 그 시공자는 공사 시공보증을 위하여 국토교통부령으로 정하는 기관 시공보증서를 조합에 제출 • 시장·군수 등은 「건축법」 제21조에 따른 착공신고를 받는 경우에는 시공보증서 제출 여부 확인

제3장 정비사업의 시행 [제6절 공사완료에 따른 조치 등]

구분	내용
준공인가, 이전고시 (법 제83조, 제86조)	• 시장·군수의 준공인가 : 정비사업에 대한 공사완료 시 준공검사 후 준공인가 • 관계 행정기관·정부투자기관·연구기관 기타 전문기관 또는 단체에 준공검사 실시 의뢰 가능 • 준공인가 고시가 있은 후 시행자는 대지확정측량을 하고 토지 분할 절차를 거쳐 관리처분계획에서 정한 사항을 분양받을 자에게 통지하고 대지 또는 건축물 소유권 이전
정비구역 해제 (법 제84조)	• 정비구역의 준공인가의 고시가 있은 날의 다음 날에 해제된 것으로 간주 - 이 경우 지자체는 해당 지역을 「국토의 계획 및 이용에 관한 법률」에 따른 지구단위계획으로 관리
청산 (법 제89조)	• 사업시행 전·후 차액 발생 시 청산 • 청산금의 징수 : 지방세 체납처분에 의하여 징수(분할징수 포함), 시장·군수가 아닌 사업시행자는 징수 위탁 가능 • 청산금의 공탁 가능 : 청산금을 지급받을 자가 이를 받을 수 없거나 거부한 때 • 청산의 소멸 : 청산금을 지급(분할지급 포함)받을 권리 또는 징수할 권리는 이전의 고시일 다음 날부터 5년간 이를 행사하지 아니하면 소멸

절차도

□ 정비사업 추진절차

구분	세부추진 절차
기본계획 수립	기본계획안 작성(특별시장·광역시장) ▶ 주민공람(14일 이상) 지방의회 의견청취 ▶ 관계 행정기관 협의(국토교통부장관 포함) ▶ 지방도시계획위원회 심의 ▶ 정비기본계획 수립(승인 및 고시)
안전진단 (재건축사업)	안전진단 요청(요청자→시장,군수) ▶ 현지조사(시장,군수) ▶ 안전진단 의뢰(시장,군수) ▶ 안전진단결과 보고서 제출(시장,군수 및 요청자) ▶ 정비계획수립 및 재건축 시행여부 결정(시장,군수)
정비계획	정비계획 수립(시장,군수) ▶ 주민설명회/공람(30일 이상) ▶ 지방의회 의견청취(60일 이내 의견제시) ▶ 지방도시계획위원회 심의 ▶ 정비구역 고시
추진위원회	추진위원회 구성(위원장, 감사, 추진위원) ▶ 운영 규정 및 동의(안) 작성 ▶ 동의서 검인(시장,군수) ▶ 추진위설립동의서 징구(토지등소유자 과반수) ▶ 추진위원회 승인신청
조합설립	조합설립동의서 및 정관 작성 ▶ 동의서 검인(시장,군수등) ▶ 동의서 징구 ▶ 창립총회 ▶ 조합설립인가
사업시행인가	건축심의 및 관련법에따른 평가등 ▶ 사업시행계획 수립 ▶ 총회의결(조합원 과반수 동의) ▶ 사업시행인가 신청(시장,군수 등) ▶ 사업시행인가(공람 및 기관 협의완료)
관리처분계획 인가	분양신청(토지 등 소유자→시행자) ▶ 종전/종후 자산감정평가 ▶ 관리처분계획 수렴(시행자) ▶ 조합총회의결(1개월 전 분담금 통지) ▶ 관리처분계획인가 신청
착공 및 일반분양	조합원 이주완료 ▶ 철거 및 착공(시공사 계약포함) ▶ 주택대지권 확보(청산금액 공탁 완료) ▶ 입주자 모집승인신청(조합→시장) ▶ 일반분양
준공 및 조합해산	준공인가 및 고시(시장,군수 등) ▶ 확정측량 및 토지분할(시행자) ▶ 이전고시/보고 ▶ 정비구역 해제 ▶ 조합해산 및 청산

출처 : 국토교통부, 「도시 및 주거환경정비법 질의회신사례집」(2017)

도시재정비 촉진을 위한 특별법

법공포 : 최초 '05. 12. 30. 최종개정 : '21. 1. 12. 시행일자 : '22. 1. 13.
영공포 : 최초 '06. 06. 29. 최종개정 : '21. 12. 16. 시행일자 : '22. 1. 13.

「도시재정비 촉진을 위한 특별법」 구성체계

제1장 총칙	제2장 재정비촉진지구의 지정	제3장 재정비촉진계획의 수립 및 결정	제4장 재정비촉진사업의 시행
제1조 목적 제2조 정의 제3조 다른 법률과의 관계 등	제4조 재정비촉진지구 지정의 신청 등 제5조 재정비촉진지구의 지정 제6조 재정비촉진지구 지정 요건 제7조 재정비촉진지구 지정 효력 상실 등 제8조 행위 등의 제한	제9조 재정비촉진계획의 수립 제10조 기반시설의 설치계획 제11조 기반시설 설치비용의 분담 등 제12조 재정비촉진계획의 결정 제13조 재정비촉진계획 결정의 효력 제13조의2 재정비촉진구역 지정의 효력 상실 등	제14조 재정비촉진지구의 사업시행 총괄 관리 제15조 사업시행자 제16조 민간투자사업 등 제17조 사업협의회의 구성 제18조 사업시행의 촉진

제5장 재정비촉진사업의 시행을 위한 지원	제6장 개발이익환수 등	제7장 보칙
제19조 건축규제의 완화 등에 관한 특례 제19조의2 우선사업구역에 관한 특례 제20조 주택 규모 및 건설비율의 특례 제20조의2 증가 용적률에 대한 주택 규모 및 건설비율에 관한 특례 제21조 도시개발사업 시행에 관한 특례 제22조 지방세의 감면 제23조 과밀부담금의 면제 제24조 특별회계의 설치 등 제25조 교육환경의 개선을 위한 특례	제26조 비용 부담의 원칙 제27조 재정비촉진지구에서의 기반시설 설치 제28조 재정비촉진지구 밖의 기반시설의 설치비용 등 제29조 기반시설 설치비용의 지원 등 제30조 세입자 등을 위한 임대주택 건설 등 제30조의2 영세상인 및 상가 세입자 대책 제30조의3 재정비촉진지구의 범죄 예방 제31조 임대주택의 건설	제32조 삭제 제33조 토지 등 분할거래 제34조 도시재정비위원회 제35조 감독 등 제36조 자료의 제출 요구 등 제37조 벌칙 적용 시의 공무원 의제

제1장 총칙

목 적 (법 제1조)	도시의 낙후된 지역에 대한 주거환경의 개선, 기반시설의 확충 및 도시기능의 회복을 위한 사업을 광역적으로 계획하고 체계적·효율적으로 추진하기 위하여 필요한 사항을 정함으로써 도시의 균형 있는 발전을 도모하고 국민의 삶의 질 향상에 기여함		
용어의 정의 (법 제2조)	구분		내 용
	재정비 촉진지구		• 도시의 낙후된 지역에 대한 주거환경개선, 기반시설의 확충 및 도시기능의 회복을 광역적으로 계획하고 체계적·효율적으로 추진하기 위하여 지정하는 지구
		주거지형	노후·불량주택과 건축물이 밀집한 지역으로서 주로 주거환경의 개선과 기반시설의 정비가 필요한 지구
		중심지형	상업지역, 공업지역 등으로서 토지의 효율적 이용과 도심 또는 부도심 등의 도시기능의 회복이 필요한 지구
		고밀 복합형	주요 역세권, 간선도로의 교차지 등 양호한 기반시설을 갖추고 있어 대중교통 이용이 용이한 지역으로서 도심 내 소형주택의 공급 확대, 토지의 고도이용과 건축물의 복합개발이 필요한 지구
	재정비 촉진사업		• 「도시 및 주거환경정비법」에 따른 주거환경개선사업, 재개발사업 및 재건축사업, 「빈집 및 소규모주택 정비에 관한 특례법」에 따른 가로주택정비사업 및 소규모재건축사업 • 「도시개발법」에 의한 도시개발사업 • 「전통시장 및 상점가 육성을 위한 특별법」에 의한 시장정비사업 • 「국토의 계획 및 이용에 관한 법률」에 의한 도시·군계획시설사업
	재정비 촉진계획		• 재정비촉진지구의 재정비촉진사업을 계획적이고 체계적으로 추진하기 위한 재정비 촉진지구의 토지이용, 기반시설의 설치 등에 관한 계획

구분	내용		
용어의 정의 (법 제2조)	재정비 촉진구역	재정비촉진사업별로 결정된 구역	
	우선 사업구역	재정비촉진구역 중 재정비촉진사업의 활성화, 소형주택 공급 확대, 주민 이주대책 지원 등을 위하여 다른 구역에 우선하여 개발하는 구역으로서 재정비촉진계획으로 결정되는 구역	
	존치지역	재정비촉진지구에서 재정비촉진사업을 할 필요성이 적어 재정비촉진계획에 따라 존치하는 지역	
	기반시설	「국토의 계획 및 이용에 관한 법률」 제2조 제6호에 따른 시설	
	토지 등 소유자	구분	토지 등 소유자
		・「도시 및 주거환경정비법」에 따른 주거환경개선사업·재개발사업 및 「빈집 및 소규모주택 정비에 관한 특례법」에 따른 가로주택정비사업 ・「전통시장 및 상점가 육성을 위한 특별법」에 따른 시장정비사업 및 「국토의 계획 및 이용에 관한 법률」에 따른 도시·군계획시설사업	재정비촉진구역에 있는 토지 또는 건축물의 소유자와 그 지상권자
		・「도시 및 주거환경정비법」에 따른 재건축사업 및 「빈집 및 소규모주택 정비에 관한 특례법」에 따른 소규모재건축사업	재정비촉진구역에 있는 건축물 및 그 부속토지의 소유자
		・「도시개발법」에 따른 도시개발사업	재정비촉진구역에 있는 토지의 소유자와 그 지상권자
다른 법률과의 관계 등 (법 제3조)	• 재정비촉진지구 안에서는 다른 법률에 우선하여 적용 • 재정비촉진사업을 시행함에 있어서 이 법에서 규정하지 아니한 사항에 대하여는 당해 사업에 관하여 정하고 있는 관계 법률에 따름 • 「도시 및 주거환경정비법」에 의한 재건축사업 및 「빈집 및 소규모주택 정비에 관한 특례법」에 따른 소규모재건축사업이 시행되는 재정비촉진구역에 대하여는 제19조(건축규제의 완화 등에 관한 특례, 조례로 정한 용적률 최고한도 제외) 및 제20조(주택의 규모 및 건설비율의 특례)의 규정을 적용하지 않음		

제2장 재정비촉진지구의 지정

재정비촉진지구 지정(안) 수립	• 지정 신청 : 시장(서울특별시, 광역시 및 특별자치시를 제외한 인구 50만 이상의 대도시 시장에 대하여는 사업이 필요하다고 인정되는 지역이 관할지역 및 다른 시군 구에 걸쳐 있는 경우로 한정)·군수·구청장
주민공람·의회 의견청취	• 주민설명회 개최 후 14일 이상 주민 공람하고 지방의회 의견청취(60일 이내 의견 제시) ※ 경미한 사항 주민설명회, 주민공람, 의회 의견청취 생략 가능

재정비촉진지구 지정 신청	• 신청자(시장·군수·구청장) → 지정권자(특별시장·광역시장 또는 도지사에게 결정신청)
	• 지정 신청 시 제출서류
	  1. 재정비촉진지구의 명칭·위치 및 면적
	  2. 재정비촉진지구의 지정 목적
	  3. 재정비촉진지구의 현황(인구, 주택 수, 용적률, 세입자 현황 등)
	  4. 재정비촉진지구 개발의 기본 방향
	  5. 재정비촉진지구에서 시행 중인 재정비촉진사업의 현황
	  6. 개략적인 기반시설 설치에 관한 사항
	  7. 부동산 투기에 대한 대책
	  8. 그 밖에 대통령령으로 정하는 사항

관계행정기관의 장 협의	
지방 도시계획위원회 심의	• 도시재정비위원회가 설치된 특별시·광역시 또는 도의 경우 도시재정비위원회의 심의로 지방도시계획위원회의 심의 갈음 가능

재정비촉진지구 지정	• 지정권자별 절차	

• 지정권자별 절차

지정권자		지정절차
특별시장·광역시장 또는 도지사	촉진지구 지정 신청을 받은 경우	관계행정기관의 장 협의, 지방도시계획위원회 심의를 거쳐 지정·변경 ※ 도시재정비위원회가 설치된 경우 도시재정비위원회의 심의로 도시계획위원회 심의 갈음
	촉진지구 지정 신청을 받지 아니한 경우	시장·군수·구청장과 협의를 거쳐 직접 재정비촉진지구 지정
특별자치시장·특별자치도지사·대도시시장(재정비촉진사업 필요가 인정되는 지역이 다른 시·군·구에 걸치지 않은 때)	직접 지정·변경 가능	주민설명회, 주민공람(14일 이상), 지방의회 의견청취 후 지정·변경

• 지정요건

구분	재정비촉진지구 지정요건 세부
필수요건	• 시·도지사 또는 대도시시장은 도시·군기본계획과 도시·주거환경정비기본계획 고려
지정요건 (1개 이상 해당 시 가능)	• 노후·불량주택과 건축물 밀집지역으로 주거환경개선과 기반시설 정비 필요 • 상업지역·공업지역 등으로서 토지의 효율적 이용과 도심 또는 부도심 등의 도시기능 회복이 필요한 경우 • 주요 역세권, 간선도로 교차지 등 양호한 기반시설을 갖추고 있어 대중교통 이용이 용이한 지역으로 도심 내 소형주택 공급확대, 토지의 고도이용과 건축물 복합개발이 필요한 경우 • 재정비촉진지구에서 시행되는 재정비촉진사업을 체계적·계획적으로 개발할 필요 • 그 밖에 국가 또는 지방자치단체의 계획에 따라 이전되는 대규모 시설의 기존 부지를 포함한 지역으로서 도시 기능의 재정비가 필요한 경우
지구지정 면적 및 입지요건	• 주거지형 : 50만㎡ 이상, 중심지형 : 20만㎡ 이상, 고밀복합형 : 10만㎡ 이상 - 단, 고밀복합형 재정비촉진지구를 지정하는 경우에는 역세권의 역사의 중심점 또는 간선도로 교차지의 교차점으로부터 500m 이내에 지정하는 아래 지역 1. 철도 또는 도시철도가 2개 이상 교차하는 역세권 2. 철도, 도시철도 또는 버스전용차로가 설치된 간선도로가 3개 이상 교차하는 역세권 또는 간선도로 교차지 3. 그 밖에 시·도 또는 대도시의 조례로 정하는 주요 역세권 또는 간선도로 교차지
지구지정 면적의 완화적용	• 주거지형 및 중심지형에 대해 일정규모 이하의 광역시 또는 시의 경우 그 면적을 2분의 1까지 완화 적용 • 주거여건이 열악한 지역 등 대통령령으로 정하는 경우 주거지형 및 중심지형의 면적기준을 4분의 1 까지 완화 적용 • 재정비지구 지정 면적기준의 완화(영 제6조 제3항)

구 분	면적기준
인구가 100만~150만 미만 광역시 또는 시	주거지형 : 40만㎡ 이상 중심지형 : 20만㎡ 이상
인구가 100만 미만 광역시 또는 시	주거지형 : 30만㎡ 이상 중심지형 : 15만㎡ 이상
기반시설 열악한 지역으로 정비구역이 4이상 연접 지역	주거지형 : 15만㎡ 이상 중심지형 : 10만㎡ 이상
산지·구릉지 등과 같이 주거여건이 열악하면서 경관을 보호할 필요가 있는 지역과 역세권 등과 같이 개발여건이 상대적으로 양호한 지역을 결합하여 재정비촉진사업을 시행하려는 지역	주거지형 : 15만㎡ 이상 중심지형 : 10만㎡ 이상

도시재정비촉진지구 지정의 효력상실 (법 제7조)	• 지구지정 고시한 날부터 2년이 되는 날까지 촉진계획이 미결정 시 그 2년이 되는 날의 다음 날 효력상실(단, 시·도지사 또는 대도시시장 1년 이내 연장가능) • 시·도지사 또는 대도시 시장은 추진상황으로 보아 재정비촉진지구의 지정목적 달성 또는 달성할 수 없다고 인정되는 경우 도시재정비위원회 심의 후 지정 해제

지구지정 해제절차 (법 제7조)	• 지구지정 해제 절차(시·도지사 또는 대도시 시장)	
	주민설명회 ↓	
	주민공람, 지방의회 의견청취 ↓	주민공람 14일 이상 지방의회 의견청취 60일 이내 의견제시, 60일 경과 후 의견없음 간주
	주민 및 의회의견 제출 ↓	(시장·군수· 구청장 → 특별시장·광역시장·도지사) 시·도지사 또는 대도시 시장의 필요에 따라 시장 군수 구청장으로 하여금 해제절차 진행 요청 시
	도시계획위원회 또는 도시재정비위원회 심의 ↓	재정비촉진계획 결정 효력 상실 ※ 재정비촉진지구의 지정을 해제하는 것을 구역 내 추진위원회 또는 조합의 구성에 동의한 토지등소유자 2분의 1 이상 3분의 2이하의 범위에서 특별시·광역시·특별자치시·도 또는 대도시조례로 정하는 비율 이상 또는 토지등소유자의 과반수가 해당 재정비촉진사업을 정비사업으로 전환하여 계속 시행하기 원하는 구역에서는 종전의 지정·인가·허가·승인· 신고·등록·협의·동의·심사 등이 유효한 것으로 봄
	재정비촉진지구 지정 해제 ↓	
	지방자치단체의 공보에 고시	

제3장 재정비촉진계획의 수립 및 결정

재정비촉진계획 수립신청 (시장·군수·구청장 →특별시장·광역시장 또는 도지사)	• 수립권자 : 시장, 군수, 구청장	
	구분	수립권자
	둘 이상의 시·군·구 관할지역에 걸친 경우	시장·군수·구청장 공동수립
	시·군·구 간 협의가 어려운 경우 또는 특별시장·광역시장 또는 도지사가 직접 재정비 촉진지구를 지정한 경우	특별시장·광역시장 또는 도지사
	특별자치시장, 특별자치도지사 또는 대도시 시장이 직접 지정	특별자치시장, 특별자치도지사 또는 대도시 시장

재정비촉진계획 수립신청 (시장·군수·구청장 →특별시장·광역시장 또는 도지사)

• 재정비촉진계획 내용

1. 위치, 면적, 개발기간 등 재정비촉진계획의 개요
2. 토지 이용에 관한 계획
3. 인구·주택 수용계획
4. 교육시설, 문화시설, 복지시설 등 기반시설 설치계획
5. 공원·녹지 조성 및 환경보전 계획
6. 교통계획
7. 경관계획
8. 재정비촉진구역 지정에 관한 다음 사항
   가. 재정비촉진구역의 경계
   나. 개별법에 따라 시행할 수 있는 재정비촉진사업의 종류
   다. 존치지역에 관한 사항. 세분 관리 필요시 유형 구분
   라. 우선사업구역의 지정에 관한 사항(필요 시) 등
9. 재정비촉진사업별 용도지역 변경계획(필요 시)
10. 재정비촉진사업별 용적률·건폐율 및 높이 등에 관한 건축계획
11. 기반시설의 비용분담계획
12. 기반시설의 민간투자사업에 관한 계획(필요 시)
13. 임대주택 건설 등 재정비촉진지구에 거주하는 세입자 및 소규모의 주택 또는 토지의 소유자의 주거대책
13의2. 재정비촉진사업 시행기간 동안의 범죄예방대책
14. 순환개발 방식 시행을 위한 사항(필요 시)
15. 단계적 사업 추진에 관한 사항
16. 상가의 분포 및 수용계획
17. 그 밖에 대통령령으로 정하는 사항

• 기반시설의 설치계획(법 제10조)
- 재정비촉진계획에 따른 기반시설의 설치계획은 재정비촉진사업을 서로 연계하여 광역적으로 수립, 재정비촉진지구의 존치지역과 재정비촉진사업의 추진 가능시기 등을 종합적으로 고려 수립

재정비촉진계획 결정 (법 제12조)	주민동의	• 14일 이상 주민공람, 지방의회 의견청취(60일 내 미제 시 의견없음 간주), 공청회 개최
	관계행정기관 장 협의	• 시·도지사는 관계행정기관의 장과 협의
	시·도 도시계획 위원회 심의	• 시·도 또는 대도시에 두는 지방도시계획위원회 심의 또는 시·도 또는 대도시에 두는 건축위원회와 지방도시계획위원회가 공동 심의 결정 변경 - 도시재정비위원회가 설치된 시·도 또는 대도시는 도시재정비위원회의 심의로 지방도시계획위원회의 심의 또는 건축위원회와 지방도시계획위원회 공동심의 갈음
	재정비촉진계획 결정·고시	• 당해 지방자치단체 공보에 고시, 대도시 시장은 도지사 통보 • 시·도지사 또는 대도시 시장이 고시 시 국토교통부장관에게 보고

재정비촉진계획 결정효력 (법 제13조)	• 재정비촉진계획이 결정·고시되었을 때에는 그 고시일에 다음에 해당하는 승인·결정 효력 발생 - 「도시 및 주거환경정비법」에 의한 도시·주거환경정비기본계획의 수립·변경, 정비구역의 지정·변경 및 정비계획의 수립·변경 - 「도시개발법」에 의한 도시개발구역의 지정 및 개발계획의 수립 또는 변경 - 「국토의 계획 및 이용에 관한 법률」에 의한 도시·군관리계획(용도지역·용도지구, 기반시설, 지구단위계획구역 및 지구단위계획)의 결정·변경 및 도시·군계획시설사업의 시행자 지정 • 재정비촉진계획을 수립할 때에는 재정비촉진사업에 대하여 교통영향분석, 개선대책의 검토를 받고 환경영향평가를 받을 수 있으며, 이 경우 재정비촉진사업 시행할 때에는 교통영향분석, 개선대책 검토, 환경영향평가 제외
재정비촉진구역 지정의 효력상실 (법 제13조의 2)	• 재정비촉진구역 지정의 효력상실 시 재정비촉진구역에 대한 재정비촉진계획 결정의 효력도 상실, 이 경우 시·도지사 또는 대도시 시장은 촉진계획 변경해야 함 • 촉진계획의 효력이 상실된 구역은 촉진지구에서 제외, 촉진계획의 효력이 상실된 구역은 촉진계획에 따라 「국토의 계획 및 이용에 관한 법률」에 따른 도시·군관리계획은 재정비촉진계획 결정 이전 상태로 환원 • 단, 시·도지사 또는 대도시 시장은 재정비촉진계획 결정의 효력 상실된 구역을 존치지역으로 전환 가능. 존치지역에서는 기반시설과 관련된 「국토의 계획 및 이용에 관한 법률」 제30조에 따른 도시·군관리계획은 재정비촉진계획 결정 이전의 상태로 환원되지 않음

제4장 재정비촉진사업의 시행

사업시행 총괄관리 (법 제14조)	• 총괄사업자 지정(한국토지주택공사, 주택사업을 수행하기 위해 설립된 공사) : 사업을 효율적으로 추진하기 위하여 수립단계부터 지정 가능 • 총괄사업자의 업무 - 재정비촉진지구에서 모든 재정비촉진사업의 총괄관리 - 도로 등 기반시설의 설치, 기반시설의 비용분담금 및 지원금의 관리 - 재정비촉진계획 수립 시 기반시설 설치계획 등의 자문에 대한 조언 - 그 밖에 이 법에서 규정하는 업무 및 대통령령으로 정하는 업무
사업시행자 지정 (법 제15조)	• 관계 법령에 따른 사업시행자 • 토지 등 소유자의 과반수가 동의한 경우 특별자치시장, 특별자치도지사, 시장·군수·구청장이 직접 또는 한국토지주택공사, 주택사업을 수행하기 위해 설립한 지방공사를 사업시행자로 지정 • 우선사업구역의 재정비촉진사업은 관계 법령에도 불구하고 토지 등 소유자의 과반수의 동의를 받아 특별자치시장, 특별자치도지사, 시장·군수·구청장이 직접 시행하거나, 총괄사업관리자를 사업시행자로 지정시행 • 특별자치시장, 특별자치도지사, 시장·군수·구청장이 재정비촉진사업을 직접 시행하거나 토지 등 소유자의 과반수 동의로 지정된 시행자는 「도시 및 주거환경정비법」 제47조 및 「빈집 및 소규모주택 정비에 관한 특례법」 제25조에 따른 주민대표회의에서 경쟁입찰의 방법에 따라 추천한 자를 시공자로 선정 가능

제5장 재정비촉진사업의 시행을 위한 지원

건축규제의 완화 등에 관한 특례 (법 제19조)	• 「국토계획법」에 의한 용도지역 변경 가능 • 「국토계획법」의 규정 또는 같은 법의 위임에 따라 규정한 조례에도 불구하고 다음 내용의 재정비촉진계획을 수립가능 - 「국토계획법」에 따른 용도지역 및 용도지구 안에서의 건축물 건축제한 등 예외 - 「국토계획법」에 위임규정에 따른 도시계획조례 건폐율, 용적률 최대한도의 예외(단, 「국계법」상 용적률의 최대한도를 초과할 수 없으며, 기반시설에 대한 부지제공의 대가로 증가된 용적률 제외) • 중심지형 및 고밀복합형 재정비촉진지구의 경우 학교시설기준과 주차장 설치기준을 완화하는 내용으로 재정비촉진계획 수립 가능

주택의 규모 및 건설비율의 특례 (법 제20조, 영 제21조, 제21조의2)	• 「도시 및 주거환경정비법」 제10조 및 「빈집 및 소규모주택정비에 관한 특례법」 제32조 및 「도시개발법」 제5조 규정에 불구하고 재정비촉진사업의 주택규모 및 건설비율 별도 설정 가능 • 재정비촉진사업에서 주거전용면적 85㎡ 이하인 주택건설비율 | 주거환경개선사업	전체 세대수의 80% 이상
재개발사업	전체 세대수 중 60% 이상. 단 국토교통부장관이 고시하는 비율보다 낮은 경우 그 고시비율	
도시개발사업의 시행에 관한 특례 (법 제21조)	• 「도시개발법」에 불구하고 주택 등 건축물을 소유하고 있는 자 또는 토지소유자를 대상으로 입체환지계획 수립 가능 • 입체환지계획은 체비지 등이 아닌 토지를 대상으로 수립 가능

지방세의 감면
(법 제22조)
	• 재정비촉진지구에서 재정비촉진계획에 따라 건축하는 다음 건축물에 대하여는 「지방세특례제한법」 및 지방자치단체 조례가 정하는 바에 따라 취득세, 등록세, 면허세 등 지방세 감면
	  - 「문화예술진흥법」의 규정에 의한 문화시설
	  - 「의료법」에 의한 종합병원, 병원 또는 한방병원
	  - 「학원의 설립·운영 및 과외교습소에 관한 법률」에 의한 학원
	  - 「유통산업발전법」에 의한 대규모 점포
	  - 「상법」에 의한 회사의 본점 또는 주사무소 건물
	  - 그 밖에 조례에서 지역발전을 위하여 필요하다고 인정하는 시설

과밀부담금의 면제 (법 제23조)	• 「수도권정비계획법」에 따라 부과·징수하는 과밀부담금은 재정비촉진계획에 따라 건축하는 건축물에는 부과 면제

특별회계의 설치 등
(법 제24조)
	• 재정비촉진사업을 촉진하고 기반시설 설치지원 등을 위하여 재정비촉진특별회계 설치 가능
	• 특별회계의 조성 재원
	  - 일반회계로부터의 전입금
	  - 정부의 보조금
	  - 「재건축초과이익 환수에 관한 법률」에 의한 재건축부담금 중 지방자치단체 귀속분
	  - 「수도권정비계획법」에 의하여 시·도에 귀속되는 과밀부담금 중 당해 시·도 조례로 정하는 비율
	  - 「지방세법」에 의하여 부과 징수되는 재산세의 징수액 중 30%의 금액(단, 자치단체가 10% ~30% 범위 안에서 달리 정하는 경우 그 비율)
	  - 차입금
	  - 당해 특별회계 자금의 융자회수금, 이자수익금 및 그 밖의 수익금
	  - 시·도지사에게 공급된 임대주택의 임대보증금 및 임대료
	  - 그 밖에 시·도조례로 정하는 재원

교육환경의 개선을 위한 특례 (법 제25조)	• 교육환경 개선을 위하여 교육감과 협의 거쳐 재정비촉진계획에 학교설치계획 또는 정비계획 포함 • 교육감은 학교설치계획 또는 정비계획에 따라 당해 학교부지의 매수계획 또는 정비계획 수립 • 교육감은 학교 및 교육과정 운영의 특례가 부여되는 학교를 적극 유치할 수 있도록 조치 • 지방자치단체의 장은 학교설치계획이 포함된 재정비촉진계획에 따라 학교용지 직접 매입 가능 • 지방자치단체의 장은 지방자치단체가 소유하는 토지나 그 밖의 재산을 「공유재산 및 물품관리법」 및 관계법령에 불구하고 수의계약에 의하여 사립학교를 설립·운영하고자 하는 자에게 사용·수익·대부·매각 가능 • 임대기간은 「공유재산 및 물품관리법」의 규정에 불구하고 50년의 범위 내에서 별도로 정함 • 「공유재산 및 물품관리법」 규정에 불구하고 그 토지 위에 영구시설물을 축조하거나, 당해 토지 등의 임대료 및 매각대금을 감면 또는 분할납부 가능

재정비촉진사업 현황

○ 사업지구 : 5개 시, 8개 지구

('22. 3월 기준)

시군	지구	지구 지정일	촉진계획 (변경)결정일	면적(㎡)	소계	재개발·도시환경 정비구역 (추진위前)	추진위	조합	사업 인가	관리 처분	착공	준공
5개 시 8개 지구				7,077,998	38	1	0	6	7	12	10	
고양시	원당	'07.09.10.	'10.09.06. ('21.10.01.)	800,647	3	-	-	1	-	1	1	-
고양시	능곡	'07.11.05.	'10.07.29. ('21.07.20.)	662,209	4	-	-	1	2	1	-	-
고양시	일산	'07.12.31.	'10.08.02. ('17.06.30.)	118,391	1	-	-	1	-	-	-	-
남양주시	덕소	'07.11.26.	'10.08.02. ('22.03.24.)	631,746	9	-	-	2	2	3	2	-
남양주시	지금 도농	'08.06.02.	'11.05.23. ('21.08.19.)	326,236	5	1	-	1	1	-	1	1
광명시	광명	'07.07.30.	'09.12.04. ('21.06.17.)	2,319,594	11	-	-	0	1	5	4	1
김포시	김포	'09.01.16.	'11.11.28. ('20.09.16.)	1,948,198	3	-	-	-	1	2	-	-
구리시	인창 수택	'07.06.04.	'10.05.11. ('21.02.26.)	270,977	2	-	-	-	-	1	1	-

출처 : 경기도 도시재생과

○ 해제지구 : 9개 시, 15개 지구

('22. 3월 기준)

시군	지구	면적(㎡)	지구지정일	촉진계획결정일	촉진지구해제 (해제.실효)	비고
9개 시 15개 지구		17,433,328	9	9	15	
부천시	소사	2,434,729	'07. 3. 12.	'09. 5. 1.	'14. 7. 7. (해제)	
부천시	원미	987,539	'07. 3. 12.	'09. 5. 11.	'14. 7. 7. (해제)	
부천시	고강	1,745,378	'07. 3. 12.	'09. 6. 30.	'14. 8. 4 (해제)	
의정부시	금의	1,010,120	'08. 4. 7.	'11. 4. 1.	'12. 10. 19. (해제)	
의정부시	가능	1326,817	'08. 4. 7.	'11. 4. 1.	'12. 3. 30. (해제)	
평택시	안정	500,412	'08. 5. 7.	-	'11. 1. 5. (해제)	
평택시	서정신장	518,123	'08. 5. 7.	'10. 7. 30.	'16. 4. 8. (해제)	
시흥시	은행	611,162	'08. 5. 7.	'10. 12. 31.	'12. 2. 16. (해제)	
시흥시	대야신천	1,173,263	'09. 7. 14.	-	'11. 10. 31. (해제)	
군포시	군포	812,088	'08. 7. 8.	'10. 9. 20.	'12. 9. 21. (해제)	
군포시	금정	872,082	'07. 9. 10.	-	'10. 9. 9. (실효)	
김포시	양곡	386,700	'09. 4. 9.	-	'11. 6. 10. (해제)	
안양시	만안	1,776,040	'08. 4. 7.	-	'11. 4. 6. (실효)	
오산시	오산	2,974,703	'09. 1. 2.	-	'11. 7. 29. (해제)	
남양주시	퇴계원	304,172	'09. 4. 30.	'12. 4. 19.	'15. 10. 15. (해제)	

빈집 및 소규모 주택정비에 관한 특례법

법공포 : 최초 '17. 2. 8. 최종개정 : '21. 10. 19. 시행일자 : '22. 1. 20.
법공포 : 최초 '18. 2. 9. 최종개정 : '22. 1. 21. 시행일자 : '22. 1. 21.

「빈집 및 소규모 주택정비에 관한 특례법」 구성체계

제1장 총칙	제2장 빈집정비사업		
	제1절 빈집정비계획의 수립 등	제2절 빈집정비사업의 시행방법 등	제3절 사업시행계획인가 등
제1조 목적 제2조 정의 제3조 다른 법률과의 관계	제4조 빈집정비계획의 수립 제5조 빈집 등 실태조사 제6조 빈집 등에의 출입 제7조 빈집 등에의 출입에 따른 손실보상 제8조 빈집 등에 관한 자료 또는 정보의 이용 및 요청	제9조 빈집정비사업의 시행방법 제10조 빈집정비사업의 시행자 제11조 빈집의 철거 제11조의2 빈집의 매입	제12조 사업시행계획인가 제13조 사업시행계획서의 작성 제14조 준공인가 및 공사완료 고시 제15조 빈집정보시스템의 구축

제3장 소규모주택정비사업			
제1절 소규모주택정비사업의 시행방법 등	제2절 주민합의체의 구성 및 조합의 설립	제3절 사업시행계획 등	제4절 사업시행을 위한 조치 등
제16조 소규모주택정비사업의 시행방법 제17조 소규모주택정비사업의 시행자 제18조 가로주택정비사업·소규모 재건축사업의 공공시행자 지정 제19조 가로주택정비사업·소규모 재건축사업의 지정 개발자 지정 제20조 시공자의 선정 등 제21조 정비사업전문관리업자의 선정	제22조 주민합의체의 구성 등 제23조 조합설립인가 등 제24조 조합원의 자격 등 제25조 토지 등 소유자의 동의방법 등	제26조 건축심의 제27조 통합심의 제28조 분양공고 및 분양신청 제29조 사업시행계획인가 제30조 사업시행계획서의 작성 제31조 시행규정의 작성 제32조 주택의 규모 및 건설비율 등 제33조 관리처분계획의 내용 및 수립 기준 제34조 사업시행계획인가에 따른 처분 등	제35조 매도청구 제36조 분양신청을 하지 아니한 자 등에 대한 조치 제37조 건축물 등의 사용·수익의 중지 및 철거 등 제38조 지상권 등 계약의 해지

제3장 소규모주택정비사업	제4장 사업활성화를 위한 지원	제5장 보칙	제6장 벌칙
제5절 공사완료에 따른 조치 등			
제39조 준공인가 및 공사완료 고시 제40조 이전고시 및 권리변동의 제한 등 제41조 청산금 등 **제6절 비용의 부담 등** 제42조 비용부담의 원칙 및 비용의 조달 제43조 정비기반시설의 설치 등	제44조 보조 및 융자 제45조 공동이용시설 사용료 등의 감면 제46조 빈집정비사업에 대한 특례 제47조 정비구역의 행위제한에 관한 특례 제48조 건축규제의 완화 등에 관한 특례 제49조 임대주택 건설에 따른 특례 제50조 정비지원기구 제51조 임대관리업무 등의 지원	제52조 빈집정비사업의 지침고시 등 제53조 기술지원 및 정보제공 제54조 감독 등 제55조 다른 법률의 인허가 등의 의제 등 제56조 「도시및주거환경정비법」의 준용 제57조 사업시행자 등의 권리·의무의 승계 제58조 벌칙 적용에서 공무원 의제	제59조 벌칙 제60조 벌칙 제61조 벌칙 제62조 벌칙 제63조 양벌규정 제64조 과태료

제1장 총칙

목적 (법 제1조)	• 방치된 빈집을 효율적으로 정비하고 소규모주택 정비를 활성화하기 위하여 필요한 사항 및 특례를 규정함으로써 주거생활의 질을 높이는 데 이바지함		
용어의 정의 (법 제2조)	구분	내용	
	빈집	• 특별자치시장·특별자치도지사·시장·군수 또는 자치구의 구청장이 거주 또는 사용 여부를 확인한 날부터 1년 이상 아무도 거주 또는 사용하지 아니하는 주택. 단, 미분양주택 등 대통령령으로 정하는 주택 제외	
	빈집정비사업	• 빈집을 개량 또는 철거하거나 효율적으로 관리 또는 활용하기 위한 사업	

구분		내용
용어의 정의 (법 제2조)	소규모 주택정비사업	• 노후·불량건축물의 밀집 등 대통령령으로 정하는 요건에 해당하는 지역 또는 가로구역에서 시행하는 다음 각 목의 사업 **구분 / 세부** 자율주택정비사업 / 단독주택 및 다세대주택 및 연립주택을 스스로 개량 또는 건설하기 위한 사업 가로주택정비사업 / 가로구역에서 종전의 가로를 유지하면서 소규모로 주거환경을 개선하기 위한 사업 소규모재건축사업 / 정비기반시설이 양호한 지역에서 소규모로 공동주택을 재건축하기 위한 사업 - 도심 내 주택공급 활성화를 위해 다음 요건을 갖추어 시행하는 사업을 "공공참여 소규모 재건축 활성화 사업이라고 함 • 법 제10조제1항제1호, 제17조제3항, 제18조제1항, 제56조에 따른 시행자 • 건설공급되는 주택이 종전세대수의 120% 이상일 것 소규모재개발사업 / 역세권 또는 준공업지역에서 소규모로 주거환경 또는 도시환경을 개선하기 위한 사업
	사업시행구역	• 빈집정비사업 또는 소규모주택정비사업을 시행하는 구역
	사업시행자	• 빈집정비사업 또는 소규모주택정비사업을 시행하는 자
	토지 등 소유자	• 다음 각 목의 자. 단, 신탁업자가 사업시행자로 지정된 경우 소규모주택정비사업을 목적으로 신탁업자에게 신탁한 토지 또는 건축물에 대하여는 위탁자를 토지등소유자로 봄 - 자율주택정비사업 또는 가로주택정비사업은 사업시행구역에 위치한 토지 또는 건축물의 소유자, 해당 토지의 지상권자 - 소규모재건축사업은 사업시행구역에 위치한 건축물 및 그 부속토지의 소유자
	주민합의체	• 토지 등 소유자가 소규모주택정비사업을 시행하기 위하여 토지등소유자 전원의 합의로 결성하는 협의체
	빈집밀집구역	• 빈집이 밀집한 지역을 관리하기 위하여 지정 고시된 구역
	소규모 주택정비 관리지역	• 노후·불량 건축물에 해당하는 단독주택 및 공동주택과 신축건축물이 혼재하여 광역적 개발이 곤란한 지역에서 정비기반시설과 공동이용시설의 확충을 통하여 소규모주택정비사업을 계획적 효율적으로 추진하기 위하여 고시된 지역
		• 이 법에서 정의하지 아니한 용어는 「도시 및 주거환경정비법」에서 정하는 바에 따름
다른 법률과의 관계 (법 제3조)		• 이 법은 빈집정비사업 및 소규모주택정비사업에 관하여 다른 법률에 우선하여 적용 • 빈집정비사업과 자율주택정비사업에 관하여 「농어촌정비법」에 따른 농어촌 및 준농어촌에서는 이 법을 적용하지 않음. 단 도지재생활성화지역에서 시행하는 자율주택정비사업은 제외

제2장 빈집정비사업 [제1절 빈집정비계획의 수립]

빈집실태조사 (법 제5조, 제6조)		• 빈집실태조사(시장·군수, 전문기관 대행 가능) 1. 빈집 여부의 확인 2. 빈집의 관리 현황 및 방치기간 3. 빈집 소유권 등의 권리관계 현황 4. 빈집 및 그 대지에 설치된 시설 또는 인공구조물 등의 현황 5. 그 밖에 빈집 발생 사유 등 대통령령으로 정하는 사항 • 실태조사를 위해 필요시 빈집 등 대지 출입 가능 • 시장군수 또는 전문기관의 장은 빈집등 그 대지에 출입하는 경우 7일전까지 소유자·점유자 또는 관리인에게 일시와 장소를 알려야 함(소유자 부재등의 경우 지차체 공보 및 홈페이지 공고)
빈집정비계획 수립 (시장·군수) (법 제4조)	빈집정비계획 (안) 수립 (시장·군수)	• 빈집정비계획내용 1. 빈집정비의 기본방향 2. 빈집정비사업의 추진계획 및 시행방법 3. 빈집정비사업에 필요한 재원조달계획 4. 빈집의 매입 및 활용에 관한 사항 5. 그 밖에 빈집정비를 위하여 필요한 사항으로서 대통령령으로 정하는 사항 • 시장·군수 등은 빈집정비계획을 수립·변경시 빈집밀집구역을 지정 가능 • 빈집밀집구역의 지정기준 - 빈집이 증가하고 있거나 빈집 비율이 높은 지역 - 노후·불량건축물이 증가하고 있거나 정비기반시설이 부족하여 주거환경이 열악한 지역 - 다른 법령에 따른 정비사업을 추진하고 있지 아니한 지역 • 관할 지방경찰청장 및 시도 소방본부장은 빈집밀집구역에서의 안전사고 및 범죄 등을 발생을 방지하기 위해 노력

빈집정비계획 수립 (시장·군수) (법 제4조)	주민공람 ↓ 도시계획위원회 심의 ↓ 지방자치단체 공보 고시	• 14일 이상 지역 주민에게 공람 의견수렴 • 특별자치시, 특별자치도, 시·군·구 도시계획위원회 심의 - 시장·군수 및 자치구의 구청장 → 특별시장·광역시장·도지사 보고 - 특별시장·광역시장·특별자치시장·도지사·특별자치도지사 → 국토교통부장관 보고
빈집 등의 출입에 따른 손실보상 (법 제7조)		• 시장·군수등은 빈집등 및 그 대지에의 출입으로 손실을 입은 자가 있으면 그 손실을 보상 • 시장·군수등은 제1항에 따른 손실을 입은 자와 협의하여 보상 • 시장·군수등 또는 제1항에 따른 손실을 입은 자는 제2항에 따른 협의가 성립되지 아니하거나 협의를 할 수 없는 경우에는 「공익사업을 위한 토지 등의 취득 및 보상에 관한 법률」 제49조에 따라 설치되는 관할 토지수용위원회에 재결을 신청 • 토지수용위원회의 재결에 관하여는 「공익사업을 위한 토지 등의 취득 및 보상에 관한 법률」 제83조부터 제87조까지를 준용

제2장 빈집정비사업[제2절 빈집정비사업 시행방법 등]

시행방법 (법 제9조)	• 빈집의 내부 공간을 칸막이로 구획하거나 벽지·천장재·바닥재 등을 설치하는 방법 • 빈집을 철거하지 아니하고 개축·증축·대수선하거나 용도변경하는 방법 • 빈집을 철거하는 방법 • 빈집을 철거한 후 주택 등 건축물을 건축하거나 정비기반시설 및 공동이용시설 등을 설치하는 방법
시행자 (법 제10조)	• 시장·군수 또는 빈집 소유자가 직접 시행하거나 다음 각 호에 해당하는 자와 공동 시행가능 - 한국토지주택공사 또는 주택사업을 시행하기 위하여 설립된 지방공사 – 건설사업자 - 건설업자로 보는 등록사업자 - 부동산투자회사 - 사회적기업, 협동조합, 비영리법인 및 공익법인
빈집 등 소유자 동의	• 시장·군수 등은 빈집 등 소유자의 동의 • 단, 해당 빈집의 소유자의 소재를 알 수 없을 경우 시행계획서의 내용을 지자체 공보 및 홈페이지에 공고, 공고한 날부터 30일 지난 날까지 의견 미제출시 동의로 간주
빈집 철거명령과 직권철거 내용공고	• 시장·군수는 붕괴, 화재 등 안전사고나 범죄발생의 우려가 높은 경우, 위생상 유해하거나 도시경관 또는 생활환경 보전을 위해 방치하기에 부적절한 경우 빈집정비계획에서 정하는 바에 따라 소유자에게 안전조치, 철거 등 필요한 조치 명령 가능 • 정비계획이 미수립된 경우 「건축법」 제4조에 따른 지방건축위원회의 심의를 거쳐 소유자에게 철거 등 조치 명령(60일 이내 조치 이행) • 빈집 소유자 소재 미확보 시 빈집에 대한 철거명령과 이후 철거 미이행 시 직권 철거내용을 일간신문 및 홈페이지에 1회 이상 공고
빈집의 매입 (법 제11조의2)	• 시·도지사나 시장·군수등 또는 토지주택공사등은 빈집정비계획에 따라 빈집을 매입하여 정비기반시설, 공동이용시설 또는 임대주택 등으로 활용할 수 있으며, 이 경우 빈집밀집구역에 있는 빈집을 우선하여 매입 가능 • 빈집의 매수 요청 : 빈집 소유자 → 관할 시·도지사나 시장·군수 등 또는 토지주택공사 - 요청을 받은 날부터 30일 이내에 빈집 매입 여부를 빈집 소유자에게 통보
빈집의 신고 및 수용	• 빈집으로 인식되는 경우 이를 소재지역의 시장·군수에게 신고하고 신고 접수후 현장조사를 실시 • 시장·군수 등 또는 토지주택공사등은 공공의 필요에 따라 빈집정비사업을 시행하는 경우 사업시행구역 내 빈집에 대하여 토지·물건 및 권리를 수용 또는 사용 • 수용 또는 사용에 대한 재결신청은 사업시행인가(변경포함)시 정한 사업시행기간이내 실시
빈집의 철거	• 시장·군수 등은 철거를 명한 경우 그 소유자가 특별한 사유 없이 미이행 시 직권으로 빈집철거 가능

제2장 빈집정비사업 [제3절 빈집정비사업 시행인가]

구분	내용
사업시행계획 인가 (법 제12조, 13조)	**사업시행계획서 작성 (시행자→시장·군수)** ■ 시행계획서 내용 1. 사업시행구역 및 그 면적 2. 토지이용계획(건축물배치 포함) 3. 정비기반시설 및 공동이용시설의 설치계획 4. 임대주택의 건설계획 5. 건축물의 높이 및 용적률 등에 관한 건축계획 6. 수용 또는 사용할 토지·물건 또는 권리의 세목과 그 소유자 및 권리자의 성명·주소 7. 그 밖에 빈집정비사업 시행을 위하여 필요한 사항으로서 대통령령으로 정하는 바에 따라 특별시·광역시·특별자치시·특별자치도 또는 서울특별시·광역시 및 특별자치시를 제외한 인구 50만 이상 대도시의 조례로 정하는 사항 ⇩ **사업시행계획서 인가 여부 결정통보** (시장·군수 → 시행자) 60일 이내 ⇩ **공보 고시** 결정사항을 지자체 공보 고시
준공인가 및 공사완료 고시 (법 제14조)	• 빈집 정비공사 완료시 시장·군수 등에게 준공인가 • 준공검사 실시, 준공검사 실시 결과 빈집정비사업이 인가받은 사업시행계획대로 완료되었다고 인정 시 공사완료 지자체공보 고시
빈집정보시스템의 구축 (법 제15조)	• 시·도지사는 실태조사 결과를 토대로 빈집을 효율적으로 정비하기 위한 정보시스템 구축 • 빈집정보시스템은 「건축법」 제32조에 따른 전자정보처리 시스템과 연계 가능 (전문기관 구축운영 가능) • 시·도지사는 안전사고나 범죄발생 등을 예방하기 위하여 필요한 경우에는 빈집정보시스템으로 처리한 빈집정보를 관계 행정기관의 장 또는 공공기관의 장에게 제공. 이 경우 빈집밀집구역에 관련된 정보로서 대통령령으로 정하는 정보는 관할구역의 시·도경찰청장에게 지체 없이 제공

제3장 소규모주택정비사업 [제1절 소규모정비사업의 시행방법]

구분	내용
가로주택정비사업, 소규모재건축사업의 시행자 및 시행방법 (법 제16조, 제17조)	• 사업별 시행방법 **자율주택정비** 시행방법: 사업시행인가 득한 후 사업시행자가 스스로 주택을 개량 또는 건설 시행자: • 2명 이상 토지 등 소유자가 직접 시행 • 2명 이상의 토지등소유자가 시장군수 등, 토지주택공사 등, 건설업자, 등록업자, 신탁업자, 부동산투자회사와 공동시행 • 임대주택을 공급하는 경우 토지등 소유자 1명이 사업을 시행 가능하며 소규모정비사업 지역 외에서도 사업을 시행 가능 **가로주택정비** 시행방법: 가로구역의 전부 또는 일부에서 사업시행계획에 따라 주택 등을 건설하여 공급하거나 보전 또는 개량 **소규모재건축** 시행방법: 인가받은 사업시행계획에 따라 주택, 부대시설, 복리시설 및 오피스텔을 건설하여 공급하는 방법으로 시행. 다만 주택단지에 위치하지 아니한 토지 또는 건축물이 사업시행상 불가피한 경우 편입면적 내에서 해당 토지 또는 건축물을 포함하여 사업을 시행 가능 - 진입도로 등 정비기반시설 및 공동이용시설의 설치에 필요한 토지 또는 건축물 - 건축행위가 불가능한 토지 또는 건축물 - 시·도지사가 통합심의를 거쳐 부지의 정형화 등을 위하여 필요하다고 인정하는 토지 또는 건축물 **소규모재개발** 시행방법: 인가받은 사업시행계획에 따라 주택등 건축물을 건설하여 공급하는 방법으로 시행 시행자(가로주택/소규모재건축/소규모재개발): • 토지 등 소유자가 20명 미만인 경우에는 토지 등 소유자가 직접 시행하거나 해당 토지 등 소유자가 제1항 각 호의 어느 하나에 해당하는 자와 공동으로 시행하는 방법 • 제23조에 따른 조합이 직접 시행하거나 해당 조합이 조합원의 과반수 동의를 받아 제1항 각 호의 어느 하나에 해당하는 자와 공동으로 시행하는 방법
소규모재개발사업의 시행예정구역 지정 (법 제17조의2)	• 토지등 소유자는 사업구역의 25%이상 동의를 받아 사업시행예정구역의 지정(변경) 시장·군수에게 제안 • 예정구역 면적, 기존 주택호수, 사업시행에 따른 건축물 밀도계획 등의 서류를 제출 • 시장·군수는 예정구역 지정시 주민설명회 개최와 30일이상 공람의견을 수렴 실시 • 예정구역 지정시 해당 내용을 공보에 고시하여야 하며 고시 후 1년 이내 사업시행자 지정, 주민합의체 구성, 조합설립인가를 신청하지 아니한 때에는 예정구역 지정 취소

구분	내용
소규모주택정비사업 공공시행자 지정 (시장·군수) (법 제18조)	• 가로주택정비사업과 소규모재건축사업, 또는 소규모 재개발사업에 대해 직접시행 또는 토지주택공사 등을 사업시행자로 지정·시행 - 천재지변, 「재난 및 안전관리 기본법」 제27조 또는 「시설물의 안전 및 유지관리에 관한 특별법」 제23조에 따른 사용제한·사용금지, 그 밖의 불가피한 사유로 긴급하게 사업을 시행할 필요 - 토지 등 소유자가 제22조에 따른 주민합의체를 신고한 날 또는 조합이 제23조에 따른 조합설립인가를 받은 날부터 3년 이내에 제29조에 따른 사업시행계획인가 미신청 - 사업이 장기간 지연되거나 권리관계에 대한 분쟁 등으로 해당 조합 또는 토지등소유자가 시행하는 사업을 계속 추진하기 어려운 경우 - 제54조 제4항에 따라 사업시행계획인가가 취소된 경우 - 사업시행구역의 국유지·공유지 면적 또는 국유지·공유지와 토지주택공사 등이 소유한 토지를 합한 면적이 전체 토지면적의 2분의 1 이상으로서 토지 등 소유자 과반수가 시장·군수 등 또는 토지주택공사 등을 사업시행자로 지정하는 것에 동의하는 경우 - 사업시행구역의 토지면적의 2분의 1 이상의 토지소유자와 토지 등 소유자의 3분의 2 이상에 해당하는 자가 시장·군수 등 또는 토지주택공사 등을 사업시행자로 지정할 것을 요청한 경우
소규모주택정비사업의 지정개발자 지정 (법 제19조)	• 가로주택정비사업, 소규모재건축사업 또는 소규모재개발사업의 조합설립을 위해 조합설립 동의요건 이상에 해당하는 자가 대통령으로 정하는 요건을 갖춘 신탁업자를 사업시행자로 지정하는 것에 동의하는 때에 지정개발자를 사업시행자로 지정, 해당사업 시행
시공자 선정 등 (법 제20조)	• 주체별 시공자 선정 <table><tr><th>구분</th><th>사업방식</th><th>시공자 선정</th></tr><tr><td>토지 등 소유자</td><td>소규모주택정비사업 시행</td><td>주민합의체 신고 후 주민합의서에서 정하는 바에 따라 건설업자 또는 등록사업자를 시공자로 선정</td></tr><tr><td>조합</td><td>소규모주택정비사업 시행</td><td>조합설립인가 후 조합 총회에서 국토부장관이 정하는 경쟁입찰 또는 수의계약으로 건설업자 또는 등록사업자를 시공자로 선정, 단 규모이하의 소규모 주택정비사업은 조합 총회에서 정관이 정하는 바에 따라 선정</td></tr><tr><td>사업 시행자</td><td>시장·군수 직접시행, 토지주택공사 등 시행자로 지정, 지정개발자를 시행자로 지정 시행</td><td>가로주택정비사업, 소규모재건축사업의 공공시행자 지정 고시 후 건설업자 또는 등록사업자를 시공자로 선정</td></tr></table>

제3장 소규모주택정비사업[제2절 주민합의체의 구성 및 조합설립]

구분	내용
주민합의체 구성 (법 제22조)	• 토지 등 소유자는 다음 각 호에 따라 토지 등 소유자 전원 합의를 거쳐 주민합의체 구성 - 자율주택정비사업 : 토지 등 소유자가 2명 이상, 가로주택정비사업 또는 소규모재건축사업 : 토지 등 소유자 20명 미만 • 소규모재개발사업 자율주택정비사업을 시행하는 경우 토지소유자등의 4/5이상 토지면적의 2/3이상을 받아 주민합의체 구성 • 주민합의체를 구성하는 경우 대표자를 선임하고 주민합의서를 작성하여 시장·군수에게 신고 • 주민합의서 내용 1. 주민합의체의 명칭 2. 사업시행구역의 위치 및 범위 3. 주민합의체의 목적 및 사업 내용 4. 주민합의체를 구성하는 자의 성명, 주소 및 생년월일(법인, 법인 아닌 사단이나 재단 및 외국인은 등록번호) 5. 주민합의체 대표자의 성명, 주소 및 생년월일 6. 시공자 또는 정비사업전문관리업자의 선정 7. 주민합의체의 의결사항 및 의결방법 8. 그 밖에 주민합의체의 구성 및 운영에 필요한 사항으로서 시·도조례로 정하는 사항
조합설립 인가 (법 제23조)	• 조합설립 인가(시장·군수) <table><tr><th colspan="2">구분</th><th>조합 설립 시 동의률</th></tr><tr><td rowspan="3">가로주택정비사업</td><td colspan="2">토지 등 소유자의 10분의 8 이상 및 토지면적의 3분의 2이상의 토지소유자 동의</td></tr><tr><td>시행구역의 공동주택</td><td>각 동별 구분소유자의 과반수 동의</td></tr><tr><td>공동주택외 건축물</td><td>해당 건축물이 소재하는 토지면적의 2분의 1이상의 토지소유자 동의</td></tr><tr><td rowspan="2">소규모재건축</td><td>주택단지의 공동주택</td><td>각 동별 구분소유자의 과반수 동의(구분소유자 5명 이하 제외)와 주택단지 전체의 구분소유자의 4분의 3 이상 및 토지면적의 4분의 3 이상 동의</td></tr><tr><td>주택단지가 아닌 지역이 사업시행구역에 포함 경우</td><td>주택단지가 아닌 지역의 토지 또는 건축물 소유자의 4분의 3 이상 및 토지면적의 3분의 2 이상 동의</td></tr><tr><td>소규모재개발</td><td colspan="2">토지 등 소유자의 10분의 8 이상 및 토지면적의 3분의 2이상의 토지소유자 동의</td></tr></table>

제3장 소규모주택정비사업 [제3절 사업시행계획 등]

구분	내용
건축심의 (법 제26조)	• 가로주택정비사업, 소규모재건축사업 또는 소규모재개발사업은 지방건축위원회 심의 (시행자가 시장·군수 시 제외) - 사업시행계획서 작성 전 건축물의 높이, 층수, 용적률에 대해 심의
통합심의 (법 제27조)	• 소규모주택정비사업과 관련하여 다음 둘 이상의 심의 필요 시 통합심의 - 「건축법」에 따른 건축심의, 「국토의 계획 및 이용에 관한 법률」에 따른 도시·군관리계획 및 개발행위 - 그 밖에 시장·군수 등이 필요하다고 인정하여 통합심의에 부치는 사항 • 시장·군수 등은 통합심의 시 다음 위원회의 위원이 포함된 공동위원회 구성 - 지방건축위원회 - 지방도시계획위원회 - 그밖에 필요하다고 인정하여 통합심의에 부치는 사항에 대한 심의 권한을 가진 관련 위원회
분양공고 및 분양신청 (법 제28조)	• 토지 등 소유자 통지 및 일간신문에 분양공고(건축심의 결과 통지 받은 날부터 90일 이내) - 분양대상자별 종전 토지 또는 건축물의 명세 및 가격, 분담금의 추산액, 분양신청기간, 그 외 대통령령으로 정하는 사항 • 분양신청 기간 : 분양공고 통지한 날부터 30일 이상 60일 내, 관리처분계획에 지장 없을 시 20일 범위 내에서 한 차례 연장)
사업시행계획인가 (법 제29조, 30조)	• 인가권자 : 시장·군수(60일 이내 인가여부 통지) • 사업시행인가를 하거나 사업 변경·중지 또는 폐지 시 지방자치단체 공보에 고시 • 시장·군수 등이 사업시행계획인가를 하거나 사업시행계획서를 작성하는 경우에는 관계 서류의 사본을 14일 이상 일반인이 공람 • 토지등소유자, 이해관계인 등은 제6항의 공람 기간 이내에 시장·군수등에게 서면으로 의견을 제출
관리처분계획 (법 제33조)	• 수립권자 : 사업시행자, 가로주택정비사업, 소규모재건축사업 또는 소규모 재개발사업의 분양신청기간 종료된 때
처분(법 제34조)	• 사업시행자는 사업시행계획인가에 따라 처분 또는 관리
준공인가 신청(법 제39조)	• 시장·군수가 아닌 시행자가 공사 완료시
준공검사 및 준공인가	• 시장·군수 • 지방자치단체 공보에 고시
이전고시 (법 제40조)	• 사업시행자 - 대지확정측량 후 토지분할을 거쳐 관리처분계획에서 정한 사항을 분양자에게 통지, 대지 또는 건축물의 소유권 이전, 지방자치단체 공보에 고시

제3장 소규모주택정비사업 [제7절 소규모주택정비 관리계획]

구분	내용

소규모주택정비
관리계획
	• 시장·군수 등은 다음의 경우 소규모주택정비 관리계획을 수립하여야 함
	  1. 노후·불량건축물에 해당하는 단독주택 및 공동주택과 신축건물이 혼재하여 광역적 개발이 곤란한 지역에서 노후·불량 건축물을 대상으로 소규모주택정비사업이 필요한 경우
	  2. 빈집밀집구역으로 안전사고나 범죄발생우려가 높아 신속히 소규모주택정비사업 추진이 필요한 경우
	  3. 재해 등이 발생할 경우 위해의 우려가 있어 신속히 소규모주택정비사업 추진이 필요한 경우
	• 14일이상 주민공람하여 의견 수렴하고 지방도시계획위원회 또는 지방도시재생위원회 심의를 거쳐야함
	• 관리계획에는 다음의 내용이 포함되어야 함
	  1. 관리지역의 규모와 정비방향
	  2. 토지이용계획, 정비기반시설·공동이용시설 설치, 교통계획
	  3. 시장·군수 또는 토지주택공사등이 공동 또는 단독으로 시행하는 소규모주택정비사업에 관한 계획
	  4. 거점사업 외 소규모주택정비사업에 관한 추진계획
	  5. 건폐율·용적률 등 건축물의 밀도계획
	  6. 임대주택의 공급 및 인수계획
	  7. 용도지구·용도지역의 지정 및 변경에 관한계획
	  8. 특별건축구역 및 특별가로구역에 관한 계획
	  9. 그 밖에 대통령령으로 정하는 사항
	• 관리계획 수립에 대한 승인·고시가 있을 경우 「국토의 계획 및 이용에 관한 법률」 제52조 제1항 각 호에 해당하는 사항은 지구단위계획구역으로 결정된 것으로 봄

제4장 사업 활성화를 위한 지원

보조 및 융자 (법 제44조)	• 지방자치단체는 시장·군수 등이 아닌 사업시행자가 시행하는 빈집정비사업 또는 소규모주택정비사업에 드는 비용의 일부를 보조 또는 출자·융자하거나 융자알선
공동이용시설 사용료 등의 감면 (법 제45조)	• 지방자치단체의 장은 마을공동체 활성화 등 공익 목적을 위하여 「공유재산 및 물품 관리법」 제20조 및 제28조에 따라 사업시행구역 내 공동이용시설에 대한 사용 허가 또는 대부를 하는 경우 같은 법 제22조 및 제32조에도 불구하고 사용료 또는 대부료 감면
빈집정비사업의 특례 (법 제46조)	• 빈집정비사업의 사업시행자가 빈집밀집구역 내 빈집을 개축 또는 용도변경하는 경우 해당 빈집이 법령의 제정·개정이나 그 밖에 대통령령으로 정하는 사유로 대지나 건축물이 법령에 맞지 아니하더라도 다음 각 호의 기준에 대하여 기존 빈집의 범위에서 지방건축위원회의 심의를 거쳐 그 기준 완화 - 「건축법」 제42조에 따른 대지의 조경기준 - 「건축법」 제46조에 따른 건축선의 지정 - 「건축법」 제55조에 따른 건폐율의 산정기준 - 「건축법」 제56조에 따른 용적률의 산정기준 - 「건축법」 제58조에 따른 대지 안의 공지기준 - 「건축법」 제60조 및 제61조에 따른 건축물의 높이 제한 - 「민법」 제242조에 따른 건축물과 경계선 간의 거리
정비구역의 행위제한에 관한 특례	• 사업시행자는 「도시 및 주거환경정비법」 제19조에도 불구하고 주거환경개선사업을 시행하는 정비구역에서 빈집정비사업 또는 소규모주택정비사업을 시행 가능
건축규제의 완화 등에 관한 특례 (법 제48조)	• 자율주택정비사업(「도시재생 활성화 및 지원에 관한 특별법」에 따른 근린재생형 활성화계획에 반영하거나 빈집밀집구역, 관리지역에서 시행하는 경우 또는 시·도조례로 정하는 경우로 한정), 가로주택정비사업, 소규모재건축사업, 소규모재개발사업 또는 취약주택정비사업의 시행으로 건설하는 건축물에 대하여 다음 각 호의 어느 하나에 지방건축위원회의 심의를 거쳐 그 기준을 완화 1. 「건축법」 제42조에 따른 대지의 조경기준 2. 「건축법」 제55조에 따른 건폐율의 산정기준(경사지에 위치한 가로구역으로 한정) 3. 「건축법」 제58조에 따른 대지 안의 공지기준 4. 「건축법」 제60조 및 제61조에 따른 건축물의 높이 제한 5. 「주택법」 제35조 제1항 제3호 및 제4호에 따른 부대시설 및 복리시설의 설치기준 6. 제1호부터 제5호까지에서 규정한 사항 외에 사업의 원활한 시행을 위하여 대통령령으로 정하는 사항 • 사업시행자는 소규모주택정비사업 시행구역 내 건축물 또는 대지의 일부에 다음 각 호의 어느 하나에 해당하는 시설을 설치하는 경우에는 「국토의 계획 및 이용에 관한 법률」 제78조에 따라 해당 지역에 적용되는 용적률에 그 시설에 해당하는 용적률을 더한 범위에서 시·도조례로 정하는 용적률을 적용 1. 정비기반시설 2. 공동이용시설 3. 「주택법」 제2조제14호에 따른 복리시설로서 대통령령으로 정하는 공동시설
임대주택 건설에 따른 특례 (법 제49조, 영 제41조)	• 사업시행자는 빈집정비사업 또는 소규모주택정비사업의 시행으로 임대주택을 건설 시 「국토의 계획 및 이용에 관한 법률」 제78조에 따라 시·도조례로 정한 용적률에도 불구하고 같은 조 및 관계 법령에 따른 용적률의 상한까지 건축 1. 공공임대주택, 공공지원민간임대주택을 임대주택 비율이 20%이상의 범위에서 시·도조례로 정하는 비율로 건설 2. 공공임대주택을 임대주택 비율이 10%이상 20%미만이 되도록 건설하는 경우 • 사업시행자가 공공임대주택 임대주택비율이 10% 이상이 되도록 건설하고 용적률을 완화받은 경우 그 공공임대주택을 국토교통부장관, 시·도지사, 시장·군수 등, 토지주택공사 등 또는 주택도시기금이 총지분의 50%를 초과하여 출자한 「부동산투자회사법」에 따른 부동산투자회사에 공급 • 사업시행자는 공공임대주택건설 또는 임대주택 공급 시 건축설계가 확정되기 전에 미리 세대면적, 세대수 등 임대주택에 관한 사항을 인수자와 협의한 후 이를 사업시행계획서에 반영 - 인수자 지정 요청을 받은 경우에는 30일 이내에 인수자를 지정하여 시·도지사에게 통보, 시·도지사는 지체 없이 이를 시장·군수등에게 알려 그 인수자와 임대주택의 공급에 관하여 협의 • 소규모재건축 사업의 경우 통합심의를 거쳐 법적상한용적률까지 건축할 수 있으며 이 경우 법적상한용적률에서 시·도조례상 용적률을 뺀 용적률의 20~50% 내 조례로 정하는 비율에 따라 국민주택규모 주택을 건설하여 토지주택공사등에 공급하여야 함 (공공소규모 재건축사업의 경우 제외) • 공공소규모재건축사업의 경우 법적상한용적률에도 불구하고 통합심의를 거쳐 법적상한 용적률의 120%까지 건축 • 시장·군수등은 사업시행자가 임대주택을 다세대주택이나 다가구주택으로 건설하는 경우 주차장 설치기준에 관하여 「주택법」 제35조에도 불구하고 세대당 주차대수 0.6대(세대당 주거전용면적이 30㎡ 미만인 경우에는 0.5대) 이상

□ 빈집 및 소규모주택정비 사업 비교

구분	빈집정비사업	소규모주택정비사업		
		자율주택정비사업	가로주택정비사업	소규모주택정비사업
대상	빈집(주택)	단독·다세대주택	단독주택+공동주택	공동주택
정의	빈집을 개량 또는 철거하거나 효율적 관리 또는 활용	단독·다세대주택을 자율적으로 개량 또는 정비	가로구역에서 종전의 가로를 유지하며, 소규모로 주거환경 개선	정비기반시설이 양호한 지역에서 소규모로 공동주택 재건축
시행방법	경수선, 개축·증축·대수선·용도변경, 철거, 철거 후 주택 및 기반시설 건설	주택을 스스로 정비 또는 개량	사업시행계획인가에 따라 주택 등을 건설·공급	
시행자	빈집의 소유자 또는 시장·군수 등 ※ 직권철거시 시장·군수 등	토지등 소유자(주민합의체)	토지등소유자(주민합의체) 또는 조합	토지 등 소유자(주민합의체) 또는 조합 ※ 안전사고 우려 시 시장·군수 등
공동시행자	주택공사 등, 건설사업자, 등록업자, 사회적 기업등	시장, 군수 등, LH 등 건설업자, 신탁업자, 부동산투자회사		
시행절차	건축심의(필요시 통합심의) → 사업시행계획인가(관리처분계획 포함) → 착공 및 준공 ※ 빈집정비사업 및 자율주택정비사업의 경우 사업시행계획서의 내용 간소화			
인허가 의제	건축허가(건축신고)	건축허가 및 건축협정	사업계획승인 등	사업계획승인 등
건축특례	법령제정·개정 등으로 법령에 맞지 않는 빈집의 개축 또는 용도변경 가능	-	대지의 조경기준, 건폐율의 산정기준 대지 안의 공지기준, 건축물의 높이제한기준, 부대·복리시설 기준 등(소규모재건축의 안전사고 우려시 한정)	
	부지 인근에 노외·노상주차장 사용권 확보 시 부설주차장 설치기준 완화			
	공동이용시설, 주민공동시설 설치 시 해당 용적률 완화			

□ 정비사업(도시 및 주거환경정비법)과 소규모주택정비사업 절차비교

정비사업추진절차	소규모주택정비사업 추진절차
기본계획수립 ▼ 정비계획수립 ▼ 추진위원회 ▼ 조합 ▼ 사업시행인가 ▼ 관리처분계획인가 ▼ 착공 ▼ 준공 및 이전고시 ▼ 조합해산	조합 ▼ 사업시행인가 (관리처분 포함) ▼ 착공 ▼ 준공 및 이전고시 ▼ 조합해산

출처 : 국토교통부, 「도시 및 주거환경정비법 질의회신 사례」(2017)

도시재생 활성화 및 지원에 관한 특별법

법공포 : 최초 '13. 6. 4. 최종개정 : '20. 12. 31. 시행일자 : '22. 1. 1.
영공포 : 최초 '13. 12. 4. 최종개정 : '22. 2. 28. 시행일자 : '22. 2. 18.

「도시재생 활성화 및 지원에 관한 특별법」 구성체계

제1장 총칙	제2장 도시재생의 추진체계	제3장 도시재생전략계획 등	
제1조 목적 제2조 정의 제3조 국가와 지방자치단체의 책무 제4조 국가도시재생기본방침의 수립 제5조 국가도시재생기본방침의 효력 제6조 다른 법률과의 관계	제7조 도시재생특별위원회의 설치 등 제7조의2 실무위원회 설치 등 제8조 지방도시재생위원회 제9조 전담조직의 설치 제10조 도시재생지원기구의 설치 제11조 도시재생지원센터의 설치	제12조 도시재생전략계획의 수립 제13조 도시재생전략계획의 내용 제14조 도시재생전략계획 수립을 위한 기초조사 제15조 주민 등의 의견청취 제16조 특별시·광역시·특별자치시 또는 특별자치도 도시재생전략계획의 확정 제17조 시·군 도시재생전략계획의 승인	제18조 주민 제안 제19조 도시재생활성화계획의 수립 제20조 도시재생활성화계획의 확정 및 승인 제21조 도시재생활성화계획의 효력 제22조 도시재생활성화계획의 효력 상실 등 제23조 행위 등의 제한 제24조 도시재생활성화계획의 평가
제4장 도시재생사업의 시행	**제5장 도시재생 활성화를 위한 지원**	**제6장 도시재생선도지역**	**제7장 특별재생지역**
제25조 도시재생사업의 시행 제26조 도시재생사업의 시행자 제26조의 2 도시재생 인정사업 제26조의 3 도시재생 총괄사업관리자	제27조 보조 또는 융자 제27조의2 상생협약 제28조 도시재생특별회계의 설치 및 운용 제29조 도시재생종합정보체계의 구축 제30조 국유재산·공유재산 등의 처분 제30조의2 공동이용시설 사용료의 감면 제31조 조세 및 부담금의 감면 등 제32조 건축규제의 완화 등에 관한 특례	제33조 도시재생선도지역의 지정 제34조 도시재생선도지역에 있어서의 특별조치	제35조 특별재생지역의 지정 제36조 특별재생계획의 수립 제37조 특별재생계획의 효력 등 제38조 입지규제최소구역의 지정 등에 관한 특례 제39조 투자선도지구 지정 등에 관한 특례 제40조 특별재생지역에서의 특별조치
제8장 혁신지구의 지정 등		**제9장 보칙**	
제41조 혁신지구의 지정 등 제42조 혁신지구계획의 효력 제43조 혁신지구계획의 효력 상실 등 제44조 혁신지구재생사업의 시행자 제45조 혁신지구재생사업의 시행방법 제46조 시행계획인가 등 제47조 시행계획의 작성 제48조 통합심의	제49조 인가·허가 등의 의제 제50조 건축물 등의 사용 및 처분 제51조 이주민 등 보호를 위한 특별조치 제52조 개발이익의 재투자 제53조 준공검사 등 제54조 혁신지구에 대한 특례 제55조 다른 법률에 따른 개발사업 구역과 중복지정 제56조 국가시범지구의 지정 등	제57조 관계 서류의 열람 및 보관 등 제58조 권리의무의 승계 제59조 보고 및 검사 등 제60조 권한의 위임	

제1장 총칙

목 적 (법 제1조)	도시의 경제적·사회적·문화적 활력 회복을 위하여 공공의 역할과 지원을 강화함으로써 도시의 자생적 성장 기반을 확충하고 도시의 경쟁력을 제고하며 지역공동체를 회복하는 등 국민의 삶의 질 향상에 이바지함	
용어의 정의 (법 제2조)	도시재생	인구감소, 산업구조의 변화, 도시의 무분별한 확장, 주거환경의 노후화 등으로 쇠퇴하는 도시를 지역역량의 강화, 새로운 기능의 도입·창출 및 지역자원의 활용을 통하여 경제적·사회적·물리적·환경적으로 활성화시키는 것을 말함
	국가도시재생기본방침	도시재생을 종합적·계획적·효율적으로 추진하기 위하여 수립하는 국가도시재생전략
	도시재생 전략계획	전략계획 수립권자가 국가도시재생 기본방침을 고려하여 도시 전체 또는 일부 지역, 필요한 경우 둘 이상의 도시에 대하여 도시재생과 관련한 각종 계획, 사업, 프로그램, 유형·무형의 지역자산 등을 조사·발굴하고, 도시재생 활성화지역을 지정하는 등 도시재생 추진전략을 수립하기 위한 계획
	전략계획수립권자	특별시장·광역시장·특별자치시장·특별자치도지사·시장 또는 군수
	도시재생 활성화지역	국가와 지방자치단체의 자원과 역량을 집중함으로써 도시재생을 위한 사업의 효과를 극대화하려는 전략적 대상지역으로 그 지정 및 해제를 도시재생전략계획으로 결정하는 지역
	도시재생 활성화계획	도시재생전략계획에 부합하도록 도시재생활성화지역에 대하여 국가, 지방자치단체, 공공기관 및 지역주민 등이 지역발전과 도시재생을 위하여 추진하는 다양한 도시재생사업을 연계하여 종합적으로 수립하는 실행계획

용어의 정의 (법 제2조)	도시재생 활성화계획	도시경제기반형 활성화계획	산업단지, 항만, 공항, 철도, 일반국도, 하천 등 국가의 핵심적인 기능을 담당하는 도시·군계획시설의 정비 및 개발과 연계하여 도시에 새로운 기능을 부여하고 고용기반을 창출하기 위한 도시재생활성화계획
		근린재생형 활성화계획	생활권 단위의 생활환경 개선, 기초생활 인프라 확충, 공동체 활성화, 골목경제 살리기 등을 위한 도시재생활성화계획
		도시재생혁신지구	도시재생을 촉진하기 위하여 산업·상업·주거·복지·행정 등의 기능이 집적된 지역거점을 우선적으로 조성할 필요가 있는 지역 (혁신지구)
		주거재생혁신지구	혁신지구 중 다음 요건을 모두 갖춘 지구 - 빈집, 노후·불량 건축물 등이 밀집하여 개선이 시급한 지역 - 신규 주택공급이 필요한 지역 (2만㎡ 이내)
	도시 재생사업	* 도시재생활성화지역에서 도시재생활성화계획에 따라 시행하는 다음 각 목의 사업	
		- 국가 차원에서 또는 지방자치단체가 지역발전 및 도시재생을 위하여 추진하는 일련 사업 - 주민 제안에 따라 해당 지역 물리적·사회적·인적자원을 활용함으로써 공동체를 활성화하는 사업 - 정비사업 및 재정비촉진사업 - 도시개발사업 및 역세권개발사업 - 산업단지개발사업 및 산업단지 재생사업 - 항만재개발사업	- 상권활성화사업 및 시장정비사업 - 도시·군계획시설사업 및 시범도시 지정에 따른 사업 - 경관사업 - 빈집정비사업 및 소규모주택정비사업 - 공공주택사업 - 공공지원민간임대주택 공급에 관한 사업 - 그 밖에 도시재생에 필요한 사업으로서 상업기반시설 현대화사업, 복합환승센터 개발사업, 관광지 및 관광단지 조성사업
		* 혁신지구에서 혁신지구계획 및 시행계획에 따라 시행하는 사업 * 도시재생전략계획이 수립된 지역에서 제26조의2에 따라 도시재생활성화계획과 연계하여 시행할 필요가 있다고 인정하는 사업(도시재생인정사업)	
	도시재생 선도지역	도시재생을 긴급하고 효과적으로 실시하여야 할 필요가 있고 주변지역에 대한 파급효과가 큰 지역으로, 국가와 지방자치단체의 시책을 중점 시행함으로써 도시재생 활성화를 도모하는 지역	
	특별재생지역	「재난 및 안전관리 기본법」에 따른 특별재난지역으로 선포된 지역 중 피해지역의 주택 및 기반시설 등 정비, 재난 예방 및 대응, 피해지역 주민의 심리적 안정 및 지역공동체 활성화를 위하여 국가와 지방자치단체가 도시재생을 긴급하고 효과적으로 실시하여야 할 필요가 있는 지역	
	마을기업	지역주민 또는 단체가 해당 지역의 인력, 향토, 문화, 자연자원 등 각종 자원을 활용하여 생활환경을 개선하고 지역공동체를 활성화하며 소득 및 일자리를 창출하기 위하여 운영하는 기업	
	도시재생 기반시설	「국토의 계획 및 이용에 관한 법률」에 따른 기반시설, 주민이 공동으로 사용하는 놀이터, 마을회관, 공동작업장, 마을 도서관 등 공용이용시설	
	기초 생활인프라	도시재생기반시설 중 도시주민의 생활편의를 증진하고 삶의 질을 일정수준으로 유지하거나 향상시키기 위하여 필요한 시설	
	상생협약	도시재생활성화지역에서 지역주민, 「상가건물 임대차보호법」 제3조 제1항에 따른 사업자등록의 대상이 되는 상가건물의 임대인과 임차인, 해당 지방자치단체의 장 등이 지역 활성화와 상호이익 증진을 위하여 자발적으로 체결하는 협약	
국가와 지방자치단체의 책무 (법 제3조)	* 국가와 지방자치단체는 도시재생사업을 추진하는 데에 필요한 예산을 확보하고 관련 시책을 수립·추진 * 국가와 지방자치단체는 도시재생사업을 추진할 때 주민의 삶의 질 향상을 우선적으로 고려 * 도시재생전략계획이 수립된 경우, 해당 지방자치단체의 장은 도시재생전략계획이나 도시재생활성화계획 등의 실효성을 확보하기 위하여 「지방재정법」 제33조에 따른 중기지방재정계획에 반영		
국가도시재생 기본방침의 효력 (법 제5조)	* 중앙행정기관의 장과 지방자치단체의 장은 국가도시재생기본방침을 고려하여 다음 각 호의 계획을 수립 1. 「국토기본법」 제6조제2항제2호부터 제5호까지의 계획 2. 「국가재정법」 제7조에 따른 국가재정운용계획 3. 그 밖의 중장기 정책계획으로서 대통령령으로 정하는 계획		
다른 법률의 관계 (법 제6조)	* 도시재생활성화지역에 관하여 다른 법률보다 우선하여 적용. 다만, 다른 법률에서 이 법의 규제에 관한 특례보다 완화된 규정이 있으면 그 법률에서 정하는 바에 따름 * 도시재생활성화계획에 포함된 도시재생사업의 시행에 관하여 이 법에서 규정하지 아니한 사항은 해당 사업에 관하여 정하고 있는 관계 법률에 따름 * 국가는 도시재생과 관련이 있는 다른 법률을 제정 또는 개정하는 경우에는 이 법의 목적 부합		

제2장 도시재생의 추진체계

	구분	심의조정기구	전담조직	지원조직
도시재생 추진조직 (중앙 의무, 지방 필요 시)	중앙	도시재생특별위원회 (국무총리소속, 30인 내외)	도시재생기획단(국토부)	도시재생지원기구(공공기관 등 설치)
	지방	지방도시재생위원회	전담조직	도시재생지원센터

중앙

도시재생특별위원회 (법 제7조)
- 국무총리 소속(위원장 : 국무총리), 도시재생에 관한 정책을 종합적이고 효율적으로 추진
- 심의사항
  1. 국가도시재생기본방침 등 국가 주요 시책
  2. 둘 이상의 특별시·광역시·특별자치시·특별자치도 또는 도의 관할구역에 속한 전략계획수립권자가 공동으로 수립하는 도시재생전략계획
  3. 국가지원 사항이 포함된 도시재생활성화계획
  4. 도시재생선도지역 지정 및 도시재생선도지역에 대한 도시재생활성화계획
  5. 국가지원 사항이 포함된 혁신지구계획 및 시행계획
  6. 국가지원 사항이 포함된 도시재생사업
  7. 그 밖에 도시재생과 관련하여 필요한 사항으로서 위원장이 회의에 상정하는 사항

도시재생기획단 (법 제7조)
- 특별위원회 업무 지원 및 다음 각 호 업무 수행
  1. 국가도시재생기본방침의 작성
  2. 도시재생활성화계획, 도시재생사업 등의 평가 및 지원에 관한 사항
  3. 지방도시재생위원회, 관계 행정기관과 기관과 협의
  4. 도시재생사업 관련 예산 협의
  5. 그 밖에 대통령령으로 정하는 사항

실무위원회 (법 제7조의 2)
- 특별위원회는 효율적인 운영을 위하여 특별위원회로부터 위임받은 사항을 심의
- 실무위원회의 심의를 거친 사항은 특별위원회의 심의를 거친 것으로 간주
- 실무위원회 위원장은 실무위원회 심의결과에 대해 특별위원회의 의견 청취, 특별위원회 위원장이 해당 심의결과에 대해 재심의할 필요가 있다고 판단하는 경우 특별위원회에서 재심의

도시재생지원기구 (국토교통부장관) (법 제10조)
- 지정 대상 : 한국토지주택공사, 주택도시보증공사, 한국감정원, 연구기관(국토연구원, 한국교통연구원)
- 기능
  1. 도시재생 활성화 시책의 발굴
  2. 도시재생 제도발전을 위한 조사·연구
  3. 도시재생전략계획 및 도시재생활성화계획의 수립 등 지원
  4. 도시재생사업의 시행 및 운영·관리 지원
  5. 도시재생종합정보체계의 구축·운영·관리 등에 관한 업무
  6. 도시재생전문가의 육성 및 파견 등의 업무
  7. 도시재생지원센터 운영 등의 지원
  8. 그 밖에 국토교통부장관이 정하는 업무

지방

지방도시재생위원회 (법 제8조)
- 다음의 심의 및 자문
- 지방자치단체의 도시재생 관련 주요 시책, 도시재생전략계획 및 도시재생활성화계획, 그 밖에 도시재생과 관련하여 필요한 사항
- 지방도시계획위원회가 지방도시재생위원회의 기능 수행
- 지방도시계획위원회가 설치된 지방자치단체는 지방위원회의 구성·운영 등에 대한 조건 충족 시

전담조직 (전략계획수립권자) (법 제9조)
- 역할 : 도시재생전략계획 및 도시재생활성화계획의 수립·지원 및 사업추진과 관련한 관계 기관·부서 간 협의 등을 위하여 도시재생 관련 업무를 총괄·조정
- 기능
  1. 도시재생 관련 현황 및 주요지표의 조사·관리
  2. 도시재생활성화계획 및 도시재생사업의 총괄조정관리·지원
  3. 관계 기관·행정기관과의 업무 협의 및 교류
  4. 지역 협업체제의 구축·운영
  5. 도시재생 관련 국고보조금 등의 관리
  6. 마을기업 등 지역자원을 활용한 도시재생사업의 발굴 및 추진
  7. 도시재생활성화계획 및 도시재생사업 평가 및 점검
  8. 재원 조달 및 관리
  9. 그 밖에 도시재생의 원활한 추진을 위하여 필요한 사항으로서 대통령령으로 정하는 사항

도시재생지원센터 (전략계획수립권자)
- 기능
  1. 도시재생전략계획 및 도시재생활성화계획 수립과 관련 사업의 추진 지원
  2. 도시재생활성화지역 주민의 의견조정을 위하여 필요한 사항
  3. 현장 전문가 육성을 위한 교육프로그램 운영
  4. 마을기업의 창업 및 운영 지원
  5. 그 밖에 대통령령으로 정하는 사항

제3장 도시재생전략계획 등

도시재생 계획수립 체계	국가계획	국가도시재생기본방침	
	지역계획	도시재생전략계획(기본구상) ↓ **전략적 대상지역** **(도시재생활성화 지역) 지정**	도시재생활성화계획(실행계획) ↓ 특별시장, 광역시장, 시장·군수·구청장이 **도시재생** **활성화지역에 대해 세부사업실행계획 수립**

국가도시 재생 기본방침 (법 제4조)	기본 방침 수립	• 수립권자 : 국토교통부장관(10년마다 수립, 필요 시 5년마다 재검토 정비) • 국가도시재생기본방침은 「국토기본법」에 따른 국토종합계획의 내용에 부합 • 국토교통부장관은 국가도시재생기본방침의 수립을 위해 도시재생종합정보체계를 활용해 도시쇠퇴 진단, 관계 지자체의 자료 요청 • 국가도시재생기본방침에는 다음 각 호의 사항이 포함 1. 도시재생의 의의 및 목표 2. 국가가 중점적으로 시행하여야 할 도시재생 시책 3. 도시재생전략계획 및 도시재생활성화계획의 작성에 관한 기본적인 방향 및 원칙 4. 도시재생선도지역의 지정기준 5. 도시 쇠퇴기준 및 진단기준 6. 기초생활인프라의 범위 및 국가적 최저기준 7. 그 밖에 도시재생 활성화를 위하여 필요한 사항으로서 대통령령으로 정하는 사항
	실태 조사 (영 제4조)	• 국토교통부장관 : 국가도시재생 기본방침의 체계적인 수립을 위해 도시 쇠퇴현황 및 기초생활 인 프라 현황에 대한 정기적 조사 추진 1. 인구 및 가구 구성의 현황 2. 산업구조 및 기능의 변화 3. 노후·불량건축물 현황 4. 지방자치단체 세입·세출의 변화 등 재정 여건 현황 5. 주차장, 공원 등 기초생활 인프라의 현황
	수립· 변경절차	• 관계 중앙행정기관의 장 협의 → 지방자치단체의 장 의견청취 → 도시재생특별위원회, 국무회의 심의 → 대통령 승인

도시재생 전략계획 (법 제12조~ 제18조)	수립 (법 제12조)	• 수립권자 : 전략계획수립권자(10년 단위로 수립, 5년 단위 재검토 정비) • 대상 : 지역 여건상 필요한 경우 인접한 지자체 관할구역의 전부 또는 일부 포함(이 경우 지자체 장의 동의를 받아야 하며, 공동으로 수립 시 제외) • 국가도시재생기본방침 및 도시·군기본계획의 내용에 부합하도록 수립, 도시재생과 관련한 각종 계획, 사업, 프로그램, 유형·무형의 지역자산 등이 우선적으로 도시재생 활성화지역에 연계·집중됨으로써 도시재생이 효율적으로 이루어지도록 함
	내용 (법 제13조)	• 도시재생전략계획 내용 1. 계획의 목표 및 범위 2. 목표 달성을 위한 방안 3. 쇠퇴진단 및 물리적·사회적·경제적·문화적 여건 분석 4. 도시재생활성화지역의 지정 또는 변경에 관한 사항 5. 도시재생활성화지역별 우선순위 및 지역 간 연계 방안 6. 도시재생지원센터 구성 및 운영방안 7. 지방정부 재원조달계획 8. 지원조례, 전담조직 설치 등 지방자치단체 차원의 지원제도 발굴 9. 그 밖에 전략계획 수립권자가 도시재생을 위하여 수립하는 사업 계획 • 도시재생전략계획으로 도시재생활성화지역의 지정요건(수립권자 : 전략계획 수립권자, 다음 2개 이상 충족)[법 제13조 4항] - 인구가 현저히 감소하는 지역, 총 사업체수의 감소 등 산업의 이탈이 발생되는 지역, 노후주택의 증가 등 주거환경이 악화되는 지역
	수립· 변경절차	• 기초조사 수행(전략계획 수립권자) → 공청회 개최(주민과 전문가 의견수렴), 지방의회 의견 청취(60일 이내 의견제시, 경과 시 없는 것으로 간주) → 관계행정기관의 장과 협의(30일 내 의견제시) → 지방위원회의 심의 → 도시재생전략계획 수립승인 → 도시재생전략계획 공고, 일반인 열람

도시재생 활성화계획 (법 제19조~제22조)	수립내용 (법 제19조)	• 전략계획 수립권자는 도시재생활성화계획, 구청장 등은 근린재생형활성화계획 수립 • 도시재생활성화계획 내용 　- 계획의 목표 　- 도시재생사업의 계획 및 파급효과 　- 도시재생기반시설 설치·정비에 관한 계획 　- 기초생활인프라의 국가적 최저기준 달성을 　　위한 계획 　- 공공 및 민간 재원 조달계획 　- 예산 집행 계획 　- 도시재생사업의 평가 및 점검 계획 　- 행위제한이 적용되는 지역 　- 그 밖에 대통령령으로 정하는 사항 • 도시경제기반형 활성화계획을 수립 시 해당 도시재생활성화지역 내의 산업단지, 항만, 공항, 철도, 일반국도, 하천 등 국가의 핵심적인 기능을 담당하는 도시군계획시설의 정비개발과의 연계방안과 해당 도시재생활성화계획의 도시경제·산업구조에 대한 파급효과 등을 우선적 고려 • 전략계획수립권자 또는 구청장등은 도시재생활성화계획을 수립하거나 변경하려면 국가도시재생기본방침 및 도시재생전략계획에 부합 • 도시재생활성화지역에서 사업을 시행하려는 경우 전략계획수립권자 또는 구청장등에게 그 사업을 포함한 도시재생활성화계획의 수립 또는 변경 제안
	작성기준 방법 (영 제25조)	• 해당 도시재생활성화지역의 쇠퇴현황을 분석하고, 도시재생활성화지역 내의 각종 계획, 사업, 프로그램, 유형·무형의 지역자산 조사·발굴하여 상호 연계 방안 검토 • 도시재생활성화계획 수립 이전부터 시행 중인 사업 신규로 추진되어야 하는 사업을 구분 작성 • 개별 도시재생사업의 개요, 범위, 필요성, 사업내용, 추진일정, 사업시행자 및 참여주체, 사업효과, 재원조달방안, 국가지원 항목 및 필요성 등을 구체적으로 제시할 것 • 사업시행자가 토지에 대한 소유권, 지상권, 임차권 또는 그 밖에 해당 토지를 사용할 수 있는 권리를 취득하여 건축물의 신축, 도시재생기반시설의 설치 등 물리적 정비가 수반되는 도시재생사업을 하는 경우, 해당 도시재생사업의 대상지역 및 경계를 명확하게 표현, 사업비 추정 • 경제·사회·문화·복지 등 프로그램의 운영이 수반되는 도시재생사업의 경우는 운영주체, 운영방안 등에 대한 계획을 제시할 것 • 사업시행 과정에서 위험요인을 분석하고, 성과관리 방안을 마련 실현가능한 계획으로 작성 • 주민의견을 충분히 수렴하고, 이해관계자 간 갈등 조정 과정 등을 거칠 것
	확정·승인 (법 제20조)	• 수립권자 : 특별시장·광역시장·특별자치시장 또는 특별자치도지사, 시장·군수 또는 구청장 　　　　　　(특별시장·광역시장 또는 도지사 승인 필요) 　- 관계행정기관의 장과 협의 후 지방위원회의 심의를 거쳐 확정 　- 시장·군수 또는 구청장등이 도시재생활성화계획을 수립하거나 변경하려면 해당 특별시장·광역시장 또는 도지사의 승인을 받아야 함. 이 경우 특별시장·광역시장 또는 도지사는 관계 행정기관의 장과 협의한 후 지방위원회의 심의를 거쳐야 함 • 국토교통부장관 　- 도시재생활성화계획에 국가 지원사항이 포함 시 국토교통부장관에게 국가 지원사항 결정 　- 관계 중앙행정기관의 장과 협의 후 특별위원회 심의를 거쳐 확정 • 도시재생활성화계획 확정 → 관계행정기관의 장에게 서류 송부 → 계획 내용 고시, 일반인 열람
	효력 (법 제21조)	• 고시한 날부터 효력 발생 • 도시재생활성화계획 고시일 이전에 사업이나 공사착수한 자는 도시재생활성화계획의 고시와 관계없이 그 사업이나 공사를 계속 가능 • 도시재생활성화계획 고시의 다음 고시·공고로 간주 　- 도시·군관리계획의 결정 또는 변경에 따른 　　도시·군계획시설사업의 시행자 지정 　- 특별건축구역의 지정 및 건축협정의 인가 　　또는 건축협정 집중구역의 지정 　- 경관협정인가 　- 주거환경개선사업에 대한 정비계획의 결정 　　및 정비구역의 지정 　- 보행자우선지역의 지정 　- 상권활성화구역 지정 및 변경 　- 사용·수익허가
	실효 (법 제22조)	• 도시재생활성화계획 취소 승인권자 　- 특별시장·광역시장·특별자치시장 또는 특별자치도지사(시장·군수 또는 구청장 취소요청) 　- 취소사유 : 추진 상황으로 보아 도시재생활성화계획의 목적달성 또는 달성불가 판단 　- 취소절차 : 관계행정기관의 장 협의, 지방위원회의 심의, 국토교통부장관 동의 필요 • 도시재생활성화계획이 고시된 날부터 3년, 도시재생사업 미착수 시 취소로 간주 • 도시재생활성화계획 취소로 볼 시 해당 도시재생활성화지역의 용도지역은 도시재생활성화계획의 결정·고시 이전의 용도지역으로 환원되거나 폐지

제4장 도시재생사업의 시행

구분	내용
도시재생사업의 시행 (법 제25조)	• 도시재생사업은 이 법에서 정한 사항 외는 해당 사업의 시행에 관한 사항을 규정하고 있는 관계 법령에 따라 시행 • 도시재생활성화계획이 고시되기 전부터 도시재생활성화지역에서 시행 중이거나 그 시행이 확정된 사업이 도시재생활성화계획에 포함된 경우는 해당 사업을 이법에 따른 도시재생사업으로 간주
도시재생사업의 시행자 (법 제26조)	• 도시재생사업 중 다른 법률에서 사업시행자를 별도 규정하지 않은 경우 다음 중에서 전략계획수립권자 또는 구청장 등이 사업시행자를 지정가능 - 지방자치단체, 공공기관, 지방공기업, 도시재생활성화지역 내의 토지 소유자, 마을기업·사회적기업·사회적 협동조합 등 지역주민단체 • 도시재생활성화계획이 고시되기 전부터 도시재생활성화지역에서 시행 중이거나 그 시행이 확정된 제2조 제1항 제7호 각 목의 사업이 도시재생활성화계획에 포함된 경우 해당 사업의 시행자를 도시재생사업의 시행자로 간주

도시재생 인정사업
(법 제26조의 2)
	• 전략계획수립권자는 도시재생전략계획이 수립된 지역으로서 제4조제3항제6호에 따른 기초생활 인프라의 국가적 최저기준에 미달하는 지역 또는 제13조 제4항 각 호의 요건 중 2개 이상을 갖춘 지역에서 시행하는 다음 각 호의 어느 하나에 해당하는 사업이 도시재생전략계획에 부합하고 도시재생활성화지역과 연계하여 시행할 필요가 있다고 인정하는 경우에는 지방위원회의 심의를 거쳐 해당 사업을 도시재생사업으로 인정
	  1. 「빈집 및 소규모주택 정비에 관한 특례법」에 따른 빈집정비사업 및 소규모주택정비사업
	  2. 「공공주택 특별법」에 따른 공공주택사업. 이 경우 같은 법 제2조 제3호 가목의 사업은 같은 법 제7조 제1항에 따라 소규모 주택지구로 지정된 경우에 한정
	  3. 「민간임대주택에 관한 특별법」에 따른 공공지원민간임대주택 공급에 관한 사업. 이 경우 같은 법 제33조 제1항에 따라 촉진지구로 지정한 경우에 한정
	  4. 도시재생기반시설 설치·정비 사업
	  5. 도시의 기능을 향상시키고 고용기반을 창출하기 위하여 필요한 건축물의 건축, 리모델링, 대수선
	  6. 도시재생전략계획의 효과를 제고하기 위하여 대통령령으로 정하는 사업
	• 전략계획수립권자는 제1항에 따라 해당사업을 도시재생사업으로 인정하려는 경우 도시재생인정 사업계획을 지방위원회의 심의를 거쳐 수립해야 함
	  - 목적, 필요성, 시행자, 위치, 면적, 사업비, 건축 및 운영에 관한 사항 및 기대효과 등 포함
	• 도시재생사업의 시행자는 인정사업계획을 작성하여 전략계획수립권자에게 도시재생사업의 인정요청 가능
	• 국가지원사항이 포함된 인정사업계획의 경우 국토부장관에게 미리 결정 받아야 하며 국토부장관은 중앙 행정기관의 장과 협의후 특별위원회 심의를 거쳐야 함 (이 경우 지방위원회 심의 거친 것으로 봄)
	• 도시재생활성화계획이 수립된 지역에서 인정사업계획이 고시되는 경우 도시재생활성화계획이 변경된 것으로 봄

도시재생 총괄사업관리자
(제26조의 3)
	• 전략계획수립권자 또는 구청장등은 도시재생사업을 체계적이고 효율적으로 추진하기 위하여 다음 각 호의 어느 하나에 해당하는 자를 도시재생 총괄사업관리자로 지정 가능함
	  1. 「공공기관의 운영에 관한 법률」에 따른 공공기관 중 대통령령으로 정하는 기관
	  2. 「지방공기업법」에 따른 지방공사
	  3. 도시재생사업을 시행할 목적으로 설립한 법인으로서 지방자치단체, 제1호 또는 제2호에 해당하는 자가 총 지분의 100분의 50을 초과하여 출자(공동 출자 포함)한 법인
	• 전략계획수립권자 또는 구청장등은 제1항에 따라 지정된 사업관리자에게 다음 각 호의 업무의 전부 또는 일부를 대행하게 하거나 위탁할 수 있음
	  1. 도시재생전략계획 및 도시재생활성화계획 수립 또는 변경 등의 검토와 관련된 업무
	  2. 도시재생사업에 대한 사업성 분석 및 설계·공정에 대한 총괄관리
	  3. 도시재생사업의 시행 및 운영·관리
	  4. 그 밖에 대통령령으로 정하는 업무

제5장 도시재생활성화를 위한 지원

보조 또는 융자 (법 제27조)	• 국가 또는 지방자치단체의 보조·융자 <table><tr><td>1. 도시재생전략계획 및 도시재생활성화계획 수립비 2. 도시재생 제도발전을 위한 조사·연구비 3. 건축물 개수·보수 및 정비 비용 4. 전문가 파견·자문비 및 기술 지원비 5. 도시재생기반시설의 설치·정비·운영 등에 필요한 비용 6. 도시재생지원기구 및 도시재생지원센터의 운영비 7. 문화유산 등의 보존에 필요한 비용</td><td>8. 마을기업, 「사회적기업 육성법」에 따른 사회적 기업, 「협동조합 기본법」에 따른 사회적협동조합 등의 지역활성화사업 사전기획비 및 운영비 9. 도시재생사업에 필요한 비용 10. 도시재생사업을 위한 토지·물건 및 권리 취득 필요비용 11. 그 밖에 대통령령으로 정하는 사항</td></tr></table>• 국가는 지자체 재정상태 및 도시재생활성화계획의 평가결과 등을 고려 보조 또는 융자 비율을 달리 설정 가능 • 국가는 보조·융자 필요 자금을 일반회계, 국가균형발전특별회계 또는 주택도시기금에서 지원 가능
상생협약 (법 제27조의 2)	• 도시재생활성화지역 내의 주민, 상가건물의 임대인과 임차인, 해당 지방자치단체의 장 등 상생협약을 체결 • 내용 : 상생협약을 체결한 당사자별 의무적인 이행사항, 차임과 차임인상률 안정화에 관한 사항, 임대차기간의 조정 사항, 상생협약 이행 시 우대조치에 관한 사항, 상생협약 위반 시 제재사항 등 포함
도시재생종합 정보체계의 구축 (법 제29조)	• 국토교통부장관은 도시재생활성화를 위하여 관련 정보 및 통계를 개발·검증·관리하는 도시재생종합정보체계 구축, 도시재생종합정보체계 구축·관리·운영하는 경우 관련 정보체계와의 연계 고려 • 국토교통부장관은 도시재생종합정보체계의 구축·운영·관리에 관한 업무를 도시재생지원기구에 위탁
국유재산·공유재산 등의 처분 등 (법 제30조)	• 제20조에 따라 도시재생활성화계획을 확정 또는 승인하려는 특별시장·광역시장·특별자치시장·특별자치도지사 또는 도지사는 도시재생활성화계획에 국유재산·공유재산의 처분에 관한 내용이 포함되어 있는 때에는 미리 관리청과 협의. 이 경우 관리청이 불분명한 재산 중 도로·하천·구거 등에 대하여는 국토교통부장관을, 그 외의 재산에 대하여는 기획재정부장관을 관리청으로 봄 • 협의를 받은 관리청은 20일 이내에 의견을 제시 • 도시재생활성화지역 내의 국유재산·공유재산은 도시재생사업 외의 목적으로 매각하거나 양도불가 • 도시재생사업의 시행자가 국유재산 또는 공유재산을 부득이하게 도시재생 목적으로 사용하려는 경우로서 대통령령으로 정하는 경우에는 「국유재산법」 또는 「공유재산 및 물품 관리법」에 따른 국유재산종합계획 또는 공유재산의 관리계획과 사용허가 및 계약의 방법에도 불구하고 도시재생사업의 시행자에게 이를 수의의 방법으로 사용허가하거나 수의계약으로 매각·대부 또는 양여. 이 경우 국가와 지방자치단체는 사용허가 및 대부의 기간을 20년 이내, 대통령령으로 정하는 바에 따라 사용료 또는 대부료를 감면 • 국유재산은 기획재정부장관과 협의를 거친 것으로 한정 • 도시재생사업을 목적으로 우선 매각하는 국유재산 또는 공유재산의 평가는 도시재생활성화계획이 고시된 날 또는 전략계획수립권자가 도시재생인정사업(제26조의2 제1항)을 도시재생사업으로 인정한 날을 기준으로 하여 행함 • 국가와 지방자치단체가 지방자치단체, 공공기관, 공기업인 도시재생사업의 시행자에게 국유재산 또는 공유재산을 사용수익하게 하거나 대부하는 경우에는 「국유재산법」 제18조 또는 「공유재산 및 물품 관리법」 제13조에도 불구하고 그 토지 위에 영구시설물을 축조 가능. 이 경우 해당 시설물의 종류 등을 고려하여 사용·수익 또는 대부기간이 끝나는 때에 그 시설물을 국가 또는 지방자치단체에 기부하거나 원상으로 회복하여 반환하는 조건을 붙일 수 있음 • 영구시설물의 소유권은 국가, 지방자치단체 또는 그 밖의 관계 기관과 도시재생사업의 시행자 간에 별도의 합의가 없는 한 그 국유재산 또는 공유재산을 반환할 때까지 도시재생사업의 시행자에게 귀속 • 전략계획수립권자 또는 구청장등은 도시재생사업을 위하여 공유재산을 취득하는 경우 공유재산의 관리계획 수립·변경에 관한 사항을 적용하지 아니함
건축규제의 완화 등에 관한 특례 (법 제32조)	• 전략계획 수립권자 또는 구청장 등은 필요 시 다음 완화를 포함하여 도시재생활성화계획 수립 – 「국토의 계획 및 이용에 관한 법률」와 관련한 위임 규정에 따라 조례로 정한 건폐율 최대한도의 예외 – 「국토의 계획 및 이용에 관한 법률」와 관련한 위임 규정에 따라 조례로 정한 용적률 최대한도의 예외. 다만, 「국토의 계획 및 이용에 관한 법률」에 따른 용적률의 최대한도를 초과불가 • 「주택법」 및 「주차장법」에 따른 주차장 설치기준 완화 • 「건축법」에 따라 조례로 정한 가로구역별 건축물의 최고 높이 또는 높이 제한 완화

제6장 도시재생선도지역

도시재생선도지역 지정(법 제33조)	• 지정권자 : 국토교통부장관(전략계획수립권자 요청) - 도시재생이 시급하거나 도시재생사업의 파급효과가 큰 지역을 직접 또는 전략계획수립권자의 요청에 따라 도시재생선도지역으로 지정 • 지정 시 주민과 관계 전문가 등으로부터 의견을 수렴 및 지방의회의 의견청취 • 국토교통부장관은 도시재생선도지역을 지정하거나 변경 지정하는 때에는 관계 중앙행정기관의 의견수렴, 특별위원회의 심의 • 관보 고시 및 관계 서류 일반인이 열람
도시재생선도지역에 대한 특별조치 (법 제34조)	• 전략계획수립권자 및 구청장 등은 도시재생선도지역에 대하여 도시재생전략계획의 수립 여부와 관계없이 도시재생활성화 계획을 수립 가능 • 국토교통부장관 및 전략계획수립권자는 도시재생선도지역에 대하여 예산 및 인력 등을 우선 지원 • 국가는 도시재생 선도지역에서 도시재생기반시설 중 대통령령으로 정하는 시설에 대하여 다른 법률의 규정에도 불구하고 설치비용의 전부 또는 일부 부담 ｜ 도시재생선도지역의 도시재생활성화 계획 수립·변경 ⇩ 지방위원회의 심의(경미한 사항 제외) ⇩ 수립·변경 요청 (전략계획수립권자 → 국토교통부장관) ⇩ 특별위원회의 심의 ⇩ 승인

제7장 특별재생지역

특별재생지역의 지정 (전략계획수립권자 →국토교통부장관) (법 제35조)	• 국토교통부장관은 「재난 및 안전관리 기본법」에 따른 특별재난지역으로 선포된 지역 중 국토교통부장관이 정하여 고시하는 금액 이상의 대규모 재난 피해가 발생한 지역으로서 다음 각 호의 사항을 모두 충족하는 지역을 특별재생지역으로 지정. 도시재생활성화지역 지정으로 간주 - 주택의 전부 또는 일부가 파손되어 주거안정을 위한 주택 정비 및 공급이 필요한 지역 - 재난이 발생하여 기반시설의 전부 또는 일부가 파손되고 추가 재난피해의 방지 및 대응을 위하여 기반시설 정비가 필요한 지역 - 피해지역 주민의 심리적 안정 및 지역공동체 활성화가 필요한 지역
특별재생계획 수립 (전략계획수립권자) (법 제36조)	• 특별재생지역에 대하여 도시재생전략계획의 수립 여부와 관계없이 도시재생활성화계획을 수립 • 수립내용 - 피해지역 주택의 정비 및 공급에 관한 계획(공공임대주택의 공급계획 포함)(필수) - 재난피해 방지 및 최소화를 위한 방재시설 등 도시재생기반시설의 정비 및 공급 등에 관한 계획(필수) - 피해지역 주민의 심리적 안정 대책 및 안전·복지 등에 관한 지역공동체 활성화 계획(필수) - 지역거점의 육성을 위한 복합적 토지이용 및 투자활성화 추진 계획(필요시) - 지역 특화산업 육성 등 지역경제 활성화 추진 계획(필요시) - 지역 자연경관·문화 및 재난 관련 시설을 활용한 관광거점 육성 추진 계획(필요시) - 그 밖에 도시재생사업에 필요한 사항(필요시)
특별재생계획 효력 (법 제37조)	• 고시한 날부터 그 효력이 발생 • 특별재생계획을 고시한 날부터 3년이 되는 날까지 하나의 도시재생사업도 착수되지 아니한 경우 그 3년이 되는 날의 다음 날에 해당 특별재생계획은 효력 상실 • 특별재생계획이 효력을 잃으면 특별재생지역의 용도지역은 특별재생계획이 결정·고시되기 전 용도지역으로 환원
관련 특례 (법 제38조~제40조)	• 특별재생지역의 일부를 입지규제최소구역·투자선도지구로 지정 또는 변경 가능 • 국토교통부장관 또는 전략계획수립권자는 특별재생지역에 대해 예산 및 인력 등 우선지원가능

제8장 혁신지구의 지정 등

혁신지구의 지정 등(법 제41조, 영 제45조)	• 전략계획수립권자는 다음 중 2개 이상을 갖춘 지역(도시재생활성화지역 포함)의 전부 또는 일부에 대한 도시재생사업의 계획(이하 "혁신지구계획")을 확정하거나 승인을 받아 혁신지구를 지정 　1. 인구가 현저히 감소하는 지역　　2. 총 사업체 수의 감소 등 산업의 이탈이 발생되는 지역 　3. 노후주택의 증가 등 주거환경이 악화되는 지역 • 혁신지구계획의 확정 및 승인에 대하여는 제20조(도시재생활성화계획의 확정 및 승인)를 준용. • 전략계획수립권자 또는 구청장 등은 혁신지구 사업시행자가 토지등을 수용하거나 사용하려는 경우 주민에게 혁신지구계획을 공람하고 공청회를 개최해야 함 • 혁신지구계획의 내용(다만, 제10호 및 제11호는 대통령령으로 정하는 바에 따라 미포함 가능) 1. 혁신지구의 명칭·위치·면적 지정 목적과 시행기간 2. 혁신지구사업시행자 3. 혁신지구사업의 시행방식 4. 주요 도입기능 및 토지이용계획 5. 수용인구 등에 관한 개발밀도계획 6. 도시재생기반시설의 설치·정비에 관한 계획 7. 철거되는 주택의 소유자 및 세입자(이하 "이주민")에 대한 주거 및 생활안정 대책 8. 국가 및 지방자치단체 지원사항 9. 재원 조달 및 예산 집행계획 10. 입지규제최소구역(「국토의 계획 및 이용에 관한 법률」 제40조의2 제2항) 또는 지구단위계획(제52조 제1항) 각 호의 사항에 관한 계획 　- 입지규제최소구역에 관한 계획 미포함: 도시재생혁신지구의 지정을 위하여 입지규제최소구역계획을 새로 수립하지 않거나 변경하지 않는 경우 / 혁신지구의 지정을 위하여 입지규제최소구역을 지정하지 않는 경우 　- 지구단위계획 미포함: 혁신지구의 지정을 위하여 지구단위계획을 새로 수립하지 않거나 변경하지 않는 경우 / 지구단위계획을 법 제47조에 따라 시행계획을 작성할 때 구체화하여 포함할 예정인 경우 11. 「도시개발법」에 따른 도시개발사업 등 대통령령으로 정하는 다른 법률에 따른 개발사업(이하 "종전사업")의 시행구역과 중복하여 혁신지구를 지정하는 경우 종전사업의 명칭·위치·면적 등 종전사업의 시행에 관하여 대통령령으로 정하는 사항 12. 그 밖에 대통령령으로 정하는 사항 • 혁신지구재생사업을 시행자(제44조)는 혁신지구계획을 수립하여 전략계획수립권자에게 혁신지구의 지정 또는 변경을 요청 가능 • 혁신지구에서의 행위 등의 제한에 대하여는 제23조를 준용. • 혁신지구의 규모 50만m² 이하
혁신지구계획의 효력 (법 제42조)	• 혁신지구계획이 고시된 때에는 다음 각 호의 지정결정을 받은 것으로 보며 이에 대한 고시나 공고를 한 것으로 봄 　- 입지규제최소구역 지정 및 입지규제최소구역계획의 결정 　- 지구단위계획구역 및 지구단위계획의 결정 　- 국가산업단지·일반산업단지 및 도시첨단산업단지의 지정. 이 경우 혁신지구사업시행자가 산업단지개발사업의 시행자이고, 산업단지개발계획에 대하여 산업입지정책심의회의 심의를 거친 경우에 한정 • 도시재생활성화계획이 수립된 지역에 제1항에 따른 혁신지구계획이 고시된 경우에는 도시재생활성화계획이 변경된 것으로 봄
혁신지구계획의 효력상실 등 (법 제43조)	• 전략계획수립권자는 다음 각 호의 경우 혁신지구계획 취소 　- 혁신지구계획이 고시된 날부터 3년이 되는 날까지 시행계획인가를 받지 아니한 경우 　- 사업시행자로부터 혁신지구의 해제 요청이 있는 경우 　- 혁신지구의 지정 목적을 달성할 수 없다고 인정하는 경우 • 전략계획수립권자는 사업시행자가 자연재해 등의 불가피한 사유로 기한을 연장해 줄 것을 요청하는 경우 1년 이내의 범위에서 그 기한을 연장
혁신지구재생사업의 시행자 (법 제44조)	• 혁신지구재생사업은 다음 각 호의 자가 단독 또는 공동으로 시행 1. 지방자치단체 2. 「공공기관의 운영에 관한 법률」에 따른 공공기관 중 대통령령으로 정하는 기관 3. 「지방공기업법」에 따른 지방공사 4. 주택도시기금 또는 제1호부터 제3호까지의 규정 중 어느 하나에 해당하는 자가 총지분의 50% 초과하여 출자(공동 출자 포함)한 법인 5. 제1호부터 제4호까지의 규정에 해당하는 자가 아닌 종전사업의 시행자. 이 경우 제1호부터 제4호까지의 규정에 해당하는 자와 공동으로 종전사업을 시행하는 경우에 한정

통합심의 (법 제48조)	• 특별위원회는 혁신지구의 지정 및 시행계획의 인가와 관련하여 도시계획·건축·환경·교통·재해 등 다음 각 호의 사항을 통합하여 심의 1. 「건축법」에 따른 건축물의 건축 2. 「국토의 계획 및 이용에 관한 법률」에 따른 도시·군관리계획(입지규제최소구역 포함) 3. 「경관법」에 따른 경관 심의 4. 「국가통합교통체계효율화법」에 따른 복합환승센터 5. 「도시교통정비 촉진법」에 따른 교통영향평가 6. 「자연재해대책법」에 따른 재해영향평가 7. 「교육환경 보호에 관한 법률」에 따른 교육환경평가서 8. 그 밖에 전략계획수립권자가 통합심의가 필요하다고 인정하여 특별위원회에 부의하는 사항
인가·허가 등의 의제 (법 제49조)	• 혁신지구사업시행자가 시행계획의 인가 또는 변경인가를 받은 경우에는 다음 각 호의 허가·인가·지정·승인·협의 및 신고 등을 받은 것으로 보며, 시행계획이 고시된 때에는 다음 각 호의 관계 법률에 따른 허가 등의 고시 또는 공고로 간주 1. 「국토의 계획 및 이용에 관한 법률」 도시·군관리계획의 결정(30조), 지형도면 고시(32조), 지구단위계획의 결정(50조), 개발행위의 허가(56조), 도시·군계획시설사업시행자의 지정(86조) 및 실시계획의 작성 및 인가(88조) 2. 「도시개발법」 실시계획 인가·고시(17조, 18조) 3. 「택지개발촉진법」 택지개발사업 실시계획 승인(9조) 4. 「도시 및 주거환경정비법」 사업시행계획인가(50조) 5. 「빈집 및 소규모주택 정비에 관한 특례법」 사업시행계획인가(12조, 29조) 6. 「산업입지 및 개발에 관한 법률」 국가산업단지개발실시계획의 승인(17조), 일반산업단지개발실시계획의 승인(18조) 및 도시첨단산업단지개발실시계획의 승인(18조의2) 7. 「산업집적활성화 및 공장설립에 관한 법률」 공장설립등의 승인(13조) 8. 「건축법」 건축허가(11조), 건축신고(14조), 허가·신고사항의 변경(16조), 가설건축물의 건축허가·신고(20조) 및 건축협의(29조) 9. 「주택법」 사업계획의 승인(15조) 10. 「공공주택 특별법」 공공주택지구계획의 승인(17조) 및 주택건설사업계획의 승인(35조) 11. 「도시교통정비 촉진법」 교통영향평가서의 검토(16조) 12. 「대중교통의 육성 및 이용촉진에 관한 법률」 개발사업계획에의 대중교통시설에 관한 사항(9조) 13. 「물류시설의 개발 및 운영에 관한 법률」 물류단지개발실시계획의 승인(28조) 14. 「항만법」 항만기본계획의 변경(7조), 항만공사 시행의 허가(9조 2항), 실시계획의 승인(10조 2항) 및 항만재개발사업실시계획의 승인(60조) 15. 「항만공사법」 실시계획의 승인(22조) 16. 「공유수면 관리 및 매립에 관한 법률」 공유수면의 점용·사용허가(8조), 점용·사용 실시계획의 승인(17조)(매립예정지 제외), 공유수면의 매립면허(28조), 고시(33조), 국가 등이 시행하는 매립의 협의 또는 승인(35조) 및 공유수면매립실시계획 승인·고시(38조) 17. 「관광진흥법」 사업계획의 승인(15조) 및 관광지·관광단지 조성계획의 승인(54조) 18. 「도로법」 도로관리청이 아닌 자에 대한 도로공사 시행의 허가(36조), 도로의 점용 허가(61조) 및 도로관리청과의 협의 또는 승인(107조) 19. 「하천법」 하천관리청과의 협의 또는 승인(6조), 하천공사 시행의 허가(30조) 및 하천공사실시계획의 인가, 하천 점용 등의 허가(33조), 하천수의 사용허가(50조) 20. 「소하천정비법」 소하천정비종합계획의 수립·승인(6조~8조) 및 소하천정비시행계획의 수립, 소하천공사 시행의 허가(10조), 소하천 점용 등의 허가 또는 신고(14조) 21. 「하수도법」 공공하수도(분뇨처리시설) 설치의 인가(11조), 공공하수도 사업의 허가(16조), 공공하수도의 점용허가(24조) 및 개인하수처리시설의 설치신고(34조 2항) 22. 「폐기물관리법」 폐기물처리시설 설치의 승인 또는 신고(29조) 23. 「수도법」 따른 일반수도사업 및 공업용수도사업의 인가(17조, 49조), 전용상수도 및 전용공업용수도 설치의 인가(52조, 54조) 24. 「체육시설의 설치·이용에 관한 법률」 사업계획의 승인(12조) 25. 「전기사업법」 발전사업·송전사업·배전사업 또는 전기판매사업의 허가(7조) 및 자가용전기설비 공사계획의 인가 또는 신고(62조) 26. 「집단에너지사업법」 집단에너지의 공급타당성에 관한 협의(4조) 27. 「에너지이용 합리화법」 에너지사용계획의 협의(10조) 28. 「화재예방, 소방시설 설치·유지 및 안전관리에 관한 법률」 건축허가등의 동의(7조 1항), 「위험물 안전관리법」 제조소등의 설치의 허가(6조1항) 29. 「자연재해대책법」 제5조에 따른 개발사업의 재해영향평가등의 협의 30. 「산지관리법」 산지전용허가 및 산지전용신고(14조·15조), 산지일시사용허가·신고(15조의2), 토석채취허가(25조), 「산림자원의 조성 및 관리에 관한 법률」 입목벌채등의 허가·신고(36조 1항·4항), 「산림보호법」 산림보호구역에서의 행위의 허가·신고(9조 1항, 2항 1호·2호)와 산림보호구역의 지정해제(11조 1항 1호) 31. 「농지법」 농업진흥지역 등의 변경·해제(제31조), 농지전용의 허가 또는 협의(34조) 및 농지전용신고(35조) 32. 「농어촌정비법」농업생산기반시설의 사용허가(23조) 및 농어촌 관광휴양단지 개발사업계획의 승인(82조 2항) 33. 「장사 등에 관한 법률」 분묘의 개장 허가(27조) 34. 「국유재산법」 행정재산의 사용허가(30조) 및 행정재산의 용도폐지(40조) 35. 「공유재산 및 물품 관리법」 행정재산의 용도폐지(11조) 및 사용·수익허가(20조)
이주민 등 보호를 위한 특별조치 (법 제51조)	• 혁신지구 또는 인근지역에서 임대주택을 소유 시 사업시행기간 동안 이주민이 이를 사용 가능 • 「공익사업을 위한 토지 등의 취득 및 보상에 관한 법률」에 따라 토지·물건 또는 권리를 수용 또는 사용하고자 하는 때에는 대상 토지면적의 2/3에 대한 소유권 등 권원 확보

개발이익 재투자 (법 제52조) [혁신지구 사업시행자]	• 전략계획수립권자는 시행계획 인가 시 혁신지구재생사업의 개발이익 산정을 의뢰 가능 • 혁신지구사업시행자는 산정된 개발이익의 전부 또는 일부를 다음 각 호의 어느 하나에 해당하는 용도로 사용 1. 해당 혁신지구재생사업의 분양가격이나 임대료의 인하 2. 해당 혁신지구재생사업으로 건설된 시설의 관리 및 운영비용 3. 도시재생기반시설이나 공공시설 설치비용 • 혁신지구사업시행자는 개발이익의 재투자를 위하여 개발이익을 구분하여 회계처리하는 등 필요한 조치
혁신지구에 대한 특례 (법 제54조)	• 혁신지구재생사업에 관한 국유재산·공유재산 등의 처분, 공동이용시설 사용료의 감면, 조세 및 부담금의 감면, 건축규제의 완화 등에 관한 특례는 제30조, 제30조의2, 제31조 및 제32조 준용 • 혁신지구사업시행자가 「공익사업을 위한 토지 등의 취득 및 보상에 관한 법률」 사업인정을 받은 경우(20조)에는 혁신지구계획에서 정하는 사업의 시행기간 내에 재결의 신청
다른 법률에 따른 개발사업구역과 중복지정 (법 제55조)	• 전략계획수립권자는 다음 각 호의 요건에 모두 해당하는 종전사업과 중복하여 혁신지구를 지정 1. 다음의 요건 중 2개 이상을 갖출 것 * 인구가 현저히 감소하는 지역, 총 사업체수의 감소 등 산업의 이탈이 발생되는 지역, 노후주택의 증가 등 주거환경이 악화되는 지역 3. 종전사업의 관계 법령에 따른 지역·지구·구역·권역·단지의 지정 및 사업시행자의 지정이 완료 4. 제44조 제1호부터 제4호까지의 규정에 해당하는 자가 종전사업의 단독 또는 공동시행자일 것 • 중복지정 사업의 시행자가 제44조 제5호에 해당하면 중복지정 사업 시행자의 권한은 종전사업 부분에만 미침 • 중복지정 사업에 대한 지구 등의 변경 또는 해제는 종전사업의 관계 법령에 따름. 이 경우 종전사업의 지구 등의 변경 또는 해제가 고시된 때에는 혁신지구계획이 변경으로 간주 • 중복지정 사업의 시행자는 제46조에 따른 시행계획의 인가를 받기 전에 종전사업의 관계 법령에서 사업시행과 관련하여 정하는 절차를 모두 이행해야 함 • 제50조에도 불구하고 종전사업의 권리관계, 건축물 등의 사용 및 처분은 종전사업의 관계 법령을 따름
주거재생혁신지구에 서의 토지등의 수용·사용 등 (법 제55조의2)	• 혁신지구사업시행자는 주거재생혁신지구에서 혁신지구재생사업을 시행하기 위하여 필요한 경우 토지·물건 또는 권리를 수용 또는 사용 • 전략계획수립권자는 토지등을 수용 또는 사용하는 방식으로 혁신지구재생사업을 시행하는 주거재생혁신지구를 지정하려는 경우에는 혁신지구계획에 대한 주민 공람 또는 공청회의 개최 공고가 있은 날부터 1년 이내에 토지면적의 3분의 2 이상에 해당하는 토지 소유자 및 토지 소유자 총수의 3분의 2 이상에 해당하는 자의 동의를 받아야 함 • 주거재생혁신지구 지정고시가 있을 때에는 「공익사업을 위한 토지 등의 취득 및 보상에 관한 법률」에 따라 사업인정 및 사업인정고시가 있는 것으로 봄
국가시범지구의 지정 등(법 제56조)	• 국토교통부장관은 제41조 제1항에도 불구하고 도시재생을 촉진, 선도적 혁신지구를 구현하기 위하여 제13조 제4항의 요건 중 2개 이상을 갖춘 다음 각 호의 어느 하나에 해당하는 지역을 전략계획수립권자의 요청에 따라 국가시범지구로 지정. 1. 도시재생전략계획 또는 「국토의 계획 및 이용에 관한 법률」에 따른 도시·군기본계획에 따라 산업·상업·주거·복지·행정 등의 기능이 집적된 지역거점을 조성할 필요가 있는 지역 2. 「국가균형발전 특별법」에 따른 산업위기대응특별지역 또는 「고용정책 기본법」에 따른 고용재난지역 3. 「연구개발특구의 육성에 관한 특별법」에 따른 연구개발특구 4. 그 밖에 지역의 거점 조성을 통해 도시재생을 촉진할 수 있는 지역으로서 대통령령으로 정하는 요건을 만족하는 지역 • 전략계획수립권자는 국가시범지구 지정을 요청하려면 국가시범지구에 대한 혁신지구계획 수립 • 국토교통부장관은 제2항에 따른 국가시범지구계획을 승인하여 국가시범지구를 지정. • 그 밖에 국가시범지구계획의 승인 및 효력 등에 대하여는 제41조제3항부터 제6항까지, 제42조 및 제43조를 준용하며, 국가시범지구에서의 사업시행 등에 필요한 사항은 제44조부터 제55조까지의 규정을 준용 • 국토교통부장관은 국가시범지구에 대하여는 대통령령으로 입지규제최소구역의 계획 수립기준 및 면적 등을 달리 정할 수 있음

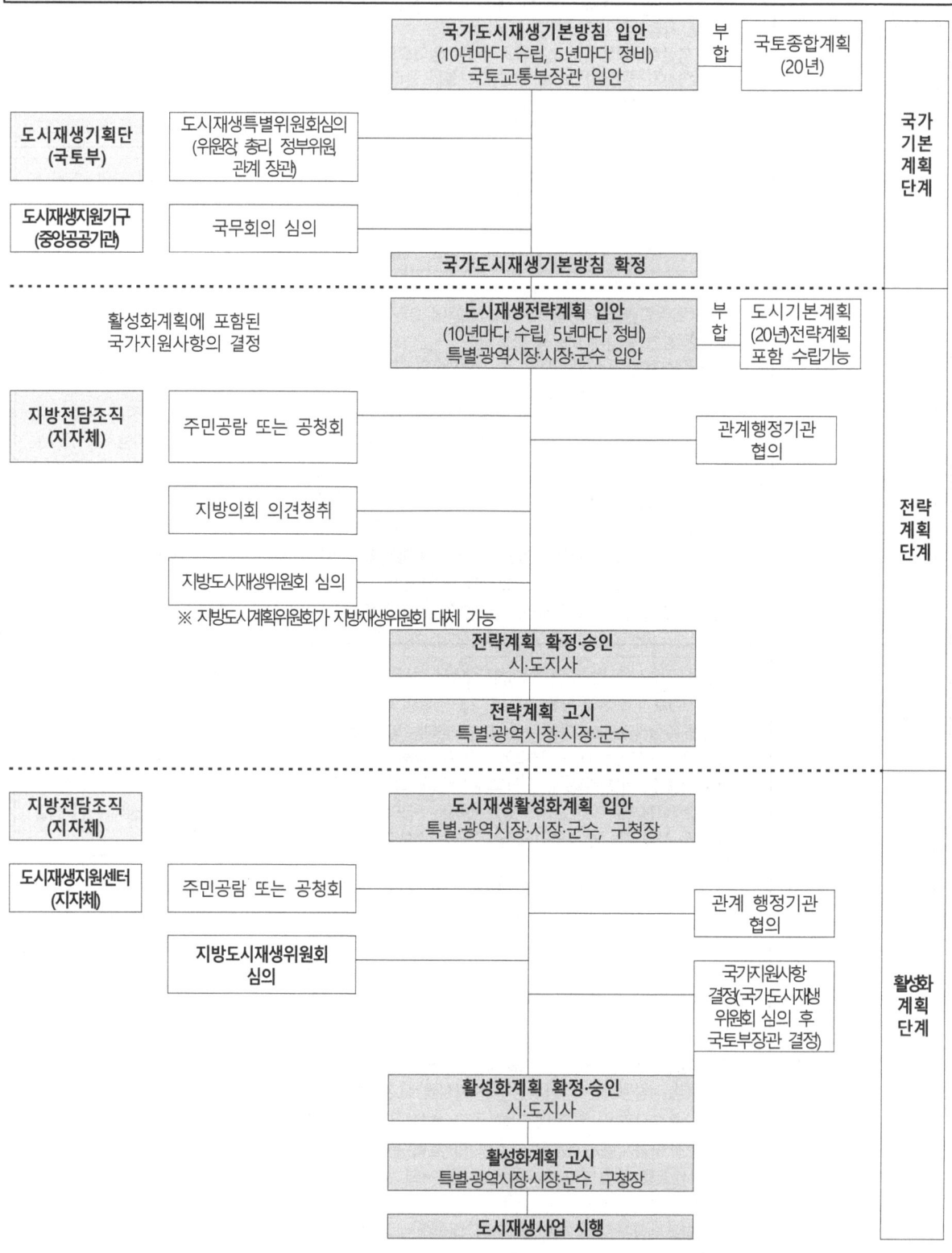

스마트도시 조성 및 산업진흥 등에 관한 법률

법공포 : 최초 '08. 3. 28. 최종개정 : '20. 12. 29. 시행일자 : '21. 12. 30.
영공포 : 최초 '08. 9. 25. 최종개정 : '21. 6. 15. 시행일자 : '21. 6. 17.

「스마트도시 조성 및 산업진흥 등에 관한 법률」 구성체계

제1장 총칙	제2장 스마트도시종합계획의 수립 등	제3장 스마트도시건설사업의 시행 등	제3장의 2 스마트도시서비스의 활성화
제1조 목적 제2조 정의 제3조 적용 대상 제3조의2 국가 등의 책무 제3조의3 다른 법률과의 관계	제4조 스마트도시종합계획의 수립 등 제5조 공청회의 개최 제6조 종합계획의 확정 제7조 종합계획의 변경 제8조 스마트도시계획의 수립 등 제9조 스마트도시계획의 수립을 위한 공청회의 개최 제9조의2 민간부문의 제안 제10조 스마트도시계획의 승인 제11조 스마트도시계획의 변경	제12조 사업시행자 제13조 삭제 제14조 스마트도시건설사업 실시계획 제15조 다른 법률에 따른 인·허가등의 의제 제16조 준공검사 제17조 실시계획승인 등의 특례 제18조 공공시설의 귀속 제19조 스마트도시기반시설의 관리·운영 등	제19조의2 스마트도시서비스 관련 정보의 유통 활성화 제19조의3 스마트도시서비스의 활용 등 제19조의4 스마트도시서비스 지원 기관의 지정 제19조의5 스마트도시서비스 관련 정보시스템의 연계·통합
제4장 스마트도시기술의 기준 및 정보보호 등	**제6장 스마트도시산업의 지원**	**제7장 국가시범도시의 지정·지원 등**	**제8장 스마트규제혁신지구의 지정·운영 및 특례**
제20조 융합기술의 기준 제21조 개인정보 보호 제22조 스마트도시기반시설의 보호	제25조 스마트도시산업 육성·지원 시책 제26조 보조 또는 융자 제27조 연구·개발 등 제28조 전문 인력의 양성 제29조 스마트도시 특화단지의 지정 및 지원 제30조 국제협력 및 해외진출 지원 제31조 금융지원 등 제32조 스마트도시 등의 인증 제33조 인증의 취소 제34조 인증의 표시 등 제34조의2 권한 및 업무의 위임·위탁	제35조 국가시범도시의 지정 등 제35조의 2 총괄계획가의 운영 제35조의 3 성과평가 및 평가결과의 공개 제36조 국가시범도시에 대한 지원 제37조 익명처리된 개인정보의 활용에 관한 다른 법령의 배제 제38조 국가시범도시 조성토지 등의 공급에 관한 특례 제39조 자율주행자동차 운행에 관한 특례 제40조 무인비행장치에 관한 특례 제41조 소프트웨어사업 참여에 관한 특례 제42조 자가전기통신설비 사용에 관한 특례 제42조의2 신에너지 및 재생에너지 개발·이용·보급촉진법에 관한 특례 제42조의3 자동차대여사업에 관한 특례 제43조 혁신성장진흥지구의 지정 등 제44조 혁신성장진흥구역에 관한 특례 제45조 투자선도지구의 지정에 관한 특례 제46조 삭제	제47조 스마트규제혁신지구의 지정 등 제48조 스마트규제혁신지구의 변경·지정해제 등 제49조 스마트혁신사업 등 제50조 스마트실증사업 등 제51조 스마트혁신사업계획의 승인 기준 등 제52조 스마트혁신사업의 변경·조치·취소 등 제53조 스마트혁신사업에 대한 관리등 제54조 벌칙 제55조 과태료 제56조 벌칙적용에서 공무원 의제
제5장 스마트도시 추진체계			
제23조 국가스마트도시위원회 제23조의2 국가시범도시지원단 제24조 스마트도시사업협의회 제24조의2 스마트도시협회 제24조의3 지도·감독 등			

제1장 총 칙

목적	• 스마트도시의 효율적인 조성, 관리·운영 및 산업진흥 등에 관한 사항을 규정하여 도시의 경쟁력을 향상시키고 지속가능한 발전을 촉진함으로써 국민의 삶의 질 향상과 국가 균형발전에 이바지함
스마트도시	• 도시의 경쟁력과 삶의 질의 향상을 위하여 건설·정보통신기술 등을 융·복합하여 건설된 도시기반시설을 바탕으로 다양한 도시서비스를 제공하는 지속가능한 도시
국가시범도시	• 지능형 도시관리 및 혁신산업 육성을 위하여 스마트도시서비스 및 스마트도시기술을 도시공간에 접목한 도시로서 제35조에 따라 지정하여 조성하는 스마트도시
스마트도시 서비스	• 스마트도시기반시설 등을 통하여 행정·교통·복지·환경·방재 등 도시의 주요 기능별 정보를 수집한 후 그 정보 또는 이를 서로 연계하여 제공하는 서비스로서 대통령령으로 정하는 서비스

스마트도시 기반시설	• 다음 각목에 어느 하나에 해당하는 건물 - 「국토의 계획 및 이용에 관한 법률」 제2조 제6호에 따른 기반시설 또는 같은 조 제13호에 따른 공공시설에 건설·정보통신 융합기술을 적용하여 지능화된 시설 - 「국가정보화기본법」 제3조 제13호의 초고속정보통신망, 같은 조 제14호의 광대역통합정보통신망, 그 밖에 대통령령으로 정하는 정보통신망 - 스마트도시서비스의 제공 등을 위한 스마트도시 통합운영센터 등 스마트도시의 관리·운영에 관한 시설로서 대통령령으로 정하는 시설 - 스마트도시서비스를 제공하기 위하여 필요한 정보의 수집, 가공 또는 제공을 위한 건설기술 또는 정보통신기술 적용 장치로서 폐쇄회로 텔레비전 등 대통령령으로 정하는 시설
스마트도시기술	• 스마트도시기반시설을 건설하여 스마트도시서비스를 제공하기 위한 건설·정보통신 융합기술과 정보통신기술
건설·정보통신 융합기술	• 「국토의 계획 및 이용에 관한 법률」에 따른 기반시설 또는 공공시설을 지능화하기 위하여 건설기술에 전자·제어·통신 등의 기술을 융합한 기술로서 대통령령으로 정하는 기술
스마트도시건설사업	• 제8조에 따른 스마트도시계획에 따라 스마트도시서비스를 제공하기 위하여 스마트도시기반시설, 건축물, 공작물 등을 설치·건축·구축·정비·개량 및 공급·운영하는 사업
국가시범도시 건설사업	• 국가시범도시에서 시행되는 스마트도시건설사업
스마트도시산업	• 스마트도시기술과 스마트도시기반시설, 스마트도시서비스 등을 활용하여 경제적 또는 사회적 부가가치를 창출하는 산업
혁신성장 진흥구역	• 스마트도시서비스 및 스마트도시기술의 융·복합을 활성화함으로써 스마트도시산업의 창업을 지원하고 투자를 촉진하기 위하여 제43조에 따라 지정하는 구역
스마트혁신기술 서비스	• 스마트도시기술 및 스마트도시서비스를 개선하거나 신기술·신서비스의 활용 또는 융·복합을 통하여 도시민의 삶의 질의 향상과 혁신산업 육성에 기여하는 기술과 서비스
스마트혁신사업	• 스마트혁신기술·서비스를 제공·이용하기 위하여 제49조에 따라 임시로 승인을 받은 사업
스마트실증사업	• 스마트혁신기술·서비스를 시험·검증하기 위하여 제50조에 따른 승인을 받아 일정 기간 동안 규제의 전부 또는 일부를 적용하지 아니하도록 한 사업
적용대상 (법 제3조)	• 다음 각 호의 사업에 대하여 스마트도시건설사업을 시행하는 경우에 적용 - 「택지개발촉진법」의 택지개발사업 - 「도시개발법」의 도시개발사업 - 「혁신도시 조성 및 발전에 관한 특별법」의 혁신도시개발사업 - 「기업도시개발 특별법」의 기업도시개발사업 - 「신행정수도 후속대책을 위한 연기·공주지역 행정중심복합도시 건설을 위한 특별법」의 행정중심복합도시건설사업 - 「도시재생 활성화 및 지원에 관한 특별법」에 따른 도시재생사업 - 그 밖에 관계 법령에 따른 도시개발사업 및 특별시, 광역시, 시군의 도시정비, 개량 등의 사업 중 대통령령으로 정하는 사업 · 「주택법」에 따른 주택건설사업 또는 대지조성사업 · 「도시 및 주거환경정비법」의 정비사업 · 「도시재정비 촉진을 위한 특별법」의 재정비촉진사업 · 「산업입지 및 개발에 관한 법률」에 따른 산업단지개발사업 및 특수지역개발사업 · 「공공주택 특별법」에 따른 공공주택지구조성사업 · 「경제자유구역의 지정 및 운영에 관한 특별법」에 따른 경제자유구역 개발사업 · 「친수구역 활용에 관한 특별법」에 따른 친수구역조성사업 · 「지역 개발 및 지원에 관한 법률」에 따른 지역개발사업 · 「역세권의 개발 및 이용에 관한 법률」에 따른 역세권개발사업 · 「민간임대주택에 관한 특별법」에 따른 공공지원민간임대주택 공급촉진지구 조성사업 · 「관광진흥법」에 따른 관광단지 조성사업 · 「새만금사업 추진 및 지원에 관한 특별법」 제2조 제2호에 따른 새만금사업 • 이 법은 제1항의 사업 외에 스마트도시기반시설의 설치 또는 기능을 고도화하거나 스마트도시서비스의 연계를 촉진하기 위한 사업에 적용. 다만, 스마트도시계획의 수립 및 스마트도시건설사업 실시계획에 관한 규정은 적용 제외
다른 법률과의 관계 (법 제3조의 3)	• 이 법은 스마트도시의 조성 및 산업진흥, 국가시범도시의 지정·육성 등에 관하여 다른 법률보다 우선하여 적용. 다만 다른 법률에서 이 법의 규제에 관한 특례보다 완화 규정이 있을시 그 법령에 따름

제2장 스마트도시종합계획의 수립 등

구분	내용
스마트도시종합계획 수립절차 (법 제4조~제6조)	• 수립권자 : 국토교통부장관(5년 단위) • 주요 내용 1. 스마트도시의 실현을 위한 현황 및 여건 분석 2. 스마트도시의 이념과 기본방향 3. 스마트도시의 실현을 위한 단계별 추진전략 4. 스마트도시건설 등을 위한 관련 법·제도의 정비 5. 스마트도시건설사업 추진체계 6. 국가와 지방자치단체 간, 중앙행정기관별 역할 분담 7. 스마트도시기반시설의 구축 및 관리·운영과 관련 기준의 마련 8. 스마트도시기술의 기준 9. 개인정보 보호와 스마트도시기반시설 보호 10. 스마트도시건설 등에 필요한 재원의 조달 및 운용 11. 국가시범도시의 지정·운영에 관한 사항 12. 그 밖에 스마트도시건설 등을 위하여 필요한 사항으로서 대통령령으로 정하는 사항
스마트도시종합계획 수립절차 (법 제4조~제6조)	공청회 개최 — 전문가 의견청취 ⇩ 중앙행정기관의 장 협의 — 30일 이내 ⇩ 국가스마트도시위원회의 심의·확정 ⇩ 관보 공고 — 관계 중앙행정기관의 장, 특별시장·광역시장·도지사 및 특별자치도지사, 시장 및 군수에게 종합계획 송부
스마트도시계획 수립 (법 제8조, 제9조)	• 수립권자 : 특별시장·광역시장·특별자치시장·특별자치도지사·시장 또는 군수 - 단, 관할구역에서 스마트도시건설사업을 시행하려는 경우 사업시행 전에 스마트도시계획 수립 필수 • 「국토의 계획 및 이용에 관한 법률」에 따라 수립된 도시·군기본계획에 스마트도시계획의 내용이 반영되어 있는 경우 국토교통부장관의 승인을 받아 스마트도시계획 수립 의무 제외
스마트도시계획 내용 및 절차 (법 제8조~제11조)	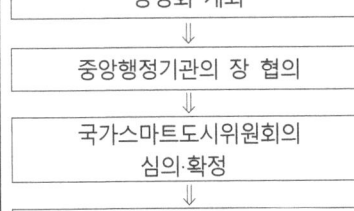 • 스마트도시계획 내용 1. 지역적 특성 및 현황과 여건 분석 2. 지역적 특성을 고려한 스마트도시건설의 기본방향과 계획의 목표 및 추진전략 3. 스마트도시건설사업의 단계별 추진 4. 스마트도시건설사업 추진체계 5. 관계 행정기관 간 역할분담 및 협력 6. 스마트도시기반시설의 조성 및 관리·운영 7. 지역적 특성을 고려한 스마트도시서비스 8. 스마트도시건설 등에 필요한 재원의 조달 및 운용 9. 국가시범도시건설사업에 관한 사항(국가시범도시 지정에 한정) 10. 그 밖에 스마트도시건설 등에 필요한 사항으로서 대통령령으로 정하는 사항 • 스마트도시계획은 종합계획의 내용을 반영, 「국토의 계획 및 이용에 관한 법률」에 따른 도시·군기본계획과의 조화 ⇩ 지방자치단체장 협의 — • 인접 시·군 일부 포함 시 도지사 수립 시 관계 시장 또는 군수 의견 청취 ⇩ 공청회 개최 — • 국토교통부장관 및 스마트도시계획 수립권자는 민간기업·법인·단체 또는 개인을 대상으로 다음 각호의 사업제안을 공모 가능 ⇩ 관계 행정기관 장 협의 — - 스마트도시건설사업, 스마트도시서비스의 제공, 스마트도시기술의 개발, 그 밖에 대통령령으로 정하는 사항 ⇩ 국토교통부장관 승인 스마트도시계획승인 공보의 공고 — • 승인권자 : 국토교통부장관

민간부문의 제안 (법 제9조의2)	• 국토교통부장관 및 스마트도시계획수립권자는 민간기업·개인·단체·법인(「공공기관의 운영에 관한 법률」에 따른 공공기관을 포함. 이하 "민간기업등"을 대상으로 다음 각 호에 해당하는 사업의 제안을 공모 가능. 이 경우 지방자치단체는 민간기업 등과 공동으로 사업을 제안 가능 　- 스마트도시건설사업　　　　　　　- 스마트도시기술의 개발 　- 스마트도시서비스의 제공　　　　　- 그 밖에 대통령령으로 정하는 사항 • 스마트도시계획수립권자는 제1항에 따라 제안된 사업을 선정한 경우 해당 사업에 대하여 제8조에 따라 스마트도시계획을 수립하거나, 제11조에 따라 스마트도시계획을 변경하여 추진 • 스마트도시계획수립권자는 민간제안사업을 제안한 민간기업 등이 제12조에 따른 사업시행자에 해당하는 경우 해당 민간기업 등을 사업시행자로 지정 • 국토교통부장관은 민간제안사업의 추진에 필요한 비용의 전부 또는 일부를 지원 • 민간제안사업의 제안방식, 선정기준, 선정절차 및 비용지원에 관하여 필요한 사항은 대통령령으로 정함

제3장 스마트도시건설사업의 시행 등

실시계획 수립	사업시행자 (법 제12조)	• 스마트도시건설사업의 시행자 　- 국가 또는 지방자치단체 　- <u>한국토지주택공사, 한국수자원공사, 한국농어촌공사</u> 　- <u>지방공사</u> 　- <u>「국토의 계획 및 이용에 관한 법률」 제86조, 「도시개발법」 제11조, 「택지개발촉진법」 제7조, 「도시 및 주거환경정비법」 제25조부터 제27조까지 및 「빈집 및 소규모주택 정비에 관한 특례법」 제17조부터 제19조까지, 「기업도시개발 특별법」 제10조, 「도시재정비 촉진을 위한 특별법」 제15조, 그 밖에 대통령령으로 정하는 법률에 따른 사업시행자</u> 　- <u>「사회기반시설에 대한 민간투자법」에 따른 사업시행자</u> 　- <u>국가 또는 지자체, 공사가 스마트도시의 효율적 조성을 위해 민간사업자와 공동으로 출자하여 설립한 법인으로서 대통령령으로 정하는 요건을 갖춘 법인</u> ※ 밑줄 친 사업시행자는 실시계획승인권자로부터 스마트도시건설사업의 시행자로 지정 받은 후 스마트도시건설사업 시행가능 • 스마트도시기반시설의 설치 또는 기능을 고도화하거나 스마트도시서비스의 연계를 촉진하기 위한 사업의 시행 　- 국가 또는 지방자치단체, 한국토지주택공사·한국수자원공사·한국농어촌공사, 지방공사와 다음 각 호에 해당하는 자가 시행 　　1. 「건설산업기본법」에 따른 건설업자 　　2. 「전기공사업법」에 따른 전기공사업자 　　3. 「전기통신사업법」에 따른 전기통신사업자 　　4. 「정보통신공사업법」에 따른 정보통신공사업자 　　5. 「소프트웨어산업 진흥법」에 따른 소프트웨어사업자 　　6. 그 밖에 대통령령으로 정하는 사업시행자
	실시계획 (법 제14조)	• 스마트도시건설사업 실시계획내용 　- 사업의 명칭 및 범위　　　　　　　　- 스마트도시기반시설의 조성 및 관리·운영 　- 사업의 목적 및 기본방향　　　　　　- 스마트도시서비스의 제공 　- 사업시행자, 시행기간, 시행방법　　- 스마트도시기술 　- 연도별 투자계획 및 재원조달계획(비용분담계획 포함)　　- 그 밖에 스마트도시건설에 필요한 사항으로서 대통령령으로 정하는 사항 <첨부서류 및 도면> 1. 사업시행지역의 위치도 2. 실시계획 평면도 및 개략설계도서 3. 국가 또는 지방자치단체에 귀속될 공공시설 설치비용 계산서 및 사업 시행자에게 귀속·양도될 기존 공공시설의 계산서(사업시행자가 국가 및 지방자치단체가 아닌 경우만 해당) 4. 관계행정기관의 장과의 협의에 필요한 서류

		승인권자	시행자 및 사업구역 구분
실시계획승인	승인권자	특별시장·광역시장·특별자치시장·특별자치도지사·시장·군수	국가 또는 지방자치단체 외의 사업시행자
		도지사	둘 이상의 관할구역에 걸치며 같은 도의 구역 내
		국토교통부장관	둘 이상의 특별시·광역시, 도의 관할구역에 속할 때

관계 중앙행정기관의 장과 협의

공고고시	실시계획 승인권자	• 국토교통부장관이나 지방자치단체의 장 실시계획의 수립 또는 승인 시 관보나 공보에 공고 - 국토교통부장관 또는 도지사가 실시계획을 승인한 경우에는 해당 사업구역을 관할하는 특별시장·광역시장·특별자치시장·특별자치도지사·시장·군수에게 관계 서류 송부
	관련 인허가 의제	1. 「국토의 계획 및 이용에 관한 법률」에 따른 도시·군관리계획의 결정(기반시설의 설치·정비 또는 개량사항 한정), 공동구의 점용 또는 사용허가, 개발행위의 허가, 도시·군계획시설사업 시행자의 지정 및 실시계획의 인가 2. 「하수도법」에 따른 공공하수도의 점용허가 3. 「하천법」에 따른 하천의 점용허가 4. 「소하천정비법」에 따른 소하천의 점용허가 5. 「도로법」에 따른 도로의 점용허가 6. 「도로교통법」에 따른 도로공사의 신고 7. 「건축법」에 따른 건축의 허가, 건축의 신고, 가설건축물 건축의 허가·신고, 공용건축물 건축 등의 협의 및 옹벽 등 공작물의 축조신고 8. 「공유수면관리법」에 따른 공유수면의 점용 또는 사용허가 9. 「국유재산법」에 따른 행정재산 및 보존재산의 사용·수익허가 10. 「공유재산 및 물품 관리법」에 따른 행정재산의 사용·수익허가 11. 「농지법」에 따른 농지의 전용허가 또는 협의, 농지의 전용신고 및 농지의 다른 용도로의 일시사용허가 또는 협의 12. 「농어촌정비법」에 따른 농업생산기반시설의 사용허가 13. 「산지관리법」에 따른 산지의 전용허가 또는 신고, 산지일시사용허가·신고 14. 「산림자원의 조성 및 관리에 관한 법률」에 따른 입목벌채 등의 허가 또는 신고, 「산림보호법」에 따른 산림보호구역(산림유전자원보호구역은 제외)에서의 행위의 허가·신고 15. 「사방사업법」에 따른 사방지 안에서의 벌채 등의 허가 16. 「초지법」에 따른 초지의 전용허가 17. 「소방시설 설치·유지 및 안전관리에 관한 법률」에 따른 건축허가 등의 동의 18. 「소방시설공사업법」에 따른 소방시설의 착공신고 19. 「도시공원 및 녹지 등에 관한 법률」에 따른 도시공원의 점용허가, 도시자연공원구역에서의 행위허가, 녹지의 점용허가 20. 「토양환경보전법」에 따른 측정망설치계획의 결정 21. 「대기환경보전법」에 따른 측정망설치계획의 결정 22. 「물환경보전법」에 따른 측정망 설치계획의 결정 23. 「소음·진동관리법」에 따른 측정망 설치계획의 결정

공사완료

공사완료보고서	사업시행자	• 준공검사 전 공사완료보고서를 실시계획 승인권자에게 제출
준공검사 (법 제16조)	실시계획 승인권자	• 실시계획 승인권자는 준공검사를 한 결과 스마트도시건설사업이 실시계획대로 끝났다고 인정하면 사업시행자에게 준공검사 증명서를 발급
공공시설 귀속 (법 제18조)		• 사업시행자가 실시계획에서 무상귀속으로 정하여진 스마트도시기반시설을 설치하는 경우 이를 공공시설로 보며, 그 귀속에 관하여는 「국토의 계획 및 이용에 관한 법률」제65조를 준용 • 공공시설은 준공 후 그 공공시설의 관리청에 귀속될 때까지 이 법 또는 다른 법률에 특별한 규정이 있는 경우 외에는 특별시장·광역시장·특별자치시장·특별자치도지사·시장 또는 군수가 관리, 단 특별시장 또는 광역시장이 관할 구역의 구청장과 미리 협의한 경우 해당 구청장이 관리

제3장의 2 스마트도시서비스의 활성화

스마트도시서비스 관련 정보유통 활성화 (법 제19조의 2)	• 스마트도시기반시설의 관리청은 스마트도시서비스를 위하여 수집된 정보를 가공·활용 또는 유통하려는 자에게 해당 정보를 제공 • 스마트도시기반시설의 관리청은 제1항에 따라 정보를 제공한 경우에는 수수료를 받을 수 있음 • 국토교통부장관은 제1항에 따른 정보의 유통을 촉진하고 관련 산업을 진흥하기 위한 시책을 마련
스마트도시서비스 관련 정보시스템의 연계·통합 등 (제19조의 5)	• 스마트도시기반시설의 관리청은 스마트도시서비스를 제공하기 위하여 수집된 정보가 제2조 제3호 다목에 따른 스마트도시 통합운영센터 등 스마트도시의 관리·운영에 관한 시설과 연계될 수 있도록 관리 • 스마트도시기반시설의 관리청은 스마트도시서비스를 통합적·효율적으로 제공하기 위하여 스마트도시 관리·운영시설 내 정보시스템이 연계·통합될 수 있도록 관리 • 국토교통부장관은 제1항 및 제2항에 따른 정보시스템 연계통합 사업비용의 일부를 예산의 범위에서 지원

제4장 스마트도시기술의 기준 및 정보보호 등

융합기술의 수준 (제20조)	• 국토교통부장관은 행정안전부장관 등 대통령령으로 정하는 관계 중앙행정기관의 장과 협의를 거쳐 건설·정보통신 융합기술의 기준을 제정·고시 • 융합기술의 기준을 제정할 때에는 스마트도시 간의 호환성과 융합기술의 확장성을 고려
개인정보 보호 (제21조)	• 스마트도시의 관리 및 스마트도시서비스의 제공과정에서 개인의 정보가 수집, 이용, 제공, 보유, 관리 및 파기되는 경우에는 관계 법령에 따라 필요한 목적의 범위에서 적법하고 안전하게 취급
스마트도시기반시설의 보호 (제22조)	• 행정안전부장관은 「정보통신기반 보호법」 제8조에 따른 기준 및 절차 등에 따라 해당 지방자치단체의 장과 협의하여 스마트도시기반시설 중 대통령령으로 정하는 시설을 주요 정보통신기반시설로 지정하여야 함 • 제12조 제1항 제1호부터 제3호까지에 해당하지 아니하는 민간사업자는 스마트도시기반시설에 대하여 「정보통신망 이용촉진 및 정보보호 등에 관한 법률」 제47조 제1항에 따른 인증을 받을 수 있음

제5장 스마트도시 추진체계

국가스마트도시위원회 (법 제23조)	• 소속 : 국토교통부장관(위원장 1명, 부위원장 3명을 포함한 30명 이내의 위원으로 구성) • 심의사항 1. 종합계획에 관한 사항 2. 국가가 시행하는 스마트도시건설사업에 관한 사항 3. 중앙행정기관의 장과 지방자치단체의 장 간의 의견 조정에 관한 사항 4. 스마트도시 활성화를 위한 정부의 지원사항 5. 스마트도시서비스 활성화를 위한 분야별 정보시스템의 연계·통합에 관한 사항 6. 국가시범도시의 지정·해제 및 범위의 변경에 관한 사항 7. 혁신성장진흥구역의 지정·변경 또는 해제에 관한 사항 8. 스마트도시와 관련하여 위원장이 회의에 부치는 사항 11. 스마트혁신사업·스마트실증사업의 승인·변경·취소에 관한 사항 12. 그 밖에 대통령령으로 정하는 중요 사항
국가시범도시지원단 (법 제23조의2)	• 국가시범도시의 지정·운영과 효율적인 개발·지원 등 다음 각호의 사항을 지원하기 위하여 국토교통부 소속으로 국가시범도시지원단을 설치 1. 국가시범도시의 지정·운영·개발 2. 국가시범도시 조성을 위한 협력체계 구축 3. 그 밖에 대통령령으로 정하는 사항
스마트도시사업협의회 (법 제24조)	• 스마트도시건설사업 등을 추진하려는 지방자치단체의 장은 사업 추진을 위한 다음 각 호의 사항을 협의하기 위하여 스마트도시사업협의회를 구성·운영 1. 실시계획에 관한 사항 2. 스마트도시기반시설의 관리·운영 및 재정확보 방안에 관한 사항 3. 스마트도시기반시설의 인수인계에 관한 사항 4. 그 밖에 스마트도시건설사업의 원활한 추진을 위하여 대통령령으로 정하는 사항

제6장 스마트도시산업의 지원

구분	내용
스마트도시산업 육성·지원시책 (법 제25조)	• 국토교통부장관은 제4조에 따른 스마트도시종합계획과 연계하여 다음 각 호의 사항을 포함하는 스마트도시산업의 육성·지원 시책을 마련 1. 스마트도시산업 진흥을 위한 정책의 기본방향 2. 스마트도시산업의 부문별 진흥시책에 관한 사항 3. 스마트도시산업의 육성에 관한 사항 4. 스마트도시산업의 선진화 및 국제화에 관한 사항 5. 스마트도시산업과 관련한 중앙행정기관, 지방자치단체 및 민간 사업자 간의 역할 분담에 관한 사항 6. 그 밖에 스마트도시산업 진흥을 위하여 필요한 사항

관련 지원 (법 제26조~제34조)	구분	내용	
	보조 또는 융자 (제26조)	국가 → 지자체	스마트도시건설사업 등 비용의 일부를 대통령령으로 정하는 바에 따라 보조 또는 융자
		국가 또는 지차제 → 국가 또는 지자체가 아닌 시행자	스마트도시건설사업 등의 비용의 일부를 대통령령으로 정하는 바에 따라 보조 또는 융자
	연구 개발 등 (제27조)	스마트도시기술의 개발과 기술수준의 향상 및 해외수출 촉진 등을 위하여 다음 각 호의 사업을 추진·지원 - 스마트도시기술의 연구·개발 및 이전·보급, 산업계·학계·연구기관 등과의 공동 연구·개발 - 중소기업 등의 스마트도시기술 경쟁력 강화	
	전문인력 양성 (제28조)	국가와 지방자치단체는 스마트도시의 조성, 관리·운영, 스마트도시서비스의 활성화 및 스마트도시산업의 지원 등에 필요한 전문인력을 체계적으로 양성하기 위하여 다음 각 호의 사업을 지원 - 스마트도시 전문인력의 양성을 위한 국내외 교육훈련 - 스마트도시 교육프로그램의 개발 및 보급	
	특화단지의 지정 및 지원 (제29조)	국토교통부장관은 스마트도시의 조성, 관리·운영, 스마트도시서비스의 활성화 및 스마트도시산업의 지원을 촉진하기 위하여 관계 중앙행정기관의 장 및 지방자치단체의 장과 협의하여 대통령령으로 정하는 바에 따라 스마트도시 특화단지를 지정	
	국제협력· 해외진출 (제30조)	국가는 스마트도시 분야 국제협력 및 국내 스마트도시산업의 해외진출을 지원 국가는 「국제개발협력기본법」과 「대외경제협력기금법」에 따른 무상 협력 또는 유상 협력으로 해외 스마트도시사업을 지원	
	금융지원 (제31조)	「신용보증기금법」에 따라 설립된 신용보증기금 및 「기술보증기금법」에 따라 설립된 기술보증기금은 스마트도시사업에 보증한도, 보증료 등 보증조건을 우대 국토교통부장관은 스마트도시사업 등에 대하여 「주택도시기금법」에 따른 주택도시기금을 지원	
	스마트도시 등의 인증 (제32조)	국토교통부장관은 스마트도시의 수준 향상 및 산업 활성화를 촉진하기 위하여 다음 각 호의 사항에 관하여 인증 1. 스마트도시 2. 스마트도시기반시설 3. 스마트도시 관련 서비스 4. 그 밖에 대통령령으로 정하는 사항	

제7장 국가시범도시의 지정·지원 등

구분	내용
국가시범도시의 지정 (법 제35조)	• 지정권자 : 국토교통부장관 - 스마트도시서비스 및 스마트도시기술의 개발과 육성을 지원하고, 선도석 스마트도시를 구현하기 위하여 직접 또는 관계 중앙행정기관의 장이나 관할 특별시장·광역시장·특별자치시장·특별자치도지사·시장 또는 군수의 요청에 따라 다음 각 호의 어느 하나에 해당하는 지역을 국가시범도시로 지정 1. 인접지역의 스마트도시산업과 연계하여 지역의 혁신성장 거점으로 성장할 가능성이 높은 지역 2. 스마트도시서비스 및 스마트도시기술의 연구개발이나 스마트도시기반시설의 설치 여건이 양호할 것으로 예상되는 지역 3. 국가 또는 관할 지방자치단체가 스마트도시산업 육성을 지원하기 용이한 지역 4. 그 밖에 대통령령으로 정하는 요건을 충족하는 지역

구분	세부 내용
총괄계획가의 운영 (법 제35조의 2)	• 국토교통부장관은 국가시범도시건설사업의 추진 및 운영에 관한 다음 각호의 업무를 수행하기 위하여 스마트도시 분야의 민간전문가를 총괄계획가로 위촉 가능 - 국가시범도시건설사업 관련 계획 수립지원 - 스마트도시건설사업 시행·관리에 대한 지원 - 그 밖에 국가시범도시의 운영에 대한 지원 등 대통령령으로 정하는 업무
성과평가 및 평가결과의 공개 (법 제35조의 3)	• 국토교통부장관은 국가시범도시를 지정하는 경우 국가시범도시건설사업의 목표 및 성과지표(목표의 달성도를 객관적으로 측정할 수 있는 지표)를 설정 • 국토교통부장관은 제1항에 따라 설정한 목표와 성과지표에 근거하여 국가시범도시건설사업에 대한 성과평가를 실시하고 그 결과를 공개 • 제2항에 따른 성과평가의 방법, 결과의 공개 방법 및 시기 등에 관한 사항은 국토교통부령으로 정함
국가시범도시에 대한 지원 (법 제36조)	• 국가 및 지자체는 국가시범도시에 대해 예산지원 가능 • 국가 및 지자체는 국가시범도시 외의 지역에서 국가시범도시와 연계하여 스마트도시기술 개발 등 사업의 실증·확산이 필요한 경우 사업에 대한 예산 등 지원 가능
익명처리된 개인정보의 활용에 대한 다른 법령의 배제 (법 제37조)	• 적용대상 : 국가시범도시 관계 중앙행정기관의 장 및 관할 지방자치단체의 장, 국가시범도시건설사업의 사업시행자, 국가시범도시 내 스마트도시서비스 제공자 등 대통령령으로 정하는 자 • 적용제외 : 「개인정보 보호법」, 「위치정보의 보호 및 이용 등에 관한 법률」 및 「정보통신망 이용 촉진 및 정보보호 등에 관한 법률」의 적용 제외 ※ 수집된 개인정보의 전부 또는 일부를 삭제하거나 대체하여 다른 정보와 결합하는 경우에도 더 이상 특정 개인을 알아볼 수 없도록 익명처리하여 정보를 활용하는 경우

- 국가시범도시의 특례

구분	세부 내용
국가시범도시 조성토지 등의 공급 특례(제38조)	사업계획 공모 가능, 공모에 따라 선정된 자에게 토지·건축물 또는 공작물 등 수의계약으로 공급 가능
자율주행자동차 운행에 관한 특례(제39조)	다른 사람에게 위해를 끼치거나 교통상 위험을 발생시키지 않는 범위에서 「도로교통법」 제49조 제1항 제10호·제11호·제11호의2를 적용 제외
무인비행장치에 관한 특례(제40조)	연구·개발 또는 치안·안보·안전의 목적으로 「항공안전법」 제2조 제3호에 따른 초경량비행장치 중 무인비행장치를 사용하려는 자가 초경량비행장치 신고를 한 경우 국토교통부장관이 「군사기지 및 군사시설 보호법」 제8조 제2항에 따른 관할부대장등과 미리 협의하여 정한 구역에 한정하여 같은 법 제9조 제1항 제4호 단서에 따른 승인을 받은 것으로 간주
자가전기통신설비 사용에 관한 특례(42조)	자가전기통신설비를 국가시범도시에 설치한 경우 스마트도시서비스 중 비영리목적의 공공서비스를 제공하기 위하여 자가전기통신설비를 사용가능
신에너지 및 재생에너지 개발·이용·보급 촉진법에 관한 특례(제42조의2)	국가시범도시의 사업시행자 중 신에너지 및 재생에너지를 공급하려는 자는 국가시범도시에 위치하거나 인접한 하천, 지형, 시설물을 활용하여 「신에너지 및 재생에너지 개발·이용·보급 촉진법」 제2조제3호에 따른 신에너지 및 재생에너지 설비를 설치 및 운영·관리 가능
자동차 대여사업에 관한 특례(제43조의3)	자동차대여사업을 경영하려는 자가 무인 예약·배치 시스템 등 국토교통부령으로 정하는 요건을 갖춘 경우, 「여객자동차 운수사업법」 제29조에도 불구하고 보유 차고 면적과 영업소의 기준을 달리 정함
혁신성장진흥구역의 지정 지정 특례(43조, 44조)	혁신성장진흥구역을 지정하거나 지정된 혁신성장진흥구역을 변경 또는 해제하려면 관할 지방자치단체의 장과 협의한 후 위원회의 심의. 혁신성장진흥구역으로 지정된 지역은 「국토의 계획 및 이용에 관한 법률」 제40조의2 제1항에 따른 입지규제최소구역으로 지정으로 간주
투자선도지구의 지정에 관한 특례(45조)	혁신성장진흥구역으로 지정된 지역은 「지역 개발 및 지원에 관한 법률」에 따른 투자선도지구로 지정으로 간주
창업지원시설 등의 건축 등(46조) 삭제	-

제8장 스마트규제혁신지구의 지정·운영 및 특례

구분	내용

스마트혁신사업 등(제49조)	• 스마트혁신사업을 시행하려는 사업자(지방자치단체 및 제9조의2에 따른 민간기업등을 포함한다. 이하 "스마트혁신사업자"라 한다)는 해당 사업이 다음 각 호의 어느 하나에 해당되는 경우 국토교통부장관에게 해당 사업의 시행을 위한 계획(이하 "스마트혁신사업계획"이라 한다)의 승인을 신청
	- 스마트혁신기술·서비스에 대한 허가·승인·인증·검증·인가·등록 등의 근거가 되는 법령에 해당 스마트혁신사업의 추진에 필요한 기준·규격·요건 등이 없는 경우
	- 스마트혁신기술·서비스에 대한 허가등의 근거가 되는 법령에 따라 해당 스마트혁신사업의 추진에 필요한 기준·규격·요건 등을 적용하는 것이 적절하지 않은 경우
	• 스마트혁신사업자는 제1항에 따른 승인신청 전에 스마트혁신사업을 시행하려는 지역(이하 "시행지역"이라 한다)을 관할하는 지방자치단체의 장에게 스마트혁신사업계획을 제출하여 검토
	• 스마트혁신사업계획은 다음 각 호의 내용을 포함하여야 한다. 이 경우 시행지역을 관할하는 지방자치단체의 스마트도시계획을 고려하여 수립
	  1. 사업의 주요 목적, 시행지역 및 내용
	  2. 사업의 시행을 위해 필요한 다른 법령의 규제특례 및 규제 개선에 관한 사항
	  3. 사업의 시행에 관한 안전성 관련 사항
	  4. 사업의 시행 중 발생가능한 사고의 예방 및 인적·물적 피해배상 방안
	  5. 지방자치단체의 장의 의견 및 조치요구사항, 스마트혁신사업자의 조치계획
	  6. 그 밖에 스마트혁신사업의 시행과 관련하여 필요한 사항
	• 국토교통부장관은 신청된 스마트혁신사업계획에 대하여 중앙행정기관의 장과 관할 지방 자치단체의 장과 협의 후 위원회 승인을 거쳐 승인 결정

규제의 신속확인 (제49조의 2)	• 스마트혁신기술·서비스를 활용하여 사업을 하려는 자는 국토교통부장관에게 해당 기술·서비스와 관련된 허가등의 필요 여부를 확인하여 줄 것을 신청가능 • 통보받은 행정기관의 장은 30일 이내에 소관 업무 여부 및 허가등의 필요 여부를 국토교통부장관에게 회신 • 스마트혁신기술·서비스에 대한 규제의 신속확인과 관련하여 다른 행정기관의 소관 업무에 해당하지 아니하는 사항은 국토교통부장관이 처리
스마트실증사업 (제50조)	• 스마트규제혁신지구에서 스마트실증사업을 시행하려는 사업자는 해당 사업이 다음 각 호의 어느 하나에 해당되는 경우 국토교통부장관에게 해당 사업의 시행을 위한 계획의 승인을 신청가능 - 스마트혁신기술·서비스에 대한 허가등의 근거가 되는 법령에 해당 스마트실증사업의 추진에 필요한 기준·규격·요건 등이 없는 경우 - 스마트혁신기술·서비스에 대한 허가등의 근거가 되는 법령에 따라 해당 스마트실증사업의 추진에 필요한 기준·규격·요건 등을 적용하는 것이 적절하지 않은 경우 - 스마트혁신기술·서비스에 대한 허가등의 근거가 되는 법령에 따라 해당 스마트실증사업의 시행이 불가능한 경우
스마트혁신사업계획의 승인기준 (제51조)	• 국토교통부장관은 스마트혁신사업계획에 대한 승인(조건을 부여하거나 내용 변경하여 승인 포함)을 하는 경우 다음 각 호의 사항을 종합적으로 고려 - 스마트혁신사업의 필요성 및 시행의 적정성 - 스마트혁신사업이 해당 스마트규제혁신지구에서 국민의 건강·안전 및 환경, 개인정보의 안전한 보호·처리 등에 미치는 영향 - 스마트혁신사업이 해당 스마트규제혁신지구와 인근에 미치는 사회적·경제적 효과 - 스마트혁신사업의 시행을 위하여 인정된 다른 법령의 규제특례 및 규제개선의 적정성 - 스마트혁신사업의 시행으로 발생될 수 있는 인적·물적 피해의 예방 및 배상방안의 적정성 - 그 밖에 대통령령으로 정하는 사항 • 스마트혁신사업의 시행기간은 4년 이내, 1회에 한하여 2년 이내의 범위에서 대통령령으로 정한 기간 동안 연장. 다만, 연장된 기간 내에 허가 등의 근거가 되는 법령 정비가 완료되지 않은 경우에는 그 법령 정비가 완료될 때까지 시행기간이 연장으로 봄

역세권의 개발 및 이용에 관한 법률

법공포 : 최초 '10. 4. 15.   최종개정 : '20. 3. 31.   시행일자 : '21. 4. 1.
영공포 : 최초 '10. 10. 14. 최종개정 : '20. 12. 8.   시행일자 : '20. 12. 10.

「역세권의 개발 및 이용에 관한 법률」 구성체계

개요	개발구역 지정	사업시행	기타
제1조 목적 제2조 정의 제3조 다른 법률과의 관계	제4조 개발구역의 지정 등 제4조의2 개발구역의 분할 및 결합 제5조 개발구역의 지정 제안 제5조의2 기초조사 등 제6조 주민 등의 의견 청취 제7조 사업계획의 수립 등 제7조의2 사업협의회의 구성 제8조 「국토의 계획 및 이용에 관한 법률」에 관한 특례 제9조 개발구역 지정의 고시 등 제10조 개발구역 지정의 해제 등 제11조 행위 등의 제한	제12조 사업시행자의 지정 등 제13조 실시계획의 승인 등 제14조 타인의 토지에의 출입 등 제15조 토지에의 출입 등에 따른 손실보상 제16조 관련 인·허가 등의 의제 제17조 토지 등의 수용·사용 제18조 토지상환채권의 발행 제19조 선수금 제20조 조성토지등의 공급계획 제21조 준공검사 제22조 공사완료의 공고 등 제23조 공공시설 등의 귀속 제24조 국유지·공유지의 처분제한 등 제25조 역세권개발이익의 재투자 제26조 비용의 부담 제27조 공공시설의 설치 및 비용부담 등	제28조 채권의 발행 제29조 채권의 매입 제30조 조세 및 부담금의 감면 등 제31조 행정처분 제32조 토지매수업무 등의 위탁 제33조 청문 제34조 권한의 위임 제35조 벌칙 제36조 벌칙 제37조 벌칙 제38조 양벌규정 제39조 과태료

개 요

목 적 (법 제1조)	• 역세권을 체계적이고 효율적으로 개발하기 위하여 필요한 사항을 정함으로써 역세권 개발을 활성화하고 역세권과 인접한 도시환경을 개선하는데 이바지하는 것을 목적으로 함
정 의 (법 제2조)	<table><tr><th>구분</th><th>내 용</th></tr><tr><td>역세권</td><td>「철도의 건설 및 철도시설 유지관리에 관한 법률」, 「철도산업발전 기본법」 및 「도시철도법」에 따라 건설·운영되는 철도역과 인근의 다음 각 목의 철도시설 및 그 주변지역 중 국토교통부장관이 필요하다고 인정하여 지정한 지역 - 철도운영을 위한 건축물·건축설비 - 철도차량 및 선로를 보수·정비하기 위한 선로보수기지, 차량정비기지, 차량유치시설 - 철도역 등 철도시설의 개발에 따라 설치·이전·폐지가 필요한 철도의 선로 및 선로에 부대되는 시설</td></tr><tr><td>역세권 개발사업</td><td>역세권 개발구역에서 철도역 및 주거·교육·보건·복지·관광·문화·상업·체육 등의 기능을 가지는 단지조성 및 시설설치를 위하여 시행하는 사업</td></tr><tr><td>역세권 개발구역</td><td>역세권개발사업을 시행하기 위하여 제4조 및 제9조에 따라 지정·고시된 구역</td></tr></table>
다른 법률과의 관계 (법 제3조)	• 역세권 개발사업에 적용되는 규제에 관한 특례는 다른 법률의 규정에 우선하여 적용. 단, 다른 법률에서 이 법의 규제에 관한 특례보다 완화된 규정이 있을 시 해당 법률에 의함

개발구역의 지정

기초조사 (법 제5조의 2)	• 사업시행자로 지정받거나 받으려는 자 • 토지, 건축물, 공작물, 그 밖에 필요한 사항에 관하여 조사측량
주민 등 의견청취 (법 제6조)	• 개발구역 지정 또는 지정 요청 시 지방의회 의견청취 - 지정에 관한 의견을 요청한 날부터 60일 이내 의견 제시, 60일 경과 후는 의견이 없는 것으로 간주 • 주민의견청취 제외사항(영 제7조) - 개발구역 면적의 100분의 10 미만의 변경, 단순한 착오에 따른 면적 등의 정정을 위한 변경, 도시·군관리계획 결정, 환경영향평가 및 교통영향분석·개선대책 등에 관계 기관 협의결과를 반영한 개발구역의 변경

= 역세권의 개발 및 이용에 관한 법률

| 사업계획 수립
(법 제7조, 제8조) | • 사업계획의 내용
- 역세권개발사업의 명칭
- 개발구역의 명칭·위치·면적 및 지정목적
- 역세권 기능의 재편 또는 정비계획
- 역세권개발사업의 시행방식 및 시행자
- 도시·군계획시설의 설치계획
- 공공시설의 설치계획
- 도시경관과 환경보전 및 재난방지에 관한 계획
- 토지이용계획·교통계획 및 공원녹지계획
- 역세권개발사업의 시행기간
- 재원조달계획 | - 수용 또는 사용할 토지·물건 또는 권리의 세목과 그 소유자 및 권리자의 성명·주소
- 임대주택 건설 등 세입자 등의 주거대책
- 역세권개발사업의 용도지역 변경계획 및 용적률·건폐율
- 철도와 다른 교통수단과의 연계 수송체계구축에 관한 사항
- 그 밖에 역세권개발사업의 시행에 필요한 사항으로서 도시정보화계획, 문화재보호계획, 공동구 등 지하매설물계획, 존치하는 건축물 및 공작물 등에 관한 계획, 기반시설에 관한 사항, 도시·군관리계획의 수립 또는 결정 |

개발구역 지정제안 (법 제4조~제5조, 영 제4조의2)

• 개발구역 지정 제안(시행자 → 지정권자)

지정권자	개발구역 지정요건
특별시장 광역시장 또는 도지사	• 역세권개발사업이 필요하다고 인정되는 경우에 역세권개발구역을 지정가능
국토교통부장관	• 철도역 등 철도시설(「도시철도법」에 따라 지방자치단체가 건설·운영하는 역은 제외)이 신설되거나 대지면적 3만㎡ 규모 이상으로 증축 또는 개량되는 경우 • 지정하고자 하는 개발구역이 대지면적 30만㎡ 규모 이상인 경우 • 철도역 등 철도시설의 체계적인 개발을 위하여 국토교통부장관이 필요하다고 인정하는 경우

• 지정 제안 시 제출서류(시·군·구 도시계획위원회 자문 후 지정권자 제출)

1. 국토교통부령으로 정하는 개발구역 조사서
2. 주민 및 관계 전문가 의견 청취에 관한 서류
3. 사업계획의 내용에 관한 서류
4. 축척 2만5천분의 1 또는 5만분의 1의 위치도
5. 개발구역의 경계를 표시한 축척 1천분의 1부터 5천분의 1까지의 지형도와 경계 설정의 이유를 적은 서류
6. 시·군·구도시계획위원회의 자문 결과 및 이에 대한 검토의견
7. 도시·군관리계획의 결정에 필요한 도서
8. 편입농지 및 임야 현황에 관한 조사자료
9. 철도역의 증축 또는 개량계획(국토교통부장관에게 개발구역 지정 제안)
10. 결합개발구역 지정을 제안하는 경우에는 개발구역에 포함될 서로 떨어진 지역별 대상 구역 토지면적의 3분의 2 이상에 해당하는 토지 소유자(지상권자 포함)의 동의서

• 개발구역의 지정 요건

1. 철도역이 신설되어 역세권의 체계적·계획적인 개발 필요	4. 철도역으로 인한 주변지역의 단절 해소 등을 위하여 철도역과 주변지역 연계 개발 필요
2. 철도시설 노후화 등으로 철도역 증축·개량할 필요	5. 도시 기능회복을 위하여 역세권의 종합적 개발이 필요
3. 노후·불량 건축물이 밀집한 역세권으로서 도시환경 개선을 위하여 철도역과 주변지역 동시 정비필요	6. 그 밖에 대통령령으로 정하는 경우

• **개발구역의 분할 및 결합**
- 지정권자는 개발사업의 효율적인 추진을 위하여 필요하다고 인정하는 경우에는 개발구역을 둘 이상의 사업시행지구로 분할하거나 서로 떨어진 둘 이상의 지역을 결합하여 하나의 개발구역으로 지정 가능(분할 후 사업시행면적이 각 1만㎡ 이상).
- 떨어진 개발구역은 역세권이 아닌 지역도 포함 가능

1. 도시경관, 문화재, 군사시설 및 항공시설 등을 관리하거나 보호하기 위하여 「국토의 계획 및 이용에 관한 법률」, 「문화재보호법」, 「군사기지 및 군사시설 보호법」 및 「공항시설법」 등 관계 법령에 따라 토지이용 제한지역
2. 「국토의 계획 및 이용에 관한 법률 시행령」 제55조제1항 각 호에서 정한 용도구역별 개발행위허가 규모 이상의 기반시설, 공장, 공공청사 및 관사, 군사시설 등이 철거되거나 이전되는 지역(해당 시설물의 주변지역을 포함)
3. 다음 각 목의 어느 하나에 해당하는 지역·지구(역세권개발사업으로 재해예방시설 또는 주민안전시설 등을 설치하여 재해 등을 장기적으로 예방하거나 복구할 수 있는 경우로 한정)
   가. 「국토의 계획 및 이용에 관한 법률」에 따른 방화지구 또는 방재지구
   나. 「자연재해대책법」에 따라 지정된 자연재해위험개선지구
   다. 「재난 및 안전관리 기본법」에 따라 선포된 특별재난지역
   라. 「도시재생 활성화 및 지원에 관한 특별법」에 따라 지정된 특별재생지역
4. 「국토의 계획 및 이용에 관한 법률」에 따른 도시·군계획시설사업의 시행이 필요한 지역(「국가재정법 시행령」에 따른 총사업비 이상인 경우로 한정)
5. 그 밖에 지정권자가 역세권개발사업의 효율적인 시행을 위하여 결합개발구역으로 지정할 필요가 있다고 인정하는 지역

- 역세권이 아닌 지역은 전체 개발면적의 1/3을 초과금지

관계행정기관의 장 협의	• 관계 중앙 행정기관의 장 및 해당 지방자치단체의 장과 협의
도시계획위원회 심의	• 관련 협의 및 도시계획위원회 심의 제외 대상 1. 역세권개발구역의 명칭 변경 2. 개발구역 면적의 100분의 10 미만의 변경 3. 역세권개발사업 사업기간의 변경 4. 역세권개발사업의 사업시행자의 변경 5. 재원조달계획의 변경 6. 단순한 착오 또는 확정측량 결과에 따른 면적 증감 7. 이미 계획한 기반시설(「국토의 계획 및 이용에 관한 법률」에 따른 기반시설의 세부 시설계획의 변경 8. 너비가 12m 미만인 도로의 변경 9. 제2호에 따른 개발구역 면적의 변경에 따른 용도지역·용도지구·용도구역의 변경 또는 토지이용계획 및 기반시설계획의 변경 10. 수용 또는 사용의 대상이 되는 토지·건축물 또는 토지에 정착한 물건과 이에 관한 소유권 외의 권리, 광업권, 어업권, 물의 사용에 관한 권리가 있는 경우에는 그 세목의 변경 11. 「환경영향평가법」에 따른 환경영향평가에 대한 협의 결과 및 「도시교통정비 촉진법」에 따른 교통영향분석·개선대책 검토 결과를 반영하는 사업계획의 변경 12. 면적으로 표시되는 기반시설의 경우 각 시설면적의 100분의 10 미만 변경. 다만, 녹지는 시설면적의 100분의 2 미만으로서 1천500㎡ 미만을 변경 경우만 해당 13. 도시정보화계획의 변경 14. 개발구역 안의 토지 소유자의 부담이 증가되지 아니하는 범위에서 기반시설의 설치에 필요한 비용부담계획의 변경
역세권개발구역 지정결정	• 결정권자 : 국토교통부장관 또는 시·도지사 • 국토의 계획 및 이용에 관한 법률 특례 - 용도지역에서 적용되는 건폐율 및 용적률의 150%를 초과하지 않는 범위에서 개발구역에서의 건폐율·용적률의 달리 적용가능
개발구역 지정고시 (법 제9조)	• 개발구역 지정·변경 시 사업계획을 관보·공보에 고시 • 시·도지사(국토교통부장관이 지정권자인 경우) 및 시장·군수·구청장에게 관계 서류 사본 송부 • 시·도지사 및 시장·군수·구청장은 지역주민에게 14일간 열람 * 사업계획이 고시된 경우 「국토의 계획 및 이용에 관한 법률」에 따라 도시·군관리계획으로 결정해야 하는 사항은 도시·군관리계획으로 결정고시된 것으로 봄
개발구역 지정의 해제 등 (법 제10조)	• 다음에 해당하면 도시계획위원회 심의를 거쳐 지정 해제 가능 - 개발구역 지정된 날부터 2년 이내 사업시행자를 지정하지 아니한 경우 - 사업시행자가 사업시행자로 지정된 날부터 2년 이내 실시계획의 승인을 신청하지 아니한 경우 - 실시계획을 승인받은 날부터 1년 이내에 역세권개발사업에 착수하지 아니한 경우

사업시행

사업시행자 지정 (법 제12조)	• 사업시행자 지정
	1) 국가 또는 지방자치단체
	2) 한국철도시설공단 또는 한국철도시설공단이 역세권 개발사업을 시행할 목적으로 출자·설립한 법인
	3) 한국철도공사 또는 한국철도공사가 역세권개발사업을 시행할 목적으로 출자·설립한 법인
	4) 공공기관 중 대통령령으로 정하는 공공기관 5) 지방공기업
	6) 철도사업의 면허를 받은 자로서 대통령령으로 정하는 요건을 갖춘 자
	7) 철도건설사업 시행자로서 대통령령으로 정하는 요건을 갖춘 자
	8) 도시철도사업의 면허를 받은 자 또는 도시철도건설자로서 대통령령으로 정하는 요건을 갖춘 자
	9) 법인 중 다음 각 목의 어느 하나에 해당하는 자
	  가. 토목사업 또는 토목건축공사업의 등록을 하는 등 사업계획에 맞게 역세권개발사업을 시행할 능력이 있다고 인정되는 자로서 대통령령으로 정하는 요건에 해당하는 자
	  나. 자기관리 부동산투자회사 또는 위탁관리 부동산투자회사로서 요건에 해당하는 자 (제1호~제8호와 공동시행만)
	10) 제1호~ 제9호까지의 규정에 해당하는 자 둘 이상이 역세권개발사업을 시행할 목적으로 출자설립한 법인
	11) 그 밖에 재무건전성 등에 관하여 대통령령으로 정하는 기준에 적합한 「민법」에 따라 설립된 재단법인 또는 「상법」에 따라 설립된 법인
	• 사업시행자 지정 취소
	- 시행자 지정된 날부터 2년 이내 실시계획 승인 미신청
	- 실시계획 승인 후 1년 이내 역세권 개발사업 미착수
	- 실시계획 승인 취소
	- 사업시행자의 파산이나 그 밖에 사유로 역세권 개발사업의 목적 달성이 어려운 경우

구분	내용
실시계획승인 (법 제13조)	**역세권개발사업 실시계획 작성 (사업시행자)** ■ 실시계획 내용 - 역세권 개발사업 명칭, 개발구역 위치 및 면적 - 사업시행자의 성명 또는 명칭 - 역세권개발사업의 시행기간 - 토지이용·교통처리 및 환경관리에 관한 계획 - 재원조달계획 및 연차별 투자계획 - 기반시설의 설치계획(비용부담계획 포함) - 조성토지의 처분계획서 - 그 밖에 대통령령으로 정하는 사항 ⇩ **시장·군수·구청장 협의**: 국토교통부장관이 지정권자일 경우 관할 시·도지사 ⇩ **실시계획 승인** • 지정권자의 승인 • 실시계획 변경 시 지정권자의 승인 불필요사항 - 사업시행자의 성명 주소의 변경 - 사업시행지역의 변동이 없는 범위에서의 착오·누락 등에 따른 사업시행 면적의 정정 - 사업시행면적의 10% 범위에서의 면적 감소 - 사업비의 10%의 증감 - 단순한 착오 또는 확정측량 결과를 반영한 도시·군계획시설 부지면적 등의 변경 • 지정권자는 결합개발구역의 실시계획을 우선적으로 개발하는 조건으로 승인가능 ⇩ **실시계획 승인 고시**: 관보나 공보에 고시, 관할 시·도지사(국토교통부장관이 지정권자일 경우) 및 시장·군수·구청장에게 관계 서류 사본 송부, 일반인 열람(14일 이상) ⇩ **시·도지사 및 시장·군수·구청장은 지형도면 승인신청**: 도시·군관리계획 결정사항이 포함된 경우
토지 등의 수용·사용 (법 제17조)	• 사업시행자는 역세권 개발사업의 시행을 위해 필요한 경우 「공익사업을 위한 토지 등의 취득 및 보상에 관한 법률」 제3조에 따른 토지·물건 또는 권리를 수용 또는 사용 가능 • 다음의 해당하는 사업시행자는 토지면적의 3분의 2이상의 토지를 소유하고(철도시설의 부지 또는 도시철도시설의 부지에 해당하는 경우 해당 토지소유자의 동의로 대신) 토지소유자 총수의 2분의 1이상의 동의 - 한국철도시설공단 및 한국철도공사가 100분의 50미만으로 출자한 법인 - 제12조 제1항 제6호부터 제11호까지의 규정에 해당하는 사업시행자(국가, 지방자치단체, 공공기관 및 「지방공기업법」에 따른 지방공기업이 100분의 50 이상 출자한 경우는 제외)
준공검사 (법 제21조)	• 역세권개발사업 완료 시 지정권자의 준공검사, 준공검사 시행은 관계행정기관의 장의 미리 협의 • 지정권자는 준공검사 실시 후 실시계획대로 시행됨이 인정될 시 준공검사확인증 교부 • 사업시행자는 역세권 개발을 효율적으로 시행하기 위해 필요한 경우 역세권 개발사업에 관한 공사를 전부 완료하기 전이라도 완료한 일부에 대해 준공검사를 받을 수 있음 • 준공검사확인증 교부 전에는 역세권 개발사업으로 조성 또는 설치된 토지나 시설사용불가(대통령령이 정한 경우 제외)
공사완료 공고 (법 제22조)	• 준공검사확인증 교부 시 공사완료의 공고 • 실시계획대로 완료되지 못한 경우 보완시공 조치
공공시설 등의 귀속(법 제23조)	• 사업시행자가 역세권 개발사업으로 새로이 공공시설(주차장, 운동장 그밖에 대통령령으로 정하는 시설 제외)을 설치하거나 기존의 공공시설에 대체되는 시설을 설치한 경우 그 귀속에 관한 사항은 「국토의 계획 및 이용에 관한 법률」 준용
역세권개발이익 의 재투자 (법 제25조)	• 사업시행자는 역세권 개발사업으로 발생하는 개발이익의 100분의 25를 해당 사업구역의 철도시설이나 공공시설의 설치비용에 충당. 이 경우 개발이익 환수에 관한 법률에 따른 개발부담금 징수 제외 • 사업시행자는 개발이익의 재투자가 차질없이 이루어질 수 있도록 그 발생된 개발이익을 구분하여 회계처리하는 등 필요조치를 하여야 함

도시 공업지역의 관리 및 활성화에 관한 특별법

법공포 : 최초 '21. 1. 5.   최종개정 : '21. 1. 5.   시행일자 : '22. 1. 6.
영공포 : 최초 '21. 12. 21.   최종개정 : '21. 12. 21.   시행일자 : '22. 1. 6.

「도시 공업지역의 관리 및 활성화에 관한 특별법」 구성체계

제1장 총칙	제2장 공업지역기본계획의 수립 등	제3장 공업지역정비구역의 지정 등
제1조 목적 제2조 정의 제3조 국가와 지방자치단체의 책무 제4조 국가공업지역 기본방침의 수립 제5조 다른 법률과의 관계	제6조 공업지역기본계획의 수립 등 제7조 공업지역기본계획의 내용 제8조 공업지역기본계획 수립을 위한 기초조사 제9조 공업지역기본계획 수립을 위한 주민 등의 의견 청취 제10조 공업지역기본계획의 확정 및 공고 제11조 공업지역기본계획의 정비 제12조 공업지역기본계획의 수립 및 구역지정	제13조 산업정비구역의 지정 및 산업정비구역계획의 결정 제14조 산업정비구역의 분할 및 결합 제15조 산업정비구역의 지정 제안 제16조 산업정비구역계획의 내용 제17조 산업정비구역에서의 기초조사 제18조 산업정비구역 지정 등을 위한 주민 등의 의견청취 제19조 도시계획위원회 심의 등 제20조 산업정비구역의 지정고시 제21조 산업정비구역 등의 지정해제 등

제3장 공업지역정비구역의 지정 등	제4장 공업지역정비사업의 시행	
제22조 산업혁신구역의 지정 및 산업혁신구역계획의 결정 제23조 시장·군수등 외 산업혁신구역계획의 승인 등 제24조 산업혁신구역의 지정해제 등 제25조 개발행위허가의 제한 제26조 공업지역의 부동산가격 안정	제27조 사업시행자 지정 등 제28조 공업지역정비사업 시행의 위탁 등 제29조 공업지역정비사업 총관사업관리자 제30조 실시계획의 작성 및 인가 등 제31조 실시계획의 고시 제32조 관련 인·허가등의 의제 제33조 사업의 시행방식 제34조 수용 또는 사용방식에 의한 사업시행 제35조 환지방식에 의한 사업시행 제36조 관리처분방식에 의한 사업시행 제37조 혼용방식에 의한 사업시행 제38조 산업혁신구역에서의 사업시행 등	제39조 준공검사 제40조 공사완료의 공고 제41조 공사완료에 따른 관련 인·허가등의 의제 제42조 조성토지·건축물 등의 사용 및 이전 제43조 비용부담의 원칙 제44조 공업지역정비구역의 지원기반시설 설치 및 비용부담 등 제45조 지방자치단체의 비용부담 제46조 공공시설관리자의 비용부담 제47조 공업지역정비구역 밖의 지원기반시설의 설치비용 제48조 공업지역정비사업채권의 발행 제49조 공업지역정비사업채권의 매입

제5장 공업지역 절차 간소화 및 지원 등	제6장 보칙	제7장 벌칙
제50조 공업지역정비계획과 실시계획의 동시 수립 제51조 공업지역관리 통합심의위원회 등 제52조 산업정비구역계획 수립 시 규제특례 제53조 산업혁신구역계획 수립 시 규제 특례 제54조 입주기업 등 지원대책 제55조 자금지원 제56조 사업시행자 부담금 감면 제57조 공업지역정비특별회계의 설치 및 운영 제58조 전담조직의 설치 제59조 공업지역관리지원기구의 설치 제60조 공업지역 혁신종합지원센터 제61조 조례의 제정 등 제62조 공공임대 산업시설의 건설·공급	제63조 타인의 토지에의 출입 등 제64조 손실보상 제65조 공공시설의 귀속 등 제66조 공공시설의 관리 제67조 국·공유지의 처분협의 제68조 수익금 등의 사용제한 등 제69조 결합개발 등에 관한 적용 기준 완화의 특례 제70조 관계 서류의 열람 및 보관 등 제71조 권리의무의 승계 제72조 보고 및 검사 등 제73조 법률의 위반자에 대한 행정처분 제74조 청문 제75조 행정심판 제76조 공업지역정비구역 밖의 사업에 대한 준용 제77조 공업지역종합정보망의 구축·운영 제78조 권한의 위임 또는 위탁	제79조 벌칙 제80조 양벌규정 제81조 벌칙 적용에서 공무원 의제 제82조 과태료

제1장 총칙

목 적 (법 제1조)	• 공업지역의 체계적인 관리와 활성화에 관한 계획의 수립 및 집행 등에 필요한 사항을 규정함으로써 도시의 경쟁력을 제고하고, 도시환경을 개선하여 국민의 삶의 질 향상과 국가경제 발전에 이바지함		
정 의 (법 제2조)	공업지역	공업지역기본계획을 수립하는 대상지역으로 도사군 관리계획으로 결정된 도시지역중 공업지역을 말함 단, 다른 법률에 따른 개발사업 대상지역으로 결정된 공업지역 및 「항만법」에 따른 항만구역은 제외 - 다른법률에 따른 개발사업	
		「산업입지 및 개발에 관한 법률」 산업단지	「문화산업진흥 기본법」 문화산업단지
		「경제자유구역의 지정 및 운영에 관한 특별법」 경제자유구역	「혁신도시 조성 및 발전에 관한 특별법」 혁신도시 개발예정지구
		「연구개발특구의 육성에 관한 특별법」 연구개발특구	「기업도시개발 특별법」 기업도시개발구역
		「전원개발촉진법」 전원개발사업구역	「새만금사업 추진 및 지원에 관한 특별법」 새만금사업지역
		「항만법」 항만배후단지	「항만 재개발 및 주변지역 발전에 관한 법률」

구분		내용
정 의 (법 제2조)	공업지역 관리 및 활성화	도시 내 산업구조의 변화, 주변 지역 환경의 악화 등으로 변화하는 공업지역에 지역특성에 맞는 체계적인 계획을 수립하여 관리하고 지원함으로써 지역 산업생태계 구축을 통하여 도시 경쟁력을 강화하고 도시환경이 개선
	공업지역 기본계획	국가공업지역기본방침에 따라 공업지역 전부에 대하여 공업지역 관리 및 활성화에 관한 정책방향을 수립하는 계획
	지원기반시설	공업지역의 관리, 정비 및 산업기능 활성화에 필요한 시설 - 「국토의 계획 및 이용에 관한 법률」 제2조 제6호에 따른 기반시설 - 그 밖에 공업지역 관리 및 활성화에 필요한 시설로 대통령령으로 정하는 시설
	공업지역 정비구역	공업지역 중 계획적이고 체계적인 관리와 효율적인 정비사업 시행을 위하여 지정 및 고시하는 산업정비구역 및 산업혁신구역
	공업지역 정비계획	산업정비구역 및 산업혁신구역에서 공업지역정비사업을 계획적이고 체계적으로 추진하기 위한 토지이용·유치업종·지원기반시설의 설치 등에 관한 산업정비구역계획 및 산업혁신구역계획
	공업지역 정비사업	산업정비구역 및 산업혁신구역에서 수립·시행하는 사업
	공공임대 산업시설	10년 이상 임대 또는 임대 후 분양전환의 목적으로 공급하는 공장, 제조업소, 연구시설 등 - 「건축법 시행령」 4호 너목의 제조업소, 10호 마목의 연구소, 14호 업무시설(오피스텔 제외), 17호 공장, 18호 창고시설 - 「물류시설의 개발 및 운영에 관한 법률」에 따른 물류시설 - 「벤처기업육성에 관한 특별조치법」에 따른 벤처기업집적시설 - 「산업집적활성화 및 공장설립에 관한 법률」에 따른 산업집적기반시설 및 지식산업센터 - 「중소기업창업지원법」에 따른 창업보육센터
	토지 등	「공익사업을 위한 토지 등의 취득 및 보상에 관한 법률」 제3조에 따른 토지·물건 또는 권리
공업지역 관리체계	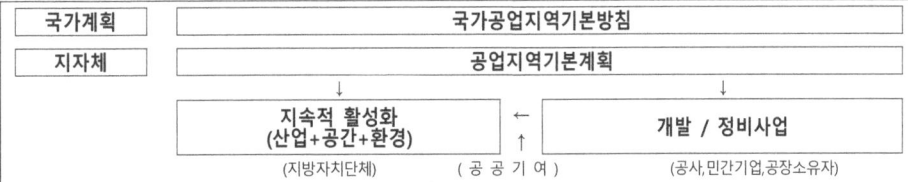	
국가공업지역 기본방침의 수립 (법 제4조)	• 국토교통부장관은 공업지역 관리 및 활성화를 위한 국가공업지역기본방침을 10년마다 수립, 필요한 경우 5년마다 타당성 검토를 통하여 그 결과를 기본방침에 반영 • 기본방침은 국토종합계획의 내용에 부합하여야 함 • 기본방침에는 다음의 사항이 포함되어야 함 - 공업지역 관리의 의의 및 목표 - 국가가 중점적으로 시행하여야 할 공업지역 관리시책 - 공업지역기본계획의 작성에 관한 기본적인 방향 및 원칙 - 공업지역의 현황 및 진단기준 - 그 밖에 공업지역 관리 활성화를 위하여 대통령령으로 정하는 사항 • 국토교통부장관은 기본방침을 체계적으로 수립하기 위하여 공업지역 현황에 대하여 매년 실태조사를 할 수 있으며 통계자료, 문헌 등 간접조사 방법을 활용 • 실태조사 항목은 다음과 같음 - 공업지역 내 산업구조 및 기능 변화 - 공업지역 내 인구 및 업체 수, 종사자 수 현황 - 공업지역 내 노후·불량건축물 현황 - 지방자치단체의 공업지역과 관련한 세입,세출의 변화 등 재정여건 현황 - 공업지역 내 기반시설 현황 • 실태조사를 하기 전 조사 목적과 내용 및 방법 등을 포함한 조사계획을 수립	
다른 법률과의 관계 (법 제5조)	• 공업지역의 관리 및 정비사업에 관하여 다른 법률보다 우선하여 적용. 다만, 다른 법률에 이 법의 규제에 관한 특례보다 완화된 규정이 있으면 그 법률에서 정하는 바에 따름 • 국가는 공업지역의 관리 및 정비사업과 관련이 있는 다른 법률을 제정 또는 개정하는 경우에는 이 법의 목적에 맞도록 하여야 함	

제2장 공업지역기본계획의 수립 등

공업지역
기본계획의 수립 등
(법 제6,7조)
	• 수립권자 : 특별시장·광역시장·특별자치시장·특별도지사·시장·군수
	• 5년마다 타당성 여부를 검토하여 정비 (단, 지역 여건변화를 고려하여 매년 정비가능)
	• 공업지역기본계획 내용
	  - 계획의 목표 및 범위
	  - 산업·인구·건축물·토지이용·기반시설·공업지역 면적 등 활용실태·지형 및 환경 등의 현황
	  - 공업지역 특성을 고려한 종합적 관리 및 활성화 방향
	  - 지역산업 보호·육성에 관한 사항 등 공업지역 유형별 관리방향
	  - 산업정비구역의 지정에 관한 기본방향(필요한 경우에 한정한다)
	  - 산업혁신구역의 지정에 관한 기본방향(필요한 경우에 한정한다)
	  - 건축물 권장용도(업종계획을 포함한다), 건폐율·용적률 등에 관한 건축물의 밀도계획 기본방향
	  - 지원기반시설 계획방향
	  - 환경관리방향
	  - 개략적인 사업비 산정 및 재원 조달방안
	  - 그 밖에 대통령령으로 정하는 사항
	• 도시·군 기본계획의 내용과 부합하여야 하며, 공업지역기본계획이 수립된 지역에 대하여 다른법률에 따른 사업계획을 수립할 경우 해당 공업지역기본계획에 부합하여야 함

공업지역기본계획의 확정 및 공고 (법 제10조)	• 기초조사 → 계획(안) 수립(변경) → 주민의견 청취(공청회를 통한 주민, 전문가 의견 수렴) → 지방의회 의견청취(60일 이내 의견 제시, 경과 시 의견 없음으로 간주)→ 관계 행정기관 협의(도시계획, 도시재생, 일자리, 산업, 환경 등 관련 부서 협의) → 지방도시계획위원회 심의(道 도시계획위원회 위원 3인 이상 참여) → 확정 및 공고

제3장 공업지역정비구역의 지정 등 (산업정비구역)

산업정비구역의
지정 및 계획결정
(법 제13조)
	• 수립권자 : 시장·군수
	• 범위 : 공업지역 기본계획의 적합한 범위 내 결정, 다음 요건에 해당하는 공업지역의 전부 또는 일부 (1만㎡이상)
	  - 대상지역 내 지원기반시설의 노후화로 정비·확충이 필요한 공업지역으로 다음 모두에 해당하는 지역
	    가. 폭 8m 이상 도로의 도로율이 10% 이하인 지역
	    나. 상하수도 시설의 개선확충이 필요한 공업지역으로 시설 설치 20년이 지나거나 용량이 부족한 지역
	  - 대상지 내 산업시설 중 준공 후 20년이 지난 산업시설이 차지하는 비율이 50% 이상인 공업지역으로 산업시설의 정비·개량이 필요한 지역
	  - 산업과 주거용도가 혼재되어 산업활성화와 주거환경개선 등 계획적 정비가 동시에 필요한 공업지역으로 대상지 내 산업시설 부지면적이 10% 이상인 지역
	  - 기존 산업의 정비·지원 및 신규 산업의 유치를 통한 산업활성화가 필요한 다음에 해당하는 공업지역
	    가. 산업 쇠퇴, 공장 이전등 최근 3년간 이전 또는 폐업한 공장의 부지면적이 10% 이상인 지역
	    나. 산업 쇠퇴, 공장 이전등 최근3년간 대상지 내 사업체수가 10%이상 감소한 지역
	  - 공업지역 내 미개발지역으로 공장, 물류시설 등 산업시설 유치 촉진이 필요한 공업지역
	  - 산업생태계의 지속적인 활성화를 위한 지원이 필요한 지역 (특정업종의 산업입지계수가 1이상인 지역)
	  - 산업시설 밀집지역으로 산업정비지원을 통한 지속적인 산업활성화가 필요하다고 시장·군수등이 인정한 지역
	• 위 요건에도 불구하고 천재지변, 특정관리대상지역 등 불가피한 사유로 급하게 공업지역정비사업을 시행할 필요가 있다고 인정하는 지역 (공업지역기본계획 수립, 변경없이 지정가능)

구분	내용
산업정비구역의 지정 및 계획결정 (법 제13조)	• 산업정비구역의 유형 (규모 1만㎡이상 조례를 통해 50% 범위에서 기준 완화가능) | 산업정비구역 유형 | 정의 | |---|---| | 산업활성화구역 | 지원기반시설이 열악하고 공장의 이전·폐업이 증가하는 지역으로 지원기반시설의 정비·확충 및 노후산업시설의 정비·개량을 통하여 공업지역의 활성화 도모 | | 산업주거융합구역 | 산업과 주거 등 여러용도가 혼재되어 산업활성화와 주거환경 개선 등 계획적 정비가 동시에 필요한 지역으로 지원기반시설 등 산업기반시설의 정비·확충과 주거용도 집적화 등을 통하여 정비를 유도 | | 산업입지촉진구역 | 공업지역으로 지정되어 있으나 미개발 등의 사유로 개발이 지연되어 산업기반이 부족한 지역으로 지원기반시설의 정비·확충 및 입주지원 등을 통해 산업입지를 촉진 | | 지역산업육성구역 | 지역 특화 업종 밀집지역에 대해서 계획적인 지역산업육성이 필요하거나 지역산업의 쇠퇴를 억제하기 위하여 산업기반의 정비·지원이 필요한 지역으로서 지원기반시설 정비·확충 등을 통해 지역산업의 육성을 유도 |
산업정비구역의 분할 및 결합 (법 제14조)	• 시장·군수 등은 유해공장 이전 등 공업지역정비사업의 효율적인 추진이 필요한 경우 산업정비구역을 둘 이상의 사업시행 지구로 분할하거나 떨어진 둘 이상의 지역을 결합하여 하나의 산업정비구역으로 지정 (산업정비구역을 산업혁신구역과 결합 지정 가능) | 분할 지정 | 분할 후 각 사업면적이 각각 1만㎡이상 (조례에 따라 5천㎡이상일 것) | |---|---| | 결합 지정 | 서로 떨어진 지역이 같은 시·군등에 위치 다음 사업을 시행하는 지역이 산업정비구역에 하나 이상 포함될 것 (「도시개발법」에 따른 도시개발사업, 「도시 및 주거환경정비법」에 따른 정비사업) |
산업정비구역의 지정 제안 (법 제15조)	• 다음에 해당하는 자는 시장·군수에게 산업정비구역계획이 포함된 산업정비구역의 지정을 제안가능 한국토지주택공사 등 공공기관, 지방공기업, 구역 내 토지 또는 건축물 소유자 또는 그들이 설립한 조합, 건설업을 등록하는 등 공업지역정비사업을 시행할 능력이 인정되는자, 부동산개발업자로 대통령령으로 정하는 요건에 해당하는자, 과밀억제권역에서 수도권 외의 지역으로 이전하는 법인 중 과밀억제권역의 사업기간 등 대통령령으로 정하는 요건에 해당하는 법인, 자기관리 부동산투자회사 또는 위탁관리 부동산 회사, 위의 해당하는 자가 공업지역 정비사업을 시행할 목적으로 출자에 참여하여 설립한 법인 - 토지면적 2/3이상 토지 소유자 총수의 1/2이상 동의 (국공유지 제외) - 한국토지주택공사 등 공공기관, 지방공기업이 50%이상 출자한 법인은 토지등 소유자 동의 제외 • 제안받은 시장·군수는 수용여부를 30일 이내에 통보 (필요시 지방도시계획위원회 자문) • 산업정비계획에는 다음의 사항이 포함 | 구역 명칭·위치 및 면적 | 목적과 사업기간 | 결합 및 분할에 관한 사항 | 사업의 시행자에 관한 사항 | |---|---|---|---| | 사업의 시행방식 | 인구수용계획(필요시) | 토지이용계획 | 유치업종계획 | | 건축물 용도, 밀도계획 | 원형지로 공급될 토지 및 개발방향 | 교통처리계획 | 환경 보전·관리에 관한 계획 | | 지원기반시설 설치등의 계획 | 재원조달 및 예산집행계획 | 구역 외 기반시설 비용부담계획 | 토지 등 소유권 | | 임대주택 건설계획 | 공공임대 시설(필요시) | | |
산업정비구역의 지정 (법 제17~20조)	• 사업의 시행자나 시행자가 되려는 자는 구역 내 **기초조사**를 위해 토지, 건축물, 공작물, 산업실태, 산업수요 등에 대하여 조사하거나 측량할 수 있음 • 시장·군수등은 산업정비구역지정 및 계획결정시 **주민공람(14일 이상)**을 통하여 구역 내 주민, 공장소유자 등 이해관계인과 관계 전문가의 의견을 듣고 타당할 경우 반영 - 공고 이후 개발행위를 하려는 자는 시장·군수의 허가를 득하여야 함 (재해 등에 의한 응급조치, 경작을 위한 토지의 형질 변경 등 사업수행의 지장없는 행위 제외) • 행정기관의 장과 **협의** 후 **지방도시계획위원회 심의** 필요 • 산업정비구역 및 계획을 결정·고시한 때에는 관계서류를 14일 이상 일반인 공람 • 산업정비구역지정과 계획의 결정·고시가 있는 경우 지구단위계획구역 및 지구단위계획으로 결정된 것임
산업정비구역의 지정해제 (법 제21조)	• 다음의 경우 산업정비구역 지정 및 계획을 해제·폐지 가능하며, 결정 이전 상태로 환원 - 고시 후 3년이 되는 날(자연재해 등 불가피한 경우 1년 이내 범위 내 연장 가능)까지 실시계획인가 미신청, 사업시행자가 해제 요청한 경우, 추진상황을 보아 목적달성에 어려움이 있다고 인정되는 경우 • 산업정비구역 및 계획 해제 결정시 공보에 고시하고 14일 이상 일반인에게 공람

제3장 공업지역정비구역의 지정 등 (산업혁신구역)

산업혁신구역의 지정 및 계획의 결정 (법 제22조)	• 지정권자 : 시장·군수 (공공기관 및 지방공기업이 계획을 수립할 경우 국토교통부 장관 지정)
	• 효율적인 추진과 산업·상업·주거·문화·행정 등의 기능이 집적된 복합적인 토지이용을 통한 산업혁신을 촉진하기 위하여 산업혁신구역을 지정 (5천㎡이상, 단일필지의 경우 5천㎡이하 가능)
	• 산업혁신구역 요건 (다음 어느 하나에 해당하는지역)
	　- 대규모 공장이전 등으로 산업기반이 상실되거나 주변 산업쇠퇴 등으로 신산업 유치가 필요한 지역
	　- 구역 내 전체 건축물 중 준공 후 20년이 지난 건축물이 50% 이상인 지역으로 산업기반 정비, 산업지원의 연계 활성화가 필요한 지역
	　- 공공시설의 이전 부지를 산업혁신기반으로 조성하려는 지역
	　- 공업지역 내 미개발지역으로서 산업입지의 개발 촉진을 통한 주변 공업지역의 혁신이 필요한 지역
	• 시장·군수등은 산업혁신구역과 계획을 결정하려면 국토부장관 및 관계중앙행정기관의 장과 협의
	• 산업혁신구역계획에는 다음의 사항이 포함되어야 함
	
	      | 구역 명칭·위치 및 면적 | 목적과 사업기간 | 사업의 시행자에 관한 사항 | 사업의 시행방식 |
	      |---|---|---|---|
	      | 산업혁신방안 및 주변 연계방안 | 토지이용계획 | 유치업종계획 | 건축물 용도, 밀도계획 |
	      | 지원기반시설 설치등의 계획 | 산업시설 주택 인구등 계획 | 공공임대 산업시설 계획 | 기업지원 및 근로자 편의시설 계획 |
	      | 국가 및 지방자치단체 지원사항 | 재원조달 및 예산 집행계획 | 입지규제최소구역계획 | 구역 외 기반시설 비용부담 계획 |
	      | 토지 등 소유권 | 임대주택 건설계획 | 환경 보전·관리에 관한 계획 | |
	      | 도시개발사업, 정비사업, 물류단지개발사업 등 타 시행구역과 중복하여 정하는 사항 ||||

산업혁신구역의 승인 등 (법 제23조)	• 사업시행자는 산업혁신구역계획을 수립하여 구역역지정을 시장·군수에게 제안 가능 　- 산업 정비구역 절차 준용 • 한국토지주택공사 등 공공기관이나 지방공기업은 산업혁신구역계획을 수립하여 국토부장관에게 제안 　- 이 경우 중앙도시계획위원회 심의를 거쳐 지정
산업혁신구역의 지정해제 (법 제24조)	• 다음의 경우 중앙도시계획위원회 및 지방도시계획 위원회 심의를 거쳐 산업정비구역 지정 및 계획을 해제·폐지 가능하며, 결정 이전 상태로 환원 　- 고시 후 3년이 되는 날까지 실시계획인가 신청하지 아니한 경우, 실시계획 인가 후 3년 이내 착수하지 아니한 경우, 추진상황을 보아 목적달성에 어려움이 있다고 인정되는 경우 • 산업혁신구역 및 계획 해제 결정시 사업시행자, 관계 중앙(지방)행정기관의 장에게 통보하고 공보에 고시하고 14일 이상 일반인에게 공람
입지규제 최소구역과의 관계	**산업혁신구역** [성격 및 의의] • 주변 공업지역의 혁신이 필요한 지역을 대상으로 복합적인 토지이용을 통한 기존산업 또는 신산업의 산업혁신촉진 유도 • 복합적인 토지이용 및 산업혁신의 파급효과 창출을 위한 **입지규제최소구역 지정** ※ 산업혁신구역 지정 시 입지규제최소구역 동시 지정 [대상지역] • 대규모 공장 이전 등 산업기반이 상실된 지역 • 노후건물 밀집지역으로 주변 산업기반정비, 산업지원 연계가 필요한 지역 • 공공시설등의 이전부지를 산업혁신기반으로 조성하고자 하는 지역 • 공업지역 내 미개발지역으로 산업입지촉진을 통한 주변 공업지역의 혁신이 필요한 지역 /// **입지규제최소구역** [성격 및 의의] • 특정공간을 별도 관리할 필요가 있는 지역에 대해 도시·군관리계획으로 지정하는 용도구역 • 복합적이고 압축적인 토지이용을 통한 거점 조성 • 용도지역·지구에 따른 일률적인 기준을 유연하게 적용 • 개성 있고 창의적인 도시공간조성 유도 [건축밀도에 관한 사항] • 「국토계획법」에 따라 기반시설 확보현황과 연계한 건축제한 완화 가능 ※ 「국토계획법」 제40조의2제4항 : 입지규제최소구역계획 수립 시 용도, 건폐율, 용적률 등의 건축제한 완화는 기반시설의 확보현황 등을 고려하여 적용할 수 있도록 계획 ※ 「국토계획법」 제80조의3 : 입지규제최소구역에서의 행위 제한은 용도지역 및 용도지구에서의 토지의 이용 및 건축물의 용도·건폐율·용적률·높이 등에 대한 제한을 강화하거나 완화하여 따로 입지규제최소구역계획으로 정함

제3장 공업지역정비구역의 지정 등 (개발행위허가 제한 등)

개발행위허가의 제한 등 (법 제25,26조)	• 산업정비구역 및 산업혁신구역을 지정하려는 경우 해당 시장·군수등이나 국토교통부장관은 도시계획위원회 심의 (시장·군수:지방도시계획위원회, 국토교통부장관:중앙도시계획위원회)를 통하여 개발행위에 대한 허가를 제한 (개발행위허가 제한 시점: 주민 등 의견청취 이전) • 시장·군수등이나 국토교통부장관은 해당 지역에서 개발행위를 제한할 사유가 없어진 경우 그 제한기간이 끝나기 전이라도 인터넷 홈페이지 개제를 통해 해제 고시 • 시장·군수등이나 국토교통부장관은 부동산투기 또는 부동산가격 급등이 우려되는 지역에 대하여 관계 중앙행정기관의 장 및 특별시장·광역시장·특별자치시장·도지사·특별자치도지사에게 다음 각 호의 조치를 요청 　- 「소득세법」에 따른 지정지역의 지정 　- 「주택법」에 따른 투기과열지구 지정 　- 「부동산 거래신고 등에 관한 법률」에 따른 토지거래계약에 관한 허가구역 지정 　- 그 밖에 부동산 가격 안정을 위하여 필요한 조치

제4장 공업지역정비구역의 시행

실시계획의 작성 및 인가 (법 제30,31조)	• 사업시행자는 산업정비구역계획에 맞도록 산업정비구역의 공업지역정비사업에 관한 실시계획을 작성 (지구단위계획 내용 포함되어야 함) • 사업시행자는 **시장 군수 등에게 실시계획에 관하여 인가**를 받아야함 (공공기관 등이 시행하는 사업의 경우 국토교통부 장관) • 시장·군수 등은 실시계획을 인가하려면 14일이상 일반인이 열람 할 수 있도록 해야함 • 실시계획 고시시 사업의 명칭, 목적, 정비구역의 위치 및 면적, 사업시행자, 시행기간, 시행방식, 지구단위계획 내용 등이 포함
사업의 시행방식 (법 제 33조)	• 공업지역 정비사업의 사업시행 방식 | 사업시행구분	내용
재정비 방식	시장·군수 등이 공업지역정비구역의 지원기반시설 정비와 연계하여 토지이용계획 변경 등의 공업지역정비계획 및 실시계획을 수립하고 이에 따라 토지소유자,입주기업 등이 정비하는 방식
수용 또는 사용방식	사업시행자가 공업지역정비구역 내 토지등을 전부 또는 일부를 수용하거나 사용하여 사업을 시행하는 방식
환지방식	사업시행자가 공업지역정비구역 내 토지소유자 등에게 환지를 통하여 사업을 시행하는 방식
관리처분방식	공업지역정비구역 내 토지등 소유자의 종전의 토지 및 건축물을 평가하여 공업지역정비사업 시행으로 분양되는 대지 및 건축물을 배분하는 방식 | • 필요할 경우 위의 사업시행 방식을 혼용하여 시행

제5장 공업지역 절차 간소화 및 지원 등

공업지역정비 계획과 실시계획의 동시 수립 (법 제 50조)	• 시장·군수등은 공업지역 정비사업의 시급성과 효율적인 사업시행을 위하여 산업정비구역의 지정 및 산업정비구역계획의 수립, 산업혁신구역의 지정 및 산업혁신구역계획의 수립, 실시계획을 동시에 수립 가능 • 공공기관 등은 공업지역 정비사업의 시급성과 산업혁신 거점개발 등 효율적인 사업시행을 위하여 산업정비구역의 지정 및 산업정비구역계획의 수립, 산업혁신구역의 지정 및 산업혁신구역계획 수립, 실시계획을 동시에 수립 가능 • 산업정비구역계획, 산업혁신구역계획, 실시계획 등을 동시에 수립하기 위하여 지정·결정·승인 또는 인가 전에 중앙공업지역관리통합심의위원회 또는 지방공업지역관리통합심의위원회의 심의
공업지역관리 통합 심의위원회 등 (법 제 50조)	• 산업정비구역의 지정 및 산업정비구역계획의 수립, 산업혁신구역의 지정 및 산업혁신구역계획의 수립, 실시계획 인가와 관련 사항을 심의하기 위하여 국토교통부에 중앙공업지역관리통합심의위원회 운영 - 도시군관리계획, 복합환승센터, 교통영향평가, 공업지역 등에 속한 산지 이용계획, 에너지 사용계획, 재해영향평가, 교육환경에 대한 평가, 경관심의, 건축위원회 심의 • 통합심의 위원회는 위원장 1인, 부위원장 1인을 포함하여 30인 이내로 구성 • 시장·군수 등은 해당 지방자치단체에 통합심의 위원회의 심의 대상에 대항되는 사항을 심의하기 위하여 지방공업지역관리통합심의 위원회를 운영

규제 특례
(법 제52조~제53조)
	[산업정비구역계획 수립 시 규제 특례]
	• 산업정비구역사업 시행유도 및 사업성 증진을 위해 건축물 용도, 종류 및 규모, 건폐율·용적률 완화
	  ⇒ 건축물 용도, 종류 및 규모 : 산업정비구역계획 수립 시 준공업지역 수준으로 완화 적용 가능
	  ⇒ 건폐율, 용적률 : 산업유지비율 확보량에 따라 조례로 정한 건폐율 및 용적률의 상한까지 차등하여 완화 적용
	[산업유지비율]
	• 산업정비구역 내 기존산업시설의 부지면적 비율에 따라 산업정비구역계획으로 확보하여야 하는 산업시설의 부지면적 비율 (시행규칙 제25조 참고)
	  ⇒ 산업정비구역계획 수립 시 건폐율, 용적률 완화 등 규제특례의 적용기준으로 공업지역 세분에 따라 달리 기준을 정하여 현실성을 반영
	[산업혁신구역계획 수립 시 규제 특례]
	• 산업혁신구역 지정 시 입지규제최소구역 동시지정
	• 근로자 주거지원 및 지역산업 경쟁력 제고를 위한 입지규제최소구역에서의 주거가능비율 완화(20% → 30%)
	• 입지규제최소구역에서의 건축여건을 고려한 다른 법률의 규제적용 배제
	  - 주택법 제35조에 따른 주택의 배치, 부대시설·복리시설의 설치기준 및 대지조성기준
	  - 주차장법 제19조에 따른 부설주차장의 설치
	  - 도시공원 및 녹지 등에 관한 법률 제14조에 따른 도시공원 및 녹지의 확보
	• 필요 시 공업지역기본계획 확정·공고 전 산업혁신구역계획 별도 수립하여 지정·결정·고시 가능
	  - 이 경우 공업지역기본계획이 확정·공고되기 전 공업지역정비사업 시행 가능
	• 산업혁신구역은 건축법 제69조에 따른 특별건축구역으로 지정된 것으로 봄

입주기업 등
지원대책
(법 제54조,
제62조)
	[입주기업 등 지원대책]
	• 사업시행자는 공업지역정비계획 수립 시 입주기업에 대한 영업실태조사 실시 및 임시 영업시설 등 대책 마련
	• 국가 및 지방자치단체는 입주기업 보호대책을 수립·시행하는 사업시행자에 임시부지 무상제공 가능
	• 국가 및 지방자치단체는 이주기업에 대해 공공임대산업시설 제공과 부담금 감면 등 지원 가능
	[공공임대 산업시설의 건설·공급]
	• 사업시행자는 국가 및 지방자치단체의 재정을 지원받아 공공임대산업시설 건설·공급 가능
	  ⇒ 이주기업에 공공임대산업시설 우선 공급 시 창업기업과 영세중소기업에 우선 공급 가능
	[공공임대산업시설의 건설·공급 관련 기준]
	• 공공임대산업시설의 입주자관리, 임대조건, 임대기간 등을 정할 때 고려사항
	  - 공업지역기본계획 업종계획과 정합성 확보, 최초 임대기간 5년으로 하고 갱신이 가능하도록 할 것
	  - 임대료는 주변지역 거래가격이하, 환경오염물질 배출 및 환경오염 유발 업종 입주 제한 가능
	• 공공임대산업시설을 창업기업 및 영세중소기업에 우선공급할 수 있는 비율은 50% 이상

자금지원 등 (법 제55조~제57조)	**[자금지원]** • 국가 또는 지방자치단체는 공업지역정비사업의 원활한 추진을 위해 자금지원에 필요한 조치 가능 ⇒ 「도시재생 활성화 및 지원에 관한 특별법」 등 관계 법률에 따른 자금지원 우선적 검토 **[사업시행자 부담금 감면]** • 국가 또는 지방자치단체는 사업시행자에 대하여 개발부담금, 교통유발부담금, 기반시설 설치비용, 광역교통시설부담금 등 부담금 감면 또는 면제 가능 **[공업지역정비특별회계의 설치 및 운용]** • 시장·군수등은 공업지역 활성화 및 정비사업의 촉진과 지원을 위해 「지방재정법」에 따라 공업지역정비특별회계 설치·운용 가능
전담조직 및 지원기구 설치 등	**[공업지역 활성화를 위한 국가와 지자체 조직 구성과 설치]** • 국가 - 국가차원의 시책 및 제도 연구, 지방자치단체 관련기구 지원 등을 위해 공업지역관리 지원기구 설치 - 공업지역 관리 및 활성화에 필요한 자료의 수집·분석을 위한 공업지역종합정보망 구축 • 지방자치단체 - 공업지역의 효율적 관리와 부처간 협의 등과 관련된 업무를 총괄·조정하는 전담조직 구성 - 기업지원계획 수립 등 민관협력을 통한 활성화를 지원할 수 있도록 공업지역 혁신종합지원센터 설치 ⇒ 지방자치단체 여건에 맞게 자율적으로 구성·설치·운영 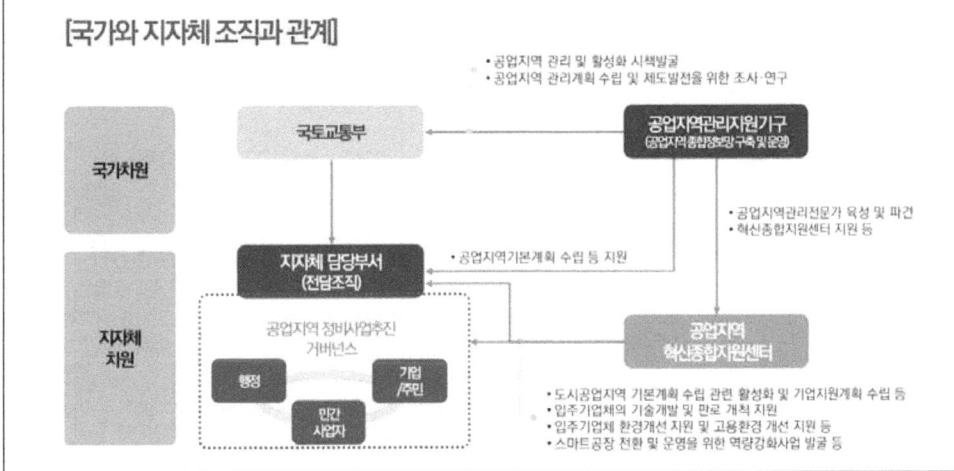 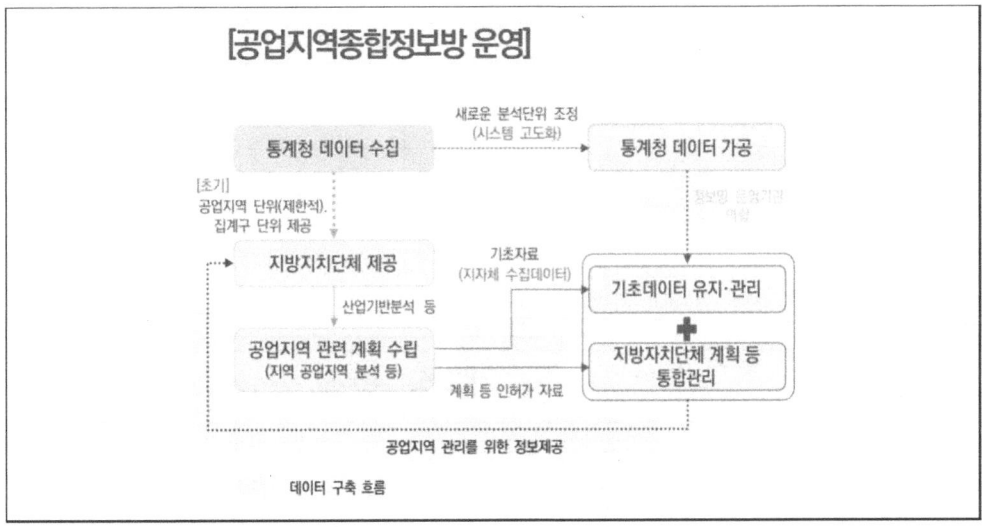

공공주택 특별법

법공포 : 최초 '03. 12. 31. 최종개정 : '22. 1. 11. 시행일자 : '22. 1. 11.
영공포 : 최초 '04. 6. 29. 최종개정 : '22. 2. 17. 시행일자 : '22. 2. 18.

「공공주택 특별법」 구성체계

제1장 총칙	제2장 공공주택지구의 지정 등		제3장 공공주택지구의 조성
제1조 목적 제2조 정의 제2조의2 준주택의 준용 제3조 공공주택 공급·관리계획 제3조의2 공공주택의 재원·세제지원 제4조 공공주택사업자 제5조 다른 법률과의 관계	제6조 공공주택지구의 지정 등 제6조의2 특별관리지역의 지정 등 제6조의3 특별관리지역의 관리 등 제6조의4 특별관리지역의 해제 제6조의5 특별관리지역의 건축물 등에 대한 조치 제7조 소규모 주택지구 지정 등 제7조의2 주택지구 주변지역의 정비	제8조 주택지구의 지정 등을 위한 관계기관 협의 제9조 보안관리 및 부동산투기 방지대책 제10조 주민 등의 의견청취 제11조 행위제한 등 제12조 주택지구 지정 등의 고시 등 제13조 「국토의 계획 및 이용에 관한 법률」의 적용 특례 제14조 「한강수계 상수원수질개선 및 주민지원 등에 관한 법률」 등의 적용 특례	제15조 공공주택사업자의 우선 지정 등 제16조 지구계획 승인 신청 등 제17조 지구계획 승인 등 제18조 다른 법률에 따른 인가허가 등의 의제 제19조 「산지관리법」의 적용 특례 제20조 「수도법」의 적용 특례 제21조 「하수도법」의 적용 특례

제3장 공공주택지구의 조성		제4장 공공주택통합심의위원회	제5장의 2 공공시설 부지등에서의 공공주택사업
제22조 「개발제한구역의 지정 및 관리에 관한 특별조치법」의 적용 특례 제23조 「환경영향평가법」의 적용 특례 제24조 「대도시권 광역교통관리에 관한 특별법」의 적용 특례 제24조의2 「수도권정비계획법」의 적용 특례 제25조 간선시설의 설치 및 지원 등 제26조 토지에의 출입 등 제27조 토지등의 수용 등	제27조의2 건축물의 존치 등 제28조 국·공유지의 처분제한 등 제29조 공공시설 등의 귀속 제30조 부담금의 감면 제31조 준공검사 제32조 조성된 토지의 공급 제32조의2 조성된 토지의 조성원가 공개 제32조의3 조성된 토지의 전매행위 제한 등 제32조의4 선수금 등	제33조 공공주택통합심의위원회의 설치 제34조 통합심의위원회의 심의절차 **제5장 공공주택의 건설 등** 제35조 주택건설사업계획의 승인 등 제36조 건축위원회 심의 등에 대한 특례 제37조 공공주택의 건설기준 등 제38조 「건설산업기본법」에 대한 특례 제39조 공사의 분할계약 등 제40조 삭제	제40조의2 공공시설 부지 등에서의 공공주택사업에 대한 특례 제40조의3 「국유재산법」 등에 대한 특례 제40조의4 「철도의 건설 및 철도시설 유지관리에 관한 법률」 등에 대한 특례 제40조의5 「학교용지 확보 등에 관한 특례법」에 대한 특례 제40조의6 건축기준 등에 대한 특례

제6장 공공주택의 매입	제8장 공공주택의 공급 및 운영·관리		
	제1절 공공주택의 공급	제2절 공공주택의 운영·관리	
제41조 공공주택사업자의 부도임대주택 매입 제42조 삭제 제43조 공공주택사업자의 기존주택 매입 제44조 공공주택사업자의 건설 중에 있는 주택 매입 제45조 임대주택의 인수 제45조의2 기존주택의 임차 **제7장 공공주택본부** 제46조 공공주택본부의 설치 제47조 관계 공무원 등의 파견요청	제48조 공공주택의 공급 제48조의2 공공분양주택 분양가 심사위원회의 설치 등 제48조의3 공공임대주택의 중복 입주 등의 확인 제48조의4 공공주택 지원 신청자의 금융정보 등의 제공에 따른 동의서 제출 제48조의5 금융정보 등의 제공 제48조의6 자료요청 제48조의7 자료 및 정보의 수집 등	제49조 공공임대주택의 임대조건 등 제49조의2 공공임대주택의 표준임대차계약서 등 제49조의3 재계약 거절 등 제49조의4 공공주택의 전대 제한 제49조의5 공공분양주택 입주예정자의 입주의무 등 제49조의6 공공분양주택 입주자의 거주의무 등 제49조의7 공공주택의 거주실태 조사 등 제49조의8 공공임대주택의 입주자 자격제한 등	제49조의9 가정어린이집 운영에 관한 공급특례 제50조 공공임대주택의 관리 제50조의2 공공임대주택의 매각제한 제50조의3 공공임대주택의 우선 분양전환 제50조의4 특별수선충당금의 적립 등 제51조 정보체계의 구축 등

제9장 보칙	제10장 벌칙		
제52조 토지매수업무 등의 위탁 제52조의2 주택지구 밖의 사업에 대한 준용 제53조 권한의 위임 또는 위탁 제53조의2 협조 요청 제54조 보고·검사 등 제55조 감독 제56조 청문	제57조 벌칙 제57조의2 벌칙 제57조의3 벌칙 제57조의4 벌칙 제58조 벌칙 제59조 양벌규정 제60조 과태료		

제1장 총칙

목 적 (법 제1조)	• 공공주택의 원활한 건설과 효과적인 운영을 위하여 필요한 사항을 규정함으로써 서민의 주거안정 및 주거수준 향상을 도모하여 국민의 쾌적한 주거생활에 이바지함을 목적

공공주택특별법

정의 (법 제2조)	공공주택	• 공공주택사업자가 국가 또는 지자체 재정이나 주택도시기금을 지원받아 이 법 또는 다른 법률에 따라 건설, 매입 또는 임차하여 공급하는 다음에 해당하는 주택 - 공공임대주택 : 임대 또는 임대 후 분양전환을 목적으로 공급하는 주택	
		영구임대주택	국가나 지방자치단체의 재정을 지원받아 최저소득 계층의 주거안정을 위하여 50년 이상 또는 영구적인 임대를 목적으로 공급하는 공공임대주택
		국민임대주택	국가나 지방자치단체의 재정이나 「주택도시기금법」에 따른 주택도시기금의 자금을 지원받아 저소득 서민의 주거안정을 위하여 30년 이상 장기간 임대를 목적으로 공급하는 공공임대주택
		행복주택	국가나 지방자치단체의 재정이나 주택도시기금의 자금을 지원받아 대학생, 사회초년생, 신혼부부 등 젊은 층의 주거안정을 목적으로 공급하는 공공임대주택
		장기전세주택	국가나 지방자치단체의 재정이나 주택도시기금의 자금을 지원받아 전세계약의 방식으로 공급하는 공공임대주택
		분양전환공공임대주택	일정 기간 임대 후 분양전환 목적으로 공급하는 공공임대주택
		기존주택등 매입임대주택	국가나 지방자치단체의 재정이나 주택도시기금의 자금을 지원받아 기존주택등을 매입하여 「국민기초생활 보장법」에 따른 수급자 등에게 공급하는 공공임대주택
		기존주택 전세임대주택	국가나 지방자치단체의 재정이나 주택도시기금의 자금을 지원받아 기존주택을 임차하여 저소득 서민에게 전대하는 공공임대주택
		- 공공분양주택 : 분양을 목적으로 공급하는 주택으로 국민주택규모 이하의 주택	
	공공건설임대주택	• 공공주택사업자가 직접 건설하여 공급하는 공공임대주택	
	공공매입임대주택	• 공공주택사업자가 직접 건설하지 아니하고 매매 등으로 취득하여 공급하는 공공임대주택	
	공공주택지구	• 공공주택의 공급을 위하여 공공주택이 전체 중 50% 이상이 되고 공공주택지구로 지정·고시된 지구	
		구분	공공임대주택과 공공분양주택이 전체 50% 이상
		공공임대주택	전체 주택 호수의 35% 이상
		공공분양주택	전체 주택 호수의 25% 이상
	공공주택사업	• 다음 각목에 해당하는 사업	
		공공주택지구 조성사업	공공주택지구를 조성하는 사업
		공공주택건설사업	공공주택을 건설하는 사업
		공공주택매입사업	공공주택을 공급할 목적으로 주택을 매입하거나 인수하는 사업
		공공주택관리사업	공공주택을 운영·관리하는 사업
	분양전환	• 공공임대주택을 공공주택사업자가 아닌 자에게 매각하는 것	
준주택 준용 (법 제2조의2)	• 국가 또는 지방자치단체의 재정이나 주택도시기금을 지원받아 건설, 매입 또는 임차하여 임대를 목적으로 공급하는 전용면적 85㎡ 이하 준주택, 전용면적 85㎡ 이하로 상하수도 시설이 갖추어진 전용 입식 부엌, 전용 수세식 화장실 및 목욕시설을 갖춘 오피스텔 • 공공준주택의 면적은 국토교통부장관이 공고한 최저주거기준 중 1인 가구의 최소주거면적을 만족해야 함		

구분	내용

공공주택 공급관리계획 수립 절차 (법 제3조)	**[절차 흐름]**
	① 공공주택 유형 및 지역별 입주수요량 조사
	② 공공주택 공급관리계획상 반영할 정책 및 사업에 대한 소관별 계획서 제출 요청
	  • 국토교통부장관 → 관계 중앙행정기관의 장 및 지방자치단체의 장
	③ 공공주택 공급관리계획(안) 마련 (국토교통부장관)
	  • 공공주택의 원활한 건설·매입·관리 등 목적
	  • 주요내용
	    - 공공주택의 지역별 수요 계층별 공급에 관한 사항
	    - 공공주택 재고의 운영 및 관리에 관한 사항
	    - 공공주택의 공급 관리 등에 필요한 비용과 그 재원확보에 관한 사항
	    - 그 밖에 공공주택의 공급관리를 위하여 필요하다고 국토교통부장관이 인정한 사항
	④ 관계 중앙행정기관의 장, 지방자치단체의 장과 협의
	⑤ 주거정책심의위원회의 심의
	⑥ 공공주택 공급관리계획 확정
	  • 국토교통부장관(10년 단위 주거종합계획과 연계, 5년마다 공공주택 공급관리계획 수립)
	⑦ 중앙행정기관의 장 및 지방자치단체의 장 통보
	  • 지자체 장은 공공주택 공급관리계획에 따라 지역의 공공주택 공급관리계획 수립
	  • 국토교통부장관은 지자체별로 공공주택의 공급관리수준에 대한 평가 실시

공공주택의 재원·세제지원 (법 제3조의2)	• 주체별 공공주택에 대한 재원·세제 지원세부 | 주체	공공주택의 재원·세제지원 내용
국가 및 지방자치단체	· 매년 공공주택 건설, 매입 또는 임차에 사용되는 자금을 세출예산에 반영 · 청년층·장애인·고령자·신혼부부 및 저소득층 등 주거지원이 필요한 계층의 주거안정을 위하여 공공주택의 건설·취득 또는 관리와 관련한 국세 또는 지방세를 「조세특례제한법」, 「지방세특례제한법」, 그 밖에 조세 관계 법률 및 조례로 정하는 바에 따라 감면
국토교통부장관	· 공공주택의 건설, 매입 또는 임차에 주택도시기금을 우선적으로 배정
개발사업자	· 임대주택을 계획하는 경우 공공임대주택을 우선 고려, 임대주택건설용지를 공급할 때 임대주택 유형이 결정되지 아니한 경우 공공임대주택을 공급하려는 공공주택사업자에게 대통령령으로 정하는 방법에 따라 우선적으로 공급
국가·지방자치단체 또는 공기업 및 준정부기관	· 그가 소유한 토지를 매각하거나 임대할 때 「주택법」 제30조 제1항 및 「민간임대주택에 관한 특별법」 제18조에도 불구하고 공공임대주택을 건설하려는 공공주택사업자에게 우선적으로 매각 또는 임대 가능	

공공주택 사업자 (법 제4조)	• 지정권자 : 국토교통부장관이 다음 중 공공주택사업자 지정
	  - 국가 또는 지방자치단체 - 한국토지주택공사 - 주택사업을 목적으로 설립된 지방공사
	  - 공공기관 중 대통령령으로 정하는 기관
	  - 위의 규정 중 어느 하나에 해당하는 자가 총지분의 100분의 50을 초과해 출자·설립한 법인
	  - 주택도시기금 또는 위의 어느 하나에 해당하는 자가 총지분의 전부를 출자하여 「부동산투자회사법」에 따라 설립한 부동산투자회사
	• 국토교통부장관은 위에 해당하는 어느 하나에 해당하는 자와 주택건설사업자를 공동 공공주택사업자로 지정가능

다른 법령과의 관계 (법 제5조)	• 공공주택사업에 관하여 다른 법률에 우선하여 적용 • 다만 다른 법률에서 이 법의 규제에 관한 특례보다 완화되는 규정이 있으면 그 법률에서 정하는 바에 따름 • 공공주택의 건설공급 및 관리에 관하여 이 법에서 정하지 아니한 사항은 「주택법」, 「건축법」 및 「주택임대차보호법」을 적용

제2장 공공주택지구의 지정 등

공공주택지구 지정 (국토교통부장관)

공공주택지구 지정 제안

- 지정권자 : 국토교통부장관(변경·해제 가능)
- 국토교통부장관은 주택지구를 지정·변경·해제하거나 공공주택사업자가 주택지구의 지정·변경·해제를 제안 시 해당 지역 주택수요, 지역 여건 등을 종합적으로 검토.
- 지정 변경·해제 제안 사유

- 주택지구의 경계선이 하나의 필지를 관통 - 주택지구의 지정으로 주택지구 밖의 토지나 건축물 출입 제한되거나 사용가치 감소 - 주택지구의 변경으로 기반시설의 설치비용 감소	- 사정 변경으로 공공주택사업을 계속 추진할 필요성이 없어지거나 추진이 현저히 곤란 - 그 밖에 토지이용의 합리화를 위하여 필요한 경우

- 주택지구 지정 제안시 제출서류(영 제7조)

제안서	- 주택지구의 명칭, 위치 및 면적 등 지구개요 - 공공주택사업자의 명칭, 소재기 및 대표자 성명
서류 및 도면	- 주택지구에 관한 조사서류 - 축척 2만5천분의 1 또는 5만분의 1인 위치도 - 주택지구의 경계와 그 결정 사유를 표시한 축척 5천분의 1인 지형도 - 도시의 현황을 기록한 서류 - 편입농지 및 임야 현황에 관한 조사서류 - 해당 지역의 현황 사진 - 수용·사용할 토지·물건 및 권리의 소재지, 지번, 지목, 면적, 소유권 및 소유권 외의 권리의 명세와 그 소유자 및 권리자의 성명 주소를 적은 서류 - 전략환경영향평가 및 재해영향평가 등 관련 자료(주거지역에서 10만㎡이하 규모로 주택지구를 지정 제외) - 주택지구 주변의 광역교통체계 관련 자료(주택지구의 면적이 100만㎡ 이상만) - 「국토의 계획 및 이용에 관한 법률」에 따른 도시·군기본계획의 변경에 필요한 서류(같은 법에 따른 광역도시계획에 해당 주택지구의 지정에 관한 사항이 포함된 경우에는 도시·군기본계획의 부문별 계획 중 인구 배분계획 및 토지용도 배분계획의 변경에 필요한 서류만 해당한다)

⇩

사전협의

- 국토교통부장관 또는 공공주택사업자가 주택지구의 정·변경·해제를 제안하려는 경우, 국토교통부장관 및 공공주택사업자는 해당 지역의 주택수요, 지역여건 등을 종합적 검토. 이 경우 국토교통부장관 및 공공주택사업자는 주택지구의 정·변경·해제 및 그 제안에 대하여 관계 중앙행정기관의 장, 관할 지방자치단체의 장, 지방공사 등 관계기관과 사전 협의

국방부, 농림식품수산부 등 관계 중앙행정기관의 장 및 관할 시·도지사와 사전협의	협의기간 20일 이내, 10일 범위 내 1회 연장 가능. 기간 내 협의 미완료시 협의로 간주
별도 협의사항 : 전략환경영향평가협의, 자연경관영향협의, 재해영향성 검토 협의	협의기간 30일 이내
사전협의 후 국무회의 심의 필요	사업규모가 10㎢ 이상인 경우

⇩

주민의견청취

- 공고, 주민 및 관계 전문가 의견청취(국방상 기밀이나 경미한 사항 제외)
- 의견청취 공고가 있는 지역 및 주택지구 안에 건축물 건축 공작물 설치, 토지형질 변경, 토석 채취, 분할 합병, 물건을 쌓아놓는 행위, 죽목의 벌채 및 식재 등 시장·군수·구청장 허가 필요

⇩

중앙도시계획위원회 심의

- 60일 이내 심의 완료, 기간 내 미완료 시 심의완료로 간주
- 주거지역 안에서 10만㎡ 이하의 주택지구를 지정·변경시 중앙도시계획위원회 심의 생략 가능

⇩

지정·변경 고시

- 국토교통부장관 : 관보 고시, 관계 서류 시장·군수·구청장 송부
- 국토교통부장관이 주택지구를 지정·변경 또는 해제 고시
  - 「국토의 계획 및 이용에 관한 법률」에 따른 도시지역으로의 용도지역, 도시·군계획시설, 지구단위계획구역의 지정·변경이 있는 것으로 보며, 주택지구 지정을 해제고시한 때는 지정 당시로 환원으로 봄. 단, 해제하는 당시 이미 사업이나 공사에 착수한 경우 해제 고시에서 별도로 정하는 도시·군계획시설은 그 사업이나 공사 계속 가능
  - 도시·군기본계획의 수립 변경이 확정되거나 도지사의 승인을 받은 것으로 봄(공공주택 사업자가 제출한 주택지구 외 지역에 대한 도시·군기본계획 변경안에 대해 국토교통부장관이 관계 중앙행정기관의 장 및 시·도지사와 협의 후 중도위 심의를 거친 경우만 해당, 국무회의 심의 제외)

특별관리지역	• 특별관리지역 지정(10년 범위 내, 국토교통부장관 지정) - 공공주택지구 해제 시 330만㎡ 이상으로서 체계적인 관리계획을 수립하여 관리하지 아니할 경우 난개발이 우려되는 지역 • 특별관리지역 관리계획 수립내용 1. 특별관리지역의 관리기본방향에 관한 사항 2. 인구 및 주택 수용계획에 관한 사항 3. 「도시개발법」에 따른 도시개발사업 등 취락정비에 관한 사항 4. 「개발제한구역의 지정 및 관리에 관한 특별조치법」에 따른 훼손지 복구계획에 따라 존치된 개발제한구역의 해제 및 관리방안에 관한 사항 5. 그 밖에 국토교통부장관이 관리에 필요 인정 사항
지정절차 (법 제6조의2)	**특별관리지역 관리계획(안) 수립 입안 제안** • 종전 주택지구 공공주택사업자 → 국토교통부장관 ⇩ **중앙도시계획위원회 심의** • 관리계획 중 존치된 개발제한구역 해제 내용 포함 시 ⇩ **관리계획 수립 확정** • 국토교통부장관 ⇩ **서류 송부, 일반인 열람 공고** • 시·도지사 및 시장·군수 또는 구청장에게 관계 서류를 송부 • 일반인이 열람(시·군·구의 공보에 게재하는 방법으로 공고) • 개발제한구역의 해제를 포함하는 관리계획을 수립하여 공고한 때는 개발제한구역의 해제를 위한 도시·군관리계획의 결정 간주. 훼손지 복구계획 및 보전부담금 부분은 적용하지 않음 ⇩ **도시·군기본계획 변경 (지자체 장)** • 관리계획을 반영하여 「국토의 계획 및 이용에 관한 법률」에 따라 도시·군기본계획 변경
특별 관리지역의 관리 (법 제6조의3, 영 제9조)	**행위 제한** 원칙: • 특별관리지역 안에서는 건축물의 건축 및 용도변경, 공작물의 설치, 토지의 형질변경, 죽목의 벌채, 토지의 분할, 물건을 쌓아놓는 행위 금지 예외: • 특별관리지역의 취지에 부합하는 범위에서 대통령령으로 정하는 행위에 한정하여 시장, 군수 또는 구청장의 허가를 받아 할 수 있으며, 허가된 사항을 변경 시도 동일 특별관리지역 내 가능한 개발사업: • 국토교통부장관 또는 관계 중앙행정기관의 장이나 지자체 장은 다음의 개발사업을 위한 지정·승인·허가·인가 등 가능, 국토교통부장관 사전 협의 - 도시개발사업 - 산업단지개발사업 및 특수지역개발사업 - 관광지·관광단지 조성사업 - 물류시설 용지 및 지원시설 용지의 조성사업 - 특별관리지역(특별관리지역 지정 이전에 해당 주택지구에 포함되었다가 주택지구의 변경으로 주택지구에서 제외된 지역 포함)에서 시행하는 공익사업의 시행에 따라 철거된 건축물을 이축하기 위한 이주단지 조성사업 - 그 밖에 법 제6조의2 제2항에 따른 특별관리지역 관리계획에 반영된 개발사업 **행정 재정 지원** • 특별관리지역을 지정할 경우 국가 또는 지방자치단체는 다음 사항에 대한 행정적 재정적 지원 가능. 이 경우 국토교통부장관은 종전사업자에게 다음 지원사항의 전부 또는 일부 부담 가능 - 취락정비를 실시하기 위한 계획의 수립 - 주택지구 지정으로 인하여 추진이 중단된 사회기반시설사업의 조속한 시행 - 존치된 개발제한구역의 해제 - 특별관리지역 및 종전주택지구 내 공장 및 제조업소 등(특별관리지역 지정 당시 공장 및 제조업소 등의 용도로 사용되는 동식물 관련 시설 포함)의 계획적인 이전·정비 및 개발을 위한 공업용지의 조성 - 그 밖에 지방자치단체가 취락(취락정비계획이 수립되지 아니한 취락)의 거주환경개선을 위하여 추진하는 사업 **기타** | 특별관리지역 내 사업 | 필요 및 허용사항 | 비고 | | 도시개발사업으로 취락정비 사업 추진 | 환지 적용지역 토지면적의 2분의 1 이상, 토지소유자와 그 지역 토지 소유자 총수의 2분의 1 이상 동의 | 동의자수 산정 및 동의절차 「도시개발법」 준용 | | 종전 주택지구 내 공장 및 제조업소의 계획적 이전 정비를 위한 공업용지 조성 사업 | 수정법상 과밀억제권역 내 행위제한 규정에도 불구하고 수도권정비위원회 심의 시 특별관리지역 내 공업지역 지정 | |
해제 (법 제6조의4)	• 특별관리지역의 해제 : 특별관리지역 지정 기간 만료 - 해당 기관장이 특별관리지역 중 전부 또는 일부에 대하여 지정 등을 하여 도시·군관리계획 수립 시

구분	내용
특별관리지역의 해제절차 (법 제6조의 4)	특별관리지역 지정 기간 만료 ↓ 도시관리계획 수립 ↓ 도시관리계획 결정 | 입안권자	비고
특별시장·광역시장·특별자치시장·특별자치도지사·시장 또는 군수	
국토교통부장관 직접 입안	특별시장·광역시장·특별자치시장·특별자치도지사·시장 또는 군수가 요청한 경우 | ※ 도시·군관리계획 수립이 완료되기까지 해당지역의 행위제한은 특별관리지역의 행위제한 준용 • 특별관리지역에서 해제된 후 해당사업이 취소되거나 지정이 해제된 때에는 국토교통부장관은 해당지역을 특별관리지역으로 재지정 가능
특별관리지역의 건축물 등 조치 (법 제6조의 5)	• 시장·군수 또는 구청장은 특별관리지역 지정 이전부터 이 법 또는 「개발제한구역의 지정 및 관리에 관한 특별조치법」에 따른 적법한 허가나 신고 등의 절차를 거치지 아니하고 설치하거나 용도변경한 건축물, 설치한 공작물, 쌓아 놓은 물건 또는 형질변경한 토지 등에 대하여 기간을 정하여 해당 법률에 따른 철거·원상복구·사용제한, 그 밖에 필요한 조치를 명령 가능
보안관리 및 부동산투기 방지대책(법 제9조)	• 국토교통부장관, 공공주택사업자, 관계기관 협의 대상이 되는 관계 중앙행정기관의 장 및 관할 시·도지사는 주민 등의 의견청취를 위한 공고 전까지 관련 정보 누설방지를 위한 필요한 조치를 해야 함. 단, 국토교통부장관이 사업 시행을 위해 필요하다고 인정하는 경우는 미리 공개가능 • 국토교통부, 공공주택사업자, 협의 관계 중앙행정기관, 관할 지방자치단체, 지방공사 등 관계기관, 관련 용역 계약체결업체에 종사하였거나 종사하는 자는 업무 중 알게된 주택지구 지정 또는 지정 제안 관련 미공개정보를 부동산 등의 매매, 그 밖의 거래에 사용하거나 타인제공 및 누설 불가
국토의 계획 및 이용에 관한 법률 적용 특례 (법 제13조)	• 국토교통부장관이 주택지구를 지정·변경 또는 해제하여 고시한 때는 도시·군기본계획의 수립·변경이 확정되거나 도지사의 승인(공공주택사업자가 주택지구외 지역에 대한 도시·군기본계획 변경안에 대해 국토교통부장관이 관계 행정기관의 장 및 시도지사와 협의 후 중도위 심의를 거친 경우만)을 받은 것으로 간주

제3장 공공주택지구의 조성

구분		내용
지구 조성	시행자 우선지정 (법 제15조)	• 국토교통부장관은 주택지구 지정을 제한한 자를 시행자로 우선지정 • 국토교통부장관은 시행자가 공공주택지구계획의 승인을 받은 후 2년 이내에 지구조성사업에 착수하지 아니하거나 지구계획에 정해진 기간 내 지구조성사업을 완료하지 못하거나 완료할 가능성이 없다고 판단될 시 다른 시행자 지정
	지구계획 승인 신청 (법 제16조, 제17조)	• 신 청 : 공공주택사업자→국토교통부장관 - 주택지구 지정 고시된 날부터 1년 이내 수립, 1년 이후 국토교통부장관은 다른 공공주택사업자로 하여금 지구계획 수립 신청 가능 • 지구계획의 내용 | - 지구계획의 개요 - 토지이용계획 - 인구·주택 수용계획 - 교통·공공·문화시설 등을 포함한 기반시설 설치계획 - 환경보전 및 탄소저감 등 환경계획	- 「국토의 계획 및 이용에 관한 법률」 제52조에 따라 작성된 지구단위계획 - 토지의 단계별 조성에 관한 계획 - 연차별 자금투자 및 재원조달에 관한 계획 - 집단에너지의 공급에 관한 계획 - 그 밖에 국토교통부장관이 정하는 사항 |

지구조성	공공주택통합 심의 위원회 심의 (법 제33조, 제34조)	• 국토교통부장관은 공공주택통합심의위원회의 심의 후 지구계획 승인

<table>
<tr><td>- 건축물 관련 사항
- 도시·군관리계획 관련 사항
- 광역교통개선대책
- 교통영향평가서
- 주택지구에 속한 산지의 이용계획
- 에너지사용계획</td><td>- 재해영향평가등
- 교육환경에 대한 평가
- 철도건설사업
- 그 밖에 국토교통부장관이 필요하다고 인정하여 통합심의위원회의 부의하는 사항</td></tr>
</table>

• 통합심의위원회의 검토 및 심의를 거친 경우 다음의 검토 및 심의로 간주
 - 건축위원회, 시·도도시계획위원회, 국가교통위원회, 교통영향평가심의위원회, 산지관리위원회, 에너지사용계획에 따른 심의 권한을 가진 위원회, 재해영향성평가심의위원회, 시·도학교보건위원회, 철도산업위원회의 심의를 거친 것으로 봄

지구계획 승인 (법 제17조)

• 국토교통부장관 승인 후 고시, 관계서류의 사본을 시장·군수 또는 구청장 송부
• 시장·군수·구청장은 일반인 열람 및 도시·군관리계획 결정사항 포함 시 지형도면 작성의 필요한 조치. 시행자는 지형도면 고시 시 필요 서류를 시장·군수·구청장 제출
• 지구계획 승인·변경승인에 따른 적용 특례

관련 법령	세부 내용
「산지관리법」	보전산지 변경·해제 간주
「수도법」	수도정비기본계획 우선 반영, 30일 이내 수도정비기본계획 승인
「하수도법」	하수도정비기본계획 우선 반영, 40일 이내 하수도정비기본계획 승인
「개발제한구역의 지정 및 관리에 관한 특별조치법」	국토교통부장관은 주택수급 등 지역여건을 고려하여 불가피할 경우 개발제한구역을 주택지구로 지정 가능(보전가치가 낮은 지역 중 지정, 환경부장관과 협의하여 용적률과 건축물 높이를 별도로 지정 가능) 개발제한구역의 해제를 위한 도시·군관리계획의 결정으로 간주
「환경영향평가법」	협의요청서 받은 행정기관의 장은 평가서를 접수한 날부터 45일 이내 통보 국토교통부장관은 환경영향평가를 실시하는 경우 해당 주택지구 등에 대한 환경영향을 협의기관의 장과 연 2회 이하로 조사가능
「대도시권 광역교통관리에 관한 특별법」	광역교통개선대책 수립시 시·도지사의 의견 청취 후 지구계획 승인 전까지 확정하여 시·도지사 통보(30일 이내 의견 제출)
「수도권정비계획법」	국토교통부장관 또는 시·도지사는 주택지구 전체 개발 면적의 50% 이상을 개발제한구역을 해제하여 지정하는 주택지구에서 지구조성사업을 시행하기 위하여 공장 및 제조업소 이전이 불가피한 경우 「수도권정비계획법」에도 불구하고 수도권정비위원회의 심의를 거쳐 주택지구 또는 주택지구외 지역에 공업지역 지정 가능

토지등의 수용 (법 제27조)
• 공공주택사업자는 주택지구 조성을 위해 필요한 토지 수요 또는 사용

준공검사 (법 제31조)
• 국토교통부장관은 지구조성사업이 지구계획대로 완료 시 준공검사서 시행자 교부 및 관보 고시
• 시행자는 지구 조성사업을 효율적 시행을 위해 지구계획의 범위에서 주택지구 중 일부에 한정하여 준공검사 신청 가능

조성된 토지공급 (법 제32조)
• 지구계획에서 정한 바에 따라 토지공급
• 국민주택의 건설용지로 사용할 토지를 공급시 그 가격을 조성원가 이하로 공급가능

제5장 공공주택지구의 건설 등

공공주택건설 - 주택건설사업계획의 승인 (법 제35조)
• 공공주택에 대한 사업계획을 작성하여 국토교통부장관 승인
• 국토교통부장관이 사업계획을 승인 시 미리 관계 행정기관의 장과 협의하고, 관계 행정기관의 장은 30일 이내에 의견 제출, 기간 내 의견 제출이 없을 시 의견없음 간주
• 국토교통부장관은 주택건설사업계획 승인 고시, 서류 사본은 관할 시·도지사 송부

제5장의 2 공공시설 부지 등에서의 공공주택사업

■ 공공주택사업 특례

구분	세부 내용
「공공시설 부지 등에서의 공공주택사업에 대한 특례」	• 공공건설임대주택을 공급하기 위하여 다음 토지를 50% 이상 포함하는 토지에서 공공주택사업을 시행하는 경우에는 「국토의 계획 및 이용에 관한 법률」 제76조에도 불구하고 「건축법」 제2조 제2항에 따른 판매시설, 업무시설, 숙박시설 등 국토교통부장관이 정하여 고시하는 시설물을 공공주택과 함께 건설 가능 - 철도·유수지 등 공공시설의 부지 및 공용재산 - 국가, 지방자치단체, 공공기관 또는 지방공사가 소유한 다음에 해당하는 토지 · 이 법 또는 「택지개발촉진법」 등의 관계 법률에 따라 매각을 목적으로 조성하였으나 매각되지 아니한 토지 · 공공시설 등을 설치할 목적으로 취득하였으나 그 목적대로 사용하지 아니하는 토지 · 공공시설 등을 설치하여 사용하고 있으나 해당 시설의 이용에 지장이 없는 범위에서 공공주택을 건설할 수 있는 토지 - 그 밖에 이 법 또는 「택지개발촉진법」 등의 관계 법률에 따라 조성하거나 조성된 토지로서 대통령령으로 정하는 토지
「국유재산법」	• 공공주택사업자에게 수의계약의 방법으로 국유재산 또는 공유재산을 사용허가하거나 매각·대부 가능(국가와 지방자치단체는 사용허가 및 대부의 기간을 50년 이내, 사용료 또는 대부료 감면)
「철도의 건설 및 철도시설 유지관리에 관한 법률」	• 공공주택사업을 시행하는 공공주택사업자는 철도건설사업의 시행자 간주, 공공주택사업자에 대하여 50년 이내의 범위에서 철도시설의 점용허가
「학교 용지 확보 등에 관한 특례법」	• 교육감의 의견을 들어 학교용지를 개발·확보하지 않아도 됨 • 공공주택사업자가 학교용지를 확보하지 아니하는 경우, 공공주택사업자는 교육감의 의견을 들어 공공주택사업의 시행 지역과 가까운 곳에 있는 학교를 증축하기 위하여 필요한 경비 등을 부담가능
「건설기준」	• 「국토의 계획 및 이용에 관한 법률」상 건폐율 및 용적률의 제한 • 「건축법」상 대지의 범위, 대지의 조경, 공개공지, 대지 안의 공지, 건축물의 건폐율·용적률·높이 등 건축제한 • 「도시공원 및 녹지 등에 관한 법률」 도시공원 또는 녹지확보 기준 • 「주차장법」 주차장 설치기준

현황 및 절차도

□ 공공주택사업 절차도

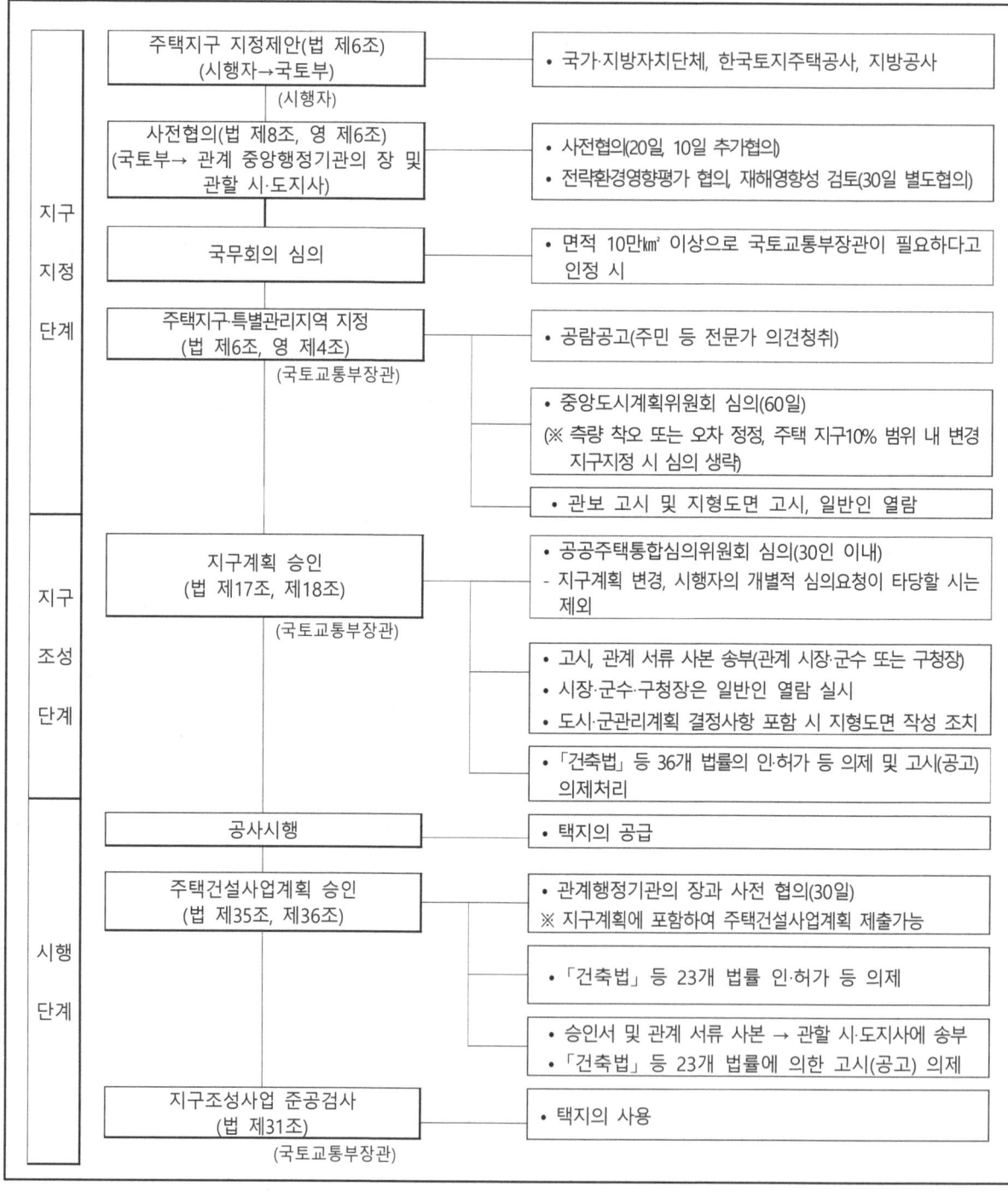

공공주택사업 현황

□ **공공주택사업 현황**

(2022. 3월말 기준)

시군별	지구명	면적 (천㎡)	호수 (천호)	수용인구 (인)	사업기간	시행자	비고
공공주택사업 (58개 지구)		100,579	649.2	1,534,695			
수원시	당수	971	7.8	18,628	'17.03.28~'23.12.31	LH	
	당수2	684	5.0	12,000	'20.12.11~'25.12.31	LH	
성남시	고등	569	4.1	9,857	'10.05.26~'22.12.31	LH	
	금토	583	3.7	8,776	'18.08.07~'24.07.31	경기도,LH 성남시,GH	
	복정1	578	4.3	10,808	'18.08.07~'24.07.31	LH	
	복정2	90	1.0	2,752	'18.08.07~'24.04.30	LH	
	서현	248	2.5	5,710	'19.05.03~'24.12.31	LH	
	신촌	69	0.7	1,411	'19.07.19~'24.12.31	LH	
	낙생	578	4.2	10,688	'19.12.23~'27.06.30	LH, 성남도공	
	상대원	97	1.3	3,064	'16.11.30~미정	성남시	
부천시	옥길	1,330	9.6	24,605	'09.12.03~'23.12.31	LH	
	괴안	138	1.0	2,020	'18.07.02~'24.03.31	LH	
	원종	144	2.1	3,951	'18.07.02~'23.09.30	LH	
	역곡	662	5.6	12,671	'19.12.30~'25.12.31	LH, 부천도공	
	대장	3,420	19.5	42,969	'20.05.27~'29.12.31	경기도, LH, 부천도공	
화성시	비봉	863	7.1	16,641	'13.08.23~'22.12.31	LH	
	어천	744	4.1	9,770	'18.12.31~'23.06.30	LH	
	진안	4,525	30	71,664	'22.~'30.	LH	
	봉담3	2,291	17	41,472	'22.~'30.	LH	
시흥시	장현	2,939	18.7	47,695	'07.01.18~'22.12.31	LH	
	은계	2,010	13.2	33,480	'09.12.03~'22.12.31	LH	
	거모	1,523	11.0	26,699	'18.12.31~'25.06.30	LH	
	하중	463	3.4	8,454	'19.07.19~'25.12.31	LH	
하남시	미사	5,679	37.5	92,501	'09.06.03~'22.06.30	LH	
	감일	1,686	13.8	33,373	'10.05.26~'22.12.31	LH, 현대건설(주) 컨소시엄	
	교산	6,314	33.0	77,925	'19.10.15~'28.12.31	경기도, LH, GH, 하남도공	
군포시	대야미	622	5.1	12,357	'18.07.02~'23.12.31	LH	
김포시	고촌2	42	0.4	1,061	'18.08.07~'24.06.30	LH	

공공주택특별법

시군별	지구명	면적 (천㎡)	호수 (천호)	수용인구 (인)	사업기간	시행자	비고
의왕시	고천	543	4.6	10,440	'15.12.31~'22.12.31	LH, 의왕시	
	월암	525	3.5	8,098	'18.07.02~'23.12.31	LH	
	청계2	265	2.0	4,562	'19.07.19~'24.09.30	LH	
과천시	지식정보타운	1,353	8.5	19,109	'11.10.05~'22.06.30	LH, 대우건설(주) 컨소시엄	
	과천	1,687	7.1	17,750	'19.10.15~'25.12.31	경기도, LH, GH, 과천도공	
	갈현	130	1.3	3,556	'22.~28.	LH	
광명시	학온	683	4.6	10,795	'20.05.27~'26.12.31	GH	
	하안2	573	3.5	8,806	'22.~'27.	LH	
	광명시흥	12,711	70.4	161,410	'22.~31	미정	
안양시	매곡	111	1.0	2,057	'19.12.23~'24.12.31	LH	
안산시	고잔	48	0.7	1,610	'13.12.30~미정	LH	
	장상	2,213	14.6	33,745	'20.05.04~'27.12.31	경기도, LH GH, 안산도공	
	신길2	758	6.2	14,527	'20.05.20~'26.12.31	LH, 안산도공	
고양시	지축	1,183	9.1	22,352	'08.10.14~'23.06.30	LH	
	장항	1,562	11.9	27,257	'16.12.28~'23.12.31	LH	
	창릉	7,890	37.9	83,290	'20.03.06~'29.12.31	경기도, LH, GH, 고양도공	
	탄현	416	3.3	8,093	'20.03.06~'25.12.31	LH	
남양주시	다산진건	2,714	18.2	47,054	'09.12.03~'22.12.31	GH	
	다산지금	2,036	13.9	35,716	'10.07.14~'23.12.31	GH	
	진접2	1,292	10.3	24,035	'18.07.10~'25.06.30	LH	
	왕숙	8,654	53.5	125,335	'19.10.15~'28.12.31	경기도, LH	
	왕숙2	2,393	14.4	33,426	'19.10.15~'28.12.31	경기도, LH, 남양주도공	
	진건	917	7.8	17,383	'22.~'29.	LH	
의정부시	고산	1,300	10.1	25,266	'08.10.24~'22.12.31	LH	
	우정	512	4.0	9,291	'19.07.19~'25.12.31	LH	
	법조타운	523	4.6	10,357	'19.01.~'29.06.	LH	
구리시	갈매역세권	798	6.4	15,797	'18.07.04~'23.12.31	LH	
	교문	101	1.3	3,072	'22.~'27.	GH	
양주시	장흥	962	6.8	16,330	'22.~'30.	LH	
의왕군포안산	의왕군포안산	5,864	41	91,174	'22.~31.	LH	

출처 : 경기도 신도시기획과 현황자료

민간임대주택에 관한 특별법

법공포 : 최초 '84. 12. 31.　　최종개정 : '21. 9. 14.　　시행일자 : '22. 1. 15.
영공포 : 최초 '85. 08. 29.　　최종개정 : '22. 1. 13.　　시행일자 : '22. 1. 15.

「민간임대주택에 관한 특별법」 구성체계

제1장 총칙	제2장 임대사업자의 주택임대관리업자	제3장 민간임대주택의 건설
제1조 목적 제2조 정의 제3조 다른 법률과의 관계 제4조 국가 등의 지원	제5조 임대사업자의 등록 제5조의2 등록 민간임대주택의 부기등기 제5조의3 조합원 모집신고 및 공개모집 제5조의4 조합원 모집시 설명의무 제5조의5 청약 철회 및 가입비등의 반환 등 제5조의6 임대사업자의 결격사유 제5조의7 임대사업자의 임대주택 추가 등록 제한 등 제6조 임대사업자 등록의 말소 제7조 주택임대관리업의 등록 제8조 주택임대관리업의 등록기준 제9조 주택임대관리업의 결격사유 제10조 주택임대관리업의 등록말소 등 제11조 주택임대관리업자의 업무 범위 제12조 주택임대관리업자의 현황 신고 제13조 위·수탁계약서 등 제14조 보증상품의 가입 제15조 자기관리형 주택임대관리업자의 의무 제16조 등록증 대여 등 금지	제17조 민간임대주택의 건설 제18조 토지 등의 우선 공급 제19조 간선시설의 우선 설치 제20조 「공익사업을 위한 토지 등의 취득 및 보상에 관한 법률」에 관한 특례 제21조 「국토의 계획 및 이용에 관한 법률」 등에 관한 특례 제21조의2 용적률의 완화로 건설되는 주택의 공급 등 제21조의3 용도지역의 변경·결정을 통해 건설되는 주택의 공급 등
제4장 공공지원민간임대주택 공급촉진지구		제5장 민간임대주택의 공급 임대차계약 및 관리
제22조 촉진지구의 지정 제23조 시행자 제24조 촉진지구의 지정 절차 제25조 주민 등의 의견청취 제26조 촉진지구 지정 등의 고시 등 제27조 촉진지구 지정의 해제 제28조 지구계획 승인 등 제28조의2 촉진지구 조성사업에 관한 공사의 감리 제29조 다른 법률에 따른 인가·허가 등의 의제 제30조 관계 법률에 관한 특례 제31조 개발제한구역에 관한 특례 제32조 공공지원민간임대주택 통합심의위원회	제33조 촉진지구 지정절차에 관한 특례 제34조 토지 등의 수용 등 제35조 촉진지구에서의 공공지원민간임대주택 건설에 관한 특례 제35조의2 촉진지구에서의 용적률 완화 등을 통하여 건설되는 주택의 공급 등 제36조 「국유재산법」 등에 관한 특례 제37조 지방이전 공공기관의 종전부동산 활용계획 변경 제38조 준공된 사업지구 내 미매각 용지 활용 제39조 조성토지의 공급 제39조의2 준공검사 제40조 감독 제41조 관계 법률의 준용 제41조의2 촉진지구 밖의 사업에 대한 준용	제42조 민간임대주택의 공급 제42조의2 공공지원민간임대주택의 중복입주 등의 확인 제42조의3 임차인의 자격확인 제42조의4 임차인의 자격확인 요청 등 제42조의5 금융정보 등의 제공 제42조의6 자료요청 제42조의7 자료 및 정보의 수집 등 제43조 임대의무기간 및 양도 등 제44조 임대료 제44조의2 초과 임대료의 반환청구 제45조 임대차계약의 해제·해지 등 제46조 임대차계약 신고 제47조 표준임대차계약서 제48조 임대사업자의 설명의무 제49조 임대보증금에 대한 보증
제5장 민간임대주택의 공급 임대차계약 및 관리	제6장 보칙	제7장 벌칙
제50조 준주택의 용도제한 제50조의2 가정어린이집 운영에 관한 특례 제51조 민간임대주택의 관리 제52조 임차인대표회의 제53조 특별수선충당금의 적립 등 제54조 준주택에 관한 특례 제55조 임대주택분쟁조정위원회 제56조 분쟁의 조정신청 제57조 조정의 효력	제58조 협회의 설립 등 제59조 협회의 설립인가 등 제59조의2 임대사업 등의 지원 제60조 임대주택정보체계 제61조 보고·검사 등 제62조 권한의 위임 등 제63조 가산금리 제64조 벌칙 적용에서 공무원 의제	제65조 벌칙 제66조 양벌규정 제67조 과태료

제1장 총칙

목　적 (법 제1조)	• 민간임대주택의 건설·공급 및 관리와 민간 주택임대사업자 육성 등에 관한 사항을 정함으로써 민간임대주택의 공급을 촉진하고 국민의 주거생활 안정		
정　의 (법 제2조)	민간임대주택	- 임대 목적으로 제공하는 주택[토지를 임차하여 건설된 주택 및 오피스텔 등 대통령령으로 정하는 준주택 포함]으로서 임대사업자가 제5조에 따라 등록한 주택, 민간건설임대주택과 민간매입임대주택으로 구분	
		민간건설임대주택	- 임대사업자가 임대를 목적으로 건설하여 임대하는 주택 - 「주택법」 제4조에 따라 등록한 주택건설사업자가 사업계획승인을 받아 건설한 주택 중 사용검사 때까지 분양되지 아니하여 임대하는 주택
		민간매입임대주택	- 임대사업자가 매매 등으로 소유권을 취득하여 임대하는 민간임대주택

구분			내용
정 의 (법 제2조)	공공지원 민간임대주택		임대사업자가 다음 각 목의 어느 하나에 해당하는 민간임대주택을 10년 이상 임대할 목적으로 취득하여 이 법에 따른 임대료 및 임차인의 자격 제한 등을 받아 임대하는 민간임대주택 가. 「주택도시기금법」에 따른 주택도시기금의 출자를 받아 건설 또는 매입하는 민간임대주택 나. 「주택법」에 따른 공공택지 또는 이 법 제18조 제2항에 따라 수의계약 등으로 공급되는 토지 및 「혁신도시 조성 및 발전에 관한 특별법」에 따른 종전부동산을 매입 또는 임차하여 건설하는 민간임대주택 다. 제21조 제2호에 따라 용적률을 완화 받거나 「국토의 계획 및 이용에 관한 법률」에 따라 용도지역 변경을 통하여 용적률을 완화 받아 건설하는 민간임대주택 라. 제22조에 따라 지정되는 공공지원민간임대주택 공급촉진지구에서 건설하는 민간임대주택 마. 그 밖에 국토교통부령으로 정하는 공공지원을 받아 건설 또는 매입하는 민간임대주택
	장기일반 민간임대주택		임대사업자가 공공지원민간임대주택이 아닌 주택을 10년 이상 임대할 목적으로 취득하여 임대하는 민간임대주택 [아파트(「주택법」제2조제20호의 도시형생활주택이 아닌 것)를 임대하는 민간매입임대주택은 제외]
	임대사업자		「공공주택 특별법」 제4조 제1항에 따른 공공주택사업자가 아닌 자로서 1호 이상의 민간임대주택을 취득하여 임대하는 사업을 할 목적으로 제5조에 따라 등록한 자
	주택임대 관리업		주택의 소유자로부터 임대관리를 위탁받아 관리하는 업을 말하며, 다음 각 목으로 구분
		자기관리형 주택임대관리업	주택 소유자로부터 주택을 임차하여 자기책임으로 전대하는 형태의 업
		위탁관리형 주택임대관리업	주택의 소유자로부터 수수료를 받고 임대료 부과·징수 및 시설물 유지·관리 등을 대행하는 형태의 업
	공공지원민간 임대주택 공급촉진지구		공공지원민간임대주택의 공급을 촉진하기 위하여 제22조에 따라 지정하는 지구
	역세권 등		다음에 해당하는 시설부터 1km 거리 이내에 위치한 지역. 이 경우 특별시장, 광역시장, 특별자치시장, 도지사, 특별자치도지사는 해당 지자체의 조례로 그 거리를 50%의 범위에서 증감하여 달리 적용가능 - 「철도의 건설 및 철도시설 유지관리에 관한 법률」, 「철도산업발전기본법」 및 「도시철도법」에 따라 건설 및 운영되는 철도역 - 「간선급행버스체계의 건설 및 운영에 관한 특별법」에 따른 환승시설 - 「산업입지 및 개발에 관한 법률」에 따른 산업단지 - 「수도권정비계획법」에 따른 인구집중유발시설로서 대통령령으로 정하는 시설 - 그 밖에 해당 지방자치단체의 조례로 정하는 시설
	주거지원 대상자		청년·신혼부부 등 주거지원이 필요한 사람으로서 국토교통부령으로 정하는 요건을 충족하는 사람
	복합지원시설		공공지원민간임대주택에 거주하는 임차인 등의 경제활동과 일상생활을 지원하는 시설로서 대통령령으로 정하는 시설
다른 법률과의 관계 (법 제3조)			• 민간임대주택의 건설·공급 및 관리 등에 관하여 이 법에서 정하지 아니한 사항에 대하여는 「주택법」, 「건축법」, 「공동주택관리법」 및 「주택임대차보호법」을 적용
국가 등의 지원 (법 제4조)			• 국가 및 지방자치단체는 다음 각 호의 목적을 위하여 주택도시기금 등의 자금을 우선 지원, 「조세특례제한법」, 「지방세특례제한법」 및 조례로 정하는 바에 따라 조세감면 가능 - 민간임대주택의 공급 확대 - 민간임대주택의 개량 및 품질 제고 - 사회적기업, 사회적협동조합 등 비영리단체의 민간임대주택 공급 참여 유도 - 주택임대관리업의 육성 • 국가 및 지방자치단체는 공유형 민간임대주택(가족관계가 아닌 2명 이상의 임차인이 하나의 주택에서 거실·주방 등 어느 하나 이상의 공간을 공유하여 거주하는 민간임대주택으로서 임차인이 각각 임대차계약을 체결하는 민간임대주택) 활성화를 위하여 임대사업자 및 임차인에게 필요한 행정지원 가능

제2장 임대사업자 및 주택임대관리업자

구분	내용
임대사업자의 등록 (법 제5조)	• 주택을 임대하려는 자는 특별자치시장·특별자치도지사·시장·군수 또는 구청장에게 등록을 신청 • 제1항에 따라 등록하는 경우 다음 각 호에 따라 구분 - 민간건설임대주택 및 민간매입임대주택 - 공공지원민간임대주택, 장기일반민간임대주택
등록 민간임대주택의 부기 등기 (법 제5조의 2)	• 임대사업자는 민간임대주택이 제43조에 따른 임대의무기간과 제44조에 따른 임대료 증액기준을 준수하여야 하는 재산임을 소유권등기에 부기등기 하여야 함 • 임대사업자의 등록 후 지체없이 부기등기 진행 (단, 소유권보존등기를 하는 경우 동시진행)

조합원 모집신고 및 공개모집 (법 제5조의 3)

조합원 모집신고 (조합 → 관할 시장·군수·구청장)
- 조합원에게 공급하는 민간건설임대주택을 포함하여 30호 이상으로서 대통령령으로 정하는 호수 이상의 주택을 공급할 목적으로 설립된 「협동조합 기본법」에 따른 협동조합 또는 사회적협동조합이나 민간임대협동조합의 발기인이 조합원을 모집하려는 경우
- 신고제외
- 공개모집 후 조합원의 사망·자격상실·탈퇴 등으로 인한 결원을 충원하거나 미달된 조합원을 재모집하는 경우에는 신고하지 아니하고 선착순의 방법으로 모집

⇓

신고수리 여부 검토
- 조합원 모집신고를 수리해서는 안 되는 경우
- 해당 민간임대주택 건설대지의 80%이상에 해당하는 토지의 사용권원을 확보하지 못한 경우
- 이미 신고된 사업대지와 전부 또는 일부가 중복되는 경우
- 이미 수립되었거나 수립 예정인 도시·군계획, 이미 수립된 토지이용계획 또는 이 법이나 관계 법령에 따른 건축기준 및 건축제한 등에 따라 해당 민간임대주택 건설대지에 민간임대협동조합이 건설하는 주택을 건설할 수 없는 경우
- 해당 민간임대주택을 공급받을 수 없는 조합원을 모집하려는 경우
- 신고한 내용이 사실과 다른 경우

⇓

통보 • 관할 시장·군수·구청장→신고인

조합원 모집 시 설명의무 (법 제5조의4)

• 조합원 모집 신고 후 조합원을 모집하는 민간임대협동조합 및 민간임대협동조합의 발기인은 민간임대협동조합 가입 계약(민간임대협동조합의 설립을 위한 계약을 포함) 체결 시 다음 각 호의 사항을 조합가입신청자에게 설명하고 이를 확인받아야 함

1. 조합원의 권리와 의무에 관한 사항
2. 해당 민간임대주택 건설대지의 위치와 면적 및 해당 민간임대주택 건설대지에 대한 사용권, 소유권 확보 현황
3. 해당 민간임대주택사업의 자금계획에 관한 사항
4. 해당 민간임대주택을 공급받을 수 있는 조합원의 자격에 관한 사항
5. 민간임대협동조합의 탈퇴, 제명 및 출자금 등 납부한 금전의 반환 절차 등에 관한 사항
6. 제5조의4에 따른 청약 철회, 금전의 예치 및 가입비 등의 반환 등에 관한 사항
7. 그 밖에 민간임대협동조합의 사업추진 및 운영을 위하여 필요한 사항으로서 대통령령으로 정하는 사항

청약철회 및 가입비 등의 반환 등 (법 제5조의5)

• 청약철회 및 가입비 등의 반환 절차

민간임대협동조합 가입계약 체결

⇓

납부해야 하는 일체의 금전을 기관 예치 • 모집주체 → 조합가입신청자

⇓

청약철회 (조합가입 신청자→모집주체)
• 조합가입 신청자는 청약철회 가능(계약체결일부터 30일 내)
• 청약 철회를 서면으로 하는 경우 철회의사를 표시한 서면을 발송한 날에 그 효력이 발생
• 조합가입신청자가 기간 이내에 청약 철회 시 모집주체는 조합가입신청자에게 청약 철회를 이유로 위약금 또는 손해배상을 청구불가

⇓

가입비 등의 반환요청 (모집주체→예치기관의 장) • 청약철회 의사가 도달한 날부터 7일 이내

⇓

가입비 등 반환 (예치기관의 장→가입신청자) • 반환요청을 받은 경우 요청일부터 10일 이내

제3장 민간임대주택의 건설

민간임대주택의 건설 (법 제17조)	• 민간임대주택의 건설은 「주택법」 또는 「건축법」에 따름. 이 경우 관계 법률에서 「주택법」 제15조에 따른 사업계획의 승인 또는 「건축법」 제11조에 따른 건축허가 등을 준용 시 그 법률 포함
토지 등의 우선공급 (법 제18조, 영 제14조)	• 국가·지방자치단체·공공기관 또는 지방공사가 그가 소유하거나 조성한 토지를 공급 시 민간임대주택을 건설하려는 임대사업자에게 우선 공급가능 • 국가·지방자치단체·공공기관 또는 지방공사가 공공지원민간임대주택 건설용으로 토지를 공급하거나 종전부동산을 보유하고 있는 공공기관이 공공지원민간임대주택 건설용으로 종전부동산을 매각하는 경우에는 「택지개발촉진법」, 「혁신도시 조성 및 발전에 관한 특별법」 등 관계 법령에도 불구하고 추첨, 자격 제한, 수의계약 등 대통령령으로 정하는 방법 및 조건에 따라 공급가능 • 국가·지방자치단체·한국토지주택공사 또는 지방공사는 그가 조성한 토지 중 1% 이상 범위에서 3% 이상을 임대사업자에게 우선 공급. 다만, 해당 토지는 2개 단지 이상의 공동주택용지 공급계획이 포함된 경우로서 15만㎡ 이상이어야 함 • 토지 및 종전부동산을 공급받은 자는 토지 등을 공급받은 날부터 4년 이내에 민간임대주택 건설, 민간임대주택을 건설하지 아니한 경우 토지등을 공급한자는 대통령령으로 정하는 기준과 절차에 따라 토지를 매매하거나 임대차계약을 해제 또는 해지
간선시설의 설치 (법 제19조)	• 간선시설을 설치하는 자는 민간임대주택 건설사업이나 민간임대주택 건설을 위한 대지조성사업에 필요한 간선시설을 다른 주택건설사업이나 대지조성사업보다 우선하여 설치
「공익사업을 위한 토지등의 취득 및 보상에 관한 법률」 특례 (법 제20조)	• 민간임대주택 건설사업의 공익사업 지정 요청(임대사업자 → 특별시장·광역시장·특별자치시장·도지사·특별자치도지사) | 건설규모 | 매입규모 | 사유 | 비고 | |---|---|---|---| | 전용면적 85㎡ 이하의 민간임대주택을 100호 이상의 범위에서 단독주택 100호, 공동 100세대 이상 | 사업대상 토지면적의 80% 이상(매입 동의사항 포함) | 나머지 토지를 취득하지 아니할 시 사업시행이 현저히 곤란 | 「공익사업을 위한 토지 등의 취득 및 보상에 관한 법률」 제4조 제5호에 따른 공익사업 지정 | • 임대사업자가 「주택법」 제15조에 따른 사업계획승인을 받으면 「공익사업을 위한 토지 등의 취득 및 보상에 관한 법률」 제20조 제1항에 따른 사업인정 간주. 다만, 재결신청은 사업계획승인을 받은 주택건설사업 기간에 가능
「국토의 계획 및 이용에 관한 법률」에 관한 특례 (법 제21조)	• 「국토의 계획 및 이용에 관한 법률」 등 특례 | 구 분 | 완화 적용 | 비고 | |---|---|---| | 공공지원민간임대주택 건설을 위해 「주택법」 제15조에 따른 사업계획 승인을 신청하거나 「건축법」 제11조에 따른 건축허가를 신청 | 「국토의 계획 및 이용에 관한 법률」 건폐율의 상한, 용적률의 상한 「건축법」 건축물 층수제한 완화 | 공공지원민간임대주택과 공공지원민간임대주택이 아닌 시설을 같은 건축물로 건축 시 전체 연면적 대비 공공지원민간임대주택 연면적 비율 50% 이상 |
용적률의 완화로 건설되는 주택의 공급 등(법 제21조의 2)	• 승인권자 등이 임대사업자의 사업계획승인 또는 건축허가 신청 당시 30호 이상으로서 대통령령으로 정하는 호수 이상의 공공지원민간임대주택을 건설하는 사업에 대해 본 법률에 따른 용적률 완화 적용 시 시·도지사 및 임대사업자와 협의하여 임대사업자에게 다음 각 호의 어느 하나에 해당하는 조치 | 용적률의 완화 | 부담범위 | 조치명령 세부 | |---|---|---| | 해당 지방자치단체 조례로 정한 용적률 또는 지구단위계획으로 정한 용적률보다 완화된 제21조 제2호에 따른 용적률을 적용 | 완화 용적률에서 기준 용적률을 뺀 용적률의 50% 이하의 범위에서 해당 지방자치단체의 조례로 정하는 비율을 곱하여 증가하는 면적 | 임대주택 건설하여 시·도지사에게 공급 | | | | 주택의 부속토지에 해당하는 가격 시·도지사에게 현금으로 납부 | | | | 임대주택을 건설하여 주거지원 대상자에게 20년 이상 민간임대주택으로 공급 | | | 완화 용적률에서 기준 용적률을 뺀 용적률의 100% 이하의 범위에서 해당 지방자치단체의 조례로 정하는 비율을 곱하여 증가하는 면적 | 주거지원대상자에게 공급하는 임대주택을 건설하거나 복합지원시설을 설치. |

제4장 공공지원민간임대주택 공급촉진지구

촉진지구의 지정기준 (법 제22조, 영 제18조)	• 지정권자 : 시·도지사, 국토교통부장관(국민의 주거안정, 둘 이상 시·군의 미협의 시) • 공공지원민간임대주택 공급촉진지구 지정요건(3가지, 모두 충족 시 가능)

지정요건	세부 기준	
호수비율	촉진지구에서 건설·공급되는 전체 주택호수의 50% 이상 공공지원민간임대주택으로 건설·공급	
촉진지구 면적 5천㎡ 이상. 단 역세권 1천㎡ 이상의 범위에서 해당 조례 면적 이상	도시지역	5천㎡
	도시지역과 인접한 다음 지역 - 도시지역과 경계면이 접한 지역 - 도시지역과 경계면이 도로, 하천 등으로 분리되어 있으나 도시지역의 도로, 상하수도, 학교 등 주변 기반시설의 연결 또는 활용이 적합한 지역	2만㎡
	부지에 도시지역과 도시지역에 인접한 지역에 해당하는 지역이 함께 포함	2만㎡
	그 밖의 지역	10만㎡
주택건설 용도외 유상 공급토지면적 비율	유상공급 토지면적(도로, 공원 등 관리청에 귀속되는 공공시설 면적을 제외) 중 주택건설 용도가 아닌 토지로 공급하는 면적이 유상공급 토지면적의 50% 미만	

시행자 (법 제23조)	• 촉진지구를 지정할 수 있는 자는 다음 각 호의 자 중에서 시행자 지정

시행자	시행자가 추진할 수 있는 공공지원민간임대 주택 개발사업	비고
1) 촉진지구 안에서 국유지·공유지를 제외한 토지 면적의 50% 이상에 해당하는 토지를 소유한 임대사업자	1) 촉진지구 조성사업 2) 공공지원민간임대주택 건설사업 등 주택 건설사업	
2) 「공공주택 특별법」 따른 공공주택사업자 - 국가 또는 지방자치단체 - 한국토지주택공사 - 지방공사 - 공공기관 중 대통령령으로 정하는 기관, 공공이 총 지분의 50% 이상 출자·설립한 법인 - 주택도시기금 또는 국가, 지자체, 공공기관 중 해당하는 자가 총지분 전부를 출자 설립한 부동산투자회사	1) 촉진지구 조성사업	지정권자는 복합 지원시설 건설 운영하도록 요청 가능
3) 1), 2)에 해당하는 자를 공동시행자로 지정	1) 촉진지구 조성사업 2) 공공지원민간임대주택 건설사업 등 주택 건설사업	

• 촉진지구 안에서 국유지·공유지를 제외한 토지면적의 50% 이상에 해당하는 토지소유자의 동의를 받은 자는 지정권자에게 촉진지구의 지정을 제안 가능, 제안자가 50% 이상 토지소유한 임대 사업자에 해당하는 경우 시행자 우선지정 가능

촉진지구의 지정절차 (법 제24조)	• 관계 중앙행정기관의 장 및 관할 지방자치단체의 장과 협의 • 별도 협의사항(30일 이내) : 전략환경영향평가 협의(자연경관영향 협의 포함), 재해영향성평가 등의 협의 • 중앙도시계획위원회·도시계획위원회 심의(면적 10% 범위에서 증감 등 경미한 사항 제외)
촉진지구 지정고시	• 관보 또는 공보 고시, 서류 사본 시장·군수 구청장 송부, 지형도면 고시, 일반인 열람 • 「국토의 계획 및 이용에 관한 법률」에 따른 도시지역, 지구단위계획구역으로 결정 고시로 봄
지구지정 해제 (법 제27조)	• 지정 해제요건 : 지구지정 고시부터 2년 이내 지구계획 승인 미신청, 공공지원민간임대주택 개발사업 완료 • 촉진지구 해제고시 시 용도지역, 용도지구, 용도구역, 지구단위계획구역 및 도시·군계획시설은 각각 지정 당시로 환원

지구계획 승인
(지정권자)
(법 제28조)
	• 지구계획의 내용
	  - 지구계획의 개요
	  - 사업시행자의 성명 또는 명칭
	  - 사업 시행기간 및 재원조달 계획
	  - 토지이용계획 및 개략설계도서
	  - 인구·주택 수용계획
	  - 교통·공공·문화체육시설 등을 포함한 기반시설 설치 계획
	  - 환경보전 및 탄소저감 등 환경계획
	  - 그 밖에 지구단위계획 등 다음 사항
	  - 도시·군관리계획[지구단위계획 포함]
	  - 집단에너지의 공급에 관한 계획
	  - 방재계획
	  - 토지·물건 및 권리의 수용·사용계획
	  - 공공시설의 귀속에 관한 계획
	  - 공사의 감리에 관한 계획
	  - 조성토지의 공급에 관한 계획
	• 지정권자는 지구계획에 따른 기반시설 확보를 위해 필요한 부지 또는 설치비용의 전부 또는 일부를 시행자에게 부담. 이 경우 기반시설의 부지 또는 설치비용의 부담은 건축제한의 완화에 따른 토지가치 상승분 초과 불가

구분	세부 내용
촉진지구 조성사업에 대한 공사 감리 (법 제28조의 2)	• 지구계획 서류의 사본을 송부 받은 시장·군수·구청장은 건설기술용역업자 또는 건축사를 촉진지구 조성사업의 공사에 대한 감리를 하는 자로 지정하고 지도·감독 • 주택건설사업계획 승인대상 공사 또는 감리대상 공사와 함께 시행하는 경우 「주택법」 등 준용
관계 법률, 개발제한구역에 관한 특례 (법 제30조, 제31조)	<table><tr><th>구분</th><th>세부 내용</th></tr><tr><td>촉진지구 지정을 위해 도시·군기본계획의 변경 필요 시 절차</td><td>• 시·도지사는 공청회, 지방의회 의견청취 등을 동시에 실시하여 90일 이내 변경 여부 결정</td></tr><tr><td>촉진지구를 지정 변경 또는 해제하기 위해 도시·군기본계획의 변경이 필요한 경우 지정권자가 촉진지구 지정 변경 또는 해제고시</td><td>• 도시·군기본계획의 변경이 확정되거나 도지사의 승인을 얻은 것으로 간주</td></tr><tr><td rowspan="2">지구계획 승인 시</td><td>수도정비기본계획 우선 반영, 30일 이내 수도정비기본계획 승인</td></tr><tr><td>하수도정비기본계획 우선 반영, 40일 이내 하수도정비기본계획 승인</td></tr><tr><td>해제할 필요가 있는 개발제한구역 내 촉진지구 지정 필요</td><td>• 개발제한구역 해제를 위한 도시·군관리계획 변경을 지정권자에게 제안가능 • 촉진지구 지정과 함께 개발제한구역 해제절차 진행하거나 관계기관에 요청 가능 • 개발제한구역 해제지역의 개발제한구역으로 환원 - 도시·군관리계획 결정 고시한 날부터 2년 이내 지구계획이 수립고시 되지 않은 경우 - 촉진지구 해제</td></tr></table>
공공지원 민간임대주택 통합심의위원회 (법 제32조)	• 심의사항 - 「국토의 계획 및 이용에 관한 법률」에 따른 도시·군관리계획 관련 사항 - 「대도시권 광역교통 관리에 관한 특별법」에 따른 광역교통개선대책 - 「도시교통정비 촉진법」에 따른 교통영향평가 - 「산지관리법」에 따라 촉진지구에 속한 산지의 이용계획 - 「에너지이용 합리화법」에 따른 에너지사용계획 - 「자연재해대책법」에 따른 재해영향평가 등 - 「학교보건법」에 따른 교육환경에 대한 평가 - 「경관법」에 따른 사전경관계획 - 「건축법」에 따른 건축 심의 - 그 밖에 지정권자가 필요하다고 통합심의위원회의 회의에 부치는 사항 • 통합심의위원회 심의 시 다음의 위원회의 검토 및 심의를 거친 것으로 간주 - 중앙도시계획위원회(국토교통부장관이 촉진지구를 지정한 경우만) 및 시·도도시계획위원회 - 「국가통합교통체계효율화법」에 따른 국가교통위원회 - 「도시교통정비 촉진법」에 따른 교통영향평가심의위원회 - 「산지관리법」에 따른 산지관리위원회 - 「에너지이용 합리화법」에 따른 에너지사용계획에 대하여 심의 권한을 가진 위원회 - 「자연재해대책법」에 따른 재해영향평가심의위원회 - 「학교보건법」에 따른 시·도학교보건위원회 - 「경관법」에 따른 경관위원회 - 「건축법」에 따른 건축위원회. 단, 촉진지구 지정과 동시에 지구계획 승인, 사업계획승인(건축허가 포함)을 동시에 진행하는 경우만
촉진지구 지정절차 특례 (법 제33조)	• 10만㎡ 이하 촉진지구 지정 절차 특례 <table><tr><th>구분</th><th>지구지정 절차상 특례</th></tr><tr><td>지구 면적 10만㎡ 이하</td><td>• 지정 신청과 각 호의 승인 또는 허가 통합신청, 지정권자는 통합 승인 또는 허가 - 제28조에 따른 지구계획 승인, 「주택법」 제15조에 따른 사업계획승인, 「건축법」 제11조에 따른 건축허가</td></tr><tr><td>지구면적 10만㎡ 이하 녹지지역이 아닌 도시지역</td><td>• 촉진지구 지정과 지구계획을 통합 승인하기 위해 통합심위원회 심의를 거친 경우 중앙도시계획위원회 심의 또는 시·도도시계획위원회 심의 생략 가능</td></tr><tr><td>주거지역 안에서 지구면적 10만㎡ 이하</td><td>• 중앙도시계획위원회 또는 시·도 도시계획위원회의 심의 생략가능</td></tr></table>

구분			요건	비고
토지 등의 수용 (법 제34조)	토지등 수용 또는 사용		촉진지구 내 토지면적 3분의 2 이상의 토지 소유, 토지소유자 총수 2분의 1 이상에 해당하는 자의 동의	촉진 지구 내 나머지 토지 수용 또는 사용 가능
	「공익사업을 위한 토지 등의 취득 및 보상에 관한 법률」상 사업인정		촉진지구 지정 고시	사업인정 및 사업인정 고시가 있는 것으로 봄
	재결신청		촉진지구 내 토지면적의 3분의 2 이상의 토지 확보	재결신청기간은 지구계획에서 정하는 사업시행기간 종료일까지
촉진지구에서 공공지원민간임대주택 건설 특례 (법 제35조, 영 제31조)	• 공공지원민간임대주택 건설의 원활한 시행을 위해 다음 완화기준 적용			
	국토의 계획 및 이용에 관한 법률		- 용도지역에서의 건축물 용도, 종류 및 규모 제한에도 불구하고 공공지원민간임대주택 외의 건축물 중 위락시설, 일반숙박시설 등 대통령령으로 정하는 시설을 제외하고는 설치를 허용. 다만, 주거지역(10만㎡ 이하)에 촉진지구를 지정하는 경우로서 용도지역별로 허용하는 범위를 초과하는 건축물을 설치하는 경우에는 통합심의위원회의 심의 - 건폐율의 상한까지 완화, 용적률의 상한까지 완화 - 건축물의 층수 제한을 대통령령으로 정하는 바에 따라 완화	
	건축법		- 옥상조경면적 전부를 조경면적으로 산정 - 지구단위계획으로 일단의 가로구역에 대하여 높이를 지정 시 「건축법」제60조 제1항에 따른 가로구역별 높이를 지정·공고한 것으로 간주	
	도시공원 또는 녹지	10만㎡ 미만	도시공원 또는 녹지 확보 의무 면제	
		10만㎡ 이상	호당 또는 세대당 3㎡ 또는 촉진지구 면적의 5% 중 큰 면적 이상의 도시공원 또는 녹지 확보	
	주택건설기준		- 철도역으로부터 1km 이내의 주변지역으로서 「건축법」제4조에 따른 건축위원회의 심의를 받은 경우에는 「주택건설기준 등에 관한 규정」제13조(기준척도), 제31조(안내표지판 등) 및 제50조(근린생활시설 등)를 적용제외	
			구분 / 내용 / 관련 규정	
			제13조 / 기준척도 / • 주택의 평면 및 각 부위의 치수는 국토교통부령으로 정하는 치수 및 기준척도에 적합하여야 함	
			제31조 / 안내 표지판 등 / • 300세대 이상의 주택을 건설하는 주택단지와 그 주변에는 다음 각 호의 기준에 따라 안내표지판을 설치 - 단지의 진입도로변에 단지의 명칭을 표시한 단지입구표지판 설치 - 단지의 주요출입구마다 단지안의 건축물로 기타 주요시설의 배치를 표시한 단지종합안내판을 설치 • 주택단지에 2동 이상의 공동주택이 있는 경우에는 각동 외벽의 보기쉬운 곳에 동번호를 표시 • 관리사무소 또는 그 부근에는 거주자에게 공지사항을 알리기 위한 게시판을 설치	
			제50조 / 근린생활시설 등 / • 하나의 건축물에 설치하는 근린생활시설 및 소매시장·상점을 합한 면적이 1천㎡를 넘는 경우에는 주차 또는 물품의 하역 등에 필요한 공터를 설치, 그 주변에는 소음·악취의 차단과 조경을 위한 식재 그 밖에 필요한 조치	

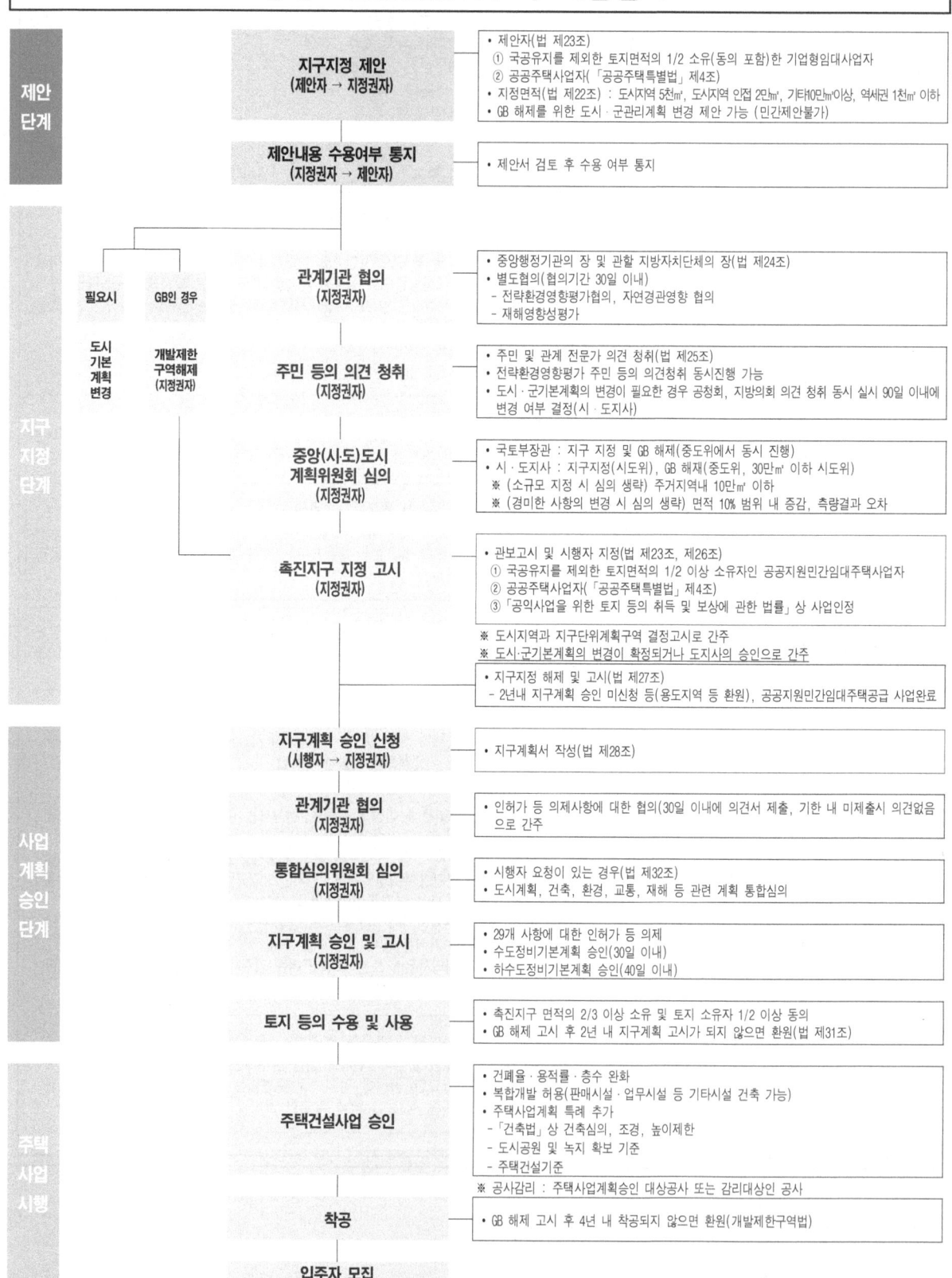

2 「민간임대주택에 관한 특별법」 vs 「도시개발법」 비교표[2]

구분	「민간임대주택법」(촉진지구)	「도시개발법」(도시개발구역)
지정권자	시·도지사, 국토교통부장관	시·도지사, 50만 이상 대도시시장, 국토교통부장관 ※ 시·도 조례에 따라 시·군·구에 위임 가능
시행자	1. 공공임대민간임대주택 임대사업자 (지구 내 사유지 50% 소유) 2. 공공기관 및 공공기관 50% 이상 출자 법인 국가, 지자체, LH, JDC, 지방공사, 한국철도공사 등 공공기관 (「공공주택법」상 공공시행자)	1. 토지소유자(구역 내 사유지 2/3 소유) 2. 토지소유자 조합(환지방식) 3. 주택건설 사업자, 토목공사업자, 과밀억제권역에서 이전하는 법인 등 4. 부동산투자회사, 부동산개발업자
사업방식	수용·사용방식	수용·사용, 환지방식, 혼용방식
계획단계	지구지정 → 지구계획승인(도시·군관리계획 변경)	구역지정 → 개발계획수립 → 실시계획인가 (도시·군관리계획 변경)
사업진행	1. (민간시행) 택지조성-공공임대민간임대주택건설·운영 2. (공공시행) 택지조성·공급	택지조성·공급
임대비율	유상공급면적의 50% 주택건설 용지로 계획 촉진지구에서 건설·공급되는 전체 주택 호수의 50퍼센트 이상	공동주택용지의 20~25% 임대주택건설용지로 계획 ※ 15%는 30년 이상 장기임대로 계획
제안요건	지구 내 사유지 1/2 동의	구역 전체 면적의 2/3 동의
수용요건	전체 면적의 2/3 소유 & 토지소유자 총수 1/2 동의	
심의절차	지구 지정 전 : 자문회의 지구 지정 시 : 도시계획위원회 지구계획 승인 시 : 통합심의	지구 지정 시 : 도시계획위원회 개발계획 수립 시 : 도시계획위원회
공급가격	기업형임대용지 : 조성원가 기준	임대주택용지 : 감정가격 이하

---

[2] 국토교통부 참고(http://www.molit.go.kr/USR/BORD0201/m_67/DTL.jsp?mode=view&idx=226496)

도시공원 및 녹지 등에 관한 법률

법공포 : 최초 '05. 3. 31. 최종개정 : '21. 1. 12. 시행일자 : '22. 1. 13.
영공포 : 최초 '05. 12. 9. 최종개정 : '22. 1. 21. 시행일자 : '22. 1. 21.

「도시공원 및 녹지 등에 관한 법률」 구성체계

제1장 총칙	제2장 공원녹지기본계획		제3장 도시녹화 및 도시공원·녹지의 확충
제1조 목적 제2조 정의 제3조 시범사업 제4조 정책 수립을 위한 조사	제5조 공원녹지기본계획의 수립권자 등 제6조 공원녹지기본계획의 내용 등 제7조 공원녹지기본계획의 수립을 위한 기초조사	제8조 공청회 및 지방의회의 의견청취 등 제9조 공원녹지기본계획의 수립 등 제10조 공원녹지기본계획의 효력 및 정비	제11조 도시녹화계획 제12조 녹지활용계약 제12조의2 도시공원 부지사용계약 제13조 녹화계약 제14조 도시공원 또는 녹지의 확보
제4장 도시공원의 설치 및 관리		제5장 도시자연공원구역	제6장 녹지의 설치 및 관리
제14조의2 자연적 녹지의 보전을 위한 조치 제15조 도시공원의 세분 및 규모 제16조 공원조성계획의 입안 제16조의2 공원조성계획의 결정 제17조 도시공원 결정의 실효 제18조 공원조성계획의 정비 제19조 도시공원의 설치 및 관리 제19조의2 폐쇄회로 텔레비전 등의 설치·관리 제19조의3 어린이공원 내 안전시설의 설치·관리	제20조 도시공원 및 공원시설 관리의 위탁 제21조 민간공원추진자의 도시공원 및 공원시설의 설치·관리 제21조의2 도시공원 부지에서의 개발행위 등에 관한 특례 제22조 도시공원 및 공원시설의 안전조치 제23조 겸용 공작물의 관리 제24조 도시공원의 점용허가 제25조 원상회복 제25조의2 국가도시공원의 지정·예산 지원 등에 관한 특례	제26조 도시자연공원구역의 지정 및 변경의 기준 제27조 도시자연공원구역에서의 행위 제한 제28조 취락지구에 대한 특례 제29조 토지매수의 청구 제30조 매수 청구의 절차 등 제31조 비용의 부담 제32조 협의에 의한 토지의 매수 제33조 도시자연공원구역의 출입 제한 제34조 공공시설의 귀속	제35조 녹지의 세분 제36조 녹지의 설치 및 관리 제37조 특정원인에 의한 녹지의 설치 제38조 녹지의 점용허가 등
제7장 비용	제8장 감독	제9장 보칙	제10장 벌칙
제39조 비용 부담 제40조 입장료 등의 징수 제41조 점용료의 징수 제42조 점용료 등의 귀속 등 제43조 점용료의 강제 징수 제44조 비용 보조	제45조 법령 등의 위반자에 대한 처분 제46조 공익을 위한 감독처분 및 손실보상 제47조 청문	제48조 문화재 등에 대한 특례 제48조의2 도시공원 지정 시 고려사항 등 제49조 도시공원 등에서의 금지행위 제50조 도시공원위원회 제51조 도시공원 대장 제52조 국유·공유 재산의 처분 제한 제52조의2 온실가스배출감축사업의 인정	제53조 벌칙 제54조 벌칙 제55조 양벌규정 제56조 과태료

제1장 총칙

목 적		• 도시에서의 공원녹지의 확충·관리·이용 및 도시녹화 등에 필요한 사항을 규정함으로써 쾌적한 도시환경을 조성하여 건전하고 문화적인 도시생활을 확보하고 공공의 복리를 증진시키는데 이바지함
용어의 정의 (법 제2조)	공원녹지	• 쾌적한 도시환경 조성, 시민의 휴식과 정서함양에 이바지하는 공간 또는 시설 - 도시공원, 녹지, 유원지, 공공공지 및 저수지 - 나무, 잔디, 꽃, 지피식물 등의 식생이 자라는 공간 - 그 밖에 국토교통부령으로 정하는 공간 또는 시설
	도시녹화	• 식생, 물, 토양 등 자연친화적인 환경이 부족한 도시지역(도시지역 및 관리지역에 지정된 지구단위계획구역 포함) 공간에 식생 조성
	도시공원	• 도시지역에서 도시자연경관을 보호하고 시민의 건강, 휴양 및 정서생활을 향상시키는데 이바지하기 위하여 설치 또는 지정된 다음 각목의 것 - 「국토의 계획 및 이용에 관한 법률」에 의한 공원으로 도시·군관리계획으로 결정된 공원 - 「국토의 계획 및 이용에 관한 법률」에 의한 도시·군관리계획으로 결정된 도시자연공원구역

용어의 정의 (법 제2조)	공원시설	• 도시공원의 효용을 다하기 위하여 설치하는 다음 각 목의 시설
		가. 도로 또는 광장 나. 화단, 분수, 조각 등 조경시설 다. 휴게소, 긴 의자 등 휴양시설 라. 그네, 미끄럼틀 등 유희시설 마. 테니스장, 수영장, 궁도장 등 운동시설 바. 식물원, 동물원, 수족관, 박물관, 야외음악당 등 교양시설 사. 주차장, 매점, 화장실 등 이용자를 위한 편익시설 아. 관리사무소, 출입문, 울타리, 담장 등 공원관리시설 자. 실습장, 체험장, 학습장, 농자재 보관창고 등 도시농업을 위한 시설 차. 내진성 저수조, 발전시설, 소화 및 급수시설, 비상용 화장실 등 재난관리시설 카. 그 밖에 도시공원의 효용을 다하기 위한 시설로서 국토교통부령으로 정하는 시설
	녹지	• 도시지역에서 자연환경을 보전하거나 개선하고 공해나 재해를 방지함으로써 도시경관의 향상을 도모하기 위하여 도시·군관리계획으로 결정된 것
시범사업 (제3조)		• 국토교통부장관은 공원녹지를 확충하고 그 수준을 높이기 위하여 필요한 경우에는 직권으로 또는 관계 중앙행정기관의 장, 특별시장·광역시장·특별자치시장·도지사·특별자치도지사 또는 대도시 시장의 요청에 의하여 도시공원 또는 녹지의 조성사업 및 도시녹화사업을 시범사업으로 지정하여 필요한 지원 가능 • 국토교통부장관은 관계 중앙행정기관의 장, 시·도지사 또는 대도시 시장에게 제1항에 따른 시범사업의 지정에 필요한 자료의 제출을 요청 가능
정책수립을 위한 조사 (법 제4조)		• 국토교통부장관은 공원녹지의 확충에 관한 정책을 수립하기 위하여 필요한 경우에는 특별시장·광역시장·특별자치시장·특별자치도지사·시장 또는 군수에게 다음 각 호의 어느 하나에 해당하는 자료의 제출을 요구 1. 공원녹지의 환경 및 배치의 적정성 2. 공원녹지의 보전 및 이용 정도 3. 공원녹지에 관한 통계 4. 그 밖에 공원녹지의 현황에 관한 사항으로서 대통령령으로 정하는 사항

제2장 공원녹지기본계획

공원녹지 기본계획 (법 제5조)	수립권자	• 특별시장·광역시장·특별자치시장·특별자치도지사 또는 대통령령으로 정하는 시의 시장
	계획의 성격	• 10년 단위, 관할구역 안의 도시지역 공원녹지의 확충·관리·이용방향을 종합적 제시
	인접 시·군을 포함한 계획	• 지역 여건상 필요하다고 인정하는 경우 미리 해당 특별시장·광역시장·특별자치시장·특별자치도지사·시장 또는 군수와 협의 후 가능
	공원녹지기본계획 수립 제외	• 도시·군기본계획에 포함되어 별도의 공원녹지기본계획 수립의 필요가 없다고 인정 • 「개발제한구역의 지정 및 관리에 관한 특별조치법」에 의거 훼손지 복구계획에 따라 도시공원 설치 • 10만㎡ 이하 규모의 도시공원을 새로 조성하는 경우
공원녹지기본계획 효력 및 정비 (법 제10조)		• 도시·군관리계획 중 도시공원 및 녹지에 관한 도시·군관리계획은 공원녹지기본계획에 부합 • 공원녹지기본계획 수립권자는 5년마다 그 타당성 여부를 전반적으로 재검토·정비
공원녹지 기본계획 수립절차 (법 제7조~제10조)	기초조사 (수립권자)	• 조사내용 - 인구·경제·사회·문화·토지이용·공원녹지·환경·기후·경관 및 방재, 상위계획 등 관련계획, 지형, 생태계획, 지질, 토양, 수계 및 소규모 생물서식공간 등 자연적 여건 등 당해 공원녹지기본계획의 수립 또는 변경에 관하여 필요 사항을 조사 및 측량
	⇩	
	공원녹지기본계획 수립(안) 작성	• 수립권자 : 특별시장·광역시장·특별자치시장 또는 특별자치도지사 • 공원녹지기본계획 내용 - 지역적 특성 및 계획의 방향·목표 - 인구·산업·경제·공간구조·토지이용 등의 변화에 따른 공원녹지의 여건변화 - 공원녹지의 종합적 배치 - 공원녹지의 축과 망 - 공원녹지의 수요 및 공급 - 공원녹지의 보전·관리·이용 - 도시녹화 - 그 밖에 공원녹지의 확충·관리·이용을 위한 공원녹지기본계획 시행 및 재원조달
	⇩	

공원녹지 기본계획 수립절차 (법 제7조~제10조)	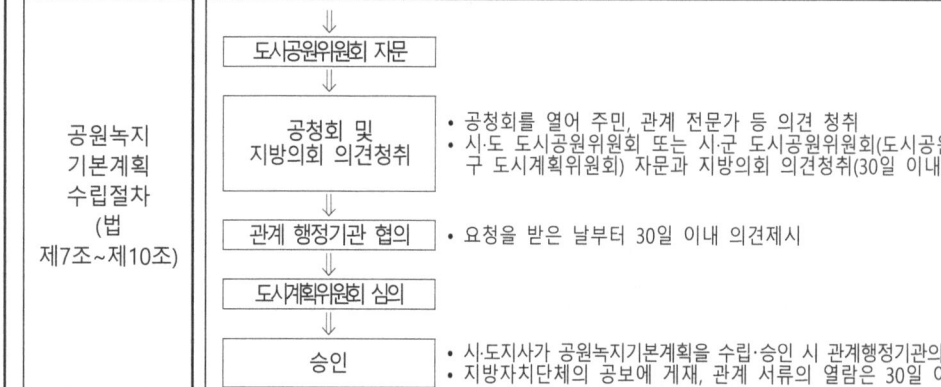

제3장 도시녹화 및 도시공원·녹지의 확충

도시공원 또는 녹지의 확보기준 (법 제14조)	• 개발계획 수립 시 도시공원 및 녹지확보계획 수립 대상

구 분	규 모	도시 공원 또는 녹지의 확보기준	
1. 「도시개발법」에 따른 개발계획	1만㎡ 이상	1만㎡ ~ 30만㎡ 미만	상주인구 1인당 3㎡ 이상 또는 개발 부지면적의 5% 이상 중 큰 면적
		30만㎡ ~ 100만㎡ 미만	상주인구 1인당 6㎡ 이상 또는 개발 부지면적의 9% 이상 중 큰 면적
		100만㎡ 이상	상주인구 1인당 9㎡ 이상 또는 개발 부지면적의 12% 이상 중 큰 면적
2. 「주택법」에 따른 주택건설사업계획 또는 대지조성사업계획	주택건설	1천세대 이상	1세대당 3㎡ 이상 또는 개발 부지면적의 5% 이상 중 큰 면적
	대지조성	10만㎡ 이상	1세대당 3㎡ 이상 또는 개발 부지면적의 5% 이상 중 큰 면적
3. 「도시 및 주거환경정비법」에 따른 정비계획	재개발, 재건축사업 및 정비사업	5만㎡ 이상	1세대당 2㎡ 이상 또는 개발 부지면적의 5% 이상 중 큰 면적
4. 「산업입지 및 개발에 관한 법률」에 의한 개발계획	주거용도로 계획 면적 1만㎡ 이상	전체계획구역에 대하여는 「기업활동 규제완화에 관한 특별조치법」 제21조의 규정에 의한 공공녹지 확보기준을 적용	
5. 「택지개발촉진법」에 따른 택지개발계획	10만㎡ 이상	10만㎡ ~ 30만㎡ 미만	상주인구 1인당 6㎡ 이상 또는 개발 부지면적의 12% 이상 중 큰 면적
		30만㎡ ~ 100만㎡ 미만	상주인구 1인당 7㎡ 이상 또는 개발 부지면적의 15% 이상 중 큰 면적
		100만㎡ ~ 330만㎡ 미만	상주인구 1인당 9㎡ 이상 또는 개발 부지면적의 18% 이상 중 큰 면적
		330만㎡ 이상의 개발계획	상주인구 1인당 12㎡ 이상 또는 개발 부지면적의 20% 이상 중 큰 면적
6. 「유통산업발전법」에 따른 공동집배송센터의 사업계획	주거용도 10만㎡ 이상	주거용도 계획지역	상주인구 1인당 3㎡ 이상
		전체 계획구역에 대하여는 「산업입지 및 개발에 관한 법률」 제5조의 규정에 의하여 작성된 산업입지개발지침에서 정한 공공녹지 확보기준을 적용	
7. 「지역균형개발 및 지방중소기업 육성에 관한 법률」에 따른 지역종합개발계획	주거용도 10만㎡ 이상	주거용도 계획 지역	상주인구 1인당 3㎡ 이상
		전체계획구역에 대하여는 「산업입지 및 개발에 관한 법률」 제5조의 규정에 의하여 작성된 산업입지개발지침에서 정한 공공녹지 확보기준을 적용	
8. 그 밖의 개발계획으로서 다른 법률에 따라 주거·상업·공업을 목적으로 단지를 조성하는 사업의 개발계획	공공주택지구조성사업과 주거취약계층의 주거안정을 목적으로 하는 5만㎡의 사업, 주거용도 1만㎡ 이상	상주인구 1명당 3㎡ 이상	

제4장 도시공원의 설치 및 관리

도시공원의 세분 및 규모 (법 제15조)

구 분	세 분	기능 및 주제
국가도시공원		제19조에 따라 설치 관리하는 도시공원 중 국가가 지정하는 공원
생활권공원		도시생활권의 기반이 되는 공원의 성격으로 설치·관리하는 공원으로서 다음의 공원
	소 공 원	소규모 토지를 이용하여 도시민의 휴식 및 정서함양을 도모하기 위하여 설치
	어린이공원	어린이 보건 및 정서생활 향상에 기여함을 목적으로 설치된 공원
	근린공원	근린거주자 또는 근린생활권으로 구성된 지역생활권 거주자의 보건·휴양 및 정서생활의 향상에 이바지하기 위하여 설치하는 공원
	근린생활권	인근에 거주하는 자의 이용에 제공할 것을 목적으로 하는 근린공원
	도보권	도보권 안에 거주하는 자의 이용에 제공할 것을 목적으로 하는 근린공원
	도시지역권	도시지역 안에 거주하는 전체 주민의 종합적인 이용에 제공할 것을 목적으로 하는 근린공원
	광역권	하나의 도시지역을 초과하는 광역적인 이용에 제공할 것을 목적으로 하는 근린공원
주제공원		생활권공원 외에 다양한 목적으로 설치하는 다음의 공원
	역 사 공 원	도시의 역사적 장소나 시설물, 유적·유물 등을 활용하여 도시민의 휴식·교육을 목적 설치하는 공원
	문 화 공 원	도시의 각종 문화적 특징을 활용하여 도시민의 휴식·교육을 목적으로 설치하는 공원
	수 변 공 원	도시의 하천가·호숫가 등 수변공간을 활용하여 도시민의 여가·휴식을 목적으로 설치하는 공원
	묘 지 공 원	묘지이용자에게 휴식 등을 제공하기 위하여 일정한 구역 안에 「장사 등에 관한 법률」에 의한 묘지와 공원시설을 혼합하여 설치하는 공원
	체 육 공 원	주로 운동경기나 야외활동 등 체육활동을 통하여 건전한 신체와 정신을 배양함을 목적으로 설치하는 공원
	도시농업공원	도시민의 정서순화 및 공동체의식 함양을 위하여 도시농업을 주된 목적으로 설치
	방재공원	지진 등 재난발생 시 도시민 대피 및 구호 거점으로 활용될 수 있도록 설치하는 공원
	기 타	그 밖에 특별시·광역시·특별자치시·도·특별자치도 또는 서울특별시·광역시 및 특별자치시를 제외한 인구 50만 이상 대도시의 조례로 정하는 공원

도시공원의 세분 및 규모 (시행규칙 별표3, 4)

구 분	세 분		설치기준	유치거리	규모	공원면적	공원시설 부지면적
생활권공원	소 공 원		제한 없음			전부 해당	20% 이하
	어린이공원		제한 없음	250m 이하	1,500㎡ 이상	전부 해당	60% 이하
	근린공원	근린생활권	제한 없음	500m 이하	1만㎡ 이상	3만㎡ 미만	40% 이하
		도보권	제한 없음	1천m 이하	3만㎡ 이상	3만~10만㎡	40% 이하
		도시지역권	도시공원기능 발휘가능 장소	제한 없음	10만㎡ 이상	10만㎡ 이상	40% 이하
		광역권			100만㎡ 이상	-	-
주제공원	역 사 공 원		제한 없음			전부 해당	제한 없음
	문 화 공 원		제한 없음			전부 해당	제한 없음
	수 변 공 원		하천·호수 등 수변과 접하고 친수공간을 조성할 수 있는 곳	제한 없음		전부 해당	40% 이하
	묘 지 공 원		정숙한 장소로 장래 시가화가 예상되지 아니하는 자연녹지지역	제한 없음	10만㎡ 이상	전부 해당	20% 이상
	체 육 공 원		해당 도시공권의 기능을 충분히 발휘할 수 있는 장소	제한 없음	1만㎡ 이상	3만㎡ 미만	50% 이하
						3만~10만㎡	50% 이하
						10만㎡ 이상	50% 이하
	도시농업공원		제한 없음	제한 없음	1만㎡ 이상	전부 해당	40% 이하
	서울특별시, 광역시 및 특별자치시를 제외한 50만 이상 대도시조례로 정하는 공원		제한 없음	제한 없음	제한 없음	전부 해당	제한 없음

구분	내용
공원조성계획 결정 (법 제16조, 제17조)	• 조성계획 수립시기 : 도시공원의 설치에 관한 도시·군관리계획 결정 후 도시·군관리계획 결정 ⇩ 해당 도시공원의 조성계획 입안 ⇩ 지방의회 의견청취, 관계 행정기관의 장 협의 ⇩ 시·도 도시계획위원회 심의 및 시·도도시공원위원회 심의 ⇩ 공원조성계획 결정 • 민간공원 추진자 조성계획 입안제안 • 입안권자 : 행정구역을 관할하는 특별시장·광역시장·특별자치시장·특별자치도지사·시장 또는 군수 ※ 공원조성계획을 신속히 입안할 필요가 있는 경우에는 공원녹지기본계획의 수립 또는 도시공원의 결정에 관한 도시·군관리계획의 입안과 함께 공원조성계획 수립을 위한 도시·군관리계획을 입안 • 생략 가능 • 시·도도시계획위원회의 심의는 시·도 도시공원위원회가 설치된 경우 시·도도시공원위원회의 심의로 갈음 ※ 공원조성계획의 다음 변경 시 시도 도시공원위원회 심의, 시·도 도시계획위원회 심의, 주민의견 청취절차 생략 　- 공원시설 부지면적의 10% 미만 범위에서의 변경(공원면적 3만㎡ 이하) 　- 소규모 공원시설 설치 변경에 해당하는 행위
도시공원결정 실효 (법 제17조)	• 도시공원의 설치에 관한 도시·군관리계획 결정은 그 고시일부터 10년이 되는 날까지 공원조성계획의 고시가 없는 경우 그 10년이 되는 날의 다음날 효력 상실 • **공원조성계획을 고시한 도시공원 부지 중 국유지 또는 공유지는「국토의 계획 및 이용에 관한 법률」제48조에도 불구하고 같은 조에 따른 도시공원 결정의 고시일부터 30년이 되는 날까지 사업이 시행되지 아니하는 경우 그 다음 날에 도시공원 결정의 효력을 상실.** 다만, 국토교통부장관이 대통령령으로 정하는 바에 따라 도시공원의 기능을 유지할 수 없다고 공고한 국유지 또는 공유지는「국토의 계획 및 이용에 관한 법률」제48조를 적용 • 도시공원 결정의 효력이 상실될 것으로 예상되는 국유지 또는 공유지의 경우 대통령령으로 정하는 바에 따라 **10년 이내의 기간을 정하여 1회에 한정하여 도시공원 결정의 효력을 연장** • **시·도지사는 도시공원 결정의 효력이 상실**되었을 때에는 대통령령으로 정하는 바에 따라 지체 없이 그 사실을 고시
공원조성계획의 정비 (법 제18조)	• 특별시장·광역시장·특별자치시장·특별자치도지사·시장 또는 군수 - 공원조성계획이 결정·고시된 후 주변의 토지이용이 현저하게 변화되거나 주민 요청이 있을 때에는 공원조성계획의 타당성을 전반적으로 재검토 정비
폐쇄회로 텔레비전 등의 설치·관리 (법 제19조의 2)	• 도시공원을 관리하는 특별시장·광역시장·특별자치시장·특별자치도지사·시장 또는 군수는 범죄 또는 안전사고 발생 우려가 있는 도시공원 내 주요 지점에 폐쇄회로 텔레비전과 비상벨 등을 설치·관리
어린이공원 내 안전시설이 설치·관리 (법 제19조의3)	• 공원관리청은 어린이의 안전을 위하여 대통령령으로 정하는 바에 따라 교통사고 발생 우려가 있는 어린이공원 내 주요 지점에 방호울타리 등 안전시설을 설치·관리하여야 함
민간도시공원 및 공원시설의 설치·관리와 부지 내 특례 (법 제21조, 제21조의2)	• 민간도시공원 시설 설치 및 부지 내 특례 | 구분 | 요건 및 절차 | |---|---| | 민간공원추진자의 공원설치관리 | 도시·군계획시설사업의 시행자 지정, 실시계획인가 인가 득 | | 민간공원추진자의 도시군계획시설사업 시행자 지정 요건 | 민간공원추진자는 특별시장·광역시장·특별자치시장·특별자치도지사·시장 또는 군수와 공동으로 도시공원의 조성사업을 시행 시, 민간공원추진자가 해당 도시공원 부지 매입비의 5분의 4 이상 현금예치 | | 민간공원추진자는 다음 기준 모두 충족 시 기부채납하고 남은 부지 또는 지하에 비공원시설 설치 허용 | 공원부지를 공원관리청에 기부채납(공원면적 70% 이상)하고 다음 요건 충족 - 도시공원 전체 면적의 5만㎡ 이상 - 해당 공원의 본질적인 기능과 전체적인 경관이 훼손되지 않을 것 - 비공원시설의 종류 및 규모는 해당 지방도시계획위원회의 심의를 거친 건축물 또는 공작물(공원부지 지하에 설치 시 해당 용도지역 내 허용 시설 한정) - 특별시·광역시·특별자치시·특별자치시·시 또는 군 조례로 정하는 기준에 적합 |

구분		
민간도시공원 및 공원시설의 설치·관리와 부지 내 특례 (법 제21조, 제21조의2)	• 민간도시공원 설치 관련 주체별 허용사항	

구분	주체별 허용사항
공원관리청	- 민간공원추진자와 협의하여 기부채납하는 도시공원 부지 면적의 10%에 해당 가액 내 해당 도시공원 조성사업과 직접적으로 관련되는 진입도로, 육교 등의 시설을 도시공원 외의 지역에 설치하게 할 수 있음 - 도시공원 조성사업과 직접적으로 관련 없는 시설의 설치 요구불가
민간공원추진자	- 공공과 공동으로 도시공원 조성사업을 추진하며, 도시공원 부지 매입 시 도시·군계획시설사업 시행자 지정을 위해 예치한 금액 활용가능 - 도시공원을 공원관리청 기부채납 시 부대사업 시행가능 - 도시공원 설치 시 특별시장·광역시장·특별자치시장·특별자치도지사·시장 또는 군수와 협약 체결(기부채납의 시기, 공동시행 시 토지매수 등 업무분담을 포함한 시행방법, 비공원시설의 세부 종류 및 규모, 설치부지의 위치)
특별시장·광역시장·특별자치시장·특별자치도지사·시장 또는 군수	- 도시공원 중 비공원시설 부지에 대해 필요하다고 인정 시 해당 공원해제, 용도지역의 변경 등 도시·군관리계획 변경 결정

■ 민간도시공원 추진절차

제안에 의한 방식
사전협의(필요 시)
↓
특례사업 제안
↓
타당성 검토 협상
↓
도시공원위원회 자문, 제안수용여부 통보

민간→시장군수 협의사항 MOU 체결가능

공모에 의한 방식
사업대상지(공원/비공원 부지선정) — 시장군수
↓
민간공원조성사업 공모
↓
제안심사위원회 심사 협상대상자 선정 — 제안심사위 : 20인 이내
↓
타당성 검토 협상, 공원위원회 자문, 제안수용여부 통보

↓
공원위원회·지방도시계획위원회 심의(공원조성계획, 도시관리계획 결정절차 이행) — 공원계획 : 공원·비공원시설의 설치 / 도시계획 : 비공원시설 종류, 용도지역
↓
협약체결 시행자 지정 — (협약체결 후 1개월 이내)
↓
공원조성계획(변경) 결정 고시
↓
실시계획 작성, 실시계획 인가 고시
↓
사업시행 — 협약에 따라 지자체 공동시행 가능
↓
공원조성공사, 준공검사, 공원완료 공고
↓
기부채납(비공원시설 공사 완료 전) — 기부채납 비율 70% / 비공원시설 공원 해제 : 필요시

제5장 도시자연공원구역

구분		
도시자연공원구역 지정 및 변경기준 (법 제26조, 영 제25조)	• 대상 도시의 인구·산업·교통 및 토지이용 등 사회경제적 여건과 지형·경관 등 자연환경적 여건 등을 종합적으로 고려하여 대통령령으로 정함	

구분	도시자연공원구역의 지정 및 변경기준
지정 기준	- 도시지역 안의 식생이 양호한 수림의 훼손을 유발하는 개발을 제한할 필요가 있는 지역 등 도시의 자연환경 및 경관을 보호하고 도시민에게 건전한 여가·휴식공간을 제공할 수 있는 지역을 대상으로 지정 - 환경성평가지도, 생태자연도, 녹지자연도, 임상도 및 토지적성에 대한 결과 등을 고려 지정
경계 설정	- 보전할 가치가 있는 일정 규모의 지역 등을 포함하여 지형적인 특성 및 행정구역의 경계를 고려 - 주변의 토지이용현황 및 토지소유현황 등을 종합적으로 고려하여 경계를 설정할 것 - 도시자연공원구역의 경계선이 취락지구, 학교, 종교시설, 농경지 등 기능상 일체가 되는 토지 또는 시설을 관통하지 아니할 것
변경 해제	- 녹지가 훼손되어 자연환경의 보전기능이 현저하게 떨어진 지역을 대상으로 해제할 것 - 도시민의 여가·휴식공간으로서의 기능을 상실한 지역을 대상으로 해제할 것

	구분	세부 내용
도시자연공원 구역 안에서의 행위제한 (법 제27조)	행위제한	- 건축물의 건축 및 용도변경, 공작물 설치, 토지 형질변경, 흙과 돌의 채취, 토지 분할, 죽목 벌채, 물건의 적치 또는 「국토의 계획 및 이용에 관한 법률」에 의한 도시·군계획사업
	특별시장·광역시장· 특별자치시장·특별 자치도지사·시장 또는 군수의 허가를 받아 할 수 있는 행위	- 건축물 또는 공작물로 대통령이 정하는 건축물의 건축 또는 공작물의 설치와 이에 따르는 토지의 형질변경 ・도로, 철도 등 공공용 시설 / ・등산로·철봉 등 체력단련시설 ・임시 건축물 또는 임시 공작물 / ・전기·가스 관련시설 등 공익시설 ・휴양림, 수목원 등 도민의 여가활용시설 / ・노인복지시설, 어린이집, 수목장림시설 중 도시자연공원구역에 입지할 필요성이 큰 시설로 자연환경을 훼손하지 아니하는 시설 ・주택·근린생활시설 - 기존 건축물 또는 공작물의 개축·재축·증축 또는 대수선 - 건축물의 건축을 수반하지 아니하는 토지의 형질변경 - 흙과 돌을 채취하거나 죽목을 베거나 물건을 쌓아놓는 행위로서 대통령령으로 정하는 행위 - 다음 각 목의 어느 하나에 해당하는 범위의 토지 분할 ・분할된 후 각 필지의 면적이 200㎡ 이상[지목이 "대"인 토지분할 330㎡ 이상]인 경우 ・분할된 후 각 필지의 면적이 200㎡ 미만인 경우로서 공익사업의 시행 및 인접 토지와의 합병 등을 위하여 대통령령으로 정하는 경우
취락지구에 대한 특례(법 제28조)		• 시·도지사 또는 대도시 시장은 도시자연공원구역에 주민이 집단적으로 거주하는 취락을 「국토의 계획 및 이용에 관한 법률」 제37조제1항제8호에 따른 취락지구로 지정가능 • 취락을 구성하는 주택의 수, 단위면적당 주택의 수, 취락지구의 경계 설정기준 등 취락지구의 지정기준과 그 밖에 필요한 사항은 대통령령으로 정함 • 취락지구에서의 건축물의 용도·높이·연면적·건폐율 및 용적률에 관하여는 제27조제3항에도 불구하고 따로 대통령령으로 정함
토지매수의 청구 (법 제29조, 영 제34조)	구분	세부
	토지매수 청구자	• 도시자연공원구역의 지정으로 도시자연공원구역 안의 토지를 종래의 용도로 사용할 수 없어 그 효용이 현저하게 감소된 토지 또는 당해 토지의 사용 및 수익이 불가능한 토지의 소유자 - 도시자연공원구역의 지정 당시부터 토지를 계속 소유한 자 - 토지의 사용·수익이 사실상 불가능하게 되기 전에 당해 토지를 취득하여 계속 소유한 자 - 위의 자로부터 당해 토지를 상속받아 계속 소유한 자
	매수청구 대상자	• 도시자연공원을 관할하는 특별시장·광역시장·특별자치시장·특별자치도지사·시장 또는 군수
	매수청구 대상토지 판정기준	• 토지의 효용 감소, 토지의 사용 및 수익이 불가능한 토지 등에 대하여 토지소유자 본인의 귀책사유가 없어야 함 - 종래의 용도로 사용할 수 없어 효용의 현저한 감소가 이루어진 토지 : 매수청구 당시 매수대상 토지를 도시자연공원구역 지정 이전의 지목대로 사용할 수 없음으로 인하여 매수청구일 현재 당해 토지의 개별공시지가가 그 토지를 소재하고 있는 읍·면·동 안에 지정된 도시자연공원구역 안의 동일한 지목의 개별공시지가의 평균치 50% 미만일 것 • 토지의 사용·수익이 사실상 불가능한 토지 : 도시자연공원구역 안에서의 행위제한으로 인하여 당해 토지의 사용·수익이 불가능할 것
	※「국토의 계획 및 이용에 관한 법률」에 따라 도시공원의 부지로 되어 있는 토지 중 지목이 "대"인 토지의 매수청구를 받은 특별시장·광역시장·특별자치시장·특별자치도지사·시장 또는 군수가 그 토지를 매수하지 아니하기로 결정하거나 매수결정을 통지한 날부터 2년이 경과될 때까지 토지 미매수 → 토지 소유자는 도시공원의 점용허가를 받아 건축물 또는 공작물 설치 가능(법 제24조 제5항)(점용허가 대상 및 기준적용 배제)	
비용 보조 (법 제44조)		• 공원관리청이 시행하는 도시공원사업에 드는 비용에 대하여는 대통령령으로 정하는 바에 따라 그 비용의 전부 또는 일부를 국고에서 보조 • 공원관리청이 아닌 자가 시행하는 도시공원사업에 드는 비용에 대하여는 대통령령으로 정하는 바에 따라 지방자치단체가 그 비용의 일부를 보조 • 도지사는 시장·군수가 시행하는 도시공원사업에 드는 비용에 대하여 도의 조례로 정하는 바에 따라 그 비용의 일부를 보조 가능

자연공원법

법공포 : 최초 '80. 1. 4. 최종개정 : '20. 6. 9.   시행일자 : '20. 12. 10.
영공포 : 최초 '80. 8. 18. 최종개정 : '20. 12. 8.   시행일자 : '21. 7. 1.

「자연공원법」 구성체계

제1장 총칙
- 제1조 목적
- 제2조 정의
- 제2조의2 기본원칙
- 제3조 자연공원보호 등의 의무
- 제3조의2 국립공원의 날

제2장 자연공원의 지정 및 공원위원회
- 제4조 자연공원의 지정 등
- 제4조의2 국립공원의 지정 절차
- 제4조의3 도립공원·광역시립공원의 지정 절차
- 제4조의4 군립공원·시립공원·구립공원의 지정 절차
- 제5조 둘 이상의 행정구역에 걸치는 자연공원의 지정·관리
- 제6조 자연공원 지정의 고시
- 제7조 자연공원의 지정기준
- 제8조 자연공원의 지정해제 또는 구역 변경
- 제9조 공원위원회의 설치 및 구성 등
- 제10조 공원위원회의 심의 사항
- 제10조의2 전문위원

제3장 공원기본계획 및 공원계획
- 제11조 공원기본계획의 수립 등
- 제12조 국립공원계획의 결정
- 제13조 도립공원계획의 결정
- 제14조 군립공원계획의 결정
- 제15조 공원계획의 변경 등
- 제16조 공원계획의 고시
- 제17조 공원계획의 내용 등
- 제17조의2 미착수 공원시설계획의 실효
- 제17조의3 공원별 보전·관리계획의 수립
- 제17조의4 전통사찰의 의견수렴
- 제18조 용도지구
- 제18조의2 다른 법률에 따른 지역·지구 등의 지정 협의
- 제19조 공원사업의 시행 및 공원시설의 관리
- 제20조 공원관리청이 아닌 자의 공원사업의 시행 및 공원시설의 관리
- 제20조의2 공원보호협약의 체결
- 제21조 다른 법률에 따른 허가 등의 의제
- 제22조 토지 등의 수용

제4장 자연공원의 보전
- 제23조 행위허가
- 제23조의2 생태축 우선의 원칙
- 제24조 원상회복
- 제24조의2 방치된 물건 등의 제거
- 제24조의3 관계인 등에 대한 조사
- 제24조의4 이주대책
- 제25조 삭제
- 제26조 자연공원의 형상 변경에 관한 협의
- 제27조 금지행위
- 제28조 출입 금지 등
- 제29조 영업 등의 제한 등
- 제30조 법령 위반 등에 대한 처분
- 제31조 대집행
- 제32조 감독처분
- 제33조 청문
- 제34조 사법경찰권
- 제35조 공원대장
- 제36조 자연자원의 조사

제4장의2 지질공원의 인증·운영
- 제36조의2 적용범위 등
- 제36조의3 지질공원의 인증 등
- 제36조의4 지질공원의 인증 취소 등
- 제36조의5 지질공원에 대한 지원
- 제36조의6 지질공원해설사
- 제36조의7 비용부담
- 제36조의8 금지행위

제5장 비용의 징수 등
- 제37조 입장료 및 사용료의 징수
- 제38조 점용료 등의 징수
- 제39조 비용부담의 원칙
- 제40조 비용에 관한 협의 및 재정
- 제41조 공원 관리청이 아닌 자가 시행하는 공원사업 등에 관한 비용
- 제42조 입장료 등의 귀속
- 제43조 보조

제6장 삭제

제7장 보칙
- 제70조 다른 법률과의 관계
- 제71조 허가에 관한 협의 등
- 제72조 토지의 출입과 사용 등
- 제73조 손실보상
- 제73조의2 주민지원사업
- 제73조의3 자연공원체험사업
- 제73조의4 자연공원 탐방안내
- 제74조 권리·의무의 승계
- 제75조 처분의 제한
- 제76조 협의에 따른 토지 등의 매수 등
- 제77조 토지매수의 청구
- 제78조 매수청구의 절차 등
- 제79조 자연공원의 지정에 따른 특례
- 제80조 권한의 위임·위탁
- 제81조 한국자연공원협회의 설립

제8장 벌칙
- 제82조 벌칙
- 제83조 벌칙
- 제84조 벌칙
- 제85조 양벌규정
- 제86조 과태료

제1장 총칙

목 적	• 자연공원의 지정·보전 및 관리에 관한 사항을 규정함으로써 자연생태계와 자연 및 문화경관 등을 보전하고 지속가능한 이용을 도모함		
공원의 종류 및 정의 (법 제2조)	자연공원		국립공원·도립공원 및 군립공원 및 지질공원
		국립공원	우리나라의 자연생태계나 자연 및 문화경관을 대표할 만한 지역으로서 자연공원의 지정 및 국립공원 지정절차에 의하여 지정된 공원
		도립공원	도 및 특별자치도의 자연생태계나 경관을 대표할 만한 지역으로서 자연공원의 지정 및 도립공원·광역시립공원 지정절차에 따라 지정된 공원
		광역시립공원	특별시·광역시·특별자치시의 자연생태계나 경관을 대표할 만한 지역으로서 자연공원의 지정 및 도립공원·광역시립공원 지정절차에 따라 지정된 공원

공원의 종류 및 정의 (법 제2조)	군립공원	군의 자연생태계나 경관을 대표할 만한 지역으로서 제4조 및 제4조의4에 따라 지정된 공원
	시립공원	시의 자연생태계나 경관을 대표할 만한 지역으로서 제4조 및 제4조의4에 따라 지정된 공원
	구립공원	자치구의 자연생태계나 경관을 대표할 만한 지역으로서 제4조 및 제4조의4에 따라 지정된 공원
	지질공원	지구과학적으로 중요하고 경관이 우수한 지역으로서 이를 보전하고 교육·관광 사업 등에 활용하기 위하여 지역주민 공청회와 관할 군수의 의견청취 절차를 거쳐 환경부장관이 인증한 공원
	공원구역	자연공원으로 지정된 구역
	공원기본계획	자연공원을 보전·이용·관리하기 위하여 장기적인 발전방향을 제시하는 종합계획으로서 공원계획과 공원별 보전·관리계획의 지침이 되는 계획
	공원계획	자연공원을 보전·관리하고 알맞게 이용하도록 하기 위한 용도지구의 결정, 공원시설의 설치, 건축물의 철거·이전, 그 밖의 행위 제한 및 토지 이용 등에 관한 계획
	공원별 보전·관리계획	동식물 보호, 훼손지 복원, 탐방객 안전관리 및 환경오염 예방 등 공원계획 외의 자연공원을 보전·관리하기 위한 계획
	공원사업	공원계획과 공원별 보전·관리계획에 따라 시행하는 사업
	공원시설	자연공원을 보전·관리 또는 이용하기 위하여 공원계획에 따라 자연공원에 설치하는 시설(공원계획에 따라 자연공원 밖에 설치하는 진입도로, 주차시설 또는 공원사무소를 포함)로서 대통령령으로 정하는 시설

기본원칙 (법 제2조의2)	• 자연공원은 다음 기본원칙에 따라 지정·보전 및 관리되어야 함 - 모든 국민의 자산으로서 현재와 미래세대를 위하여 보전되어야 함 - 생태계의 건전성, 생태축 보전·복원 및 기후변화에 대응에 기여하도록 지정·관리되어야 함 - 과학적 지식과 객관적 조사결과를 기반으로 특성에 따라 관리되어야 함 - 지역사회와 협력적 관계에서 상호혜택을 창출할 수 있도록 관리되어야 함 - 보전 및 지속가능한 이용을 위한 국제 협력은 증진 되어야 함
자연공원보호 등의 의무 (법 제3조)	• 자연공원을 보호하고 자연의 질서를 유지·회복하는데 정성을 다하여야 함 - 국가, 지방자치단체, 공원사업을 하거나 공원시설을 관리하는 자, 자연공원을 점용하거나 사용하는 자, 자연공원에 들어가는 자, 자연공원에서 거주하는 자 • 국가와 지방자치단체는 자연생태계가 우수하거나 경관이 아름다운 지역을 자연공원으로 지정하여야 하며, 이를 보전·관리하여 지속적으로 이용할 수 있도록 하여야 함
국립공원의 날 (법 제3조의2)	• 국립공원에 대한 국민의 관심과 이해를 높이기 위하여 매년 3월 3일을 국립공원의 날로 정함 • 국가는 국립공원의 날에 적합한 사업과 행사를 실시 할 수 있음

제2장 자연공원의 지정 및 공원위원회

공원지정권자 및 지정절차 (법 제4조~제4조의4)	• 공원지정·관리권자

구분	지정관리권자	구분	지정관리권자
국립공원	환경부장관	군립공원	군수
도립공원	도지사 또는 특별자치도지사	시립공원	시장
광역시립공원	특별시장·광역시장·특별자치시장	구립공원	자치구의 구청장

• 자연공원을 지정·관리하는 환경부장관, 특별시장·광역시장·특별자치시장·도지사 또는 특별자치도지사 및 시장·군수 또는 자치구의 구청장은 자연공원을 지정하려는 경우 지정대상 지역의 자연생태계, 생물자원, 경관의 현황·특성, 지형, 토지 이용 상황 등 그 지정에 필요한 사항을 조사하여야 함
• 공원 지정대상 지역의 조사를 관계 전문기관에 의뢰 할 수 있음

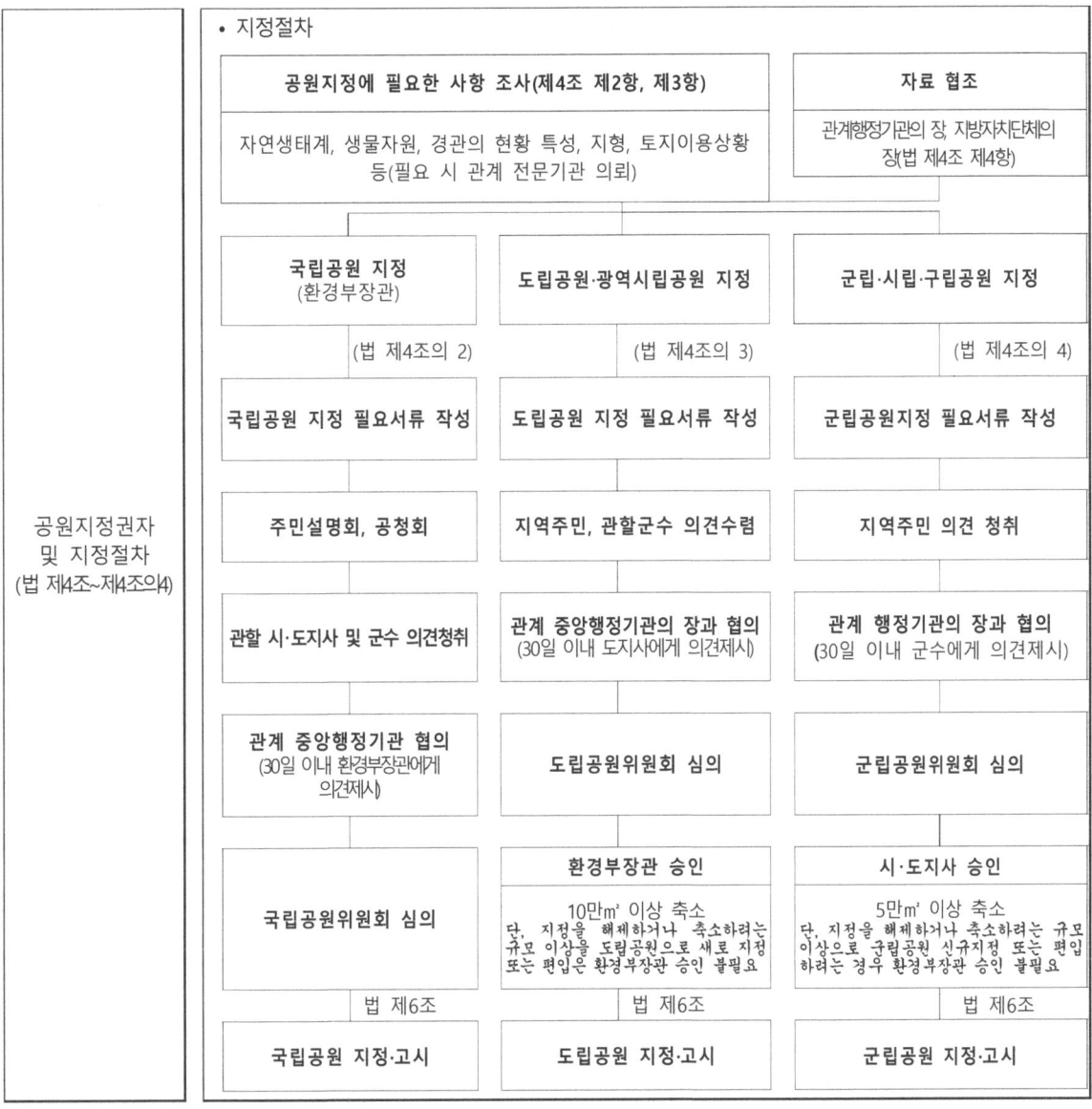

구 분	지 정 기 준
자연생태계	자연생태계의 보전상태가 양호하거나 멸종위기 야생동식물·천연기념물·보호야생동식물 서식
자연경관	자연경관의 보전상태가 양호하여 훼손 또는 오염이 적으며 경관이 수려할 것
문화경관	문화재 또는 역사적 유물이 있으며, 자연경관과 조화되어 보전의 가치가 있을 것
지형보존	각종 산업개발로 경관이 파괴될 우려가 없을 것
위치·이용편의	국토의 보전·이용·관리측면에서 균형적인 자연공원의 배치가 될 수 있을 것

자연공원의 지정기준 등 (법 제7조, 영 제3조 [별표1])

자연공원의 지정 해제 또는 구역 변경 (법 제8조)

- 자연공원은 다음 각호의 어느 하나에 해당하는 경우를 제외하고는 지정을 해제하거나 구역을 축소할 수 없음
- 군사상 또는 공익상 불가피한 경우로서 대통령령으로 정하는 경우
- 천재지변이나 그 밖의 사유로 자연공원으로 사용할 수 없게 된 경우
- 공원구역의 타당성을 검토한 결과 자연공원의 지정기준에서 현저히 벗어나서 자연공원으로 존치시킬 필요가 없다고 인정되는 경우
- 공원관리청은 자연공원의 지정기준에 맞는 공원 주변지역이 있는 경우에는 그 지역을 자연공원에 편입 가능
- 자연공원이 지정해제되는 경우 해당 구역을 관할하는 군수는 그 공원구역에 대한 환경관리계획을 수립하여 자연생태계, 자연경관 및 문화경관이 보전될 수 있도록 노력
- 도립공원으로 지정된 구역을 국립공원으로 지정하거나 군립공원으로 지정된 구역을 도립공원 또는 국립공원으로 지정한 경우에는 그 도립공원 또는 군립공원은 지정 해제된 것으로 봄

제3장 공원기본계획 및 공원계획

공원계획 (법 제11조~제14조)

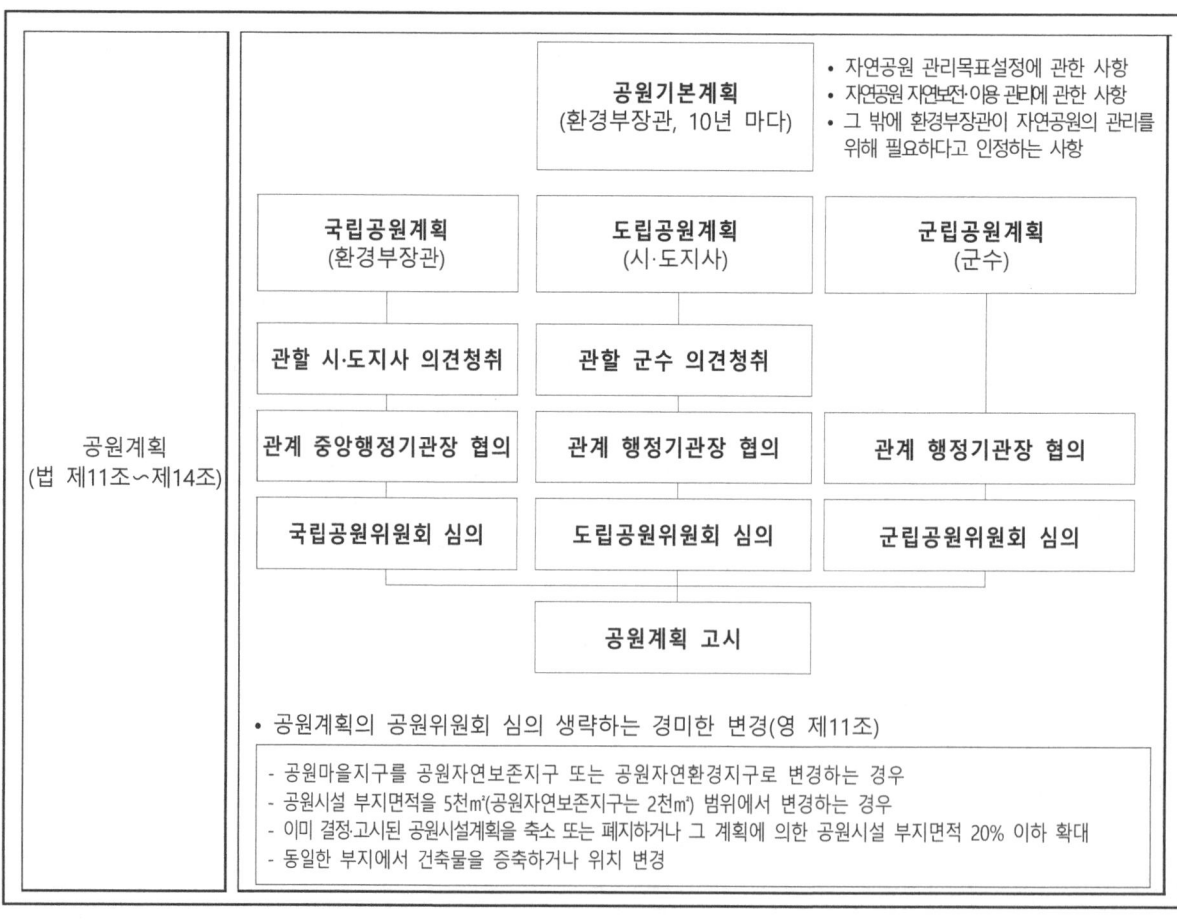

- 공원계획의 공원위원회 심의 생략하는 경미한 변경(영 제11조)
  - 공원마을지구를 공원자연보존지구 또는 공원자연환경지구로 변경하는 경우
  - 공원시설 부지면적을 5천㎡(공원자연보존지구는 2천㎡) 범위에서 변경하는 경우
  - 이미 결정·고시된 공원시설계획을 축소 또는 폐지하거나 그 계획에 의한 공원시설 부지면적 20% 이하 확대
  - 동일한 부지에서 건축물을 증축하거나 위치 변경

구분	내용
공원계획의 재검토 (법 제15조, 영 제12조)	• 공원관리청은 10년마다 지역주민, 전문가 기타 이해 관계자의 의견을 수렴하여 공원계획의 타당성(공원구역의 타당성을 포함)을 검토, 그 결과를 공원계획의 변경에 반영. 단, 도립·군립공원에 대하여 시·도지사 또는 군수가 필요하다고 인정하는 경우 5년마다 타당성 유무 검토 • 공원구역의 타당성검토 기준 - 해당 공원구역의 위치·면적 및 이용편의 - 해당 공원구역의 자연·문화자원 및 지형 보전적 가치 - 공원경계지역의 개발상황·환경보전상황 등 - 도로·하천 등 지형·지세를 고려 공원경계선의 적정성 - 공원주변지역 자연경관이나 자연생태계의 보호 필요성 - 공원관리의 효율성 - 공원구역변경이 공원전체에 미치는 영향
미착수 공원시설 계획의 실효 (법 제17조의 2)	• 공원시설계획이 해당 공원계획 고시 일부터 10년이 되는 날까지 공원시설 설치에 관한 사업 미착수 시 그 고시 일부터 10년이 되는 날의 다음날까지 효력 상실
공원별 보전관리계획 수립 (법 제17조의 3)	• 공원계획에 연계하여 10년마다 공원별 보전관리계획을 수립, 자연환경보전 여건변화 등으로 계획변경 필요 시 5년마다 변경가능 • 공원보존관리계획 내용 - 자연공원의 명칭 및 면적 - 용도지구의 종류 및 면적 - 자연생태계·자연자원·자연경관 등 자연환경 현황 - 토지 이용 상태 및 공원시설 현황 - 공원자원 등 공원환경보전·관리계획 - 용도지구별 보전·관리계획 - 자연공원의 지속 가능한 이용계획 - 지역사회 협력계획 - 그 밖에 공원의 보전·관리를 위하여 공원관리청이 필요하다고 인정하는 사항
용도지구 (법 제18조)	• 공원관리청은 자연공원을 효과적으로 보전하고 이용할 수 있도록 하기 위하여 다음 각 호의 용도지구를 공원계획으로 결정 | 구분		세부기준
---	---	---
공원 자연 보존 지구	지정 요건	• 생물다양성이 특히 풍부한 곳 • 자연생태계가 원시성을 지니고 있는 곳 • 특별히 보호가치가 높은 야생 동·식물이 살고 있는 곳 • 경관이 특히 아름다운 곳
	허용 행위 기준	• 학술연구, 자연보호 또는 문화재의 보존·관리를 위하여 필요하다고 인정되는 최소한의 행위 • 대통령령으로 정하는 기준에 따른 최소한의 공원시설의 설치 및 공원사업 • 해당 지역이 아니면 설치할 수 없다고 인정되는 군사시설·통신시설·항로표지시설·수원보호시설·산불방지시설 등으로서 대통령령으로 정하는 기준에 따른 최소한의 시설의 설치 • 대통령령으로 정하는 고증 절차를 거친 사찰의 복원과 전통사찰보존지에서의 불사를 위한 시설 및 그 부대시설의 설치. 다만, 부대시설 중 찻집·매점 등 영업시설의 설치는 사찰 소유의 건조물이 정착되어 있는 토지 및 이에 연결되어 있는 그 부속 토지로 한정 • 문화체육관광부장관이 종교법인으로 허가한 종교단체의 시설물 중 자연공원으로 지정되기 전의 기존 건축물에 대한 개축·재축, 대통령령으로 정하는 고증 절차를 거친 시설물의 복원 및 대통령령으로 정하는 규모 이하의 부대시설의 설치 • 「사방사업법」에 따른 사방사업으로서 자연 상태로 그냥 두면 자연이 심각하게 훼손될 우려가 있는 경우에 이를 막기 위하여 실시되는 최소한의 사업 • 공원자연환경지구에서 공원자연보존지구로 변경된 지역 중 대통령령으로 정하는 대상 지역 및 허용기준에 따라 공원관리청과 주민(공원구역에 거주하는 사람으로서 주민등록이 되어 있는 사람을 말한다) 간에 자발적 협약을 체결하여 하는 임산물의 채취행위	

	구분		세부기준
용도지구 (법 제18조)	공원 자연 환경 지구	지정 요건	• 공원자연보존지구의 완충공간으로 보전할 필요가 있는 지역
		허용 행위	• 공원자연보존지구에서 허용되는 행위 • 대통령령으로 정하는 기준에 따른 공원시설의 설치 및 공원사업 • 대통령령으로 정하는 허용기준 범위에서의 농지 또는 초지 조성행위 및 그 부대시설의 설치 • 농업·축산업 등 1차 산업행위 및 대통령령으로 정하는 기준에 따른 국민경제상 필요한 시설의 설치 • 임도의 설치(산불 진화 등 불가피한 경우로 한정), 조림, 육림, 벌채, 생태계 복원 및 「사방사업법」에 따른 사방사업 • 자연공원으로 지정되기 전의 기존 건축물에 대하여 주위 경관과 조화를 이루도록 하는 범위에서 대통령령으로 정하는 규모 이하의 증축·개축·재축 및 그 부대시설의 설치와 천재지변이나 공원사업으로 이전이 불가피한 건축물의 이축 • 자연공원을 보호하고 자연공원에 들어가는 자의 안전을 지키기 위한 사방·호안·방화·방책 및 보호시설 등의 설치 • 군사 훈련 및 농로·제방의 설치 등 대통령령으로 정하는 기준에 따른 국방 또는 공익을 위하여 필요한 최소한의 행위 또는 시설의 설치 • 「장사 등에 관한 법률」에 따른 개인묘지의 설치(대통령령으로 정하는 섬 지역에 거주하는 주민이 사망한 경우만 해당) • 제20조 또는 제23조에 따라 허가받은 사업을 시행하기 위하여 대통령령으로 정하는 기간의 범위에서 사업부지 외의 지역에 물건을 쌓아두거나 가설건축물을 설치하는 행위 • 해안 및 섬 지역에서 탐방객에게 편의를 제공하기 위하여 대통령령으로 정하는 기간의 범위에서 관리사무소, 진료시설, 탈의시설 등 그 밖의 대통령령으로 정하는 시설을 설치하는 행위
	공원 마을 지구	지정 요건	마을이 형성된 지역으로서 주민생활을 유지하는 데에 필요한 지역
		허용 행위 기준	• 공원자연환경지구에서 허용되는 행위 • 대통령령으로 정하는 규모 이하의 주거용 건축물의 설치 및 생활환경 기반시설의 설치 • 공원마을지구의 자체 기능을 위하여 필요한 시설로서 대통령령으로 정하는 시설의 설치 • 공원마을지구의 자체 기능을 위하여 필요한 행위로서 대통령령으로 정하는 행위 • 환경오염을 일으키지 아니하는 가내공업
	공원 문화 유산 지구	지정 요건	• 「문화재보호법」 제2조 제2항에 따른 지정문화재를 보유한 사찰과 전통사찰보존지 중 문화재의 보전에 필요하거나 불사에 필요한 시설을 설치하고자 하는 지역
		허용 행위 기준	• 공원자연환경지구에서 허용되는 행위 • 불교의 의식, 승려의 수행 및 생활과 신도의 교화를 위하여 설치하는 시설 및 그 부대시설의 신축·증축·개축·재축 및 이축 행위 • 그 밖의 행위로서 사찰의 보전·관리를 위하여 대통령령으로 정하는 행위
다른법률에 따른 지역 지구 등의 지정협의 (법 제18조의 2)			• 중앙행정기관의 장 또는 지방자치단체의 장은 국립공원구역을 다른 법률에 따른 지역·지구·구역 또는 구획으로 지정하거나 이를 변경하려면 환경부장관과 협의

제7장 보칙

다른 법률과의 관계 (법 제70조)	• 자연공원에 대하여는 다음 각 호의 규정을 적용하지 아니함 - 「국토의 계획 및 이용에 관한 법률」 제76조제(제76조(용도지역 및 용도지구에서의 건축물의 건축 제한 등)1항(같은 법 제36조제1항제1호에 따른 도시지역으로 한정) - 「도로법」 제40조에 따른 접도구역에 관한 규정. 다만, 공원사업을 시행하는 경우로 한정 • 공원계획에 따라서 환지를 할 필요가 있거나 효율적으로 자연공원을 관리하기 위하여 환지를 할 필요가 있는 경우 그 환지에 관하여는 「도시개발법」 준용한다. 이 경우 조합을 설립하려면 공원사업의 시행을 허가하는 공원관리청의 인가를 받아야 함

절차도

```
┌─────────────────┐   ┌─────────────────────────┐   ┌──────────────────────────────────────────┐
│    행위허가      │   │    행위허가신청(사업자)   │   │ • 점용 또는 사업계획서, 위치도·지적·임야도 및 평면도, │
│  (공원관리청)    │   │       (영 17조)          │   │   토지사용승낙서                           │
│                 │   ├─────────────────────────┤   ├──────────────────────────────────────────┤
│   (법 제23조)    │   │    허가에 관한 협의       │   │                                          │
│                 │   │ (관계법령 인·허가 행정기관)│   │ • 인·허가 등에 관한 신청서 사본, 의견서       │
│                 │   │  (법 제71조 제1항, 제2항) │   │                                          │
└─────────────────┘   └─────────────────────────┘   └──────────────────────────────────────────┘
```

※ 행위허가 대상행위(공원사업 제외)
- 건축물이나 그 밖의 공작물을 신축·증축·개축·재축 또는 이축하는 행위
- 광물을 채굴하거나 흙·돌·모래·자갈을 채취하는 행위
- 개간이나 그 밖의 토지의 형질변경(지하굴착 및 해저의 형질변경 포함)을 하는 행위
- 수면을 매립하거나 간척하는 행위
- 하천 또는 호소의 물높이나 수량을 늘거나 줄게 하는 행위
- 야생동물(해중동물 포함)을 잡는 행위
- 나무를 베거나 야생식물(해중식물 포함)을 채취하는 행위
- 가축을 놓아먹이는 행위
- 물건을 쌓아 두거나 묶어 두는 행위
- 경관을 해치거나 자연공원의 보전·관리에 지장을 줄 우려가 있는 건축물의 용도변경과 그 밖의 행위로서 대통령령으로 정하는 행위

↔ 관계 행정기관과 협의   • 허가신청서 사본, 관련자료

| 공원위원회 심의·의결 (영 제21조 제2항) | ※ 공원위원회 심의사항(법 제10조, 영 제21조 제2항)
- 자연공원의 지정·폐지 및 구역 변경에 관한 사항
- 공원기본계획의 수립에 관한 사항(국립공원위원회만 해당)
- 공원계획의 결정·변경에 관한 사항
- 자연공원의 환경에 중대한 영향을 미치는 사업에 관한 사항
- 부지면적 5천㎡(공원자연보존지구는 2천㎡)이상 시설 설치
- 도로·철도·궤도 등의 교통·운수시설을 1km 이상 신설하거나 1km 이상 확장 또는 연장
- 광물을 채굴(해저광물채굴 포함)하는 경우 또는 채취면적이 1천㎡ 이상이거나 채취량이 1만톤 이상인 흙·돌·모래 등을 채취
- 5천㎡ 이상 개간·매립·간척 그 밖의 토지형질변경(군사시설은 부대의 증설·창설 또는 이전을 위해 시설 설치)
- 만수면적이 10만㎡ 이상이거나 총 저수용량이 100만㎥ 이상이 되는 댐·하굿둑·저수지·보 등 수자원개발 사업 시 | 자체검토
(공원위원회
심의대상 이외) |

행위허가(협의)결과 통보

체육시설의 설치·이용에 관한 법률

법공포 : 최초 '94. 1. 7.	최종개정 : '20. 12. 8.	시행일자 : '21. 12. 9.
영공포 : 최초 '94. 6. 17.	최종개정 : '21. 9. 29.	시행일자 : '21. 9. 29.

「체육시설의 설치·이용에 관한 법률」 구성체계

제1장 총칙	제2장 공공체육시설	제3장 체육시설업	
제1조 목적	제5조 전문체육시설	제10조 체육시설업의 구분·종류	제23조 체육지도자의 배치
제2조 정의	제6조 생활체육시설	제11조 시설 기준 등	제24조 안전·위생 기준
제3조 체육시설의 종류	제7조 직장체육시설	제12조 사업계획의 승인	제25조 삭제
제4조 국가와 지방자치단체 등의 의무	제8조 체육시설의 개방과 이용	제13조 사업계획 승인의 제한	제26조 보험 가입
제4조의2 체육시설 안전관리에 관한 기본계획 등 수립	제9조 체육시설의 위탁 운영	제14조 대중골프장의 병설	제27조 체육시설업 등의 승계
제4조의3 체육시설 안전점검		제15조 대중골프장 조성비의 관리 및 사용	제28조 다른 법률과의 관계
제4조의4 체육시설 안전점검 등의 위임·위탁		제16조 등록 체육시설업의 시설 설치 기간	제29조 휴업 또는 폐업 통보 등
제4조의5 안전점검 실시결과의 이행		제17조 회원 모집	제30조 시정명령
제4조의6 체육시설정보관리종합 시스템 운영		제18조 회원의 보호	제31조 사업계획 승인의 취소
제4조의7 체육시설 안전관리 포상		제19조 체육시설업의 등록	제32조 등록취소 등
		제20조 체육시설업의 신고	제32조의2 어린이통학버스 등의 사고 정보의 공개
		제21조 체육시설의 이용 질서	제32조의3 행정제재처분 효과의 승계
		제22조 체육시설업자의 준수 사항	제33조 청문
			제34조 체육시설업협회
제4장 보칙	**제5장 벌칙**		
제35조 보조	제38조 벌칙		
제36조 시책수립에 필요한 사항 등의 보고	제39조 양벌규정		
제37조 수수료	제40조 과태료		

제1장 총칙

목 적 (법 제1조)	• 체육시설의 설치·이용을 장려하고 체육시설업을 건전하게 발전시켜 국민의 건강증진과 여가선용에 이바지함을 목적으로 함		
용어의 정의 (법 제2조)	• "체육시설"이란 체육 활동에 지속적으로 이용되는 시설(정보처리 기술이나 기계장치를 이용한 가상의 운동경기 환경에서 실제 운동경기를 하는 것처럼 체험하는 시설 포함한다. 다만 게임물은 제외)과 그 부대시설을 말함 • "체육시설업"이란 영리를 목적으로 체육시설을 설치·경영하는 업을 말함		
체육시설의 종류 (법 제3조, 영 제2조, 별표1)	**구분**	**세부내용**	
	운동 종목 (영 제2조) (별표 1)	- 골프장, 골프연습장, 궁도장, 게이트볼장, 농구장, 당구장, 라켓볼장, 럭비풋볼장, 롤러스케이트장, 배구장, 배드민턴장, 벨로드롬, 볼링장, 봅슬레이장, 빙상장, 사격장, 세팍타크로장, 수상스키장, 수영장, 무도학원, 무도장, 스쿼시장, 스키장, 승마장, 썰매장, 씨름장, 아이스하키장, 야구장, 양궁장, 역도장, 에어로빅장, 요트장, 육상장, 자동차경주장, 조정장, 체력단련장, 체육도장, 체조장, 축구장, 카누장, 탁구장, 테니스장, 펜싱장, 하키장, 핸드볼장, 그 밖에 국내 또는 국제적으로 치러지는 운동 종목의 시설로서 문화체육관광부장관이 정하는 것	
	시설형태	- 운동장, 체육관, 종합 체육시설, 가상체험 체육시설	
국가와 지자체의 의무(법 제4조)	• 국가와 지방자치단체는 국민의 체육활동에 필요한 체육시설의 적정한 설치·운영과 체육시설업의 건전한 육성을 위하여 필요한 시책을 강구, 적절한 지도와 지원 • 국가와 지방자치단체는 체육시설의 안전을 위하여 필요한 제도적 장치를 마련, 재원 확보 노력 • 체육시설을 설치·운영하는 자 및 체육시설을 위탁받아 운영·관리하는 자는 해당 체육시설의 기능과 안전성이 지속적으로 유지되도록 체육시설에 대한 유지·관리를 해야함		

체육시설 안전관리에 관한 기본계획 등 수립 (법 제4조의 2)	• 수립권자 : 문화체육관광부장관 - 체육시설 안전한 이용 및 체계적인 관리를 위해 5년마다 체육시설 안전관리에 관한 기본계획수립·시행 • 기본계획의 내용 1. 체육시설에 대한 중기·장기 안전관리 정책에 관한 사항 2. 체육시설 안전관리 제도 및 업무의 개선에 관한 사항 3. 체육시설과 관련된 사고를 예방하기 위한 교육·홍보 및 안전점검에 관한 사항 4. 체육시설 안전관리와 관련된 전산시스템의 구축 및 관리 5. 체육시설의 감염병 등 위생·방역에 관한 사항 6. 그 밖에 대통령령으로 정하는 사항 • 문화체육관광부장관은 기본계획에 따라 매년 안전관리계획을 수립·시행

제2장 공공체육시설

구 분	범 위	설치·운영
전문체육시설 (법 제5조, 영 제3조)	• 국내·외 경기대회 개최와 선수훈련 등에 필요한 운동장이나 체육관 등 체육시설	• 국가와 지방자치단체가 설치·운영 - 시·도 : 국제경기대회 및 전국 규모의 종합경기대회를 개최할 수 있는 체육시설 - 시·군 : 시·군 규모의 종합경기대회를 개최할 수 있는 체육시설
생활체육시설 (법 제6조, 영 제4조)	• 국민이 거주지와 가까운 곳에서 쉽게 이용할 수 있는 생활체육시설	• 국가와 지방자치단체가 설치·운영 - 시·군·구 : 지역 주민이 고루 이용할 수 있는 실내·외 체육시설 - 읍·면·동 : 지역 주민이 고루 이용할 수 있는 실외체육시설
직장체육시설 (법 제7조, 영 제5조)	• 직장인의 체육 활동에 필요한 체육시설	• 상시 근무하는 직장인이 500인 이상인 직장 - 직장 체육시설의 설치·운영에 관하여는 특별시장·광역시장·도지사 또는 특별자치도지사가 지도·감독함(단, 군부대 직장체육시설은 국방부장관)

제3장 체육시설업

구분		종류	
체육시설업의 구분·종류 (법 제10조)	등록 체육 시설업	골프장업	-
		스키장업	눈·잔디 기타 천연 또는 인공의 재료로 된 슬로프를 갖춘 스키장을 경영하는 업
		자동차 경주장업	-
		요트장업	바람의 힘으로 추진되는 선박으로 체육활동을 위한 선박을 갖춘 요트장을 경영하는 업
		조정장업	-
		카누장업	
		빙상장업	제빙시설을 갖춘 빙상장을 경영하는 업
		승마장업	
	신고 체육 시설업	종합체육시설업	신고체육시설의 시설 중 실내수영장을 포함한 2종 이상의 체육시설을 동일인이 한 장소에 설치하여 하나의 단위체육시설로 경영하는 업
		수영장업	
		체육도장업	문화체육관광부령이 정하는 종목의 운동을 하는 체육도장을 경영하는 업
		골프연습장업	-
		체력단련장업	
		당구장업	
		썰매장업	눈·잔디 기타 천연 그 밖에 인공의 재료로 된 슬로프를 갖춘 썰매장(자연휴양림 안의 썰매장 제외)을 경영하는 업
		무도학원업	수강료 등을 받고 국제표준무도 과정을 교습하는 업(「평생교육법」, 「노인복지법」, 그 밖에 다른 법률에 따라 허가·등록·신고 등을 마치고 교양강좌로 설치·운영하는 경우와 「학원의 설립·운영 및 과외교습에 관한 법률」에 따른 학원은 제외)
		무도장업	입장료 등을 받고 국제표준무도(볼룸댄스)를 할 수 있는 장소 제공
		야구장업	
		가상체험 체육시설업	정보처리 기술이나 기계장치를 이용한 가상의 운동경기 환경에서 실제 운동경기를 하는 것처럼 체험하는 시설 중 골프 또는 야구 종목의 운동이 가능한 시설을 경영하는 업
		체육교습업	체육시설을 이용하는 자로부터 직접 이용료를 받고 다음 어느 하나에 해당하는 운동에 대하여 13세 미만의 어린이를 대상으로 30일 이상 교습행위를 제공하는 업(교습과정의 반복으로 교습일수가 30일 이상이 되는 경우를 포함한다) - 농구, 롤러스케이트(인라인롤러, 인라인스케이트포함), 배드민턴, 빙상, 수영, 야구, 줄넘기, 축구 (두 종류 이상의 운동 포함한 운동)
		인공암벽장업	인공적으로 구조물을 설치하여 등반을 할 수 있는 인공 암벽장을 경영하는업

체육시설업 사업계획서 작성 (시행자→시·도지사)	• 사업계획승인신청서 첨부서류(규칙 제9조) - 총 용지 면적 및 토지이용계획서, 토지명세서, 사용권증명서류, 건축물의 층별 면적 및 시설내용, 공사계획 및 소요자금 조달방법, 주요설비·기기·기구 등 설치계획, 운영계획서, 의제협의도서 등
사업계획 승인 (시·도지사) (법 제12조, 제28조)	• 등록체육시설업을 하려는 자는 시설을 설치하기 전에 대통령령으로 정하는 바에 따라 체육시설업의 종류별로 사업계획서를 작성 시·도지사의 승인을 받아야 함 • 등록체육시설업에 대한 사업계획 승인 시「농지법」을 비롯한 13개 법령에 의한 인가·허가 또는 해제를 받거나 신고한 것으로 봄
사업계획 승인제한 (법 제13조)	• 시·도지사는 국토의 효율적 이용, 지역 간 균형개발, 재해방지, 자연환경 보전 및 체육시설업의 건전한 육성 등 공공복리를 위하여 필요시 사업계획의 승인 또는 변경 제한 • 사업계획의 승인이 취소된 후 6개월이 지나지 아니한 때는 같은 장소에서 그 사업계획의 승인이 취소된 자에게 그 취소된 체육시설업과 같은 종류의 체육시설업에 대한 사업계획의 승인 금지. 단, 회원을 모집하지 아니하는 체육시설업의 사업계획 승인취소는 제외
등록 체육시설업 착공계획서 작성·제출 (시행자 → 시·도지사)	• 사업계획 승인 후 4년 이내 사업시설 설치공사 착수 • 공사 착수 30일 전까지 착공계획서 시·도지사에게 제출
공사 준공	• 사업계획 승인받은 날부터 6년 이내 시설 설치공사 준공, 천재지변이나 소송 진행 등 제외 • 공사준공 시 준공보고서 시·도지사에게 제출
체육시설업 등록 및 신고 (시·도지사)	• 체육시설업을 하려는 자는 제11조에 따른 시설을 갖추어 문화체육관광부령으로 정하는 바에 따라 특별자치시장·특별자치도지사·시장·군수 또는 구청장에게 신고 • 체육시설업의 신고를 한 자가 신고 사항을 변경한 때에는 문화체육관광부령으로 정하는 바에 따라 특별자치시장·특별자치도지사·시장·군수 또는 구청장에게 신고 • 신고를 받은 경우에는 신고를 받은 날부터 7일 이내, 제2항에 따른 변경신고를 받은 경우에는 변경신고를 받은 날부터 5일 이내에 신고수리 여부를 신고인에게 통지 • 정한 기간 내에 신고수리 여부나 민원 처리 관련 법령에 따른 처리기간의 연장 여부를 신고인에게 미통지 시 그 기간이 끝난 날의 다음 날에 신고를 수리 간주
회원모집 계획서 작성·제출 (시행자 → 시·도지사)	• 회원모집시기, 모집방법·절차 및 회원모집인원(영 제17조) - 회원모집시기 : 등록체육시설업(시설설치공사 공정률 30% 이상 진행 후), 신고체육시설업(체육시설업 신고 후) - 회원모집방법: 공개모집 및 추첨(결원회원 보충 또는 미달회원 재모집은 비공개 모집 가능), 회원을 신청한 자가 모집하려는 인원을 초과하는 경우에는 공정한 추첨을 통하여 회원 선정, 회원자격제한 시 자격제한기준을 약관에 명시 - 회원모집인원: 등록체육시설업은 시설설치공사의 공정률이 50% 미만인 때에는 모집하고자 하는 총 회원의 입회금을 합한 금액이 회원모집계획서 제출 당시 사업시설의 설치에 투자된 금액을 초과하지 아니하는 한도 내에서 회원을 모집하여야 함 • 회원모집신고 : 사업계획 승인 후 회원모집 시작일 15일 전까지 시·도지사, 시장·군수·구청장에게 회원모집계획서를 작성 제출
회원모집계획 검토 결과 통보 (시·도지사, 시장·군수, 구청장 → 시행자)	• 제출받은 날로부터 10일 이내에 결과 통보(영 제18조)
회원모집 및 보고 (시행자)	• 회원모집 완료일로부터 10일 이내에 회원모집결과를 시·도지사, 시장·군수 또는 구청장에게 보고 (영 제18조)

지속가능한 기반시설 관리 기본법

법공포 : 최초 '18. 12. 31.   최종개정 : '20. 4. 7.   시행일자 : '20. 10. 8.
영공포 : 최초 '19. 12. 31.   최종개정 : '21. 3. 30.   시행일자 : '21. 4. 1.

「지속가능한 기반시설 관리 기본법」 구성체계

제1장 총칙	제2장 기반시설 관리시책의 수립	제3장 기반시설의 유지관리 및 성능개선	제4장 기반시설 관리추진체계
제1조 목적 제2조 정의 제3조 기본원칙 제4조 적용대상 제5조 국가 등의 책무 제6조 기반시설의 관리체계 제7조 다른 법률과의 관계	제8조 기반시설 관리 기본계획 제9조 기반시설 관리계획	제10조 유지관리 제11조 최소유지관리기준의 설정 제12조 성능평가 제13조 성능개선기준의 설정 제14조 기반시설 실태조사 제15조 유지관리 우수 기반시설 선정 제16조 기반시설 관리시스템 구축운영 제17조 연구개발의 촉진 등	제18조 기반시설관리위원회 제19조 분과위원회
제5장 정부지원 및 재원조달	**제6장 보칙**	**제7장 벌칙**	
제20조 정부 지원의 원칙 제21조 비용의 지원 제22조 기반시설 사용 부담금의 부과·징수 제23조 성능개선 충당금의 적립 제24조 재정건전성을 위한 사업의 추진	제25조 관리감독 제26조 권한 등의 위임·위탁 제27조 비밀유지 의무 제28조 벌칙 적용에서 공무원 의제	제29조 벌칙	

제1장 총칙

목적 (법 제1조)	기반시설의 체계적인 유지관리와 성능개선을 통하여 국민이 보다 안전하고 편리하게 기반시설을 활용할 수 있도록 하고, 나아가 국가경제 발전에 기여함을 목적	
정의 **(법 제2조)**	기반시설	「국토의 계획 및 이용에 관한 법률」 제2조 제6호에 따른 기반시설
	유지관리	완공된 기반시설의 기능을 보전하고 기반시설 이용자의 편의와 안전을 높이기 위해 기반시설을 일상적으로 점검·정비하고 손상된 부분을 원상복구하며 경과시간에 따라 요구되는 기반시설의 보수·보강 등에 필요한 활동
	성능개선	기반시설의 주요구조부나 외부형태를 수선·변경하여 기반시설의 가치를 증가시키고 수명을 연장시키는 활동
	성능평가	기반시설의 기능을 유지하기 위하여 요구되는 시설물의 구조적 안전성, 내구성, 사용성 등의 성능을 종합적으로 평가하는 것을 말함
	생애주기비용	기반시설의 계획, 설계, 건설, 운영, 유지관리, 성능개선, 해제, 처분 등에 이르는 생애주기 전체에 걸쳐 발생하는 총비용
	관리주체	기반시설의 관리책임을 지는 다음 각목의 자 - 국가·지방자치단체, 공공기관, 지방공기업, 민간사업자(「사회기반시설에 대한 민간투자법」), 민간관리자
기본원칙 **(법 제3조)**	• 관리주체는 다음 각호의 기본원칙에 따라 기반시설을 관리하여야 함 - 관리주체는 기반시설의 안전성, 사용성, 내구성 등을 종합적으로 고려하여 선제적으로 관리함으로써 노후화에 따른 생애주기비용을 최소화 - 국가 및 지방자치단체는 유지관리와 성능개선에 필요한 기술개발을 촉진하고 관련 산업을 진흥하여 새로운 일자리를 창출	
적용대상 **(법 제4조, 영 제2조)**	• 이 법의 적용대상은 관리주체가 관리하는 기반시설로 체계적인 관리와 예산의 지원이 필요한 기반시설 - 교통시설 : 도로, 철도, 항만 및 공항 - 유통·공급시설 : 수도·전기·가스·열공급설비, 방송·통신시설, 공동구 및 송유설비 - 방재시설 : 하천 및 저수지 - 환경기초시설 : 하수도	

국가 등의 책무 (법 제5조)	• 국가와 지방자치단체의 책무 - 국민의 안전하고 편리한 기반시설 이용을 도모하기 위하여 필요한 종합적인 시책을 수립·시행 - 기반시설의 유지관리와 성능개선에 필요한 예산을 확보하고 중기재정계획에 반영 • 관리주체는 국가와 지방자치단체의 시책에 적극 협력하여야 하며, 기반시설의 유지관리와 성능개선에 필요한 재원을 마련해야 함

제2장 기반시설 관리시책의 수립

기반시설
관리기본계획
(법 제8조)
	• 국토교통부장관은 기반시설의 체계적인 유지관리 및 성능개선을 위하여 5년 단위로 수립·시행
	• 기반시설 관리기본계획
	  1. 기반시설의 현황, 여건변화 및 미래 전망에 관한 사항
	  2. 기반시설 유지관리 및 성능개선에 관한 기본목표 및 기본방향
	  3. 기반시설 관련 법령의 정비 등 제도개선에 관한 사항
	  4. 기반시설 관리에 필요한 기술의 연구개발 및 인력의 양성
	  5. 기반시설 관리를 위한 정보체계의 구축
	  6. 기반시설 관리에 필요한 재원의 조달 및 운용에 관한 사항
	  7. 제9조에 따른 관리계획에 필요한 기반시설 유형별 관리계획의 수립방법 등 관리계획 수립지침에 관한 사항
	  8. 그 밖에 기반시설의 체계적인 유지관리에 관하여 대통령령으로 정하는 사항
	• 국토교통부장관은 기본계획을 수립하거나 변경하려는 때에는 제6조에 따른 관리주체별 관리감독기관의 장과 협의하고, 공청회 등을 거쳐 의견을 수렴한 결과를 반영한 기본계획을 기반시설관리위원회와 국무회의의 심의

기반시설관리계획
(법 제9조, 영 제4조)
	• 관리감독기관의 장은 기본계획에 따라 소관 기반시설에 대한 관리계획을 5년 단위로 수립·시행
	  1. 소관 기반시설의 현황, 여건변화 및 미래 전망에 관한 사항
	  2. 소관 기반시설의 유지관리 및 성능개선에 관한 기본목표 및 기본방향에 관한 사항
	  3. 소관 기반시설의 관리에 필요한 비용(유지관리, 성능개선 등 항목별로 분류된 비용을 말한다) 및 재원의 조달·운용에 관한 사항
	  4. 유지관리 및 성능개선의 실시계획과 그 결과에 관한 사항
	  5. 성능평가 및 법 제14조에 따른 기반시설 실태조사의 실시계획과 그 결과에 관한 사항
	  6. 소관 기반시설의 지속가능한 관리를 위하여 필요한 자료의 수집 및 보존에 관한 사항
	  7. 그 밖에 소관 기반시설의 체계적인 유지관리와 성능개선을 위해 필요한 사항
	• 관리감독기관의 장이 관리계획을 수립·변경 시 국토교통부장관 사전검토 및 기반시설관리위원회의 심의
	  단, 경미한 사항을 변경하려는 경우 심의를 받지 아니함
	  - 관리계획에서 정하고 있는 총 사업비의 10% 범위에서 변경, 관련 법들의 변경에 따른 내용 반영 계산착오·오기·누락 등 명백한 오류의 수정, 관리계획 수립 목적에 영향을 미치지 않는 사항

제3장 기반시설의 유지관리 및 성능개선

유지관리 (법 제10조)	• 관리주체는 소관 기반시설을 제11조에 따른 최소유지관리기준 이상으로 유지관리 • 관리주체는 「건설산업기본법」에 따라 등록한 유지관리업자 등 기반시설의 유지관리를 대행 가능 • 기반시설의 유지관리에 드는 비용은 관리주체가 조달하며, 관리감독기관의 장은 제11조 제1항에 따른 최소유지관리기준 이상으로 관리되도록 관련 시책을 수립하고 필요한 재원이 투입될 수 있도록 지원
최소유지관리 기준의 설정 (법 제11조)	• 관리감독기관의 장은 소관 기반시설의 유형별로 최소한의 유지관리수준에 관한 지표를 설정·고시 • 관리주체는 소관 기반시설에 대하여 관계 법령으로 정하는 성능평가를 실시

기반시설
실태조사
(법 제14조)
	• 국토교통부장관, 관리감독기관의 장 및 관리주체는 다음 각 호와 관련하여 대통령령으로 정하는 사항에 대하여 기반시설 실태조사 실시
	  1. 기본계획 및 관리계획의 수립·변경
	  2. 기반시설의 건설, 운영 및 유지관리현황
	  3. 최소유지관리기준의 충족 여부
	  4. 성능평가 시행계획 또는 그 결과
	  5. 성능개선기준의 충족여부 및 성능개선의 타당성
	  6. 그 밖에 기반시설 관리 실태 파악을 위하여 필요한 사항
	• 국토교통부장관, 관리감독기관의 장 및 관리주체는 기반시설 실태조사를 다음 기관에 대행 가능
	  - 한국시설안전공단 - 한국가스안전공사 - 한국전기안전공사 - 한국에너지공단
	  - 그 밖에 기반시설 실태조사에 필요한 인력과 장비를 갖춘 기관으로서 국토교통부장관이 정하여 고시하는 기관

기반시설 관리시스템 구축운영 (법 제16조)	• 국토교통부장관은 기반시설의 유지관리 및 성능개선 현황 등의 정보를 체계적으로 수집·관리 및 활용하기 위하여 관리시스템을 구축·운영 • 국토교통부장관은 기반시설의 효율적인 관리를 위하여 관리주체에게 기반시설 관리시스템의 운영에 필요한 자료 입력과 정보 제공 등을 요청 가능

제4장 기반시설 관리 추진체계

기반시설관리 위원회 (법 제18조)	• 국가의 기반시설 관리와 관련된 주요 정책 및 계획과 그 이행에 관한 사항을 심의 • 위원장 : 국무총리, 정부위원(중앙행정기관의 장)과 민간위원으로 10명 이상 30명 이내로 구성 • 심의사항 1. 기반시설 관리에 관한 정책 및 법·제도 기본방향 2. 기본계획 및 관리계획 3. 최소유지관리 공통기준 및 성능개선 공통기준 4. 유지관리 우수 기반시설의 선정 5. 국제협력, 기술개발, 인력양성 및 기반구축 등에 관한 사항 6. 중앙행정기관의 장 및 특별시장·광역시장·특별자치시장·도지사 및 특별자치도지사와의 정책 조정 7. 다른 법률에서 위원회의 심의를 거치도록 한 사항 8. 그 밖에 위원장이 필요하다고 인정하는 사항

제5장 정부지원 및 재원조달

정부지원의 원칙 (법 제20조)	• 국가 및 지방자치단체는 기반시설의 건설 당시 비용을 부담한 경우 해당 기반시설의 관리주체에 대하여 유지관리비용과 성능개선비용을 지원. 이 경우 국가가 관리주체에게 지원하는 비율은 「보조금 관리에 관한 법률」에서 정함. • 국가 및 지방자치단체는 관리계획이 수립된 기반시설에 한정하여 유지관리비용 및 성능개선비용을 지원, 성능개선비용을 지원받고자 하는 관리주체는 성능개선 충당금을 적립 • 국가가 지방자치단체에 유지관리비용을 지원하는 경우에는 관리계획에 반영된 연간 유지관리비용에서 대통령령으로 정하는 기준연도의 유지관리비용을 제외한 금액의 100분의 50을 한도로 함 • 국가가 지방자치단체에 성능개선비용을 지원하는 경우에는 관리주체가 적립한 성능개선 충당금 금액을 한도함 • 국가 및 지방자치단체는 관리주체에게 성능개선비용을 지원하는 경우 관리주체가 유지관리에 기울인 노력과 자체 성능개선 재원 확보 노력, 성능개선기준의 충족도, 기반시설의 안전성 및 관리주체의 재정여건 등을 고려하여 지원비율을 조정. 다만, 국가가 지원하는 경우에는 「보조금 관리에 관한 법률」에 따라 정한 지원비율과 성능개선비용 지원 한도를 20퍼센트 포인트 범위에서 조정
비용의 지원 (법 제21조)	• 국가 및 지방자치단체는 기반시설의 체계적인 유지관리 및 성능개선을 위하여 해당 기반시설 관련 법률 및 대통령령으로 정하는 바에 따라 지방자치단체, 공공기관 및 지방공기업 및 민간관리자에게 다음 각 호에 소요되는 비용의 전부 또는 일부를 출자·출연·보조 및 융자 (단, 민간관리자에 대하여 융자 한정 지원 가능) - 기반시설 실태조사 및 성능평가 - 기반시설 유지관리를 위한 조사, 진단, 연구 및 보수·보강 - 기반시설의 성능개선 - 그 밖에 기반시설의 유지관리에 관하여 대통령령으로 정하는 비용 • 지방자치단체, 공공기관, 지방공기업 및 민간관리자가 재정지원을 요구하는 경우에는 국가 및 지방자치단체는 다음 각 호의 사항을 고려하여 지원 - 기반시설 사용 부담금의 규모 - 성능개선 충당금의 규모 - 유지관리와 성능개선 소요 비용 - 해당 기관의 재정여건 - 그 밖에 대통령령으로 정하는 사항
재정부담 경감을 위한 시책의 추진 (법 제24조)	• 관리주체는 기반시설의 유지관리와 성능개선에 대한 재원조달에 관하여 「사회기반시설에 대한 민간투자법」을 적용 • 국가는 기반시설의 선제적 유지관리 및 성능개선 시책을 지원하기 위하여 관련 재원의 조성 및 자금의 지원, 다양한 금융시책의 수립, 민간투자의 활성화 등의 노력을 기울여야 함

농 지 법

법공포 : 최초 '94. 12. 22. 최종개정 : '21. 4. 13. 시행일자 : '21. 10. 14.
영공포 : 최초 '95. 12. 22. 최종개정 : '22. 1. 21. 시행일자 : '22. 1. 21.

「농지법」 구성체계

제1장 총칙	제2장 농지의 소유	제3장 농지의 이용	
		제1절 농지의 이용 증진 등	제2절 농지의 임대차 등
제1조 목적 제2조 정의 제3조 농지에 관한 기본 이념 제4조 국가 등의 의무 제5조 국민의 의무	제6조 농지 소유 제한 제7조 농지 소유 상한 제7조의2 금지행위 제8조 농지취득자격증명의 발급 제8조의2 농업경영계획서 등의 보존기간 제9조 농지의 위탁경영 제10조 농업경영에 이용하지 아니하는 농지 등의 처분 제11조 처분명령과 매수 청구 제12조 처분명령의 유예 제13조 담보 농지의 취득	제14조 농지이용계획의 수립 제15조 농지이용증진사업의 시행 제16조 농지이용증진사업의 요건 제17조 농지이용증진사업 시행계획의 수립 제18조 농지이용증진사업 시행계획의 고시와 효력 제19조 농지이용증진사업에 대한 지원 제20조 대리경작자의 지정 등 제21조 토양의 개량·보전 제22조 농지 소유의 세분화 방지	제23조 농지의 임대차 또는 사용대차 제24조 임대차·사용대차 계약 방법과 확인 제24조의2 임대차 기간 제24조의3 임대차계약에 관한 조정 등 제25조 묵시의 갱신 제26조 임대인의 지위 승계 제26조의2 강행규정 제27조 국유농지와 공유농지의 임대차 특례

제4장 농지의 보전 등			제5장 보칙
제1절 농업진흥지역의 지정과 운용	제2절 농지의 전용	제3절 농지원부	
제28조 농업진흥지역의 지정 제29조 농업진흥지역의 지정 대상 제30조 농업진흥지역의 지정 절차 제31조 농업진흥지역 등의 변경과 해제 제31조의2 주민의견청취 제31조의3 실태조사 제32조 용도구역에서의 행위 제한 제33조 농업진흥지역에 대한 개발투자 확대 및 우선 지원 제33조의2 농업진흥지역의 농지매수 청구	제34조 농지의 전용허가·협의 제35조 농지전용신고 제36조 농지의 타 용도 일시사용허가 등 제36조의2 농지의 타용도 일시사용신고 등 제37조 농지전용허가 등의 제한 제37조의2 둘이상의 용도지역·용도지구에 걸치는 농지에 대한 전용허가 시 적용기준 제38조 농지보전부담금 제39조 전용허가의 취소 등 제40조 용도변경의 승인 제41조 농지의 지목 변경 제한 제42조 원상회복 등 제43조 농지전용허가의 특례	제44조 ~제48조 삭제 제49조 농지원부의 작성과 비치 제50조 농지원부의 열람 또는 등본 등의 교부	제51조 권한의 위임과 위탁 등 제52조 포상금 제53조 농업진흥구역과 농지보호구역에 걸치는 한 필지의 토지 등에 대한 행위 제한의 특례 제54조 농지의 소유 등에 관한 조사 제54조의2 농지자료 통합관리 제55조 청문 제56조 수수료
			제6장 벌칙
			제57조 ~ 제60조 벌칙 제61조 양벌규정 제62조 이행강제금

제1장 총칙

목 적 (법 제1조)	• 농지의 소유·이용 및 보전 등에 필요한 사항을 정함으로써 농지를 효율적으로 이용하고 관리하여 농업인의 경영 안정과 농업 생산성 향상을 바탕으로 농업 경쟁력 강화와 국민경제의 균형 있는 발전 및 국토환경 보전에 이바지하는 것을 목적으로 함
농 지 (법 제2조)	• 전·답, 과수원, 그 밖에 법적 지목을 불문하고 실제로 농작물 경작지 또는 대통령령으로 정하는 다년생식물 재배지로 이용되는 토지(다만, 「초지법」에 따라 조성된 초지 등 대통령령으로 정하는 토지 제외) • 위의 토지 개량시설과 해당 토지에 설치하는 농축산물 생산시설로서 대통령령이 정하는 시설의 부지 - 유지, 양·배수시설, 수로, 농로, 제방, 그밖에 농지의 보전이나 이용에 필요한 시설로서 농림축산식품부령으로 정하는 시설 중 하나 - 고정식온실·버섯재배사 및 비닐하우스와 농림축산식품부령으로 정하는 그 부속시설, 축사, 곤충사육사와 농림축산식품부령으로 정하는 그 부속시설, 간이퇴비장, 농막·간이저온저장고 및 간이액비저장고 중 농림축산식품부령으로 정하는 시설
농지의 전용 (법 제2조)	• 농지를 농작물의 경작이나 다년생 식물의 재배 등 농업생산 또는 농지개량 외의 용도로 사용하는 것(단, 농지의 토지개량시설과 해당토지에 설치하는 농축산물 생산시설로 사용하는 경우에는 전용으로 보지 아니함)

제2장 농지의 소유

농지 소유제한 (법 제6조)	• 농지는 자기의 농업경영에 이용하거나 이용할 자가 아니면 소유불가 원칙 • 농업경영에 이용하지 아니할지라도 농지 소유가 가능한 경우 1. 국가나 지방자치단체가 농지를 소유하는 경우 2. 학교, 농림축산식품부령으로 정하는 공공단체·농업연구기관·농업생산자단체 또는 종묘나 그 밖의 농업기자재 생산자가 그 목적사업을 수행하기 위하여 필요한 시험지·연구지·실습지·종묘생산지 또는 과수 인공수분용 꽃가루 생산지로 쓰기 위하여 농림축산식품부령으로 정하는 바에 따라 농지를 취득하여 소유하는 경우 3. 주말·체험영농을 하려고 농업진흥지역 외의 농지를 소유하는 경우 4. 상속으로 농지를 취득하여 소유하는 경우 5. 대통령령으로 정하는 기간 이상 농업경영을 하던 자가 이농한 후에도 이농 당시 소유하고 있던 농지를 계속 소유하는 경우 6. 담보농지를 취득하여 소유하는 경우 7. 농지전용허가를 받거나 농지전용신고를 한 자가 그 농지를 소유하는 경우 8. 농지전용허가·협의·신고를 마친 농지를 소유하는 경우 9. 농지의 개발사업지구에 있는 농지로서 대통령령으로 정하는 1천500㎡ 미만의 농지나 농지를 취득 소유 9의2. 농업진흥지역 밖의 농지 중 최상단부부터 최하단부까지의 평균 경사율이 15% 이상인 농지로서 대통령령으로 정하는 농지를 소유하는 경우 10. 다음 각 목의 어느 하나에 해당하는 경우 가. 한국농어촌공사가 농지를 취득하여 소유 나. 「농어촌정비법」에 따라 농지를 취득하여 소유 다. 「공유수면 관리 및 매립에 관한 법률」에 따라 매립 농지를 취득하여 소유하는 경우 라. 토지수용으로 농지를 취득하여 소유하는 경우 마. 농림축산식품부장관과 협의를 마치고 「공익사업을 위한 토지 등의 취득 및 보상에 관한 법률」에 따라 농지를 취득하여 소유하는 경우 바. 공공토지비축심의위원회가 비축이 필요하다고 인정하는 토지로서 계획관리지역과 자연녹지지역 안의 농지를 한국토지주택공사가 취득하여 소유하는 경우
농지소유 상한 (법 제7조)	• 농지소유상한 | 구 분	소유가능 범위
상속으로 농지 취득한 사람으로 농업경영하지 않는 사람	그 상속 농지 중 총 1만㎡ 이하
대통령령으로 정하는 기간 이상 농업경영한 이후 이농한 사람	이농 당시 소유 농지 중 총 1만㎡ 이하
주말·체험 영농을 하려는 사람	총 1만㎡ 미만
농지를 임대하거나 무상사용하게 하는 경우	임대하거나 무상사용하게 하는 기간 동안 소유 상한을 초과하는 농지를 계속 소유가능 | • 법 제23조의 제1항 제7호에 따라 농지 임대 및 사용대하는 경우 소유상한을 초과하여 그 기간 내 계속 소유가능
농업경영에 이용하지 아니하는 농지 등의 처분 (법 제10조)	• 농지 소유자는 다음에 해당하게 되면 그 사유가 발생한 날부터 1년 이내에 해당 농지를 그 사유가 발생한 날 당시 세대를 같이하는 세대원이 아닌 자에게 처분해야 함 1. 소유 농지를 자연재해·농지개량·질병 등 대통령령으로 정하는 정당한 사유 없이 자기의 농업경영에 이용하지 아니하거나 이용하지 아니하게 되었다고 시장·군수 또는 구청장이 인정한 경우 2. 농지를 소유하고 있는 농업회사법인이 제2조제3호의 요건에 맞지 아니하게 된 후 3개월이 지난 경우 3. 제6조제2항제2호에 따라 농지를 취득한 자가 그 농지를 해당 목적사업에 이용하지 아니하게 되었다고 시장·군수 또는 구청장이 인정한 경우 4. 제6조제2항제3호에 따라 농지를 취득한 자가 자연재해·농지개량·질병 등 대통령령으로 정하는 정당한 사유 없이 그 농지를 주말·체험영농에 이용하지 아니하게 되었다고 시장·군수 또는 구청장이 인정한 경우 5. 제6조제2항제7호에 따라 농지를 취득한 자가 취득한 날부터 2년 이내에 그 목적사업에 착수하지 아니한 경우 5의2. 제6조제2항제10호마목에 따른 농림축산식품부장관과의 협의를 마치지 아니하고 농지를 소유한 경우 5의3. 제6조제2항제10호바목에 따라 소유한 농지를 한국농어촌공사에 지체 없이 위탁하지 아니한 경우 6. 제7조에 따른 농지 소유 상한을 초과하여 농지를 소유한 것이 판명된 경우 7. 자연재해·농지개량·질병 등 대통령령으로 정하는 정당한 사유 없이 제8조제2항에 따른 농업경영계획서 내용을 이행하지 아니하였다고 시장·군수 또는 구청장이 인정한 경우 • 시장·군수 또는 구청장은 제1항에 따라 농지의 처분의무가 생긴 농지의 소유자에게 농림축산식품부령으로 정하는 바에 따라 처분 대상 농지, 처분의무 기간 등을 구체적으로 밝혀 그 농지를 처분하여야 함을 알려야 함
담보농지의 취득 (법 제13조)	• 농지의 저당권자로서 다음에 해당하는 자는 농지 저당권 실행을 위한 경매기일을 2회 이상 진행하여도 경락인이 없으면 그 후의 경매에 참가하여 그 담보 농지를 취득 가능 - 「농업협동조합법」에 따른 지역농업협동조합, 지역축산업협동조합, 품목별·업종별협동조합 및 그 중앙회와 농협은행, 「수산업협동조합법」에 따른 지구별 수산업협동조합, 업종별 수산업협동조합, 수산물가공 수산업협동조합 및 그 중앙회와 수협은행, 「산림조합법」에 따른 지역산림조합, 품목별·업종별산림조합 및 그 중앙회 - 한국농어촌공사 - 「은행법」에 따라 설립된 은행이나 그 밖에 대통령령으로 정하는 금융기관 - 「한국자산관리공사 설립 등에 관한 법률」에 따라 설립된 한국자산관리공사 - 「자산유동화에 관한 법률」 제3조에 따른 유동화전문회사 등 - 「농업협동조합의 구조개선에 관한 법률」에 따라 설립된 농업협동조합자산관리회사

제3장 농지의 이용

농지이용계획의 수립 (법 제14조)

- 농지이용계획 수립권자 : 시장·군수 또는 자치구구청장

지역주민 의견청취
↓
시·군·구 농업·농촌 및 식품산업정책심의회 심의
↓
농지이용계획 확정 : 특별시장·광역시장 또는 도지사 승인

- 농지이용계획 내용
  1. 농지의 지대별·용도별 이용계획
  2. 농지를 효율적으로 이용하고 농업경영을 개선하기 위한 경영 규모 확대계획
  3. 농지를 농업 외의 용도로 활용하는 계획

농지이용 증진사업 (법 제15조)

- 사업시행자 : 시장·군수·구청장, 농어촌공사, 그밖에 대통령령으로 정하는 자
- 농지이용증진사업
- 농지의 매매·교환·분합 등에 의한 농지 소유권 이전을 촉진하는 사업
- 농지의 장기 임대차, 장기 사용대차에 따른 농지 임차권(사용대차권리 포함) 설정을 촉진하는 사업
- 위탁경영을 촉진하는 사업
- 농업인이나 농업법인이 농지를 공동으로 이용하거나 집단으로 이용하여 농업경영을 개선하는 농업 경영체 육성사업

농지이용 증진사업 시행계획 수립 (법 제17조)

농지이용증진사업 시행계획 수립
(시장·군수 또는 구청장)
↓
시·군·구 농업·농촌 및 식품산업정책심의회 심의
↓
농지이용증진사업 시행계획 확정
(시장·군수 또는 구청장)

- 농업이용증진사업 시행계획 내용
  1. 농지이용증진사업의 시행 구역
  2. 농지 소유권이나 임차권을 가진 자, 임차권을 설정받을 자, 소유권을 이전받을 자 또는 농업경영을 위탁·수탁할 자에 관한 사항
  3. 임차권이 설정되는 농지, 소유권이 이전되는 농지 또는 농업경영을 위탁하거나 수탁하는 농지에 관한 사항
  4. 설정하는 임차권의 내용, 농업경영 수탁·위탁의 내용
  5. 소유권 이전 시기, 이전 대가, 이전 대가 지급 방법, 그 밖에 농림축산식품부령으로 정하는 사항

제4장 농지의 보전 등 [제1절 농업진흥지역의 지정과 운용]

지정목적 (법 제28조)

- 농업진흥지역 지정권자 : 시·도지사
- 목적 : 농지를 효율적으로 이용하고 보전하기 위함

농업진흥지역

진흥구역

- 농업의 진흥을 도모하여야 하는 지역으로서 농림축산식품부장관이 정하는 규모로 농지가 집단화되어 농업 목적으로 이용할 필요가 있는 지역
- 농지조성사업 또는 농업기반정비사업이 시행되었거나 시행 중인 지역으로서 농업용으로 이용하고 있거나 이용할 토지가 집단화되어 있는 지역
- 그 외 지역으로서 농업용으로 이용하고 있는 토지가 집단화되어 있는 지역

보호구역

- 농업진흥구역의 용수원 확보, 수질보전 등 농업환경을 보호하기 위하여 필요한 지역

지정대상 (법 제29조)

- 「국토의 계획 및 이용에 관한 법률」에 따른 녹지지역·관리지역·농림지역 및 자연환경보전지역 단, 특별시의 녹지지역 제외

지정절차 (법 제30조)

- 시·도지사는 「시·도 농어업·농촌 및 식품산업정책심의회」 심의 후 농림축산식품부장관의 승인 후 지정
- 농림축산식품부장관은 녹지지역이나 계획관리지역이 농업진흥지역에 포함시 지정을 승인 전 국토교통부장관 협의

현지조사 지정계획안 (시장·군수) ⇒ 계획서 제출 (시장·군수→시·도지사) ⇒ 시도 농업·농촌 및 식품산업정책 심의회 심의 ⇒ 농림축산 식품부승인 (농림축산 식품부장관) ⇒ 지정고시 및 관계기관 통보 (시·도지사) ⇒ 일반인 열람 (시장·군수·구청장)

농업진흥지역 등의 변경과 해제 (법 제31조, 영 제28조)	• 시·도지사는 다음 사유가 있을 시 농업진흥지역 또는 용도구역을 변경하거나 해제 가능. 다만, 그 사유가 없어진 경우에는 원래의 농업진흥지역 또는 용도구역으로 환원해야 함		
	시·도지사가 농업진흥지역 또는 용도구역을 변경 또는 해제	• 다음 어느 하나에 해당하는 경우 - 「국토의 계획 및 이용에 관한 법률」제6조에 따른 용도지역을 변경하는 경우(농지의 전용 수반 시) - 「농지법」제34조제2항제1호에 따라 미리 농지 전용에 관한 협의를 하는 경우 - 해당 지역의 여건변화로 농업진흥지역의 지정요건에 적합하게 아니하게 된 경우(토지면적 3만㎡ 이하에 한함) - 해당지역 여건변화로 농업진흥지역 밖의 지역을 농업진흥지역으로 편입 • 용도구역을 변경하는 경우 - 해당 지역의 여건변화로 농업보호구역의 전부 또는 일부를 농업진흥구역으로 변경 - 해당 지역의 여건변화로 농업진흥구역 안의 3만제곱미터 이하의 토지를 농업보호구역으로 변경 - 다음의 어느 하나에 해당하는 농업진흥구역 안의 토지를 농업보호구역으로 변경 • 계획홍수위선으로부터 상류 반경 500미터 이내의 지역으로서 「농어촌정비법」에 따른 농업생산기반 정비사업이 시행되지 않은 지역 • 저수지 부지		
	시·도지사는 농림축산식품부장관이 해당 지역의 여건변화로 농업진흥지역을 해제하거나 농업진흥구역을 농업보호구역으로 변경할 특별한 필요가 있다고 인정하여 농업진흥지역의 해제 또는 변경 기간을 고시한 경우에는 면적 제한을 적용하지 아니하고 농업진흥지역을 해제하거나 농업진흥구역을 농업보호구역으로 변경		
	시·도 농업·농촌 및 식품산업정책심의회의 심의 또는 농림축산식품부장관의 승인 없이 농업진흥지역 또는 용도구역 변경	• 시·도 농업·농촌및식품산업정책심의회의 심의 없이 할 수 있는 경우 : 농업보호구역을 농업진흥구역으로 변경하거나 농업진흥구역 안의 3만㎡ 이하의 토지를 농업보호구역으로 변경하는 경우 • 농림축산식품부장관의 승인 없이 할 수 있는 경우 - 1만 제곱미터 이하의 농업진흥지역을 해제하는 경우. 다만, 제1항제1호가목에 따라 농업진흥지역을 해제하는 경우로서 농림축산식품부장관과의 협의를 거쳐 지정되거나 결정된 별표 3에 따른 지역·지구·구역·단지 등 안에서 농업진흥지역을 해제하는 경우와 제1항 제1호 나목에 따라 농업진흥지역을 해제하는 경우로서 미리 농림축산식품부장관과 전용협의를 거친 지역에서 농업진흥지역을 해제하는 경우에는 면적에 제한이 없는 것으로 함 - 제1항 제3호에 따라 농업보호구역을 농업진흥구역으로 변경하거나 농업진흥구역 안의 1만 제곱미터 이하의 토지를 농업보호구역으로 변경하는 경우		
용도구역에서의 행위제한 (법 제32조)	• 농업진흥구역에서는 농업 생산 또는 농지 개량과 직접적으로 관련된 행위로서 대통령령으로 정하는 행위 외의 토지이용행위 불가 • 농업진흥구역에서의 가능한 토지이용행위		
	- 대통령령으로 정하는 농수산물의 가공·처리 시설의 설치 및 농수산업 관련 시험·연구 시설의 설치 - 어린이놀이터, 마을회관, 그 밖에 대통령령으로 정하는 농업인의 공동생활에 필요한 편의 시설 및 이용 시설의 설치 - 대통령령으로 정하는 농업인 주택, 어업인 주택, 농업용 시설, 축산업용 시설 또는 어업용 시설의 설치 - 국방·군사 시설의 설치 - 하천, 제방, 그 밖에 이에 준하는 국토 보존 시설의 설치 - 문화재의 보수·복원·이전, 매장 문화재의 발굴, 비석이나 기념탑, 그 밖에 이와 비슷한 공작물의 설치 - 도로, 철도, 그 밖에 대통령령으로 정하는 공공시설의 설치 - 지하자원 개발을 위한 탐사 또는 지하광물 채광과 광석의 선별 및 적치를 위한 장소로 사용하는 행위 - 농어촌 소득원 개발 등 농어촌 발전에 필요한 시설로서 대통령령으로 정하는 시설의 설치		
	• 농업보호구역에서 불가한 행위 - 제1항에 따라 허용되는 토지이용행위 - 농업인 소득 증대에 필요한 시설로서 대통령령으로 정하는 건축물·공작물, 그 밖의 시설의 설치 - 농업인의 생활 여건을 개선하기 위하여 필요한 시설로서 대통령령으로 정하는 건축물·공작물, 그 밖의 시설의 설치 • 농업진흥지역 지정 당시 관계 법령에 따라 인가·허가 또는 승인 등을 받거나 신고하고 설치한 기존의 건축물·공작물과 그 밖의 시설에 대하여는 위의 행위 제한 규정을 적용하지 아니함 • 농업진흥지역 지정 당시 관계 법령에 따라 건축물의 건축, 공작물이나 그밖의 시설의 설치, 토지의 형질변경 등에 인가·허가·승인 등을 받거나 신고하고 공사 또는 사업을 시행 중인 자는 그 공사 또는 사업에 대하여만 제1항과 제2항의 행위 제한 규정을 적용하지 아니함		

	• 구역 내 행위제한		
용도구역의 행위제한 (법 제32조)	구분		세부 내용
	농업 진흥구역	불가	농업 생산 또는 농지 개량과 직접적으로 관련되지 아니한 토지이용행위
		허용 행위	1. 농수산물의 가공·처리 시설의 설치 및 농수산업 관련 시험·연구 시설의 설치 2. 어린이놀이터, 마을회관 그 밖에 대통령령으로 정하는 농업인의 공동생활에 필요한 편의 시설 및 이용 시설의 설치 3. 대통령령으로 정하는 농업인 주택, 어업인 주택, 농업용 시설, 축산업용 시설 또는 어업용 시설의 설치 4. 국방·군사 시설의 설치 5. 하천, 제방, 그 밖에 이에 준하는 국토 보존 시설의 설치 6. 문화재 보수·복원·이전, 매장 문화재의 발굴, 비석이나 기념탑, 그 밖에 이와 비슷한 공작물의 설치 7. 도로, 철도, 그 밖에 대통령령으로 정하는 공공시설의 설치 8. 지하자원 개발을 위한 탐사 또는 지하광물 채광과 광석의 선별 및 적치를 위한 장소로 사용하는 행위 9. 농어촌 소득원 개발 등 농어촌 발전에 필요한 시설로서 대통령령으로 정하는 시설의 설치
	농업 보호구역	불가	허용행위 외 토지이용행위
		허용 행위	1. 농업진흥구역 내 허용되는 토지이용행위 2. 농업인 소득 증대에 필요한 시설로 대통령령으로 정하는 건축물·공작물, 그 밖의 시설의 설치 3. 농업인의 생활여건을 개선하기 위하여 필요한 시설로 대통령령으로 정하는 건축물·공작물, 그 밖의 시설의 설치

• 시·도 농업·농촌 및 식품산업정책심의회의 심의 또는 농림축산식품부장관의 승인 없이 농업진흥지역 또는 용도구역을 변경할 수 있는 경우

구분	세부내용
시·도 농업·농촌 및 식품산업정책심의회의 심의 없이 할 수 있는 경우	• 농업보호구역을 농업진흥구역으로 변경하거나 농업진흥구역 안의 3만㎡ 이하의 토지를 농업보호구역으로 변경하는 경우
농림축산식품부장관의 승인없이 할 수 있는 경우	• 1만㎡ 이하 농업진흥지역을 해제하는 경우. 단, 농림축산식품부장관과의 협의를 거쳐 지정되거나 결정된 지역·지구·구역·단지 등 안에서 농업진흥지역을 해제와 미리 농림축산식품부장관과 전용협의를 거친 지역에서 농업진흥지역을 해제에는 면적에 제한이 없는 것 • 농업보호구역을 농업진흥구역으로 변경하거나 농업진흥구역 안의 1만㎡ 이하의 토지를 농업보호구역으로 변경하는 경우

제4장 농지의 보전 등 [제2절 농지의 전용]

	구분	세부
농지전용허가 (법 제34조)	농지전용 시 농림축산식품부장관의 허가 필요사항	- 타 법률에 따라 농지전용허가가 의제되는 협의 후 농지를 전용 - 도시지역 또는 계획관리지역 안에 있는 농지로서 농지전용 협의를 거친 농지나 협의대상에서 제외되는 농지를 전용하는 경우 - 농지전용신고 후 농지 전용 - 산지전용허가를 받지 아니하거나 산지전용신고를 하지 아니하고 불법으로 개간한 농지를 산림으로 복구하는 경우 - 하천관리청의 허가를 받고 농지의 형질을 변경하거나 공작물을 설치하기 위하여 농지전용
	주무부장관·지방자치단체의 장이 농림축산식품부장관과 미리 협의 필요	- 도시지역에 주거·상업 또는 공업지역을 지정하거나 도시·군계획시설을 결정할 때에 해당 지역 예정지 또는 시설 예정지에 농지가 포함되어 있는 경우(기지정된 주거·상업·공업을 다른 지역으로 변경하거나 이미 지정된 주거·상업·공업에 도시·군계획시설을 결정 시 제외) - 계획관리지역에 지구단위계획구역을 지정할 때에 해당 구역 예정지 농지 포함 - 도시지역의 녹지지역 및 개발제한구역의 농지에 대하여 개발행위를 허가하거나 「개발제한구역의 지정 및 관리에 관한 특별조치법」 제12조 제1항 각 호 외의 부분 단서에 따라 토지의 형질 변경허가를 하는 경우

농지전용협의 절차 (법 제34조)	• 농지전용 협의절차 농지전용협의 요청(주무부장관·자치단체장 → 농림축산식품부장관) ⇒ 농지전용 여부심사 (농림축산식품부장관) ⇒ 동의여부 통보(농림축산식품부장관 → 주무부 장관·자치단체 장)
농지전용신고 (법 제35조)	• 농지를 다음의 시설 부지로 전용하고자 하는 자는 시장·군수 또는 자치구 구청장에게 신고 - 농업인 주택, 어업인 주택, 농축산업용 시설(개량시설과 농축산물 생산시설 제외), 농수산물 유통·가공시설 - 어린이놀이터·마을회관 등 농업인의 공동생활 편의시설 - 농수산 관련 연구시설과 양어장·양식장 등 어업용 시설

	농지전용 허가 제한	세부 내용
농지전용허가 등의 제한 (법 제37조)	다음 시설의 부지로 사용하려는 농지는 전용허가 금지(단, 도시지역, 계획관리지역 및 개발진흥지구에 있는 농지 내 다음 시설의 전용허가는 가능)	- 「대기환경보전법」에 따른 대기오염배출시설로서 대통령령이 정하는 시설 - 「물환경보전법」에 따른 폐수배출시설로서 대통령령이 정하는 시설 - 농업의 진흥이나 농지의 보전을 해칠 우려가 있는 시설로서 대통령령이 정하는 시설
	농지전용허가 및 협의를 하거나 농지의 타 용도 일시사용허가 및 협의를 할 때 그 농지가 다음에 해당 시 전용제한 또는 타 용도 일시사용제한 가능 (농림축산식품부장관, 시장·군수 또는 자치구 구청장)	- 전용하려는 농지가 농업생산기반이 정비되어 있거나 농업생산기반 정비사업 시행예정지역으로 편입되어 우량농지로 보전할 필요가 있는 경우 - 해당 농지를 전용하거나 다른 용도로 일시사용하면 일조·통풍·통작에 매우 크게 지장을 주거나 농지개량시설의 폐지를 수반하여 인근 농지의 농업경영에 매우 큰 영향을 미치는 경우 - 해당 농지를 전용하거나 타 용도로 일시 사용하면 토사가 유출되는 등 인근 농지 또는 농지개량시설을 훼손할 우려가 있는 경우 - 전용목적을 실현하기 위한 사업계획 및 자금조달계획이 불확실한 경우 - 전용농지 면적이 전용목적 실현에 필요한 면적보다 지나치게 넓은 경우

둘 이상의 용도지역 용도지구에 걸치는 농지에 대한 전용허가 시 적용기준 (법 제37조2)	• 한 필지의 농지에 「국토의 계획 및 이용에 관한 법률」에 따른 도시지역·계획관리지역 및 개발진흥지구와 그 외의 용도지역 또는 용도지구가 걸치는 경우로서 해당 농지 면적에서 차지하는 비율이 가장 작은 용도지역 또는 용도지구가 대통령령으로 정하는 면적 이하인 경우에는 해당 농지 면적에서 차지하는 비율이 가장 큰 용도지역 또는 용도지구를 기준으로 제37조제1항을 적용

농지전용허가의 취소(법 제39조)	• 농림축산식품부장관, 시장·군수, 또는 자치구 구청장은 농지전용허가 또는 농지의 타 용도 일시사용허가를 받았거나 농지전용신고를 한 자가 다음에 해당할 시 허가를 취소, 관계 공사의 중지, 조업의 정지, 사업 규모의 축소나 사업계획의 변경, 그 밖에 필요한 조치를 명함 - 거짓이나 그 밖의 부정한 방법으로 허가·신고가 판명 - 허가 목적이나 조건 위반 - 허가·신고 없이 사업계획 또는 규모 변경 - 허가·신고 후 농지전용 목적사업과 관련된 사업계획 변경 등 2년 이상 대지조성, 시설물의 설치 등 농지전용 - 목적사업에 착수하지 아니하거나 농지전용 목적사업에 착수한 후 1년 이상 공사 중단 - 농지전용부담금 납입하지 않은 때 - 허가 또는 신고한 자가 허가 취소 신고 철회 - 허가받은 자가 공사 중지 등 조치명령을 위반(허가 취소) • 농림축산식품부장관은 농지보전부담금 부과 후 납부하지 아니하고 2년 이내 농지전용의 원인이 된 목적사업을 착수하지 아니한 경우 관계 기관의 장에게 승인·허가 취소요청

농지전용 허가절차	농지전용허가신청서 제출	• 농지전용 허가를 받으려는 자 → 해당 농지의 소재지를 관할하는 시장·군수 또는 구청장
	⇩	
	농지전용허가 심사 (시장·군수·구청장)	• 농지전용허가신청서 등을 제출받은 때에는 심사기준에 따라 심사한 후 서류를 첨부하여 제출받은 날로부터 10일 이내에 시·도지사에게 제출
	⇩	
	종합적인 심사 (시·도지사)	• 시·도지사는 10일 이내 종합적인 심사의견서를 첨부하여 농림축산식품부장관에게 제출
	⇩	
	심사기준에 따른 심사	• 농림축산식품부장관은 심사기준에 따라 심사. 적합하지 아니한 경우 농지의 전용허가를 하지 않음
	⇩	
	농지전용허가 (관할청)	• 농림축산식품부장관이나 권한을 위임받은 관할청은 농지전용허가를 하는 경우에는 농지전용허가대장에 이를 기재하고 농지전용허가증을 신청인에게 내주어야 함 • 농지보전부담금 납입 조건인 경우 부담금 납입 확인 후 농지전용허가증 교부

참고자료

□ 농지전용허가·협의권한 등의 위임에 관한 사항 비교표 (농지법 시행령 71조 등 관련)

농지구분		시장·군수·자치구청장	시·도지사	농림축산식품부장관
■ 「농지법」 제34조 제1항 및 제2항 제2호의 규정에 의한 농지전용허가 및 협의에 관한 권한 ※ 다른 법률에 의하여 농지전용허가 의제되는 경우(건축·개발행위허가 및 실시계획 승인 시 의제 등) 포함	농업진흥지역	3천㎡ 미만	3천~3만㎡	3만㎡ 이상
	농업진흥지역 밖	3만㎡ 미만	3만㎡~20만㎡ (자연녹지, 계획관리지역은 모두 위임)	30만㎡ 이상
	농림축산식품부장관(권한을 위임받은 자)과의 협의를 거쳐 지정되거나 결정된 지역·지구·구역·단지 등의 안에서 농지전용	10만㎡ 미만	10만㎡ 이상	
	기타	-	2 이상의 시군 또는 자치구에 농지가 걸치는 경우	2 이상의 시도에 농지가 걸치는 경우
■ 「농지법」 제34조 제2항 제1호에 따른 농지전용 관련 협의	도시지역 내 주거·상업·공업지역 및 도시계획시설 결정		도시·군계획시설 예정지 안의 농업진흥지역 밖 농지 변경면적이 3천㎡ 미만	10만㎡ 미만	10만㎡ 이상
■ 「농지법」 제34조 제2항 제1의 2에 따른 농지전용 관련 협의	계획관리지역 내 지구단위계획구역 결정	-	전부	3천㎡ 이상
■ 농지보전부담금의 부과·징수(법 제38조 관련)		• 권한이 위임된 범위 내 • 도시지역 내 농지전용 협의를 거친 지역 또는 시설예정지 안의 농지(법 제34조 제2항 제1호 관련)	권한이 위임된 범위 내 (상기참조)	권한 범위 내 (상기참조)
■ 도시관리계획의 결정	농업진흥지역	-	1만㎡ 미만	1만㎡ 이상
	농업진흥지역 밖	-	20만㎡ 미만 (자연녹지, 계획관리지역은 모두 위임)	20만㎡ 이상
■ 광역도시계획 및 도시기본계획관련 협의		-	-	전부

자료 : 농림축산식품부. 농지업무편람(2020)

산 지 관 리 법

법공포 : 최초 '02. 12. 30. 최종개정 : '21. 6. 15. 시행일자 : '21. 12. 16.
영공포 : 최초 '03. 9. 29. 최종개정 : '22. 2. 17. 시행일자 : '21. 2. 19.

「산지관리법」 구성체계

제1장 총칙	제2장 산지의 보전		
	제1절 산지관리기본계획 및 산지의 구분 등	제2절 보전산지에서의 행위제한	제3절 산지전용허가 등
제1조 목적 제2조 정의 제3조 산지관리의 기본원칙	제3조의2 산지관리기본계획의 수립 등 제3조의3 기본계획과 지역계획의 내용 제3조의4 기본계획과 지역계획 수립을 위한 조사 제3조의5 산지관리정보체계의 구축·운영 및 이용 제4조 산지의 구분 제5조 보전산지의 지정절차 제6조 보전산지의 변경·해제 제7조 삭제 제8조 산지에서의 구역 등의 지정 등	제9조 산지전용·일시사용제한지역의 지정 제10조 산지전용·일시사용제한지역에서의 행위제한 제11조 산지전용·일시사용제한지역 지정의 해제 제12조 보전산지에서의 행위제한 제13조 산지전용·일시사용 제한지역의 산지매수 제13조의2 산지의 매수 청구	제14조 산지전용허가 제15조 산지전용신고 제15조의2 산지일시사용허가·신고 제16조 산지전용허가 등의 효력 제17조 산지전용허가 등의 기간 제18조 산지전용허가기준 등 제18조의2 산지전용타당성조사 등 제18조의3 산지전용타당성조사 결과 등의 공개

제2장 산지의 보전		제3장 토석채취 등	
제3절 산지전용허가 등	제4절 산지관리위원회	제1절 토석채취	제2절 삭제
제18조의4 산지전용허가기준 등의 충족 여부 확인 제18조의5 이해관계인 등의 범위 등 제19조 대체산림자원조성비 제19조의2 대체산림자원조성비의 환급 제20조 산지전용허가의 취소 등 제21조 용도변경의 승인 등 제21조의2 「국토의 계획 및 이용에 관한 법률」의 특례 제21조의3 산지의 지목변경 제한	제22조 산지관리위원회의 설치·운영 제23조 위원 등의 수당·여비 등 제24조 삭제	제25조 토석채취허가 등 제25조의2 허가고 없이 할 수 있는 토석채취 제25조의3 토석채취제한지역의 지정 등 제25조의4 토석채취제한지역에서의 행위제한 제25조의5 토석채취제한지역 지정의 해제 제26조 채취 경제성의 평가 제27조 광구에서의 토석채취 등 제28조 토석채취허가의 기준 제29조 채석단지의 지정·해제 제30조 채석단지에서의 채석신고 제31조 토석채취허가의 취소 등	제32조~제34조 **제3절 석재 및 토사의 매각** 제35조 국유림의 산지 내의 토석의 매각 등 제36조 계약의 해제 또는 무상양여의 취소 제36조의2 한국산림토석협회

제4장 재해방지 및 복구 등		제5장 보칙	제6장 벌칙
제37조 재해의 방지 등 제38조 복구비의 예치 등 제39조 산지전용지 등의 복구 제40조 복구설계서의 승인 등 제40조의2 산지복구공사의 감리 등 제41조 복구의 대집행 등 제41조의2 재생에너지 발전사업자에 대한 조치 제42조 복구준공검사	제43조 복구비의 반환 제44조 불법산지전용지의 복구 등 제44조의2 불법산지전용지 등의 조사 제45조 복구전문기관의 지정·육성 제46조 한국산지보전협회	제46조의2 포상금 제46조의3 현장관리담당자의 지정 및 교육 제47조 타인 토지 출입 등 제48조 토지 출입 등에 따른 손실보상 제49조 청문 제50조 수수료 제51조 권리·의무의 승계 등 제52조 권한의 위임 등 제52조의2 벌칙 적용에서 공무원 의제 제52조의3 규제의 재검토	제53조 벌칙 제54조 벌칙 제55조 벌칙 제56조 양벌규정 제57조 과태료

제1장 총칙

목 적 (법 제1조)	산지를 합리적으로 보전하고 이용하여 임업의 발전과 산림의 다양한 공익기능의 증진을 도모함으로써 국민경제의 건전한 발전과 국토환경의 보전에 이바지함을 목적으로 함	
산 지 (법 제2조, 영 제2조)	• 산지란 다음 각목의 어느 하나에 해당하는 토지를 말함. 다만 주택지(주택지조성사업이 완료되어 지목이 "대"로 변경된 토지) 및 대통령령으로 정하는 농지, 초지, 도로, 그 밖의 토지 제외	
	- 「공간정보의 구축 및 관리 등에 관한 법률」에 따른 지목이 "임야"인 토지 - 입목·대나무가 집단적으로 생육하고 있는 토지 - 집단적으로 생육한 입목·대나무가 일시 상실된 토지	- 입목·대나무의 집단적 생육에 사용하게 된 토지 - 임도, 작업로 등 산길 - 상기의 토지에 있는 암석지·소택지

산지전용 (법 제2조)	• 산지를 다음에 해당하는 용도 외로 사용하거나 이를 위해 산지의 형질변경을 하는 것 - 조림, 숲 가꾸기, 입목의 벌채·굴취 - 토석 등 임산물의 채취 - 대통령령으로 정하는 임산물의 재배[성토 또는 절토 등을 통하여 지표면으로부터 높이 또는 깊이 50cm 이상 형질변경을 수반하는 경우와 시설물의 설치를 수반하는 경우는 제외]
산지일시사용 (법 제2조)	• 다음 각 목의 어느 하나에 해당하는 것 - 산지로 복구할 것을 조건으로 조림, 숲 가꾸기, 벌채·굴취, 임산물의 채취 외의 용도로 일정기간 동안 사용하거나 이를 위하여 산지의 형질을 변경하는 것 - 산지를 임도, 작업로, 임산물 운반로, 등산로·탐방로 등 숲길, 그 밖에 이와 유사한 산길로 사용하기 위하여 산지의 형질을 변경하는 것
산지관리 기본원칙 (법 제3조)	• 산지는 임업의 생산성을 높이고 재해방지, 수원보호, 자연생태계 보전, 산림경관보전, 국민보건 휴양 증진 등 산림의 공익기능을 높이는 방향으로 관리, 산지전용은 자연친화적인 방법으로 함

제2장 산지의 보전[제1절 산지관리기본계획 및 산지의 구분 등]

산지관리기본계획 (법 제3조의2)	• 수립권자 : 산림청장(10년마다) - 산림기본계획에 따라 전국 산지에 대한 산지관리기본계획 수립 • 국토종합계획의 수정, 산지현황의 현저한 변경 또는 그 밖에 필요하다고 인정하는 경우에 기본계획을 변경 가능 • 산림청장은 기본계획에 따른 연도별 시행계획을 수립·시행, 이에 필요재원 확보 노력
	산지기본조사 (산림청장) • 산지기본조사(기본계획을 수립·변경 시)의 내용 - 전국 산지의 현황 및 이용실태 - 전국 산지경관 특성 현황 - 산지구분의 타당성 - 그 밖에 농림축산식품부령으로 정하는 사항 • 기본계획의 수립 및 시행에 필요한 자료의 제출 또는 협조를 요청(산림청장 → 중앙행정기관의 장과 지방자치단체의 장) • 산림청장, 시·도지사 또는 지방산림청장은 효율적인 조사를 위하여 한국산지보전협회와 그 밖에 대통령령으로 정하는 기관에 산지기본조사 또는 산지지역조사 위탁 가능
	산지관리기본계획(안) (산림청장) • 기본계획과 지역계획에 포함되어야 하는 내용(밑줄 친 사항은 기본계획에만 해당) - 산지의 관리의 목표와 기본방향 - 산지의 보전 및 이용에 관한 사항 - <u>산지경관 관리에 관한 사항</u> - 산지 구분의 타당성에 대한 조사에 관한 사항 - <u>환경보전 국토개발 등에 관한 다른 법률에 따른 산지이용계획에 관한 사항</u> - <u>산지관리정보체계의 구축 및 운영에 관한 사항</u> - 그 밖에 합리적인 산지의 보전 및 이용을 위하여 대통령령으로 정하는 사항
	관계행정기관의 장 협의, 의견청취 • 관계 중앙행정기관의 장과 협의 특별시장·광역시장·특별자치시장·도지사 또는 특별자치도지사
	중앙 산지관리위원회 심의
	기본계획 수립 변경 고시 • 산림청장은 기본계획 및 시행계획을 수립하거나 변경한 때 지체 없이 국회 소관 상임위원회에 제출
	고시, 통보, 일반인 공람 • 고시, 관계 중앙행정기관의 장, 시·도지사 및 지방산림청장에게 통보
	산지관리지역계획 수립 (시·도지사 또는 지방산림청장) • 산림청장으로부터 기본계획의 수립 또는 변경에 관한 통보를 받으면 기본계획의 내용을 반영하여 1년 이내에 관할 지역의 산지에 대한 산지관리지역계획을 수립하거나 변경

산지관리법

산지의 구분 (법 제4조)	• 산지를 합리적으로 보전·이용하기 위해 구분		
	구분		**세부내용**
	보전산지	임업용산지	• 산림자원의 조성과 임업경영 기반 구축 등 임업생산 기능의 증진을 위하여 필요한 산지로 다음의 산지를 대상으로 산림청장이 지정하는 산지 - 채종림 및 시험림의 산지 - 보존국유림의 산지 - 임업진흥권역의 산지 - 그 밖에 임업생산기능의 증진을 위하여 필요한 산지로서 대통령령으로 정하는 산지
		공익용산지	• 임업생산과 함께 재해방지, 수원보호, 자연생태계 보전, 산지경관 보전, 국민보건휴양증진 등의 공익기능을 위하여 필요한 산지로서 다음의 산지를 대상으로 산림청장이 지정하는 산지 - 「산림문화·휴양에 관한 법률」에 따른 자연휴양림의 산지 - 사찰림의 산지 - 산지전용·일시사용제한지역 - 「야생생물 보호 및 관리에 관한 법률」에 따른 야생생물 특별보호구역 및 야생생물보호구역의 산지 - 「자연공원법」에 따른 공원구역의 산지 - 「문화재보호법」에 따른 문화재보호구역의 산지 - 「수도법」에 따른 상수원보호구역의 산지 - 「개발제한구역의 지정 및 관리에 관한 특별조치법」에 따른 개발제한구역의 산지 - 「국토의 계획 및 이용에 관한 법률」에 따른 녹지지역 중 대통령령으로 정하는 녹지지역의 산지 - 「자연환경보전법」에 따른 생태·경관보전지역의 산지 - 「습지보전법」에 따른 습지보호지역의 산지 - 「독도 등 도서지역의 생태계보전에 관한 특별법」에 따른 특정도서의 산지 - 「백두대간 보호에 관한 법률」에 따른 백두대간보호지역의 산지 - 「산림보호법」에 따른 산림보호구역의 산지 - 그 밖에 공익 기능을 증진하기 위하여 필요한 산지로서 대통령령으로 정하는 산지
	준보전산지		보전산지 외의 산지

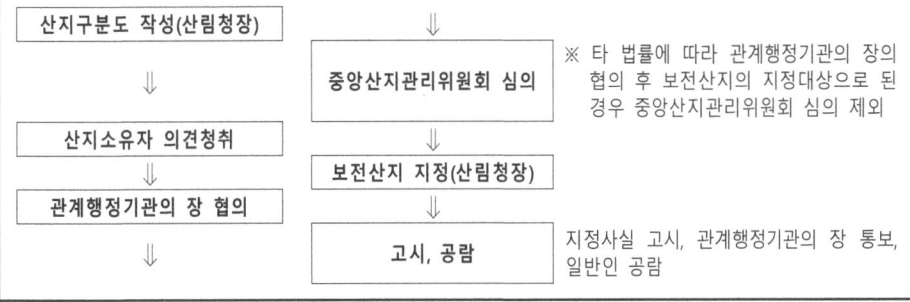

| 보전산지
지정절차
(법 제5조) | (산지구분도 작성(산림청장) → 산지소유자 의견청취 → 관계행정기관의 장 협의 → 중앙산지관리위원회 심의 → 보전산지 지정(산림청장) → 고시, 공람)
※ 타 법률에 따라 관계행정기관의 장의 협의 후 보전산지의 지정대상으로 된 경우 중앙산지관리위원회 심의 제외
고시, 공람 : 지정사실 고시, 관계행정기관의 장 통보, 일반인 공람 |

보전산지 변경해제 (법 제6조)	• 산림청장은 보전산지 중 임업용산지의 지정대상 산지에 해당하게 되는 경우에는 그 산지를 공익용산지로 변경·지정 • 보전산지의 지정해제 및 변경(승인권자 : 산림청장)	
	구분	**사유**
	변경	임업용산지 → 공익용산지, 공익용산지 → 임업용산지
	해제	- 보전산지가 임업용 산지 또는 공익용산지의 지정요건에 해당하지 아니하게 되는 경우 - 협의를 한 경우로서 보전산지 지정 해제 필요 시 - 산지전용허가 또는 산지전용신고에 의하여 산지를 다른 용지로 변경하는 경우로 산지전용 목적사업을 완료 후 복구 의무를 면제받거나 복구 준공검사를 받은 경우 - 그 밖에 보전산지의 지정이 적합하지 아니하다고 인정 시
	※ 밑줄 친 사항에 해당하는 지 여부 판단을 위해 산지의 입지여건, 산지경관 및 산림생태계 등 산지특성에 관한 평가(산지특성평가) 실시 가능 • 산림청장은 보전산지의 변경이나 지정해제를 하려면 그 산지가 표시된 산지구분도를 작성하여 관계행정기관의 장과 협의한 후 중앙산지관리위원회의 심의를 거쳐 고시	

제2장 산지의 보전 [제2절 보전산지에서의 행위제한]

산지전용일시 사용제한지역의 지정 및 행위제한 (법 제9조, 10조)	• 산지전용일시 사용제한지역	

구분	세부내용
지정권자	• 산림청장
대상지역	• 공공의 이익증진을 위하여 보전이 특히 필요하다고 인정되는 산지를 산지전용 또는 산지일시사용이 제한되는 지역 - 대통령령으로 정하는 주요 산줄기의 능선부로서 산지경관 및 산림생태계의 보전을 위하여 필요하다고 인정되는 산지 - 명승지, 유적지, 그 밖에 역사적·문화적으로 보전할 가치가 있다고 인정되는 산지로서 대통령령으로 정하는 산지 - 산사태 등 재해 발생이 특히 우려되는 산지로서 대통령령으로 정하는 산지
지정절차	• 산지 소유자, 지역주민 및 지방자치단체의 장의 의견을 듣고 관계행정기관의 장과 협의한 후 중앙산지관리위원회의 심의 • 산지전용·일시사용제한지역을 지정한 경우에는 대통령령으로 정하는 바에 따라 그 지정사실을 고시하고 관계 행정기관의 장에게 통보하여야 하며, 그 지정에 관한 관계 서류를 일반에게 공람
산지전용 일시사용 제한지역 행위제한	• 다음 행위 외 산지전용 또는 산지일시사용 불가 1. 국방·군사시설의 설치 2. 사방시설, 하천, 제방, 저수지, 그 밖에 이에 준하는 국토보전시설의 설치 3. 도로, 철도, 석유 및 가스의 공급시설, 그 밖에 대통령령으로 정하는 공용·공공용 시설의 설치 4. 산림보호, 산림자원의 보전 및 증식을 위한 시설로서 대통령령으로 정하는 시설의 설치 5. 임업시험연구를 위한 시설로서 대통령령으로 정하는 시설의 설치 6. 매장문화재의 발굴(지표조사 포함), 문화재와 전통사찰의 복원·보수·이전 및 그 보존관리를 위한 시설의 설치, 문화재·전통사찰과 관련된 비석, 기념탑, 그 밖에 이와 유사한 시설의 설치 7. 다음 각 목의 어느 하나에 해당하는 시설 중 대통령령으로 정하는 시설 설치 　가. 발전·송전시설 등 전력시설 　나. 「신에너지 및 재생에너지 개발·이용·보급 촉진법」에 따른 신·재생에너지의 이용·보급을 위한 시설 8. 「광업법」에 따른 광물의 탐사·시추시설의 설치 및 대통령령으로 정하는 갱내채굴 9. 「광산피해의 방지 및 복구에 관한 법률」에 따른 광해방지시설의 설치 9의2. 공공의 안전을 방해하는 위험시설이나 물건의 제거 9의3. 「6·25 전사자 유해의 발굴 등에 관한 법률」에 따른 전사자의 유해 등 대통령령으로 정하는 유해의 조사·발굴 10. 제1호부터 제9호까지, 제9호의2 및 제9호의3에 따른 행위를 하기 위하여 대통령령으로 정하는 기간 동안 임시로 설치하는 진입로, 현장사무소, 지질토양의 조사탐사시설, 그 외 주차장 등 농림축산식품부령으로 정하는 부대시설에 해당하는 부대시설의 설치 11. 제1호부터 제9호까지, 제9호의2 및 제9호의3에 따라 설치되는 시설 중 「건축법」에 따른 건축물과 도로를 연결하기 위한 대통령령으로 정하는 규모 이하의 진입로의 설치

산지전용일시사용제 한지역 지정의 해제 (법 제11조)	• 산지전용·일시사용제한지역의 지정목적이 상실되었거나 산지전용·일시사용제한지역으로 계속 둘 필요가 없다고 인정되는 경우로서 다음에 해당하는 경우지정 해제	

구분	중앙산지관리위원회 심의 제외
제10조 각 호에 해당하는 행위를 하기 위하여 산지전용허가를 받아 산지를 전용한 경우	O
천재지변 등으로 인하여 산지전용·일시사용제한지역으로서의 가치를 상실한 경우	
재해방지시설을 설치하여 산사태 발생 위험이 없어지는 등 산지전용·일시사용제한지역의 지정목적이 상실된 경우	1만㎡ 미만인 경우
그 밖에 자연적·사회적·경제적·지역적 여건변화나 지역발전을 위한 사유 등 대통령령으로 정하는 경우	

제2장 산지의 보전[제3절 산지전용허가 등]

산지전용허가 (법 제14조)	• 허가권자 : 산림청장 - 산지전용을 하려는 자는 그 용도를 정하여 대통령령으로 정하는 산지의 종류 및 면적 등 구분에 따라 산림청장 등의 허가 필요. 변경 시도 같음(다만, 농림축산식품부령으로 정하는 경미한 사항은 신고로 갈음) 	구분	허가권자
산지면적 200만㎡ 이상	산림청장
보전산지 100만㎡ 이상	
산지면적 50만㎡~200만㎡ 미만	산림청 소관인 국유림의 산지 : 산림청장
보전산지 3만㎡~100만㎡ 미만	산림청장 소관이 아닌 국유림, 공유림 또는 사유림의 산지: 시·도지사
산지면적 50만㎡ 미만	• 산림청장 소관인 국유림의 산지인 경우: 산림청장
보전산지 3만㎡ 미만	• 산림청장 소관이 아닌 국유림, 공유림 또는 사유림의 산지: 시장·군수·구청장 | • 산지전용 협의절차 산지전용허가 관련 서류 제출 (관계행정기관의 장→ 산림청장 등) • 다른 법률에 따라 산지전용허가가 의제되는 행정처분을 하기 위하여 산림청장 등에게 협의를 요청하는 경우 ⇓ 산지전용 여부심사(산림청장등) ⇓ 신고수리여부 통보 (산림청장 → 신고인) • 25일 이내 • 신고수리 여부 또는 민원 처리 관련 법령에 따른 처리기간의 연장을 신고인에게 통지하지 아니하면 그 기간이 끝난 날의 다음 날에 신고를 수리로 간주 • 관계 행정기관의 장은 제4항에 따른 협의를 한 후 산지전용허가가 의제되는 행정처분을 하였을 때에는 지체 없이 산림청장등에게 통보
산지전용신고 (법 제15조)		산지 구분	신고대상자	산지전용 신고가 필요한 용도
---	---	---
국유림의 산지	산림청장	- 산림경영·산촌개발·임업시험연구를 위한 시설 및 수목원·산림생태원·자연휴양림·국가정원·지방정원 등 산림공익시설과 그 부대시설의 설치
국유림이 아닌 산림의 산지	시장·군수·구청장	- 농림어업인의 주택시설과 그 부대시설의 설치 - 「건축법」에 따른 건축허가 또는 건축신고 대상이 되는 농림수산물의 창고·집하장·가공시설 등(농축수산물의 창고·집하장·가공시설, 농기계수리시설 및 농기계 창고, 누에사육시설)의 설치	 • 산지전용신고 또는 변경신고를 받은 산림청장 또는 시장·군수·구청장은 그 신고내용이 제2항에 따른 신고대상 시설 및 행위의 범위, 설치지역, 설치조건 등을 충족하는 경우에는 농림축산식품부령으로 정하는 바에 따라 제1항에 따른 산지전용신고 또는 변경신고를 받은 날부터 10일 이내에 신고 수리 • 산림청장 또는 시장·군수·구청장이 제3항에서 정한 기간 내에 신고수리 여부 또는 민원 처리 관련 법령에 따른 처리기간의 연장을 신고인에게 통지하지 아니하면 그 기간(민원 처리 관련 법령에 따라 처리기간이 연장 또는 재연장된 경우에는 해당 처리기간을 말한다)이 끝난 날의 다음 날에 신고를 수리로 간주
산지전용허가 등의 효력 (법 제16조)	• 산지전용허가, 산지일시사용허가 및 신고의 효력은 다음 요건 모두 충족 시까지 발생하지 않음 - 해당 산지전용 또는 산지일시사용의 목적사업을 시행하기 위하여 다른 법률에 따른 인가·허가·승인 등의 행정처분이 필요한 경우에는 그 행정처분을 받을 것 - 제19조에 따라 대체산림자원조성비를 미리 내야 하는 경우에는 대체산림자원조성비를 납부할 것 - 제38조에 따른 복구비를 예치하여야 하는 경우에는 복구비를 예치할 것 • 목적사업의 시행에 필요한 행정처분에 대한 거부처분이나 그 행정처분의 취소처분이 확정된 경우에는 산지전용허가나 산지일시사용허가는 취소된 것으로 보고, 산지전용신고나 산지일시사용신고는 수리되지 아니한 것으로 간주

구분	내용
산지전용 허가기준 (법 제18조)	• 산지전용허가 기준(산림청장은 그 신청내용이 다음 기준에 맞는 경우 산지전용허가를 해야 함) 　- 산지전용·일시사용제한지역에서의 행위제한 및 보전산지에서의 행위제한 사항에 해당하지 아니할 것 　- 인근 산림의 경영·관리에 큰 지장을 주지 아니할 것 　- 집단적인 조림 성공지 등 우량한 산림이 많이 포함되지 아니할 것 　- 희귀 야생 동·식물 보전 등 산림의 자연생태적 기능유지에 현저한 장애가 발생하지 아니할 것 　- 토사의 유출·붕괴 등 재해가 발생할 우려가 없을 것 　- 산림의 수원 함양 및 수질보전 기능을 크게 해치지 아니할 것 　- 산지 형태 및 임목 구성 등 특성으로 인하여 보호할 가치가 있는 산림에 해당되지 아니할 것 　- 사업계획 및 산지전용면적이 적정하고 산지전용방법이 자연경관 및 산림 훼손을 최소화하며 산지전용 후의 복구에 지장을 줄 우려가 없을 것 • 준보전산지3) 산지전용허가 기준 　- 토사의 유출·붕괴 등 재해가 발생할 우려가 없을 것 　- 산림의 수원 함양 및 수질보전 기능을 크게 해치지 아니할 것 　- 산지 형태 및 임목 구성 등 특성으로 인하여 보호할 가치가 있는 산림에 해당되지 아니할 것 　- 사업계획 및 산지전용면적이 적정하고 산지전용방법이 자연경관 및 산림 훼손을 최소화하며 산지전용 후의 복구에 지장을 줄 우려가 없을 것
산지전용허가의 취소 등 (법 제20조)	• 산림청장은 산지전용허가 또는 산지일시사용허가를 받거나 산지전용신고 또는 산지일시사용신고를 한 자가 다음 경우 허가를 취소, 목적사업의 중지, 시설물의 철거, 산지로의 복구, 그 밖에 필요한 조치 명령가능 　- 거짓이나 그 밖의 부정한 방법으로 허가를 받거나 신고를 한 경우 　- 허가의 목적 또는 조건을 위반하거나 허가 또는 신고 없이 사업계획이나 사업규모를 변경하는 경우 　- 대체산림자원조성비를 내지 아니하였거나 복구비를 예치하지 아니한 경우(줄어든 복구비 예치금을 재예치 포함) 　- 어느 하나에 해당하는 필요한 조치 명령에 따른 재해 방지 또는 복구를 위한 명령을 이행하지 아니한 경우 　- 허가 받은 자가 각 호 외 부분 본문·단서에 따른 목적사업의 중지 등의 조치명령을 위반한 경우 　- 허가를 받은 자가 허가 취소를 요청하거나 신고를 한 자가 신고를 철회하는 경우 • 거짓이나 그 밖의 부정한 방법으로 허가를 받거나 신고한 경우에는 허가를 취소하거나 목적사업의 중지를 명령함 • 산림청장등은 다른 법률에 따라 산지전용허가·산지일시사용허가 또는 산지전용신고·산지일시사용신고가 의제되는 행정처분을 받은 자가 대체산림자원조성비를 내지 아니하였거나 복구비를 예치하지 아니한 경우는 관계 행정기관의 장에게 그 목적사업에 관련된 승인·허가 등의 취소를 요청 가능

제2장 산지의 보전 [제4절 산지관리위원회]

구분		내용
산지관리위원회 심의 (법 제22조, 영 제27조, 제30조의 2)	• 산지관리위원회 심의대상	
	구분	심의대상
	중앙산지 관리위원회 (산림청)	- 이 법 또는 다른 법률 규정에 따라 중앙산지관리위원회의 심의대상에 해당하는 사항 - 산림청장의 권한에 속하는 사항 중 그 소속기관의 장에게 위임된 사항이 중앙산지관리위원회의 심의대상에 해당하는 사항 - 산림청장에게 협의 요청된 사항으로 중앙산지관리위원회에 부의된 사항 - 산지일시사용허가 중 50만㎡ 이상 보전산지가 포함되는 허가 - 채석단지의 지정에 관한 사항(산림청장이 지정하는 경우만) - 임업용산지에서의 부지면적제한 완화에 관한 사항 - 시행령 [별표] 4 비고 제5호에 따른 허가기준 완화에 관한 사항 - 시행령 [별표] 4의 2 비고에 따른 허가기준 완화에 관한사항 - 공익용산지 또는 그 인근의 산지를 개발목적으로 이용하기 위하여 지역 등을 지정하려는 경우로서 산림생태계 및 자연경관의 보전을 위하여 필요하다고 인정되는 사항 등 산림청장이 필요하다고 인정하는 사항
	지방산지 관리위원회 (특별시·광역시· 특별자치시·도· 특별자치도)	- 이 법 또는 다른 법률의 규정에 따라 지방산지관리위원회의 심의대상에 해당하는 사항 - 그 밖에 산지의 보전 및 이용과 관련된 사항 중 지역계획의 수립·변경, 시·도지사에게 협의 요청된 사항으로 지방산지관리위원회에 부의된 사항, 토석채취허가, 채석단지의 지정에 관한 사항(산림청장 지정 제외), 복구설계서 승인기준 완화에 관한사항, 시행령 [별표]3의2 비고 4호, [별표]4 비고 4호, [별표]4의2 비고 1호에 따른 허가기준완화

---

3) 전용하려는 산지 중 임업용산지의 비율이 100분의 20 미만으로서 대통령령으로 정하는 비율 이내, 전용하려는 산지에 대통령령으로 정하는 집단화된 임업용산지 미포함, 전용하려는 산지 중 임업용산지를 제외한 나머지 준보전산지

환경정책기본법

법공포 : 최초 '90. 8. 1. 최종개정 : '21. 12. 21. 시행일자 : '22. 1. 1.
영공포 : 최초 '91. 2. 2. 최종개정 : '21. 7. 6. 시행일자 : '21. 7. 6.

「환경정책기본법」 구성체계

제1장 총칙	제2장 환경보전계획의 수립 등		
	제1절 환경기준	제2절 기본적 시책	
제1조 목적 제2조 기본이념 제3조 정의 제4조 국가 및 지방자치단체의 책무 제5조 사업자의 책무 제6조 국민의 권리와 의무 제6조의2 다른 법률과의 관계 제7조 오염원인자 책임원칙 제8조 환경오염 등의 사전예방 제9조 환경과 경제의 통합적 고려 등 제10조 자원 등의 절약 및 순환적 사용 촉진 제11조 보고	제12조 환경기준의 설정 제12조의2 환경기준 등의 공표 제12조의3 환경기준의 평가 등 제13조 환경기준의 유지	제14조 국가환경종합계획의 수립 등 제15조 국가환경종합계획의 내용 제16조 국가환경종합계획의 시행 제16조의2 국가환경종합계획의 정비 제17조 환경보전중기종합계획의 수립 등 제18조 시·도의 환경보전계획의 수립 등 제19조 시·군·구의 환경보전계획의 수립 등 제20조 국가환경종합계획 등의 공개 제21조 개발 계획·사업의 환경적 고려 등 제22조 환경상태의 조사·평가 등 제23조 환경친화적 계획기법 등의 작성·보급 제24조 환경정보의 보급 등 제25조 환경보전에 관한 교육 등	제26조 민간환경단체 등의 환경보전활동 촉진 제27조 국제협력 및 지구환경보전 제27조의2 국제환경협력센터의 지정 등 제28조 환경과학기술의 진흥 제29조 환경보전시설의 설치·관리 제30조 환경보전을 위한 규제 등 제31조 배출허용기준의 예고 제32조 경제적 유인수단 제33조 화학물질의 관리 제34조 방사성 물질에 의한 환경오염의 방지 제35조 과학기술의 위해성 평가 등 제36조 환경성 질환에 대한 대책 제37조 국가시책 등의 환경친화성 제고 제38조 특별종합대책의 수립 제39조 영향권별 환경관리

제2장 환경보전계획의 수립 등			
제3절 자연환경의 보전 및 환경영향평가	제4절 분쟁 조정 및 피해구제	제5절 환경개선특별회계의 설치	
제40조 자연환경의 보전 제41조 환경영향평가	제42조 분쟁 조정 제43조 피해 구제 제44조 환경오염의 피해에 대한 무과실 책임	제45조 환경개선특별회계의 설치 등 제46조 회계의 세입 제47조 회계의 세출 제48조 일반회계로부터의 전입	제49조 차입금 제50조 세출예산의 이월 제51조 잉여금의 처리 제52조 예비비 제53조 초과수입금의 직접사용

제3장 법제상 및 재정상의 조치		제4장 환경정책위원회	제5장 보칙
제54조 법제상의 조치 등 제55조 지방자치단체에 대한 재정지원 등	제56조 사업자의 환경관리 지원 제57조 조사·연구 및 기술개발에 대한 재정지원	제58조 환경정책위원회 제59조 환경보전협회	제60조 권한의 위임 및 위탁 제61조 벌칙 적용 시의 공무원 의제

제1장 총칙

목 적 (법 제1조)	• 환경보전에 관한 국민의 권리·의무와 국가의 책무를 명확히 하고 환경정책의 기본이 되는 사항을 정하여 환경오염과 환경훼손을 예방하고 환경을 적정하고 지속가능하게 관리·보전함으로써 모든 국민이 건강하고 쾌적한 삶을 누릴 수 있도록 함
환경정책의 기본이념 (법 제2조)	• 환경의 질적인 향상과 그 보전을 통한 쾌적한 환경의 조성 및 이를 통한 인간과 환경 간의 조화와 균형의 유지는 국민의 건강과 문화적인 생활의 향유 및 국토의 보전과 항구적인 국가발전에 반드시 필요한 요소임에 비추어 국가, 지방자치단체, 사업자 및 국민은 환경을 보다 양호한 상태로 유지·조성하도록 노력하고, 환경을 이용하는 모든 행위를 할 때에는 환경보전을 우선적으로 고려하며, 기후변화 등 지구환경상의 위해를 예방하기 위하여 공동으로 노력함으로써 현 세대의 국민이 그 혜택을 널리 누릴 수 있게 함과 동시에 미래의 세대에게 그 혜택이 계승될 수 있도록 하여야 함 • 국가와 지방자치단체는 환경 관련 법령이나 조례·규칙을 제정·개정하거나 정책을 수립·시행할 때 모든 사람들에게 실질적인 참여를 보장하고, 환경에 관한 정보에 접근하도록 보장하며, 환경적 혜택과 부담을 공평하게 나누고, 환경오염 또는 환경훼손으로 인한 피해에 대하여 공정한 구제를 보장함으로써 환경정의를 실현하도록 노력함

구분		내용
정의 (법 제3조)	환경	자연환경과 생활환경을 말함
	자연환경	지하·지표 및 지상의 모든 생물과 이들을 둘러싸고 있는 비생물적인 것을 포함한 자연의 상태 (생태계 및 자연경관 포함)
	생활환경	대기, 물, 토양, 폐기물, 소음·진동, 악취, 일조, 인공조명, 화학물질 등 사람의 일상생활과 관계되는 환경
	환경오염	사업활동 및 그 밖의 사람의 활동에 의하여 발생하는 대기오염, 수질오염, 토양오염, 해양오염, 방사능오염, 소음·진동, 악취, 일조 방해, 인공조명에 의한 빛 공해 등으로서 사람의 건강이나 환경에 피해를 주는 상태
	환경훼손	야생동식물의 남획 및 그 서식지의 파괴, 생태계질서의 교란, 자연경관의 훼손, 표토의 유실 등으로 자연환경의 본래적 기능에 중대한 손상을 주는 상태
	환경보전	환경오염 및 환경훼손으로부터 환경을 보호하고 오염되거나 훼손된 환경을 개선함과 동시에 쾌적한 환경 상태를 유지·조성하기 위한 행위
	환경용량	일정한 지역에서 환경오염 또는 환경훼손에 대하여 환경이 스스로 수용, 정화 및 복원하여 환경의 질을 유지할 수 있는 한계
	환경기준	국민의 건강을 보호하고 쾌적한 환경을 조성하기 위하여 국가가 달성하고 유지하는 것이 바람직한 환경상의 조건 또는 질적인 수준

제2장 환경보전계획의 수립 등

구분	내용
환경기준의 설정 (법 제12조)	• 국가는 생태계 또는 인간의 건강에 미치는 영향 등을 고려하여 환경기준을 설정하여야 하며, 환경여건의 변화에 따라 그 적정성이 유지. 환경기준은 대통령령으로 정함 • 특별시·광역시·도·특별자치도는 해당 지역의 환경적 특수성을 고려하여 필요하다고 인정할 때에는 해당 시·도의 조례로 제1항에 따른 환경기준보다 확대·강화된 별도의 환경기준을 설정 또는 변경 • 특별시장·광역시장·도지사·특별자치도지사는 제3항에 따라 지역환경기준을 설정하거나 변경한 경우에는 이를 지체 없이 환경부장관에게 통보
환경기준 등의 공표 (법 제12조의2)	• 환경부장관은 제12조에 따라 정한 환경기준 및 그 설정 근거를 공표하여야 함 • 제1항에 따른 공표의 기준·방법은 환경부령으로 정함

국가환경종합계획
수립 및 시행
(법 제14조~ 제16조)
	• 수립권자 : 관계 중앙행정기관의 장과 협의하여 환경부장관이 수립(20년 주기, 5년마다 재정비)
	• 국가환경종합계획의 수립·변경절차
	  - 공청회를 통한 의견 수렴 → 국민 관계 전문가 의견 수렴 → 국무회의 심의(확정)
	• 국가환경종합계획 내용
	  1. 인구·산업·경제·토지 및 해양의 이용 등 환경변화 여건에 관한 사항
	  2. 환경오염원·환경오염도 및 오염물질 배출량의 예측과 환경오염 및 환경훼손으로 인한 환경의 질의 변화 전망
	  3. 환경의 현황 및 전망
	  4. 환경정의 실현을 위한 목표 설정과 이의 달성을 위한 대책
	  5. 환경보전 목표의 설정과 이의 달성을 위한 다음 각 목의 사항에 관한 단계별 대책 및 사업계획
	    가. 생물다양성·생태계·생태축·경관 등 자연환경의 보전에 관한 사항
	    나. 토양환경 및 지하수 수질의 보전에 관한 사항
	    다. 해양환경의 보전에 관한 사항
	    라. 국토환경의 보전에 관한 사항
	    마. 대기환경의 보전에 관한 사항
	    바. 물환경의 보전에 관한 사항
	    사. 수자원의 효율적인 이용 및 관리에 관한 사항
	    아. 상하수도의 보급에 관한 사항
	    자. 폐기물의 관리 및 재활용에 관한 사항
	    차. 화학물질의 관리에 관한 사항
	    카. 방사능 오염물질의 관리에 관한 사항
	    타. 기후변화에 관한 사항
	    파. 그 밖에 환경의 관리에 관한 사항
	  6. 사업의 시행에 드는 비용의 산정 및 재원 조달 방법
	  7. 직전 종합계획에 대한 평가
	  8. 제1호부터 제6호까지의 사항에 부대되는 사항

환경보전중기종합계획의 수립 등 (법 제17조, 영 제6조)	• 삭제 (2021. 1. 5)
시·도 환경계획의 수립 (법 제18조)	• 수립권자 : 시·도지사 • 국가환경종합계획(제16조의2 제1항에 따라 정비한 국가환경종합계획 포함) 따라 관할 구역의 지역적 특성을 고려하여 해당 시·도의 환경보전계획을 수립·시행해야 함 • 환경계획을 수립하거나 변경하려면 그 초안을 마련 → 공청회 등 주민, 관계 전문가 등의 의견을 수렴 → 시·도 환경계획 확정 → 환경부장관 보고 • 환경부장관은 영향권별 환경관리를 위하여 필요한 경우에는 당해 시·도지사에게 시·도 환경계획의 변경을 요청할 수 있음 • 시·도지사는 시·도 환경계획을 수립·변경할 때에 활용할 수 있도록 물, 대기, 자연생태 등 분야별 환경 현황에 대한 공간환경정보 관리
시·군·구 환경계획의 수립 (법 제19조)	• 수립권자 : 시장·군수·구청장 • 시·도 환경계획에 따라 관할 구역의 지역적 특성을 고려하여 해당 시·군·구의 환경계획을 수립·시행 • 지방환경관서의 장 또는 시·도지사는 영향권별 환경관리를 위하여 필요한 경우 해당 시장·군수·구청장에게 계획의 변경 요청 • 환경계획의 수립·변경 시 공청회를 열어 주민, 관계전문가의 의견 수렴 • 환경계획을 수립·변경할 때에 활용할 수 있도록 물, 대기, 자연생태 등 분야별 환경 현황에 대한 공간정보 관리
국가환경종합계획 등의 공개 (법 제20조)	• 환경부장관, 시·도지사 및 시장·군수·구청장은 수립·변경 또는 정비된 국가환경종합계획, 시·도 환경계획, 시·군·구 환경계획을 해당 기관의 인터넷 홈페이지 등을 통하여 공개
개발계획·사업의 환경적 고려 등 (법 제21조)	• 국가 및 지방자치단체의 장은 토지의 이용 또는 개발에 관한 계획을 수립할 때에는 국가환경종합계획, 시·도 환경계획 및 시·군·구 환경계획(이하 "국가환경종합계획 등")과 해당 지역의 환경용량을 고려 • 관계 중앙행정기관의 장, 시·도지사 및 시장·군수·구청장은 토지의 이용 또는 개발에 관한 사업의 허가 등을 하는 경우에는 국가환경종합계획 등을 고려
환경상태의 조사·평가 등 (법 제22조)	• 국가 및 지방자치단체는 다음 각 호의 사항을 상시 조사·평가 1. 자연환경 및 생활환경 현황 2. 환경오염 및 환경훼손 실태 3. 환경오염원 및 환경훼손 요인 4. 기후변화 등 환경의 질 변화 5. 그 밖에 국가환경종합계획 등의 수립·시행에 필요한 사항 • 국가 및 지방자치단체는 제1항에 따른 조사·평가를 적정하게 시행하기 위한 연구·감시·측정·시험 및 분석체제를 유지

제3장 자연환경보전 및 환경영향평가

자연환경의 보전 (법 제40조)	• 국가와 국민은 자연환경의 보전이 인간의 생존 및 생활의 기본임에 비추어 자연의 질서와 균형이 유지·보전되도록 노력하여야 함
환경영향평가 (법 제41조)	• 국가는 환경기준의 적정성을 유지하고 자연환경을 보전하기 위하여 환경에 영향을 미치는 계획 및 개발사업이 환경적으로 지속가능하게 수립·시행될 수 있도록 전략환경영향평가, 환경영향평가, 소규모 환경영향평가를 실시

환경영향평가법

법공포 : 최초 '99. 12. 31.   최종개정 : '21. 8. 17.   시행일자 : '21. 8. 17.
영공포 : 최초 '00. 12. 30.   최종개정 : '21. 12. 28.   시행일자 : '22. 1. 1.

「환경영향평가법」 구성체계

제1장 총칙	제2장 전략환경영향평가		
	제1절 전략환경영향평가의 대상	제2절 전략환경영향평가서 초안에 대한 의견수렴 등	제3절 전략환경영향평가서의 협의 등
제1조 목적 제2조 정의 제3조 국가 등의 책무 제4조 환경영향평가등의 기본원칙 제5조 환경보전목표의 설정 등 제6조 환경영향평가등의 대상지역 제7조 환경영향평가등의 분야 및 평가항목 제8조 환경영향평가협의회	제9조 전략환경영향평가의 대상 제10조 전략환경영향평가 대상 제외 제10조의2 전략환경영향평가 대상계획의 결정 절차 제11조 평가 항목·범위 등의 결정 제11조의2 약식전략환경영향평가	제12조 전략환경영향평가서 초안의 작성 제13조 주민 등의 의견 수렴 제14조 주민 등의 의견 수렴 절차의 생략 제15조 주민 등의 의견 재수렴 제15조의2 정책계획의 의견 수렴	제16조 전략환경영향평가서의 작성 및 협의 요청 등 제17조 전략환경영향평가서의 검토 등 제18조 협의 내용의 통보기간 등 제19조 협의 내용의 이행 제20조 재협의 제21조 변경협의

	제3장 환경영향평가		
제1절 환경영향평가의 대상	제3절 환경영향평가서의 협의, 재협의, 변경협의 등	제4절 협의내용의 이행 및 관리 등	제5절 시·도의 조례에 따른 환경영향평가
제22조 환경영향평가의 대상 제23조 환경영향평가 대상 제외	제27조 환경영향평가서의 작성 및 협의 요청 등 제28조 환경영향평가서의 검토 등 제29조 협의 내용의 통보기간 등 제30조 협의 내용의 반영 등 제31조 조정 요청 등 제32조 재협의 제33조 변경협의 제34조 사전공사의 금지 등	제35조 협의 내용의 이행 등 제36조 사후환경영향조사 제37조 사업 착공 등의 통보 제38조 협의 내용 등에 대한 이행의무의 승계 등 제39조 협의 내용의 관리·감독 제40조 조치명령 등 제42조의2 과징금 제41조 재평가	제42조 시·도의 조례에 따른 환경영향평가
제2절 환경영향평가서 초안에 대한 의견 수렴 등 제24조 평가항목·범위 등의 결정 제25조 주민 등의 의견 수렴 제26조 주민 등의 의견 재수렴			

제4장 소규모 환경영향평가	제5장 환경영향평가 등에 관한 특례	제6장 환경영향평가의 대행	
제43조 소규모 환경영향평가의 대상 제44조 소규모 환경영향평가서의 작성 및 협의 요청 등 제45조 소규모 환경영향평가서의 검토 등 제46조 협의 내용의 반영 등 제46조의2 변경협의 제47조 사전공사의 금지 등 제48조 사업 착공 등의 통보 제49조 협의 내용 이행의 관리·감독	제50조 개발기본계획과 사업계획의 통합 수립 등에 따른 특례 제51조 환경영향평가의 협의 절차 등에 관한 특례 제52조 약식절차의 완료에 따른 평가서의 작성 등	제53조 환경영향평가의 대행 등 제54조 환경영향평가업의 등록 제55조 결격사유 제56조 환경영향평가업자의 준수사항 제56조의2 권리·의무의 승계 제57조 업무의 폐업·휴업 제58조 등록의 취소 등	제59조 등록취소나 영업정지 처분을 받은 환경영향평가업자의 업무계속 제59조의2 행정처분의 효과 승계 제60조 보고·조사 제61조 환경영향평가 대행 실적의 보고 등 제62조 환경영향평가 등의 대행 비용의 산정기준

제6장의2 환경영향평가기술자의 육성	제7장 환경영향평가사	제8장 보칙	제9장 벌칙
제62조의2 환경영향평가기술자의 육성 제62조의3 환경영향평가기술자의 인정 제62조의4 환경영향평가기술자의 인정 취소 등	제63조 환경영향평가사 제63조의2 환경영향평가사 자격시험 제64조 환경영향평가사의 준수사항 제65조 환경영향평가사의 자격취소	제66조 환경영향평가서등의 공개 제66조의2 환경영향평가 협의 위반사실의 공표 제67조 청문 제68조 전문기관 등의 수행사항 제69조 비밀 유지의 의무 제70조 환경영향평가 정보지원시스템의 구축·운영 등 제71조 환경영향평가협회 제72조 권한의 위임 및 위탁	제73조 벌칙 제74조 벌칙 제75조 양벌규정 제76조 과태료

제1장 총칙

구분	내용
목 적 (법 제1조)	환경에 영향을 미치는 계획 또는 사업을 수립·시행할 때에 해당 계획과 사업이 환경에 미치는 영향을 미리 예측평가하고 환경보전방안 등을 마련하도록 하여 친환경적이고 지속가능한 발전과 건강하고 쾌적한 국민생활을 도모함

정 의 (법 제2조)

구분	용어의 정의
전략환경 영향평가	환경에 영향을 미치는 상위계획을 수립할 때에 환경보전계획과의 부합 여부 확인 및 대안의 설정·분석 등을 통하여 환경적 측면에서 해당 계획의 적정성 및 입지의 타당성 등을 검토하여 국토의 지속가능한 발전을 도모하는 것
환경영향평가	환경에 영향을 미치는 실시계획·시행계획 등의 허가·인가·승인·면허 또는 결정 등을 할 때에 해당 사업이 환경에 미치는 영향을 미리 조사·예측·평가하여 해로운 환경영향을 피하거나 제거 또는 감소시킬 수 있는 방안을 마련하는 것
소규모 환경영향평가	환경보전이 필요한 지역이나 난개발이 우려되어 계획적 개발이 필요한 지역에서 개발사업을 시행할 때에 입지의 타당성과 환경에 미치는 영향을 미리 조사·예측·평가하여 환경보전방안을 마련하는 것
환경영향평가등	전략환경영향평가, 환경영향평가 및 소규모 환경영향평가를 말함
협의기준	사업의 시행으로 영향을 받게 되는 지역에서 다음 각 목의 어느 하나에 해당하는 기준으로는 「환경정책기본법」 제12조에 따른 환경기준을 유지하기 어렵거나 환경의 악화를 방지할 수 없다고 인정하여 사업자 또는 승인기관의 장이 해당 사업에 적용하기로 환경부장관과 협의한 기준 - 「가축분뇨의 관리 및 이용에 관한 법률」 제13조에 따른 방류수수질기준 - 「대기환경보전법」 제16조에 따른 배출허용기준 - 「물환경보전법」 제12조 제3항에 따른 방류수 수질기준 - 「물환경보전법」 제32조에 따른 배출허용기준 - 「폐기물관리법」 제31조 제1항에 따른 폐기물처리시설의 관리기준 - 「하수도법」 제7조에 따른 방류수수질기준 - 「소음·진동관리법」 제7조에 따른 소음·진동의 배출허용기준 - 「소음·진동관리법」 제26조에 따른 교통소음·진동 관리기준 - 그 밖에 관계 법률에서 환경보전을 위하여 정하고 있는 오염물질의 배출기준
환경영향 평가사	환경 현황조사, 환경영향 예측·분석, 환경보전방안의 설정 및 대안 평가 등을 통하여 환경영향평가서 등의 작성 등에 관한 업무를 수행하는 사람으로서 제63조 제1항에 따른 자격을 취득한 사람

구분	내용
환경영향평가 기본원칙 (법 제4조)	• 환경영향평가 등은 보전과 개발이 조화와 균형을 이루는 지속가능한 발전이 되도록 하여야 함 • 환경보전방안 및 그 대안은 과학적으로 조사·예측된 결과를 근거로 하여 경제적·기술적으로 실행할 수 있는 범위에서 마련되어야 함 • 환경영향평가 등의 대상이 되는 계획 또는 사업에 대하여 충분한 정보 제공 등을 함으로써 환경영향평가 등의 과정에 주민 등이 원활하게 참여할 수 있도록 노력하여야 함 • 환경영향평가 등의 결과는 지역주민 및 의사결정권자가 이해할 수 있도록 간결하고 평이하게 작성되어야 함 • 환경영향평가 등은 계획 또는 사업이 특정지역 또는 시기에 집중될 경우에는 이에 대한 누적적 영향을 고려하여 실시되어야 함
환경보전목표의 설정 등 (법 제5조)	• 환경영향평가 등을 하려는 자는 다음의 기준, 계획 또는 사업의 성격, 토지이용 및 환경현황, 계획 또는 사업이 환경에 미치는 영향의 정도, 평가 당시의 과학적 기술적 수준 및 경제적 상황 등을 고려하여 환경보전 목표를 설정하고 이를 토대로 환경영향평가 등을 실시 - 「환경정책기본법」에 따른 환경기준, 「자연환경보전법」에 따른 생태자연도, 「대기환경보전법」, 「물환경보전법」 등에 따른 지역별 오염총량기준, 그 밖에 관계 법률에서 환경보전을 위하여 설정한 기준
환경영향평가 등의 대상지역 (법 제6조)	• 환경영향평가 등은 계획의 수립이나 사업의 시행으로 영향을 받게 되는 지역으로서 환경영향을 과학적으로 예측 분석한 자료에 따라 그 범위가 설정된 지역에 대하여 실시
환경영향평가 등의 분야 및 평가항목(법 제7조)	• 환경영향평가 등은 계획의 수립이나 사업의 시행으로 영향을 받게 될 자연환경, 생활환경, 사회경제 환경 등의 분야에 대해 실시

환경영향평가 등의 분야별 세부 평가항목 (영 별표 1)	구분		세부 평가항목	세부 평가항목

	전략환경 영향평가	정책 계획	1) 환경보전계획과의 부합성
			  가) 국가 환경정책
			  나) 국제환경 동향·협약·규범
			2) 계획의 연계성·일관성
			  가) 상위 계획 및 관련 계획과의 연계성
			  나) 계획목표와 내용과의 일관성
			3) 계획의 적정성·지속성
			  가) 공간계획의 적정성
			  나) 수요 공급 규모의 적정성
			  다) 환경용량의 지속성
				1) 계획의 적정성
				  가) 상위계획 및 관련 계획과의 연계성
				  나) 대안 설정·분석의 적정성
				2) 입지의 타당성
				  가) 자연환경의 보전
				    (1) 생물다양성·서식지 보전
				    (2) 지형 및 생태축의 보전
				    (3) 주변 자연경관에 미치는 영향
				    (4) 수환경의 보전
				  나) 생활환경의 안정성
				    (1) 환경기준 부합성
				    (2) 환경기초시설의 적정성
				    (3) 자원·에너지 순환의 효율성
				  다) 사회·경제 환경과의 조화성 환경친화적 토지이용

		개발 기본 계획		

	환경영향 평가		가. 자연생태환경 분야
			  1) 동·식물상 2) 자연환경자산
			나. 대기환경 분야
			  1) 기상 2) 대기질
			  3) 악취 4) 온실가스
			다. 수환경 분야
			  1) 수질(지표·지하) 2) 수리·수문
			  3) 해양환경
				라. 토지환경 분야
				  1) 토지이용 2) 토양 3) 지형·지질
				마. 생활환경 분야
				  1) 친환경적 자원순환 2) 소음·진동
				  3) 위락·경관 4) 위생·공중보건
				  5) 전파장해 6) 일조장해
				바. 사회환경·경제환경 분야
				  1) 인구 2) 주거(이주 포함) 3) 산업

	소규모 환경영향 평가		가. 사업개요 및 지역 환경현황
			  1) 사업개요
			  2) 지역개황
			  3) 자연생태환경
			  4) 생활환경
			  5) 사회·경제환경
				나. 환경에 미치는 영향 예측·평가 및 환경보전방안
				  1) 자연생태환경(동·식물상 등)
				  2) 대기질, 악취
				  3) 수질(지표, 지하), 해양환경
				  4) 토지이용, 토양, 지형·지질
				  5) 친환경적 자원순환, 소음·진동
				  6) 경관 7) 전파장해, 일조장해
				  8) 인구, 주거, 산업

제2장 전략환경영향평가

전략환경 영향평가대상 (법 제9조, 제10조)	• 다음에 해당하는 계획 수립 시 행정기관의 장이 실시 1. 도시의 개발에 관한 계획 2. 산업입지 및 산업단지의 조성에 관한 계획 3. 에너지 개발에 관한 계획 4. 항만의 건설에 관한 계획 5. 도로의 건설에 관한 계획 6. 수자원의 개발에 관한 계획 7. 철도(도시철도 포함)의 건설에 관한 계획 8. 공항의 건설에 관한 계획 9. 하천의 이용 및 개발에 관한 계획 10. 개간 및 공유수면의 매립에 관한 계획 11. 관광단지의 개발에 관한 계획 12. 산지의 개발에 관한 계획 13. 특정 지역의 개발에 관한 계획 14. 체육시설의 설치에 관한 계획 15. 폐기물 처리시설의 설치에 관한 계획 16. 국방·군사 시설의 설치에 관한 계획 17. 토석·모래·자갈·광물 등의 채취에 관한 계획 18. 환경에 영향을 미치는 시설로 「가축분뇨의 관리 및 이용에 관한 법률」 제5조에 따른 가축분뇨관리 기본계획에 따른 전략환경영향평가 대상계획 • 전략환경영향평가 대상계획의 성격을 고려한 구분 | 정책계획 | 국토의 전 지역이나 일부지역을 대상으로 개발 및 보전 등에 관한 기본방향이나 지침 등을 일반적으로 제시하는 계획 | | 개발기본계획 | 국토의 일부 지역을 대상으로 하는 계획으로서 다음 각목의 어느 하나에 해당하는 계획 - 구체적인 개발구역의 지정에 관한 계획 - 개별 법령에서 실시계획 등을 수립하기 전에 수립하는 계획으로서 실시계획 등의 기준이 되는 계획 |
전략환경 영향평가 대상제외 (법 제10조)	• 다음에 해당하는 계획은 전략환경영향평가 실시하지 아니할 수 있음 - 국방부장관이 군사상 고도의 기밀보호가 필요하거나 군사작전의 긴급한 수행을 위하여 필요하다고 인정하여 환경부장관과 협의한 계획 - 국가정보원장이 국가안보를 위하여 고도의 기밀보호가 필요하다고 인정하여 환경부장관과 협의한 계획

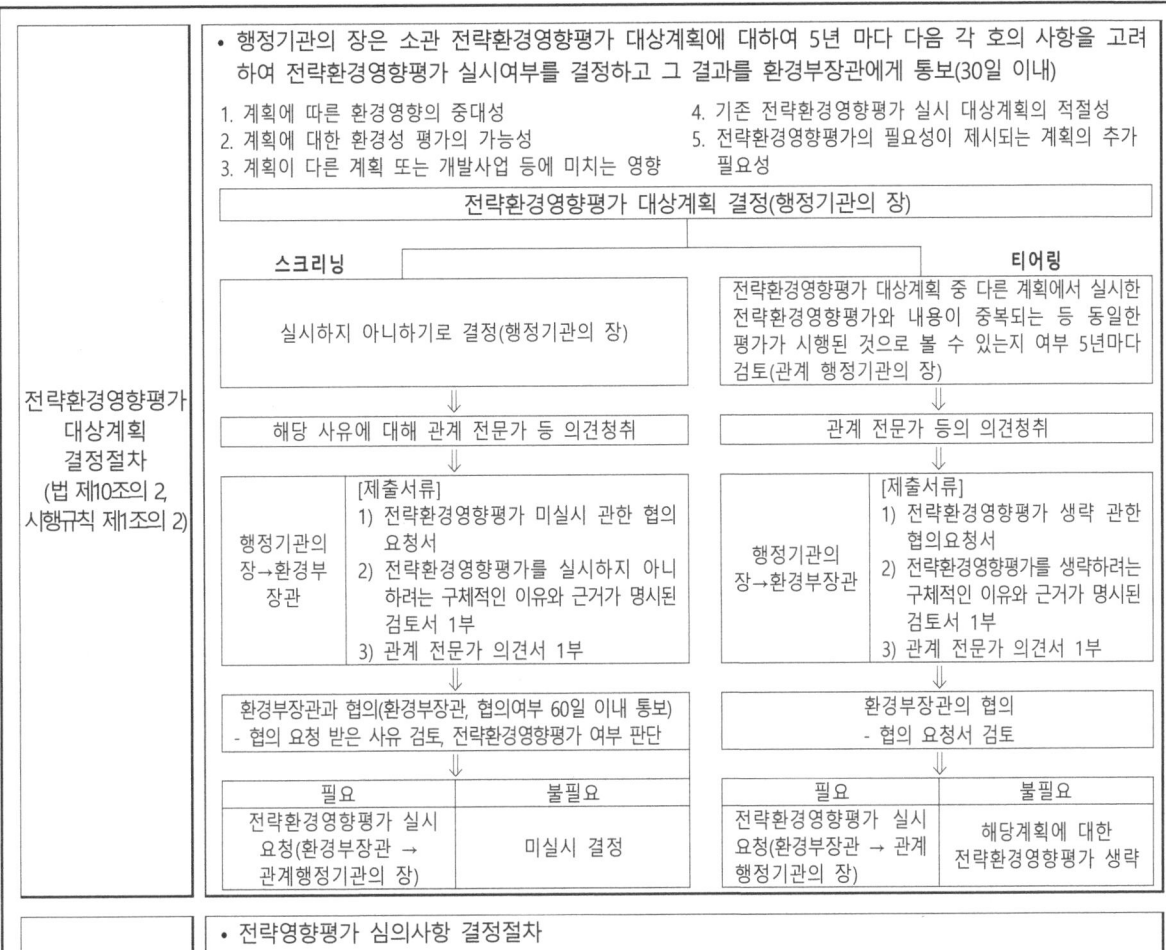

전략환경영향평가서 초안에 대한 의견수렴	전략환경영향평가서 초안 작성	• 개발기본계획 수립하는 행정기관의 장 • 초안 작성 내용(영 11조) 　1. 요약문 　2. 개발기본계획의 개요 　3. 개발기본계획 및 입지(구체적인 입지가 있는 경우만)에 대한 대안 　4. 전략환경영향평가 대상지역 　5. 개발기본계획의 적정성 　6. 입지의 타당성(구체적인 입지가 있는 경우만 해당한다) 　7. 환경영향평가협의회 심의내용 　8. 제10조제2항에 따른 주민 등의 제출의견에 대한 검토 내용
	주민의견 수렴 (공고·공람 설명회 개최) (법 제13조~제15조)	• 의견청취를 위한 자료제출(행정기관의 장→ 환경부장관, 승인기관의 장, 그밖에 대통령령으로 정하는 관계 행정기관의 장) • 생태계의 보전가치가 큰 지역, 환경훼손 또는 자연생태계의 변화가 현저히 우려되는 지역 등을 포함하는 경우에는 관계 전문가 등 평가 대상지역의 주민이 아닌 자의 의견도 청취 　- 자연환경보전지역, 자연공원, 습지보호지역 및 습지주변관리지역, 특별대책지역 • 개발기본계획을 수립하려는 행정기관의 장이 다른 법령에 따른 의견수렴절차에서 전략환경영향평가서 초안의 의견을 수렴한 경우 주민의견청취 제외 • 개발기본계획 대상지역 등 대통령령으로 정하는 중요한 변경하려는 경우, 의견수렴 절차의 흠이 존재하는 경우 재수렴 | 구분 | 항목별 세부기준 | 제외 대상 | |---|---|---| | 개발기본계획 대상지역의 일정규모 이상증가 | 협의 내용에 반영된 규모보다 30% 이상 증가 | 수도권 대기환경관리기본계획, 농업생산기반정비계획의 평가항목별 영향을 받게 되는 지역 중 최소 지역범위에서 증가 | | 원형보전하거나 제외한 지역의 개발 또는 위치 변경 | 10% 이상 토지이용계획 변경으로 면적1만㎡ 이상 | 환경영향평가에 관한 협의기관의 장과 협의한 경우 제외 | • 각각 1회 이상 공고, 20일 이상 40일 이내의 범위에서 전략환경영향평가 대상지역의 주민 등이 공람, 7일 이내 의견 제출
	행정기관의 장의 환경부 장관 협의요청 (법 제16조)	• 협의요청 시기 　- 승인을 받지 않아도 되는 전략환경영향평가 대상계획 수립하는 행정기관의 장은 해당 계획 확정 전 　- 승인을 받아야 하는 전략환경영향평가 대상계획을 수립하는 행정기관의 장은 해당 계획의 승인 전
	전략환경영향평가의 검토 (법 제17조)	• 필요 시 한국환경연구원 등 전략환경영향평가에 필요한 전문성을 갖춘 기관으로서 대통령령으로 정하는 기관 또는 관계 전문가의 의견을 듣거나 현지조사를 의뢰, 관계 행정기관의 장에게 관련 자료의 제출 요청 가능 ※ 해양수산부장관 외의 자가 수립하는 계획으로서 「연안관리법」에 따른 연안육역이 포함되어 있는 경우 해양수산부장관의 의견 청취 • 전략환경영향평가서 반려 　- 중요한 사항이 누락되는 등 전략환경영향평가서가 적정하게 작성되지 아니하여 협의를 진행할 수 없다고 판단하는 경우 　- 전략환경영향평가서가 거짓으로 작성되었다고 판단하는 경우 • 환경부장관은 전략환경영향평가 대상계획의 규모 내용 시행시기 등을 재검토할 것을 행정기관의 장에게 통보 　- 해당 전략환경영향평가 대상계획을 축소·조정하더라도 그 계획의 추진으로 환경훼손 또는 자연생태계의 변화가 현저하거나 현저하게 될 우려가 있는 경우 　- 해당 전략환경영향평가 대상계획이 국가환경정책에 부합하지 아니하거나 생태적으로 보전가치가 높은 지역을 심각하게 훼손할 우려가 있는 경우
	재협의 (법 제20조)	• 협의한 개발기본계획을 변경하는 경우로 다음에 해당하는 경우 재협의 　- 개발기본계획 대상지역을 일정 규모 이상으로 증가시키는 경우 　- 협의 내용에서 원형대로 보전하거나 제외하도록 한 지역을 대통령령으로 정하는 규모 이상으로 개발하거나 그 위치를 변경하는 경우 • 재협의 생략 　- 전략환경영향평가 대상계획이 환경부장관과 협의를 거쳐 확정된 후 취소 또는 실효된 경우로서 협의 내용을 통보받은 날부터 5년을 경과하지 아니한 경우 　- 전략환경영향평가 대상계획이 환경부장관과 협의를 거친 후 지연 중인 경우로서 협의 내용을 통보받은 날부터 5년 미경과 경과하지 아니한 경우

약식전략환경 영향평가 (법 제11조의2)	\multicolumn{4}{l	}{• 결정권자 : 전략환경영향평가 대상계획을 수립하려는 행정기관의 장 • 대상계획 - 해당 계획이 입지 등 구체적인 사항을 정하고 있지 않거나 정량적인 평가가 불가능한 경우 평가항목, 범위, 방법 등을 간략하게 하는 약식전략환경영향평가 실시 결정 • 약식전략환경영향평가 대상계획 및 협의요청 시기(시행령 [별표 2의 2])}
	\multicolumn{2}{l	}{구분}	계획의 종류	협의 요청시기
	정책계획	항만 건설	1) 「연안관리법」 제6조 제1항에 따른 연안통합관리계획	해양수산부장관이 관계 중앙행정기관의 장과 협의
		도로 건설	1) 「국가통합교통체계효율화법」 제4조 제1항에 따른 국가기간교통망계획	국토교통부장관이 관계 행정기관의 장과 협의
			2) 「대도시권 광역교통 관리에 관한 특별법」 제3조 제1항에 따른 대도시권 광역교통기본계획	국토교통부장관이 관계 중앙행정기관의 장과 대도시권에 포함된 행정구역을 관할하는 특별시장·광역시장·특별자치시장 또는 도지사의 의견을 들을 때
		수자원 개발	1) 「지하수법」 제6조 제1항에 따른 지하수관리기본계획	환경부장관이 관계 중앙행정기관의 장과 협의 시
			2) 「수자원의 조사·계획 및 관리에 관한 법률」 제17조 제1항에 수자원장기종합계획	환경부장관이 관계 중앙행정기관의 장과 협의 시
		관광 단지 개발	1) 「도시공원 및 녹지 등에 관한 법률」 제5조제1항에 따른 공원녹지기본계획	특별시장·광역시장·특별자치시장 또는 특별자치도사가 관계행정기관의 장과 협의 또는 도지사가 관계행정기관의 장과 협의
	개발기본계획	도시 개발	「도시 및 주거환경정비법」 제4조 제1항에 따른 도시·주거환경정비기본계획	「도시 및 주거환경정비법」 제3조 제5항에 따라 시·도지사 또는 대도시의 시장이 관계 행정기관의 장과 협의
		도로 건설	「도시교통정비 촉진법」 제5조 제1항에 따른 도시교통정비 기본계획	「도시교통정비 촉진법」 제5조 제5항에 따라 시장이나 군수가 해당 교통시설의 관리청 및 같은 교통권역의 관계 시장이나 군수와 협의

제3장 환경영향평가

환경영향평가 대상 (법 제22조, 제23조)	• 다음에 해당하는 계획 수립 시 행정기관의 장이 실시 1. 도시의 개발사업 2. 산업입지 및 산업단지의 조성사업 3. 에너지 개발사업 4. 항만의 건설사업 5. 도로의 건설사업 6. 수자원의 개발사업 7. 철도(도시철도)의 건설사업 8. 공항의 건설사업 9. 하천의 이용 및 개발사업 10. 개간 및 공유수면의 매립사업 11. 관광단지의 개발사업 12. 산지의 개발사업 13. 특정 지역의 개발사업 14. 체육시설의 설치사업 15. 폐기물 처리시설의 설치사업 16. 국방·군사시설의 설치사업 17. 토석·모래·자갈·광물 등의 채취사업 18. 환경에 영향을 미치는 시설로 대통령령으로 정하는 시설의 설치사업 • 제외 대상 - 「재난 및 안전관리 기본법」 제37조에 따른 응급조치를 위한 사업 - 국방부장관이 군사상 고도의 기밀보호가 필요하거나 군사작전의 긴급한 수행을 위하여 필요하다고 인정하여 환경부장관과 협의한 계획 - 국가정보원장이 국가안보를 위하여 고도의 기밀보호가 필요하다고 인정하여 환경부장관과 협의한 계획
환경영향평가 협의절차	평가준비서 작성 (사업자) ⇓ 평가항목 등 요청 (사업자 → 승인기관의 장) ⇓ 환경영향평가협의회 심의 결정내용 : 환경영향평가 대상지역, 환경보전방안의 대안, 평가항목·범위·방법 등

환경영향평가 협의절차	환경영향평가 평가항목·범위 등의 결정(승인기관의 장, 환경부장관) 제24조	▶ 환경부장관 직접	- 환경영향평가협의회의 심의를 거치기 곤란한 부득이한 사유가 있거나 특별히 전문성이 요구된다고 판단하여 환경영향평가 항목 등을 정하여 줄 것을 요청한 경우
		▶ 환경영향평가항목 등 결정시 고려사항 (승인 등을 받지 아니하여도 되는 사업자 또는 승인기관의 장이나 환경부장관)	- 제11조에 따라 결정한 전략환경영향평가항목등(개발기본계획을 수립한 환경영향평가 대상사업만 해당) - 해당 지역 및 주변지역의 입지여건 - 토지이용 상황 - 사업 성격 - 환경 특성 - 계절적 특성변화(환경적 생태적으로 가치가 큰 지역)
		▶ 환경영향평가 평가항목 범위 등 결정 절차 생략	- 제11조에 따라 전략환경영향평가 등이 결정된 경우에 환경영향평가협의회 심의 및 평가항목 범위 등 결정절차 생략 가능
	통보	승인기관의 장, 환경부장관 → 사업자	
	주민 등의 의견수렴 제25조	▶ 타 법령에 따라 주민 등의 의견을 20일 이상 수렴 시 주민의견수렴 간주 ▶ 각각 1회 이상 공고, 20일 이상 40일 이내 개발기본계획 대상지역의 주민 등이 공람	
	환경영향평가서 작성·제출	사업자 → 승인기관장 등	
	환경영향평가서 협의요청(제27조)	승인기관의 장 → 환경부장관	
	환경영향평가서 검토(제28조)	환경부장관 : 주민의견수렴 절차 등의 이행여부 및 환경영향평가서의 내용 검토 ▶ 필요 시 관계 전문가 의견청취 및 현지조사 의뢰 가능, 사업자 또는 승인기관의 장에게 관련 자료 제출 요청, 한국환경연구원, 해양수산부장관(해양환경에 영향을 미치는 사업만)의 의견청취	
		보완·조정 요청 (2회만 가능)	- 환경부장관→승인기관의 장 - 반려 • 보완 조정 요청을 하였음에도 요청한 내용의 중요한 사항이 누락되는 등 환경영향평가서 또는 해당 사업계획이 적정하게 작성되지 아니하여 협의를 진행할 수 없다고 판단되는 경우
		재검토 통보	- 환경영향평가 대상사업의 규모·내용·시행시기 등을 재검토 통보(환경부장관 → 승인기관장) • 해당 환경영향평가 대상사업을 축소·조정하더라도 해당 환경영향평가 대상사업이 포함된 사업계획의 추진으로 환경훼손 또는 자연생태계의 변화가 현저하거나 현저하게 될 우려가 있는 경우 • 해당 환경영향평가 대상사업이 포함된 사업계획이 국가환경정책에 부합하지 아니하거나 생태적으로 보전가치가 높은 지역을 심각하게 훼손할 우려 - 재검토 내용에 이의가 있을시 재검토 내용 조정을 요청(사업자나 승인기관의 장→환경부장관)
	환경영향평가서 초안작성 및 의견수렴생략	• 환경영향평가 대상사업에 대한 개발기본계획을 수립 시 전략환경영향평가서 초안의 작성 및 의견수렴 절차를 거친 경우(의견수렴 생략 제외)로 다음 요건에 모두 해당하는 경우 협정기관의 장과 협의를 거쳐 생략 가능 - 전략환경영향평가 협의서 내용을 통보받은 날부터 3년이 지나지 아니한 경우 - 협의내용보다 사업규모가 30% 이상 증가되지 아니한 경우 - 협의내용보다 사업규모가 대통령령으로 정하는 환경영향평가 대상사업의 최소 사업규모 이상 증가되지 아니한 경우 - 폐기물소각시설, 폐기물매립시설, 하수종말처리시설, 공공폐수처리시설 등 주민의 생활환경에 미치는 영향이 큰 대상사업의 최소 사업규모 이상 증가되지 아니하는 경우	

구분	내용
재협의 (법 제32조)	• 재협의 대상 - 사업계획 등을 승인하거나 사업계획 등을 확정한 후 대통령령으로 정하는 기간 내에 사업을 착공하지 아니한 경우, 단 사업을 착공하지 아니한 기간 동안 주변 여건이 경미하게 변한 경우로서 승인기관장 등이 환경부장관과 협의한 경우 제외 - 환경영향평가 대상사업의 면적·길이 등을 대통령으로 정하는 규모이상으로 증가 - 통보 받은 협의내용에서 원형대로 보전하거나 제외하도록 한 지역을 대통령으로 정하는 규모 이상으로 개발하거나 그 위치를 변경 - 대통령령으로 정하는 사유가 발생하여 협의내용에 따라 사업계획 등을 시행하는 것이 맞지 아니한 경우 • 재협의 요청 생략 대상 - 환경영향평가 대상사업이 환경부장관과 협의를 거쳐 확정되거나 승인 등을 받고 취소 또는 실효된 경우로서 협의내용을 통보받은 날부터 5년 경과하지 아니하는 경우 - 환경영향평가 대상사업이 환경부장관과 협의를 거친 후 지연 중인 경우로서 협의내용을 통보받은 날부터 5년이 경과하지 아니한 경우
시·도조례에 따른 환경영향평가 (법 제42조)	• 특별시·광역시·도·특별자치도 또는 인구 50만 이상의 시는 환경영향평가 대상사업의 종류 및 범위에 해당하지 아니하는 사업으로 대통령령으로 정하는 범위에 해당하는 사업에 대해 지역 특성을 고려해 환경영향평가를 실시할 필요가 있다고 인정되면 시·도조례로 정하는 바에 따라 그 사업을 시행자로 하여금 환경영향평가를 실시하게 할 수 있음. 단 소규모환경영향평가 대상사업의 경우 제외 • 인구 50만 이상의 시의 경우 그 지역을 관할하는 도가 환경영향평가의 실시에 관한 조례를 정하지 아니한 경우에만 해당 시의 조례로 정하는 바에 따라 환경영향평가를 실시가능

제4장 소규모 환경영향평가

구분	내용
소규모 환경영향평가의 대상 (법 제43조)	• 다음 각 호 모두에 해당하는 개발사업을 하려는 자는 소규모 환경영향평가를 실시 - 보전이 필요한 지역과 난개발이 우려되는 환경보전을 고려한 계획적 개발이 필요한 지역으로 대통령으로 정하는 지역(보전용도지역)에서 시행되는 개발사업 - 환경영향평가 대상사업의 종류 및 범위에 해당하지 아니하는 개발사업으로서 대통령령으로 정하는 개발사업 • 제외 대상 - 「재난 및 안전관리 기본법」에 따른 응급조치, 국방부장관이 군사상 고도의 기밀보호가 필요하거나 군사작전의 긴급 수행 필요로 환경부장관과 협의한 개발사업 - 국가정보원장이 국가안보를 위하여 고도의 기밀보호가 필요로 환경부장관과 협의한 개발사업
소규모환경영향평가서의 검토 등 (법 제45조)	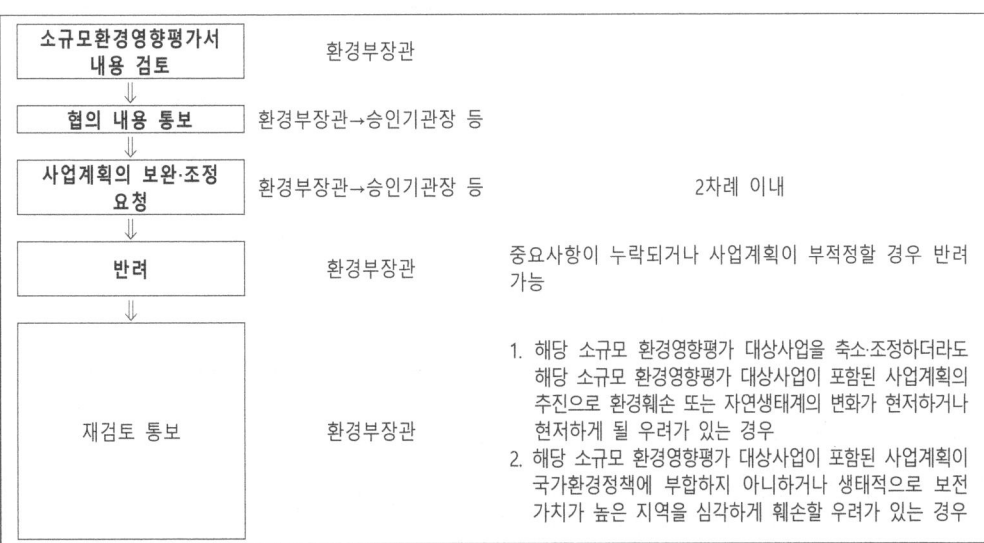

제5장 환경영향평가등에 관한 특례

개발기본계획과 사업계획의 통합 수립에 따른 특례 (법 제50조)	• 개발기본계획과 환경영향평가 대상사업에 대한 계획을 통합하여 수립하는 경우에는 전략환경영향평가와 환경영향평가를 통합하여 검토, 전략환경영향평가 또는 환경영향평가 중 하나만 실시 • 전략환경영향평가 대상계획에 대한 협의시기와 환경영향평가 대상사업에 대한 협의시기가 같은 경우에는 환경영향평가만을 실시
환경영향평가의 협의 절차 등에 관한 특례 (법 제51조)	• 사업자는 환경영향평가 대상사업 중 환경에 미치는 영향이 적은 사업으로서 대통령령으로 정하는 사업에 대하여는 환경영향평가서를 작성하여 의견 수렴과 협의요청을 함께 진행 • 승인 등을 받지 아니하여도 되는 사업자는 환경영향평가항목 등을 결정할 때에 환경영향평가협의회의 심의를 거쳐 환경영향평가를 실시 가능여부 결정 • 사업자는 승인기관의 장 또는 환경부장관에게 환경영향평가항목 등을 결정하여 줄 것을 요청할 때에 약식절차에 따라 환경영향평가를 실시할 수 있는지 여부를 함께 결정 요청 가능

전략환경영향평가 대상계획(영 별표 2)

I. 정책계획

구분	관계 법령	정책계획의 종류	협의 요청시기
도시 개발	「수도권 대기환경개선에 관한 특별법」	수도권 대기환경관리 기본계획	환경부장관이 관계 중앙행정기관의 장과 서울특별시장·인천광역시장·경기도지사, 그 밖의 관계 도지사의 의견을 들을 때
	「실내공기질 관리법」	실내공기질 관리 기본 계획	환경부장관이 관계 중앙행정기관의 장과 협의할 때
항만 건설	「연안관리법」	연안통합관리계획,연안정비기본계획	해양수산부장관이 관계 중앙행정기관의 장과 협의할 때
도로 건설	「국가통합교통체계효율화법」	국가기간교통망계획	국토교통부장관이 관계행정기관의 장과 협의할 때
	「대도시권 광역교통 관리에 관한 특별법」	대도시권 광역교통기본계획	국토교통부장관이 관계 중앙행정기관의 장과 대도시권에 포함된 행정구역을 관할하는 특별시장·광역시장·특별자치시장 또는 도지사의 의견을 들을 때
수자원 개발	「물의 재이용 촉진 및 지원에 관한 법률」	물 재이용 기본계획	환경부장관이 관계 중앙행정기관의 장과 협의할 때
	「물환경보전법」	대권역 물환경관리계획	환경부장관이 관계 중앙행정기관의 장 및 「한강수계 상수원수질개선 및 주민지원 등에 관한 법률」과 그 밖의 법률에 따른 관계 수계관리위원회와 협의할 때
	「지하수법」	지하수관리기본계획	환경부장관이 관계 중앙행정기관의 장과 협의할 때
	「하수도법」	유역하수도정비계획	지방환경관서의 장이 환경부장관, 관계 중앙행정기관의 장, 시·도지사 및 관계 시장·군수와 협의할 때
	「수자원의 조사계획 및 관리에 관한 법률」	수자원장기종합계획	환경부장관이 관계 중앙행정기관의 장과 협의할 때
	「한강수계 상수원수질개선 및 주민지원 등에 관한 법률」「낙동강수계 물 관리 및 주민지원 등에 관한 법률」「금강수계 물 관리 및 주민지원 등에 관한 법률」「영산강·섬진강수계 물 관리 및 주민지원 등에 관한 법률」	수변구역 관리기본계획	환경부장관이 관계 지방자치단체의 의견을 들을 때
관광단지의 개발	「관광진흥법」	관광개발기본계획	문화체육관광부장관이 관계 부처의 장과 협의하는 때
	「관광진흥법」	권역별관광개발계획	시·도지사가 관계행정기관의 장과 협의하는 때
	「온천법」	온천발전종합계획	행정안전부장관이 관계행정기관의 장과 협의하는 때
	「도시공원 및 녹지 등에 관한 법률」	공원녹지기본계획	특별시장·광역시장·특별자치시장 또는 특별자치도지사가 관계행정기관의 장과 협의할 때 또는 같은 조 제2항에 따라 도지사가 관계행정기관의 장과 협의할 때
	「자연환경보전법」	생태경관보전지역관리기본계획	환경부장관이 관계 중앙행정기관의 장 및 관할 시·도지사와 협의할 때
	「자연환경보전법」	시·도 생태경관보전지역관리계획	해당 계획의 확정 전
산지의 개발	「사방사업법」	사방사업 기본계획	산림청장이 관계행정기관의 장과 협의하는 때
	「산림기본법」	산림기본계획	산림청장이 관계행정기관의 장의 의견을 듣는 때
	「산림문화휴양에 관한 법률」	산림문화휴양기본계획	산림청장이 관계 중앙행정기관의 장과 협의하는 때
	「임업 및 산촌 진흥촉진에 관한 법률」	산촌진흥기본계획	
	「산림자원의 조성 및 관리에 관한 법률」	전국임도기본계획	계획의 확정 전
	「산림복지 진흥에 관한 법률」	산림복지진흥계획	산림청장이 관계 중앙행정기관의 장과 협의하는 때
특정지역의 개발	「농어촌정비법」	농어촌 정비 종합계획	농림축산식품부장관이 관계부처의 장과 협의하는 때
	「농어촌정비법」	농업생산기반 정비계획	계획의 확정 전
	「지역 개발 및 지원에 관한 법률」	지역개발계획	국토교통부장관이 관계 중앙행정기관의 장과 협의할 때
폐기물분뇨·가축분뇨 처리시설의 설치	「자원순환기본법」	자원순환기본계획	환경부장관이 관계 중앙행정기관의 장과 협의할 때
	「가축분뇨의 관리 및 이용에 관한 법률」	가축분뇨관리기본계획	환경부장관이 승인하기 전
에너지개발	「전기사업법」	전력수급기본계획	산업통상자원부장관이 관계 중앙행정기관의 장과 협의할 때

Ⅱ. 개발기본계획

구분	관계법령	정책계획의 종류	협의 요청시기
도시의 개발	「건설기술 진흥법 시행령」	국가 또는 지방자치단체가 타당성조사를 실시하는 총공사비 500억원 이상의 건설공사계획(도로건설공사는 고속국도건설공사)	발주청이 타당성조사의 적정성을 검토하는 때
	「혁신도시 조성 및 발전에 관한 특별법」	혁신도시개발예정지구의 지정	국토교통부장관이 관계 중앙행정기관의 장과 협의하는 때
	「국토의 계획 및 이용에 관한 법률」	도시·군관리계획(기반시설의 설치·정비 또는 개량에 관한 계획과 지구단위계획은 제외)	국토교통부장관이 관계 중앙행정기관의 장과 협의하는 때 또는 시·도지사가 관계행정기관의 장과 협의하는 때
	「도시개발법」	도시개발구역의 지정 및 개발계획(환경영향평가 대상사업 규모 이상 한정)	지정권자가 관계행정기관의 장과 협의하는 때
	「도시재정비 촉진을 위한 특별법」	재정비촉진지구의 지정(대상지역이 「국토의 계획 및 이용에 관한 법률」에 따른 도시지역 외의 지역인 경우)	특별시장·광역시장 또는 도지사가 관계행정기관의 장과 협의하는 때
		재정비촉진계획(대상지역이 「국토의 계획 및 이용에 관한 법률」에 따른 도시지역 외의 지역인 경우)	계획의 확정 전
	「도시 및 주거환경정비법」	도시·주거환경정비기본계획	시·도지사 또는 대도시의 시장이 관계행정기관의 장과 협의할 때
		정비계획의 수립 및 정비구역의 지정(환경영향평가 대상사업 규모 이상 한정)	시·도지사 또는 대도시의 시장이 지방도시계획위원회의 심의를 요청하기 전
	「물류시설의 개발 및 운영에 관한 법률」	일반물류단지개발계획 및 일반물류단지의 지정 또는 도시첨단물류단지개발계획 및 도시첨단물류단지의 지정	국토교통부장관이 관계 중앙행정기관의 장과 협의하는 때 또는 시·도지사가 관계행정기관의 장과 협의하는 때
	「공공주택건설 등에 관한 특별법」	공공주택지구의 지정	국토교통부장관이 관계 중앙행정기관의 장과 협의하는 때
	「사회기반시설에 대한 민간투자법」	민간부문 제안사업 및 민간투자시설사업기본계획	주무관청이 제안자에게 제안사업의 민간투자사업 추진여부를 통지하기 전 또는 주무관청이 민간투자시설사업기본계획을 수립·확정하기 전
	「역세권의 개발 및 이용에 관한 법률」	역세권개발구역의 지정 및 사업계획	지정권자가 관계 중앙행정기관의 장과 협의하는 때
	「유통산업발전법」	공동집배송센터개발촉진지구의 지정	산업통상자원부장관이 관계 중앙행정기관의 장과 협의하는 때
	「택지개발촉진법」	택지개발지구의 지정 및 택지개발계획	지정권자가 관계행정기관의 장과 협의하는 때
	「민간임대주택에 관한 특별법」	기업형임대주택 공급촉진지구의 지정	지정권자가 관계행정기관의 장과 협의하는 때
산업입지·산업단지 조성	「국토의 계획 및 이용에 관한 법률 시행령」	별표 20 제1호 자목(7) 단서에 따른 공장의 건축이 가능한 지역의 지정	별표 20 제1호 자목(7) 단서에 따라 고시하기 전
	「문화산업진흥 기본법」	문화산업진흥지구의 지정	시·도지사가 지정하기 전
	「산업입지 및 개발에 관한 법률」	국가산업단지의 지정	국토교통부장관이 관계 중앙행정기관의 장과 협의하는 때
		일반산업단지의 지정, 도시첨단산업단지의 지정	지정권자가 관계행정기관의 장과 협의하는 때
		농공단지의 지정	시·도지사가 승인하기 전
		재생사업지구 지정을 위한 재생계획	시·도지사 또는 시장·군수·구청장이 관계행정기관의 장과 협의
	「산업집적활성화 및 공장설립에 관한 법률」	유치지역의 지정	산업통상자원부장관이 지정하기 전
	「외국인투자 촉진법」	외국인투자지역의 지정(이미 개발된 산업단지 또는 개별 공장부지에 지정하는 경우는 제외)	시·도지사가 외국인투자위원회의 심의를 요청하기 전
	「중소기업진흥에 관한 법률」	단지조성사업이 포함된 협동화실천계획	시·도지사가 승인하기 전
에너지개발	「전원개발촉진법」	전원개발사업 예정구역의 지정	산업통상자원부장관이 관계 중앙행정기관의 장과 협의하는 때
항만의 건설	「신항만건설촉진법」	신항만건설예정지역의 지정	해양수산부장관이 관계 중앙행정기관의 장과 협의하는 때
	「어촌·어항법」	어촌종합개발사업계획	해양수산부장관 또는 시장·군수·구청장이 시·도지사 및 관계행정기관의 장과 협의할 때
	「어촌·어항법」	어항의 지정	지정권자가 지정하기 전
	「항만법」	항만기본계획, 항만재개발사업계획	해양수산부장관이 관계 중앙행정기관의 장과 협의하는 때
	「마리나항만의 조성 및 관리 등에 관한 법률」	사업계획	
도로의 건설	「농어촌도로 정비법」	도로기본계획	시·도지사가 승인하기 전
	「도로법」 및 「국토의 계획 및 이용에 관한 법률」	도로(고속국도는 제외)의 건설공사 계획([별표 3] 제5호에 따른 환경영향평가 대상사업 규모 이상)	기본설계 또는 실시설계의 도로노선을 선정하는 때
	「도시교통정비 촉진법」	도시교통정비 기본계획	시장이나 군수가 해당 교통시설의 관리청 및 같은 교통권역의 관계 시장이나 군수와 협의할 때
수자원개발	「댐건설 및 주변지역지원 등에 관한 법률」	댐건설기본계획	국토교통부장관이나 시·도지사가 관계행정기관의 장과 협의하는 때
철도의 건설	「도시철도법」	노선별 도시철도기본계획	국토교통부장관이 관계행정기관의 장과 협의하는 때
	「철도의 건설 및 철도시설 유지관리에 관한 법률」	사업별 철도건설기본계획	국토교통부장관이 관계 중앙행정기관의 장과 협의하는 때
공항 또는 비행장의 건설	「공항시설법」	공항 또는 비행장의 개발에 관한 기본계획	국토교통부장관이 관계 중앙행정기관의 장과 협의하는 때
하천의 이용 및 개발	「소하천정비법」	소하천정비종합계획	「소하천정비법」에 따라 관리청이 지방환경관서의 장과 협의하는 때
	「하천법」	하천기본계획	국토교통부장관 또는 관리청이 관계행정기관의 장과 협의하는 때

Ⅱ. 개발기본계획

구분	관계법령	정책계획의 종류	협의 요청시기
개간·공유수면 매립	「공유수면 관리 및 매립에 관한 법률」	공유수면매립 기본계획	해양수산부장관이 관계 중앙행정기관의 장과 협의하는 때
관광단지의 개발	「관광진흥법」	관광지 등의 지정	시·도지사가 관계행정기관의 장과 협의하는 때
	「온천법」	온천공보호구역의 지정, 온천개발계획	시·도지사가 승인하기 전
	「자연공원법」	국립공원에 관한 공원계획의 결정	환경부장관이 관계 중앙행정기관의 장과 협의할 때
		도립공원계획의 결정	시·도지사가 관계행정기관의 장과 협의하는 때
		군립공원계획의 결정	군수가 관계행정기관의 장과 협의하는 때
산지의 개발	「임업 및 산촌 진흥촉진에 관한 법률」	임업진흥계획	산림청장이 관계행정기관의 장과 협의하는 때
		산촌개발사업계획	시·도지사가 관계행정기관의 장과 협의하는 때
	「장사 등에 관한 법률」	묘지 등의 수급 중·장기 계획	시·도지사 등이 계획을 수립확정하기 전
	「산림복지 진흥에 관한 법률」	산림복지단지 조성계획	산림청장이 관계행정기관의 장과 협의하는 때
특정지역의 개발	「경제자유구역의 지정 및 운영에 관한 특별법」	경제자유구역개발계획 및 경제자유구역의 지정	산업통상자원부장관이 경제자유구역위원회의 심의를 요청하기 전
	「농어촌정비법」	농업생산기반 정비사업 기본계획	계획의 확정 전
		생활환경정비계획	시·도지사가 승인하기 전
		한계농지 등 정비지구의 지정	시장·군수·구청장이 관계행정기관의 장과 협의하는 때
		마을정비구역의 지정	시·도지사가 관계행정기관의 장과 협의하는 때
	「연구개발특구의 육성에 관한 특별법」	특구의 지정	미래창조과학부장관이 연구개발 특구위원회의 심의를 요청 전
		특구개발계획, 특구관리계획	미래창조과학부장관이 관계 중앙행정기관의 장과 협의하는 때
	「도서개발 촉진법」	개발대상도서의 지정 및 사업계획	도서개발심의위원회 심의 전
	「석탄산업법」	탄광지역진흥사업 추진대상지역의 지정 또는 탄광지역진흥사업계획	산업통상자원부장관이 관계행정기관의 장과 협의하는 때
	「지역 개발 및 지원에 관한 법률」	지역개발사업구역의 지정	지정권자가 관계행정기관의 장과 협의하는 때
	「신행정수도 후속대책을 위한 연기·공주지역 행정중심복합도시 건설을 위한 특별법」	개발계획	건설청장이 관계 중앙행정기관의 장과 협의하는 때
	「주한미군기지 이전에 따른 평택시 등의 지원 등에 관한 특별법」	국제화계획지구의 지정	국토교통부장관이 관계 중앙행정기관의 장과 협의하는 때
	「지역특화발전특구에 대한 규제특례법」	특구의 지정 및 특구계획	중소기업청장이 관계행정기관의 장과 협의하는 때
	「제주특별자치도 설치 및 국제자유도시 조성을 위한 특별법」	광역시설계획	도지사가 제주국제자유도시종합계획심의회의 심의를 요청하기 전
	「친수구역 활용에 관한 특별법」	친수구역의 지정 또는 사업계획 수립(친수구역조성사업에 직접 관련되는 사업을 포함)	국토교통부장관이 관계행정기관의 장과 협의하는 때
	「폐광지역 개발 지원에 관한 특별법」	폐광지역환경보전계획	도지사 또는 시장·군수가 관계행정기관의 장의 의견을 들을 때
	「기업도시개발 특별법」	개발구역의 지정 및 기업도시개발계획	국토교통부장관이 관계 중앙행정기관의 장과 협의하는 때
	「새만금사업 추진 및 지원에 관한 특별법」	광역기반시설설치계획	새만금청장이 관계행정기관의 장과 협의할 때
	「혁신도시 조성 및 발전에 관한 특별법」	혁신도시 개발계획	국토교통부장관이 관계 중앙행정기관의 장과 협의할 때
	「도청이전을 위한 도시건설 및 지원에 관한 특별법」	도청이전신도시 개발계획	도지사가 관계 중앙행정기관의 장과 협의할 때
	「동·서·남해안 및 내륙권 발전 특별법」	개발구역 지정	국토교통부장관이 관계 중앙행정기관의 장과 협의할 때
	「접경지역 지원 특별법」	접경특화발전지구 지정	행정안전부장관이 관계 중앙행정기관의 장 및 관계 시·도지사와 협의할 때
체육시설 설치	「청소년활동 진흥법」	청소년수련지구의 지정	특별자치도지사·시장·군수·구청장이 관계행정기관의 장과 협의하는 때
폐기물·분뇨·가축분뇨 처리 시설의 설치	「폐기물처리시설 설치촉진 및 주변지역지원 등에 관한 법률」	폐기물처리시설의 입지 선정	입지선정위원회가 입지를 선정하기 전
	「건설폐기물의 재활용촉진에 관한 법률」	재활용기본계획	환경부장관이 관계 중앙행정기관의 장 및 특별시장·광역시장·특별자치시장·도지사·특별자치도지사의 의견을 들을 때
	「자원순환기본법」	시행계획	특별시장 광역시장 특별자치시장 도지사 특별자치도지사가 환경부장관에게 승인을 요청시
	「물환경보전법」	공공폐수처리시설 기본계획	환경부장관이 기본계획을 수립하기 전 또는 같은 조 제2항에 따라 시행자(환경부장관은 제외)가 환경부장관의 승인을 받기 전
	「수도권매립지관리공사의 설립 및 운영 등에 관한 법률」	수도권매립지환경관리계획	수도권매립지관리공사가 환경부장관의 승인을 받기 전
국방·군사시설의 설치	「국방·군사시설 사업에 관한 법률」	국방·군사시설사업계획	국방부장관이 국방·군사시설사업계획을 승인하기 전
	「군사기지 및 군사시설 보호법」	보호구역등의 지정	국방부장관이 지정하기 전

자연재해대책법

법공포 : 최초 '95. 12. 6.   최종개정 : '21. 6. 8.   시행일자 : '21. 12. 9.
영공포 : 최초 '96. 6. 21.   최종개정 : '21. 12. 28.   시행일자 : '22. 1. 1.

「자연재해대책법」 구성체계

제1장 총칙	제2장 자연재해의 예방 및 대비		
	제1절 자연재해 경감 협의 및 자연재해위험개선지구 정비		제2절 풍수해
제1조 목적 제2조 정의 제3조 책무	제4조 재해영향평가등의 협의 제4조의2 행정계획과 개발사업의 통합 수립에 따른 특례 제5조 재해영향평가등의 협의 대상 제5조의2 재해영향평가등의 재협의 제6조 재해영향평가의 협의내용의 이행 제6조의2 사업착공 등의 통보 제6조의3 재해영향평가등의 협의 내용 등에 대한 이행의무의 승계 등 제6조의4 재해영향평가등의 협의 이행 관리·감독 제6조의5 재해영향평가등의 협의 이행 조치 명령 등 제7조 개발사업의 사전허가 등의 금지 제8조 방재 분야 전문가의 개발 관련 위원회 참여	제9조 재해 원인 조사·분석 등 제10조 재해경감대책협의회의 구성 등 제11조 토지 출입 등 제12조 자연재해위험개선지구의 지정 등 제13조 자연재해위험개선지구정비계획의 수립 제14조 자연재해위험개선지구 정비사업 계획의 수립 제14조의2 자연재해 위험개선지구 정비사업 실시계획의 수립·공고 등 제14조의3 토지 등의 수용 및 사용 제15조 자연재해위험개선지구 내 건축, 형질 변경 등의 행위 제15조의2 자연재해위험개선지구 정비사업의 분석·평가 제15조의3 풍수해 생활권 종합정비계획의 수립	제16조 풍수해저감종합계획의 수립 제16조의2 풍수해저감시행계획의 수립 등 제16조의3 풍수해저감시행계획의 시행 등 제16조의4 지역별 방재성능목표 설정·운용 제16조의5 방재시설에 대한 방재성능 평가 등 제16조의6 방재기준 가이드라인의 설정 및 활용 제17조 수방기준의 제정·운영 제18조 지구단위 홍수방어기준의 설정 및 활용 제19조 우수유출저감대책 수립 제19조의2 우수유출저감시설 사업계획의 수립

제2장 자연재해의 예방 및 대비			
제2절 풍수해		제3절 삭제	제4절 설해
제19조의3 우수유출저감시설 사업 실시계획의 수립·공고 등 제19조의4 우수유출저감시설 사업 시행에 따른 토지 등의 수용 및 사용 제19조의5 우수유출저감시설 설치를 위한 토지의 사용 요청 제19조의6 개발사업 시행자 등의 우수유출저감시설 설치	제19조의7 우수유출저감시설에 관한 기준 제20조 내풍설계기준의 설정 제21조 각종 재해지도의 제작·활용 제21조의2 재해상황의 기록 및 보존 등 제21조의3 침수흔적도 등 재해정보의 활용 제22조 홍수통제소의 협조	제23조 삭제 ~ 제25조 삭제 제25조의2 해일 피해 경감을 위한 조사·연구 제25조의3 해일위험지구의 지정 제25조의4 해일피해경감계획의 수립·추진 등	제26조 설해의 예방 및 경감 대책 제26조의2 상습설해지역의 지정 등 제26조의3 상습설해지역 해소를 위한 중장기대책 제26조의4 내설설계기준의 설정 제27조 건축물관리자의 제설 책임 제28조 설해 예방 및 경감 대책 예산의 확보

제5절 가뭄	제3장 재해정보 및 비상지원 등	제4장 재해복구	제5장 방재기술의 연구 및 개발
제29조 가뭄 방재를 위한 조사·연구 제29조의2 가뭄 방재를 위한 예보 및 경보 제30조 가뭄 극복을 위한 제한 급수·발전 등 제31조 수자원관리자의 의무 제32조 가뭄 극복을 위한 시설의 유지·관리 등 제33조 상습가뭄재해지역 해소를 위한 중장기대책	제34조 재해정보체계의 구축 제35조 중앙긴급지원체계의 구축 제36조 지역긴급지원체계의 구축 제37조 각종 시설물 등의 비상대처계획 수립 제38조 방재관리대책 업무의 대행 제38조의2 방재관리대책 업무 대행 비용의 산정기준 등 제39조 대행자 등록의 결격사유 제40조 대행자의 준수사항 제41조 업무의 휴업 또는 폐업 제41조의2 대행자 실태 점검 제42조 대행자의 등록취소 등 제43조 청문 제44조 등록 취소 또는 업무정지된 대행자의 업무 계속 제44조의2 방재관리대책 정보체계의 구축 제45조 재해 유형별 행동 요령의 작성·활용	제46조 재해복구계획의 수립·시행 제46조의2 재해대장 제46조의3 지구단위종합복구계획 수립 제47조 중앙합동조사단 제48조 재해조사 담당 공무원의 육성 제49조 재해복구사업 실시계획의 작성·공고 등 제49조의2 대규모 재해복구사업 및 지구단위종합복구사업의 시행 제50조 복구공사 발주계약방법 등 제51조 복구비의 선지급 제52조 복구예산의 정산 등 제53조 복구용 자재 등의 우선 공급 등 제54조 복구비 등의 반환 제55조 복구사업의 관리 제55조의2 자연재해복구에 관한 연차보고 제56조 토지 등의 수용 제57조 복구사업의 분석·평가	제58조 방재기술의 연구·개발 및 방재산업의 육성 제58조의2 방재기술 진흥계획의 수립 제58조의3 방재기술 개발사업 추진 제59조 방재기술의 실용화 제60조 방재기술평가의 지원 제61조 방재신기술의 지정·활용 등 제61조의2 방재신기술 지정의 취소 제61조의3 방재제품 및 방재 분야 산업체의 분류 제61조의4 방재산업의 수요조사 및 공개 제62조 국제공동연구의 촉진 제63조 방재기술정보의 보급 등
제6절 폭염			
제33조의2 폭염피해 예방 및 경감조치 제33조의3 폭염피해예방을 위한 조사·연구			
제7절 한파			
제33조의4 한파피해 예방 및 경감조치 제33조의5 한파피해 예방을 위한 조사·연구			

제6장 보칙			
제63조의2 수수료 제64조 방재시설의 유지·관리 평가 제64조의2 방재산업 관련 비영리법인의 육성 제65조 공무원 및 기술인 등의 교육 제65조의2 방재분야 전문인력의 양성 제66조 지역자율방재단의 구성 등	제66조의2 전국자율방재단연합회 제67조 주민의사의 정책 반영 등 제68조 손실보상 제69조 법률 등을 위반한 자에 대한 처분 제70조 국고보조 등 제71조 삭제	제72조 한국방재협회의 설립 제73조 협회의 정관 등 제74조 자연재해로 인한 피해사실확인서 발급 제75조 평가 및 포상 제75조의2 지역안전도 진단	제76조 권한의 위임 등 제76조의2 벌칙적용에서 공무원 의제 **제7장 벌칙** 제77조 벌칙 제78조 양벌규정 제79조 과태료

제1장 총칙

구분	내용
목 적 (법 제1조)	• 태풍, 홍수 등 자연현상으로 인한 재난으로부터 국토를 보존하고 국민의 생명·신체 및 재산과 주요 기간시설을 보호하기 위하여 자연재해의 예방·복구 및 그 밖의 대책에 관하여 필요 사항 규정

정의 (법 제2조)

용어	내용
재해	• 재난으로 인하여 발생하는 피해
자연재해	• 자연재난으로 인해 발생하는 피해
풍수해	• 태풍, 홍수, 호우, 강풍, 풍랑, 해일, 조수, 대설, 그 밖에 이에 준하는 자연현상으로 발생하는 재해
재해영향성 검토	• 자연재해에 영향을 미치는 각종 행정계획 및 개발사업으로 인한 재해 유발 요인을 예측·분석하고 이에 대한 대책을 마련하는 것
재해영향평가	• 자연재해에 영향을 미치는 개발사업으로 인한 재해유발요인을 조사·예측·평가하고 이에 대한 대책 마련
자연재해저감 종합계획	• 지역별로 자연재해의 예방 및 저감을 위하여 특별시장·광역시장·특별자치시장·도지사·특별자치도지사 및 시장·군수가 자연재해 안전도에 대한 진단 등을 거쳐 수립한 종합계획
우수유출 저감시설	• 우수의 직접적인 유출을 억제하기 위하여 인위적으로 우수를 지하로 스며들게 하거나 지하에 가두어 두는 시설, 가두어 둔 우수를 원활하게 흐르도록 하는 시설
수방기준	• 풍수해로부터 시설물의 수해 내구성을 강화하고 지하공간의 침수를 방지하기 위하여 관계 중앙행정기관의 장 또는 행정안전부장관이 정하는 기준
침수흔적도	• 풍수해로 인한 침수기록을 표시한 도면
재해복구보조금	• 중앙행정기관이 재해복구사업을 위하여 특별시·광역시·특별자치시·도·특별자치도 및 시·군·구에 지원하는 보조금
지구단위 홍수방어기준	• 상습침수지역이나 재해위험도가 높은 지역에 대하여 침수 피해를 방지하기 위하여 행정안전부장관이 정한 기준
재해지도	• 풍수해로 인한 침수흔적, 침수예상 및 재해정보 등을 표시한 도면
방재관리대책 대행자	• 재해영향성검토 등 방재관리대책에 관한 업무를 전문적으로 대행하기 위하여 행정안전부장관에게 등록한 자
자연재해 안전도 진단	• 자연재해 위험에 대하여 지역별로 안전도를 진단하는 것
방재기술	• 자연재해의 예방·대비·대응·복구 및 기후변화에 신속하고 효율적인 대처를 통하여 인명과 재산 피해를 최소화시킬 수 있는 자연재해에 대한 예측규명·저감·정보화 및 방재 관련 제품생산·제도·정책 등에 관한 모든 기술
방재산업	• 방재시설 설계·시공·제작·관리, 방재제품 생산·유통, 이와 관련된 서비스의 제공, 그 밖에 자연재해의 예방·대비·대응·복구 및 기후변화 적응과 관련된 산업

책무 (법 제3조)

구분	세부 내용			
국가	• 기본법 및 이 법의 목적에 따라 자연재난으로부터 국민의 생명·신체 및 재산과 주요 기간시설을 보호하기 위하여 자연재해의 예방 및 대비에 관한 종합계획을 수립하여 시행할 책무를 지며, 그 시행을 위한 최대한의 재정적·기술적 지원			
재난관리 책임기관 의 장	• 자연재해 예방을 위하여 다음 각 호의 소관 업무에 해당하는 조치			
	구분	세부 내용	구분	세부 내용
	자연재해 경감 협의 및 자연재해위험 개선지구 정비	가. 자연재해 원인 조사 및 분석 나. 자연재해위험개선지구 지정·관리 다. 자연재해저감 종합계획 및 시행계획의 수립	가뭄 대책	가. 상습가뭄재해지역 해소를 위한 중·장기대책 나. 가뭄 극복을 위한 시설 관리·유지 다. 빗물 모으기 시설을 활용한 가뭄 극복대책 라. 그 밖에 가뭄대책에 필요한 사항
	풍수해 예방 및 대비	가. 수방기준 제정·운영 나. 우수유출저감시설 설치기준 제정·운영 다. 내풍설계기준 제정·운영 라. 그 밖에 풍수해 예방 필요사항	폭염 대책	가. 폭염피해 예방대책 나. 폭염 대비를 위한 자재 및 물자 비축 다. 각 유관기관 지원·협조 체제 구축 라. 그 밖에 폭염피해 예방에 필요한 사항
	설해대책	가. 설해 예방대책 나. 각종 제설자재 및 물자 비축 다. 그 밖에 설해 예방 필요사항	한파 대책	가. 한파피해 예방대책 나. 한파 대비를 위한 자재 및 물자 비축 다. 각 유관기관 지원·협조 체제 구축 라. 그 밖에 한파피해 예방에 필요한 사항
	낙뢰대책	가. 낙뢰피해 예방대책 나. 각 유관기관 지원·협조 체제 구축 다. 그 밖에 낙뢰피해 예방 필요 사항	재해 정보 긴급 지원	가. 재해 예방 정보체계 구축 나. 재해정보 관리·전달 체계 구축 다. 재해 대비 긴급지원체계 구축 라. 비상대처계획 수립
	그 밖에 자연재해 예방을 위하여 재난관리책임기관의 장이 필요하다고 인정하는 사항			

제2장 자연재해의 예방 및 대비 [재해영향성등의 협의]

구분	내용
재해영향평가 등 협의 대상	• 관계 중앙행정기관의 장, 시·도지사, 시장·군수·구청장 및 특별지방행정기관의 장
협의요청시기 (법 제4조)	• 자연재해에 영향을 미치는 행정계획을 수립·확정하거나 개발사업의 허가·인가·승인·면허·결정·지정 시 그 개발계획 등의 확정·허가 등을 하기 전
재해영향성검토 협의 갈음	• 재해영향성 검토협의를 완료한 개발계획 등이 취소 또는 지연 등의 사유로 실효되어 해당 개발계획 등의 확정·허가 등을 다시 하여야 하는 경우로서 기존의 개발계획 등이 다음 각 호의 요건들을 모두 갖춘 경우에는 그 완료한 재해영향성 검토협의로 재해영향성 검토협의 갈음 - 해당 개발계획 등의 내용이 변경되지 아니하였을 것 - 해당 개발계획 등에 통보받은 재해영향성 검토협의 결과가 반영되었을 것 - 재해영향성 검토협의 결과를 통보받은 날부터 대통령령으로 정하는 기간이 지나지 아니하였을 것

재해영향평가 등의 협의 대상 (법 제5조)	• 대상 개발계획
	  - 국토·지역 계획 및 도시의 개발 - 수자원 및 해양 개발
	  - 산업 및 유통 단지 조성 - 산지 개발 및 골재 채취
	  - 에너지 개발 - 관광단지 개발 및 체육시설 조성
	  - 교통시설의 건설 - 그 밖에 자연재해에 영향을 미치는 계획 및 사업
	  - 하천의 이용 및 개발 으로서 대통령령으로 정하는 계획 및 사업
	• 재해영향성 검토협의 제외대상
	  - 각종시설물 등의 비상대처계획에 따른 응급조치를 위한 사업
	  - 국방부장관이 군사상의 기밀보호가 필요하거나 군사적으로 긴급히 수립할 필요가 있다고 인정하여 행정안전부장관과 협의한 사업

협의기간 (법 제4조, 영 제4조)	• 협의요청을 받은 날로부터 다음의 기간 내 사전재해영향성 검토 결과 통보. 다만, 「산업집적 활성화 및 공장설립에 관한 법률」 제13조에 따른 공장설립 등의 승인의 경우 20일 이내 통보
	  - 재해영향성검토 : 30일
	  - 재해영향평가 : 30일 (개발사업 부지면적 5만㎡ 미만, 개발사업 길이 10km 미만)
	              45일 (개발사업 부지면적 5만㎡ 이상, 개발사업 길이 10km 이상)
	• 부득이한 경우 10일의 범위에서 연장 가능

재해영향평가 등의 재협의 (법 제5조의2)	• 관계 행정기관의 장은 재해영향성 검토협의를 완료한 개발계획 등이 변경되는 경우에는 그 변경되는 개발계획 등의 확정·허가 등을 하기 전에 행정안전부장관과 재협의
재해영향평가 등의 협의내용의 이행 (법 제6조)	• 행정안전부장관으로부터 재해영향평가등의 협의결과를 통보받은 관계행정기관의 장은 특별한 사유가 없으면 이를 해당 개발계획등에 반영하기 위하여 필요한 조치를 하여야 하며, 조치한 결과 또는 향후 조치계획을 행정안전부장관에게 통보
사업착공 등의 통보 (법 제6조의 2)	• 개발사업을 착공 또는 준공하거나 3개월 이상 공사 중지하려는 경우 행정안전부장관 및 관계 행정기관의 장에게 내용 통보
재해영향평가 등의 협의 내용 등에 대한 이행 의무의 승계 (법 제6조의3)	• 사업시행자가 개발사업을 양도하거나 사망한 경우 사업시행자인 법인이 분할·합병한 경우에는 그 양수인이나 상속인 또는 분할·합병후 존속하는 법인이나 설립되는 법인이 의무를 승계 • 의무를 승계한 사업시행자는 승계일로부터 30일 이내 관계행정기관의 장과 행정안전부 장관에게 통보
협의 이행의 관리·감독 및 조치명령 등	• 관계행정기관의 장은 사업시행자가 협의 내용을 이행하는지 확인하여야 하고 개발사업의 준공 검사를 하는 경우 확인결과를 행정안전부장관에게 통보 • 사업시행자가 협의 내용을 이행하지 아니하였을 때는 그 이행에 필요한 조치를 명하며 조치명령을 이행하지 아니하여 재해에 중대한 영향을 미칠 것으로 판단되는 경우 전부 또는 일부에 대한 공사중지를 명하여야 함
개발사업의 사전 허가등의 금지 (법 제7조)	• 재해영향평가 등의 협의절차가 끝나기 전에는 개발사업에 대한 허가 등을 할 수 없음

제2장 자연재해의 예방 및 대비 [재해위험개선지구 지정]

자연재해위험 개선지구의 지정 등 (법 제12조)	• 시장·군수·구청장은 상습침수지역, 산사태위험지역 등 지형적인 여건 등으로 인해 재해가 발생할 우려가 있는 지역을 자연재해위험개선지구로 지정·고시 - 결과를 시·도지사를 거쳐 행정안전부장관과 관계 중앙행정기관의 장에게 보고, 지형도면 함께 고시 • 자연재해위험개선지구 정비사업 시행 등으로 재해 위험이 없어진 경우 관계 전문가의 의견을 수렴하여 자연재해위험개선지구 지정을 해제, 결과 고시 • 행정안전부장관 및 시·도지사는 자연재해위험지구의 지정이 필요함에도 시장·군수·구청장이 지정하지 않을 시 자연재해위험개선지구로 지정·고시를 권고
자연재해위험 개선지구 정비계획 수립 (법 제13조, 영 제11조)	• 시장·군수·구청장(5년마다 수립) → 시·도지사 제출(특별자치시장 → 행정안전부장관) • 정비계획의 포함사항 <table><tr><td>- 자연재해위험개선지구의 정비에 관한 기본 방침 - 자연재해위험개선지구 지정 현황 및 연도별 지구 정비에 관한 사항 - 재해 예방 및 자연재해위험지구의 점검·관리에 관한 사항 - 자연재해위험개선지구의 주변 여건</td><td>- 자연재해위험개선지구의 재해 발생 빈도 - 정비사업 완료 시의 재해 예방 효과 - 자연재해위험개선지구 정비에 필요한 사업비 및 재원대책 - 그 밖에 정비사업의 우선순위 등 국민안전처장관이 정하는 사항</td></tr></table>
자연재해위험개선지구 정비사업계획수립 (법 제14조)	• 수립권자 : 시장·군수·구청장 - 정비계획에 따라 매년 다음해 자연재해위험개선지구 정비사업계획을 수립, 시·도지사 제출(시·도지사는 행정안전부장관 제출)
자연재해위험개선지구 정비사업 실시계획 수립공고 (법 제14조의 2, 영 제12조의 2)	• 사업계획을 바탕으로 실시계획 수립·공고(시장·군수·구청장) → 일반인 열람(15일 이상) <table><tr><td>1. 사업의 종류 및 명칭 2. 사업시행자의 성명 및 주소 3. 사업시행 면적 및 규모 4. 사업 착수예정일 및 준공예정일</td><td>5. 사용하거나 수용할 토지 또는 건물의 소재지·지번·지목 및 면적, 소유권과 소유권 외의 권리에 관한 명세서 및 그 소유자·권리자의 성명·주소</td></tr></table> • 실시계획 수립·변경 후 공고 시 중앙행정기관의 장과 미리 협의한 사항에 대해 인허가 등을 받아 고시한 것으로 봄 <table><tr><td>1. 「골재채취법」에 따른 골재채취의 허가 2. 「공유수면 관리 및 매립에 관한 법률」에 따른 공유수면의 점용·사용허가, 협의 또는 승인, 점용·사용 실시계획의 승인 또는 신고, 공유수면의 매립면허, 국가 등이 시행하는 매립의 협의 또는 승인 및 공유수면매립실시계획의 승인 3. 「국유재산법」에 따른 행정재산의 사용허가 4. 「국토의 계획 및 이용에 관한 법률」에 따른 도시·군관리계획(도시계획시설사업만 해당)의 결정, 토지의 형질 변경허가, 토석의 채취허가, 시가화조정구역에서의 공공시설 설치 및 입목벌채·조림·육림·토석채취의 허가, 실시계획의 작성·인가 및 타인의 토지에의 출입허가 5. 「군사기지 및 군사시설 보호법」 통제보호구역 등의 출입허가 및 행정기관의 허가등에 관한 협의 6. 「관광진흥법」에 따른 관광지의 지정, 조성계획의 승인 및 조성사업의 시행허가 7. 「농어촌도로 정비법」에 따른 도로의 노선 지정 8. 「농어촌정비법」에 따른 농업생산기반시설의 사용허가, 농업생산기반시설의 폐지 승인 및 토지의 형질변경 등의 허가 9. 「농지법」 농지의 전용허가, 농지의 전용신고 및 농지의 타용도 일시사용 허가·협의 10. 「도로법」에 따른 도로 노선의 지정·고시, 도로구역의 결정, 도로관리청이 아닌 자에 대한 도로공사의 시행 허가 및 도로의 점용 허가 11. 「도시공원 및 녹지 등에 관한 법률」에 따른 도시공원의 점용허가, 도시자연공원구역에서의 행위허가 및 녹지의 점용허가 12. 「대기환경보전법」, 「물환경보전법」 및 「소음·진동관리법」에 따른 배출시설의 설치 허가·신고 13. 「문화재보호법」 국가지정문화재의 현상 변경 등 허가, 국가등록문화재의 현상 변경 신고 및 국유문화재 사용허가와 「매장문화재 보호 및 조사에 관한 법률」에 따른 협의</td><td>14. 「사도법」에 따른 사도 개설허가 15. 「사방사업법」에 따른 사방지에서의 행위허가 16. 「산림보호법」에 따른 산림보호구역(산림유전자원보호구역은 제외)에서의 행위의 허가·신고 17. 「산림자원의 조성 및 관리에 관한 법률」에 따른 입목벌채등의 허가·신고 18. 「산업입지 및 개발에 관한 법률」에 따른 산업단지에서의 토지 형질변경 등의 허가 및 실시계획 승인 19. 「산지관리법」에 따른 산지전용허가, 산지전용신고 및 토석채취허가 등 19의2. 「소규모 공공시설 안전관리 등에 관한 법률」에 따른 소규모 위험시설 정비사업 실시계획 수립 20. 「소하천정비법」에 따른 소하천정비시행계획 수립 관리청이 아닌 자의 소하천공사 시행허가 및 소하천의 점용허가 21. 「수도법」에 따른 일반수도사업의 인가, 공업용수도사업의 인가, 전용상수도 설치인가 및 전용공업용수도의 설치인가 22. 「어촌·어항법」에 따른 어항개발사업의 시행허가 23. 「자연공원법」에 따른 공원구역에서의 행위허가 24. 「장사 등에 관한 법률」에 따른 무연분묘의 개장허가 25. 「주택법」에 따른 사업계획의 승인 26. 「초지법」에 따른 초지조성지역에서의 행위허가 및 초지 전용 허가·협의 27. 「체육시설의 설치·이용에 관한 법률」에 따른 사업계획의 승인 28. 「하수도법」에 따른 공공하수도공사 시행의 허가, 점용허가 및 배수설비의 설치신고 29. 「하천법」에 따른 하천공사시행계획의 수립, 하천관리청이 아닌 자의 하천공사 시행의 허가, 하천의 점용허가 및 하천예정지 등에서의 행위허가 30. 「항만법」에 따른 항만개발사업 시행의 허가 및 항만개발사업실시계획의 승인 31. 「부동산 거래신고 등에 관한 법률」에 따른 토지거래계약에 관한 허가</td></tr></table>

토지 등의 수용 및 사용(법 제14조의 3)	• 시장·군수·구청장은 자연재해위험개선지구 정비사업을 시행하기 위하여 필요하다고 인정하면 사업구역에 있는 토지·건축물 또는 그 토지에 정착된 물건의 소유권이나 그 토지·건축물 또는 물건에 관한 소유권 외의 권리를 수용하거나 사용 가능 ※ 실시계획 수립공고를 사업인정 및 인정고시로 보며 재결신청은 자연재해위험개선지구 정비사업의 시행기간 내 가능
자연재해위험개선지구 정비사업의 분석평가 (법 제15조의 2)	• 시장·군수·구청장은 대통령령으로 정하는 규모 이상의 자연재해위험개선지구 정비사업을 완료시 그 사업의 효과성 및 경제성을 분석·평가하고, 그 결과를 시·도지사를 거쳐 행정안전부장관에게 제출, 단 특별자치시장은 직접 행정안전부장관에게 제출
자연재해저감 종합계획의 수립 (법 제 16조)	• 시장·군수는 자연재해의 예방 및 저감을 위해 10년 마다 시군 자연재해저감종합계획을 수립하여 시·도지사를 거쳐 대통령령으로 정하는 바에 따라 행정안전부장관의 승인을 받아 확정 • 시군 종합계획 및 시도 종합계획을 수립한 날부터 5년이 지난 경우 그 타당성 여부를 검토하여 필요한 경우 그 계획을 변경

제2장 자연재해의 예방 및 대비 [자연재해저감종합계획]

자연재해저감 종합계획수립 (법 제16조)	• 수립권자 : 시장·군수(10년 마다 수립, 행정안전부장관 승인) - 시·도지사가 직접 또는 시군종합계획을 기초로 수립 시 행정안전부장관의 승인을 받아 확정 • 시장·군수 시·도지사의 재검토 - 수립한 날부터 5년이 경과 시 타당성 여부를 검토하여 필요한 경우 계획변경 가능
자연재해저감 시행계획의 수립 (법 제16조의2)	• 수립주기 : 매해(종합계획 수립 후 시장 군수는 다음 해 시행계획을 수립 → 시·도지사 제출) • 수립된 시·도 시행계획 → 행정안전부장관 → 관계행정기관의 장 통보

사전재해영향성검토협의 제도 개요[4]

제도개요	• (근거법령) 자연재해대책법 제4조(재해영향평가등의 협의) - 각종 개발사업으로 인한 재해위험 요인을 사전에 예측·분석, 근본적 저감대책 마련을 위해 운영 • (주요 검토내용) 침수발생·토사유출 가능성, 비탈면 붕괴, 지반침하 위험성 등 재해위험 요인에 대한 재해저감대책 마련
추진경과	• 체계적이고 종합적인 재해예방을 위한 재해영향평가 제도 도입 : '96. 6. 7. • 환경, 교통, 재해 등 통합영향평가 제도 시행 : '01. 1. 1. • 사전재해영향성 검토협의 제도 시행 : '05. 8.17. • 재해영향평가등의 협의 제도 시행 : '18.10.25.
협의권한	• 행정안전부 협의 : 중앙행정기관이 승인하는 사업(국토부, 산자부 등) • 시·도지사 협의 : 시도에서 승인하는 사업 • 시·군·구 협의 : 시·군·구에서 승인하는 사업

협의규모	구분	행정계획 (재해영향성검토)	개발사업	
			소규모재해영향평가	재해영향평가
	대상	행정계획 (37개 법령 47개 계획)	개발사업 (48개 법령 59개 사업)	개발사업 (48개 법령 59개 사업)
	규모	면적에 관계없음. 단, 도시군계획시설 결정 및 공원조성계획은 5천㎡ 이상	면적 5천㎡ 이상 5만㎡ 미만 길이 2km이상 10km 미만 * 임도 길이 4km 이상 10km 미만	면적 5만㎡ 이상 길이 10km 이상(임도포함)
	심의기간	30일 이내 * 사안에 따라 10일 이내 연장	30일 이내 * 사안에 따라 10일 이내	45일 이내 * 사안에 따라 10일 이내 연장
	심의절차	서면심사 원칙	서면심사 원칙	소집 현지회의 원칙

---

[4] 행정안전부, 2019. 4. 2., 각종 개발사업장 재해예방 실태 점검 관련 보도자료 참고

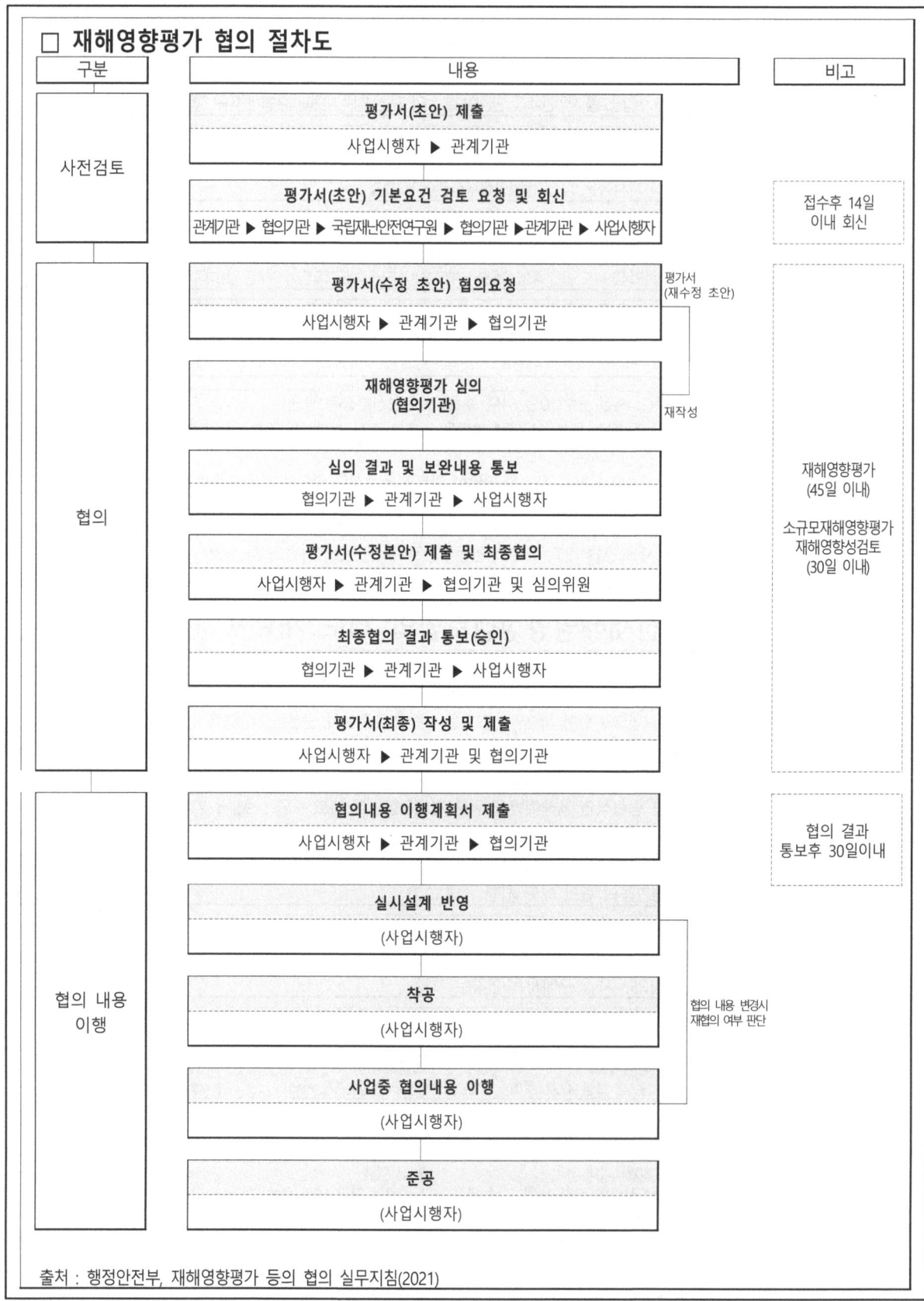

재해영향평가등의 협의대상 행정계획 및 개발사업의 범위 협의시기

1. 행정계획

구분	대상 행정계획	협의 시기
가. 국토지역 계획 및 도시의 개발	1) 「국토기본법」 제12조에 따른 국토종합계획	관계 중앙행정기관의 장과 협의 시
	2) 「국토기본법」 제15조에 따른 도종합계획	관계 중앙행정기관의 장과 협의 시
	3) 「국토의 계획 및 이용에 관한 법률」 제22조에 따른 특별시·광역시·특별자치시·특별자치도의 도시·군기본계획	관계 행정기관의 장과 협의 시
	4) 「국토의 계획 및 이용에 관한 법률」 제22조의2에 따른 시·군 도시·군기본계획	관계 행정기관의 장과 협의 시
	5) 「국토의 계획 및 이용에 관한 법률」 제30조에 따른 도시·군관리계획	관계 행정기관의 장과 협의 시
	6) 「지역 개발 및 지원에 관한 법률」 제8조에 따른 지역개발계획	관계 행정기관의 장과 협의 시
	7) 「공공주택 특별법」 제6조에 따른 공공주택지구의 지정	공공주택지구 지정 전
	8) 「택지개발촉진법」 제3조에 따른 택지개발예정지구의 지정	관계 중앙행정기관의 장과 협의 시
	9) 「도시개발법」 제4조에 따른 도시개발구역에 대한 개발계획	개발계획 수립 전(다만, 같은 법 제4조제1항 단서에 해당하는 경우에는 도시개발구역 지정 전)
	10) 「농어촌정비법」 제7조에 따른 농업생산기반 정비계획	정비계획 수립 전
	11) 「농어촌정비법」 제54조에 따른 생활환경정비계획	정비계획 수립 전
	12) 「지방소도읍 육성 지원법」 제4조에 따른 지방소도읍 종합육성계획	관계 중앙행정기관의 장과 협의 시
	13) 「섬 발전 촉진법」 제6조에 따른 섬개발사업계획	사업계획 수립 전
	14) 「민간임대주택에 관한 특별법」 제22조에 따른 공공지원민간임대주택 공급촉진지구의 지정	관계 중앙행정기관의 장 및 관할 지방자치단체의 장과 협의 시
	15) 「기업도시개발 특별법」 제11조에 따른 기업도시개발계획	개발계획 승인 전
	16) 「동·서·남해안 및 내륙권 발전 특별법」 제12조에 따른 동서남해안권 또는 내륙권 개발계획	개발계획 승인 전
	17) 삭제 <2015.11.30.>	
	18) 「친수구역 활용에 관한 특별법」 제4조제2항에 따른 친수구역조성사업에 관한 계획	관계 중앙행정기관의 장과 협의 시
	19) 「도시공원 및 녹지 등에 관한 법률」 제16조에 따른 공원조성계획	계획 결정 전
나. 산업 및 유통 단지 조성	1) 「산업입지 및 개발에 관한 법률」 제6조에 따른 국가산업단지의 지정	관계 행정기관의 장과 협의 시
	2) 「산업입지 및 개발에 관한 법률」 제7조에 따른 일반산업단지의 지정	관계 행정기관의 장과 협의 시
	2의2) 「산업입지 및 개발에 관한 법률」 제7조의2에 따른 도시첨단산업단지의 지정	관계 행정기관의 장과 협의 시
	3) 「산업입지 및 개발에 관한 법률」 제8조에 따른 농공단지의 지정	단지 지정 전
	4) 「산업집적활성화 및 공장설립에 관한 법률」 제3조에 따른 산업집적활성화 기본계획	관계 중앙행정기관의 장과 협의 시
	5) 「산업집적활성화 및 공장설립에 관한 법률」 제23조에 따른 유치지역의 지정	국토교통부장관과 협의 시
	6) 「물류시설의 개발 및 운영에 관한 법률」 제22조에 따른 일반물류단지 지정 또는 같은 법 제22조의2에 따른 도시첨단물류단지 지정	관계 행정기관의 장과 협의 시
	7) 「사회기반시설에 대한 민간투자법」 제10조에 따른 민간투자시설사업기본계획	계획 수립 전
	8) 「자유무역지역의 지정 및 운영에 관한 법률」 제4조에 따른 자유무역지역의 지정	기획재정부장관과 협의 시
	9) 「경제자유구역의 지정 및 운영에 관한 특별법」 제4조제4항에 따른 경제자유구역개발계획	관계 행정기관의 장과 협의 시
	10) 「문화산업진흥 기본법」 제25조에 따른 문화산업단지조성계획	계획 수립 전
다. 교통시설의 건설	1) 「철도의 건설 및 철도시설 유지관리에 관한 법률」 제7조에 따른 철도건설기본계획	관계 중앙행정기관의 장과 협의 시
	2) 「도시철도법」 제6조에 따른 노선별 도시철도기본계획	관계 부처의 장과 협의 시
	3) 「농어촌도로 정비법」 제7조에 따른 도로정비계획	정비계획 수립 전
	4) 「공항시설법」 제4조에 따른 공항 또는 비행장의 개발에 관한 기본계획	관계 중앙행정기관의 장과 협의 시
	5) 삭제 <2018. 12. 31.>	
라. 하천의 이용 및 개발	1) 「댐건설 및 주변지역지원 등에 관한 법률」 제7조에 따른 댐건설기본계획	관계 행정기관의 장과 협의 시
	2) 삭제 <2015.11.30.>	

1. 행정계획

구분		대상 행정계획	협의 시기
마. 수자원 및 해양 개발	1)	「공유수면 관리 및 매립에 관한 법률」제22조에 따른 공유수면매립 기본계획	관계 중앙행정기관의 장과 협의 시
	2)	「어촌·어항법」제19조에 따른 어항개발계획	계획 수립 전
	3)	「항만법」제41조에 따른 항만배후단지개발 종합계획	관계 중앙행정기관의 장과 협의 시
	4)	「신항만건설촉진법」제3조에 따른 신항만건설기본계획	관계 시도지사 및 관계 중앙행정기관의 장과 협의 시
	5)	「마리나항만의 조성 및 관리 등에 관한 법률」제8조에 따른 마리나항만의 조성 및 개발 등에 관한 사업계획	관계 중앙행정기관의 장과 협의 시
바. 산지개발 및 골재채취	1)	「임업 및 산촌 진흥촉진에 관한 법률」제23조에 따른 산촌진흥기본계획	계획 수립 전
	2)	「임업 및 산촌 진흥촉진에 관한 법률」제23조에 따른 시·도, 시·군·구 산촌진흥계획	계획 수립 전
	3)	「산림문화·휴양에 관한 법률」제14조에 따른 자연휴양림조성계획	계획 승인 전
	4)	「장사 등에 관한 법률」제5조에 따른 시·도, 시·군·구 묘지 등의 수급계획	계획 수립 전
	5)	「광업법」제85조에 따른 광업 기본계획	계획 수립 전
	6)	삭제 <2014.3.11>	
사. 관광단지 개발 및 체육시설	1)	「관광진흥법」제49조제1항에 따른 관광개발기본계획	계획 수립 전
	2)	「관광진흥법」제52조에 따른 관광지 및 관광단지 지정	지정 전
	3)	「청소년활동진흥법」제47조에 따른 청소년수련지구의 지정	관계 행정기관의 장과 협의 시

2. 개발사업

구분		대상 개발사업	협의 시기
가. 국토지역 계획 및 도시의 개발	1)	「국토의 계획 및 이용에 관한 법률」제56조에 따른 개발행위의 허가	개발행위 허가 전
	2)	「국토의 계획 및 이용에 관한 법률」제88조에 따른 도시·군계획시설사업 실시계획	실시계획 인가 전
	3)	「지역 개발 및 지원에 관한 법률」제23조에 따른 지역개발사업에 대한 실시계획	관계 행정기관의 장과 협의 시
	4)	「민간임대주택에 관한 특별법」제28조에 따른 공공지원민간임대주택 공급 촉진지구계획	지구계획 승인 전
	5)	「도시개발법」제17조에 따른 도시개발사업 실시계획	실시계획 인가 전
	6)	「택지개발촉진법」제9조에 따른 택지개발사업 실시계획	실시계획 승인 전
	7)	「공공주택 특별법」제17조에 따른 공공주택지구계획	실시계획 승인 전
	8)	「고등교육법」제4조에 따른 학교의 설립	학교설립 인가 전
	9)	삭제 <2014.3.11>	
	10)	「농어촌정비법」제9조에 따른 농업생산기반 정비사업 시행계획(저수지 신설·재개발, 간척·매립·개간사업만 해당함)	시행계획 수립 전
	11)	「농어촌정비법」제59조에 따른 생활환경정비사업 시행계획(농어촌마을의 건설·재개발사업, 정주생활권개발사업만 해당함)	시행계획 수립 전(다만, 마을정비시행계획이 포함되어 있는 경우에는 실시계획 승인 전)
	12)	「지방소도읍 육성 지원법」제7조에 따른 지방소도읍개발사업	개발사업 승인 전(다만, 국가 또는 지방자치단체의 경우 개발사업 시행 전)
	13)	삭제 <2015.11.30.>	
	14)	「도시 및 주거환경정비법」제50조에 따른 사업시행계획인가(재개발사업만)	시행 인가 전
	15)	「주택법」제15조에 따른 주택건설사업계획 또는 대지조성사업계획	사업계획 승인 전
	16)	「국방·군사시설 사업에 관한 법률」제6조에 따른 국방·군사시설사업 실시계획	실시계획 승인 전
	17)	「기업도시개발 특별법」제12조에 따른 기업도시개발사업에 관한 실시계획	실시계획 승인 전
	18)	「동·서·남해안 및 내륙권 발전 특별법」제14조에 따른 동·서·남해안 또는 내륙권 개발사업에 관한 실시계획	실시계획 승인 전. 다만, 사업시행자가 국가인 경우에는 실시계획 확정 전
	19)	삭제 <2015.11.30.>	
	20)	「접경지역 지원 특별법」제13조에 따른 접경지역 발전 사업	사업의 시행승인 전. 다만, 사업시행자가 국가나 지방자치단체인 경우에는 사업시행계획 수립 전
	21)	「친수구역 활용에 관한 특별법」제13조에 따른 친수구역조성사업에 관한 실시계획	실시계획 승인 전

구분	대상 개발사업	협의 시기
나. 산업 및 유통 단지 조성	1)「산업입지 및 개발에 관한 법률」제17조에 따른 국가산업단지개발실시계획	관계 중앙행정기관의 장과 협의 시
	2)「산업입지 및 개발에 관한 법률」제18조에 따른 일반산업단지개발실시계획	관계 행정기관의 장과 협의 시
	2의2)「산업입지 및 개발에 관한 법률」제18조의2에 따른 도시첨단산업단지개발실시계획	관계 행정기관의 장과 협의 시
	3)「산업입지 및 개발에 관한 법률」제19조에 따른 농공단지개발실시계획	실시계획 승인 전
	4)「산업집적활성화 및 공장설립에 관한 법률」제13조에 따른 공장설립등	공장설립등 승인 전
	5)「중소기업진흥에 관한 법률」제31조에 따른 단지조성사업의 실시계획	실시계획 승인 전
	6)「물류시설의 개발 및 운영에 관한 법률」제9조에 따른 물류터미널사업	공사시행 인가 전
	7)「물류시설의 개발 및 운영에 관한 법률」제28조에 따른 물류단지개발실시계획	관계 행정기관의 장과 협의 시
	8)「유통산업발전법」제29조에 따른 공동집배송센터 지정	센터 지정 전
	9)「사회기반시설에 대한 민간투자법」제15조에 따른 민간투자시설사업실시계획(별표 1의 대상 개발사업에 포함되는 경우만 해당함)	실시계획 승인 전
	10)「경제자유구역의 지정 및 운영에 관한 특별법」제9조에 따른 경제자유구역개발사업 실시계획	실시계획 승인 전
	11)「산업단지 인·허가 간소화를 위한 특례법」제8조에 따른 산업단지계획	산업단지계획의 수립 또는 승인 전
다. 에너지 개발	1)「전원개발촉진법」제5조에 따른 전원개발사업 실시계획	관계 중앙행정기관의 장과 협의 시
	2)「집단에너지사업법」제22조에 따른 집단에너지공사계획(열원시설만 해당)	공사계획 승인 전
라. 교통시설의 건설	1)「철도의 건설 및 철도시설 유지관리에 관한 법률」제9조에 따른 철도건설사업실시계획	실시계획 승인 전
	2)「도시철도법」제7조에 따른 도시철도사업계획	사업계획 승인 전
	3)「농어촌도로 정비법」제8조에 따른 도로사업계획	사업계획 승인 전
	4)「도로법」제31조에 따른 도로공사(신설 및 개축만 해당함)	공사 시행 전
	5)「공항시설법」제7조에 따른 공항 또는 비행장개발사업에 관한 실시계획	실시계획 승인 전
	6) 삭제 <2018. 12. 31.>	
마. 삭제 <2015.11.30.>		
바. 수자원 및 해양 개발	1)「어촌·어항법」제23조에 따른 어항개발사업계획	사업시행 허가 전(다만, 국가 또는 지방자치단체의 경우 계획 수립 전)
	2)「항만법」제10조에 따른 항만공사실시계획	실시계획 수립 전(다만, 비관리청에서 실시계획을 수립하는 경우에는 승인 전)
	3)「신항만건설촉진법」제8조에 따른 신항만건설사업실시계획	실시계획 승인 전
	4)「공유수면 관리 및 매립에 관한 법률」제38조에 따른 공유수면매립실시계획	실시계획 승인 전
	5)「마리나항만의 조성 및 관리 등에 관한 법률」제13조에 따른 마리나항만개발사업의 실시계획	실시계획 승인 전
	6)「어촌·어항법」제7조에 따른 어촌종합개발사업계획	사업계획 수립 전
사. 산지개발 및 골재채취	1)「산림자원의 조성 및 관리에 관한 법률」제9조에 따른 임도 설치	임도 설치 전
	2)「임업 및 산촌 진흥촉진에 관한 법률」제25조에 따른 산촌개발사업계획	사업계획 승인 전
	3)「골재채취법」제22조에 따른 골재채취(하천골재만 해당함)	허가 전
	4)「장사 등에 관한 법률」제13조에 따른 공설묘지의 설치	묘지 설치 전
	5)「장사 등에 관한 법률」제14조에 따른 사설묘지의 설치	묘지 설치 허가 전
	6)「석탄산업법」제39조의9에 따른 탄광지역진흥사업계획	관계 중앙행정기관의 장과 협의 시
	7)「광업법」제42조에 따른 채굴계획	채굴계획 인가 전
	8)「산지관리법」제14조에 따른 산지전용	산지전용허가 전
	8의2)「산지관리법」제15조의2에 따른 산지일시사용허가(같은 법 시행령 제18조의2제2항제1호에 따른 시설을 위한 산지일시사용기간이 1년 이상인 경우에 한정)	산지일시사용허가 전
	9)「산지관리법」제25조에 따른 토석채취	채취허가 전
	10)「산지관리법」제29조에 따른 채석단지의 지정	관계 행정기관의 장과 협의 시
아. 관광단지 개발 및 체육시설	1)「관광진흥법」제54조에 따른 관광지 또는 관광단지 조성계획	조성계획 승인 전
	2)「관광진흥법」제15조에 따른 관광사업계획	사업계획 승인 전
	3)「체육시설의 설치·이용에 관한 법률」제12조에 따른 등록 체육시설업사업계획	사업계획 승인 전
	4)「온천법」제10조에 따른 온천개발계획	개발계획 승인 전
	5)「청소년활동진흥법」제48조에 따른 수련지구조성계획	조성계획 승인 전(다만, 특별자치도지사·시장·군수·구청장이 수립하는 경우에는 수립 전)

경 관 법

법공포 : 최초 '07. 5. 17.　　최종개정 : '18. 3. 13.　　시행일자 : '19. 3. 14.
영공포 : 최초 '07. 11. 13.　　최종개정 : '20. 11. 24.　　시행일자 : '20. 11. 24.

「경관법」 구성체계

제1장 총칙	제2장 경관계획	제3장 경관사업
제1조 목적 제2조 정의 제3조 경관관리의 기본원칙 제4조 국가 및 지방자치단체 등의 책무 제5조 다른 법률과의 관계	제6조 경관정책기본계획의 수립 등 제7조 경관계획의 수립권자 및 대상 지역 제8조 경관계획 수립의 제안 제9조 경관계획의 내용 제10조 경관계획의 수립 또는 변경을 위한 기초조사 제11조 공청회 및 지방의회의 의견청취 제12조 경관계획의 수립절차 제13조 경관계획의 승인 제14조 경관지구와 미관지구의 지정 및 관리 제15조 경관계획의 정비	제16조 경관사업의 대상 등 제17조 경관사업추진협의체 제18조 경관사업에 대한 재정지원 등
제4장 경관협정	**제5장 사회기반시설 사업 등의 경관심의**	**제6장 경관위원회**
제19조 경관협정의 체결 제20조 경관협정운영회의 설립 제21조 경관협정의 인가 제22조 경관협정의 변경 제23조 경관협정의 폐지 제24조 경관협정의 준수 및 승계 제25조 경관협정에 관한 지원	제26조 사회기반시설 사업의 경관 심의 제27조 개발사업의 경관 심의 제28조 건축물의 경관 심의	제29조 경관위원회의 설치 제30조 경관위원회의 기능 제31조 경관위원회의 구성·운영
		제7장 보칙
		제32조 인력 양성 및 지원 제33조 경관관리정보체계의 구축·운영 제34조 벌칙 적용 시의 공무원 의제

제1장 총칙

목 적	• 국토의 체계적 경관관리를 위하여 각종 경관자원의 보전·관리 및 형성에 필요한 사항들을 정함으로써 아름답고 쾌적하며 지역특성을 나타내는 국토환경 및 지역환경을 조성하는데 이바지함	
용어 정의 (법 제2조)	경 관	자연, 인공요소 및 주민의 생활상 등으로 이루어진 일단의 지역환경적 특징을 나타내는 것
	건축물	토지에 정착하는 공작물 중 지붕과 기둥 또는 벽이 있는 것과 이에 딸린 시설물, 지하나 고가의 공작물에 설치하는 사무소·공연장·점포·차고·창고, 그 밖에 대통령령으로 정하는 것
경관관리 기본원칙 (법 제3조)	• 국민이 아름답고 쾌적한 경관을 누릴 수 있도록 할 것 • 지역의 고유한 자연·역사 및 문화를 드러내고 지역주민의 생활 및 경제활동과의 긴밀한 관계 속에서 지역주민의 합의를 통하여 양호한 경관이 유지될 것 • 각 지역의 경관이 고유한 특성과 다양성을 가질 수 있도록 자율적인 경관행정 운영방식을 권장하고, 지역주민이 이에 주체적으로 참여할 수 있도록 할 것 • 개발과 관련된 행위는 경관과 조화 및 균형을 이루도록 할 것 • 우수한 경관을 보전하고 훼손된 경관을 개선·복원함과 동시에 새롭게 형성되는 경관은 개성 있는 요소를 갖도록 유도할 것 • 국민의 재산권을 과도하게 제한하지 않도록 하고, 지역 간 형평성을 고려할 것	

제2장 경관계획

경관정책 기본계획 수립 등 (법 제6조)

구분	내용
수립권자	• 국토교통부장관(5년마다 수립·시행) - 아름답고 쾌적한 국토경관을 형성하고 우수한 경관을 발굴하여 지원·육성하기 위함
경관정책 기본계획 내용	• 국토경관 현황 및 여건변화 전망에 관한 사항 • 경관정책의 기본목표와 바람직한 국토경관의 미래상 정립에 관한 사항 • 국토경관의 종합적·체계적 관리에 관한 사항 • 사회기반시설 통합적 경관관리에 관한 사항 • 우수 경관 보전 및 그 지원에 관한 사항 • 경관분야의 전문인력 육성에 관한 사항 • 지역주민의 참여에 관한 사항 • 그 밖에 경관에 관한 중요 사항
절차	• 환경부장관 등 중앙행정기관의 장 협의 → 공청회 등 의견수렴 → 경관위원회 심의 → 경관정책기본계획 수립(국토교통부장관) → 관보·인터넷 홈피 공고, 관계 중앙행정기관의 장에게 알림

경관계획 수립권자 (법 제7조)

구분	수립권자 및 대상지역
의무적 수립	시·도지사 인구 10만명 초과하는 시(제주특별자치도 제외)의 시장 인구 10만명 초과하는 군(광역시 관할 구역에 있는 군 제외)의 군수
선택적 수립	인구 10만명 이하 시·군의 시장·군수, 행정시장, 구청장 등 또는 경제자유구역청장
공동 수립	특별시장·광역시장·특별자치시장·도지사, 시장·군수, 행정시장, 구청장 등 또는 경제자유구역청장은 둘 이상의 특별시·광역시·특별자치시·도, 시·군·구, 행정시 또는 경제자유구역청의 관할구역에 걸쳐 있는 지역 대상
도지사가 수립	시장·군수가 요청하거나 그 밖에 필요하다고 인정하는 경우에는 둘 이상의 시 또는 군의 관할 구역에 걸쳐 있는 지역 대상

기초조사 (법 제10조, 영 제4조)

• 경관계획의 수립 또는 변경에 필요사항 조사. 다만, 관계 행정기관 또는 전문기관이 이미 조사 시 제외
• 기초조사 내용
- 지형, 지세, 수계 및 식생 등 자연적 여건   - 인구, 토지이용, 산업, 교통 및 문화 등 인문·사회적 여건
- 경관과 관련된 다른 계획 및 사업의 내용   - 그 밖에 경관계획의 수립 또는 변경에 필요한 사항

경관계획 내용 (법 제9조)

경관계획의 세부 내용	도지사 생략 가능	특별시장·광역시장·특별자치시장·특별자치도지사, 시장·군수, 행정시장, 구청장 등 또는 경제자유구역청장 생략 가능
1. 경관계획의 기본방향 및 목표에 관한 사항		
2. 경관자원의 조사 및 평가에 관한 사항		
3. 경관구조의 설정에 관한 사항		
4. 중점적으로 경관을 보전·관리 및 형성하여야 할 구역의 관리에 관한 사항	○	
5. 경관지구와 같은 항 제2호에 따른 미관지구의 관리 및 운용에 관한 사항	○	○
6. 경관사업의 추진에 관한 사항	○	○
7. 경관협정의 관리 및 운영에 관한 사항	○	○
8. 경관관리의 행정체계 및 실천방안에 관한 사항	○	○
9. 자연 경관, 시가지 경관 및 농산어촌 경관 등 특정한 경관 유형 또는 건축물, 가로, 공원 및 녹지 등 특정한 경관 요소의 관리에 관한 사항		○
10. 경관계획의 시행을 위한 재원조달 및 단계적 추진에 관한 사항	○	
11. 그 밖에 경관의 보전·관리 및 형성에 관한 사항으로서 해당 지방자치단체의 조례로 정하는 사항	○	○

• 시·도의 경관계획의 내용과 다를 시 시·도 경관계획이 우선
• 시·도지사, 시장·군수, 행정시장, 구청장 등 또는 경제자유구역청장은 경관계획을 수립하는 경우 이미 수립된 다른 법률에 따른 경관계획에 부합해야 함
• 경관계획은 도시·군기본계획에 부합, 경관계획의 내용과 도시·군기본계획의 내용이 다른 경우 도시·군기본계획이 우선
• 국토교통부장관은 경관계획의 수립기준 등에 관하여 관계 중앙행정기관의 장과 공동으로 정하여 고시

공청회 개최 및 주민의견청취 (법 제11조)	• 시·도지사 등은 경관계획을 수립 또는 변경하려는 때에는 미리 공청회 개최, 주민 및 관계 전문가 등의 의견 청취, 공청회에서 제시된 의견이 타당하다고 인정하는 때에는 경관계획에 반영
시장·군수· 지방의회 의견청취 (법 제11조)	• 도지사 → 관계 시장·군수에게 경관계획(안) 송부 • 시장·군수는 명시된 기한 이내에 그 경관계획(안)에 대한 의견을 도지사에게 제출(도지사 경관계획 수립 시) • 시·도지사 또는 시장·군수 해당 지방의회의 의견청취, 특별한 사유가 없는 한 30일 이내(기간 내 미제출 협의로 간주)
관계행정기관의 장 협의 (법 제12조)	• 30일 이내 의견 제출, 기간 경과 시까지 의견 미제출은 협의로 간주
경관위원회 심의 (법 제12조)	• 환경부장관 등 관계행정기관의 장과 미리 협의, 시·도지사 또는 시장·군수 소속의 경관위원회 심의 • 요청받은 날부터 30일 이내에 의견제출, 의견 없을 시 협의로 간주
승인 및 공고 (법 제13조)	• 시·도지사 또는 시장·군수는 경관계획을 수립하거나 변경 시 관계행정기관의 장에게 관계 서류 송부, 공고 및 주민열람 ※ 경관계획 공고는 해당 지방자치단체의 공보에 게재, 30일 이상 서류열람
정비 (법 제15조)	• 5년마다 경관계획 타당성 재검토 정비

제3장 경관사업 및 제4장 경관협정

경관사업 (법 제16조~제18조)	• 사업시행자 : 중앙행정기관의 장 또는 시·도지사 - 경관사업을 시행할 수 있는 자 외는 관계 중앙행정기관의 장 또는 경관계획을 수립한 시·도지사의 승인을 받아 사업 시행 • 경관사업의 승인 - 사업계획서 제출(중앙행정기관의 장 또는 시·도지사) → 국토부 소속 경관위원회 또는 승인신청을 받은 중앙행정기관의 장의 소속으로 설치한 경관위원회, 시·도지사 등 소속으로 설치하는 경관위원회 심의 후 승인 • 경관사업의 대상 - 가로환경의 정비 및 개선을 위한 사업 - 지역의 녹화와 관련된 사업 - 야간경관의 형성 및 정비를 위한 사업 - 지역의 역사적·문화적 특성을 지닌 경관을 살리는 사업 - 농산어촌 자연경관 및 생활환경을 개선하는 사업 - 그 밖에 경관의 보전·관리 및 형성을 위한 사업으로서 해당 지방자치단체의 조례로 정하는 사업
경관협정 (법 제19조)	• 토지소유자와 그밖에 대통령령으로 정하는 자는 전원의 합의로 쾌적한 환경과 아름다운 경관을 형성하기 위한 협정 체결. 이 경우 경관협정의 효력은 경관협정을 체결한 토지소유자 등에게만 미침 • 협정 체결자 또는 경관협정운영회의 대표자가 경관협정서 작성 → 시·도지사 등 소속 경관위원회의 심의 → 시·도지사 등의 인가 → 내용의 공고 및 주민열람 실시 • 협정의 폐지 : 협정 체결자 또는 경관협정운영회의 대표자가 협정 체결자 과반수의 동의, 시·도지사의 인가 후 폐지

구분	세부 내용
경관협정 체결 시 준수사항	1. 이 법 및 관계 법령을 위반하지 아니할 것 2. 「국토의 계획 및 이용에 관한 법률」에 따른 기반시설의 입지 제한내용을 포함하지 아니할 것
경관협정 내용	1. 건축물의 의장·색채 및 옥외광고물에 관한 사항 2. 공작물 및 건축설비의 위치에 관한 사항 3. 건축물 및 공작물 등의 외부 공간에 관한 사항 4. 토지의 보전 및 이용에 관한 사항 5. 역사문화 경관의 관리 및 조성에 관한 사항 6. 그 밖에 대통령령으로 정하는 사항
경관협정서 명시사항	1. 경관협정의 명칭 2. 경관협정 대상지역의 위치 및 범위 3. 경관협정의 목적 4. 경관협정의 내용 5. 경관협정을 체결하는 자 및 경관협정운영회의 성명·명칭과 주소 6. 경관협정의 유효기간 7. 경관협정 위반 시 제재에 관한 사항 8. 그 밖에 경관협정에 필요한 사항으로서 해당 지방자치단체의 조례로 정하는 사항

제5장 사회기반시설 사업 등의 경관심의

사회기반시설 사업의 경관심의 (법 제26조, 영 제18조)

- 건설공사 또는 건설기술용역을 발주하는 국가, 지방자치단체, 공기업·준정부기관, 지방공사·지방공단의 발주청은 다음 사회기반시설사업은 다음 규모이상 사업 실시 시 경관위원회의 심의

사회기반시설사업 유형	경관위원회 심의 대상사업의 규모	경관위원회 심의
1. 「도로법」에 따른 도로	• 총사업비가 500억원 이상인 사업 • 지방자치단체가 500억원 미만의 범위에서 조례로 정하는 총사업비 규모 이상인 사업으로서 해당 지방자치단체가 발주청인 사업	도로관리청 소속으로 설치한 경관위원회
2. 「철도의 건설 및 철도 유지관리에 관한 법률」에 따른 철도시설		국토교통부장관 소속으로 설치한 경관위원회
3. 「도시철도법」에 따른 도시철도시설		
4. 「하천법」에 따른 하천시설	• 총사업비가 300억원 이상인 사업 • 지방자치단체가 300억원 미만의 범위에서 조례로 정하는 총사업비 규모 이상인 사업으로서 해당 지방자치단체가 발주청인 사업	하천관리청 소속으로 설치한 경관위원회
5. 그 밖에 지방자치단체의 조례로 정하는 시설	• 해당 지방자치단체의 조례로 정하는 총사업비 규모 이상인 사업	-

- 사회기반시설사업의 경관위원회 심의기준은 환경 관계 법률에 따른 환경성 평가와 중복되지 아니하도록 국토교통부장관이 환경부장관과 협의 고시

개발사업의 경관심의 (법 제27조, 영 제19조)

- 도시개발사업 등 개발사업 시행자는 개발사업에 따른 지구의 지정이나 사업계획의 승인 등을 받기 전에 경관위원회 심의

경관위원회 심의가 필요한 개발사업 유형	대상지역 면적 규모
1. 「국토의 계획 및 이용에 관한 법률」에 따른 도시지역에서 시행하는 개발사업	3만㎡ 이상
2. 도시지역 외의 지역에서 시행하는 개발사업	30만㎡ 이상
3. 「농어촌정비법」에 따른 마을정비구역에서 시행하는 생활환경정비사업	20만㎡ 이상

- 개발사업의 경관위원회 심의기준은 환경 관계 법률에 따른 환경성 평가와 중복되지 아니하도록 국토교통부장관이 환경부장관과 협의 고시
- 개발사업 변경에 따른 경관위원회 재심의

개발사업의 재심의가 필요한 변경사항	재심의 시기	비고
개발사업 대상지역 면적이 30% 이상 증감	변경에 따른 지구의 지정이나 사업계획의 승인 전	하나의 경관심의를 받은 개발사업을 두 개 이상의 지구 등으로 분할·시행 시 분할된 사업 각각을 별개의 개발사업으로 봄
공간시설의 면적이 10% 이상 감소		
건축물의 최고높이가 상향되거나 용적률 증가		

건축물의 경관심의 (법 제28조)

- 건축물의 경관심의 대상(건축허가를 받기 전에 그 허가권자 소속으로 경관위원회 심의)
1. 경관지구의 건축물(해당 지방자치단체의 조례로 정하는 건축물은 제외)
2. 중점경관관리구역의 건축물로서 해당 지방자치단체의 조례로 정하는 건축물
3. 지방자치단체, 「공공기관의 운영에 관한 법률」에 따른 공공기관 또는 「지방공기업법」에 따른 지방공기업이 건축하는 건축물로서 해당 지방자치단체의 조례로 정하는 건축물
4. 그 밖에 관할지역의 경관관리를 위하여 필요한 건축물로서 해당 지방자치단체의 조례로 정하는 건축물

경관위원회 기능 (법 제30조)

- 경관위원회 심의 및 자문사항

구분		세부 내용
심의	- 경관계획의 수립 또는 변경 - 경관계획의 승인 - 경관사업 시행의 승인 - 경관협정의 인가	- 사회기반시설 사업의 경관 심의 - 개발사업의 경관 심의 - 건축물의 경관 심의 - 그 밖에 경관에 중요한 영향을 미치는 사항으로서 대통령으로 정하는 사항
자문	- 경관계획에 관한 사항 - 경관사업의 계획에 관한 사항	- 경관에 관한 조례의 제정 및 개정에 관한 사항 - 그 밖에 경관에 중요한 영향을 미치는 사항으로서 해당 지방자치단체의 조례로 정하는 사항

- 경관심의대상 개발사업의 종류 및 심의시기(영 별표)

구분	경관심의 대상 개발사업	심의시기
도시 개발	혁신도시개발사업	혁신도시 개발계획의 승인 전
	공공주택지구조성사업	공공주택지구계획의 승인 전
	도시개발사업	도시개발구역의 지정 전. 다만 도시개발구역을 지정한 후 개발계획을 수립하는 경우 개발계획 수립 전
	정비사업(주거환경개선사업 제외)	정비계획의 수립 및 정비구역의 지정 전
	재정비촉진사업	재정비촉진계획의 결정 전
	도청이전 신도시개발사업	도청이전 신도시 개발계획의 승인 전
	물류단지 개발사업	일반물류단지 개발계획의 수립 및 일반물류단지의 지정 전 또는 도시첨단물류단지개발계획의 수립 및 도시첨단물류단지의 지정 전
	역세권 개발사업	역세권 개발구역의 지정 및 역세권개발사업계획의 수립 전
	주택건설사업 및 대지조성사업	사업계획의 승인 전
	택지개발사업	택지개발지구의 지정 및 택지개발계획의 수립 전
산업 단지 조성	산업단지 개발사업	산업단지개발계획의 수립 및 산업단지의 지정 전
	산업단지 재생사업	산업단지 재생계획의 수립 및 재생사업지구의 지정 전
	준산업단지의 정비사업	준산업단지 정비계획의 수립 및 지정 전
	국가산업단지, 일반산업단지, 도시첨단산업단지, 농공단지의 개발사업	산업단지계획의 수립 또는 승인 전
	연구개발특구의 개발사업	특구개발계획의 수립 전
	「중소기업진흥에 관한 법률」 단지조성사업	단지조성사업의 실시계획 승인 전
특정 지역 개발	경제자유구역에서 실시되는 개발사업	경제자유구역개발계획의 확정 및 경제자유구역의 지정 전
	기업도시개발사업	기업도시개발계획의 승인 전
	「농어촌정비법」에 따른 마을정비구역에서 시행하는 생활환경정비사업	마을정비계획의 수립 및 마을정비구역의 지정 전
	「농업생산기반시설 및 주변지역 활용에 관한 특별법」에 따른 농업생산기반시설 및 주변지역 활용사업	도시·군관리계획 결정 전
	「동·서·남해안 및 내륙권 발전특별법」에 따른 해안권 내륙권 개발사업	개발구역의 지정 전
	「지역균형개발 및 지방중소기업 육성에 관한 법률」에 따른 지역개발사업	지역개발사업구역의 지정 또는 투자선도지구의 지정 전
	「친수구역 활용에 관한 특별법」 친수구역조성사업	친수구역의 지정 전, 단 친수구역을 지정한 후 사업계획을 수립하는 경우에는 사업계획의 수립 전
	「새만금사업 추진 및 지원에 관한 특별법」에 따른 새만금사업	용도별 개발기본계획의 승인 전
관광 단지 개발	관광지 및 관광단지의 조성사업	관광지 및 관광단지 조성계획의 승인 전
	「온천법」에 따른 온천개발사업	온천개발계획의 승인 전
항만 건설	「항만법」에 따른 항만재개발사업	항만재개발사업계획 수립 전
교통 시설 개발	「국가통합교통체계효율화법」에 따른 국가기간복합환승센터 및 광역복합환승센터의 개발사업	복합환승센터의 개발에 관한 계획의 수립 및 복합환승센터의 지정 전

토지이용규제기본법

법공포 : 최초 '05. 12. 7. 최종개정 : '21. 7. 20. 시행일자 : '21. 9. 21.
영공포 : 최초 '06. 6. 7. 최종개정 : '20. 7. 28. 시행일자 : '20. 7. 30.

「토지이용규제기본법」 구성체계

제1조 목적 제2조 정의 제3조 다른 법률과의 관계 제4조 토지이용규제의 투명성 확보 제5조 지역·지구 등의 신설 제한 등 제6조 지역·지구 등의 신설에 대한 심의 제6조의2 행위제한 강화 등에 대한 심의 제6조의3 직권심의 및 권고 제7조 사업지구에서의 행위제한 등 제8조 지역·지구 등의 지정 등	제8조의2 지역·지구 등의 지정 및 행위제한 강화 등의 재검토 제9조 지역·지구 등의 지정 및 행위제한 내용의 제공 제10조 토지이용계획확인서의 발급 등 제11조 규제안내서 제12조 국토이용정보체계의 구축·운영 및 활용 제13조 지역·지구 등의 지정과 운영 실적 등의 평가 제14조 행위제한 내용 및 절차에 대한 평가 제14조의2 제도개선 협의 및 이행촉구 등 제15조 토지이용규제심의위원회	제16조 위원회의 구성 등 제17조 위원의 결격사유 제18조 위원장 등의 직무 제19조 회의의 소집 및 의결정족수 제20조 간사 및 서기 제21조 운영세칙 제22조 토지이용규제평가단 제22조의2 기초조사의 실시 제23조 업무의 위탁 제24조 벌칙 적용 시의 공무원 의제

목 적 (법 제1조)	토지이용과 관련된 지역·지구 등의 지정과 관리에 관한 기본적인 사항을 규정함으로써 토지이용규제의 투명성을 확보하여 국민의 토지이용상의 불편을 줄이고 국민경제의 발전에 이바지함
지역·지구 등 정의 (법 제2조)	지역·지구·구역·권역·단지·도시·군계획시설 등 명칭에 관계없이 개발행위를 제한하거나 토지이용과 관련된 인가·허가 등을 받도록 하는 등 토지의 이용 및 보전에 관한 제한을 하는 일단의 토지로서 지역·지구 등의 신설제한 등에 의한 지역·지구 등을 말함
지역·지구 등의 신설 제한 (법 제5조)	• 본 법률의 [별표]에 규정한 지역·지구 • 다른 법령의 위임에 따라 대통령령에 규정된 지역·지구 등으로서 이 법의 대통령령에 규정된 지역·지구 등 • 다른 법령의 위임에 따라 총리령, 부령 및 자치법규에 규정된 지역·지구 등으로서 국토교통부장관이 관보에 고시하는 지역·지구 등은 지역·지구 등의 신설을 할 수 없음
지역·지구 등의 신설에 대한 심의 (법 제6조, 영 제4조)	• 중앙행정기관의 장 또는 지방자치단체의 장 : 지역·지구 등을 신설하는 내용으로 법령 또는 자치법규 제정·개정 시 토지이용규제심의위원회의 심의를 국토교통부장관에게 요청 - 심의요청시기 : 지역·지구 등을 신설하는 내용의 법령안 및 자치 법규안 입법예고하기 전 - 심의기준 ① 기존의 지역·지구 등의 지정 목적 또는 명칭과 유사하거나 중복되지 아니할 것 ② 지역·지구 등의 신설에 명확한 목적이 있을 것 ③ 지역·지구 등의 지정기준과 지정요건 등이 구체적이고 명확할 것 ④ 지역·지구 등에서의 행위제한 내용이 그 지정 목적에 비추어 다른 지역·지구 등과 균형을 유지할 것 ⑤ 지역·지구 등의 지정 절차가 투명하고 공개적일 것 ⑥ 지역지구 등 지정목적에 따라 필요 시 존속기간 또는 해제에 관한 규정을 둘 필요가 있으면 그 규정을 둘 것

주민의견 청취 (법 제8조, 영 제6조)	• 중앙행정기관의 장 또는 지방자치단체의 장이 지역·지구 등을 지정 또는 변경 시 반드시 사전에 주민의견 청취 **지역·지구 등의 지정안 송부** — 중앙행정기관의 장, 도지사 → 특별시장·광역시장·특별자치도지사·시장·군수 ⇩ **공고 및 주민열람** (특별시장, 광역시장, 특별자치도지사, 시장 또는 군수) — 둘 이상의 일간신문, 그 지방자치단체의 게시판 및 인터넷 홈페이지 공고, 14일 이상 ⇩ **의견제출** — 열람기간 동안 특별시장, 광역시장, 특별자치도지사, 시장·군수 또는 구청장에게 의견서 제출 ⇩ **주민의견 청취결과 제출** — (특별시장, 광역시장, 특별자치도지사, 시장 또는 군수) 열람기간 종료 후 중앙행정기관의 장이나 도지사에게 제출 ⇩ **주민의견 청취결과 통보** (중앙행정기관의 장, 지방자치단체의 장) — 주민의견 청취 결과를 접수한 날 또는 열람기간이 끝난 날부터 60일 이내 결과통보 • 주민의견청취 적용제외 대상 - 별도의 지정절차 없이 법령 또는 자치법규에 따라 지역·지구 등의 범위가 직접 지정, 다른 법령 또는 자치법규에 주민의 의견을 듣는 절차가 규정, 국방상 기밀유지가 필요, 경미한 지역·지구 등의 변경지정(지역·지구 등의 면적 축소, 면적의 10% 이내 확대)
직권심의 및 권고 (법 제6조의 3)	• 국토교통부장관은 다음 각 호의 어느 하나에 해당하는 경우에는 해당 지역·지구 등 또는 행위제한 강화 등이 각 호에 따른 기준에 부합하는지에 대하여 위원회가 심의 - 중앙행정기관의 장이나 지방자치단체의 장이 제6조 제1항에 따른 심의를 요청하지 아니하고 지역·지구 등을 신설하였거나 신설된 날부터 5년이 경과할 때까지 지역·지구 등이 지정되지 아니한 경우: 제6조 제1항 각 호의 기준 - 중앙행정기관의 장이나 지방자치단체의 장이 제6조의2 제1항에 따른 심의를 요청하지 아니하고 행위제한 강화 등을 한 경우: 제6조의2 제1항 각 호의 기준
지형도면 등의 고시 (법 제8조, 영 제7조)	• 지형도면의 고시: 중앙행정기관의 장(관보), 지방자치단체의 장(공보) • 지형도면 등의 고시로 지역·지구 등의 지정효력이 발생 - 지역·지구 등의 지정일부터 2년 이내. 지형도면 등의 고시가 없는 경우에는 그 2년이 되는 날의 다음 날부터 그 지정의 효력 상실 • 효력 상실 시 절차 관보 또는 공보 고시 ⇒ 관계 특별자치도지사, 시장·군수 또는 구청장에게 통보 ⇒ 국토이용정보체계에 등재 및 정보제공 지정권자 / 지정권자 / 시장·군수·구청장
지역·지구 등의 지정 및 행위제한 강화 등의 재검토 (법 제8조의 2)	• 중앙행정기관의 장이나 지방자치단체의 장이 지역·지구 등을 지정하거나 지역·지구 등에서 행위제한 강화 등을 한 경우에는 해당 지역·지구 등의 지정 및 행위제한 강화 등의 타당성을 대통령령으로 정하는 바에 따라 주기적으로 검토 • 중앙행정기관의 장이나 지방자치단체의 장이 지역·지구 등의 지정 및 행위제한 강화 등의 타당성을 검토한 결과 개선이 필요하다고 인정 시 개선에 필요한 조치

토지이용 인·허가 절차 간소화를 위한 특별법

법공포 : 최초 '15. 1. 20.	최종개정 : '21. 4. 20.	시행일자 : '21. 10. 21.
영공포 : 최초 '16. 1. 19.	최종개정 : '21. 6. 8.	시행일자 : '21. 6. 8.

「토지이용 인허가 절차 간소화를 위한 특별법」 구성체계

제1장 총칙	제2장 토지이용 인허가 절차 간소화 지원 등	제3장 토지이용 인허가 절차 간소화를 위한 조치
제1조 목적 제2조 정의 제3조 적용범위 제4조 국가와 지방자치단체의 책무 제5조 다른 법률과의 관계	제6조 관련 위원회의 운영기준 마련 등 제7조 성과보고 및 평가 제8조 상담·자문 지원	제9조 사전심의 제10조 일괄협의 제11조 토지이용 인·허가 협의기간 등 제12조 통합심의위원회 제13조 합동조정회의 제14조 토지이용 인·허가 조정의 신청 제14조의2 삭제 제15조 토지이용 인·허가 전담센터 제16조 통합인·허가지원시스템 제17조 정보 공개 및 의견 수렴 제18조 공공데이터의 제공

제1장 총칙

목 적 (법 제1조)	• 토지를 이용하고 개발하는 경우 개별 법률에서 각각 규정하고 있는 복잡한 인·허가 절차를 통합·간소화하고, 지원함으로써 국민 불편을 없애고 국가경쟁력 강화에 기여함을 목적
정 의 (법 제2조)	• "토지이용"이란 토지의 사회적·경제적 가치를 증대시키기 위한 다음 각 목의 행위 - 「국토의 계획 및 이용에 관한 법률」 제56조에 따른 개발행위 - 「건축법」 제2조 제1항 제8호의 건축 및 같은 항 제9호의 대수선 - 「산업집적활성화 및 공장설립에 관한 법률」 제13조에 따른 공장설립 등
적용범위 (법 제3조)	• 다음 토지이용 인·허가의 신청에 따른 토지이용 인·허가 절차에 대해 적용 - 「국토의 계획 및 이용에 관한 법률」 제56조에 따른 개발행위의 허가 - 「건축법」 제11조에 따른 건축허가 - 「산업집적활성화 및 공장설립에 관한 법률」 제13조에 따른 공장설립 등의 승인. 다만, 같은 법 제51조에 따라 한국산업단지공단이 산업통상자원부장관으로부터 위탁받아 수행하는 공장설립 등의 승인 제외
다른 법률과의 관계 (법 제5조)	• 다른 법률에 따른 토지이용 인·허가 절차에 관하여 다른 법률에 우선 적용 • 단, 「산업집적활성화 및 공장설립에 관한 법률」 등 다른 법률에서 이 법보다 간소화된 절차 또는 이법과 유사한 제도를 마련하고 있는 경우 그 법률에서 정하는 바에 따름

제2장 토지이용 인허가 절차 간소화 지원

관련 위원회 운영기준 마련 (법 제6조)	• 개발행위허가, 건축허가, 공장설립 등의 승인의 법률을 소관하는 중앙행정기관의 장은 토지이용 인·허가 절차의 간소화를 위하여 토지이용 인·허가 관련 위원회의 운영지침 등을 마련 • 특별시장·광역시장·특별자치시장·도지사 및 특별자치도지사, 시장·군수·구청장은 소관 토지이용 인·허가 관련 위원회에 대하여 제1항에 따른 운영지침 등을 반영한 세부 운영기준 마련

구분	내용
성과보고 및 평가 (법 제7조)	• 토지이용 인·허가권자는 다음에 관한 실적과 성과를 개발행위허가 및 건축허가의 경우 국토교통부장관에게 공장설립 등의 승인에 경우 산업통상자원부장관에게 2년마다 각각 보고 - 토지이용 인·허가 절차의 개선 및 소요기간 단축 - 토지이용 인·허가에 대한 국민의 이해도 향상 - 토지이용 인·허가 절차에 대한 만족도 평가
상담·자문지원 (법 제8조)	• 토지이용 인·허가를 신청하려는 자가 인·허가 요건 및 절차에 대해 상담·자문을 하려는 경우 전담센터 방문 또는 통합인·허가지원시스템을 이용하여 상담·자문 신청 - 7일 이내 정보제공, 필요 시 한 차례만 7일 연장

제3장 토지이용 인허가 절차 간소화를 위한 조치

구분	내용	
사전심의 (법 제9조)	사전심의 신청	• 토지 소유권 또는 사용권 미확보시도 인·허가를 위해 필요한 위원회 전부 또는 일부 심의 신청 가능
	사전심의 기간	• 해당 위원회 심의 신청일부터 30일 이내 완료
	사전심의 내용	• 사전 심의 내용과 다른 내용으로 신청 시 사전 심의 효력 상실, 심의결과 불허가 또는 승인 불가 사항은 재심의 불가
	사전심의 효력상실	• 심의결과 통보받은 날부터 2년 이내 인·허가 신청, 기간 만료 후 사전효력 심의 효력 상실
	사전심의결과 통보	• 신청 접수 날부터 10일 이내, 심의결과를 심의완료일 10일 이내 통보
일괄협의 (인허가권자) (법 제10조)	• 토지이용 인·허가권자는 토지이용 인·허가 과정에서 관계행정기관의 장, 시·도지사, 시장·군수·구청장, 유관기관의 장 등과 협의가 필요 시 해당 토지이용 인·허가와 관련한 모든 협의절차를 동시에 착수. 다만, 토지이용 인·허가 신청인이 분리 또는 순차협의를 신청 시는 그에 따름	
토지이용 인·허가 협의기간 등 (법 제11조)	• 관계기관의 협의 : 인·허가 신청 접수 후 10일 이내. 단 산지전용허가와 산지일시사용허가는 30일 이내 • 위원회 심의 : 심의 요청일부터 30일 이내(회의 소집에 소요된 기간 포함) • 토지이용 인·허가자 관계 행정기관의 장 및 유관기관의 장은 다음의 횟수를 초과해 서류의 보완 및 재심의 불가 - 보완요구 : 1회, 위원회 재심의 : 2회 - 환경영향평가 등의 협의기간은 「환경영향평가법」에 따르고 서류에 대한 보완요구는 2회로 함	
통합심의위원회 (법 제12조)	• 다음의 전부 또는 일부를 통합한 통합심의위원회 구성 운영가능 - 「국토의 계획 및 이용에 관한 법률」 제113조에 따른 지방도시계획위원회 - 「건축법」 제4조 제1항에 따라 시·도지사 및 시장·군수·구청장이 설치하는 건축위원회 - 「경관법」 제29조에 따라 지방자치단체에 설치하는 경관위원회 - 「도시교통정비 촉진법」 제19조에 따른 교통영향평가 심의위원회 - 「산지관리법」 제22조 제2항에 따른 지방산지관리위원회 - 「자연재해대책법」 제4조 제8항에 따라 행정안전부장관이 구성·운영하는 사전재해영향성 검토위원회 • 토지이용 인·허가를 신청하려는 자는 통합심의위원회의 심의 요청 가능. 이 경우 토지이용 인·허가권자는 통합 심의 여부, 범위 등 대통령령으로 정하는 사항을 요청일부터 10일 이내 통보	
합동조정회의 (법 제13조)	• 토지이용 인·허가권자는 다음에 해당하는 경우 관계기관 간 이견을 조정하기 위해 관계 행정기관의 소속 공무원이 참여하는 합동조정회의를 개최 - 토지이용 인·허가 신청인이 조정을 신청 - 기관 간 의견이 상충되어 정한 기간을 초과해 의사결정이 지연, 그 밖에 대통령령으로 정하는 경우	
토지이용 인·허가 조정의 신청 (법 제14조)	• 토지이용 인·허가권자는 동일한 사안에 대하여 합동조정회의를 3회이상 개최하였음에도 관계 행정기관 간 이견이 조정되지 아니하는 경우, 중앙도시계획위원회에 조정을 신청할 수 있음	
토지이용 인·허가 전담센터 (법 제15조)	• 인·허가 업무를 수행하거나 지원하기 위해 설치 운영 • 토지이용 인·허가 전담센터의 업무 - 신청 서류의 접수, 관계 행정기관 및 유관기관과의 업무협의, 토지이용 인·허가 신청인에 대한 토지이용 인·허가 진행상황 공지 등 정보제공, 인·허가 상담자문, 통합심의위원회 및 합동조정회의 운영, 그 밖에 토지이용 인·허가 관련 업무	
통합인·허가 지원시스템 (법 제16조)	• 다음 기능을 수행하기 위한 통합 인·허가 지원시스템 구축·운영 1. 토지이용 관련 법률 및 토지이용 인·허가 이력사항 등 정보 제공 2. 토지이용 인·허가 신청인의 신청 접수 및 결과 확인 3. 관계 행정기관 및 유관기관과의 업무협의 지원 4. 제7조에 따른 성과보고 및 평가 5. 제8조에 따른 토지이용 인·허가 상담·자문 신청 및 결과 통보 6. 제17조에 따른 주민 의견 수렴을 위한 지원 7. 그 밖에 토지이용 인·허가 정보 제공, 절차 개선 및 지원에 관한 사항	

공익사업을 위한 토지 등의 취득 및 보상에 관한 법률

법공포 : 최초 '02. 2. 4.   최종개정 : '21. 7. 20.   시행일자 : '21. 10. 14.
영공포 : 최초 '02. 12. 30.   최종개정 : '21. 11. 23.   시행일자 : '21. 11. 23.

「공익사업을 위한 토지 등의 취득 및 보상에 관한 법률」 구성체계

제1장 총칙	제2장 공익사업의 준비	제3장 협의에 의한 취득 또는 사용	제4장 수용에 의한 취득 또는 사용 제1절 수용 또는 사용의 절차
제1조 목적 제2조 정의 제3조 적용 대상 제4조 공익사업 제4조의2 토지 등의 수용·사용에 관한 특례의 제한 제4조의3 공익사업 신설 등에 대한 개선요구 등 제5조 권리·의무 등의 승계 제6조 기간의 계산방법 등 제7조 대리인 제8조 서류의 발급신청	제9조 사업준비를 위한 출입의 허가 등 제10조 출입의 통지 제11조 토지점유자의 인용의무 제12조 장해물 제거 등 제13조 증표 등의 휴대	제14조 토지조서 및 물건조서의 작성 제15조 보상계획의 열람 등 제16조 협의 제17조 계약의 체결 제18조 삭제	제19조 토지 등의 수용 또는 사용 제20조 사업인정 제21조 협의 및 의견청취 등 제22조 사업인정의 고시 제23조 사업인정의 실효 제24조 사업의 폐지 및 변경 제25조 토지등의 보전 제26조 협의 등 절차의 준용 제27조 토지 및 물건에 관한 조사권 등 제28조 재결의 신청 제29조 협의 성립의 확인

제4장 수용에 의한 취득 또는 사용		제5장 토지수용위원회	제6장 손실보상 등 제1절 손실보상의 원칙
제1절 수용 또는 사용의 절차	제2절 수용 또는 사용의 효과		
제30조 재결 신청의 청구 제31조 열람 제32조 심리 제33조 화해의 권고 제34조 재결 제35조 재결기간 제36조 재결의 경정 제37조 재결의 유탈 제38조 천재지변 시의 토지의 사용 제39조 시급한 토지 사용에 대한 허가	제40조 보상금의 지급 또는 공탁 제41조 시급한 토지 사용에 대한 보상 제42조 재결의 실효 제43조 토지 또는 물건의 인도 등 제44조 인도 또는 이전의 대행 제45조 권리의 취득·소멸 및 제한 제46조 위험부담 제47조 담보물권과 보상금 제48조 반환 및 원상회복의 의무	제49조 설치 제50조 재결사항 제51조 관할 제52조 중앙토지수용위원회 제53조 지방토지수용위원회 제54조 위원의 결격사유 제55조 임기 제56조 신분 보장 제57조 위원의 제척·기피·회피 제57조의2 벌칙적용에서 공무원 의제 제58조 심리조사상의 권한 제59조 위원 등의 수당 및 여비 제60조 운영세칙 제60조의2 재결정보체계의 구축·운영 등	제61조 사업시행자 보상 제62조 사전보상 제63조 현금보상 등 제64조 개인별 보상 제65조 일괄보상 제66조 사업시행 이익과의 상계금지 제67조 보상액의 가격시점 등 제68조 보상액의 산정 제69조 보상채권의 발행

제6장 손실보상 등 제2절 손실보상의 종류와 기준 등		제7장 이의신청 등	제8장 환매권
제70조 취득하는 토지의 보상 제71조 사용하는 토지의 보상 등 제72조 사용하는 토지의 매수청구 등 제73조 잔여지의 손실과 공사비 보상 제74조 잔여지 등의 매수 및 수용 청구 제75조 건축물등 물건에 대한 보상 제75조의2 잔여 건축물의 손실에 대한 보상 등 제76조 권리의 보상	제77조 영업의 손실 등에 대한 보상 제78조 이주대책의 수립 등 제78조의2 공장의 이주대책 수립 등 제79조 그 밖의 토지에 관한 비용보상 등 제80조 손실보상의 협의·재결 제81조 보상업무 등의 위탁 제82조 보상협의회	제83조 이의의 신청 제84조 이의신청에 대한 재결 제85조 행정소송의 제기 제86조 이의신청에 대한 재결의 효력 제87조 법정이율에 따른 가산지급 제88조 처분효력의 부정지 제89조 대집행 제90조 강제징수	제91조 환매권 제92조 환매권의 통지 등 **제9장 벌칙** 제93조 벌칙 제93조의2 벌칙 제94조 삭제 제95조 벌칙 제95조의2 벌칙 제96조 벌칙 제97조 벌칙 제98조 양벌규정 제99조 과태료

제1장 총칙

목 적 (법 제1조)	• 공익사업에 필요한 토지 등을 협의 또는 수용에 의하여 취득하거나 사용함에 따른 손실의 보상에 관한 사항을 규정함으로써 공익사업의 효율적인 수행을 통하여 공공복리의 증진과 재산권의 적정한 보호를 도모
적용대상 (법 제3조)	• 사업시행자가 다음에 해당하는 토지·물건 및 권리를 취득 또는 사용하는 경우 적용 - 토지 및 이에 관한 소유권 외의 권리 - 토지와 함께 공익사업을 위하여 필요한 입목, 건물, 그 밖에 토지에 정착된 물건 및 이에 관한 소유권 외의 권리 - 광업권·어업권 또는 물의 사용에 관한 권리 - 토지에 속한 흙·돌·모래 또는 자갈에 관한 권리

공익사업 (법 제4조, 별표)	• 토지 등을 취득 또는 사용할 수 있는 사업 - 국방·군사에 관한 사업 - 관계 법률에 따라 허가·인가·승인·지정 등을 받아 공익을 목적으로 시행하는 철도·도로·공항·항만·주차장·공영차고지·화물터미널·궤도·하천·제방·댐·운하·수도·하수도·하수종말처리·폐수처리·사방·방풍·방화·방조·방수·저수지·용수로·배수로·석유비축·송유·폐기물처리·전기·전기통신·방송·가스 및 기상관측에 관한 사업 - 국가나 지방자치단체가 설치하는 청사·공장·연구소·시험소·보건시설·문화시설·공원·수목원·광장·운동장·시장·묘지·화장장·도축장 또는 그 밖의 공공용 시설에 관한 사업 - 관계 법률에 따라 허가·인가·승인·지정 등을 받아 공익을 목적으로 시행하는 학교·도서관·박물관 및 미술관 건립에 관한 사업 - 국가, 지방자치단체, 공공기관, 지방공기업 또는 국가나 지방자치단체가 지정한 자가 임대나 양도의 목적으로 시행하는 주택 건설 또는 택지 및 산업단지 조성에 관한 사업 - 위 사업을 시행하기 위해 필요한 통로, 교량, 전선로, 재료 적치장 또는 그 밖의 부속시설에 관한 사업 - 위의 사업을 시행하기 위하여 필요한 주택, 공장 등의 이주단지 조성에 관한 사업 - 그 밖에 다른 법률에 따라 토지 등을 수용하거나 사용할 수 있는 사업
토지 등의 수용·사용에 관한 특례의 제한 (법 제4조의 2)	• 이 법에 따라 토지 등을 수용하거나 사용할 수 있는 사업은 제4조의 별표에 규정된 법률에 따르지 아니하고는 정할 수 없음 • 별표는 이 법 외의 다른 법률로 개정할 수 없음

제4장 수용에 의한 취득 또는 사용

사업인정 (법 제20조)	• 사업시행자는 토지 등을 수용하거나 사용하려면 국토교통부장관의 사업인정을 받아야 함 • 사업인정을 신청하려는 자는 국토교통부령으로 정하는 수수료를 납부해야 함	
의견청취 등 (법 제21조)	사업인정 단계	- 국토교통부장관은 관계 중앙행정기관의 장 및 특별시장·광역시장·도지사·특별자치도지사와 협의, 미리 중앙토지수용위원회 및 사업인정에 이해관계가 있는 자의 의견청취
	사업인정 후 의제되는 지구지정, 사업계획 승인 단계	- 중앙토지수용위원회 및 사업인정에 이해관계가 있는 자의 의견청취
	※ 중앙토지수용위원회는 의견제출 요청 받은 날부터 30일 이내 의견 제출, 기간 내 없을 시 의견 없는 것으로 간주	
사업인정고시 및 실효 (법 제22조, 제23조)	• 통지 및 관보 고시(국토교통부장관) - 사업시행자, 토지소유자 및 관계인, 관계 시·도지사에게 통지, 사업시행자의 성명이나 명칭, 사업의 종류, 사업지역 및 수용하거나 사용할 토지의 세목 관보 고시 - 시·도지사(특별자치도지사는 제외)는 관계 시장·군수 및 구청장에게 이를 통지 • 사업인정은 고시한 날부터 그 효력이 발생, 고시한 날부터 1년 이내 재결신청을 하지 아니한 경우 1년이 되는 날의 다음날 효력 상실	

제5장 토지수용위원회

설 치 (법 제49조)	• 토지 등의 수용과 사용에 관한 재결을 하기 위하여 국토교통부에 중앙토지수용위원회를 두고, 특별시·광역시·시·도·특별자치도에 지방토지수용위원회를 둠
재결사항 (법 제50조)	• 수용 또는 사용할 토지의 구역 및 사용방법 • 손실의 보상 • 수용 또는 사용의 개시일과 기간 • 그 밖에 이 법 및 다른 법률에서 규정한 사항 * 토지수용위원회는 사업시행자·토지소유자 또는 관계인이 신청한 범위 안에서 재결하여야 하며 손실보상의 경우에는 증액재결을 할 수 있음
관할 (법 제51조)	• 중앙토지수용위원회 : 국가 또는 시·도가 사업시행자인 사업, 수용하거나 사용할 토지가 2 이상의 시·도에 걸쳐 있는 사업 • 지방토지수용위원회 : 중앙토지수용위원회가 관장하는 사업 외의 사업재결에 관한 사항 관장

구분	
재결의 실효 (법 제42조)	• 사업시행자가 수용 또는 사용의 개시 일까지 관할 토지수용위원회가 재결한 보상금을 지급하거나 공탁하지 아니하였을 때에는 해당 토지수용위원회의 재결은 효력을 상실 • 사업시행자는 재결의 효력이 상실됨으로 인하여 토지 소유자 또는 관계인이 입은 손실을 보상
재결에 대한 이의신청 (법 제83조)	• 중앙토지수용위원회의 재결에 이의가 있는 자는 중앙토지수용위원회에 이의신청 가능 • 지방토지수용위원회의 재결에 이의가 있는 자는 해당 지방토지수용위원회를 거쳐 중앙토지수용위원회에 이의신청 가능 • 이의의 신청은 재결서의 정본을 받은 날부터 30일 이내에 하여야 함
재결에 대한 행정소송 (법 제85조)	• 행정소송의 제기 - 사업시행자, 토지소유자 또는 관계인은 재결에 불복할 때에는 재결서를 받은 날부터 60일 이내 - 이의신청을 거쳤을 때에는 이의신청에 대한 재결서를 받은 날부터 30일 이내 - 사업시행자는 행정소송을 제기하기 전에 늘어난 보상금을 공탁하여야 하며, 보상금을 받을 자는 공탁된 보상금을 소송이 종결될 때까지 수령할 수 없음 • 제기하려는 행정소송이 보상금의 증감에 관한 소송인 경우 그 소송을 제기하는 자가 토지소유자 또는 관계인일 때에는 사업시행자를, 사업시행자일 때에는 토지소유자 또는 관계인을 각각 피고로 함

제6장 손실보상

구 분	보상액 산정방법
보상액 가격시점 (법 제67조)	• 보상액 가격산정 시점 - 협의 : 협의 성립 당시의 가격　　　- 재결 : 수용 또는 사용의 재결 당시의 가격 기준 • 보상액 산정 시 해당 공익사업으로 인하여 토지 등의 가격이 변동된 것은 고려하지 아니함
보상액의 산정 (법 제68조)	• 감정평가법인등 3인(시·도지사와 토지소유자가 모두 감정평가업법인등을 추천하지 아니하거나 시·도지사 또는 토지소유자 어느 한쪽이 감정평가업법인등을 추천하지 아니하는 경우에는 2인)을 선정하여 토지 등의 평가를 의뢰하여야 함 - 단, 사업시행자가 국토교통부령으로 정하는 기준에 따라 직접 보상액을 산정할 수 있을 시 제외 • 감정평가법인등을 선정할 때 해당 토지를 관할하는 시·도지사와 토지소유자는 감정평가법인등을 각 1인씩 추천할 수 있음(이 경우 사업시행자는 추천된 감정평가법인등을 포함 선정하여야 함)
토지의 보상 (법 제70조, 제71조)	• 보상액의 산정 : 공시지가 기준 - 그 공시지가 기준일부터 가격시점까지 토지이용계획, 지가변동률, 생산자 물가상승률과 그 밖에 토지의 위치·형상·이용상황 등을 고려하여 평가한 적정가격으로 보상 | 구 분		공시지가 산정
---	---	---
취득 토지 보상	사업인정 전 (협의 취득)	토지의 가격시점 당시 공시된 공시지가 중 가격시점과 가장 가까운 시점에 공시된 공시지가
	사업인정 후	사업인정고시일 전의 시점을 공시기준일로 하는 공시지가 해당 토지에 관한 협의의 성립·재결 당시 공시된 공시지가 중 그 사업인정고시일과 가장 가까운 시점에 공시된 공시지가
	토지가격 변동	공익사업 공고일 또는 고시일과 가장 가까운 시점에 공시된 공시지가 * 공익사업의 계획·시행의 공고·고시로 인한 가격 변동의 경우
사용 토지 보상	협의·재결에 의한 사용	그 토지와 인근 유사토지의 지료, 임대료, 사용방법, 사용기간 및 그 토지 가격 등을 고려하여 평가한 적정가격으로 보상
	사용토지와 지하·지상의 공간 사용	투자비용, 예상수익 및 거래가격 등을 고려하여 국토교통부령으로 정함	

건축물 등 물건에 대한 보상 (법 제75조)	• 이전에 필요한 비용으로 보상	
	구 분	세 부
	물건의 가격 보상	건축물 등을 이전하기 어렵거나 그 이전으로 인하여 건축물 등을 종래의 목적대로 사용할 수 없게 된 경우 건축물 등의 이전비가 그 물건의 가격을 넘는 경우 사업시행자가 공익사업에 직접 사용할 목적으로 취득
	농작물	농작물의 종류, 성장의 정도를 종합적으로 고려 보상
	토지에 속한 흙·돌·모래 또는 자갈	거래가격을 고려하여 평가한 적정가격
보상협의회 (법 제82조, 영 제44조)	• 당해 사업지역을 관할하는 특별자치도, 시·군 또는 구(자치구)에 설치(영 제44조) • 성격·구성 : 보상업무에 대한 자문기관, 8~16인 이내 위원으로 구성(해당 부자치단체장이 위원장, 토지소유자 또는 관계인 1/3이상 포함) • 기능(심의대상) : 보상액 평가를 위한 사전 의견수렴, 잔여지의 범위 및 이주대책 수립, 당해 사업지역 내 공공시설의 이전, 토지소유자 또는 관계인 등이 요구하는 사항 중 지방자치단체의 장이 필요하다고 인정하는 사항, 그 밖의 지방자치단체의 장이 회의에 부치는 사항 등	

「공익사업을 위한 토지 등의 취득 보상에 관한 법률」을 통한 토지 등 수용·사용 사업

■ 법 제20조에 따라 사업인정을 받아야 하는 공익사업

연번	관련 법령	세부 사업
1	공간정보의 구축 및 관리 등에 관한 법률	기본측량의 실시
2	공공토지의 비축에 관한 법률	한국토지주택공사가 공공개발용 토지의 비축사업계획을 승인받은 공공개발용 토지의 취득
3	국립대학법인 서울대학교 설립·운영에 관한 법률	국립대학법인 서울대학교의 학교용지 확보
4	국립대학법인 인천대학교 설립·운영에 관한 법률	국립대학법인 인천대학교의 학교용지 확보
5	규제자유특구 및 지역특화발전특구에 관한 규제특례법	특화사업
6	농어업재해대책법	응급조치
7	대기환경보전법	측정망설치계획에 따른 환경부장관 또는 시·도지사의 측정망 설치
8	문화재보호법	문화재의 보존·관리
9	석면안전관리법	실태조사, 자연발생석면영향조사, 슬레이트 시설물 등에 대한 석면조사
10	석탄산업법	연료단지 조성
11	수목원·정원의 조성 및 진흥에 관한 법률	국가 또는 지방자치단체의 수목원 조성
12	자동차관리법	자동차서비스복합단지 개발사업
13	전기사업법	전기사업용전기설비의 설치나 이를 위한 실지조사·측량 및 시공 또는 전기사업용전기설비의 유지·보수
14	전기통신사업법	전기통신업무에 제공되는 선로등의 설치
15	지능형 로봇 개발 및 보급 촉진법	공익시설의 조성사업
16	지하수법	지하수관측시설 및 수질측정망 설치
17	집단에너지사업법	공급시설의 설치나 이를 위한 실지조사측량 및 시공 또는 공급시설의 유지·보수
18	청소년활동 진흥법	수련시설의 설치
19	한국석유공사법	한국석유공사가 시행하는 석유의 탐사·개발·비축 및 수송사업

■ 법 제20조에 따른 사업인정이 의제되는 사업

연번	관련 법령	세부 사업
1	2018 평창 동계올림픽대회 및 동계패럴림픽대회 지원 등에 관한 특별법	특구개발사업

연번	관련 법령	세부 사업
2	간선급행버스체계의 건설 및 운영에 관한 특별법	체계건설사업
3	간척지의 농어업적 이용 및 관리에 관한 법률	간척지활용사업
4	건설기계관리법	공영주기장의 설치
5	경제자유구역의 지정 및 운영에 관한 특별법	경제자유구역에서 실시되는 개발사업
6	고도 보존 및 육성에 관한 특별법	고도보존육성사업 및 주민지원사업
7	공공주택 특별법	공공주택지구조성사업, 공공주택건설사업, 도심 공공주택 복합사업
8	공사중단 장기방치 건축물의 정비 등에 관한 특별조치법	정비사업
9	공항시설법	공항개발사업
10	관광진흥법	조성계획을 시행하기 위한 사업
11	광산피해의 방지 및 복구에 관한 법률	광해방지사업
12	광업법	제70조 각 호와 제71조 각 호의 목적을 위하여 광업권자나 조광권자가 산업통상자원부장관의 인정을 받은 행위
13	국가통합교통체계효율화법	복합환승센터 개발사업
14	국방·군사시설 사업에 관한 법률	국방·군사시설
15	국제경기대회 지원법	대회관련시설의 설치·이용 등에 관한 사업
16	국토의 계획 및 이용에 관한 법률	도시·군계획시설사업
17	군 공항 이전 및 지원 등에 관한 특별법	이전주변지역 지원사업
18	금강수계 물관리 및 주민지원 등에 관한 법률	수변생태벨트 조성사업, 수질개선사업
19	급경사지 재해예방에 관한 법률	붕괴위험지역의 정비사업
20	기업도시개발 특별법	기업도시개발사업
21	낙동강수계 물관리 및 주민지원 등에 관한 법률	수변생태벨트 조성사업, 수질개선사업
22	농어촌도로 정비법	농어촌도로 정비공사
23	농어촌마을 주거환경 개선 및 리모델링 촉진을 위한 특별법	정비사업
24	농어촌정비법	농어촌정비사업
25	농업생산기반시설 및 주변지역 활용에 관한 특별법	농업생산기반시설등활용사업
26	댐건설 및 주변지역지원 등에 관한 법률	댐건설사업
27	도로법	도로공사
28	도시개발법	도시개발사업
29	도시교통정비 촉진법	중기계획의 단계적 시행에 필요한 연차별 시행계획
30	도시 및 주거환경정비법	토지등을 수용하거나 사용할 수 있는 사업
31	도시철도법	도시철도건설사업
32	도청이전을 위한 도시건설 및 지원에 관한 특별법	도청이전신도시 개발사업
33	동·서·남해안 및 내륙권 발전 특별법	해안권 또는 내륙권 개발사업
34	마리나항만의 조성 및 관리 등에 관한 법률	마리나항만의 개발사업
35	물류시설의 개발 및 운영에 관한 법률	물류터미널사업 및 물류단지개발사업
36	물환경보전법	공공폐수처리시설 설치
37	민간임대주택에 관한 특별법	토지등을 수용하거나 사용할 수 있는 사업
38	빈집 및 소규모주택 정비에 관한 특례법	빈집정비사업, 토지 등을 수용하거나 사용할 수 있는 사업
39	사방사업법	사방사업
40	사회기반시설에 대한 민간투자법	민간투자사업
41	산림복지 진흥에 관한 법률	산림복지단지의 조성
42	산업입지 및 개발에 관한 법률	산업단지개발사업 및 특수지역개발사업
43	새만금사업 추진 및 지원에 관한 특별법	새만금사업
44	소규모 공공시설 안전관리 등에 관한 법률	소규모 위험시설 정비사업
45	소하천정비법	소하천의 정비
46	수도법	수도사업
47	수자원의 조사·계획 및 관리에 관한 법률	수문조사시설 설치사업

연번	관련 법령	세부 사업
48	신항만건설 촉진법	신항만건설사업
49	신행정수도 후속대책을 위한 연기·공주지역 행정중심복합도시 건설을 위한 특별법	행정중심복합도시건설사업
50	어촌·어항법	어항의 육역에 관한 개발사업
51	어촌특화발전 지원 특별법	어촌특화사업
52	역세권의 개발 및 이용에 관한 법률	역세권개발사업
53	연구개발특구의 육성에 관한 특별법	특구개발사업
54	연안관리법	연안정비사업
55	영산강·섬진강수계 물관리 및 주민지원 등에 관한 법률	수변생태벨트 조성사업 또는 수질개선사업
56	온천법	개발계획을 수립하거나 그 승인을 받은 시장·군수가 시행하는 개발계획사업
57	용산공원 조성 특별법	공원조성사업
58	자연공원법	공원사업
59	자연재해대책법	자연재해위험개선지구 정비사업
60	자연환경보전법	자연환경보전·이용시설(국가 또는 지방자치단체가 설치)
61	재해위험 개선사업 및 이주대책에 관한 특별법	재해위험 개선사업
62	저수지·댐의 안전관리 및 재해예방에 관한 법률	저수지·댐의 안전점검, 정밀안전진단, 정비계획의 수립, 정비사업
63	전원개발촉진법	전원개발사업
64	접경지역 지원 특별법	사업시행계획에 포함되어 있는 사업
65	제주특별자치도 설치 및 국제자유도시 조성을 위한 특별법	개발사업
66	주택법	국가·지방자치단체·한국토지주택공사 및 지방공사인 사업주체가 국민주택을 건설하거나 국민주택을 건설하기 위한 대지 조성
67	주한미군 공여구역주변지역 등 지원 특별법	사업계획사업
68	주한미군기지 이전에 따른 평택시 등의 지원 등에 관한 특별법	평택시개발사업과 국제화계획지구 개발사업
69	중소기업진흥에 관한 법률	중소벤처기업진흥공단이 시행하는 단지조성사업
70	지방소도읍 육성 지원법	종합육성계획사업
71	지역 개발 및 지원에 관한 법률	지역개발사업
72	철도의 건설 및 철도시설 유지관리에 관한 법률	철도건설사업
73	친수구역 활용에 관한 특별법	친수구역조성사업
74	태권도 진흥 및 태권도공원 조성 등에 관한 법률	공원조성사업
75	택지개발촉진법	택지개발사업
76	토양환경보전법	제7조제1항 각 호의 어느 하나에 해당하는 측정, 조사, 설치 및 토양정화
77	폐기물처리시설 설치촉진 및 주변지역지원 등에 관한 법률	폐기물처리시설의 설치 및 이주대책의 시행
78	하수도법	공공하수도 설치
79	하천법	하천공사
80	학교시설사업 촉진법	학교시설사업
81	한강수계 상수원수질개선 및 주민지원 등에 관한 법률	수변생태벨트 조성사업, 수질개선사업
82	한국가스공사	한국가스공사가 천연가스의 인수·저장·생산·공급 설비 및 그 부대시설을 설치하는 공사
83	한국수자원공사법	제9조제1항제1호·제2호·제5호·제5호의2·제7호부터 제11호의 사업
84	한국환경공단법	제17조제1항제1호부터 제19호까지 및 제22호의 사업
85	항만공사법	제8조제1항제1호, 제2호, 제2호의2, 제2호의3, 제3호부터 제8호의 사업
86	항만법	항만배후단지개발사업
87	항만 재개발 및 주변지역 발전에 관한 법률	항만재개발사업
88	해수욕장의 이용 및 관리에 관한 법률	해수욕장시설사업
89	해양산업클러스터의 지정 및 육성 등에 관한 특별법	해양산업클러스터 개발사업
90	해저광물자원 개발법	해저조광권자가 실시하는 해저광물 탐사 또는 채취
91	혁신도시 조성 및 발전에 관한 특별법	혁신도시개발사업
92	화물자동차 운수사업법	영차고지의 설치 및 화물자동차 휴게소의 건설
93	도시재생 활성화 및 지원에 관한 특별법	주거재생혁신지구에서 시행하는 혁신지구재생사업

절차도(토지 등 취득 및 보상절차)

근거 법령	절차	내용
• 법 제4조	**공익사업계획 결정** (시장·군수 등 사업시행자)	• 공익사업에 대하여 각 개별법에 의거 사업결정
• 법 제14조, 영 제7조	**토지조서 및 물건조서 작성** (사업시행자)	• 공익사업이 확정된 이후 지적도, 임야도에 대상물건인 토지를 표시한 지도를 기본으로 작성
• 법 제15조	**보상계획의 열람 등** (사업시행자)	• 전국을 보급지역으로 하는 일간신문에 공고 (소유자 등이 20인 이하인 경우 생략 가능) • 14일 이상 일반인 열람(소유자 등은 서면 이의제기)
• 법 제68조, 영 제28조	**보상액 산정** (사업시행자)	• 감정평가업자 3인(시·도지사, 토지소유자가 추천하지 않는 경우는 2인)
• 법 제82조, 영 제44조	**보상협의회 개최** (필요 시 사업지구 시장·군수)	• 보상계획 열람기간 만료 후 30일 이내에 설치 • 사업시행자에게 통지
• 법 제16조, 영 제8조	**협 의** (사업시행자) (협의 불성립)	• 협의(3회 이상 : 중앙토지수용위원회 지침) • 협의기간은 특별한 사유가 없는 한 30일 이상
• 법 제20조, 영 제10조	**사업인정** (사업인정권자→사업시행자)	• 각 개별법에서 정한 절차에 의거 사업인정 취득
	사업인정고시 (사업시행자) (토지수용재결 신청)	• 토지 등의 세목을 관보(공보)에 고시
• 법 제28조, 영 제12조	(토지수용위원회)	
• 법 제31조, 영 제15조	**재결신청서 공고·열람** (토지수용위원회→시장·군수)	• 서류 검토 후 공고·열람 지시 • 14일 이상 공고·열람 ← 소유자 등의 의견서 제출
• 법 제58조, 제68조	**보상액 산정** (토지수용위원회)	• 감정평가업자나 그 밖의 감정인에게 감정평가 의뢰
• 법 제32조, 제34조	**심리 및 재결** (토지수용위원회)	• 수용개시일은 통상 30일 범위 내에서 정하고 있음
• 법 제34조	**재결서정본 송달** (토지수용위원회→사업시행자등)	
• 법 제40조, 영 제20조	**보상금 지급 또는 공탁** (사업시행자)	• 수용 개시일까지 지급하여야 하나 수령거부나 보상금을 수령할 수 없을 때 공탁
	사업의 시행 (사업시행자)	
• 법 제83조, 법 제85조	**이의신청 또는 행정소송** (중앙토지수용위원회 또는 행정법원)	• 이의신청 : 재결서를 받은 날로부터 30일 이내 • 행정소송 : 재결서 받은 날로부터 60일 이내, 이의 재결서 받은 날로부터 30일 이내 • 이의신청이나 행정소송은 사업진행 및 토지의 수용을 정지시키지 않음(법 제88조)

개발이익환수에 관한 법률

법공포 : 최초 '89. 12. 30.　　최종개정 : '20. 2. 18.　　시행일자 : '21. 1. 1.
영공포 : 최초 '90. 3. 2.　　　최종개정 : '22. 2. 17.　　시행일자 : '22. 2. 18.

「개발이익환수에 관한 법률」 구성체계

제1장 총칙	제2장 개발부담금	
	제1절 총칙	제2절 부과기준 및 부담률
제1조 목적 제2조 정의 제3조 개발이익의 환수 제4조 징수금의 배분	제5조 대상 사업 제6조 납부 의무자 제7조 부과 제외 및 감면 제7조의2 개발부담금 감면에 대한 임시특례	제8조 부과 기준 제9조 기준 시점 제10조 지가의 산정 제11조 개발비용의 산정 제12조 양도소득세액 등의 개발비용 인정 제13조 부담률

제2장 개발부담금		제3장 보칙
제3절 부과·징수		
제14조 부담금의 결정·부과 제15조 납부의 고지 제16조 추징 제17조 시효 제18조 납부 제18조의2 개발부담금의 일부 환급	제19조 납부 기일 전 징수 제20조 납부의 연기 및 분할 납부 제21조 납부 독촉 및 가산금 제22조 체납처분 등 제23조 결손처분 제24조 자료 제출 의무 제25조 자료의 통보	제26조 행정심판의 특례 제27조 삭제 제28조 벌칙 제29조 과태료

제1장 총칙

목　적 (법 제1조)	토지에서 발생하는 개발이익을 환수하여 이를 적정하게 배분하여서 토지에 대한 투기를 방지하고 토지의 효율적인 이용을 촉진하여 국민경제의 건전한 발전에 이바지하는 것을 목적으로 함		
용어의 정의 (법 제2조)	개발이익	개발사업의 시행이나 토지이용계획의 변경, 그 밖에 사회적·경제적 요인에 따라 정상지가상승분을 초과하여 개발사업을 시행하는 자(사업시행자)나 토지 소유자에게 귀속되는 토지가액의 증가분을 말함	
	개발사업	국가나 지방자치단체로부터 인가·허가·면허 등(신고 포함)을 받아 시행하는 택지개발사업이나 산업단지개발사업 등을 말함	
	정상지가 상승분	금융기관의 정기예금 이자율 또는 「부동산거래신고 등에 관한 법률」 제19조에 따라 국토교통부장관이 조사한 평균지가 변동률(개발사업 대상토지가 속하는 해당 시·군·자치구의 평균지가 변동률) 등을 고려하여 대통령령으로 정하는 기준에 따라 산정한 금액을 말함	
	개발부담금	개발이익 중 이 법에 따라 특별자치시장·특별자치도지사·시장·군수 또는 구청장(구청장은 자치구의 구청장을 말하며, 이하 "시장·군수·구청장"이라 한다)이 부과·징수하는 금액을 말함	
개발이익의 환수 (법 제3조)	• 시장·군수·구청장은 제5조에 따른 개발부담금 부과 대상 사업이 시행되는 지역에서 발생하는 개발이익을 이 법으로 정하는 바에 따라 개발부담금으로 징수하여야 함		
징수금의 배분 (법 제4조)		구분	개발이익 귀속 세부
	개발 부담금 미경감	개발부담금 50%	개발이익이 발생한 토지가 속한 지자체
		이를 제외한 개발부담금	「국가균형발전 특별법」에 따른 국가균형발전특별회계에 귀속
	개발 부담금경감	개발부담금 50% - 경감금액	개발이익이 발생한 토지가 속한 지자체
		전체 개발부담금-[(개발부담금 50% - 경감금액)]	특별회계
	• 국토교통부장관은 개발부담금 징수액 중 특별회계에 귀속되는 금액을 징수하는 데 드는 실제 비용의 범위에서 대통령령으로 정하는 바에 따라 해당 지방자치단체에 징수 수수료를 지급 가능.		

제2장 개발부담금 [제1절 총칙]

구분	내용		

대상사업
(법 제5조)
	• 개발부담금 부과대상 개발사업
	  1. 택지개발사업(주택단지조성사업 포함)
	  2. 산업단지개발사업
	  3. 관광단지조성사업(온천 개발사업 포함)
	  4. 도시개발사업, 지역개발사업 및 도시환경정비사업
	  5. 교통시설 및 물류시설 용지조성사업
	  6. 체육시설 부지조성사업(골프장 건설사업 및 경륜장·경정장 설치사업 포함)
	  7. 지목 변경이 수반되는 사업으로서 대통령령으로 정하는 사업
	  8. 그 밖에 제1호부터 제6호까지의 사업과 유사한 사업으로서 대통령령으로 정하는 사업
	• 동일인이 연접한 토지를 대통령령으로 정하는 기간 이내에 사실상 분할하여 개발사업을 시행한 경우에는 전체 토지에 하나의 개발사업이 시행되는 것으로 봄
	• 개발사업의 범위·규모 및 동일인의 범위 등에 관하여 필요한 사항은 대통령령으로 정함		

납부의무자 (법 제6조)	• 사업시행자는 이법으로 정하는 바에 따라 개발부담금 납부 의무가 있음. 단, 다음의 어느 하나에 해당하면 그에 해당하는 자가 개발부담금을 납부해야 함 - 개발사업을 위탁하거나 도급한 경우에는 그 위탁이나 도급을 한 자 - 타인이 소유하는 토지를 임차하여 개발사업을 시행한 경우 그 토지의 소유자 - 개발사업을 완료하기 전에 사업시행자의 지위나 해당하는 자의 지위를 승계하는 경우에는 그 지위를 승계한 자 • 개발부담금을 납부해야하는 자가 조합인 경우 다음에 해당하면 그 조합원이 개발부담금을 납부 - 조합이 해산한 경우, 조합의 재산으로 그 조합에 부과되거나 그 조합이 납부할 개발부담금·가산금 등에 충당하여도 부족한 경우 • 개발부담금 납부 의무의 승계 및 제2차 납부 의무에 관하여는 「지방세기본법」 제41조부터 제43조까지 및 제45조부터 제48조까지의 규정을 준용, 개발부담금 연대 납부 의무에 관하여는 「지방세기본법」 제44조를 준용		
부과 제외 감면 (법 제7조)	개발부담금 부과 제외	- 국가가 시행하는 개발사업과 지방자치단체가 공공의 목적을 위하여 시행하는 사업으로서 대통령령으로 정하는 개발사업	
	개발 부담금 50/100 경감	- 지방자치단체가 시행하는 개발사업으로서 면제대상에 해당하지 아니하는 사업 - 「공공기관의 운영에 관한 법률」에 따른 공공기관, 「지방공기업법」에 따른 지방공기업 및 특별법에 따른 공기업 등 공공기관이 시행하는 사업으로서 대통령령으로 정하는 사업 - 「중소기업기본법」에 따른 중소기업이 시행하는 공장용지조성사업, 대통령령으로 정하는 관광단지 조성사업과 교통시설 및 물류시설용지조성사업. 다만, 「수도권정비계획법」에 따른 수도권에서 시행하는 사업은 제외 - 「주택법」에 따른 국민주택 중 주택도시기금으로부터 자금을 지원받아 국민주택을 건설하기 위하여 시행하는 택지개발사업 - 「주한미군 공여구역주변지역 등 지원 특별법」에 따른 공여구역주변지역·반환공여구역 또는 반환공여구역주변지역에서 시행하는 개발사업(단, 공여구역 또는 반환공여구역이 소재한 읍·면·동에 연접한 읍·면·동 지역의 경우에는 같은 법 제8조에 따라 법률 제13699호 「개발이익 환수에 관한 법률」 일부개정법률 시행 전에 확정된 공여구역주변지역등발전종합계획에 따라 시행하는 개발사업만 해당) - 「접경지역 지원 특별법」에 따른 접경지역 중 비무장지대, 해상의 북방한계선 또는 민간인통제선과 잇닿아 있는 읍·면·동지역에서 시행하는 개발사업 ※ 개발부담금 경감 시 각호의 사항을 중복하여 적용하지 아니함	
	면제	- 산업단지개발사업(수도권 내 산업단지 제외), 「중소기업창업 지원법」에 따라 사업계획 승인을 받아 시행하는 공장용지 조성사업, 관광단지 조성사업·물류단지개발사업(수도권 제외)	
	경감	- 시장·군수·구청장은 지역에 대한 민간투자의 활성화 등을 위하여 지방의회의 승인을 받아 관할 구역에서 시행되는 제5조제1항 각 호의 개발사업에 대한 개발부담금을 제4조제1항에 따라 지방자치단체에 귀속되는 귀속분의 범위에서 경감. 다만, 해당 지방자치단체의 지가가 급격히 상승할 우려가 있는 등 대통령령으로 정하는 사유가 있는 경우에는 그러하지 아니함	
부담금 감면 임시특례 (법 제7조의2)	개발 부담금 경감·면제	대상사업	개발부담금 부과대상사업 중 택지개발사업(주택단지조성사업 포함), 산업단지개발사업, 관광단지조성사업(온천개발사업 포함), 도시개발사업·지역개발사업 및 도시환경정비사업, 교통시설 및 물류시설 용지조성사업, 체육시설 부지조성사업(골프장 건설사업 및 경륜장·경정장 설치사업)
		인가시점	2015년 7월 15일부터 2018년 6월 30일까지 인가 받은 사업
		경감 및 면제 범위	수도권 내 개발사업 — 개발부담금의 100분의 50 수도권 외 개발사업 — 개발부담금 면제

제2장 개발부담금[제2절 부과기준 및 부담률]

부과기준 (법 제8조)	• 개발부담금 = 부과대상 토지의 가액(부과종료 시점 - 부과 개시 시점) - 부과기간 정상지가 상승분 - 개발비용

기준시점 (법 제9조) (영 제8조~제10조)	구분			세부	
	부과개시시점	원칙		국가나 지방자치단체로부터 개발사업의 인가 등을 받은 날	
		인가 등을 받기 전 5년 이내 토지이용계획 등 변경		그 토지이용 계획 등이 변경되기 전에 취득한 토지	취득일
				그 취득일부터 2년 이상 지난 후 토지이용계획변경	변경된 날의 2년 전에 해당하는 날
				중소기업자가 공장부지 조성을 위해 토지취득 후 토지이용계획 변경	토지이용계획 등의 변경일
		인가 등 변경으로 부과대상 토지 면적 변경	변경인가 등을 받기 전에 토지이용계획 등 변경	토지이용계획 등의 변경 전에 취득	취득일 또는 변경된 날의 2년 전에 해당하는 날, 토지이용계획 등의 변경일
				토지이용계획 등의 변경일부터 변경인가 받기 전 사이 취득	토지를 취득한 날
				그 외의 토지의 경우	인가 등의 변경일
	부과종료시점	원칙		국가 지자체로부터 개발사업의 준공인가 등을 받은 날	
		부과대상 토지의 전부 또는 일부가 다음에 해당		관계 법령에 따라 부과대상 토지의 일부 준공	각각의 해당하게 된 날을 부과종료시점
				납부의무자가 개발사업 목적용도로 사용시작 또는 타인에게 분양 등 처분	
				개발사업에 대한 인가 등이 취소된 경우	
				사업시행자 파산이나 그 밖의 사유로 개발사업 시행이 중단되어 사업을 끝낼 수 없게 된 경우	

지가의 산정 (법 제10조)	• 종료시점 지가 = 표준지 공시지가 기준 산정가액(부과종료 시점 시 대상토지와 이용 상황이 가장 비슷한 지역) + 정상지가상승분(해당연도 1월 1일부터 부과종료 시점까지) - 종료시점지가와 표준지의 공시지가가 균형을 유지, 개발이익이 발생하지 않을 것이 명백하다고 인정되는 경우 등 대통령령으로 정하는 경우 외에는 종료시점지가의 적정성에 대하여 감정평가법인등 검증 - 부과 대상 토지를 분양하는 등 처분할 때에 그 처분 가격에 대하여 국가나 지방자치단체의 인가 등을 받는 경우 등 대통령령으로 정하는 경우에는 그 처분 가격을 종료시점지가로 산정가능 • 개시시점 지가산정

개시시점 지가산정 방법	비고
부과시점이 속한 연도의 개별공시지가 + 정상지가상승분(기준일부터 부과개시 시점까지)	일반적으로 적용 방법
실제 매입가액 또는 취득가액 + (-)정상지가상승분(취득일부터 부과개시시점까지)	• 국가·지방자치단체 또는 공공기관 지방공기업 「지방세법」에 따른 법인으로부터 매입 • 경매나 입찰로 매입 • 지방자치단체나 공공기관이 매입 • 협의 또는 수용에 의하여 취득 • 실매입한 가액이 정상 거래가격 인정 시

• 종료시점 지가와 개시시점 지가를 산정할 때 부과대상 토지에 국가나 지방자치단체에 기부하는 토지나 국공유지가 포함되어 있으면 그 부분은 종료시점 지가와 개시시점 지가의 산정 면적에서 제외, 개별공시지가가 없는 경우에는 국토교통부령으로 산정함
• 개시시점지가에 대하여 제3항 각 호 외의 부분 단서를 적용받으려는 납부 의무자는 같은 항 각 호의 어느 하나에 해당한다는 사실을 증명하는 자료를 국토교통부령으로 정하는 기간에 시장·군수·구청장에게 제출하여야 함
• 종료시점지가의 검증절차·방법 등에 필요한 사항은 대통령령으로 정하고, 종료시점가 검증수수료 지급기준은 국토교통부장관이 정하여 고시

구분	내용
개발비용의 산정 (법 제11조)	• 개발비용(A) = 순공사비, 조사비, 설계비 및 일반관리비 + 개발사업인가 등 조건에 따른 금액(공공시설이나 토지 등 기부채납 가액, 납부한 부담금) + 토지의 개량비, 제세공과금, 보상금 등 • 일정면적 이하의 개발사업(토지개발 비용의 지출 없이 용도변경 등 완료되는 개발사업 제외)의 경우에는 순 공사비, 조사비, 설계비 및 일반관리비의 합계액을 산정할 때 국토교통부장관이 고시하는 단위면적당 표준비용을 적용(납부 의무자가 원하지 아니하는 경우 제외)
양도소득세액 등의 개발비용 인정 (법 제12조)	• 부과 개시 시점 후 개발부담금을 부과하기 전에 개발부담금 부과 대상 토지를 양도하여 발생한 소득에 대하여 양도소득세 또는 법인세가 부과된 경우에는 제11조에도 불구하고 해당 세액 중 부과 개시 시점부터 양도시점까지에 상당하는 세액을 같은 조에 따른 개발비용에 계상 • 개발비용으로 계상되는 세액의 범위는 대통령령으로 정함 • 시장·군수·구청장은 제1항에 따른 개발비용의 계상에 필요한 경우 다음 각 호의 사항을 적은 문서로 관할 세무관서의 장에게 같은 항에 따른 양도소득세 또는 법인세의 부과금액 등 「국세기본법」 제81조의13에 따른 과세정보의 제공을 요청 가능. - 납세자의 인적 사항　- 사용 목적　- 개발부담금 부과 대상 토지의 명세 • 과세정보의 제공 요청 및 그에 따른 과세정보의 제공은 「개인정보 보호법」에 의하여야 함
부담률 (법 제13조)	• 개발부담금 = 개발이익 × 부담률 | 부담률 | 개발사업 종류 | |---|---| | 20% | - 택지개발사업(주택단지조성사업 포함) - 산업단지개발사업 - 관광단지조성사업(온천 개발사업 포함) - 도시개발사업, 지역개발사업 및 도시환경정비사업 - 교통시설 및 물류시설 용지조성사업 - 체육시설 부지조성사업(골프장 건설사업 및 경륜장·경정장 설치사업 포함) | | 25% | - 지목 변경이 수반되는 사업으로서 대통령령으로 정하는 사업 - 그밖에 유사한 사업으로서 대통령령으로 정하는 사업 ※ 단 개발제한구역에서 해당 개발사업을 시행하는 경우 납부 의무자가 개발제한구역으로 지정될 당시부터 토지 소유자인 경우 100분의 20으로 함 |

제2장 개발부담금 [제3절 부과·징수]

구분	내용
부담금 결정·부과 (국토교통부장관) (법 제14조, 영 제15조)	• 시장·군수·구청장은 부과 종료 시점부터 5개월 이내에 개발부담금을 결정·부과. 다만, 제9조제3항 각 호 외의 부분 단서에 해당하는 경우로서 해당 사업이 대규모 사업의 일부에 해당되어 제11조에 따른 개발비용의 명세를 제출할 수 없는 경우에는 개발부담금을 결정·부과 가능 • 시장·군수·구청장은 제1항에 따라 개발부담금을 결정·부과하려면 대통령령으로 정하는 바에 따라 미리 납부 의무자에게 그 부과 기준과 부과 금액을 알려야 함 • 개발부담금에 대하여 이의가 있는 자는 대통령령으로 정하는 바에 따라 심사를 청구
부담금의 조정 (법 제14조의 2)	• 시장·군수·청장은 개발부담금 결정·부과 후 「학교용지 확보 등에 관한 특례법」에 따른 학교용지부담금을 납부하는 등 대통령령으로 정하는 사유가 발생한 경우에는 이를 다시 산정·조정하여 그 차액을 부과하거나 되돌려주어야 함
납부의 고지 (법 제15조)	• 시장·군수·구청장은 이 법에 따라 개발부담금을 부과하기로 결정하면 납부 의무자에게 대통령령으로 정하는 바에 따라 납부고지서를 발부 • 개발부담금은 부과 고지할 수 있는 날부터 5년이 지난 후에는 부과불가. 이 경우 행정심판이나 소송에 의한 재결이나 판결이 확정된 날부터 1년이 지나기 전까지는 개발부담금을 정정하여 부과하거나 그 밖에 필요한 처분 가능 부과 고지할 수 있는 날부터 5년이 지난 후에는 부과불가(행정심판, 소송에 의한 재결이나 판결이 확정된 날부터 1년이 지나기 전까지는 개발부담금을 정정하여 부과하거나 그 밖에 필요한 처분가능)
추 징 (법 제16조)	• 시장·군수·구청장은 감면대상 사업(다른 법률에서 감면대상으로 정한 사업 포함)을 시행한 후 특별한 사유 없이 부과종료시점 후 5년 이내에 토지를 해당 개발사업의 목적 용도로 이용하지 아니하는 등의 사유가 있으면 감면한 개발부담금을 징수함 - 당초 개발사업의 목적용도와 다른 용도로 토지를 이용하는 경우 - 당초 개발사업의 목적용도 외의 용도로 토지를 이용하려는 자에게 토지를 양도하는 경우 등

시 효 (법 제17조)	• 개발징수금을 징수할 수 있는 권리와 과오납금을 환급받을 권리는 행사할 수 있는 시점부터 5년간 행사하지 아니하면 소멸시효가 완성
납부 (법 제18조)	• 납부 : 부과일 부터 6개월 이내 납부 • 개발부담금은 현금 또는 대통령령으로 정하는 납부대행기관을 통하여 신용카드·직불카드 등으로 납부할 수 있음. 다만, 시장·군수·구청장은 토지 또는 건축물로 하는 납부를 인정 가능. • 개발부담금을 신용카드등으로 납부하는 경우에는 납부대행기관의 승인일을 납부일로 봄
개발부담금의 일부환금(법 제18조의 2)	• 시장·군수·구청장은 개발부담금의 납부 의무자가 제18조제1항에서 정한 납부 기한 만료일까지 개발부담금의 납부를 완료한 경우에는 부과일부터 납부일까지 기간 등을 고려하여 대통령령으로 정하는 바에 따라 산정된 금액을 납부 의무자에게 되돌려줄 수 있음
납부 기일 전 징수 (법 제19조)	• 시장·군수·구청장은 납부 의무자가 다음 각 호의 어느 하나에 해당하면 납부 기일 전이라도 이미 부과된 개발부담금을 징수할 수 있다. <개정 2020. 2. 18.> 1. 국세·지방세 그 밖의 공과금에 대하여 체납처분을 받은 경우 2. 강제집행을 받은 경우 3. 파산선고를 받은 경우 4. 경매가 개시된 경우 5. 법인이 해산한 경우 6. 개발부담금을 포탈하려는 행위가 있다고 인정되는 경우 7. 개발부담금에 대한 납부 관리인을 두지 아니하고 국내에 주소나 거소를 두지 아니하게 된 경우 • 시장·군수·구청장은 제1항에 따라 납부 기일 전에 개발부담금을 징수하려면 대통령령으로 정하는 바에 따라 납부 기일을 정하여 납부 의무자에게 그 뜻과 납부 기일 변경 등을 고지
납부의 연기·분할납부 (법 제20조)	• 시장·군수·구청장은 개발부담금의 납부 의무자가 다음 각 호의 어느 하나에 해당하여 개발부담금을 납부하기가 곤란하다고 인정되면 대통령령으로 정하는 바에 따라 해당 개발사업의 목적에 따른 이용 상황 등을 고려하여 **3년의 범위에서 납부 기일을 연기하거나 5년의 범위에서 분할 납부를** 인정 1. 재해나 도난으로 재산에 심한 손실을 받은 경우 2. 사업에 뚜렷한 손실을 입은 경우 3. 사업이 중대한 위기에 처한 경우 4. 납부 의무자 또는 그 동거 가족의 질병이나 중상해로 장기 치료가 필요한 경우 5. 그 밖에 대통령령으로 정하는 경우 • 납부 의무자가 제1항에 따라 개발부담금의 납부 기일의 연기 및 분할 납부를 인정받으려면 대통령령으로 정하는 바에 따라 시장·군수·구청장에게 신청 • 시장·군수·구청장은 제1항과 제2항의 경우에 납부를 연기한 기간 또는 분할 납부로 납부가 유예된 기간이 1년 이상일 경우 그 1년을 초과하는 기간에 대하여는 개발부담금에 대통령령으로 정하는 금액을 가산하여 징수
독촉, 처분, 결손처분 및 자료 통보 (법 제21조, 제25조)	• 납부독촉 : 납부기한이 지난 후 10일 이내에 독촉장을 발부하여야 함 • 체납처분 - 시장·군수·구청장은 개발부담금의 납부 의무자가 독촉장을 받고도 지정된 기한까지 개발부담금과 가산금 등을 완납하지 아니하면 「지방행정제재·부과금의 징수등에 관한 법률」에 따라 징수가능 - 개발부담금 및 가산금 등은 국세와 지방세를 제외한 그 밖의 채권에 우선하여 징수 - 개발부담금 납부 고지일 전에 전세권, 질권 또는 저당권의 설정을 등기하거나 등록한 사실이 증명되는 재산을 매각할 때 그 매각 대금 중에서 개발부담금과 가산금 등을 징수하는 경우 그 전세권, 질권 또는 저당권으로 담보된 채권 제외 • 결손처분 : 시장·군수·구청장은 다음에 해당하는 사유가 있을 경우 가능 - 체납처분이 끝나고 체납액에 충당된 배분금액이 체납액보다 부족할 때, 소멸시효가 완성될 때 - 체납처분의 목적물인 총재산의 추산가액이 체납 처분비에 충당하고 잔액이 생길 여지가 없는 때 - 체납자의 행방을 알 수 없거나 재산이 없다는 것이 밝혀져 징수할 가망이 없는 때 • 시장·군수·구청장은 제1항에 따라 결손처분을 한 후 압류할 수 있는 다른 재산을 발견하면 지체 없이 그 처분을 취소하고 체납처분을 하여야 함 • 자료의 통보 - 부과대상인 개발사업에 관하여 인가 등을 한 날부터 15일 이내에 시장·군수·구청장에게 통지 - 국토교통부장관이 개발부담금을 부과한 경우에는 대상사업, 납부의무자, 부과금액, 사업기간 및 부과일 등에 관한 사항을 부과일부터 15일 이내에 국세청장에게 통보하여야 함

대도시권 광역교통관리에 관한 특별법

법공포 : 최초 '97. 4. 10.	최종개정 : '20. 12. 22.	시행일자 : '21. 6. 23.
영공포 : 최초 '98. 1. 17.	최종개정 : '22. 2. 8.	시행일자 : '22. 2. 8.

「대도시권 광역교통관리에 관한 특별법」 구성체계

제1조 목적	제9조의3 위원의 결격사유
제2조 정의	제9조의4 임기 및 신분보장
제3조 대도시권 광역교통기본계획의 수립	제9조의5 권역별 위원회
제3조의2 대도시권 광역교통시행계획의 수립	제9조의6 광역교통위원회 및 권역별 위원회의 운영 등
제4조 다른 계획과의 관계	제9조의7 대도시권광역교통본부
제5조 추진계획	제9조의8 공무원 등의 파견
제6조 추진계획의 평가 및 사후 관리	제9조의9 의견청취 등
제7조 둘 이상의 지방자치단체에 걸친 광역교통 개선대책	제10조 광역교통시설에 대한 재정 지원 등
제7조의2 대규모 개발사업의 광역교통 개선대책	제11조 광역교통시설 부담금의 부과 대상
제7조의3 삭제 <2012.2.22>	제11조의2 부담금의 감면
제7조의4 광역도로의 설계에 관한 특례	제11조의3 부담금의 산정기준
제7조의5 광역교통 개선대책에 따른 도로의 노선 인정	제11조의4 부담금의 부과·징수 및 납부기한 등
제7조의6 광역교통 개선대책에 따른 도로의 노선 인정	제11조의5 이의신청
제7조의7 특별대책지구의 지정 해제	제11조의6 부담금의 배분 및 사용
제7조의8 광역교통대책의 수립·시행	제11조의7 지방광역교통시설 특별회계의 설치 및 조성 등
제7조의9 광역교통특별대책의 재원	제12조 삭제 <2013.8.6>
제8조 대도시권광역교통위원회 설치 등	제13조 권한의 위임 및 위탁
제9조 광역교통위원회의 구성	제14조 삭제 <2007.1.19>
제9조의2 위원장	

대도시권 광역교통계획

목 적 (법 제1조)	대도시권 교통문제를 광역적 차원에서 효율적으로 해결하기 위하여 필요한 사항을 정함		
정 의 (법 제2조)	구 분	정 의	
	대도시권	• "대도시권"이라 함은 「지방자치법」 제2조 제1항 제1호의 규정에 의한 특별시·광역시 및 그 도시와 같은 교통생활권에 있는 지역 중 대통령령이 정하는 지역	
	광역 교통시설	• 대도시권의 광역적인 교통수요를 처리하기 위한 교통시설로서 다음의 시설	
		구 분	시설세부
		도 로	둘 이상의 특별시·광역시·특별자치시 및 도에 걸치는 도로(광역도로) - 일반국도(국도대체우회도로와 읍·면지역의 일반국도 제외), 특별시도·광역시도, 지방도(국가지원지방도 제외), 시도, 군도, 구도 - 대도시권광역교통시행계획에 의하여 구간이 지정된 도로
		철 도	둘 이상의 시·도에 걸쳐 운행되는 도시철도 또는 철도(광역철도) - 국토교통부장관이나 특별시장·광역시장·특별자치시장 또는 도지사가 국가교통위원회의 심의를 거쳐 지정·고시한 도시철도 또는 철도
		주차장	대도시권 교통의 중심이 되는 도시의 외곽에 위치한 광역철도 역의 인근에 건설
		차고지	여객자동차 운수사업 또는 화물자동차 운수사업에 제공되는 차고지로서 지방자치단체의 장이 설치하는 공영차고지
		화물자동차휴게소	지방자체단체의 장이 건설
		간선급행 버스체계	노선이 둘 이상의 시·도에 걸치는 간선급행버스체계의 구성시설에 대하여 국토교통부장관이 위원회의 심의를 거쳐 지정·고시한 시설
		환승센터· 복합환승센터	대도시권의 광역적인 교통수요를 처리하기 위한 환승센터·복합환승센터의 구성시설에 대하여 국토교통부장관이 광역교통위원회의 심의를 거쳐 지정·고시한 시설
대도시권 광역교통 기본계획수립 (법 제3조)	• 수립권자 : 국토교통부장관(20년 단위) - 관계 중앙행정기관의 장과 대도시권에 포함된 행정구역을 관할하는 특별시장·광역시장·특별자치시장 또는 도지사의 의견청취 후 수립 • 대도시권 광역교통기본계획의 내용		
	- 대도시권 광역교통의 현황 및 장기적인 교통수요의 예측 - 광역교통기본계획의 목표 및 단계별 추진전략 - 광역교통체계의 개선 및 광역교통수요의 관리에 관한 사항 - 광역교통시설의 장기적인 확충 및 다른 교통시설과의 연계		- 대도시권 대중교통수단의 장기적인 확충·개선 - 광역교통시설의 건설에 필요한 재원조달의 기본방향과 투자의 우선순위 - 그 밖에 대도시권 광역교통의 개선을 위하여 대통령령으로 정하는 사항

구분	내용
대도시권 광역교통시행계획의 수립(법 제3조의 2, 영 제5조)	• 수립권자 : 국토교통부장관(5년 단위 계획) - 광역교통기본계획에서 정한 대도시권 광역교통시설의 확충과 광역교통체계의 개선을 효과적인 추진 목적 - 대도시권 광역교통의 현황과 전망 - 광역교통시행계획의 목표 및 추진방안 - 광역교통시설의 지정 및 폐지 - 광역교통시설의 건설 및 개량 - 광역교통체계의 개선 - 광역적인 차원에서의 대중교통수단의 확충 및 운영 개선 - 광역적인 차원에서 대중교통의 이용촉진을 위한 정보 제공 및 정보체계의 구축 - 광역교통시행계획의 시행에 필요한 재원의 조달과 투자비의 분담 - 그 밖에 국토교통부장관이 대도시권 광역교통시설의 확충과 광역교통체계의 개선을 효율적으로 추진하기 위하여 필요하다고 인정하는 사항 • 광역교통시행계획 수립절차 중앙행정기관의 장, 시·도지사의 의견청취 ↓ 대도시권 광역교통시행계획 수립(국토교통부장관) — 5년 단위 계획 ↓ 공청회(주민 및 관계 전문가 의견청취) 대도시권광역교통위원회 심의 ※ 경미한 사항의 제외 ※ 공청회·대도시권광역교통위원회 심의 제외 가능한 경미한 변경 - 도시·군계획시설을 광역교통시설로 지정 또는 변경 - 광역교통시설의 시행에 필요한 재원의 조달방법을 변경하거나 투자비를 당초의 30% 범위 안에서 변경 - 광역교통시설의 규모를 당초의 20% 범위 내 변경 - 광역교통시행계획에 의한 사업기간을 1년의 범위 안에서 변경 ↓ 광역교통시행계획의 수립 결정 **고시, 관계 중앙행정기관의 장 및 시·도지사 통보** - 광역교통시행계획의 목적 및 기간 - 광역교통시행계획의 결정 및 변경사유 - 광역교통체계의 개선에 관한 사항 - 대중교통수단의 운영개선에 관한 사항
다른 계획과의 관계 (법 제4조)	• 광역교통기본계획 및 광역교통시행계획은 「도시교통정비 촉진법」에 의한 도시교통정비기본계획이나 기타 다른 법령에 의하여 수립된 교통계획에 우선(단, 단일 광역지방자치단체의 관할구역 내를 이동하는 교통수요를 처리하기 위하여 관할 지방자치단체의 장이 수립한 교통계획 제외) • 관계 중앙행정기관의 장이나 시·도지사 또는 시장·군수·구청장이 광역교통기본계획 및 광역교통시행계획에 부합되지 아니하는 교통계획을 수립하고자 하는 경우에는 위원회의 심의 필요
추진계획 수립 및 사후관리 (법 제5조, 제6조)	소관별 추진계획, 연도별 추진계획 작성·제출 (다음 연도 3월말까지) — 관계 행정기관의 장 및 시·도지사→국토교통부장관 ↓ 위원회 심의 ↓ 중앙행정기관의 장 및 시·도지사 통보 ↓ 확정된 추진계획의 고시 — 관계 중앙행정기관의 장 및 시·도지사 계획 평가·사후관리 추진계획의 집행실적 제출 — 관계 중앙행정기관의 장, 시·도지사 → 국토교통부장관 ↓ 집행실적 검토에 따른 권고 및 시정 요청 — 국토교통부장관 → 관계 중앙행정기관의 장, 시·도지사
2이상 지자체에 걸치는 광역교통 개선대책 수립 (법 제7조)	• 국토교통부장관은 대도시권에서 「택지개발촉진법」에 따른 택지개발사업 등 대통령령으로 정하는 사업이 지역별로 분산되어 시행됨에 따라 광역적인 교통 수요의 원활한 처리를 위하여 필요한 경우 둘 이상의 지방자치단체에 걸친 종합적 광역교통계획 개선대책 수립 가능 • 광역교통 개선대책을 확정하거나 변경하려면 광역교통위원회의 심의 후 중앙 행정기관의 장 및 지방자치단체의 장에게 통보

구분	내용	
대규모개발사업의 광역교통개선대책 (법 제7조의 2, 영 제9조)	<table><tr><td>수립권자</td><td>해당하는 경우</td></tr><tr><td>시·도지사</td><td>- 대도시권의 광역교통에 영향을 미치는 대규모 개발사업 등 대통령령으로 정하는 사업이 시행되는 지역의 시·도지사는 개발사업에 따른 광역교통 개선대책을 수립하여 국토교통부장관에게 제출</td></tr><tr><td>국토교통부장관</td><td>- 국가가 직접 시행하거나 허가·승인 또는 인가하는 사업으로서 주택난의 긴급한 해소 또는 지역균형발전 등 국가의 정책적 목적을 달성하기 위하여 필요하다고 인정되는 경우 - 광역교통시설 및 교통수단의 확대 등 둘 이상의 지자체에 걸친 광역교통관리의 개선이 필요한 경우로서 해당 지자체의 장이 요청하는 경우</td></tr></table> • 대규모 개발사업의 광역교통개선대책 내용 1. 대규모개발사업의 시행으로 발생하는 교통수요의 예측·분석에 관한 사항 1의2. 대규모개발사업의 시행에 따른 광역교통의 문제점에 관한 사항 2. 교통시설의 개선·확충계획에 관한 사항 3. 환승시설의 개선·확충계획에 관한 사항 4. 대중교통수단의 운영계획에 관한 사항 5. 교통안전시설에 관한 사항 6. 그 밖에 대규모개발사업에 따른 광역적인 교통수요의 원활한 처리를 위하여 필요한 사항	
광역교통개선대책 수립대상사업 (영 제9조)	• 광역교통개선대책 수립대상사업 : 규모 50만㎡ 이상 수용인구 또는 수용인원 1만명 이상 <table><tr><td>근거법령</td><td>사업</td><td>수립시기</td></tr><tr><td>「택지개발촉진법」</td><td>택지개발사업</td><td>택지개발지구 지정 후 6개월 내. 개발면적 330만㎡ 이상 6개월 내 한 차례만 연장</td></tr><tr><td>「주택법」</td><td>주택건설사업, 대지조성사업</td><td>주택건설·대지조성사업계획승인 전</td></tr><tr><td>「도시개발법」</td><td>도시개발사업</td><td>도시개발계획수립 이전까지</td></tr><tr><td>「관광진흥법」</td><td>관광지조성사업, 관광단지조성사업</td><td>조성계획승인 이전까지</td></tr><tr><td>「국토의 계획 및 이용에 관한 법률」</td><td>유원지설치사업</td><td>실시계획인가 이전까지</td></tr><tr><td>「온천법」</td><td>온천개발사업</td><td>온천개발계획승인 이전까지</td></tr><tr><td>「자연공원법」</td><td>공원사업</td><td>- 공원관리청 시행 : 공원사업시행계획 결정·고시 이전까지 - 비공원관리청 시행 : 공원사업시행허가 이전까지</td></tr><tr><td>「지역 개발 및 지원에 관한 법률」</td><td>지역개발사업(종전 「지역균형개발 및 지방중소기업 육성에 관한 법률」에 따라 지정·고시된 지역종합개발지구에서 시행하는 지역개발사업만 해당)</td><td>실시계획의 승인 이전까지</td></tr></table>	
광역교통 특별대책지구 (제7조의 6~9)	• 국토교통부장관은 광역교통 개선대책 이행의 현저한 지연 등으로 교통 불편이 큰지역을 직접 또는 시·도지사의 요청을 받아 광역교통특별대책지구를 지정 할 수 있음 - 관계 전문가 의견수렴, 광역교통위원회 심의를 거쳐 고시하여야 함 • 광역교통특별대책이 충분이 이행되어 목적을 달성한 경우 그 지정을 해제할 수 있음 • 개발사업 시행자와 협의를 통해 특별대책 이행에 필요한 재원을 우선적으로 부담하게 할 수 있음	
대도시권 광역교통계획의 수립 및 주요 정책심의 (법 제8조, 영 제10조)	• 대도시권 광역교통계획위원회의 심의사항 - 이 법에서 위원회심의대상으로 정한 사항 - 관계 중앙행정기관과 지방자치단체 간, 지방자치단체 상호 간 서로 의견을 달리하는 광역교통에 관한 사항으로서 당사자 간 합의에 의하여 위원회의 심의·조정을 요청한 사항 - 당사자 간 합의에 의한 요청이 곤란하다고 판단되어 국토교통부장관, 관계 중앙행정기관의 장 또는 지방자치단체의 장이 위원회의 심의·조정을 요청한 사항 - 환승편의 향상, 교통서비스 개선 등 대도시권의 교통문제를 개선하기 위하여 위원장이 필요하다고 인정하는 사항 - 광역교통에 영향을 미치는 교통시설 간 연계와 기능분담 - 대중교통수단의 광역적인 운행을 위하여 필요한 사항(단, 버스운송사업 및 택시운송사업에 관한 사항으로 국토교통부장관 재결사항 제외) - 광역철도구간의 고시에 관한 사항 - 광역철도의 건설 및 개량에 필요한 비용의 분담 - 광역교통시설부담금의 사용계획에 관한 사항 - 기타 위원장이 광역교통문제를 개선하기 위하여 필요하다고 인정하는 사항	

부담금

광역교통시설 부담금 부과대상사업 (법 제11조)	• 「택지개발촉진법」에 따른 택지개발사업 • 「도시개발법」에 따른 도시개발사업 • 「주택법」에 따른 대지조성사업 및 「주택건설촉진법」개정 법률 부칙에 따른 아파트지구개발사업 • 「주택법」에 따른 주택건설사업(타 법에 따른 사업 승인이 의제 협의 포함) • 「도시 및 주거환경정비법」에 따른 재개발사업, 재건축사업(재개발은 20세대 이상 공동주택만) • 「건축법」 주택 외의 시설과 20세대 이상 주택을 동일 건축물로 건축하는 사업 • 그 밖에 위의 사업과 유사한 사업으로서 대통령령으로 정하는 사업		

부담금 감면 (법 제11조의2)

면제	• 택지개발사업, 도시개발사업, 대지조성사업 및 아파트지구개발사업에 해당하여 부과대상으로 결정된 사업지구, 구역 또는 사업지역에서 시행되는 사업과 건축허가를 받아 주택 외 시설과 주택을 동일 건축물로 건축하는 사업 및 대통령령이 정하는 사업 • 주거환경개선사업 • 주택건설사업, 건축허가를 받아 주택외 시설과 20세대 이상 주택을 동일 건축물로 건축하는 사업 중 4년 이상 임대하기 위하여 「민간임대주택에 관한 특별법」에 따른 민간임대주택 또는 「공공주택 특별법」에 따른 공공임대주택을 건설하는 사업 • 이주대책의 실시에 따른 주택지의 조성 및 주택의 건설 • 사회기반시설에 대한 민간투자법에 따라 도로 및 도로의 부속물, 철도, 도시철도의 신설·증설 또는 개량하는 사업을 시행하는 자가 해당 법령에 따라 사회기반시설의 투자비 보전 또는 원활한 운영, 사용료 인하 등 이용자의 편익 증진, 주무관청의 재정부담 완화 등을 위해 부대사업으로 시행하는 사업 • 「신행정수도 후속대책을 위한 연기·공주지역 행정중심복합도시 건설을 위한 특별법」 제11조에 따라 지정된 예정지역에서 시행되는 주택의 건설사업
50% 감면	• 국가나 지방자치단체가 시행하는 사업, 재개발사업, 재건축사업, 도시지역에서 시행되는 광역교통시행계획이 수립 고시된 대도시권에서 부담금 부과대상사업
75% 감면	• 도시지역에서 시행되는 광역교통시행계획이 수립 고시된 대도시권에서 부담금 부과 대상사업 중 국가 지자체 시행사업, 재개발, 재건축사업

광역교통시설 부담금 산정기준 (법 제11조의3)

구 분	부담금 산정 기준	비율
택지개발, 도시개발, 대지조성사업 및 아파트 지구	{1㎡당 표준개발비 × 부과율 × 개발면적 × (용적률 ÷ 200)} - 공제액	50% 범위
주택재개발·주택재건축·도시환경정비사업	{1㎡당 표준건축비 × 부과율 × 건축연면적} - 공제액	10% 범위
위와 유사한 사업	{1㎡당 표준건축비 × 부과율 × 건축연면적(주택인 시설의 건축연면적의 합계)} - 공제액	

• 시·도지사는 해당 지방자치단체의 조례로 정하는 바에 따라 부담금 부과대상사업이 시행되는 지구, 구역 또는 사업지역의 위치, 규모, 특성 등에 따라 50% 범위에서 부과율을 조정가능

도시교통정비촉진법

법공포 : 최초 '86. 12. 31.   최종개정 : '21. 1. 5.   시행일자 : '21. 7. 6.
영공포 : 최초 '87. 7. 24.   최종개정 : '21. 10. 14.   시행일자 : '21. 10. 14.

「도시교통정비촉진법」 구성체계

제1장 총칙	제2장 도시교통정비계획	제3장 교통영향평가	
제1조 목적 제2조 정의	제3조 도시교통정비지역의 지정·고시 제4조 교통권역의 지정·고시 제5조 도시교통정비 기본계획의 수립 제6조 기본계획의 확정 제6조의2 도시·군기본계획 등과의 관계 제7조 기본계획의 변경 제8조 도시교통정비 중기계획 제9조 기초 조사 제10조 연차별 시행계획 제11조 다른 계획과의 관계 제12조 수용 및 사용 제13조 도시교통의 개선명령 제14조 명령의 승계인에 대한 효력	제15조 교통영향평가의 실시대상 지역 및 사업 제16조 교통영향평가서의 제출·검토 등 제17조 교통영향평가서의 심의 제17조의2 이의신청 제18조 승인 등을 받지 아니하는 사업자의 교통영향평가서 심의 제19조 교통영향평가심의위원회의 설치 제20조 개선 필요사항 등의 반영 및 확인 제21조 교통영향평가서의 변경 제22조 교통영향평가의 이행 제23조 이행의무사항의 이행 여부 확인	제24조 이행조치명령 등 제24조의2 사후관리 제25조 교통영향평가의 대행 제26조 교통영향평가대행자의 등록 제27조 사업자 및 교통영향평가대행자의 준수사항 제28조 업무의 폐업 제29조 교통영향평가대행자의 등록취소 또는 업무정지 등 제30조 등록취소 또는 업무정지처분을 받은 교통영향평가대행자의 업무 계속 제31조 교통영향평가대행자의 행정처분 공고 제32조 대행업무의 비용 산정기준
제4장 교통수요관리		제5장 보칙	제6장 벌칙
제33조 교통수요관리의 시행 제34조 자동차의 운행제한 제34조의2 승용차부제 제35조 혼잡통행료의 부과·징수 등 제35조의2 인접한 지역에서의 혼잡통행료 부과지역 지정 제36조 교통유발부담금의 부과·징수 제37조 부담금의 산정기준 제38조 부담금의 경감 제39조 분할 납부 제40조 가산금 및 독촉	제41조 제척기간 및 소멸시효 제42조 교통혼잡 특별관리구역지정 등 제43조 교통수요관리 조치의 내용 제44조 교통수요관리의 공동수행 제45조 특별관리구역 등의 지정절차 등 제46조 목표 관리 제47조 특별관리구역 등의 해제 제48조 부설주차장의 이용제한 명령 제49조 지방도시교통사업특별회계의 설치 제50조 기본계획 등의 심의	제51조 교통영향평가에 관한 기초자료 연구·조사 등 제52조 정보의 수집보급 및 전문인력 육성 제53조 교통영향평가에 관한 협회 제54조 청문 제55조 권한의 위임·위탁 제56조 벌칙적용에서의 공무원 의제	제57조 벌칙 제58조 벌칙 제59조 양벌규정 제60조 과태료

제1장 총칙

목적 (법 제1조)	교통시설의 정비를 촉진하고 교통수단과 교통체계를 효율적이고 환경친화적으로 운영·관리하여 도시교통의 원활한 소통과 교통편의 증진에 이바지함

구 분	정 의
교통수단	사람이나 물건을 한 지점에서 다른 지점으로 이동하는 데에 이용되는 버스·열차(도시철도의 열차를 포함), 그 밖에 대통령령으로 정하는 운반수단
개인형 교통수단	전기를 동력으로 하는 1인용 이동보조기구
교통시설	교통수단의 운행에 필요한 도로·주차장·여객자동차터미널·화물터미널·철도·도시철도·공항·항만 및 환승시설
환승시설	교통수단의 이용자가 다른 교통수단을 편리하게 이용할 수 있게 하기 위하여 철도역·도시철도역·정류소·여객자동차터미널 및 화물터미널 등의 기능을 복합적으로 제공하는 시설
교통체계관리	교통시설의 효율을 극대화하기 위하여 행하는 모든 행위
교통영향평가	해당 사업의 시행에 따라 발생하는 교통량·교통흐름의 변화 및 교통안전에 미치는 영향을 조사·예측·평가하고 그와 관련된 각종 문제점을 최소화할 수 있는 방안을 마련하는 행위
시설물	「건축법」 제2조 제1항 제2호에 따른 건축물과 골프연습장·옥외관람시설 등 대통령령으로 정하는 구축물

구 분	정 의
교통수요관리	교통혼잡을 완화하기 위하여 교통혼잡 발생의 주요 원인이 되는 자동차의 통행을 줄이거나 통행유형을 시간적·공간적으로 분산하거나 교통수단 이용자에게 다른 교통수단으로 전환하도록 유도하여 통행량을 분산시키거나 감소시키는 것
혼잡통행료	교통혼잡을 완화하기 위하여 교통혼잡이 심한 도로나 지역을 통행하는 차량이용자에게 통행수단 및 통행경로·시간 등의 변경을 유도하기 위하여 부과하는 경제적 부담
교통유발부담금	교통혼잡을 완화하기 위하여 원인자 부담의 원칙에 따라 혼잡을 유발하는 시설물에 부과하는 경제적 부담
보행·자전거·대중교통 통합교통체계	대중교통의 접근성 보완을 위하여 보행·자전거·버스·열차(도시철도의 열차를 포함)와 토지이용 등이 통합적으로 운영·관리되어 대중교통의 접근성과 편의성이 강화되는 교통체계

제2장 도시교통정비계획

도시교통정비지역과 교통권역 지정·고시 (법 제3조, 제4조)	구분	지정권자	대상지역	절차
	도시교통 정비지역	국토교통부 장관	- 인구 10만명 이상인 도시(도농복합형태인 시는 읍·면지역을 제외한 인구 10만명 이상) - 그 외 지역으로 국토교통부장관이 직접 또는 관계 시장·군수의 요청에 따라 도시교통의 개선을 위해 필요하다고 인정한 지역	미리 행정안전부장관과 협의 후 국가교통위원회의 심의를 거쳐 지정
	교통권역	국토교통부 장관	- 도시교통정비지역 중 같은 교통생활권에 있는 둘 이상의 인접한 도시교통정비지역 간에 연계된 교통 관련 계획을 수립할 수 있도록 지정·고시	행정안전부장관과 미리 협의 후 위원회 심의 절차 필요

도시교통정비 기본계획 수립 (법 제5조)	• 수립권자 : 도시교통정비지역으로 지정된 행정구역을 관할하는 시장이나 군수(20년 단위) • 주요내용 - 도시교통의 현황 및 전망 - 다음 사항이 포함되는 부문별 계획(유출입 교통대책 및 도로·철도·도시철도 등 광역교통체계, 교통시설, 대중교통체계, 교통체계 관리 및 교통소통의 개선, 주차장의 건설 및 운영, 보행·자전거·대중교통 통합교통체계의 구축, 온실가스의 배출량 감축 등을 통한 환경친화적 교통체계의 구축) - 투자사업 계획 및 재원조달 방안 • 도시·군기본계획과 맞도록 하며, 도로는 도로건설·관리계획에 따름
관계 중앙 행정기관의 장 협의 및 의견청취	• 시장·군수 → 국토교통부장관, 도지사 제출 • 의견 제시 및 특별한 사유 없을 시 그 의견 반영
기본계획 확정 고시	
도시·군기본계획 등과의 관계 (법 제6조의2)	• 시장이나 군수는 도시·군기본계획이나 도로건설·관리계획의 수립권자로부터 그 계획의 수립 또는 변경을 위한 협의를 요청받은 때에는 지체 없이 지방교통위원회의 심의를 거친 후 그 의견을 도시·군기본계획이나 도로건설·관리계획의 수립권자 및 승인권자에게 통보하는 등 기본계획과 도시·군기본계획 또는 도로건설·관리계획 간의 연계성 확보
도시교통정비 중기계획 (법 제8조)	• 중기계획(기본계획을 구체화하여 5년 단위 중기계획 수립)의 포함사항 - 기본계획의 부문별 계획에 대한 구체적인 추진방안, 기본계획으로 정한 투자사업계획 및 재원조달 방안에 관한 세부 사항 - 시장이나 군수가 다른 법률에 따른 지방교통계획을 중기계획에 반영하고자 하는 경우 그 법률에 따라 해당 지방교통계획에 포함되어야 할 사항 - 그 밖에 기본계획을 이행하는데 필요한 사항
연차별 시행계획 (법 제10조)	• 수립권자 : 시장이나 군수 → 국토교통부장관이나 도지사에게 제출, • 중기계획의 단계적 시행을 위한 연차별 시행계획 수립 고시 • 시행계획 중 도시·군계획시설에 관한 것은 「국토의 계획 및 이용에 관한 법률」 단계별 집행계획에 따름 • 시장이나 군수는 시행계획을 수립하는 때에는 교통영향평가서를 충분히 고려

제3장 교통영향평가

교통영향평가서의 심의 (법 제17조)	• 승인관청은 교통영향평가서를 검토 시 승인관청의 교통영향평가심의위원회의 심의 • 건축위원회의 건축심의 대상인 건축물의 교통영향평가서를 검토할 때에는 참석위원의 4분의 1 이상이 대통령령으로 정하는 교통 분야의 관계 전문가로 구성된 건축위원회의 심의. 다만, 다음 각 호의 해당하는 경우 교통영향평가심의위원회 심의 1. 많은 교통수요를 유발할 우려가 있어 교통분야에 대한 심층적인 심의가 요구될 경우 2. 다른 분야보다 교통분야의 심의를 우선하여 진행할 필요가 있다고 인정되는 경우 3. 교통혼잡이 우려되는 지역에 위치하고 교통유발량이 많을 것으로 예상되는 건축물로서 대통령령으로 정하는 규모, 용도 또는 종류에 해당하는 경우

☐ 교통영향평가 대상사업의 범위 및 교통영향평가서의 제출·심의시기(영 별표1)

• 개발사업

구분	교통영향평가 대상사업의 범위	교통영향평가서의 제출·심의시기	구분	교통영향평가 대상사업의 범위	교통영향평가서의 제출·심의시기
도시개발	1) 도시개발사업 부지면적 10만㎡ 이상	실시계획의 인가 전	철도건설	1) 철도의 건설. 다만, 전용철도를 공장 안에 설치하는 경우는 제외: 정거장 1개소 이상을 포함하는 총길이 5km 이상	도시계획사업으로 시행은 실시계획의 인가 전 그 외에는 실시계획의 승인 전
	2) 「도시 및 주거환경정비법」 제2조제2호 (같은 호 가목의 주거환경개선사업 중 같은 법 제23조제1항제1호에 해당하는 정비사업은 제외한다)에 따른 정비사업 부지면적 5만㎡ 이상	사업시행계획인가 전, 지방자치단체가 그 사업을 시행하는 경우에는 사업시행계획인가의 고시 전		2) 도시철도의 건설사업: 정거장 1개소 이상을 포함하는 총길이 3km 이상	「도시철도법」 제7조에 따른 사업계획 승인 전
	3) 기반시설 중 다음 도시계획시설사업 가) 도로 : 총길이 5km 이상 신설 노선 중 인터체인지, 교차로 및 다른 간선도로와 접속부 나) 유통업무설비: 건축연면적 1만5천㎡ 이상 또는 부지면적 5만5천㎡ 이상 다) 공원: 부지면적 30만㎡ 이상 라) 유원지: 부지면적 15만㎡ 이상	실시계획의 인가 전	공항건설	「공항시설법」에 따른 비행장 및 공항의 설치 : 연간 여객처리능력 30만명 이상	실시계획 승인 및 고시 전
	4) 주택법 대지조성사업 : 부지면적 10만㎡ 이상	사업계획의 승인 전	관광단지개발	1) 관광지 및 관광단지 조성사업: 시설계획 면적 5만㎡ 이상 또는 부지면적 50만㎡ 이상	조성계획의 승인 전
	5) 택지개발사업 또는 공공주택지구조성사업 부지면적 10만㎡ 이상	택지개발사업 실시계획 승인 전 또는 공공주택 지구계획의 승인 전		2) 온천의 개발사업: 부지면적 10만㎡ 이상	온천개발계획의 승인 전
	6) 물류단지개발사업 : 부지면적 5만㎡ 이상	실시계획의 승인 전	특정지역개발	1) 지역개발사업 부지면적 10만㎡ 이상	실시계획의 승인 전
	7) 물류터미널 또는 복합물류터미널의 설치 : 부지면적 2만 5천㎡ 이상	공사시행의 인가 전		2) 국제화계획지구의 개발사업 또는 평택시개발사업 부지면적 10만㎡ 이상	평택시개발사업의 시행승인 전 또는 국제화계획지구 개발계획의 승인 전
	8) 도시지역 내 지구단위계획에 관한 도시·군관리계획의 결정: 부지면적 10만㎡ 이상	도시지역 내 지구단위계획에 관한 도시·군관리계획의 결정 전		3) 행정중심복합도시 건설사업 : 부지면적 10만㎡ 이상	실시계획의 승인 전 또는 주변지역지원사업의 계획 수립 전
	9) 혁신도시개발사업 : 부지면적 10만㎡ 이상	실시계획승인 전		4) 기업도시개발사업 : 부지면적 10만㎡ 이상	실시계획의 승인 전
	10) 역세권개발사업 중 사업면적이 25만㎡ 이상인 사업	실시계획의 승인 전		5) 용산공원정비구역 내 용산공원 조성 등 개발사업 부지면적 10만㎡ 이상	실시계획의 승인 전

	교통영향평가 대상사업의 범위	교통영향평가서의 제출·심의시기	구분	교통영향평가 대상사업의 범위	교통영향평가서의 제출·심의시기
산업입지 산업단지	1) 산업단지개발사업 및 산업단지 재생사업: 부지면적 20만m² 이상	실시계획의 승인 전 또는 재생시행계획의 승인 전	체육시설 설치	1) 체육시설의 설치공사. 다만 골프장 설치공사는 27홀 이상인 경우만 해당: 부지면적 15만m² 이상	사업계획의 승인 전(국가 또는 지방자치단체가 시행하는 경우에는 「국토의 계획 및 이용에 관한 법률」에 따른 실시계획의 인가 전)
	2) 특수개발사업: 부지면적 20만m² 이상	실시계획의 승인 전		2) 경륜 또는 경정 시설의 설치사업: 부지면적 15만m² 이상	허가 전
에너지	전원개발사업(송전선로 제외): 부지면적 300만m² 이상	실시계획의 승인 전		3) 경마장: 부지면적 15만m² 이상	경마장 설치허가 전
항만건설	항만의 건설(승인관청이 항만의 건설로 차량을 통한 외부 수송수요가 발생하지 않는다고 인정하여 국토교통부장관과 협의한 사업 제외): 연간 하역능력 150만 톤 이상	실시계획의 수립 또는 승인 전. 다만 항만시설공사가 시행되는 경우에는 실시계획의 승인 전	민간투자사업	민간투자사업: 해당 사업 또는 시설 규모 이상	실시계획의 승인 전
도로건설	도로의 건설: 총길이 5km 이상인 신설노선 중 인터체인지, 분기점, 교차 부분 및 다른 간선도로와의 접속부	도로구역의 결정 전			

• 건축물 : 단일용도의 건축물의 건축

구 분	세부용도	도시교통정비지역	교통권역(m²)
공동주택	아파트	건축연면적 6천m² 이상	건축연면적 9천m² 이상
제1종 근생시설	의원, 한의원	건축연면적 2만5천m² 이상	건축연면적 3만7천5백m² 이상
	기타(대피소 및 무인 변전소 제외)	건축연면적 1만2천m² 이상	건축연면적 1만8천m² 이상
제2종근생		건축연면적 1만5천m² 이상	건축연면적 2만2천5백m² 이상
문화집회시설	공연장(극장·영화관), 집회장(공회당, 회의장, 마권장외발매소 등), 관람장(경마장, 자동차경기장 등)	건축연면적 1만5천m² 이상	건축연면적 2만2천5백m² 이상
	예식장	건축연면적 3천m² 이상	건축연면적 4천5백m² 이상
	전시장(박물관, 미술관, 과학관, 기념관 등)	건축연면적 1만5천m² 이상	건축연면적 2만2천5백m² 이상
	동·식물원	부지면적 2만m² 이상	부지면적 3만m² 이상
종교시설	종교집회장(교회, 성당, 사찰, 기도원)	건축연면적 1만5천m² 이상	건축연면적 2만2천5백m² 이상
판매시설	도매시장	건축연면적 1만3천m² 이상	건축연면적 1만9천5백m² 이상
	상점	건축연면적 1만1천m² 이상	건축연면적 1만6천5백m² 이상
	할인점·전문점·백화점·쇼핑센터	건축연면적 6천m² 이상	건축연면적 9천m² 이상
운수시설	여객자동차터미널, 철도, 공항, 항만	건축연면적 1만1천m² 이상	건축연면적 1만6천5백m² 이상
의료시설	종합병원·병원·치과병원·한방병원·정신병원·요양병원	건축연면적 2만5천m² 이상	건축연면적 3만7천5백m² 이상
교육연구	대학·대학교	건축연면적 10만m² 이상	건축연면적 15만m² 이상
	교육원·직업훈련소, 학원, 연구소, 도서관	건축연면적 3만7천m² 이상	건축연면적 5만5천5백m² 이상
운동시설	탁구장 등 체육관·운동장(부속건물 포함) ※ 근생 제외	건축연면적 1만m² 이상 또는 관람석 2천석 이상	건축연면적 1만5천m² 이상 또는 관람석 3천석 이상
업무시설	공공업무시설	건축연면적 7천m² 이상	건축연면적 1만5천m² 이상
	일반업무시설	건축연면적 2만5천m² 이상	건축연면적 3만7천5백m² 이상
숙박시설	호텔·여관·관광호텔 등 숙박시설	건축연면적 4만m² 이상	건축연면적 6만m² 이상
위락시설	주점영업 단란주점 유원시설업의 시설 그 밖에 유사한 것	건축연면적 1만1천m² 이상	건축연면적 1만6천5백m² 이상
	무도장·무도학원·투전기업소·카지노업소	건축연면적 6천m² 이상	건축연면적 9천m² 이상
공 장		건축연면적 7천5백m² 이상	건축연면적 11만2천5백m² 이상
창고시설	창고, 물류터미널, 집배송시설	건축연면적 5천5백m² 이상	건축연면적 8만2천5백m² 이상
	하역장	부지면적 5천5백m² 이상	부지면적 8만2천5백m² 이상
자동차관련시설	주차장·검사장·정비공장	건축연면적 1만3천m² 이상	건축연면적 1만9천5백m² 이상
	매매장	부지 또는 연면적 2만5천m² 이상	부지 또는 연면적 3만7천5백m² 이상
방송통신	방송국·전신·전화국·촬영소·통신시설 ※1종 근린생활 제외	건축연면적 4만3천m² 이상	건축연면적 6만4천5백m² 이상
묘지관련	화장시설, 봉안당 묘지 자연장지에 부수된 건축물 동물 화장시설 동물건조장시설 동물 전용의 납골시설	부지면적 1만2천m² 이상	부지면적 1만8천m² 이상
관광휴게	야외음악당·야외극장	건축연면적 1만m² 이상	건축연면적 1만5천m² 이상
	어린이회관·관망탑·휴게소·공원·유원지 또는 관광지에 딸린 시설	건축연면적 3만m² 이상	건축연면적 4만5천m² 이상
장례식장	장례식장, 동물 전용의 장례식장	건축연면적 6천m² 이상	건축연면적 9천m² 이상

교통영향분석·개선대책 마련절차(법 제16조~법 제24조)	
교통영향평가결과	사업자 → 승인 등의 기관 장
⇩	
관할 시장·군수·구청장의 의견청취	승인관청이 중앙행정기관의 장 또는 시·도지사인 경우
⇩	
소속 교통영향평가심의위원회의 심의 ※ 건축물 중 건축, 대수선, 리모델링 및 용도변경에 해당하는 건축물로 건축위원회의 심의 대상인 건축물의 경우 건축위원회의 심의	• 승인관청이 중앙행정기관의 장 또는 시·도지사인 경우 국토교통부 장관 소속의 교통영향평가심의위원회 심의 • 시장·군수·구청장인 경우 시·도지사 소속의 교통영향평가심의위원회 심의
⇩	
개선 필요사항의 통보	승인관청 → 사업자 (교통영향평가서 제출 후 3개월 이내)
⇩	
개선 필요사항이 반영된 사업계획 등 제출·승인관청의 반영사항 확인	사업자 → 승인관청
⇩	
사업계획의 확정	
⇩	
교통영향평가 이행(사업자), 이행여부 확인(승인관청)	※ 승인관청은 이행여부에 따라 필요한 조치 명령가능, 불이행에 따른 교통의 중대한 영향이 예상시 공사중지 명령

산업입지 및 개발에 관한 법률

법공포 : 최초 '90. 1. 13.   최종개정 : '21. 8. 10.   시행일자 : '22. 2. 11.
영공포 : 최초 '91. 1. 14.   최종개정 : '22. 1. 21.   시행일자 : '22. 1. 21.

「산업입지 및 개발에 관한 법률」 구성체계

제1장 총칙	제2장 산업입지개발지침	제3장 산업단지의 지정	
제1조 목적 제2조 정의 제3조 산업입지정책심의회 제3조의2 벌칙 적용에서 공무원 의제	제4조 기초조사 제5조 산업입지개발지침 제5조의2 산업입지수급계획 등 제5조의3 산업입지정보망의 구성·운영	제6조 국가산업단지의 지정 제7조 일반산업단지의 지정 제7조의2 도시첨단산업단지의 지정 제7조의3 도시첨단산업단지의 지정 특례 제7조의4 산업단지 지정의 고시 등 제8조 농공단지의 지정 제8조의2 산업단지 지정의 제한 제8조의3 준산업단지의 지정	제9조 공업지역 등의 활용 제10조 주민 등의 의견청취 제11조 민간기업 등의 산업단지 지정 요청 제12조 행위 제한 등 제13조 산업단지 지정의 해제 제13조의2 산업단지의 전환 제13조의3 산업단지의 통합 제13조의4 준공된 산업단지의 개발 행위에 관한 특례

제4장 산업단지의 개발			제5장 산업단지 등의 재생
제14조 삭제 제15조 삭제 제16조 산업단지개발사업의 시행자 제16조의2 조합의 설립 등 제17조 국가산업단지개발실시계획의 승인 제17조의2 국가산업단지개발실시계획의 변경 제18조 일반산업단지개발실시계획의 승인 제18조의2 도시첨단산업단지개발실시계획의 승인 제19조 농공단지개발실시계획의 승인 제19조의2 실시계획 승인의 고시 등 제20조 산업단지개발사업의 위탁시행 제20조의2 산업단지의 신탁개발	제21조 다른 법령에 따른 인·허가 등의 의제 등 제21조의2 삭제 제22조 토지수용 제23조 「국토의 계획 및 이용에 관한 법률」 등의 적용특례 제24조 토지소유자에 대한 환지 제25조 타인의 토지에의 출입 등 제26조 공공시설 및 토지등의 귀속 제27조 국유지·공유지의 처분 제한 등 제28조 비용의 부담 제29조 기반시설 지원 제29조의2 기반시설 지원에 대한 타당성 평가 제29조의3 국가산업단지 기반시설의 유지보수비 지원 제30조 기존 공장의 존치 등 제31조 산업단지 외의 사업에 대한 준용 제32조 선수금	제33조 시설 부담 제34조 이의신청 등 제35조 시설 부담금의 부과징수 및 납부 등 제36조 이주대책 등 제37조 개발사업의 준공인가 제38조 개발한 토지·시설 등의 처분 제38조의2 원형지의 공급과 개발 제38조의3 산업단지관리기본계획의 준수 제38조의4 외국인을 위한 산업단지의 지정 등 제38조의5 지방이전기업 전용 산업단지 제38조의6 이전기업전용단지의 특례 제39조 특수지역개발사업에의 준용	제39조의2 재생사업지구의 지정 제39조의3 재생사업지구 지정의 고시 제39조의4 공장소유자 등의 의견청취 제39조의5 재생사업지구 지정 요청 제39조의6 재생사업의 시행방식 제39조의7 재생시행계획의 승인 제39조의8 토지소유자 등의 동의 제39조의9 순환개발방식의 개발사업 제39조의10 재생사업에의 준용 제39조의11 재생사업지구 지정에 따른 산업단지 지정 의제 등 제39조의12 재생사업 활성화구역의 지정

제5장 산업단지 등의 재생	제6장 산업단지 외 지역의 공장입지	제7장 보칙	
제39조의13 활성화구역에 대한 특례 제39조의14 입주기업 지원대책 제39조의15 개발이익의 재투자 제39조의16 토지거래 계약에 관한 허가구역의 지정 제39조의17 재생사업 지원을 위한 특례 제39조의18 재생사업의 총괄관리 제39조의19 산업단지재생특별회계의 설치 및 운영 제39조의20 산업단지재생추진협의회 설립 제39조의21 이의신청 등 제39조의22 재생사업과 도시재생사업의 연계	제40조 입지지정 및 개발에 관한 기준 제40조의2 공장입지 유도지구의 지정 제40조의3 공장입지 유도지구의 특례 제41조 삭제 제42조 삭제 제43조 공장설립민원실의 활용 제44조 유치지역 지정에 따른 산업단지개발	제45조 조세 및 부담금의 감면 제46조 자금 지원 제46조의2 지원단지의 조성 등의 특례 제46조의3 사립학교의 설립에 관한 특례 제46조의4 학교 및 교육과정 운영의 특례 제46조의5 북한지역의 공장입지의 개발 및 지원 제46조의6 임대전용산업단지 제46조의7 임대전용산업단지의 적용특례 제46조의8 대학 교지의 일부를 포함하는 도시첨단산업단지의 개발등에 관한 특례 제47조 보고 및 검사 등 제48조 감독	제48조의3 항만건설에 관한 관계 기관 간의 협조 제49조 권한의 위임 제50조 관계 서류 등의 열람 **제8장 벌칙** 제51조 벌칙 제52조 양벌규정 제53조 과징금

제1장 총칙

목적	• 산업입지의 원활한 공급과 산업의 합리적 배치를 통하여 균형 있는 국토개발과 지속적인 산업발전을 촉진함으로써 국민경제의 건전한 발전에 이바지함

= 산업입지 및 개발에 관한 법률

- **용어의 정의**

구분	내용
공장	「산업집적활성화 및 공장설립에 관한 법률」 제2조 제1호에 따른 공장
지식산업	컴퓨터소프트웨어개발업·연구개발업·엔지니어링서비스업 등 전문 분야의 지식을 기반으로 하여 창의적 정신활동에 의하여 고부가가치의 지식서비스를 창출하는 데에 이바지할 수 있는 산업
문화산업	「문화산업진흥 기본법」 제2조 제1호에 따른 문화산업
정보통신산업	「정보통신산업 진흥법」 제2조 제2호에 따른 정보통신산업
재활용산업	「자원의 절약과 재활용촉진에 관한 법률」 제2조 제11호에 따른 재활용산업
자원비축시설	석탄, 석유, 원자력, 천연가스 등 에너지자원의 비축·저장·공급 등을 위한 시설과 이에 관련된 시설
물류시설	「물류시설의 개발 및 운영에 관한 법률」 제2조 제1호에 따른 시설(물류단지는 제외)
산업시설용지	공장, 지식산업 관련 시설, 문화산업 관련 시설, 정보통신산업 관련 시설, 재활용산업 관련 시설, 자원비축시설, 물류시설, 교육·연구시설 및 그 밖에 대통령령으로 정하는 시설의 용지
복합용지	산업시설용지와 산업단지개발사업의 시설을 하나의 용지에 일부 또는 전부 설치하기 위한 용지
산업단지	'산업시설용지'의 시설과 관련된 교육·연구·업무·지원·정보처리·유통시설 및 이들 시설의 기능 향상을 위하여 주거·문화·환경·공원녹지·의료·관광·체육·복지시설 등을 집단적으로 설치하기 위하여 포괄적 계획에 따라 지정·개발되는 일단의 토지로 국가산업단지, 일반산업단지, 도시첨단산업단지, 농공단지를 말함

구분	세부 내용
국가산업단지	국가기간산업·첨단과학기술산업 등을 육성하거나 개발촉진이 필요한 낙후지역이나 2 이상의 시·도에 걸치는 지역을 산업단지로 개발하기 위하여 지정된 산업단지
일반산업단지	산업의 적정한 지방분산을 촉진하고 지역경제의 활성화를 위하여 지정된 산업단지
도시첨단산업단지	지식산업·문화산업·정보통신산업, 그 밖의 첨단산업의 육성과 개발촉진을 위하여 「국토계획법」에 의한 도시지역에 지정된 산업단지
농공단지	농촌지역에 농어민의 소득증대를 위한 산업을 유치·육성하기 위하여 지정된 산업단지

구분	내용
산업단지 개발사업	- 산업시설용지에 따른 시설의 용지조성사업 및 건축사업 - 첨단과학기술산업의 발전을 위한 교육·연구시설용지 조성사업 및 건축사업 - 산업단지의 효율 증진을 위한 업무시설·정보처리시설·지원시설·전시시설·유통시설 등의 용지조성사업 및 건축사업 - 산업단지의 기능 향상을 위한 주거시설·문화시설·의료복지시설·체육시설·교육시설·관광휴양시설 등의 용지조성사업 및 건축사업과 공원조성사업 - 공업용수와 생활용수의 공급시설사업 - 도로·철도·항만·궤도·운하·유수지 및 저수지 건설사업 - 전기·통신·가스·유류·증기 및 원료 등의 수급시설사업 - 하수도·폐기물처리시설, 그 밖의 환경오염방지시설 사업 - 그 밖에 가목부터 아목까지의 사업에 부대되는 사업
산업단지 재생사업지구	산업기능의 활성화를 위하여 산업단지 또는 공업지역(「국토의 계획 및 이용에 관한 법률」에 해당하는 공업지역) 및 산업단지 또는 공업지역의 주변 지역에 지정·고시되는 지구
준산업단지	도시 또는 도시 주변의 특정 지역에 입지하는 개별 공장들의 밀집도가 다른 지역에 비하여 높아 포괄적 계획에 따라 계획적 관리가 필요하여 제8조의3에 따라 지정된 일단의 토지 및 시설물

산업입지 정책심의회 (법 제3조, 영 제2조의2)	• 산업입지정책에 관한 심의내용 1. 산업입지수급계획 수립지침의 작성에 관한 사항 2. 산업입지개발지침의 수립 및 변경에 관한 사항 3. 국가산업단지의 지정·변경·개발 및 해제에 관한 사항 4. 도시첨단산업단지(국토교통부장관이 지정권자인 경우)의 지정·변경·개발 및 해제에 관한 사항 5. 일반산업단지 및 도시첨단산업단지(국토교통부장관이 지정권자인 경우는 제외)의 지정 및 해제를 위한 관계 기관 간의 의견조정에 관한 사항	6. 삭제 <2007. 10. 4> 7. 산업단지기반시설의 지원에 관한 사항 8. 법 제38조의5 제1항에 따른 지방이전기업 전용 산업단지지정·개발에 관한 사항 9. 산업단지 재생사업지구(이하 "재생사업지구")의 지정 승인에 관한 사항 10. 기타 산업입지정책에 관한 중요사항

제2장 산업입지개발지침

기초조사 (법 제4조)	• 국토교통부장관 또는 시·도지사 및 시장·군수·구청장(5년 단위) • 목적 : 산업입지개발지침의 작성, 산업입지수급계획 수립지침의 작성 및 산업입지수급계획의 수립, 산업단지 개발계획의 수립 • 국토교통부장관은 시·도별 및 산업입지 유형별 수급전망의 작성을 위해 필요한 기초조사는 5년 단위 실시, 5년 경과하지 아니한 경우도 산업입지 수요추세와 공급실적을 고려하여 수정·보완 가능

산업입지개발 지침 (법 제5조)	• 작성자 : 국토교통부장관 • 포함 내용 : 산업입지의 계획적·체계적 개발에 관한 사항, 산업단지의 지정·개발·지원에 관한 사항, 환경영향평가를 포함하는 환경보전에 관한 사항
산업입지 수급계획 (법 제5조의2)	• 산업입지수급계획 수립지침 내용 - 산업입지정책의 기본방향 - 산업입지 공급 규모의 산정방법 - 시·도별 및 산업입지 유형별 수급전망 - 산업용지의 원활한 공급을 위한 각종 지원에 관한 사항 - 그 밖에 산업입지수급계획을 수립하는 데에 필요한 사항

제3장 산업단지의 지정

국가산업단지 지정 (법 제6조)	• 지정권자 : 국토교통부장관, 중앙행정기관의 장은 필요 시 대상지역을 정하여 지정 요청 • 국가산업단지 개발계획 주요내용 - 산업단지의 명칭·위치 및 면적 - 산업단지의 지정목적 - 산업단지개발사업의 시행자 - 사업시행방법 - 주요 유치업종 또는 제한 업종 - 토지이용계획 및 주요기반시설계획 - 재원조달계획 - 수용·사용할 토지·건축물 기타 물건이나 권리가 있는 경우에는 그 세목 - 산업단지개발사업의 시행기간 - 산업단지의 개발을 위한 주요시설의 지원계획 - 유치업종의 배치계획 또는 유치업종별 공급면적 - 입주수요에 관한 자료 - 원형지로 공급될 토지와 그 개발방향 • 창의적·효율적 산업단지 개발 추진을 위해 필요시 산업단지개발계획안 공모, 선정된 안을 산업단지 개발계획에 반영 가능. 산업단지 지정 후 공모를 통해 산업단지개발계획 변경 시 사업시행자와 공동으로 공모 가능 • 산업단지개발계획의 내용 중 산업시설용지의 면적(산업시설의 면적이 50% 이상인 복합용지 포함)은 산업단지의 종류에 따라 산업단지 유상공급면적의 40% 이상 70% 이하 범위에서 대통령령으로 정하는 비율 이상이 되도록 함
일반산업단지 지정 (법 제7조)	• 지정권자 : 시·도지사, 대도시 시장, 시장·군수·구청장(면적 30만㎡ 이하) - 민간기업 등이 산업단지 지정 신청하는 경우 지정권자와 시장·군수에게 동시 제출(법 제11조) | 산업단지개발계획 | 첨부서류(영 제13조) | |---|---| | - 주요 유치업종 또는 제한업종(유치업종을 열거하지 않는 경우에 해당, 이 경우 유치업종은 배치계획 생략) - 토지이용계획 및 주요기반시설계획 - 재원조달계획 - **수용·사용할 토지·건축물 기타 물건이나 권리가 있는 경우는 그 세목** | - 위치도 - 도로·용수·전기·통신 등 입지 여건의 분석에 관한 자료와 기반시설설치계획에 관한 서류 - 산업단지개발계획에 관한 서류 - 입주수요에 관한 자료 |
도시첨단 산업단지 지정, 특례(법 제7조의2)	• 지정권자 : 국토교통부장관, 시·도지사(시장·군수 신청 시), 대도시 시장, 시장·군수·구청장 직접(10만㎡ 이하) • 인구과밀방지를 위해 서울특별시 내 도시첨단산업단지 지정 불가 • 다음 사업지역지구에 조성된 자족기능 확보를 위한 시설용지의 전부 또는 일부 도시첨단산업단지로 지정가능 - 「신행정수도 후속대책을 위한 연기·공주지역 행정중심복합도시 건설을 위한 특별법」의 예정지역 - 「혁신도시 조성 및 발전에 관한 특별법」의 혁신도시개발예정지구 - 「도청이전을 위한 도시건설 및 지원에 관한 특별법」의 도청이전신도시 개발예정지구 - 「공공주택 특별법」의 공공주택지구 - 「친수구역 활용에 관한 특별법」의 친수구역 - 「택지개발촉진법」의 택지개발지구 - 그 밖에 대통령령으로 정하는 지역·지구 • 도시첨단산업단지 내 녹지율은 50% 범위 내 산업단지 지정권자가 따로 정함
산업단지 지정의 제한(법 제8조의 2)	• 산업단지지정권자는 지정된 산업단지의 면적 또는 미분양 비율이 산업단지의 종류별로 정하는 면적 또는 미분양 비율에 해당하는 지방자치단체인 경우에는 산업단지를 지정하여서는 아니 된다 | 구분 | 미분양 비율 | 구분 | 미분양 비율 | |---|---|---|---| | 국가산업 단지 | 시·도별로 미분양 비율 15% 이상 | 도시첨단 산업단지 | 다음 각 목의 구분에 따른 시·도별 면적 또는 미분양 비율 가. 면적: 330만㎡ 이상. 다만, 국토교통부장관이 도시첨단산업단지를 지정 제외 나. 미분양 비율: 30% 이상 | | 일반산업 단지 | 시·도별로 미분양 비율 30% 이상 | 농공단지 | 시·군·구별로 100만㎡부터 200만㎡까지의 범위 안에서 농공단지개발세부지침이 정하는 면적 이상 또는 미분양 비율 30% 이상 |

구분	내용
공업지역 등의 활용 (법 제9조)	• 시·도지사, 시장·군수 또는 구청장은 「국토의 계획 및 이용에 관한 법률」에 따라 공업지역으로 지정된 지역에 대하여는 특별한 사유가 없으면 산업단지로 우선 지정. - 다만, 도시첨단산업단지는 「국토의 계획 및 이용에 관한 법률」에 따라 준주거지역, 상업지역, 공업지역 또는 도시지역 안의 개발진흥지구로 지정된 지역에 대하여 우선 지정
주민 등의 의견 청취 (법 제10조, 영 제11조)	• 산업단지 지정권자 • 해당 지역의 일간신문과 산업단지 지정권자 해당기관의 홈페이지에 공고, 14일 이상 일반 열람 • 국방상의 기밀을 요하는 경우 생략이 가능하며, 이 경우 미리 행정기관의 장과 협의
산업입지 정책심의회 심의 (법 제7조)	• 국토교통부장관(바다·바닷가 포함 시 해양수산부장관), 관계행정기관의 장과 협의(20일 이내 회신) • 시·도지사 및 시장·군수·구청장은 관계기관의 장과의 협의과정에서 의견조정을 위하여 필요하다고 인정되는 경우 국토교통부장관에게 조정 요청 가능 • 국토교통부장관은 심의회 심의를 거쳐 조정 가능
산업단지 지정고시 (법 제7조의4, 영 제9조)	• 관보 또는 공보에 고시 • 산업단지 지정 또는 개발계획 고시 　- 산업단지 명칭·위치 및 면적　　　- 토지이용계획 및 주요기반시설계획 　- 산업단지의 지정목적　　　　　　- 산업단지의 개발을 위한 주요시설 지원계획 　- 산업단지개발사업의 시행자　　　- 수용·사용할 토지·건축물 기타 물건이나 권리가 있는 경우 그 세목과 그 　- 산업단지의 개발기간 및 방법　　　소유자 및 「공익사업을 위한 토지 등의 취득 및 보상에 관한 법률」의 　- 주요 유치업종　　　　　　　　　규정에 의한 관계인의 성명·주소 　- 유치업종의 배치계획 또는 유치업종별 공급면적　- 관련 도서의 열람방법 • 산업단지 지정 해제 : 산업단지개발 실시계획 승인 미신청시 기간만료 익일 지정해제(국가산업단지 : 5년, 일반산업단지 및 도시첨단산업단지 : 3년, 농공단지 : 2년)
일반 열람 (법 제7조의4)	• 관계서류 사본 시장·군수·구청장 송부, 14일 이상 일반에게 열람

제4장 산업단지의 개발

구분	내용
시행자 (법 제16조)	• 산업단지지정권자의 지정에 의하여 산업단지개발계획에서 정하는 자가 이를 시행 1. 산업단지를 개발하여 분양 또는 임대하고자 하는 　가. 국가 및 지방자치단체 　나. 공공기관 　다. 「지방공기업법」에 따른 지방공사 　라. 산업단지 개발을 목적으로 설립한 법인으로서 국가 및 지방자치단체, 공공기관, 지방공사로 50% 지분 또는 30% 지분을 가지고 임원 임명권한을 행사하는 등 대통령령으로 정하는 기준에 따라 사실상 지배력을 확보하고 있는 법인 2. 「중소기업진흥에 관한 법률」에 따른 중소기업진흥공단, 「산업집적활성화 및 공장설립에 관한 법률」 제45조의9에 따라 설립된 한국산업단지공단 또는 「한국농어촌공사 및 농지관리기금법」에 따른 한국농어촌공사 2의2. 「중소기업협동조합법」에 따른 중소기업협동조합 또는 「상공회의소법」에 따른 상공회의소로서 대통령령으로 정하는 요건에 해당하는 자 3. 해당 산업단지개발계획에 적합한 시설을 설치하여 입주하려는 자 또는 해당 산업단지개발계획에서 적합하게 산업단지를 개발할 능력이 있다고 인정되는 자로서 대통령령으로 정하는 요건에 해당하는 자 4. 제1호 가목부터 다목까지, 제2호 또는 제3호에 해당하는 자가 산업단지의 개발을 목적으로 출자에 참여하여 설립한 법인으로서 대통령령으로 정하는 요건에 해당하는 법인(제1항 제1호 라목에 해당하는 법인은 제외) 5. 제3호 또는 제4호에 해당하는 사업시행자(제4호에 대항하는 사업시행자의 경우는 제3호의 해당하는자가 제4호에 따라 설립한 법인에 한정)와 제20조의2에 따라 산업단지개발에 관한 신탁계약을 체결한 부동산신탁업자 6. 산업단지 안의 토지의 소유자 또는 그들이 산업단지개발을 위하여 설립한 조합
실시계획 작성 (법 제18조)	• 사업시행자 : 기본 및 실시설계도서 작성, 국토교통부장관 또는 시·도지사 승인 시 관계 서류의 사본은 시장·군수 또는 구청장 송부 • 실시계획 승인신청 전 에너지사용계획 협의, 집단에너지 공급타당성 협의

실시계획 승인신청 (법 제18조, 영 제21조)	• 사업시행자 지정 후 2년 이내 신청(승인 신청기간 연장 - 6개월 범위 내), 농공단지의 경우 사업시행자 지정된 날부터 1년 이내 신청 • 실시계획 승인신청서류 [제출서류] (영 제21조 제1항, 영 제22조 제1항) 1. 사업 시행자 성명(법인은 법인의 명칭 및 대표자의 성명)·주소 2. 사업의 명칭 3. 사업의 목적 4. 사업 시행하고자 하는 위치 및 면적 5. 사업 시행방법 및 시행기간 6. 사업시행지역 토지이용현황 7. 토지이용계획 및 기반시설계획 [첨부서류](영 제21조 제2항) 1. 위치도 2. 계획평면도 및 실시설계도서(공유수면의 매립이 포함되는 경우에는 국토교통부령이 정하는 매립공사설명서 포함) 3. 사업비 및 자금조달계획서(연차별 투자계획 포함) 4. 개발되는 토지 또는 시설물의 관리처분에 관한 계획서 5. 사업시행지역 안에 존치하고자 하는 기존공장이나 건축물 등의 명세서 6. 사업시행지역의 토지·건물 또는 권리 등의 매수·보상 및 주민이주 대책서류 7. 공공시설물 및 토지 등의 무상귀속과 대체에 관한 계획서 8. 국가 또는 지방자치단체에 귀속될 공공시설의 설치비용 산출내역서 및 사업시행자에게 귀속·양도될 기존 공공시설의 평가서 9. 산업단지개발사업 대행계획서(당해 계획이 있는 경우에 한함) 10. 도시·군관리계획 결정(지구단위계획)에 필요한 관계서류 및 도면 11. 종전 토지소유자에 대한 환지계획서(환지계획이 있는 경우에 한함) 12. 문화재의 보존에 미치는 영향에 관한 서류 13. 피해영향조사서(공유수면매립의 경우에 한함)
관계기관 협의·실시계획 승인 (법 제17조~제19조)	<table><tr><th>구분</th><th>승인권자</th><th>비고</th></tr><tr><td>국가산업단지개발계획</td><td>국토교통부장관(항만건설사업 실시계획의 경우 해양수산부장관)</td><td>시·도지사 의견청취, 관계 중앙행정기관의 장 협의(실시계획 승인 전 재협의 필요하다고 의견제시한 기관 한정)</td></tr><tr><td>일반산업, 도시첨단산업단지</td><td>지정권자, 시·도지사의 승인 시 관할 시장 군수 또는 구청장 의견청취</td><td>관계행정기관의 장 협의(실시계획 승인 전 재협의가 필요하다고 의견 제시한 기관 한정)</td></tr><tr><td>농공단지</td><td>시장·군수·구청장(항만건설사업 내용 포함시 해양수산부장관)</td><td>해양수산부장관과 협의</td></tr></table>
실시계획 승인고시 (법 제19조의2)	• 관보 또는 공보에 고시, 국토교통부장관 해양수산부장관 또는 시·도지사(특별자치도지사 제외)가 승인한 경우 관계 서류 관할 시장·군수 또는 구청장에게 송부 • 실시계획 승인고시(영 제23조의 2) - 사업의 명칭 - 사업시행자 성명(법인은 법인의 명칭 및 대표자의 성명) - 사업의 목적 및 개요 - 사업시행지역의 위치 및 면적 - 사업시행기간(착공 및 준공예정일 포함) - 도시·군관리계획 결정에 대한 「국토의 계획 및 이용에 관한 법률」 영 제25조 제6항 각호의 사항 • 일반인 열람
지형도면 고시 (법 제19조의2)	관계서류 사본 송부(법 제19조의 2) • 특별자치도지사 또는 시장·군수·구청장 • 「토지이용규제 기본법」 제8조에 따라 지형도면을 작성·고시
단지조성 및 공장건축	• 단지조성공사 착공(사업시행자) • 준공인가 신청(사업시행자) • 준공인가 공고(시·도지사) • 산업단지관리기관에 통보(시·도지사) • 산업단지관리기본계획 수립 • 건축허가 • 건축물 사용승인 신청 및 승인 • 완료신고 및 등록
「국토의 계획 및 이용에 관한 법률」 적용특례 (법 제23조)	<table><tr><th>구분</th><th>「국토의 계획 및 이용에 관한 법률」 적용특례</th></tr><tr><td>지정 고시에 따른 적용특례</td><td>• 「공유수면 관리 및 매립에 관한 법률」에 따른 매립기본계획의 수립 또는 변경 • 「국토의 계획 및 이용에 관한 법률」에 따른 지구단위계획구역의 지정 또는 해제로 간주</td></tr><tr><td>개발계획 수립 시 용적률의 최대한도 예외</td><td>• 복합용지(도시첨단산업단지 또는 재상사업지구 한정), 지식산업센터 용지, 「영유아보육법」에 따른 국공립어린이집 용지로 필요 시 「국토의 계획 및 이용에 관한 법률」 제78조와 관련한 위임규정에 따라 조례로 정한 용적률 최대한도의 예외 적용. 단, 용적률의 최대한도 초과 불가</td></tr><tr><td>산업단지 내 기존 공공시설의 대체시설 설치</td><td>• 「국유재산법」 및 「공유재산 및 물품 관리법」에도 불구하고 기존의 공공시설은 용도폐지로 간주</td></tr><tr><td>준공인가 전 영구시설물 축조 허용</td><td>• 실시계획 승인권자는 산업단지 안의 국유재산 및 공유재산에 대하여 준공인가 전에 용지 또는 시설물을 사용할 수 있도록 인정받은 자로 하여금 영구시설물을 축조 가능</td></tr></table>

기반시설 지원 (법 제29조)	• 산업단지의 원활한 조성을 위하여 필요한 항만·도로·용수시설·철도·통신·전기시설 등 대통령령으로 정하는 기반시설은 국가 또는 지방자치단체 및 해당 시설을 공급하는 자가 우선적으로 지원 • 기반시설 우선지원 가능한 산업단지 - 면적이 30만㎡ 이상으로서 낙후지역 개발 및 국가균형발전을 위하여 산업육성이 필요하다고 국토교통부장관이 인정하는 지역에 개발 중인 산업단지 - 심의회에서 산업입지정책에 따라 지원이 필요하다고 인정하는 산업단지

제5장 산업단지 등의 재생

재생사업지구 지정요청 (법 제39조의2)	구분	세부 내용	비고
	지정 목적	산업구조의 변화, 산업시설의 노후화 및 도시지역의 확산 등으로 산업단지 또는 공업지역의 재생이 필요	
	재생사업지구 지정대상	1) 시 산업단지 또는 공업지역 2) 지리적으로 연접하지 아니한 둘 이상의 지역을 하나의 재생사업지구로 지정 가능. 단, 재생지구에 포함되는 산업단지 또는 공업단지의 주변지역 면적은 해당 산업단지 또는 공업지역 면적의 50% 초과불가	※ 지정기준 - 준공된 후 20년 이상 지난 산업단지 또는 공업지역 우선지정

재생사업지구의 지정 (법 제39조의2)	• 수립권자 : 재생사업지구 지정권자 • 시장·군수 구청장 및 해당 재생사업지구에 포함된 산업단지 관리권자의 의견청취, 국토교통부장관을 비롯한 관계행정기관의 장 협의 • 산업단지재생계획 1. 재생사업지구의 명칭·위치·면적 2. 재생사업의 기본방향과 목적 3. 재생사업의 시행자 4. 재생사업 시행방법(존치지역 사항 포함) 5. 재생사업지구 기초조사와 현황조사 6. 산업재배치 또는 업종첨단화 계획 및 이에 대한 수요조사 6의2. 재생사업지구 지정으로 의제하려는 산업단지의 종류 7. 토지이용계획, 교통·물류·환경 등 기반시설(「국토의 계획 및 이용에 관한 법률」상 기반시설)계획 8. 재생사업지구의 입주기업, 토지소유자, 관련 이해당사자의 의견 9. 기반시설의 비용분담계획 10. 기반시설의 민간투자사업에 관한 계획(필요 경우만) 11. 단계적 사업추진에 관한 사항 12. 수용·사용할 토지·건축물 또는 그 밖의 물건이나 권리가 있는 경우에는 그 세부 목록 13. 재원 조달계획 14. 그 밖에 대통령령으로 정하는 사항 ※ 밑줄 친 부분은 재생시행계획에 포함가능

재생사업지구의 지정 (법 제39조의2)	• 지정권자 : 시·도지사 또는 시장·군수·구청장 | 구분	지정절차 및 승인
국가산업단지 또는 국토교통부장관이 지정한 도시첨단산업단지	시·도지사가 지정하려는 경우 국토교통부장관 승인(심의회 심의) 시장·군수·구청장이 지정 시 시·도지사와 협의 후 국토교통부장관 승인
시·도지사가 지정한 일반산업단지 또는 도시첨단산업단지	시장·군수·구청장이 재생사업지구로 지정할 시 시·도지사 승인 | • 재생사업지구지정권자는 지구지정 또는 변경 내용 국토교통부장관 통보(국토교통부장관 승인사항 제외), 시장·군수·구청장은 그 지정 또는 변경내용 시·도지사 통보

재생사업지구 지정고시 (법 제39조의3, 제39조의11, 제39조의16)	• 공보 고시, 시장·군수·구청장은 관계 서류 사본 시장·군수·구청장 송부 - 재생사업 필요 수용·사용 토지·건축물 또는 그밖에 물건이나 권리가 있을 시 토지 등의 세부 목록 포함 • 시장·군수·구청장은 일반인 열람 추진 • 재생사업지구 지정 효력 - 「공익사업을 위한 토지 등의 취득 및 보상에 관한 법률」에 따른 사업인정 및 사업인정의 고시로 간주 - 산업단지가 지정고시된 것으로 봄. 단 재생사업지구에 공업지역이나 주변지역이 포함된 경우는 재생시행계획이 승인고시 때 산업단지 지정고시로 봄 - 해당 재생사업지구는 토지거래계약에 관한 허가구역으로 지정된 것으로 봄

관계 행정기관 장 협의	• 해당 재생사업지구에 포함된 산업단지 관리권자의 의견청취, 국토교통부장관을 비롯한 관계행정기관의 장 협의
재생시행계획의 승인 (법 제39조의7)	• 시행계획 수립 : 재생사업지구 전부 또는 일부, 재생시행계획을 수립하여 지정권자의 승인 • 재생사업시행계획안을 공모하고 선정된 안을 재생시행계획에 반영 • 공보에 고시, 시·도지사 승인한 경우 관계서류의 시장·군수·구청장 송부, 일반인 열람 ※ 특별자치도지사 또는 시장·군수·구청장은 재생시행계획을 승인고시하거나 서류의 사본을 받은 경우 도시·군관리계획 결정사항이 포함되어 있는 때에는 지형도면의 승인신청 등 필요 절차 준수
재생사업의 시행 (법 제39조의6)	<table><tr><th>구분</th><th>시행방식</th></tr><tr><td>재정비방식</td><td>재생사업지구 지정권자가 재생사업지구의 기반시설 정비와 연계하여 토지이용계획 변경 등의 재생계획 및 재생시행계획을 수립하고 이에 따라 토지소유자, 입주기업 등이 정비하는 방식</td></tr><tr><td>수용방식</td><td>사업시행자가 재생사업지구 내 토지 등을 전부 또는 일부 수용하거나 사용하여 사업을 시행하는 방식</td></tr><tr><td>환지방식</td><td>사업시행자가 재생사업지구 내 토지소유자 등에게 환지를 통하여 사업을 시행하는 방식</td></tr></table>
재생사업의 시행 및 지원특례 (법 제39조의6, 제39조의17)	• 시·도 교육감 협의하여 교육에 지장이 없는 범위 내 학교시설기준 완화 • 적용 녹지율 및 도로율 기준은 산업입지개발지침으로 정하는 녹지율 및 도로율 등 50% 초과 범위 내 따로 정함. 재정비방식으로 시행 시 산업입지개발지침 녹지율 및 도로율 적용 제외 • 재생사업지구에 대한 산업시설용지 면적은 전체 면적 중 공공시설을 제외한 40% 이상 확보
재생사업 활성화 구역 지정 (법 제39조의2)	• 재생사업의 효율적인 추진과 복합적인 토지이용을 촉진, 재생사업지구 면적의 30% 미만 • 재생활성화계획 - 활성화계획의 목적, 내용 및 효과, 기반시설의 설치 및 정비에 관한 계획, 재원조달계획 및 예산집행계획, 그 밖에 대통령령으로 정하는 사항
재생사업 활성화 구역 특례 (법 제39조의13)	• 재생사업지구지정권자는 활성화계획 수립 시 필요한 경우 시도조례에도 불구하고 「국토의 계획 및 이용에 관한 법률」에 따른 용도지역별 최대한도 범위에서 건폐율, 용적률 완화 계획 가능 • 활성화 구역 사업시행자에 대해서는 개발이익 재투자 적용 제외 • 국가 또는 지방자치단체는 기반시설 설치비용 등을 우선 지원 • 다음 법령의 적용제외 <table><tr><td>- 「주택법」에 따른 주택의 배치, 부대시설·복지시설의 설치기준 및 대지조성기준 - 「주차장법」에 따른 부설주차장의 설치</td><td>- 「도시공원 및 녹지에 관한 법률」에 따른 도시공원 및 녹지의 확보 - 「문화예술진흥법」에 따른 건축물에 대한 미술작품의 설치</td></tr></table>

제6장 산업단지 외 지역의 공장입지

입지지정 및 개발 기준(법 제40조)	• 국토교통부장관은 산업단지 외의 지역에서의 공장 설립을 위한 입지지정과 승인된 입지의 개발에 관한 기준을 작성·고시
공장입지 유도지구의 지정 (법 제40조의2)	• 시·도지사 또는 시장·군수·구청장은 계획관리지역 3만㎡ 이상 50만㎡ 미만의 범위에서 해당 지자체의 도시계획위원회 심의 후 공장입지 유도지구 지정
공장입지 유도지구의 특례 (법 제40조의3)	• 「산업집적활성화 및 공장설립에 관한 법률」 제13조 제1항에 따른 공장설립 등의 승인권자는 공장입지 유도지구에서의 공장설립을 승인 시 특례 <table><tr><th>구분</th><th>공장입지유도지구 내 공장설립 시 특례</th></tr><tr><td>도시계획위원회 심의 등 검토 절차 생략</td><td>- 「국토의 계획 및 이용에 관한 법률」에 따른 도시계획위원회의 심의 - 「환경영향평가법」에 따른 전략환경영향평가, 「자연재해대책법」에 따른 재해영향성 검토</td></tr><tr><td>지구 단위 계획 등 관련 계획의 결정</td><td>- 공장입지 유도지구에 대한 지구단위계획구역 및 지구단위계획은 「국토의 계획 및 이용에 관한 법률」 제30조에도 불구하고 공장입지유도지구지정권자가 결정 - 지구단위계획에 대하여 필요한 사항은 같은 법 제52조에도 불구하고 국토교통부장관이 별도 정함</td></tr></table>

산업단지 개발절차

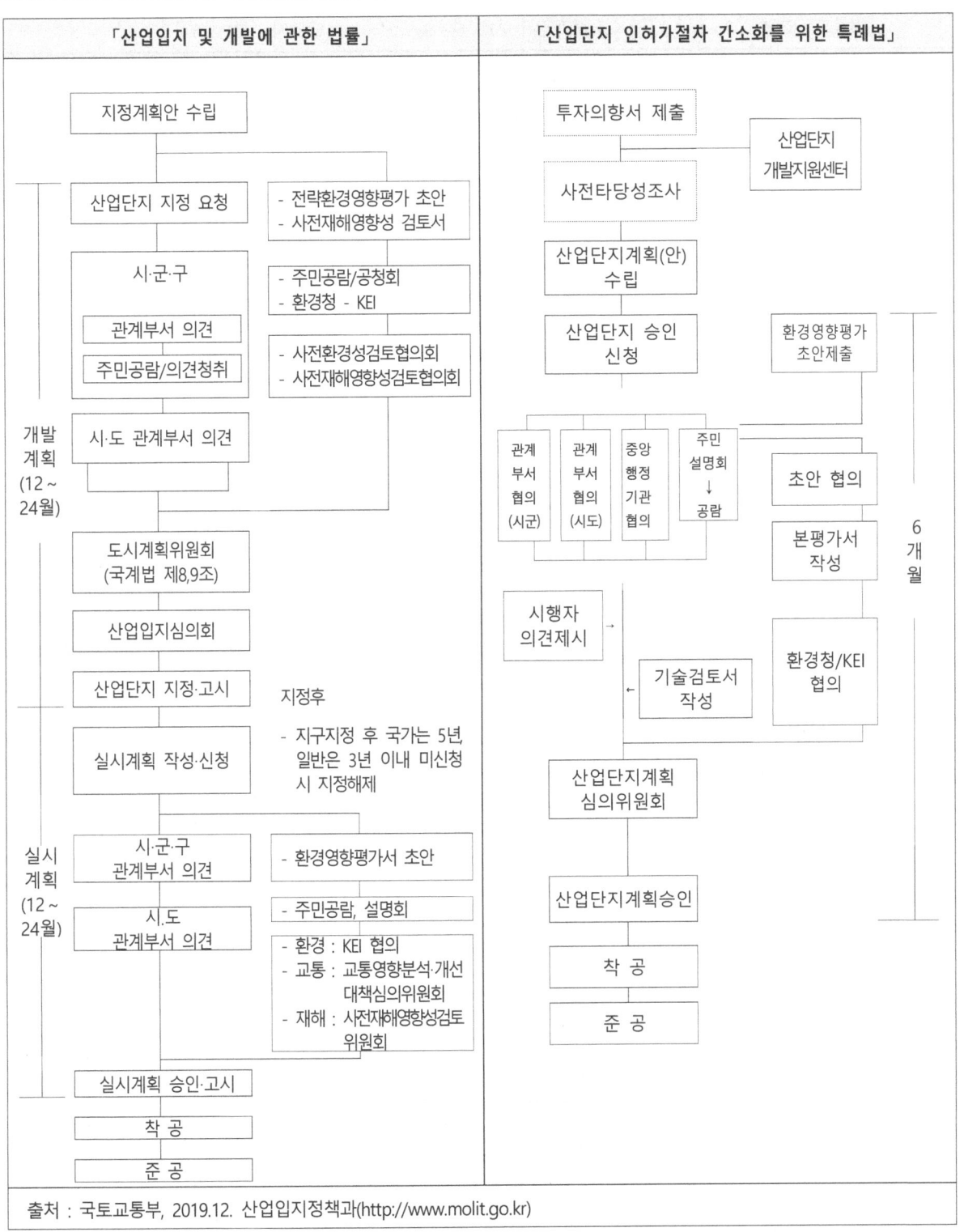

출처 : 국토교통부, 2019.12. 산업입지정책과(http://www.molit.go.kr)

산업단지 인·허가 절차 간소화를 위한 특례법

법공포 : 최초 '08. 6. 5.   최종개정 : '22. 1. 11.   시행일자 : '22. 1. 11.
영공포 : 최초 '08. 9. 3.   최종개정 : '21. 6. 8.   시행일자 : '21. 6. 9.

「산업단지 인허가 절차 간소화를 위한 특례법」 구성체계

제1장 총칙	제2장 산업단지계획의 승인절차	제3장 산업단지개발기간 단축을 위한 특례
제1조 목적 제2조 정의 제3조 적용범위 제4조 다른 법률과의 관계 제5조 산업단지개발지원센터 제6조 산업단지계획심의위원회	제7조 투자의향서 제8조 산업단지계획 제9조 주민 등의 의견청취 제10조 관계 기관 협의 제11조 통합조정회의 제12조 관계 중앙행정기관 협의조정 제13조 기술검토서 작성 제14조 심의위원회의 심의 제15조 산업단지계획의 승인 고시 등 제15조의2 산업단지계획의 변경 제16조 산업단지계획 승인기간의 제한 제17조 농공단지에의 적용 제18조 산업단지계획 관련 정보의 관리 제19조 산업단지계획 통합기준 제20조 토지에의 출입과 사용 등	제21조 「국토의 계획 및 이용에 관한 법률」의 적용 특례 제22조 「공유수면 관리 및 매립에 관한 법률」의 적용 특례 제23조 「환경영향평가법」 등의 적용 특례 제24조 「국가통합교통체계효율화법」의 적용 특례 제25조 「산지관리법」의 적용 특례 제26조 「수도법」의 적용 특례 제27조 「하수도법」의 적용 특례 제27조의2 「경관법」의 적용 특례 제28조 「산업입지 및 개발에 관한 법률」의 적용 특례

제1장 총칙

목적 (법 제1조)	기업의 생산활동에 필요한 산업단지를 적기에 공급하기 위하여 「산업입지 및 개발에 관한 법률」로 정하고 있는 산업단지 개발절차 간소화를 위한 필요 사항을 규정함으로써 국가경제 발전과 국가 경쟁력 강화에 이바지 함
정의 (법 제2조)	• 산업단지개발지원센터 : 입지타당성 검토, 관계기관 의견협의 등 산업단지 지정 및 개발에 관한 업무를 효율적으로 수행하기 위하여 국토교통부 및 특별시·광역시·특별자치시·도 및 특별자치도에 설치되는 지원기관 • 산업단지계획심의위원회 : 산업단지의 지정 및 개발과 이와 관련한 분야를 통합적으로 심의하기 위하여 국토교통부 및 시·도에 설치되는 심의기관, 국토교통부에 설치되는 산업단지계획심의위원회를 중앙산업단지계획심의위원회, 시·도에 설치되는 산업단지계획심의위원회를 지방산업단지계획심의위원회 • 산업단지계획 : 산업단지개발계획과 국가산업단지개발 실시계획을 통합한 국가산업단지계획, 산업단지개발계획과 일반산업단지개발 실시계획을 통합한 일반산업단지계획, 산업단지개발계획과 도시첨단산업단지개발실시계획을 통합한 도시첨단산업단지계획, 산업단지개발계획과 농공단지개발실시계획을 통합한 농공단지계획 포괄 • 민간기업 등 : 국가 또는 지방자치단체 외의 자로서 「산업입지 및 개발에 관한 법률」에 따라 산업단지 지정을 신청할 수 있는 자
적용범위 (법 제3조, 영 제2조)	• 「산업입지 및 개발에 관한 법률」 제2조 제8호에 따른 산업단지(같은 법 제39조에 따른 특수지역 개발사업 포함)에 적용되며 다음의 산단 제외

구분	산업단지 인허가 절차 간소화 특례법 적용 제외
신규개발 산업단지	가. 다음에 해당하는 사업시행자가 시행하는 산업단지 1천만㎡ 1) 국가, 지방자치단체, 공기업, 지방공사 및 지방공단, 그 밖에 다른 법률(「산업입지 및 개발에 관한 법률」은 제외)에 따라 산업단지개발사업을 시행할 수 있는 자 2) 중소벤처기업진흥공단 또는 한국산업단지공단 3) 1) 및 2)에 해당하는 자가 산업단지의 개발을 목적으로 출자에 참여하여 설립한 법인으로서 그 출자비율의 합이 20% 이상인 법인 나. 가목의 어느 하나에 해당하는 자 외의 사업시행자가 시행하는 산업단지 : 500만㎡
준공 산업단지	위 1), 2), 3)의 구분에 따른 규모 이상을 변경개발하는 산업단지. 이 경우 변경개발규모는 다음 각 목의 면적을 합하여 산정하되, 대상 토지는 중복하여 계산하지 아니함 - 산업단지의 증가면적, 토지이용계획의 변경면적, 기반시설의 증가면적

구분	내용
다른 법률과의 관계 (법 제4조)	• 산업단지의 지정 및 개발에 적용되는 규제에 관한 특례에 대하여 다른 법률에 우선하여 적용. 단, 다른 법률에서 이 법의 규제에 관한 특례보다 완화되는 규정은 그 법률로 정하는 바에 따름 • 이 법외의 사항은 「산업입지 및 개발에 관한 법률」에 따름
산업단지개발 지원센터 (법 제5조)	• 설치주체 : 국토교통부장관, 특별시장·광역시장·특별자치시장·도지사 및 특별자치도지사 | 구분 | 세부 업무 | |---|---| | 국토교통부 산하 산업단지개발지원센터 | 국가산업단지 및 국토교통부장관이 지정하는 도시첨단산업단지 지정 개발 | | 시·도 산업단지개발지원센터 | 일반산업, 도시첨단산업단지(국토교통부장관 지정 제외) 및 농공단지 지정 및 개발 | • 지원센터의 구성 세부 | 구분 | 세부내용 | |---|---| | 센터장 | • 해당 기관에서 산업단지 개발업무를 총괄하는 부서의 장 | | 구성원 | • 해당 기관에서 도시계획, 산업입지, 건설, 교통, 환경분야 등 산업단지 개발업무와 관련된 업무를 담당하는 공무원 | | 조직 | • 국토교통부장관은 관계 중앙행정기관의 장에게, 시·도지사는 인근 군부대의 장, 지방환경관리청장, 지방산림청장, 지방국토관리청장 등 산업단지 지정과 관련 기관의 장에게 직원파견 요청·구성 • 파견요청을 받은 기관의 장은 3일 이내에 그 담당자를 지정하여 통보 | | 자문단 | • 도시계획, 산업입지, 건설, 환경 분야 등 산업단지 개발에 관하여 학식과 경험이 풍부한 관계 전문가로 자문단을 구성하거나 관계 전문가를 전문위원으로 위촉 | • 지원센터 기능 - 투자의향서 접수 및 문화재 지표조사, 농지·산지 현황 조사 등 개괄적인 입지타당성의 사전검토 및 조회 - 산업단지계획승인신청서 접수 및 관계 기관 협의·조정 지원 - 주민설명회 개최 및 후속조치 - 「부동산거래신고 등에 관한 법률」에 따른 토지거래계약에 관한 허가구역 지정 검토 - 「환경영향평가법」에 따른 평가 항목·범위의 선정 등 환경영향평가 방향설정에 관한 사항 - 기술검토서의 작성 - 산업단지 지정 및 개발과 관련하여 필요한 사항
산업단지계획 심의 위원회 (법 제6조)	• 산업단지계획심의위원회 설치 | 구분 | 세부내용 || |---|---|---| | 설치목적 | 국가산업단지 및 일반산업단지 등과 관련한 다음 사항을 심의 - 제15조에 따른 산업단지계획 승인에 관한 사항 - 관계 행정기관의 이견 조정에 관한 사항 - 지정권자가 필요하다고 인정하여 위원회에 부치는 사항 || | 심의 위원회 종류 | 국토교통부의 중앙산업단지계획심의위원회, 시·도의 지방산업단지계획심의위원회 || | 위원장 | 중앙산업단지계획 심의위원회 위원장 | 국토교통부장관 | | | 지방산업단지계획 심의위원회 위원장 | 해당 시·도지사 | | 위원회 설치구성 | • 위원장 및 부위원장을 포함하여 30인 이하 • 재적위원 과반수의 출석으로 개의하고, 출석위원 과반수의 찬성으로 의결 ||
산업단지계획 심의 위원회 (법 제6조)	• 산업단지계획심의위원회 위원구성 1. 해당 지정권자가 속한 기관의 소속 공무원 중 산업단지개발사업과 관련된 부서의 장으로서 위원장이 임명하는 사람 2. 도시계획, 산업입지, 건축, 교통, 경관, 환경 분야 등 산업단지 개발 관련 분야의 전문가로서 산업단지 개발에 관한 학식과 경험이 풍부한 자 중 위원장이 위촉하는 사람 3. 「국토의 계획 및 이용에 관한 법률」에 따라 해당 지방자치단체가 속한 시·도에 설치된 시·도도시계획위원회의 위원 중 도시계획전문가, 설계전문가, 환경전문가 각 1인 이상을 포함하여 해당 시·도도시계획위원회의 위원장이 추천하는 사람 4. 「도시교통정비 촉진법」에 따라 해당 시·도에 설치된 교통영향평가심의위원회의 위원 중 해당 교통영향평가심의위원회의 위원장이 추천하는 사람 5. 「자연재해대책법」에 따라 행정안전부장관이 구성·운영하는 사전재해영향성 검토위원회의 위원 중 해당 사전재해영향성 검토위원회의 위원장이 추천하는 사람 6. 「에너지이용 합리화법」에 따른 에너지사용계획에 대하여 심의권한을 가진 위원회의 위원 중 해당 위원회의 위원장이 추천하는 사람 7. 「국가통합교통체계효율화법」에 따른 국가교통위원회의 위원 중 국가교통위원회의 위원장이 추천하는 사람 8. 「산지관리법」에 따라 해당 산업단지 예정지역에 속한 산지의 이용계획에 대하여 심의권한을 가진 산지관리위원회의 위원 중 해당 산지관리위원회의 위원장이 추천하는 사람 9. 「경관법」에 따라 해당 시·도에 설치된 경관위원회의 위원 중 해당 경관위원회 위원장이 추천하는 사람

제2장 산업단지계획의 승인절차

구분	내용
투자의향서 작성 (법 제7조)	• 민간기업 등은 산업단지계획 수립에 앞서 투자의향서를 지정권자에게 제출 • 투자의향서를 제출한 민간기업 등에 지원센터를 통해 지원 가능한 사항 - 산업단지 예정부지에 대한 개략적인 법적 규제현황 - 산업여건 및 지역별 산업입지정책 - 환경여건(생태자연도 등) - 농지·산지 등 토지이용여건 - 그 밖의 민간기업 등이 요청하는 자료 중 지원센터에서 제공 가능한 자료 • 지정권자 또는 투자의향서를 제출한 자는 산업단지계획의 수립 또는 신청 전 문화재지표조사 실시
투자의향서 제출 (영 제5조)	• 투자의향서 제출 시 첨부서류 - 제출인 소개서, 위치도, 사업수행능력을 평가할 수 있는 서류, 인감증명서
산업단지계획 수립 및 승인요청 (법 제8조, 영 제6조)	• 지정권자는 산업단지계획을 수립해야 하며, 산업단지계획이 수립된 경우 「산업입지 및 개발에 관한 법률」에 따른 개발계획 및 실시계획이 모두 수립된 것으로 봄 • 산업단지계획 수립내용 - 산업단지 명칭, 지정목적 및 필요성 - 지정 대상지역의 위치 및 면적 - 산업단지의 개발기간 및 개발방법 - 주요 유치업종 및 제한업종 - 사업시행자의 주소 및 성명 - 사업시행지역의 토지이용현황 - 토지이용계획 및 기반시설계획, 재원조달계획 - 수용·사용할 토지·건축물, 그 밖의 물건이나 권리가 있는 경우에는 그 세목 - 에너지사용계획 - 유치업종의 배치계획, 입주수요에 관한 자료 - 산업단지의 개발을 위한 주요시설의 지원계획 • 민간기업 등이 산업단지 지정을 요청하는 경우 산업단지계획을 수립하여 지정권자에게 승인 신청 - 산업단지계획 승인을 신청 받은 지정권자는 사업시행지역의 지적도를 확인 • 산업단지계획의 승인을 신청 시 환경, 교통 등 산업단지계획 승인과 관련 서류첨부 (단, 지정권자는 보다 효율적으로 처리하기 위해 필요시 제출기한을 정하여 이를 따로 제출 가능) - 도시·군기본계획 서류(도시기본계획 변경승인이 의제되는 경우만) - 공유수면매립기본계획 서류(공유수면매립기본계획 변경승인 의제되는 경우만) - 전략환경영향평가서 초안 또는 환경영향평가서 초안 등 관련 서류 - 교통영향평가서 초안 또는 사전재해영향성 검토협의 관련 서류 - 연계교통체계 구축대책 관련 서류 - 문화재지표조사 결과 서류 - 에너지사용계획 관련 서류 - 「경관법」에 따른 사전경관계획 및 경관계획에 대한 경관심의 관련 서류 - 그 밖에 산업단지계획 승인과 관련 있는 필요서류 - 위치도 - 계획평면도 및 실시설계도서(공유수면매립이 포함 시 매립공사설명서 포함) - 사업비 및 자금조달계획서(연차별 투자계획 포함) - 토지 또는 시설물의 관리처분에 관한 계획서 - 사업시행에 존치하려는 기존 공장이나 건축물 등의 명세서 - 사업시행지역의 토지·건물 또는 권리 등의 매수·보상 및 주민이주대책에 관한 서류 - 공공시설물 및 토지 등의 무상귀속과 대체에 관한 계획서 - 국가 또는 지방자치단체에 귀속될 공공시설의 설치비용 산출명세서 및 사업시행자에게 귀속되거나 양도될 기존 공공시설의 평가서 - 산업단지개발 사업대행계획서 - 도시·군관리계획 결정에 필요한 서류 및 도면 - 종전 토지소유자에 대한 환지계획서 - 피해영향조사서(공유수면매립 경우만 해당) - 그 밖에 지정권자가 필요하다고 인정하는 서류
주민의견청취 (법 제9조)	**공고 및 열람 추진** • 해당 지역 일간신문 및 해당 기관 인터넷 홈페이지에 공고, 20일 이상 • 산업단지계획 승인 신청 받은 날부터 3일 이내 공고 ⇩ **의견청취** • 전략환경영향평가, 환경영향평가, 교통영향평가 및 재해영향성 검토협의 • 지정권자가 산업단지계획과 따로 제출하도록 한 사항 별도로 의견청취 가능 ⇩ **합동설명회 또는 합동공청회 개최** • 공고일 이후 10일 이내 실시 • 개최예정일 7일 전까지 하나 이상의 중앙일간신문 및 해당지역 지방일간신문과 지정권자가 속한 기관의 인터넷 및 홈페이지에 공고 • 합동설명회 등 끝난 후 7일 이내에 개최결과를 지정권자에게 알림 ⇩ **의견서 및 검토의견서 제출** • 의견청취 종료 시, 지정권자에게 제출 • 의견 있는 자는 그 열람기간 내에 지정권자 또는 사업시행자에게 의견서를 제출

관계기관 협의 (법 제10조)	• 지정권자는 산업단지계획을 수립 또는 승인하기 위하여 관계행정기관의 장과 협의하는 경우 산업단지 계획 승인에 필요한 관련 분야의 협의절차를 동시에 착수 • 협의를 요청받은 날부터 10일(근무일 기준) 이내 회신(「군사기지 및 군사시설 보호법」에 따른 협의기간은 15일(근무일 기준). 회신 없는 경우 신청내용 협의로 간주 • 관계행정기관의 장은 지정권자에게 관련 서류의 보완을 한차례만 요청할 수 있음(지정권자가 관련 서류를 보완하는 기간은 협의기간에 미포함)
통합조정회의 (법 제11조)	• 협의 결과에 대해 관계기관 간 이견이 있는 경우 이견조정을 위하여 관계 행정기관이 참여하는 통합조정회의를 개최 가능 • 지정권자는 관계행정기관의 장에게 회의개최 5일 전까지 회의일시·장소 및 안건 통지(불참 또는 의견 미제출 시 협의가 성립으로 간주) • 지정권자는 사업시행자가 통합조정회의에 참석하여 의견을 제시할 수 있도록 함
관계 중앙행정기관 협의조정 (법 제12조)	• 관계 중앙 행정기관과 협의가 완료되지 아니하여 조정이 필요한 경우 국토교통부장관은 지정권자의 신청을 받아 국무총리에게 이견조정 요청(국가산단은 국토교통부장관이 직접 이견조정 요청) • 국토교통부장관이 국무총리에게 이견조정을 요청하는 경우 국토교통부장관은 해당 이견사항에 대한 관련 서류 및 검토의견서 등 필요한 자료를 첨부함 • 국무총리가 관계 중앙행정기관과 이견을 조정하는 경우 사업시행자는 서면으로 의견 제출 • 국무조정실에 이견조정 업무 등을 담당하는 기구를 둘 수 있음 • 국무조정실에 두는 기구의 기능 및 운영에 관하여 필요한 사항은 대통령령으로 정함
기술검토서 작성 (법 제13조)	• 이견이 있는 사항에 대하여 관계 전문가의 기술검토서 작성 • 기술검토서 작성을 위하여 필요한 경우 관계 기관에 인력 및 자료지원을 요청할 수 있음
심의위원회 심의 (법 제14조)	• 국토교통부장관은 중앙산업단지계획심의위원회, 시·도지사 또는 시장·군수·구청장은 지방산업단지계획 심의위원회의 심의를 거쳐야 함 | 심의 시 필요자료 | 의제되는 관련심의(위원회) | |---|---| | - 산업단지계획 - 사업시행자 최종의견서 - 관계전문가 기술검토서(법 제13조) 등 | - 산업입지정책심의회, 도시계획위원회, 교통영향평가심의위원회, 재해영향평가심의위원회, 에너지사용계획에 대한 심의 권한을 가진 위원회, 국가교통위원회, 산지관리위원회, 경관위원회 |
산업단지계획 승인고시 (법 제15조)	• 심의 거쳐 산업단지계획 수립 또는 승인하고 그 결과를 관보 또는 공보에 고시 • 산업단지계획 승인고시는 산업단지 지정고시 및 실시계획 승인고시로 봄
산업단지계획의 변경 (법 제15조의2, 영 제10조)	• 다음의 변경하려는 경우에는 주민 등의 의견청취 생략, 제14조에 따른 심의위원회의 심의를 거치지 아니함 - 산업단지면적의 100분의 10 이상의 면적변경 - 주요 유치업종의 변경(도로를 제외한 기반시설의 용량이나 면적의 증가가 수반되는 경우로 한정) - 국토교통부장관이 정하는 토지이용계획 및 주요기반시설계획의 변경
산업단지계획 승인기간 제한 (법 제16조)	• 산업단지계획 승인신청을 접수한 날부터 6개월 이내에 승인여부 결정 통지 • 지정권자는 「환경영향평가법」에 따른 전략환경영향평가 및 환경영향평가 협의를 요청하는 경우 산업단지계획의 승인 신청 일부터 늦어도 4개월 이내에 협의 요청

제3장 산업단지개발기간 단축을 위한 특례

「국토계획법」 적용 특례	• 산업단지계획 수립 또는 승인 시 도시·군기본계획이 수립 또는 변경된 것으로 봄. 다만, 산업단지 예정부지의 면적(기 의제 받은 산업단지 누적면적에 예정부지의 면적 합한 면적)이 해당 도시·군기본계획 시가화예정용지 총면적 100분의 30 범위 이하인 산단계획을 승인하는 경우에 한정
「공유수면 관리 및 매립에 관한 법률」 적용 특례	• 산업단지계획이 수립 또는 승인된 때에는 공유수면매립기본계획이 수립 또는 변경된 것으로 봄 • 공유수면매립기본계획 수립 또는 변경내용 포함하는 산업단지계획을 수립하거나 승인하고자 하는 경우에는 해양수산부장관 협의[20일(근무일 기준) 내에 협의 완료]

「환경영향평가법」 등의 적용 특례	• 지정권자 또는 사업시행자가 해당 산업단지개발로 인한 환경영향을 검토 또는 평가하여야 함 - 산업단지 예정부지면적 15만㎡ 미만(전략환경영향평가), 15만㎡ 이상(환경영향평가) • 산업단지 개발사업에 대하여 전략환경영향평가 협의 요청받은 행정기관의 장은 그 협의요청을 받은 날부터 30일 이내에 지정권자에게 전략환경영향평가 협의에 대한 의견을 통보. 협의기관의 장은 지정권자 또는 사업시행자에게 관련 서류의 보완을 1회에 한하여 요청가능하며 지정권자 또는 사업시행자가 관련 서류를 보완하는 기간은 협의기간에 미포함 • 평가서 접수한 날부터 45일 이내 지정권자에게 평가협의 의견 통보(서류보완 1회 한하여 요청 가능, 지정권자 또는 사업시행자가 관련 서류를 보완하는 기간은 협의기간에 미포함) • 지정권자는 전략환경영향평가 및 환경영향평가를 실시하는 경우 지원센터의 검토내용을 토대로 협의기관의 장과 협의하여 환경영향을 연 2회 이하 조사가능
「국가통합교통체계 효율화법」 적용 특례	• 「국가통합교통체계 효율화법」 제38조 제1항에도 불구하고 해당 산업단지 개발사업의 사업시행자가 연계교통체계 구축대책을 수립하여 같은 법 제4조에 따른 관계행정기관의 장에게 제출
「산지관리법」 적용특례	• 산업단지계획이 수립 또는 승인된 때에는 보전산지가 변경·해제된 것으로 봄
「수도법」 적용 특례	• 산업단지계획이 수립 또는 승인된 때에는 수도정비계획이 수립 또는 변경되어 환경부장관의 승인을 받은 것으로 봄
「하수도법」 적용 특례	• 산업단지계획이 수립 또는 승인된 때에는 하수도정비기본계획이 수립 또는 변경되어 환경부장관의 승인을 얻은 것으로 봄
「경관법」 적용 특례	• 산업단지계획이 수립 또는 승인된 때에는 경관계획이 수립 또는 변경된 것으로 봄
「산업입지 및 개발에 관한 법률」 적용 특례	• 민간기업 등이 「산업입지 및 개발에 관한 법률」 제11조(민간기업 등의 산업단지 지정요청)에 따라 산업단지의 지정·개발을 요청하거나 지정권자가 단독으로 산업단지를 지정하는 경우에는 제2항부터 제5항까지의 규정에서 정하는 사항을 제외하고는 같은 법에서 정하는 바에 따름 • 「산업입지 및 개발에 관한 법률」에 따라 산업단지를 개발하는 경우 산업단지 지정 또는 실시계획 승인 시 주민 등의 의견청취, 관계 기관 협의 및 고시 등에 관하여는 제9조(주민 등의 의견청취), 제10조(관계기관 협의), 제11조(통합조정회의), 제12조(관계 중앙행정기관의 협의조정), 제13조(기술 검토서 작성) 제15조(산업단지계획의 승인 고시)에 따름 • 지정권자는 「산업입지 및 개발에 관한 법률」에 따라 산업단지를 지정하거나 실시계획을 승인하는 경우 해당 산업단지를 효율적으로 지정·개발하기 위하여 필요하다고 인정하는 때에는 심의위원회의 심의를 거침 • 「산업입지 및 개발에 관한 법률」에 따라 산업단지를 지정·개발하는 경우 산업단지의 지정 또는 실시계획의 승인 기간에 대하여는 제16조(산업단지계획 승인기간의 제한)에 따르며, 농공단지 또는 일반산업단지 등의 지정·개발과 관련한 지원, 시·도지사 승인 의제 등에 관하여는 제17조(농공단지에의 적용) 규정에 따름 • 「산업입지 및 개발에 관한 법률」에 따라 산업단지개발계획이나 실시계획을 수립하는 경우 산업단지개발기간 단축을 위한 적용특례를 적용(단 「국토의 계획 및 이용에 관한 법률」 적용특례, 「공유수면 관리 및 매립에 관한 법률」 적용 특례, 「산지관리법」의 적용특례, 「수도법」의 적용 특례, 「하수도법」의 적용특례는 관계기관의 장과 협의 또는 심의위원회의 심의를 거친 경우로 한정) • 「산업입지 및 개발에 관한 법률」에 따른 산업단지개발계획이나 실시계획을 변경하려는 경우에는 「산업입지 및 개발에 관한 법률」의 적용특례의 규정을 준용 • 「산업입지 및 개발에 관한 법률」에 따라 수립된 산업단지개발계획 및 실시계획을 「산업단지 인·허가 절차 간소화를 위한 특례법」에 따라 변경 가능

산업집적활성화 및 공장설립에 관한 법률

법공포 : 최초 '90. 1. 13. 최종개정 : '21. 8. 17. 시행일자 : '22. 2. 18.
영공포 : 최초 '91. 1. 14. 최종개정 : '22. 2. 17. 시행일자 : '22. 2. 18.

「산업집적활성화 및 공장설립에 관한 법률」 구성체계

제1장 총칙	제2장 산업의 입지	제3장 공장의 설립	제4장 산업집적의 활성화
제1조 목적 제2조 정의 제3조 산업집적활성화 기본계획 제3조의2 지역산업진흥계획의 수립 등 제4조 행위의 효력의 승계	제5조 삭제 제6조 산업입지에 관한 조사 제6조의2 공장설립온라인지원시스템의 설치·운영 등 제6조의3 공장설립온라인지원 시스템의 자료이용 등 제6조의4 전산자료의 이용자에 대한 지도·감독 제6조의5 공장설립온라인지원시스템 이용자의 교육 제7조 산업입지연구센터의 설치 등 제7조의2 공장설립지원센터의 설치 등 제7조의3 공장설립옴부즈만사무소의 설치 등 제7조의4 기업입지지원단의 설치 등 제8조 공장입지의 기준 제9조 공장입지기준의 확인 등 제10조 권리·의무의 승계 제11조 기준공장면적률의 적용 제12조 산업시설구역 등에서 제조업 외 업종에 대한 기준 건축면적률	제13조 공장설립 등의 승인 제13조의2 인가·허가 등의 의제 제13조의3 공장설립 등의 승인에 대한 특례 제13조의4 공장설립업무 처리기준의 고시 제13조의5 공장설립 등의 승인의 취소 제14조 공장의 건축허가 제14조의2 공장건축물의 사용승인 제14조의3 제조시설설치승인 제14조의4 제조시설설치승인의 취소 제15조 공장설립 등의 완료신고 등 제16조 공장의 등록 제16조의2 공장건축물의 등록 제17조 공장의 등록취소 등 제18조 공장설립 등의 협의 제19조 공장설립민원실의 설치 등	제20조 공장의 신설 등의 제한 제21조 공장 이전의 확인 제22조 지식기반산업집적지구의 지정 등 제22조의2 지식기반산업집적지구에 대한 지원 제22조의3 산업집적지경쟁력강화사업 추진계획의 수립 등 제22조의4 산학융합지구의 지정 등 제22조의5 산학융합지구에 대한 지원 제22조의6 첨단투자지구의 지정 등 제22조의7 첨단투자지구의 변경 및 해제 제22조의8 첨단투자지구에 대한 지원 제22조의9 첨단투자지구 위원회 제22조의10 규제개선의 신청 등 제23조 유치지역의 지정 제24조 유치지역의 지정기준 제25조 유치지역으로의 공장 이전 제26조 기업의 지방 이전 촉진 제27조 삭제 제28조 도시형공장

제4장의2 지식산업센터	제5장 산업단지의 관리		제5장의 2 산업단지구조고도화사업의 추진
제28조의2 지식산업센터의 설립 등 제28조의3 지식산업센터에 대한 지원 제28조의4 지식산업센터의 분양 제28조의5 지식산업센터에의 입주 제28조의6 지식산업센터의 관리 제28조의7 입주자 등의 의무 제28조의8 의무위반에 대한 조치 등 제29조 삭제	제30조 관리권자 등 제31조 산업단지관리공단 등 제32조 산업단지관리지침 등 제33조 산업단지관리기본계획의 수립 제33조의2 다른 법률에 따른 인가·허가 등의 의제 제34조 산업단지의 국유 또는 공유 토지의 매각 및 임대 제35조 삭제 제35조의2 삭제 제35조의3 삭제 제35조의4 삭제 제35조의5 입주 등 제35조의6 북한지역의 기업지원 제36조 개발토지 등의 분양·임대 등 제37조 공동부담금 제38조 입주계약 등	제38조의2 산업단지에서의 임대사업 등 제39조 산업용지 등의 처분제한 등 제39조의2 산업용지의 분할 등 제40조 경매 등에 의한 산업용지 등의 취득 제40조의2 입주계약 미체결 산업용지 등의 처분 제41조 산업용지의 환수 제42조 입주계약의 해지 등 제43조 입주계약 해지 후의 재산처분 등 제43조의2 양도의무 불이행자에 대한 조치 제43조의3 이행강제금 제44조 입주기업체의 지원 제45조 산업단지의 안전관리 등	제45조의2 산업단지구조고도화계획의 수립 제45조의3 산업단지구조고도화사업의 시행자 제45조의4 다른 법률에 따른 인가·허가 등의 의제 제45조의5 비용부담 등 제45조의6 개발이익의 재투자 제45조의7 준공인가 제45조의8 공공시설의 귀속

제5장의3 한국산업단지공단	제6장 보칙	제7장 벌칙	
제45조의9 한국산업단지공단의 설립 등 제45조의10 정관 제45조의11 임원 등 제45조의12 이사회 제45조의13 사업 제45조의14 자금의 차입 제45조의15 비용부담 제45조의16 예산과 결산 제45조의17 업무의 지도·감독 제45조의18 출연 및 보조금 제45조의19 채권의 발행 제45조의20 산하기관	제46조 조세감면 제47조 자금지원 제48조 보고 및 검사 제49조 지도 및 감독 제50조 건축허가 등의 제한 제51조 권한의 위임·위탁 제51조의2 청문 제51조의3 휴업·폐업 업체 현황 등 요청 제51조의4 규제의 재검토	제52조 벌칙 제53조 벌칙 제54조 양벌규정 제55조 과태료	

제1장 총칙

목 적	산업의 집적을 활성화하고 공장의 원활한 설립을 지원하며 산업입지 및 산업단지를 체계적으로 관리함으로써 지속적인 산업발전 및 균형 있는 지역발전을 통하여 국민경제의 건전한 발전 도모

공 장 (법 제2조, 영 제2조)	• 건축물 또는 공작물, 물품제조공정을 형성하는 기계·장치 등 제조시설과 그 부대시설을 갖추고 대통령령으로 정하는 제조업을 영위하기 위한 사업장으로 대통령령으로 정하는 것 • 공장의 범위 - 제조업을 하는 경우 필요한 제조시설(물품의 가공·조립·수리시설 포함) 및 시험생산시설 - 제조업을 하는 경우 그 제조시설의 관리·지원, 종업원의 복지후생을 위하여 당해 공장부지 안에 설치하는 부대시설로서 산업통산자원부령이 정하는 것 - 제조업을 하는 경우 관계 법령에 의하여 설치가 의무화된 시설 - 위의 시설이 설치된 공장부지 • 제조업의 범위 : 통계청장이 고시하는 표준산업분류에 의한 제조업
유치지역	• 공장의 지방이전촉진 등 국가의 정책적 필요에 의한 산업단지를 조성하기 위하여 유치지역으로 지정·고시된 지역
산업집적 (법 제2조, 영 제4조의3)	• 기업, 연구소, 대학, 기업지원시설이 일정지역에 집중하여 상호연계를 통하여 상승효과를 만들어내는 집합체를 형성하는 것 • 산업집적 형성체계 - 생산기능을 담당하는 대기업 및 중소기업으로 구성된 산업생산체계 - 연구개발 기능을 담당하는 대학 및 연구소로 구성된 산업기술체계 - 마케팅·금융·보험·컨설팅 등의 각종 지원기능을 담당하는 기관들로 구성된 기업지원체계
지식산업집적 기반시설	• 지식기반산업의 집적을 촉진하기 위하여 지정고시된 지역
지식기반산업	• 지식의 집약도가 높은 산업으로써 대통령령으로 정하는 산업
산업기반시설	• 용수공급시설, 교통·통신시설, 에너지시설, 유통시설 등 기업의 생산활동에 필요한 기초적인 시설
산업단지구조 고도화사업	• 산업단지 입주업종의 고부가가치화, 기업지원 서비스의 강화, 산업집적 기반시설 및 산업단지의 공공시설 유지·보수·개량 및 확충을 통하여 기업체 등의 유치를 촉진하고, 입주기업체의 경쟁력을 높이기 위한 사업
산업집적지경쟁력 강화사업	• 기업·대학·연구소 및 제19호에 따른 지원기관이 산업단지를 중심으로 지식·정보 및 기술 등을 교류·연계하고 상호협력하여 산업집적이 형성된 지역의 경쟁력을 높이는 사업
지식산업센터 (영 제4조의6)	• 동일 건축물에 제조업, 지식산업 및 정보통신산업을 영위하는 자와 지원시설이 복합적으로 입주할 수 있는 다층형 집합건축물로서 대통령령으로 정하는 것 - 3층 이상 집합건물로, 공장, 지식산업의 사업장 또는 정보통신산업의 사업장이 6개 이상 공장 입주할 수 있는 건축물, 바닥면적의 합계가 건축면적 300% 이상(단, 「국토의 계획 및 이용에 관한 법률」에 따라 용적률을 시 또는 군조례로 정한 경우, 「산업기술단지 지원에 관한 특례법」에 따라 면적을 준수하기 위해 바닥면적 합계가 300% 이상이 어려운 경우 해당 법령의 허용하는 최대 비율로)
산업집적활성화 기본계획 (법 제3조)	• 수립권자 : 산업통상자원부장관(5년 단위) - 전 국토를 대상으로 산업집적의 활성화에 대한 기본계획 수립 고시 1. 대통령령으로 정하는 성장유망산업의 입지수요, 지역별 집적 및 특화와 그 연계방안에 관한 사항 2. 지역별 산업집적을 촉진하기 위한 산업입지 및 인력수급에 관한 사항 3. 산업집적기반시설의 확충에 관한 사항 4. 산업이 낙후되거나 쇠퇴한 지역의 지원에 관한 사항 5. 그 밖에 산업집적 및 지역산업의 발전에 관한 사항 • 산업집적활성화 기본계획의 타 계획과의 조화 1. 「국토기본법」에 따른 국토종합계획 2. 「국가균형발전 특별법」에 따른 국가균형발전 5개년계획 3. 「국토의 계획 및 이용에 관한 법률」에 따른 도시·군계획 4. 「수도권정비계획법」에 따른 수도권정비계획 5. 「산업입지 및 개발에 관한 법률」에 따른 산업입지공급계획
지역산업진흥계획의 수립 등 (법 제3조의2)	• 시·도지사 및 대도시 시장(「지방자치법」 제198조에 따른 서울특별시·광역시 및 특별자치시를 제외한 인구 50만 이상 대도시의 시장)은 관할 구역의 산업집적활성화 등 지역산업의 발전을 위한 지역산업진흥계획을 수립(5년 단위) - 산업집적활성화 기본계획과 조화 • 산업통상자원부장관은 산업의 집적 등 지역산업의 진흥을 위하여 필요한 지원

제2장 산업의 입지, 제3장 공장의 설립

구분	내용
산업입지에 관한 조사 (법 제6조)	• 조사자 : 산업통상자원부장관 1. 산업집적활성화 기본계획의 수립 2. 산업입지의 적절한 운용 3. 공장입지의 기준 설정 4. 산업단지 관리지침의 작성 4의2. 산업집적기반시설 및 산업기반시설 등의 관리 5. 그 밖에 산업입지에 관하여 산업통상자원부장관이 필요하다고 인정하는 사항 • 조사결과 통보(산업통상자원부장관 → 국토교통부장관), 국토교통부장관은 결과를 산업입지공급계획 수립지침에 반영
공장설립등의 승인 (법 제13조)	• 공장 건축면적 500㎡ 이상 공장의 신설·증설 또는 업종변경을 하려는 자는 시장·군수·구청장 승인, 경미한 변경을 하는 경우 시장·군수·구청장 신고 • 500㎡ 미만인 경우 허가·신고·면허·승인·해제 또는 용도폐지 등 의제를 받으려는 자는 공장설립 등 승인 • 서류 송부받은 날로부터 20일 이내 승인 여부 또는 처리 지연사유 통보
공장설립승인에 따른 인허가 의제 (법 제13조의2)	• 공장설립 등의 승인 시 공장 및 진입로 부지에 대한 허가·신고·면허·승인·해제 또는 용도폐지 등에 관해 관계 행정기관의 장과 협의한 사항은 해당 인허가를 득한 것으로 간주 1. 「농지법」에 따른 농지전용의 허가, 농지전용의 신고 및 용도변경의 승인 2. 「산지관리법」에 따른 산지전용허가 및 산지전용신고, 산지일시사용허가·신고, 산지 전용된 토지의 용도변경 승인 및 입목벌채등의 허가·신고 3. 「초지법」에 따른 초지전용의 허가 4. 「사방사업법」에 따른 사방지의 죽목의 벌채 등의 허가 및 사방지 지정의 해제 5. 「국토의 계획 및 이용에 관한 법률」에 따른 개발행위허가, 도시·군계획시설사업의 시행자 지정 및 실시계획의 인가 6. 「하천법」에 따른 하천공사시행의 허가 및 하천점용의 허가 7. 「공유수면 관리 및 매립에 관한 법률」에 따른 공유수면의 점용·사용허가, 실시계획의 승인 또는 신고 및 공유수면의 매립면허 8. 「장사 등에 관한 법률」에 따른 분묘개장의 허가 9. 「사도법」에 따른 사도개설 등의 허가 10. 「도로법」에 따른 도로점용의 허가 11. 삭제 12. 「농어촌정비법」에 따른 농업생산기반시설의 사용허가 13. 「국유재산법」에 따른 국유재산의 사용허가 및 도로·하천·구거 및 제방의 용도폐지 14. 「공유재산 및 물품 관리법」에 따른 행정재산의 용도의 변경 또는 폐지 및 행정재산의 사용·수익허가 15. 「건축법」에 따른 건축허가, 건축신고, 건축물의 용도변경의 허가나 신고, 기재내용의 변경, 가설건축물 건축의 허가 또는 신고 및 공작물 축조의 신고 16. 「환경영향평가법」에 따른 소규모 환경영향평가에 대한 협의 17. 「자연재해대책법」에 따른 재해영향평가 등의 협의 18. 「부동산 거래신고 등에 관한 법률」에 따른 토지거래계약에 관한 허가 • 관계 행정기관의 장은 협의를 요청받은 날부터 10일(관계 행정기관의 장의 권한에 속하는 사항을 규정한 법령에서 정한 회신기간이 10일을 초과하는 경우에는 그 기간) 이내 의견 제출 • 관계 행정기관의 장이 제6항에서 정한 기간(회신기간을 연장한 경우에는 그 연장된 기간) 내에 의견을 제출하지 아니하면 협의가 이루어진 것으로 간주 • 시장·군수 또는 구청장은 제5항 단서에 따라 공장설립 등의 승인을 한 경우에는 관계 행정기관의 장에게 그 승인 내용을 통보
공장설립 등의 승인에 대한 특례 (법 제13조의3)	• 공장진입로를 조성하기 위하여 부득이하게 도로가 아닌 길과 공장진입로를 연결할 필요가 있는 경우 사도개설을 허가 • 「국토의 계획 및 이용에 관한 법률」에 따른 용도지역·지구 등의 지정·변경에 관한 도시·군관리계획 등의 결정고시 당시 해당 용도지역·지구 등의 공장 설립 등의 승인을 받은 자는 승인 받은 후 용도지역·지구의 지정 또는 변경이 있더라도 해당 행위 제한을 받지 않고 공사 또는 사업 계속 가능
공장설립 등의 승인의 취소 (법 제13조의 5)	• 시장·군수 또는 구청장은 공장설립 등의 승인을 받은 자가 다음 각 호의 사유로 사업시행이 곤란하다고 인정 시 공장설립 등의 승인 취소 및 해당 토지의 원상회복 명령 - 공장설립 등의 승인을 받은 날부터 3년(농지전용허가 또는 신고 의제 시 2년)이 지날 때까지 공장 미착공 - 토지의 형질변경 허가 등이 취소되어 공장설립 등이 불가능하게 된 경우 - 공장설립 등의 승인 및 제조시설의 설치승인을 받은 후 4년이 지난 날까지 완료신고를 하지 아니하거나 공장착공 후 1년 이상 공사 중단 - 공장설립 등의 승인을 받은 부지 또는 건축물을 정당한 사유 없이 승인을 받은 내용과 다른 용도로 활용 - 공장설립 등의 승인기준에 미달하게 된 경우

공장의 건축허가 (법 제14조)	• 공장설립 등의 승인을 받은 자에게 건축허가를 하거나 신고를 수리할 때 해당 시장·군수 또는 구청장이 다음 각 호의 허가·인가·승인·동의·심사 또는 신고에 관하여 관계 행정기관의 장과 협의한 사항에 대하여는 해당 허가 등을 받은 것으로 간주 1. 「도로법」 제61조제1항에 따른 도로점용의 허가 2. 「하수도법」 제24조에 따른 시설 또는 공작물 설치의 허가, 같은 법 제27조제3항에 따른 배수설비 설치의 신고 및 같은 법 제34조제2항에 따른 개인하수처리시설의 설치 신고 3. 「수도법」 제52조제1항에 따른 전용상수도 설치의 인가 4. 「전기안전관리법」 제8조제1항 및 제2항에 따른 자가용전기설비 공사계획의 인가 및 신고 5. 「소방시설 설치·유지 및 안전관리에 관한 법률」 제7조 제1항에 따른 건축허가 등의 동의, 「소방시설공사업법」 제13조제1항에 따른 소방시설공사의 신고 및 「위험물안전관리법」 제6조 제1항에 따른 제조소 등의 설치허가 6. 「국토의 계획 및 이용에 관한 법률」 제56조 제1항에 따른 개발행위(건축물의 건축 또는 공작물의 설치만 해당)의 허가, 같은 법 제86조에 따른 도시·군계획시설사업의 시행자의 지정 및 같은 법 제88조에 따른 실시계획의 인가 7. 「건축법」 제20조제1항·제3항에 따른 가설건축물 건축의 허가 또는 신고 및 같은 법 제83조에 따른 공작물축조의 신고 8. 「폐기물관리법」 제29조 제2항에 따른 폐기물처리시설의 설치승인 또는 신고 9. 「가축분뇨의 관리 및 이용에 관한 법률」 제11조에 따른 배출시설의 설치 허가 또는 신고 10. 「대기환경보전법」 제23조 제1항, 「물환경보전법」 제33조 제1항, 「소음·진동관리법」 제8조 제1항에 따른 배출시설설치의 허가 또는 신고 11. 「토양환경보전법」 제12조에 따른 특정토양오염관리대상시설 설치의 신고 12. 「총포·도검·화약류 등의 안전관리에 관한 법률」 제25조 제1항에 따른 화약류간이저장소 설치의 허가 13. 「액화석유가스의 안전관리 및 사업법」 제8조 제1항에 따른 액화석유가스저장소 설치의 허가 14. 「고압가스 안전관리법」 제4조 제3항에 따른 고압가스저장소 설치의 허가 15. 「산업안전보건법」 제42조 제4항에 따른 유해·위험방지계획서의 심사, 같은 법 제45조 제1항에 따른 공정안전보고서의 심사 16. 「환경오염시설의 통합관리에 관한 법률」 제6조에 따른 허가 • 허가 등의 의제를 받으려는 자는 해당 공장의 건축허가신청 또는 건축신고 시에 해당 법령에서 정하는 관련 서류를 함께 제출 • 시장·군수 또는 구청장이 「건축법」 제11조제1항에 따른 건축허가를 하거나 같은 법 제14조제1항에 따른 건축신고를 수리할 때 그 내용 중 제1항 각 호의 어느 하나에 해당하는 사항이 있을 때에는 관계 행정기관의 장과 협의 • 관계 행정기관의 장은 제3항에 따른 협의를 요청받은 날부터 10일(관계 행정기관의 장의 권한에 속하는 사항을 규정한 법령에서 정한 회신기간이 10일을 초과하는 경우에는 그 기간) 이내에 의견을 제출 • 관계 행정기관의 장이 제4항에서 정한 기간 내에 의견을 제출하지 아니하면 협의가 이루어진 것으로 간주

제4장 산업집적의 활성화

공장의 신설 등의 제한 (법 제20조)	• 「수도권정비계획법」상 과밀억제권역·성장관리권역 및 자연보전권역에서는 공장건축면적 500㎡ 이상의 공장(지식산업센터를 포함)을 신설·증설 또는 이전하거나 업종을 변경하는 행위를 하여서는 아니됨. 단, 국민경제의 발전과 지역주민의 생활환경 조성 등을 위하여 부득한 경우 제외
지식기반산업 집적지구의 지정 등 (법 제22조)	지식기반산업집적지구 활성화계획 수립 — • 지식기반산업집적지구 활성화 계획 내용 　- 지식기반산업집적지구로 지정받으려는 지역 　- 지식기반산업집적지구의 활성화를 위한 소요재원의 규모 및 조달방안 　- 그 밖에 지식기반산업의 집적활성화 등을 위하여 대통령령으로 정하는 사항 ⇩ 지식기반산업집적지구 지정 요청 — • 지식기반산업의 집적 활성화 또는 산업 집적지 경쟁력 강화사업 추진 필요 (시·도지사, 공단, 그 밖에 대통령령으로 정하는 관리기관 → 산업통상자원부장관) ⇩ 관계행정기관의 장 협의 ⇩

구분	내용
지식기반산업 집적지구의 지정 등 (법 제22조)	**지식산업집적지구 활성화계획 검토** • 지식기반산업집적지구 지정요건 - 산업집적활성화 기본계획과 조화를 이룰 것 - 산업입지수급계획과 조화를 이룰 것(산업단지에 지식기반산업집적지구 지정 시만) - 산업집적기반시설의 확충방안 및 그 소요재원의 조달방안 등 타당성이 있을 것 ⇩ **지식기반산업 집적지구 지정** 산업통상자원부장관 - 지식기반산업집적지구의 지정을 요청받은 지역이 도시첨단산업단지 또는 산업집적지경쟁력강화사업이나 산업단지구조고도화사업을 추진하는 산업단지에 해당되는 경우 그 지역을 지식기반산업집적지구로 우선 지정 ⇩ **고시**
지식기반산업집적 지구에 대한 지원 (법 제22조의2)	• 지식기반산업집적지구 지원 | 구분 | 지원사항 | |---|---| | 산업통상자원부장관 | - 지식기반산업집적지구에 대해 다음 사업 우선지원 가능 •「산업기술단지 지원에 관한 특례법」제2조에 따른 산업기술단지의 조성사업 •「산업기술혁신 촉진법」제11조에 따른 산업기술개발사업, 제19조에 따른 산업기술기반조성사업 •「기술의 이전 및 사업화 촉진에 관한 법률」제17조에 따른 지방자치단체의 기술이전·사업화 촉진사업 | | 중소기업청장 | - 지방중소기업육성 관련 기금의 조성 지원 시 지식기반산업집적지구로 지정받은 지방자치단체 우선지원 | | 국가 또는 지방자치단체 | - 공단이 지식산업센터를 지식기반산업집적지구에 설치 시 지식산업센터 설립자금 우선지원 | | 지방자치단체 | - 지식기반산업집적지구에 있거나 지식기반산업집적지구로 이전하는 기업에 대하여 보조금 지급 등 |
산업집적지 경쟁력강화 사업추진계획의 수립 등 (법 제22조의3)	• 산업통상자원부장관은 산업집적지 경쟁력강화 사업을 효율적으로 추진하기 위하여 다음 사항이 포함된 산업집적지 경쟁력 강화사업 추진계획을 수립 1. 산업단지별 산업집적현황에 관한 사항 2. 기업·연구소·대학 등 연구개발역량 강화 및 상호연계에 관한 사항 3. 산업집적기반 시설의 확충 및 우수한 산업기술 인력의 유치에 관한 사항 3의2. 산업집적지 간 연계활성화 방안 4. 사업추진체계 및 재원조달방안 5. 그 밖에 필요한 사항 • 계획 수립 및 변경시 산업집적활성과 기본계획과 조화를 이루어야 하며 관할 시·도지사의 의견을 듣고 중앙행정기관의 장과 협의
산학융합지구의 지정 등 (법 제22조의4)	• 지방자치단체의장, 공단, 산업단지관리공단 또는 연구소 대학등이 공동으로 설립한 비영리기관은 산업기술단지의 경쟁력을 높이고 교육시설과 연구·개발시설의 집적이 필요한 경우 산학융합활성화계획을 수립하여 일정 지역을 산학융합지구로 지정할 것을 산업통상자원부장관에게 요청 (단, 지방자치 단체의 장이 지정요청하는 경우 관계 지방자치단체의 장과 미리 협의) • 산업통상부 장관은 산업융합지구 지정요청을 받은 경우 산학융합활성화계획이 다음 요건을 모두 갖추었을 때 지구지정 가능 1. 산업집적활성화 기본계획과 조화를 이룰 것 2. 대상지가 산업단지, 산업기술단지 또는 그 인접지역으로 소음, 진동이 적고 대기환경이 양호하여 교육 및 연구개발 시설의 설치에 적합한 지역 3. 대학·연구소의 집적방안이 실현 가능할 것 4. 관련 시설의 확충방안 및 재원조달방안 등이 타당할 것 5. 교육 및 연구·개발의 수행방안이 적정할 것

구분	내용

첨단 투자지구의 지정 등
(법 제22조의 6)
	• 중앙행정기관의 장 또는 시·도지사는 첨단투자 촉진을 위하여 다음 하나에 해당하는 지역에 대하여 첨단투자지구 지정을 신청 가능
	  - 산업단지나 경제자유구역 등 대통령령(산업단지, 경제자유구역 등)으로 정하는 지역 내 일부지역
	  - 첨단투자를 하려는 기업이 대통령령으로 정하는 기준에 따라 첨단투자를 하는 경우 그 기업이 투자를 희망하는 지역
	• 중앙행정기관의 장 또는 시·도지사는 지구지정을 신청할 때 첨단투자지구계획을 수립하여 산업통상자원부 장관에게 제출
	• 다음 요건을 모두 만족한 지역에 대하여 첨단투자지구위원회 심의를 거쳐 계획 승인 및 지구지정
	  1. 충분한 국내외 기업의 입주수요 확보가 가능할 것
	  2. 첨단투자지구에 필요한 부지 및 정보통신망·용수·전력 등 기반시설의 확보가 가능할 것
	  3. 소요재원의 조달방안이 실현가능 할 것
	  4. 그 밖에 지정을 위하여 필요한 사항

첨단투자지구의 변경 및 해제 등 (법 제22조의7)	• 중앙행정기관의 장 또는 시·도지사는 첨단투자지구 운영을 위하여 산업통상자원부장관에게 첨단투자지구계획 및 지구지정의 변경을 신청 • 첨단투자지구 지정 사유가 없어졌다고 인정하다고 해제요청을 받은 경우 지구지정 해제가능

☐ 공장총량제[5]

○ **(공장총량제)** 수도권의 과도한 제조업 집중을 억제하기 위하여 수도권(서울·인천·경기)에 허용되는 공장총량을 관리하는 제도

○ **(대상)** 「산업집적활성화 및 공장설립에 관한 법률」 제2조의 규정에 의한 공장으로서 건축물의 연면적(제조시설로 사용되는 기계·장치를 설치하기 위한 건축물 및 사업장 각층의 바닥면적 합계)이 500㎡ 이상인 공장
  - 공장 건축물의 건축법에 의한 신축·증축 또는 용도변경에 대하여 적용하며 동법에 의한 건축허가·건축신고·용도변경신고 또는 용도변경을 위한 건축물대장의 기재내용 변경신청 면적을 기준으로 적용

○ 다음에 해당하는 공장은 적용대상에서 제외
  1) 지식산업센터
  2) 가설건축물 및 건축법상 허가나 사전신고대상이 아닌 건축
  3) 공공사업시행에 따라 공장을 이전하는 경우에는 종전의 건축물 연면적 이내의 공장 건축. 다만, 기존 공장 면적을 초과하는 면적은 공장총량을 적용한다.
  4) 다음에 해당되는 지역에서의 공장 건축
    가) 「산업입지 및 개발에 관한 법률」에 의한 산업단지
    나) 그 밖의 관계 법률에서 「수도권정비계획법」 제18조에 따른 공장건축 총량규제를 배제하도록 규정한 지역

---

[5] 국토교통부(수도권정책과), 2018-12-10, http://www.molit.go.kr/USR/BORD0201/m_67/DTL.jsp?mode=view&idx=235869

권역별 행위제한 완화

(영 제26조, 제27조)

구분		과밀억제권역	성장관리권역	자연보전권역
산업단지	공장의 신설 또는 증설	O	O	X
	공업지역 및 기타지역에서 허용행위	X	X	O
공업지역	중소기업 도시형공장 신설 증설	O (도시형 공장 제외)	X	O (도시형 공장 제외, 공장 3천㎡ 이내)
	대기업의 과밀억제권역 및 자연보전권역에서 성장관리권역의 공업지역으로의 이전	X	O	X
	기존공장의 증설	O (대기업 공장 3천㎡이내만)	X	X
	기타 지역 내 중소기업공장의 공업지역으로 이전 또는 공업지역 간 이전(증설가능만 면적 합산범위 내)	O	X	O
	기존공장의 기존부지 내에서의 증설	O	O	O
	첨단업종의 대기업공장 증설	O(기존면적 200% 이내, 산업통상자원부령으로 정하는 업종)	O	X
	기타지역에서 허용되는 행위	O	O	O
기타지역	다음 공장신설 또는 증설 또는 기존 공장 증설	O(대기업공장 1천㎡이내)	X	X
	- 농축산 임산물가공처리 및 유기질비료 또는 사료제조 공장	O	X	X
	- 산업기술개발사업 또는 특정연구개발사업의 성과 및 국가인증 획득을 위한 신기술 사업화 촉진공장	O	X	X
	- 지역 원자재를 주원료로 지역 내 특화육성 필요로 시도지사 추전공장	O	X	X
	- 생활소비재산업 등 도시민의 생활과 밀접한 산업통상자원부령으로 정한 업종의 공장	O	X	X
	중소기업공장의 신설 또는 증설	X	O	X
	건축자재업종의 공장의 신설 및 증설 또는 기존공장의 증설	O(대기업공장 1천㎡이내)	O(5천㎡이내)	O(1천㎡이내)
	도시형 공장	O(중소기업 기존 공장 증설, 첨단업종 공장 신설 및 증설, 중소기업 기존공장 기타지역 상호간 이전)	X	• 수질에 미치는 영향이 자연보전지역 지정목적에 적합, 산업통상자원부장관이 환경부장관과 협의한 공장(중소기업으로 1천㎡이내) • 중소기업 도시형 공장(3천㎡이내) • 중소기업 도시형공장 기타지역 상호간 이전
	해당지역에서 신설 허용되는 업종 영위를 위한 기존공장의 증설	O(신설 허용되는 공장면적 내)	X	O(증설면적이 신설이 허용되는 건축면적의 범위 내)
	도축 및 가공용시설의 신설 및 증설	O(축산물공판장 내 1만㎡ 이내만)	O(도축용시설과 축산물공판장 내 1만㎡ 이내만)	O(신설 및 증설 5천㎡이내, 기존시설 증설 5천㎡ 이내)
	일간신문 발행을 위한 공장신설 및 증설	O(1만㎡ 이내만)	O(1만㎡ 이내만)	X
	첨단업종의 대기업 기존공장으로 기존공장 건축면적	O(100% 범위 내)	O(200% 범위 내)	X
	기존 공장의 기존 부재 내 증설	X	O	X
	기존 공장의 증설(증설 3천㎡ 이내)	X	O(3천㎡ 이내)	X
	과밀억제권역 및 자연보전권역 내 중소기업공장의 성장관리권역으로 이전	X	O	X
	폐업한 기존공장을 양수하여 동일규모로 설립하는 중소기업공장	X	X	O(기존 공장과 동일규모로 설립하는 중소기업 공장 신설)
	미곡종합처리장 신설 및 증설 기존처리장 증설	X	X	O(3천 ㎡이내)
	폐수배출시설에 해당하지 않는 공장 신설 또는 증설	X	X	O(오염총량관리계획 수립시행하는 지역만)

물류정책기본법

법공포 : 최초 '07. 8. 3. 최종개정 : '20. 12. 29. 시행일자 : '21. 12. 30.
영공포 : 최초 '08. 1. 31. 최종개정 : '21. 9. 24. 시행일자 : '21. 9. 24.

「물류정책기본법」 구성체계

제1장 총칙	제2장 물류정책의 종합·조정		
	제1절 물류현황조사	제2절 물류계획의 수립·시행	제3절 물류정책위원회
제1조 목적 제2조 정의 제3조 기본이념 제4조 국가 및 지방자치단체의 책무 제5조 물류기업 및 화주의 책무 제6조 다른 법률과의 관계	제7조 물류현황조사 제8조 물류현황조사지침 제9조 지역물류현황조사 등 제10조 물류개선조치의 요청	제11조 국가물류기본계획의 수립 제12조 다른 계획과의 관계 제13조 연도별시행계획의 수립 제14조 지역물류기본계획의 수립 제15조 지역물류기본계획의 수립절차 제16조 지역물류기본계획의 연도별 시행계획의 수립	제17조 국가물류정책위원회의 설치 및 기능 제18조 국가물류정책위원회의 구성 등 제19조 분과위원회 제20조 지역물류정책위원회

제3장 물류체계의 효율화			
제1절 물류시설·장비의 확충 등	제2절 물류표준화	제3절 물류정보화	제4절 국가 물류보안 시책의 수립 및 지원 등
제21조 물류시설·장비의 확충 제22조 물류시설 간의 연계와 조화 제23조 물류 공동화·자동화 촉진	제24조 물류표준의 보급촉진 등 제25조 물류표준장비의 사용자 등에 대한 우대조치 제26조 물류회계의 표준화	제27조 물류정보화의 촉진 제28조 단위물류정보망의 구축 제29조 삭제 제29조의2 위험물질 운송차량의 소유자등의 의무 등 제29조의3 단말장치의 장착 및 운행 중지 명령 제30조 국가물류통합데이터베이스의 구축 제30조의2 국가물류통합정보센터의 설치·운영 제31조 지정의 취소 등 제32조 전자문서의 이용·개발 제33조 전자문서 및 물류정보의 보안 제34조 전자문서 및 물류정보의 공개 제35조 전자문서 이용의 촉진	제35조의2 국가 물류보안 시책의 수립 및 지원 제35조의3 물류보안 관련 국제협력 증진

제4장 물류산업의 경쟁력 강화			
제1절 물류산업의 육성	제2절 우수물류기업의 인증	제3절 국제물류주선업	제4절 물류인력의 양성
제36조 물류산업의 육성 등 제37조 제3자 물류의 촉진 제37조의2 물류신고센터의 설치 등 제37조의3 보고 및 조사 등	제38조 우수물류기업의 인증 등 제38조의2 삭제 제39조 인증우수물류기업 인증의 취소 등 제40조 인증심사대행기관 제40조의2 심사대행기관의 지정취소 제41조 인증서와 인증마크 제42조 인증우수물류기업 및 우수녹색물류실천기업에 대한 지원	제43조 국제물류주선업의 등록 제44조 등록의 결격사유 제45조 사업의 승계 제46조 사업의 휴업·폐업 관련 정보의 제공 요청 제47조 등록의 취소 등 제48조 삭제 제49조 자금의 지원 제49조의2 삭제 제49조의3 삭제	제50조 물류인력의 양성 제51조 물류관리사 자격시험 제52조 물류관리사의 직무 제53조 물류관리사 자격의 취소 제54조 물류관리사 고용사업자에 대한 우선지원

제4장 물류산업의 경쟁력 강화	제5장 물류의 선진화 및 국제화		
제5절 물류 관련 단체의 육성	제1절 물류 관련 연구개발	제2절 환경친화적 물류의 촉진	
제55조 물류관련협회 등 제56조 민·관 합동 물류지원센터	제57조 물류 관련 신기술·기법의 연구개발 및 보급 촉진 등 제58조 물류 관련 연구기관 및 단체의 육성 등	제59조 환경친화적 물류의 촉진 제60조 환경친화적 운송수단으로의 전환촉진 제60조의2 녹색물류협의기구의 설치 등 제60조의3 환경친화적 물류활동 우수기업 지정	제60조의4 우수녹색물류실천기업 지정증과 지정표시 제60조의5 삭제 제60조의6 우수녹색물류실천기업의 지정취소 등 제60조의7 우수녹색물류실천기업 지정심사 대행기관 제60조의8 지정심사대행기관의 지정취소

제3절 국제물류의 촉진 및 지원	제6장 보칙		제7장 벌칙
제61조 국제물류사업의 촉진 및 지원 제62조 공동투자유치 활동 제63조 투자유치활동 평가	제64조 업무소관의 조정 제65조 권한의 위임 및 사무의 위탁 제66조 등록증 대여 등의 금지	제67조 과징금 제68조 청문 제69조 수수료 제70조 벌칙 적용에서의 공무원 의제	제71조 벌칙 제72조 양벌규정 제73조 과태료

제1장 총칙

목 적	물류체계의 효율화, 물류산업의 경쟁력 강화 및 물류의 선진화·국제화를 위하여 국내외 물류정책·계획의 수립·시행 및 지원에 관한 기본적인 사항을 정함으로써 국민경제의 발전에 이바지함을

용어 정의 (법 제2조)	물 류	• 재화가 공급자로부터 조달·생산되어 수요자에게 전달되거나 소비자로부터 회수되어 폐기될 때까지 이루어지는 운송·보관·하역 등과 이에 부가되어 가치를 창출하는 가공·조립·분류·수리·포장·상표부착·판매·정보통신 등을 말함
	물류사업	• 화주의 수요에 따라 유상으로 물류활동을 영위하는 것을 업으로 하는 다음 사업 - 자동차·철도차량·선박·항공기 또는 파이프라인 등의 운송수단을 통하여 화물을 운송하는 화물운송업 - 물류터미널이나 창고 등의 물류시설을 운영하는 물류시설운영업 - 화물운송의 주선, 물류장비의 임대, 물류정보의 처리 또는 물류컨설팅 등의 업무를 하는 물류서비스업
	물류체계	• 효율적인 물류활동을 위하여 시설·장비·정보·조직 및 인력 등이 서로 유기적으로 기능을 발휘할 수 있도록 연계된 집합체
	물류시설	• 물류에 필요한 시설 - 화물의 운송·보관·하역을 위한 시설 - 화물의 운송·보관·하역 등에 부가되는 가공·조립·분류·수리·포장·상표부착·판매·정보통신 등을 위한 시설 - 물류의 공동화·자동화 및 정보화를 위한 시설 - 위의 시설이 모여 있는 물류터미널 및 물류단지
	물류공동화	• 물류기업이나 화주기업들이 물류활동의 효율성을 높이기 위하여 물류에 필요한 시설·장비·인력·조직·정보망 등을 공동으로 이용하는 것 • 「독점규제 및 공정거래에 관한 법률」 제40조 제1항 각 호 및 같은 법 제51조 제1항 각 호에 해당하는 경우(같은 법 제40조 제2항에 따라 공정거래위원회의 인가를 받은 경우 제외)를 제외함
	물류표준	• 「산업표준화법」 제12조에 따른 한국산업표준 중 물류활동과 관련된 것
	물류표준화	• 원활한 물류를 위하여 필요한 사항을 물류표준으로 통일하고 단순화하는 것 - 시설 및 장비의 종류·형상·치수 및 구조 - 포장의 종류·형상·치수·구조 및 방법 - 물류용어, 물류회계 및 물류 관련 전자문서 등 물류체계의 효율화에 필요한 사항
	단위물류정보망	• 기능별 또는 지역별로 관련 행정기관, 물류기업 및 그 거래처를 연결하는 일련의 물류정보체계
	제3자 물류	• 화주가 그와 대통령령으로 정하는 특수 관계에 있지 아니한 물류기업에 물류활동의 일부 또는 전부를 위탁하는 것
	국제물류주선업	• 타인의 수요에 따라 자기의 명의와 계산으로 타인의 물류시설·장비 등을 이용하여 수출입화물의 물류를 주선하는 사업
	물류관리사	• 물류관리에 관한 전문지식을 가진 자로서 제51조에 따른 자격을 취득한 자
	물류보안	• 공항·항만과 물류시설에 폭발물, 무기류 등 위해물품을 은닉·반입하는 행위와 물류에 필요한 시설·장비·인력·조직·정보망 및 화물 등에 위해를 가할 목적으로 행하여지는 불법행위를 사전에 방지하기 위한 조치
	국가물류 정보화사업	• 국가, 지방자치단체 및 제22조에 따른 물류관련기관이 정보통신기술과 정보가공기술을 이용하여 물류관련 정보를 생산·수집·가공·축적·연계·활용하는 물류 정보화사업

제2장 물류정책의 종합·조정

물류기본계획 수립절차

물류현황조사 (법 제7조)	• 조사자 : 국토교통부장관 또는 해양수산부장관 • 물류에 관한 정책 또는 계획의 수립·변경을 위하여 필요하다고 판단될 때에는 관계 행정기관의 장과 미리 협의한 후 물동량의 발생현황과 이동경로, 물류시설·장비의 현황과 이용실태, 물류인력과 물류체계의 현황, 물류비, 물류산업과 국제물류의 현황 등에 관하여 조사, 국가교통조사와 중복되지 않도록 조사 실시 • 필요 자료의 제출, 조사 요청(국토교통부장관 또는 해양수산부장관 → 관계중앙행정기관의 장, 특별시장·광역시장·특별자치시장·도지사 및 특별자치도지사, 물류기업 및 지원을 받는 기업·단체)

물류기본계획 수립절차

단계	내용

국가물류
기본계획수립
(법 제11조)
	• 수립권자 : 국토교통부장관 및 해양수산부장관(10년 단위 국가물류기본계획 5년마다 공동 수립)
	• 국가물류기본계획 포함 내용
	  - 국내외 물류환경의 변화와 전망
	  - 국가물류정책의 목표와 전략 및 단계별 추진계획
	  - 국가물류정보화사업에 관한 사항
	  - 운송·보관·하역·포장 등 물류기능별 물류정책 및 도로·철도·해운·항공 등 운송수단별 물류정책의 종합·조정
	  - 물류시설·장비의 수급·배치 및 투자 우선순위
	  - 연계물류체계의 구축과 개선에 관한 사항
	  - 물류 표준화·공동화·정보화 등 물류체계의 효율화에 관한 사항
	  - 물류보안에 관한 사항
	  - 물류산업의 경쟁력 강화에 관한 사항
	  - 물류인력 양성 및 물류기술 개발
	  - 국제물류의 촉진·지원에 관한 사항
	  - 환경친화적 물류활동 촉진·지원
	  - 그 밖의 물류체계 개선을 위하여 필요한 사항

관계기관 협의 및 국가물류정책 위원회 심의	• 국토교통부장관 및 해양수산부장관은 국가물류기본계획을 수립하거나 대통령령으로 정하는 중요한 사항을 변경하려는 경우에는 관계 중앙행정기관의 장 및 시·도지사와 협의한 후 국가물류정책위원회의 심의를 거쳐야 함
국가물류기본계획고시 (법 제11조)	• 관보 고시, 관계 중앙행정기관의 장 및 시·도지사 통보
연도별 시행계획 수립 (법 제13조)	• 수립권자 : 국토교통부장관 및 해양수산부장관 - 국가물류기본계획을 시행하기 위하여 연도별 시행계획을 매년 공동 수립
현황조사 (법 제15조)	• 특별시장 및 광역시장은 인접한 시·도의 시·도지사, 관할 시·군·구의 시장·군수·구청장, 이 법에 따라 해당 시·도의 지원을 받는 기업·단체 등에 대하여 지역물류기본계획의 수립·변경을 위한 관련 기초자료의 제출을 요청

지역물류
기본계획수립
(법 제14조)
	• 수립권자 : 특별시장 및 광역시장(10년 단위의 지역물류기본계획 5년마다 수립)
	• 특별자치시장, 도지사 및 특별자치도지사(지역물류체계의 효율화를 위하여 필요 시 수립 가능)
	• 지역물류기본계획 포함 내용(국가물류기본계획에 배치되지 않아야 함)
	  - 지역물류환경의 변화와 전망
	  - 지역물류정책의 목표·전략 및 단계별 추진계획
	  - 운송·보관·하역·포장 등 물류기능별 지역물류 정책 및 도로·철도·해운·항공 등 운송수단별 지역물류정책에 관한 사항
	  - 지역의 물류시설·장비의 수급·배치 및 투자 우선순위에 관한 사항
	  - 지역의 연계물류체계 구축 및 개선
	  - 지역의 물류 공동화 및 정보화 등 물류체계의 효율화에 관한 사항
	  - 지역물류산업의 경쟁력 강화에 관한 사항
	  - 지역물류인력 양성 및 물류기술 개발
	  - 지역차원의 국제물류의 촉진·지원
	  - 지역의 환경친화적 물류활동 촉진·지원
	  - 그 밖에 지역물류체계의 개선을 위하여 필요한 사항

관계기관 협의 및 지역물류정책위원회 심의(법 제15조)	• 특별시장 및 광역시장이 지역물류기본계획을 수립하거나 대통령이 정하는 중요한 사항을 변경하려는 경우에는 미리 해당 시·도에 인접한 시·도의 시·도지사와 협의한 후 지역물류정책위원회의 심의
지역물류 기본계획승인 (법 제15조)	• 승인권자 : 국토교통부장관(중앙행정기관장과 협의한 후 지역물류정책위원회의 심의 후 승인) • 공고 및 인접한 시·도의 시·도지사, 관할 시·군·구의 시장, 군수, 구청장 및 시·도의 지원을 받는 기업 및 단체 등에 통보
연도별 시행계획수립 (법 제16조)	• 수립권자 : 특별시장 및 광역시장 (매년 수립)

물류시설의 개발 및 운영에 관한 법률

법공포 : 최초 '07. 8. 3.   최종개정 : '21. 12. 7.   시행일자 : '22. 3. 8.
영공포 : 최초 '08. 1. 31. 최종개정 : '22. 2. 17. 시행일자 : '22. 2. 18.

「물류시설의 개발 및 운영에 관한 법률」 구성체계

제1장 총칙	제2장 물류시설개발종합계획의 수립	제3장 물류터미널사업	제3장의2 물류창고업
제1조 목적 제2조 정의 제3조 다른 법률과의 관계	제4조 물류시설개발종합계획의 수립 제5조 물류시설개발종합계획의 수립절차 제6조 물류시설개발종합계획과 다른 계획과의 관계	제7조 복합물류터미널사업의 등록 제8조 등록의 결격사유 제9조 공사시행의 인가 제10조 토지등의 수용·사용 제11조 토지매수업무 등의 위탁 제12조 토지 출입 등 제13조 국·공유지의 처분제한 제14조 사업의 승계 제15조 사업의 휴업·폐업 제16조 등록증대여 등의 금지 제17조 등록의 취소 등 제18조 과징금 제19조 물류터미널사업협회 제20조 물류터미널 개발의 지원 제20조의2 물류터미널의 활성화 지원 제21조 인·허가 등의 의제	제21조의2 물류창고업의 등록 제21조의3 물류창고 내 시설에 대한 내진 설계기준 제21조의4 스마트물류센터의 인증 등 제21조의5 인증의 취소 제21조의6 인증기관의 지정 취소 제21조의7 재원지원 등 제21조의8 보조금의 사용 등 제21조의9 준용규정

제4장 물류단지의 개발 및 운영			
제22조 일반물류단지의 지정 제22조의2 도시첨단물류단지의 지정 등 제22조의3 토지소유자 등의 동의 제22조의4 지원단지의 조성 등의 특례 제22조의5 다른 지구와의 입체개발 제22조의6 물류단지개발지침 제22조의7 물류단지 실수요 검증 제23조 물류단지지정의 고시 등 제24조 주민 등의 의견청취 제25조 행위제한 등 제26조 물류단지지정의 해제 제27조 물류단지개발사업의 시행자 제28조 물류단지개발실시계획의 승인	제29조 실시계획승인의 고시 제30조 인·허가등의 의제 제31조 물류단지개발사업의 위탁시행 제32조 토지등의 수용·사용 제33조 「공유수면 관리 및 매립에 관한 법률」 등의 적용특례 제34조 토지소유자에 대한 환지 제35조 토지 출입 등 제36조 공공시설 및 토지 등의 귀속 제37조 국·공유지의 처분제한 제38조 물류단지개발사업의 비용 제39조 물류단지개발사업의 지원 제40조 물류단지개발특별회계의 설치	제41조 특별회계의 운용 제42조 시설의 존치 제43조 선수금 제44조 시설부담금 제45조 이주대책 등 제46조 물류단지개발사업의 준공인가 제47조 관계 서류 등의 열람 제48조 삭제 제49조 물류단지개발 관련 사업에 대한 준용 제50조 개발한 토지·시설 등의 처분 제50조의2 물류단지시설 등의 건설공사 착수 등 제50조의3 이행강제금	제51조 개발한 토지·시설 등의 처분제한 제52조 물류단지시설 등의 건축허가 및 사용승인 제52조의2 물류단지의 재정비 제52조의3 지정승인(가)의 취소 제53조 물류단지의 관리기관 제54조 물류단지의 관리지침 제55조 물류단지관리계획 제56조 공동부담금 제57조 권고 제58조 조세 등의 감면 제59조 자금지원 제59조의2 「산업단지 인허가 절차 간소화를 위한 특례법」의 준용 제59조의3 물류단지 안의 조경의무 면제

제4장의2 물류 교통·환경 정비사업	제5장 보칙	제6장 벌칙
제59조의4 물류 교통·환경 정비지구의 지정 신청 제59조의5 물류 교통·환경 정비지구의 지정 제59조의6 물류 교통·환경 정비지구의 지정의 해제 제59조의7 물류 교통·환경 정비사업의 지원	제60조 삭제 제61조 보고 등 제62조 청문 제63조 수수료 제64조 권한의 위임	제65조 벌칙 제66조 양벌규정 제67조 과태료 제68조 삭제

제1장 총칙

목 적	물류시설을 합리적으로 배치·운영하고 물류시설용지를 원활히 공급하여 물류산업의 발전을 촉진함으로써 국가경쟁력을 강화하고 국토의 균형 있는 발전과 국민경제 발전에 이바지함
물류시설	• 화물의 운송·보관·하역을 위한 시설 • 화물의 운송·보관·하역과 관련된 가공·조립·분류·수리·포장·상표부착·판매·정보통신 등의 활동을 위한 시설 • 물류의 공동화·자동화 및 정보화를 위한 시설 • 상기 시설이 모여 있는 물류터미널 및 물류단지
물류터미널	• 화물의 집화·하역 및 이와 관련된 분류·포장·보관·가공·조립 또는 통관 등에 필요한 기능을 갖춘 시설물 • 다만, 가공·조립시설은 가공·조립시설의 전체 바닥면적 합계가 물류터미널 전체 바닥면적 합계의 4분의 1이하

물류터미널사업		• 물류터미널을 경영하는 사업으로서 복합물류터미널사업과 일반물류터미널사업
복합 물류터미널사업		• 두 종류 이상의 운송수단 간 연계운송을 할 수 있는 규모 및 시설을 갖춘 물류터미널사업
일반물류 터미널사업		• 물류터미널사업 중 복합물류터미널사업을 제외한 것을 말함
물류단지		• 물류단지시설과 지원시설을 집단적으로 설치·육성하기 위하여 제22조 또는 제22조의2에 따라 지정·개발하는 일단의 토지 및 시설로서 도시첨단물류단지와 일반물류단지
	도시첨단 물류단지	• 도시 내 물류를 지원하고 물류·유통산업 및 물류·유통과 관련된 산업의 육성과 개발을 촉진하려는 목적으로 도시첨단물류단지시설과 지원시설을 집단적으로 설치하기 위해 「국토의 계획 및 이용에 관한 법률」에 따른 도시지역에 제22조의2에 따라 지정·개발하는 일단의 토지 및 시설
	일반물류단지	• 물류단지 중 도시첨단물류단지를 제외한 것
일반 물류단지시설		• 화물의 운송·집화·하역·분류·포장·가공·조립·통관·보관·판매·정보처리 등을 위하여 물류단지 안에 설치되는 시설
도시첨단 물류단지시설		• 도시 내 물류를 지원하고 물류·유통산업 및 물류·유통과 관련된 산업의 육성과 개발을 목적으로 도시첨단물류단지 안에 설치되는 시설
지원시설		• 물류단지시설의 운영을 효율적으로 지원하기 위하여 물류단지 안에 설치되는 가공·제조시설, 정보처리시설, 금융·보험·의료·교육·연구·업무시설, 물류단지의 종사자 및 이용자의 생활과 편의를 위한 시설, 그 밖에 물류단지의 기능증진을 위한 시설 • 가공·제조시설, 정보처리시설로서 일반물류단지시설과 동일한 건축물에 설치되는 시설은 제외
물류단지 개발사업		• 물류단지를 조성하기 위하여 시행하는 사업으로서 물류단지시설 및 지원시설 용지의 조성사업과 건축사업, 도로·철도·궤도·항만 또는 공항시설 등의 건설사업, 전기·가스·용수 등의 공급시설과 전기통신설비의 건설사업, 하수도, 폐기물처리시설, 그 밖의 환경오염방지시설 등의 건설사업, 그밖에 해당 사업에 딸린 사업
도시첨단물류 단지개발사업		• 물류단지개발사업 중 도시첨단물류단지를 조성하기 위하여 시행하는 사업
일반물류단지 개발사업		• 물류단지개발사업 중 도시첨단ㄷ물류단지사업을 제외한 것

※ 다음의 시설물을 경영하는 사업은 물류터미널사업에서 제외
- 「항만법」 제2조 제5호의 항만시설 중 항만구역 안에 있는 화물하역시설 및 화물보관·처리 시설
- 「공항ㅇ시설법」 제2조 제7호의 공항시설 중 공항구역 안에 있는 화물운송을 위한 시설과 그 부대시설 및 지원시설
- 「철도사업법」 제2조 제8호에 따른 철도사업자가 그 사업에 사용하는 화물운송·하역 및 보관 시설
- 「유통산업발전법」 제2조 제15호 및 제16호의 집배송시설 및 공동집배송센터

※ 일반물류단지시설의 종류

- 물류터미널 및 창고
- 대규모점포·전문상가단지·공동집배송센터 및 중소유통공동도매물류센터
- 농수산물도매시장·농수산물공판장 및 농수산물종합유통센터
- 궤도사업을 경영하는 자가 그 사업에 사용하는 화물의 운송·하역 및 보관 시설
- 「축산위생물관리법」 제2조 제11호의 작업장
- 「농업협동조합법」·「수산업협동조합법」·「산림조합법」 또는 「중소기업협동조합법」에 따른 조합 또는 그 중앙회가 설치하는 구매사업 또는 판매사업 관련 시설
- 「화물자동차 운수사업법」의 화물자동차운수사업에 이용되는 차고, 화물취급소, 그 밖에 화물의 처리를 위한 시설
- 「약사법」의 의약품 도매상의 창고 및 영업소시설
- 그 밖에 물류기능을 가진 시설로서 대통령령으로 정하는 시설
- 상기 시설에 딸린 시설

물류시설개발종합계획 수립절차 (법 제4조, 제5조)

물류시설개발종합계획 수립 (법 제4조)

- 수립권자 : 국토교통부장관(5년 단위로 수립)
  - 물류시설의 합리적 개발·배치 및 물류체계의 효율화를 위하여 물류시설(항만시설 제외)의 개발에 관한 종합계획
- 물류시설개발종합계획은 단위물류시설, 집적물류시설, 연계물류시설에 기능별 분류 수립

구분	물류시설개발종합계획 수립 시 고려할 시설별 기능
단위물류시설	창고 및 집배송센터 등 물류활동을 개별적으로 수행하는 최소 단위의 물류시설
집적물류시설	물류터미널 및 물류단지 등 둘 이상의 단위물류시설 등이 함께 설치된 물류시설
연계물류시설	물류시설 상호간의 화물운송이 원활히 이루어지도록 제공되는 도로 및 철도 등 교통시설

- 물류시설개발종합계획 포함 내용
  - 물류시설의 장래수요에 관한 사항
  - 물류시설의 공급정책 등에 관한 사항
  - 물류시설의 지정·개발에 관한 사항
  - 물류시설의 지역별·규모별·연도별 배치 및 우선순위에 관한 사항
  - 물류시설의 기능개선 및 효율화에 관한 사항
  - 물류시설의 공동화·집단화에 관한 사항
  - 물류시설의 국내 및 국제 연계수송망 구축에 관한 사항
  - 물류시설의 환경보전·관리에 관한 사항
  - 도심지에 위치한 물류시설의 정비와 교외이전에 관한 사항
  - 그 밖에 대통령령으로 정하는 사항

수립절차 (법 제5조)

- 소관별 계획 제출(관계 행정기관의 장 → 국토교통부장관) → 물류시설개발종합계획안 작성(국토교통부장관) → 의견청취(특별시장·광역시장·특별자치시장·도지사 또는 특별자치도지사) 및 관계 중앙행정기관의 장과 협의 → 물류시설분과위원회의 심의 → 물류시설개발종합계획 수립 → 관보 고시

물류창고업

물류창고업의 등록 (법 제21조의 2)

- 다음의 물류창고를 소유 또는 임차하여 물류창고업을 경영하려는 자 → 국토교통부장관(항만구역 제외) 또는 해양수산부장관(항만구역만 해당)에게 등록
  - 전체 바닥면적의 합계가 1천㎡ 이상인 보관시설
  - 전체면적의 합계가 4천500㎡ 이상인 보관장소
- 다음 어느 하나의 용도로 사용하여 해당 법률에 따른 허가·변경허가 또는 등록·변경등록 시 물류창고의 등록 또는 변경등록으로 간주
  - 「관세법」에 따른 보세창고의 설치·운영
  - 「화학물질 관리법」에 따른 유해화학물질 보관·저장업
  - 「식품위생법」에 따른 식품보존중 식품냉동·냉장업, 「축산물 위생관리법」에 따른 축산물보관업 및 「수산물품질관리법」에 따른 냉동·냉장업

물류창고 내 시설에 대한 내진설계기준 (법 제21조의 3)

- 국토교통부장관은 화물을 쌓아놓기 위한 선반 등 물류창고 내 시설에 대하여 내진설계 기준을 정하는 등 지진에 따른 피해를 최소화하기 위하여 필요한 시책을 강구 의무

스마트 물류센터의 인증 등 (법 제21조의 4)

- 국토교통부장관은 스마트물류센터의 보급을 촉진하기 위하여 스마트물류센터를 인증 (인증 기간 3년)
- 국토교통부장관은 스마트물류센터 인증을 위한 인증기관 지정 가능
- 부정한 방법으로 인증을 받거나 인증의 전제가 되는 중대한 사실의 변경, 점검을 정당한 사유 없이 3회이상 거부, 인증기준에 불부합하는 경우 인증 취소

재정지원 (법 제21조의 7)

- 국가 또는 지방자치단체는 물류창고업자 또는 그 사업자단체가 다음 각 호의 어느 하나에 해당하는 사업을 수행 시 자금의 일부 보조 또는 융자 가능
  - 물류창고의 건설
  - 물류창고의 보수·개조 또는 개량
  - 물류장비의 투자
  - 물류창고 관련 기술의 개발
  - 그 밖에 물류창고업의 경영합리화를 위한 사항으로서 국토교통부령으로 정하는
- 국가·지방자치단체 또는 공공기관은 스마트물류센터에 대하여 공공기관 등이 운영하는 기금·자금의 우대 조치 등 대통령령으로 정하는 바에 따라 행정적·재정적으로 우선 지원 가능

물류단지개발사업 추진절차(단지지정)

물류단지 개발계획 작성 (법 제22조)	• 작성자 : 국토교통부장관, 시·도지사

물류단지 지정요청 (법 제22조, 법 제22조의2, 영 제14조)	**일반물류**
	• 지정권자 : 국토교통부장관(국가정책사업, 물류단지 대상지가 2개 이상의 특별시·광역시·특별자치시·도 또는 특별자치도에 걸쳐 있는 경우) 또는 시·도지사
	
	도시첨단물류단지
	• 지정권자 : 국토교통부장관 또는 시·도지사(시장·군수·구청장의 신청)
	• 대상지역
	 - 노후화된 일반물류터미널, 유통업무설비 부지 및 인근 지역
	 - 그 밖에 국토교통부장관이 필요하다고 인정하는 지역
	• 도시첨단물류단지개발계획에 층별 시설별 용도, 바닥면적 등 건축계획 및 복합용지이용계획(복합용지 계획시) 포함
	• 사업시행자는 토지가액의 40% 범위 내 다음 시설 또는 그 운영비용을 국가나 지자체 제공, 단 개발부담금 부과징수 시 대상 부지의 토지가액에서 개발부담금에 상당하는 금액 제외
	  1. 물류산업 창업보육센터 등 해당 도시첨단물류단지를 활용한 일자리 창출을 위한 시설
	  2. 해당 도시첨단물류단지에서 공동으로 사용하는 물류시설
	  3. 해당 도시첨단물류단지의 물류산업 활성화를 위한 연구시설
	  4. 그 밖에 제1호부터 제3호까지의 시설에 준하는 시설로서 대통령령으로 정하는 공익시설
	
	• 물류단지 개발계획 포함 내용
	  - 물류단지의 명칭·위치 및 면적
	  - 물류단지의 지정목적
	  - <u>물류단지 개발사업의 시행자</u>
	  - 물류단지의 시행기간 및 시행방법
	  - 토지이용계획 및 주요 기반시설계획
	  - 주요 유치시설 및 그 설치기준에 관한 사항
	  - 재원조달계획
	  - <u>수용하거나 사용할 토지, 건축물, 그 밖의 물건이나 권리가 있는 경우에는 그 세부 목록</u>
	  - 물류단지의 개발을 위한 주요시설의 지원계획
	  - 환지의 필요성이 있는 경우 그 환지계획
	
	※ 밑줄 친 사항은 일반물류단지 지정 후 일반물류단지개발계획에 포함 가능
	• 물류단지 지정 요청 시 물류단지개발계획안 제출 서류 및 도면
	  - 위치도·시설배치도 및 조감도
	  - 지정대상지역 토지이용 현황 관한 서류
	  - 용수·에너지·교통·통신시설 등 입지 여건의 분석에 관한 서류
	  - 개발한 토지·시설 등의 처분계획에 관한 서류(처분계획에는 물류단지개발사업으로 공급되는 토지·시설 등의 위치·면적 및 가격 결정방법과 공급대상자의 자격요건 및 선정방법, 공급의 시기·방법 및 조건, 임대관리 등에 관한 사항이 포함)
	  - 이주대책에 관한 서류

주민 등의 의견 청취 (법 제24조, 영 제17조)	• 물류단지 지정권자는 주민 및 관계 전문가의 의견청취 - 특별자치도지사·시장·군수 또는 구청장 송부, 일간신문 공고 14일 이상 일반인 열람 • 국방상 기밀사항이거나 경미한 사항인 경우에는 의견청취 생략 가능 - 물류단지지정 면적의 변경(10% 미만 면적 변경만 해당) - 물류단지시설용지 면적의 변경(10% 미만 면적 변경만 해당) 또는 물류단지시설용지의 용도변경 - 기반시설(구거 포함) 부지면적 변경(10분의 1미만 면적 변경만 해당) 또는 그 시설 위치 변경
관계 중앙행정기관의 장 협의	
물류정책 심의위원회 심의 (법 제22조, 영 제13조)	• 국토교통부장관 지정 : 물류시설분과위원회 심의 • 시·도지사 지정 : 지역물류정책위원회 심의 • 일반물류단지개발계획 다음의 내용을 변경하고자 할 때에도 심의위원회 심의를 받아야 함 - 물류단지지정 면적의 변경(10분의 1 이상 면적 변경만 해당) - 물류단지 시설용지 면적의 변경(10분의 1 이상의 면적 변경만 해당) 또는 물류단지 시설용지 용도변경 - 기반시설(구거 포함)의 부지면적 변경(10분의 1 이상의 면적 변경만) 또는 그 시설 위치변경 - 물류단지개발 사업시행자의 변경

물류단지 지정 (법 제22조, 제22조의3, 영 제13조)	• 도시첨단물류단지 지정의 경우 토지소유자의 동의 필요 - 예정지역 토지면적의 2분의 1 이상에 토지소유자의 동의와 토지소유자 총수 및 건축물 소유자 총수 각 2분의 1 이상 동의
	지원단지조성 등의 특례 (법 제22조의 4) — 도시첨단물류단지개발사업의 시행자는 도시첨단물류단지 내 또는 도시첨단물류단지 인근지역에 입주기업 종사자 등을 위하여 주거·문화·복지·교육 시설 등을 포함한 지원단지를 조성 가능
	다른 지구와의 입체개발 (법 제22조의 5) - 국토교통부장관 또는 시·도지사는 「공공주택 특별법」의 공공주택지구 등 대통령령으로 정하는 지구의 지정권자와 협의하여 도시첨단물류단지와 동일한 부지에 해당 지구를 함께 지정하여 도시첨단물류단지개발사업으로 가능 - 해당 시행자는 지구 내 사업에 따른 시설과 도시첨단물류단지개발사업에 따른 시설을 일단의 건물로 조성가능
물류단지 지정고시 (법 제23조, 제26조)	• 관보 또는 특별시·광역시·특별자치시·도 또는 특별자치도의 공보에 고시 • 관계 서류 사본을 관할 시장·군수·구청장 송부 • 물류단지로 지정되는 지역에 수용하거나 사용할 토지, 건축물, 그 밖의 물건이나 권리가 있는 경우에는 고시내용에 그 토지 등의 세부목록을 포함 • 일반인 열람(14일 이상) • 물류단지 지정 해제 : 5년 이내에 실시계획승인 미신청 시 기간만료 익일 지정해제
물류단지개발사업 시행자지정	• 시행자 지정 - 국가 또는 지방자치단체 - 대통령령으로 정하는 공공기관 - 「지방공기업법」에 따른 지방공사 - 특별법에 따라 설립된 법인 - 「민법」 또는 「상법」에 따라 설립된 법인
실시계획 작성	• 사업시행자 : 실시설계도서 작성 • 개발한 토지·시설 등의 처분에 관한 사항이 포함
실시계획 승인신청 (법 제26조, 제28조, 영 제22조)	• 실시계획 승인 전 각종 제 영향평가 및 대책 심의·협의 • 제출서류 - 사업시행자의 성명(법인의 명칭 및 대표자의 성명)·주소 - 사업의 명칭 - 사업의 목적 - 사업을 시행하고자 하는 위치 및 면적 - 사업의 시행방법 및 시행기간 - 사업시행지역의 토지이용현황 - 토지이용계획 및 기반시설계획 - 공공시설의 귀속 및 관리계획 • 첨부서류 - 위치도 - 지적도에 따라 작성한 용지도 - 계획평면도 및 실시설계도서 - 사업비 및 자금조달계획서(연차별 투자계획 포함) - 개발한 토지·시설 등의 처분계획에 관한 서류 - 사업시행지역에 존치하려는 기존의 물류단지시설이나 건축물 등의 명세서 - 사업시행지역의 토지·건물 또는 권리 등의 매수·보상 및 주민의 이주대책에 관한 서류 - 토지 등이 있는 경우에는 그 세목과 소유자 및 「공익사업을 위한 토지 등의 취득 및 보상에 관한 법률」에 따른 관계인의 성명 및 주소 - 공공시설물 및 토지 등의 무상귀속 등에 관한 계획서 - 도시·군관리계획 결정에 필요한 관계 서류 및 도면 - 「해양환경관리법」에 따라 제출하여야 하는 해역이용협의를 위한 서류(공유수면매립만) - 「환경영향평가법」에 따른 환경영향평가 대상사업이거나 「도시교통정비 촉진법」에 따른 교통영향분석·개선대책의 수립대상사업인 경우에는 환경영향평가서 또는 교통영향분석·개선대책 - 문화재 보존대책에 관한 서류 • 물류단지의 실시계획 승인 신청 기한 : 물류단지 지정 고시된 날부터 5년 이내, 기간이 지난 다음날 물류단지의 지정 해제로 간주 • 물류단지 지정권자의 지정 해제 사유 - 물류단지의 전부 또는 일부에 대한 개발 전망이 없게 된 경우 - 개발이 완료된 물류단지가 준공(부분 준공을 포함한다)된 지 20년 이상 된 것으로서 주변상황과 물류산업여건이 변화되어 제52조의2에 따른 물류단지재정비사업을 하더라도 물류단지 기능수행이 어려울 것으로 판단되는 경우

물류단지개발사업 추진절차(실시계획)

관계기관 협의 (법 제28조)	• 물류단지개발사업 실시계획 승인 전
실시계획 승인 (법 제28조)	• 승인권자 : 물류단지 지정권자
실시계획 고시 (법 제29조)	• 관보 또는 시·도의 공보에 고시, 관계 서류의 사본을 관할 시장·군수·구청장에게 송부
일 반 열 람 (법 제29조)	• 시장·군수·구청장 14일 이상 일반인에게 열람
지형도면 고시 (법 제29조)	• 도시·군관리계획 결정사항 포함 시 국토계획법에 의한 지형도면의 고시 등에 필요한 절차이행 - 사업시행자 : 지형도면고시 등에 필요한 서류를 시장·군수·구청장에게 제출
단지조성 및 공장건축	• 단지시설 등의 건설공사 착수(법 제50조의 2) • 준공인가 신청(사업시행자)(법 제46조) • 건축허가 및 사용승인(법 제52조) • 준공인가·공고(시·도지사)(법 제46조)

경제자유구역의 지정 및 운영에 관한 특별법

법공포 : 최초 '02. 12. 30. 최종개정 : '21. 1. 12. 시행일자 : '22. 1. 13.
영공포 : 최초 '03. 6. 30. 최종개정 : '22. 1. 13. 시행일자 : '21. 12. 16.

「경제자유구역의 지정 및 운영에 관한 특별법」 구성체계

제1장 총칙	제2장 경제자유구역기본계획의 수립 및 경제자유구역의 지정 등		제3장 경제자유구역 개발사업의 시행
제1조 목적 제2조 정의 제2조의2 국가 등의 책무 제2조의3 다른 법률과의 관계 제3조 다른 계획과의 관계	제3조의2 경제자유구역기본계획의 수립 제3조의3 경제자유구역기본계획의 내용 제3조의4 경제자유구역발전계획 수립 등 제4조 경제자유구역의 지정 등 제5조 경제자유구역의 지정요건 제6조 경제자유구역개발계획 제7조 경제자유구역개발계획의 변경	제7조의2 경제자유구역 지정의 효과 제7조의3 경제자유구역 내 경제자유구역개발계획 미수립지역 개발 시 협의 제7조의4 경제자유구역 연접 지역의 협의 제7조의5 행위의 제한 제7조의6 다른 법률에 의한 개발계획의 변경 제7조의7 핵심전략산업의 선정 제8조 경제자유구역의 지정 해제 제8조의2 경제자유구역 지정 해제의 의제	제8조의3 개발사업시행자의 지정 제8조의4 개발사업시행자의 의무 등 제8조의5 개발사업시행자의 지정 취소 및 대체 지정 등 제8조의6 조성토지의 매도명령 등 제9조 경제자유구역개발사업 실시계획의 승인 제9조의2 「국토의 계획 및 이용에 관한 법률」에 관한 특례 제9조의3 「체육시설의 설치·이용에 관한 법률」에 관한 특례 제9조의4 공공시설 및 토지 등의 귀속

제3장 경제자유구역 개발사업의 시행		제4장 외국인투자기업의 경영활동 지원	제5장 외국인 생활여건의 개선
제9조의5 공공유지의 처분제한 제9조의6 「농지법」에 관한 특례 제9조의7 조성토지의 처분방법 등 제9조의8 개발이익의 재투자 제10조 실시계획 승인의 고시 등 제11조 인가·허가 등의 의제	제12조 개발사업의 착수 제13조 토지수용 제13조의2 토지소유자에 대한 환지 제14조 준공검사 제14조의2 비용의 부담 제14조의3 개발이 진행 중인 산업단지 등의 개발절차 제15조 조세 및 부담금의 감면 등	제16조 세제 및 자금지원 제17조 다른 법률의 적용배제 등 제18조 기반시설에 대한 우선 지원 제19조 산업평화의 유지	제20조 외국어 서비스의 제공 제21조 경상거래에 따른 지급 제22조 외국교육기관의 설립·운영 등 제23조 외국의료기관 또는 외국인전용 약국의 개설 제23조의2 의료기관의 부대사업에 관한 특례

제5장 외국인 생활여건의 개선	제6장 경제자유구역위원회 등	제7장 보칙	제8장 벌칙
제23조의3 외국인전용 카지노업 허가 등의 특례 제24조 외국방송의 재송신 제24조의2 삭제 제24조의3 「출입국관리법」에 관한 특례	제25조 설치 및 운영 제26조 삭제 제27조 지방자치단체 등의 사무처리 특례 제27조의2 경제자유구역의 행정기구 제27조의3 기본운영규정 제27조의4 임용권의 위임 등 제27조의5 공무원 파견기간 제27조의6 경제자유구역청의 회계와 재정 제28조 옴부즈만 등	제28조의2 보고 및 검사 등 제28조의3 경제자유구역별 사업성과의 평가 제28조의4 경제자유구역 통계의 작성 제28조의5 청문 제28조의6 시장·군수·구청장의 의견 수렴 제29조 삭제 제30조 권한의 위임 및 위탁	제30조의2 벌칙 제31조 벌칙 제32조 벌칙 제33조 벌칙 제34조 양벌규정 제35조 과태료

제1장 총칙

목적	경제자유구역의 지정 및 운영을 통하여 외국인투자기업의 경영환경과 외국인의 생활여건을 개선함으로써 외국인투자를 촉진하고 나아가 국가경쟁력 강화와 지역 간 균형발전을 도모함	
용어의 정의 (법 제2조)	경제자유구역	외국인 투자기업 및 국내복귀기업의 경영환경과 외국인의 생활여건을 개선하기 위하여 조성된 지역으로서 경제자유구역의 지정 규정에 의하여 지정·고시되는 지역
	외국인	「외국인투자촉진법」 제2조 제1항 제1호의 규정에 해당하는 자로 외국의 국적을 가지고 있는 개인, 외국의 법률에 따라 설립된 법인 및 국제경제협력기구
	외국인투자기업	「외국인투자촉진법」 제2조 제1항 제6호의 규정에 의한 기업으로 외국투자가가 출자한 기업
	외국교육기관	외국의 법령에 근거하여 설립·운영되는 학교(분교 포함)
	국내복귀기업	「해외진출기업의 국내복귀 지원에 관한 법률」 제7조에 따라 지원대상으로 선정된 기업
	첨단기술 및 첨단제품	「산업발전법」 제5조에 따른 범위에서 산업통상자원부장관으로부터 확인서를 발급받은 기술 및 제품
	핵심전략산업	경제자유구역별 특성과 여건을 활용하여 특화시키려는 산업으로 제7조의 7에 따른 산업

구분	내용
국가 등의 책무 (법 제2조의2)	• 국가와 지방자치단체는 경제자유구역을 지정한 목적이 달성되도록 운영에 필요한 행정적·재정적 지원
다른 법률과 관계 (법 제2조의3)	• 「경제자유구역의 지정 및 운영에 관한 법률」에 따른 경제자유구역에 대한 지원과 규제의 특례에 관한 규정은 다른 법률에 따른 지원과 규제의 특례에 관한 규정에 우선하여 적용 • 다만, 다른 법률에 이 법에 따른 규제에 관한 특례보다 완화되는 규정이 있으면 그 법률에서 정하는 바에 따름
다른 계획과의 관계 (법 제3조)	• 경제자유구역개발계획은 다른 법률에 따른 개발계획에 우선함 • 다만, 국토종합계획, 수도권정비계획 및 「군사기지 및 군사시설 보호법」에 따른 계획에 대하여는 그러하지 아니함

제2장 경제자유구역 기본계획의 수립 및 지정 등

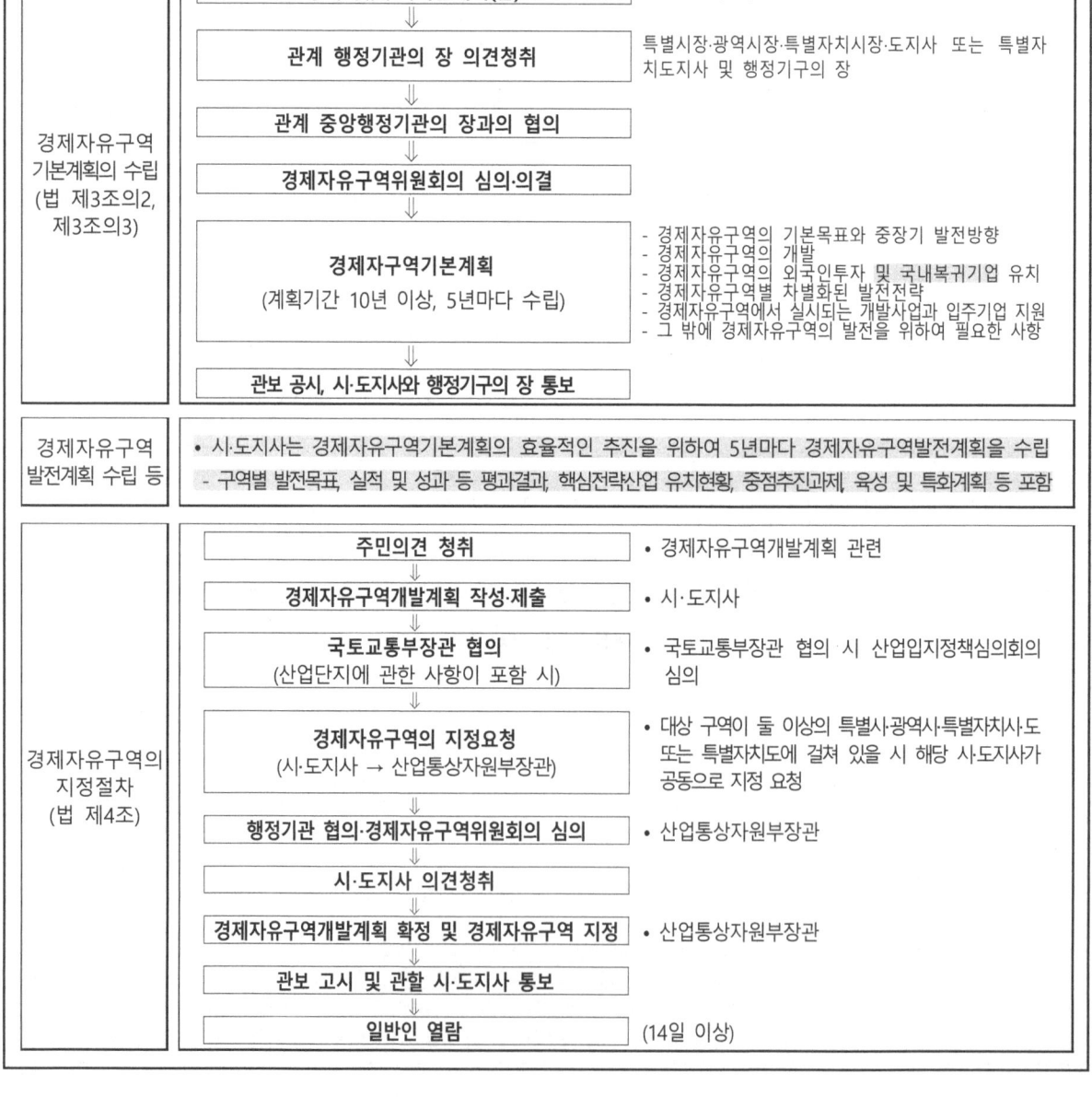

구분	내용	

경제자유구역 지정요건 (법 제5조, 영 제4조)	• 경제자유구역기본계획에 부합할 것
	• 충분한 국내외 기업의 입주수요 확보가 가능할 것
	• 외국인 정주환경의 확보 또는 연계가 가능할 것
	• 경제자유구역의 개발에 필요한 부지와 광역교통망·정보통신망·용수·전력 등 기반시설의 확보가 가능할 것
	• 경제자유구역의 개발에 경제성이 있을 것
	• 지방자치단체의 재정부담, 민간자본 유치방안 등 자금조달계획이 실현 가능할 것
	• 그 밖에 전문인력 확보와 지속발전 가능성 등에 관하여 다음의 요건을 갖출 것
	  - 교통·통신 기반시설 및 생활여건 등에서 산업유치계획에 필요한 전문 인력의 확보 용이
	  - 미래 세대가 사용할 경제·사회·환경 등의 자원을 낭비하거나 여건을 저하시키지 아니하는 지속가능한 발전을 할 수 있을 것
	  - 해당 경제자유구역 개발 및 외국인 투자유치를 위한 전문인력 및 전담기구 갖출 것
	  - 그 밖에 위원회의 심의를 거쳐 산업통상자원부장관이 고시하는 사항	

경제자유구역 개발계획 내용 (법 제6조, 영 제5조)	• 경제자유구역의 명칭·위치 및 면적 • 경제자유구역 지정의 필요성 • 개발사업의 시행예정자 • 경제자유구역을 둘 이상의 개발사업지구로 분할하여 경제자유구역의 개발을 시행하는 경우에는 분할된 개발사업지구의 명칭·위치·면적 • 개발사업 시행방법(단계적 개발 시 시행시기 포함) • 재원조달방법 • 토지이용계획 및 주요 기반시설계획 • 인구수용계획 및 주거시설 조성계획 • 교통처리계획, 산업유치계획 • 보건의료·교육·복지시설 설치계획 • 환경보전계획 • 외국인 투자유치 및 정주를 위한 환경조성계획	• 외국인투자기업에 대한 전용용지의 공급에 관한 사항 • 개발이익의 재투자에 관한 사항 • 수용 또는 사용할 토지·건축물 또는 물건이나 권리가 있는 경우에는 그 세부목록 • 토지소유자에게 환지할 토지 존재 시 환지에 관한 계획 • 그 밖에 다음의 사항 - 개발사업의 시행기간 - 용수·에너지·교통·정보통신 등 기반시설 - 문화시설·공원·녹지계획 - 도시경관계획 - 존치하는 기존 건축물 및 공작물 등에 관한 계획 - 공동구 등 지하매설물 계획 - 주요 유치시설과 그 설치기준에 관한 사항 - 경제자유구역 개발에 필요한 주요 사회간접자본 등 기간시설계획의 경제성 검토
경제자유구역 개발계획의 변경 (법 제7조, 영 제5조의2)	• 산업통상자원부장관이 변경(시·도지사가 요청하는 경우 동일) • 산업통상자원부장관은 개발사업의 시행자가 관할 시·도지사를 경유하여 경제자유구역개발계획의 변경을 요청하는 경우에는 그 경제자유구역개발계획을 변경할 수 있음(개발사업시행자는 개발사업 구역이 2이상의 시·도에 걸쳐 있을 때에는 해당 시·도지사를 각각 경유) • 경제자유구역개발계획 중 경제자유구역위원회의 심의·의결 제외되는 경미한 사항	

	1. 행정구역의 변경 등으로 인한 해당 경제자유구역의 명칭 변경
	2. 단위개발사업지구의 면적 변경으로서 다음의 어느 하나에 해당하는 것
	    | 총면적이 100만㎡ 이상 | 10만㎡ 미만 면적 변경 |
	    | 총면적이 100만㎡ 미만 | 총면적의 100분의 10 미만의 면적 변경 |
	3. 제2호에서 정한 면적의 범위에서 토지이용계획이나 주요 기반시설계획 등의 변경
	4. 단위개발 사업지구 수용예정 인구 수의 100분의 10 미만의 변경
	5. 지형이나 지질사정으로 인한 주요 기반시설계획의 변경
	6. 산업유치계획 중 유치산업의 배치계획 변경 또는 유치산업에 「신에너지 및 재생에너지 개발·이용·보급 촉진법」 제2조 제2호 가목에 따른 태양에너지를 이용한 「전기사업법」 제2조 제3호에 따른 발전사업의 추가
		7. 「환경영향평가법」 제29조에 따른 협의내용, 「도시교통정비 촉진법」 제16조 제4항에 따른 개선필요사항 또는 「자연재해대책법」 제4조에 따른 재해영향성 검토협의 내용을 반영하기 위한 변경(제2호부터 제4호까지의 규정에 따른 변경사항이 수반되는 경우에는 해당 변경범위에 한정)
		8. 개발사업 시행지역의 변동이 없는 범위에서 착오 등에 의한 시행면적의 정정
		9. 산업통상자원부령으로 정하는 도로계획 또는 상하수도계획의 변경
		10. 개발사업시행기간의 단축 또는 1년 내에서의 연장
		11. 재원 조달방법 항목에 적힌 금액 기준으로 100분의 10의 범위에서 사업비의 증감
		12. 개발사업 시행자의 취소 및 대체지정 등 개발사업 시행자의 변경
		13. 위의 사항에 준하는 것으로서 산업통상자원부령으로 정하는 사항

경제자유구역 지정의 효과 (법 제7조의2)	• 경제자유구역의 지정 변경에 따른 다음 계획의 지정·결정·수립·확정·승인 또는 변경 - 「도시개발법」에 따른 도시개발구역의 지정, 도시개발사업계획의 수립 - 「택지개발촉진법」에 따른 택지개발지구의 지정, 택지개발계획의 수립 - 「산업입지 및 개발에 관한 법률」에 따른 국가산업단지·일반산업단지 및 도시첨단산업단지 지정 - 「관광진흥법」에 따른 관광지 및 관광단지의 지정 - 「물류시설의 개발 및 운영에 관한 법률」에 따른 물류단지의 지정 - 「국토의 계획 및 이용에 관한 법률」에 따른 도시·군기본계획의 수립·변경·확정 또는 승인(경제자유구역 외 지역에 대한 도시·군기본계획 변경(안)을 마련 해당 도시·군기본계획의 수립권자에게 확정·승인 받은 경우만) - 「공유수면 관리 및 매립에 관한 법률」에 따른 매립기본계획의 변경 - 「해양공간계획 및 관리에 관한 법률」에 따른 해양공간기본계획 및 해양공간관리계획의 변경 - 「하천법」에 따른 하천구역의 결정, 하천기본계획의 변경 - 「수도법」에 따른 수도정비기본계획의 변경 - 「하수도법」에 따른 하수도정비기본계획의 변경
경제자유구역 연접지역의 협의 (법 제7조의4)	• 시·도지사 또는 시장·군수·구청장은 경제자유구역으로부터 연접하여 2km 거리 이내에서 다음 각 호의 사항을 하고자 하는 때에는 사전에 해당 시·도지사와 협의 - 산업단지의 조성, 도시·군관리계획의 결정 또는 변경결정, 100세대 이상 공동주택의 공급
다른 법률에 의한 개발계획의 변경 (법 제7조의6)	• 경제자유구역 내에서 다음 각 호의 계획이 수립·변경되어 경제자유구역개발계획의 변경 시 경제자유구역개발계획의 변경으로 간주, 중앙행정기관의 장 또는 지자체 장은 사전에 산업통상자원부장관 협의 1. 「산업입지 및 개발에 관한 법률」 제6조, 제7조, 제7조의2에 따른 산업단지개발계획 2. 「자유무역지역의 지정 및 운영에 관한 법률」 제4조에 따른 자유무역지역 기본계획 3. 「항만법」 제5조에 따른 항만기본계획 4. 「항만법」 제46조에 따른 항만배후단지개발계획 5. 「항만 재개발 및 주변지역 발전에 관한 법률」 제9조에 따른 항만재개발사업계획 6. 「마리나항만의 조성 및 관리 등에 관한 법률」 제8조에 따른 마리나항만의 조성 및 개발 등에 관한 사업계획 7. 「첨단의료복합단지 지정 및 지원에 관한 특별법」 제4조에 따른 첨단의료복합단지 조성계획 8. 「혁신도시 조성 및 발전에 관한 특별법」 제11조에 따른 혁신도시 개발계획 9. 「관광진흥법」 제49조에 따른 관광개발기본계획 10. 「수도권신공항건설 촉진법」 제4조에 따른 신공항건설에 관한 기본계획 11. 「산업단지 인·허가 절차 간소화를 위한 특례법」 제8조에 따른 산업단지계획
경제자유구역의 지정 해제 (법 제8조)	• 산업통상자원부장관은 경제자유구역이 다음에 해당하는 경우 지정을 해제하거나 해당 단위 개발사업지구를 경제자유구역에서 제외 가능. 시도지사가 요청하는 경우에도 동일 - 다른 법령에 따른 개발행위의 제한이나 개발사업 시행자의 사업 참여 기피 등으로 상당한 기간 내에 경제자유구역을 개발할 수 없게 된 경우 - 다른 법령에 따른 개발구역·지역·지구 등으로 중복지정되어 경제자유구역의 개발·관리가 곤란한 경우 - 외국인투자의 현저한 부진 등으로 경제자유구역의 지정 목적을 달성할 수 없거나 달성할 수 없을 것이 예상되는 경우 - 위의 준하는 사유로써 대통령령으로 정하는 사유가 있는 경우
경제자유구역의 지정해제의 의제 (법 제8조의2)	• 경제자유구역으로 지정·고시된 날(단계적으로 시행 시 대통령령으로 정하는 날)부터 3년(승인기한이 연장된 경우 4년) 내에 해당 경제자유구역의 전부 또는 일부에 대해 실시계획의 승인을 신청하지 아니한 경우에는 그 기간이 만료된 날의 다음날에 경제자유구역의 지정해제로 봄. 단 시·도지사의 요청으로 산업통상자원부장관이 경제자유구역위원회의 심의·의결을 거쳐 경제자유구역의 효율적 개발 등을 위해 불가피하다고 인정하는 경우 제외

제3장 경제자유구역 개발사업의 시행

개발사업의 시행자지정 (법 제8조의3)	• 시·도지사의 시행자 지정 - 국가, 지방자치단체 - 경제자유구역의 행정기구 - 대통령령으로 정하는 공공기관 - 지방공사 - 공공부문에 해당하지 아니하는 자로 자본금 등 자격요건을 갖춘 자 - 개발사업을 시행할 목적으로 설립한 법인으로 상기에 해당하는 자 둘 이상의 출자비율 70%를 넘는 법인 • 시·도지사의 시행자 지정 시 고려사항 - 외국인투자의 유치능력, 재무건전성과 소유자금 조달능력, 유사개발사업의 시행경험, 개발사업의 원활한 수행을 위하여 산업통상자원부장관이 필요하다고 인정하여 고시하는 사항

구분	절차 및 내용

경제자유구역 개발사업의 실시계획승인 (법 제9조, 제12조)	┌─────────────────────┐
	│ 개발사업 시행자의 지정 │ ← 시·도지사
	└──────────┬──────────┘
	           ⇩
	┌─────────────────────┐
	│ │ 개발사업 시행자(시행자 지정 2년 이내)
	│ 실시계획 작성 │ 지구단위계획 내용 포함
	│ │ 개발사업시행자와 관할 경제자유구역의 특성 및 여건을 고려
	│ │ 산업유통시설용지 일부를 외국인투자기업에 임대하거나 분양
	│ │ 용지로 공급하는 방안 등을 협의하여 실시계획에 반영
	└──────────┬──────────┘
	           ⇩
	┌─────────────────────┐
	│ 산업통상자원부장과 협의 │
	└──────────┬──────────┘
	           ⇩
	┌─────────────────────┐
	│ 실시계획 승인 │ 시·도지사는 개발사업시행자가 외국인투자의 지연, 자연재해
	│ (시·도지사) │ 등의 불가피한 사유로 실시계획의 승인기한의 연장 요청 시 1년
	│ │ 이내(불가피한 사유가 있을 시 1년) 연장가능
	└──────────┬──────────┘
	           ⇩
	┌─────────────────────┐
	│ 실시계획 승인 고시, 공보에 고시 │ 서류 사본의 산업통상자원부장관 송부, 시·도지사의 일반인
	│ │ 열람(14일 이상)
	└──────────┬──────────┘
	           ⇩
	┌─────────────────────┐
	│ 개발사업 착수 │ 연장한 기간 포함 기한 내 미착수시 실시계획 효력상실
	│ │ ※ 사업착수기한의 다음 날 실시계획 승인 효력 상실
	└─────────────────────┘

「국토의 계획 및 이용에 관한 법률」 (법 제9조의2, 영 제11조의2)	• 경제자유구역을 관할하는 특별시·광역시 또는 경제자유구역에 위치하는 시·군은 개발사업을 위하여 필요 시 「국토의 계획 및 이용에 관한 법률」 제77조 또는 제78조에도 불구하고 150% 범위에서 경제자유구역에서의 건폐율 또는 용적률의 최대한도를 조례로 달리 정할 수 있음 - 용도지역이 변경되는 경우에는 건폐율이나 용적률을 달리 정할 수 없음
「체육시설의 설치·이용에 관한 법률」(제9조의3)	• 「체육시설의 설치·이용에 관한 법률」 제11조에도 불구하고 실시계획에서 정한 시설물의 설치 및 부지면적에 따라 개발사업을 시행 가능
국공유지의 처분제한 (법 제9조의5)	• 경제자유구역(경제자유구역개발계획이 수립된 지역만)에 있는 국가 또는 지방자치단체 소유의 토지로서 개발사업에 필요한 토지는 개발사업 외의 목적으로 매각하거나 양도불가
「농지법」에 관한 특례(법 제9조의6)	• 경제자유구역에서 농지를 전용하려는 자는 「농지법」에 따른 전용·협의에도 불구하고 해당 시·도지사의 허가필요
개발이익의 재투자 (법 제9조의 8)	• 개발사업시행자는 대통령령으로 정하는 바에 따라 개발사업으로 발생하는 개발이익의 일부를 다음에 해당하는 용도로 사용 - 해당 경제자유구역의 산업·유통시설용지의 분양가격이나 임대료의 인하 - 기반시설이나 공공시설 설치비용에의 충당

주한미군 공여구역주변지역 등 지원 특별법

법공포 : 최초 '06. 3. 3.　　최종개정 : '20. 10. 20.　　시행일자 : '21. 4. 21.
영공포 : 최초 '06. 9. 4.　　최종개정 : '21. 5. 25.　　시행일자 : '21. 5. 25.

「주한미군 공여구역 주변지역 등 지원특별법」 구성체계

제1조 목적 제2조 정의 제3조 다른 법률과의 관계 제4조 삭제 제5조 삭제	제6조 삭제 제7조 종합계획의 수립 제8조 종합계획의 확정 및 변경 제9조 연도별 사업계획 수립 제10조 사업시행자 제11조 사업의 시행승인 등 제12조 공여구역 등의 반환 및 처분	제13조 반환공여구역 등의 규제 특례 제14조 지방자치단체의 반환공여구역 등 활용 지원 제15조 공장의 신설 등에 관한 특례 제16조 외국인투자지역의 지정·개발 제17조 학교의 이전 등에 관한 특례	제18조 외국교육기관의 설립·운영의 특례 제19조 교육재정지원의 특례 제20조 지원도시사업구역 지정 등 제21조 지원도시사업구역 개발계획의 승인 등 제22조 지원도시사업구역 지정 등의 효과 제23조 고용안정사업 등
제24조 사회기반시설 지원 제25조 사회복지 및 주한미군교육 지원 제26조 교육·문화·관광시설에 대한 지원 제27조 농림해양수산업의 지원 제28조 환경오염 및 예방대책의 추진	제29조 인·허가 등의 의제 제30조 공공시설의 귀속·양도 제31조 토지 등의 수용 제32조 조성토지의 공급 제33조 지방공사 설립의 특례 제34조 사업비 지원과 조성 제34조의2 종합계획 추진의 지원 제35조 조세 및 부담금 등의 감면	제36조 권한의 위임 제37조 자료제출 및 출입검사 제38조 청문 제39조 과태료	

개 요

목적 (법 제1조)		대한민국 방위를 위하여 대한민국 영역 안에서 미합중국 군대에게 공여되거나, 공여되었던 구역으로 인해 낙후된 주변지역의 경제를 진흥시켜 지역 간의 균형 있는 발전과 주민의 복리 증진을 도모하는데 필요한 사항을 규정함
정의 (법 제2조)	공여구역	대한민국과 아메리카합중국 간의 상호방위 조약 제4조에 의한 시설과 구역 및 대한민국에서의 합중국군대의 지위에 관한 협정」 제2조의 규정에 의하여 대한민국이 미합중국에게 주한미군의 사용을 위하여 제공한 시설 및 구역
	공여구역주변지역	공여구역이 소재한 읍·면·동(행정동) 및 공여구역이 소재한 읍·면·동에 연접한 읍·면·동 지역으로서 대통령령이 정하는 지역, 공여구역 제외
	반환공여구역	공여구역 중 미합중국이 대한민국에 반환한 공여구역
	반환공여구역 주변지역	반환공여구역이 소재한 읍·면·동 및 반환공여구역이 소재한 읍·면·동에 연접한 읍·면·동 지역으로서 대통령령이 정하는 지역, 반환공여구역 제외
	공여구역주변지역등 발전종합계획	공여구역주변지역, 반환공여구역 및 반환공여구역 주변지역에 해당하는 지역의 발전 및 주민복지 향상을 위한 사업과 각종 지원에 대한 종합적 계획
	지원도시사업구역	주한미군기지이전으로 공동화된 지역경제의 활성화와 낙후지역의 발전을 촉진하기 위하여 대통령이 정하는 바에 따라 지정·고시하는 구역

• 공여구역주변지역의 범위(경기도 62개)[동법 영 별표 1]

공여구역 주변지역 범위				
	수원시(9동)	세류1동, 세류2동, 세류3동, 권선1동, 권선2동, 곡선동, 평동, 서둔동, 파장동	화성시 (1읍·3면·3동)	봉담읍, 향남면, 정남면, 양감면, 진안동, 기배동, 화산동
	성남시(7동)	신촌동, 고등동, 태평1동, 시흥동, 운중동, 금곡1동, 금곡2동	포천시(1면)	화현면
	과천시(1동)	문원동	의왕시(2동)	청계동, 고천동
	평택시(2면·4동)	서탄면, 진위면, 지산동, 송북동, 신장1동, 신장2동, 통복동	오산시(1동)	초평동
	용인시 (1읍·3면·10동)	포곡읍, 이동면, 양지면, 원삼면, 역삼동, 동천동, 유림동, 중앙동, 어정동, 상갈동, 신봉동, 풍덕천1동, 죽전2동, 동부동	양평군(1읍·5면)	양평읍, 용문면, 단월면, 옥천면, 개군면, 지제면
	이천시(1면)	마장면	연천군(2급)	신서면, 중면
	광주시(1면)	도척면	가평군(1읍·2면)	가평읍, 북면, 하면

반환공여구역 주변지역 (법 제2조)	• 반환공여구역 주변지역의 범위(경기도 102개)[동법 영 별표 2]	
	성남시(1동)	복정동
	고양시(3동)	고봉동, 관산동, 고양동
	의정부시(15동)	가능1동, 가능2동, 가능3동, 의정부1동, 의정부2동, 의정부3동, 송산1동, 송산2동, 호원1동, 호원2동, 신곡1동, 신곡2동, 자금동, 녹양동, 장암동
	남양주시(2읍·2면)	와부읍, 진접읍, 별내면, 조안면
	평택시(2읍·4면·5동)	팽성읍, 안중읍, 청북면, 고덕면, 오성면, 현덕면, 신평동, 원평동, 중앙동, 서정동, 세교동
	화성시(1읍·2면·1동)	우정읍, 장안면, 서신면, 남양동
	파주시(5읍·9면·2동)	조리읍, 문산읍, 파주읍, 법원읍, 교하읍, 월롱면, 광탄면, 군내면, 장단면, 진동면, 적성면, 파평면, 탄현면, 진서면, 금촌1동, 금촌2동
	포천시(1읍·9면·2동)	소흘읍, 영중면, 창수면, 영북면, 관인면, 일동면, 이동면, 군내면, 가산면, 신북면, 선단동, 포천동
	광주시(2면)	남종면, 중부면
	하남시(7동)	천현동, 감북동, 신장1동, 신장2동, 덕풍1동, 춘궁동, 초이동
	양주시(1읍·4면·6동)	백석읍, 남면, 광적면, 은현면, 장흥면, 양주1동, 양주2동, 회천1동, 회천2동, 회천3동, 회천4동
	동두천시(7동)	생연1동, 생연2동, 중앙동, 보산동, 불현동, 소요동, 상패동
	연천군(2읍·6면)	전곡읍, 연천읍, 장남면, 미산면, 군남면, 왕징면, 백학면, 청산면
	양평군(1면)	양동면
지원도시사업구역 (법 제2조, 영 제3조)	• 주한미군기지 이전으로 공동화된 지역경제 활성화와 낙후지역 발전을 촉진하기 위하여 다음 각 호에 어느 하나에 해당하는 지역 중 국토교통부장관이 관계행정기관의 장 및 관할 지방자치단체의 장과 협의를 거쳐 30만㎡ 이상의 면적으로 지정·고시하는 구역 - 반환공여구역주변지역의 범위에서 정한 읍면동이 소재한 기초지방자치단체의 지역과 이의 연접한 기초지방자치단체의 지역 - [별표 2]에서 정한 읍·면·동이 소재한 기초지방자치단체(특별자치도의 경우에는 행정시)의 지역 - 상기 지역에 연접한 기초지방자치단체의 지역	

발전종합계획

종합계획의 수립 (법 제7조)	• 시·도지사(시장·군수·구청장 등과 협의 또는 신청) → 행정안전부장관에게 종합계획 제출 - 공여구역주변지역 및 반환공여구역주변지역의 발전목표 및 기본방향 - 주한미군 주둔 및 훈련으로 인한 국민 피해 예방대책 - 지역주민의 취업기회 확대와 소득증대를 위한 생산기반시설 확충·개선 - 반환공여구역주변지역 근로자 및 사업자 전직·전업 지원 - 주택·상하수도 등 주거환경 개선사업 - 교육·의료·후생 등 문화복지시설의 정비·확충사업 - 도로와 철도 등 사회간접자본시설의 확충·정비사업 - 환경의 보전 및 오염방지 - 민간기업유치 및 육성 등 - 공공사업에 편입된 공여구역의 반환과 반환공여구역의 활용 - 종합계획 추진에 필요한 재원 조달 및 재정 지원 - 그 밖에 이 법의 목적을 달성하기 위하여 필요하다고 인정되는 사항
종합계획의 확정 및 변경 (법 제8조)	• 행정안전부장관은 관계 중앙행정기관의 장과의 협의를 거쳐서 수립된 종합계획 확정. 변경 시도 같음(중앙행정기관의 장 협의하는 경우 협의요청을 받은 기관의 장은 특별한 사유가 없는 한 요청을 받은 날부터 30일 이내에 의견 제시) • 행정안전부장관은 종합계획 확정 또는 변경한 때에는 지체 없이 관계 중앙행정기관의 장과 관계 시·도지사에게 통지 • 행정안전부장관이 제1항에 따라 관계 중앙행정기관의 장과 협의하는 경우 협의 요청을 받은 기관의 장은 특별한 사유가 없는 한 그 요청을 받은 날부터 30일 이내에 의견 제시

구분	내용
연도별 사업계획 수립 (법 제9조)	• 시·도지사는 확정된 종합계획에 따라 연도별 사업계획을 수립하여 행정안전부장관에게 제출 • 행정안전부장관은 사업계획을 관계 중앙행정기관의 장과의 협의를 거쳐 확정 • 행정안전부장관은 사업계획을 확정한 때에는 지체 없이 관계 중앙행정기관의 장/관계 시·도지사 통지 • 시·도지사는 사업계획을 수립하는 때에는 관계 시장·군수·구청장의 의견을 청취하여야 하며, 특별한 사유가 없는 한 이를 반영

사업시행자
(법 제10조, 영 제10조)
	• 국가　• 지방자치단체　• 공기업 및 준정부기관　• 지방공사　• 사업의 승인을 얻은 자
	• 사업시행자가 시행할 수 있는 사업의 대상과 범위(동법 영 제10조)
	  - 주택건설사업(부대사업 포함) 및 택지조성사업　- 정비사업　- 어촌지역개발사업　- 학교 이전·증설
	  - 택지개발사업　- 도시개발사업　- 산업단지 조성사업　- 공원녹지의 조성사업
	  - 도시·군계획시설사업　- 재정비촉진사업　- 접경지역종합개발사업　- 하수도의 설치사업
	  - 농촌지역개발사업　- 관광지 및 관광단지 조성사업

사업의 시행승인 등
(법 제11조)
	• 사업승인을 얻은 자가 사업 시행시(국가, 지차제, 공기업 및 준정부기관, 지방공사 제외)
	  - 사업계획 및 투자계획을 수립하여 관할 시장·군수·구청장 등과 협의·승인
	
	사업계획 및 투자계획 제출 (사업시행하려는 자) ⇒ 계획내용의 타당성 검토 (사업승인권자) ⇒ 중앙행정기관의 장 지방자치단체의 장 협의 (사업승인권자) ⇒ 사업의 시행승인 (사업승인권자) ⇒ 사업시행 고시 (사업승인권자)
	
	• 시행승인의 취소
	  - 사업시행자가 시행승인을 득한 날부터 2년 내 사업에 착수하지 않은 경우, 허위·기타 부정한 방법으로 승인을 얻은 경우, 사정의 변경으로 사업의 계속적인 시행이 불가능하거나 현저히 공익을 해할 우려가 있다고 인정되는 경우

관련 특례

구분	내용
반환공여구역 등의 규제 특례 (법 제13조)	• 국방부장관은 종합계획 및 지원도시 사업구역에 포함된 사업의 추진에 필요한 국방군사시설에 대해 국방·군사시설 이전, 징발해제 및 군사시설보호구역 해제를 우선적으로 검토 • 종합계획에 포함되어 반환공여구역 주변지역에서 추진하는 사업은「징발재산정리에 관한 특별조치법」제20조의 2 제2항 및「국가보위에 관한 특별조치법」제5조 제4항에 의한 동원대상지역 내의「토지의 수용·사용에 관한 특별 조치령」에 의하여 수용·사용된「토지의 정리에 관한 특별조치법」제4조 제2항의 규정에 의한 공공사업으로 봄
공장의 신설 등에 관한 특례 (법 제15조)	•「수도권정비계획법」에 따른 과밀억제권역 및 성장관리권역 중 종합계획 및 지원도시사업구역 개발계획에 의해 반환공여구역이나 반환공여구역 주변지역에 추진하는 산업단지 및 공업용지 조성사업에 대하여는 공장 건축면적 500㎡ 이상의 공장(지식산업센터 포함)을 신설·증설 가능 • 국토교통부장관은 신설 또는 증설되는 공장에 대하여는 수도권정비위원회의 심의를 거쳐 반환공여구역 주변지역을 관할하는 특별시·광역시·도의 공장 총허용량을 별도로 배정 • 시장·군수·구청장 등은「수도권정비계획법」제19조의 규정에 불구하고 대규모 개발사업 중 공업용지의 조성을 목적으로 하는 사업을 시행하거나 이의 허가·승인 또는 협의 등을 하고자 하는 경우에는 수도권정비위원회의 심의를 받지 아니함
학교의 이전 등에 관한 특례 (법 제17조)	• 중앙행정기관의 장과 시·도지사는「수도권정비계획법」에 불구하고 인구집중유발시설 중 학교를 반환공여구역이나 반환공여구역 주변지역에 이전하거나 증설하는 행위를 허가·인가·승인 또는 협의 가능 • 학교의 이전이나 증설에 대하여는「수도권정비계획법」제18조의 총량규제를 적용하지 아니함
외국교육기관의 설립·운영의 특례 (법 제18조)	• 외국학교 법인은「사립학교법」제3조의 규정에 불구하고「유아교육법」에 따른 유치원,「초·중등교육법」에 따른 학교의 교육감,「고등교육법」에 따른 교육부장관의 승인을 얻어 반환공여구역이나 반환공여구역 주변지역에 외국교육기관 설립 가능 • 외국교육기관의 설립과 운영 및 지원, 교원의 임용 등에 관한 사항은「경제자유구역의 지정 및 운영에 관한 법률」제22조 제3항 내지 제9항의 규정과「경제자유구역 및 제주국제자유도시의 외국교육기관설립·운영에 관한 특별법」제12조 준용
교육재정지원의 특례 (법 제19조)	• 교육부장관은 반환공여구역이나 반환공여구역 주변지역의 개발과 관련한 교육목적 달성을 위하여「지방교육재정교부금법」에 의한 지방교육재정교부금 특별 지원 가능

지원도시사업구역

지원도시사업 구역 지정 등 (법 제20조)	• 지정권자 : 국토교통부장관 - 주한미군기지 이전지역으로 공동화된 지역경제 활성화와 낙후지역의 발전을 촉진하기 위하여 지원도시사업구역을 지정 • 국가, 지방자치단체, 공공기관, 지방공사, 민간개발사업자로 사업시행자격을 갖춘 자가 국토교통부장관에게 지원도시구역의 지정을 제안 시 지정제안한 자를 우선적 사업시행자로 지정 • 국토교통부장관이 지원도시사업구역을 지정/변경하고자 할 때는 미리 관계 중앙행정기관의 장 및 관할 지자체 장과 협의. 단, 지원도시사업구역 해제 및 대통령령이 정하는 경미한 사항 제외 • 국토교통부장관이 지원도시사업구역을 지정·변경 또는 해제한 때에는 관보에 고시 • 지원도시사업구역을 지정하고자 할 때에는 대통령령이 정하는 바에 따라 주민 및 관계 전문가 등의 의견 청취. 다만, 대통령령이 정하는 경미한 사항의 변경 제외
지원도시사업구역 개발계획의 승인 등 (법 제21조)	• 지원도시개발사업자는 대통령령이 정하는 바에 따라 지원도시사업 개발계획을 수립하거나, 승인된 개발계획을 변경하고자 하는 때에는 국토교통부장관의 승인을 얻어야 하며, 관계 중앙행정기관의 장 및 관할 지방자치단체의 장과 협의 • 국토교통부장관은 관보에 고시, 관할 지방자치단체의 장에게 송부, 일반인 열람
지원도시사업구역 지정 등의 효과 (법 제22조)	• 지원도시사업구역의 지정 및 개발계획 승인 시 다음의 지정·승인 - 도시·군기본계획의 승인 또는 변경승인 - 도시개발구역의 지정 및 도시개발사업계획의 수립 - 택지개발지구 지정 및 택지개발계획 승인 - 국가산단·일반산단 및 도시첨단산단 지정 - 물류단지의 지정 - 관광개발기본계획 및 권역계획, 관광지의 지정, 조성계획의 승인

접경지역지원특별법

법공포 : 최초 '00. 1. 21. 최종개정 : '20. 10. 20. 시행일자 : '21. 4. 21.
영공포 : 최초 '00. 8. 28. 최종개정 : '21. 4. 20. 시행일자 : '21. 4. 21.

「접경지역지원특별법」 구성체계

제1장 총칙	제2장 발전종합계획의 수립 등	제3장 접경지역정책심의위원회 등의 설치	제4장 사업의 시행
제1조 목적 제2조 정의 제3조 다른 법률과의 관계 제4조 국가 등의 책무	제5조 발전종합계획의 수립과 확정 제6조 발전종합계획의 수립을 위한 기초조사 제7조 자연환경 보전대책 등의 수립 제8조 연도별 사업계획의 수립 및 확정	제9조 접경지역정책심의위원회 제10조 접경지역발전협의회 제11조 접경지역발전기획단	제12조 사업시행자 제13조 사업의 시행승인 제14조 인·허가 등의 의제 제15조 토지 등의 수용 또는 사용 제16조 공공시설의 귀속

제5장 접경지역 발전을 위한 지원 등	제6장 보칙 등	
제17조 접경특화발전지구 지정·운영 등 제18조 사업비의 지원 등 제19조 부담금 등의 감면 제20조 기업 등에 대한 지원 제21조 사회간접자본 지원 제22조 민자유치사업의 지원	제23조 사회복지 및 통일교육 지원 제24조 교육·문화·관광시설에 대한 지원 제25조 농림·해양·수산업 지원 제26조 지역 주민의 고용 및 지원 제27조 수로 보수 등에 대한 지원	제28조 자료 제출과 출입·검사 제29조 청문 제30조 권한의 위임 제31조 과태료

제1장 총칙

목적 (법 제1조)	• 남북분단으로 낙후된 접경지역의 지속가능한 발전에 필요한 사항을 규정하여 새로운 성장동력을 창출하고 주민의 복지향상을 지원하며, 자연환경의 체계적인 보전·관리를 통하여 국가의 경쟁력 강화와 균형발전에 이바지함
접경지역 (법 제2조, 영 제2조)	• 1953년 7월 27일 체결된 「군사정전에 관한 협정」에 따라 설치된 비무장지대 또는 해상의 북방한계선과 잇닿아 있는 시·군과 「군사기지 및 군사시설 보호법」 제2조 제7호에 따른 민간인통제선 이남의 지역 중 민간인통제선과의 거리 및 지리적 여건 등을 기준으로 하여 대통령령으로 정하는 시·군. 다만, 비무장지대는 제외하되 비무장지대 내 집단취락지역은 접경지역으로 봄 <table><tr><th colspan="2">구 분</th><th>시·군별</th></tr><tr><td rowspan="3">비무장지대 또는 해상의 북방한계선과 잇닿아 있는 시·군</td><td>인천광역시</td><td>강화군·옹진군</td></tr><tr><td>경기도</td><td>김포시, 파주시, 연천군</td></tr><tr><td>강원도</td><td>철원군, 화천군, 양구군, 인제군, 고성군</td></tr><tr><td rowspan="2">민간인통제선 이남의 지역 중 민간인통제선과의 거리 및 지리적 여건 등을 기준으로 하여 대통령령으로 정하는 사군</td><td>경기도</td><td>고양시, 양주시, 동두천시, 포천시</td></tr><tr><td>강원도</td><td>춘천시</td></tr></table>
접경지역발전종합계획(법 제2조)	• 행정안전부장관이 접경지역의 조화로운 이용·개발과 보존을 통하여 해당 지역을 발전시키기 위해 수립한 종합적·기본적 계획
접경특화발전지구 (법 제2조)	• 접경지역 일대에서 개발·조성되는 지구로 행정안전부장관이 관계 중앙행정기관의 장 및 관계 시·도지사와 협의하고 접경지역 정책심의위원회의 심의를 거쳐 지정
다른 법률과의 관계 (법 제3조)	• 접경지역의 이용·개발과 보전에 관하여 다른 법률에 우선 적용. 단, 「국토기본법」, 「수도권정비계획법」과 「군사기지 및 군사시설 보호법」 제외

제2장 종합발전계획의 수립 등

발전종합계획의 수립과 확정 (법 제5조)	수립권자	행정안전부장관
	목적	접경지역의 조화로운 이용·개발과 보존을 통하여 해당 지역을 발전시키기 위함. 이 경우 자연환경보전과 국가 안보상의 특수성 반영
	수립 시 고려사항	「국토기본법」 제6조에 따른 국토종합계획 「수도권정비계획법」 제4조에 따른 수도권정비계획 「군사기지 및 군사시설 보호법」 제16조에 따른 보호구역 등 관리기본계획 「지역 개발 및 지원에 관한 법률」 제7조에 따른 지역개발계획
	발전종합계획 내용	1. 발전종합계획의 목표 및 기본방향 2. 접경지역의 이용·개발과 보존에 관한 중장기 기본시책 3. 권역 구분 및 지구 지정 4. 자연생태 및 산림자원의 조사·연구 5. 자연환경의 보전·관리와 환경오염 방지 6. 산림의 체계적인 보호·관리와 산지의 계획적·생태적인 보전 및 이용 7. 평화통일 기반시설 또는 통일지대의 설치 8. 남북한 교류·협력 활성화를 위한 사업 9. 통일 이후 남북공동의 성장동력으로 활용할 지역산업의 육성 10. 접경특화발전지구의 지정·개발·운영 11. 군사시설의 보전 및 보안대책 12. 농어업·임업 등 산업기초시설의 확충·개선 13. 전기·통신·가스 시설 등 생활기반시설의 확충·개선 14. 주택·상하수도 등 주거환경의 개선 15. 풍수해 등 재해의 방지 16. 문화재의 발굴과 보존·관리 17. 관광자원의 개발과 관광산업의 진흥 18. 도로·항만·공항·정보통신 등 사회간접자본의 정비와 확충 19. 교육·의료·후생 시설 등 문화복지시설의 확충 20. 민방위 경보, 대피시설 등 주민안전시설의 정비 및 확충 21. 그 밖에 접경지역의 이용·개발과 보전

발전종합계획의 수립·확정절차 (법 제5조, 법 제6조)	절차	비고
	발전종합계획수립지침에 대한 중앙행정기관의 장 협의	행정안전부장관
	⇩	
	발전종합계획 수립지침 작성 (행정안전부장관)	• 지침 작성 시 주의사항 - 민간인 통제선으로부터의 거리와 개발정도 등을 기준으로 상대적으로 도시화가 진전된 지역을 개발하기 위한 사업 최소화
	⇩	
	접경지역 관할 광역시장·도지사에게 수립지침 통보	
	⇩	
	발전종합계획(안)의 해당 시장·군수 의견청취, 공청회 개최(시·도지사)	• 공청회(주민 및 전문가 의견청취) ※ 시·도발전계획(안)에 없는 사항을 추가 포함 시 공청회 개최 주민과 전문가 의견청취
	⇩	
	접경지역의 발전종합계획안 작성 제출(시·도지사 → 행정안전부장관)	• 수립지침에 따른 작성, 자연환경보전대책과 산림관리대책 반영 • 기초조사 - 접경지역의 인구, 경제, 사회, 문화, 환경, 토지이용 그 밖에 사항에 조사·측량 가능, 필요 시 지자체 장에게 관련 자료 제출 요청, 기초조사 전문기관 위탁 가능
	⇩	
	관계 중앙행정기관의 장 협의	
	⇩	
	접경지역정책심의위원회 심의 후 확정 (행정안전부장관)	
	⇩	
	관계 중앙행정기관의 장, 시·도지사 통보(행정안전부장관)	

구분	내용

자연환경 보전대책 등의 수립 (법 제7조)	• 수립권자 : 환경부장관
	• 자연환경 보전대책의 내용
	  - 접경지역 자연환경의 현황 및 향후전망
	  - 접경지역 자연환경의 보전에 관한 기본방향 및 목표
	  - 접경지역 자연경관의 보전 및 관리
	  - 그 밖에 접경지역의 자연환경 및 생태경관 보호를 위하여 필요하다고 인정되는 사항
	• 환경부장관은 관계 중앙행정기관의 장 또는 지방자치단체의 장에게 자연환경 보전대책의 수립 및 시행에 필요한 자료의 제출 또는 협조를 요청
	• 산림청장은 접경지역에 있는 산림의 체계적인 보호·관리 및 산지의 계획적·생태적 보전·이용을 위하여 기초조사 실시, 이를 기초로 산림관리대책 수립·시행
	• 환경부장관과 산림청장은 기초조사를 관계 전문기관 또는 단체에 위탁가능. 필요 시 비용의 일부를 관계 기관 또는 단체에 지원

연도별 사업계획의 수립 및 확정 (법 제8조)	• 연도별 사업계획의 수립 절차
	
	  ┌──────────────────────────┐
	  │ 연도별 사업계획(안) 수립 │ 시·도지사 → 행정안전부장관에게 제출
	  │ (자연환경보전대책과 산림관리대책 반영) │
	  └──────────────────────────┘
	           ⇩
	  ┌──────────────────────────┐
	  │ 관할 시장·군수 의견청취 │ ※ 관할 시장·군수는 관할 부대장 등과 사전협의 후 의견제출
	  └──────────────────────────┘
	           ⇩
	  ┌──────────────────────────┐
	  │ 중앙행정기관의 장과 협의 │
	  └──────────────────────────┘
	           ⇩
	  ┌──────────────────────────┐
	  │ 접경지역 정책심의위원회 심의·확정 │
	  └──────────────────────────┘
	           ⇩
	  ┌──────────────────────────┐
	  │ 관계행정기관의 장과 해당 시·도지사 통보 │
	  └──────────────────────────┘

제3장 접경지역정책심의위원회 등의 설치

구분	내용

접경지역 정책심의위원회 (법 제9조)	• 행정안전부장관 소속 위원회(위원장을 포함한 30명 이내 구성, 위원장은 행정안전부장관)
	• 접경지역 정책심의위원회 심의사항
	  - 발전종합계획 확정 및 변경
	  - 접경지역 발전을 위한 사업 우선순위 조정
	  - 발전종합계획 또는 연도별 사업계획과 관련하여 토지 등의 수용 또는 사용의 필요성·적정성·공익성 등에 관한 검토
	  - 연도별 사업계획 확정·변경 및 종합적 조정
	  - 접경특화발전지구 지정·해제 및 운영
	  - 접경지역 발전 및 주민지원을 위한 제도개선
	  - 그 밖에 이 법의 목적을 달성하기 위하여 위원장이 필요하다고 인정하는 사항
	• 접경지역 정책심의실무위원회의 설치·기능(위원장 : 행정안전부차관)
	  - 위원회 심의안건의 사전검토, 위원회 위임사항, 그 밖에 위원장이 요구하는 사항을 처리

접경지역 발전협의회 (법 제10조)	• 관계 지방자치단체의 장 등 공무원과 민간전문가로 구성되어 다음 사항 협의
	  - 접경지역 발전에 관한 주요 정책의 개발
	  - 접경지역을 관할하는 지방자치단체 간의 공동개발사업 발굴 및 협의, 그 밖에 접경지역의 공동 발전에 필요한 사항

접경지역 발전기획단 (법 제11조)	• 접경지역 발전업무를 효율적으로 수행하고 위원회 사무 지원(행정안전부장관 소속)
	• 접경지역발전기획단 업무
	  - 접경지역의 발전에 관한 정책 및 제도의 입안·기획
	  - 접경특화발전지구의 지정·운영에 관한 제도의 입안·기획
	  - 발전종합계획 수립을 위한 기관 간 협조
	  - 위원회 의안 작성 등 위원회의 운영 지원
	  - 그 밖에 접경지역 발전에 필요한 사항

제4장 사업의 시행

사업시행자 (법 제12조)	• 국가, 지방자치단체, 공공기관, 지방공기업, 민간기업, 상기 시행자와 민간기업이 공동으로 출자한 법인
승인권자 (법 제13조)	• 사업시행 형태에 따른 승인권자 	사업 시행형태	승인권자
하나의 시 또는 군에 시행	관할 시장·군수
둘 이상 시·군에 걸쳐 시행	관할 시·도지사
다른 광역시 또는 도의 관할에 속하는 둘 이상의 시·군에 걸쳐 시행	사업시행 면적의 2분의 1이상을 초과하는 지역을 관할하는 시·도지사	
사업 시행 승인절차 (법 제13조)	• 사업시행승인 절차 사업시행계획 및 투자계획 제출 (사업시행자 → 사업승인권자) ⇩ 미리 관할 부대장 등과 협의 ⇩ 사업시행계획 및 투자계획의 타당성 검토 승인여부 결정 ⇩ 사업시행승인·변경승인 ⇩ 고시(국방상기밀에 관한 사항 제외가능) • 사업승인권자는 해당 사업이 군사기지 및 군사시설 보호구역에서 시행되는 경우에는 미리 관할부대장등과 협의 • 사업시행승인을 받은 자는 이를 변경하려는 경우 사업승인권자의 변경승인을 받아야 함(경미한 사항 제외) • 사업승인권자가 사업시행승인 또는 변경승인 취소 가능 - 사업의 시행승인을 받은 날부터 2년 이내에 사업을 시작하지 아니한 경우 - 거짓이나 그 밖의 부정한 방법으로 승인을 받은 경우 - 사정의 변경으로 사업을 계속적으로 시행할 수 없거나 현저히 공익을 해칠 우려가 있다고 인정되는 경우 • 사업승인권자는 사업의 시행승인 또는 변경승인 취소 시 지체 없이 그 사실을 공고
토지 등의 수용 또는 사용 (법 제15조)	• 사업시행자는 고시된 사업시행계획에 포함되어 있는 사업의 시행을 위하여 필요한 경우 토지·물건 또는 권리를 수용하거나 사용 가능 - 단, 민간기업 및 공동 출자 설립법인의 사업시행자는 사업대상 토지면적 3분의 2이상에 해당하는 토지를 매입하고 토지소유자 총수의 2분의 1 이상에 해당하는 자의 동의 필요
공공시설의 귀속 (법 제16조)		사업시행자	종전 공공시설	새로 설치된 공공시설
---	---	---
국가 또는 지방자치단체	사업시행자 귀속	관리할 국가 또는 지자체
국가 또는 지방자치단체 외	사업시행자에 무상양도 가능(사업시행으로 공공시설의 기능이 대체되어 용도 폐지되는 시설)	관리할 국가 또는 지자체	

제5장 접경지역 발전을 위한 지원 등

구분	내용
접경특화발전지구의 지정·운영 (법 제17조)	• 지정권자 : 행정안전부장관 - 관계 중앙행정기관 장 및 관계 시·도지사 협의, 접경지역 정책심의위원회 심의 후 지정 가능 • 접경특화발전지구를 지정 후 사업시행계획 고시(국방상 기밀사항은 제외 고시) • 지정·고시된 접경특화발전지구의 효력 - 고시된 날부터 5년, 사업시행 승인된 날로부터 3년 안에 미착수시 사업시행 승인의 효력 상실 • 지정·고시된 접경특화발전지구의 해제 - 접경지역 이용 및 보존사업의 시행에 더 이상 필요하지 않다고 인정하는 경우 - 접경지역 정책심의위원회 심의 후 접경특화발전지구 지정 해제, 고시
사업비의 지원 (법 제18조)	• 국가 및 지방자치단체 : 사업 시행승인을 받은 자에게 필요한 자금을 보조·융자 또는 알선하거나 그 밖에 필요한 조치 가능 • 국가의 보조금 : 「보조금의 예산 및 관리에 관한 법률」 제10조에 따른 차등보조율과 다른 법률에 따른 보조율에도 불구하고 이를 인상하여 지원 가능. 보조율은 대통령령으로 정함 • 행정안전부장관 : 「지방교부세법」에 따른 지방교부세를 특별지원 가능
부담금 등의 감면 (법 제19조)	• 국가와 지방자치단체가 감면 가능한 부담금 - 「개발이익환수에 관한 법률」에 따른 개발부담금 - 「초지법」에 따른 대체초지조성비 - 「하천법」에 따른 하천 점용료 및 하천수 사용료 - 「농지법」에 따른 농지보전부담금 - 「공유수면 관리 및 매립에 관한 법률」에 따른 공유수면 점용료·사용료
기업 등에 대한 지원 (법 제20조)	• 국가와 지방자치단체는 발전종합계획과 연도별 사업계획에 따라 접경지역에서 회사를 설립하거나 공장을 신축·증축하는 자 또는 접경지역으로 회사 또는 공장을 이전하는 자에게는 「조세특례제한법」, 「지방세특례제한법」, 그 밖의 조세 관련 법률에서 정하는 바에 따라 조세감면 등 세제상 지원 • 국가는 접경지역의 투자기업에 대하여 「중소기업진흥에 관한 법률」 제63조에 따른 중소기업창업 및 진흥기금을 지원 가능
사회간접자본 지원 (법 제21조)	• 국가와 지방자치단체는 접경지역에 「사회기반시설에 대한 민간투자법」 제2조 제1호에 따른 사회기반시설을 설치·유지 및 보수하는 것을 우선적으로 지원 가능 • 국가의 지원 - 접경지역에서 지방자치단체가 추진하는 지방도로의 건설에 필요한 비용의 일부 지원 - 주민의 교통편의를 위하여 접경지역에서 운항하는 선박의 건조 등에 필요한 비용의 일부 지원
민자유치사업의 지원 (법 제22조)	• 중앙행정기관의 장 또는 지방자치단체의 경우 접경지역에서 발전종합계획 또는 연도별 사업계획에 따라 사업을 시행하는 사업시행자에게 「지역균형개발 및 지방중소기업 육성에 관한 법률」에 따라 지원조치를 할 수 있으며, 그 지원조치에 관한 권한이 다른 중앙행정기관의 장 또는 지방자치단체의 장에게 있는 경우에는 그 지원조치를 할 것을 관계 중앙행정기관의 장 및 관할 지방자치단체의 장에게 요청 가능
사회복지 및 통일교육 지원 (법 제23조)	• 국가와 지방자치단체 : 접경지역에서 양로원, 장애인복지관, 보육원, 병원, 청소년회관 등 사회복지시설을 설치하는 데에 필요한 지원 가능 • 통일부장관 : 통일교육을 장려하기 위하여 접경지역 견학 및 방문 사업을 추진하고, 이에 필요한 비용의 일부를 관계 기관 또는 단체에 지원 가능

구분	내용
교육·문화·관광시설에 대한 지원 (법 제24조)	• 국가와 지방자치단체는 접경지역에 각급 학교, 문예회관·도서관·박물관 등을 포함한 문화시설, 관광·숙박·위락·여객시설 및 체육시설이 적절히 설치되고 유치될 수 있도록 하여야 함 • 접경지역에 교육·문화·관광시설을 설치하거나 접경지역 밖의 지역에 설치된 교육·문화·관광시설을 접경지역으로 이전하려는 자에게는 우선적으로 인·허가 등 가능 • 문화체육관광부장관은 접경지역의 관광산업의 발전을 위하여 지방자치단체 또는 사업시행자에게 「관광진흥개발기금법」 제2조에 따른 관광진흥개발기금을 대여하거나 보조 가능 • 문화체육관광부장관은 접경지역 문화예술 진흥 사업 및 활동을 지원하기 위하여 지방자치단체 또는 사업시행자에게 「문화예술진흥법」 제16조에 따른 문화예술진흥기금을 보조 가능
농림·해양·수산업 지원 (법 제25조)	• 국가와 지방자치단체는 접경지역 에서의 농림·해양·수산업의 생산기반을 육성하기 위하여 대통령령으로 정하는 바에 따라 지원 가능 • 농림축산식품부장관은 접경지역의 농업·축산업 및 수산업의 생산성 향상을 위하여 지방자치단체 또는 사업시행자에게 「농수산물유통 및 가격안정에 관한 법률」 제54조에 따른 농산물가격안정기금, 「축산법」 제43조에 따른 축산발전기금, 「수산업법」 제76조에 따른 수산발전기금을 지원 가능 • 국가는 접경지역 안에서 생산되는 농·축·수산물을 우선적으로 군부대에 납품되도록 노력
지역주민의 고용 및 지원 (법 제26조)	• 그 사업장 인근의 지역 주민을 우선적으로 고용 • 사업시행자는 사업의 시행에 필요한 토지 등을 제공함에 따라 생활의 근거지를 상실하게 되는 자를 위하여 「공익사업을 위한 토지 등의 취득 및 보상에 관한 법률」 제78조에 따른 이주대책을 수립·시행 • 사업시행승인을 받은 자 및 접경지역에 입주하는 기업은 해당 접경지역 또는 그 인접 접경지역에서 생산되는 공산품, 농산물·수산물·축산물 등을 우선적으로 구매 • 국토교통부장관은 접경지역에 건설하는 주택에 대하여는 「주택도시기금」에 따른 국민주택기금 지원 가능
수로 보수 등에 대한 지원(법 제27조)	• 국가는 접경지역에 있는 「하천법」 제7조 제3항에 따른 지방하천의 보수와 유지에 필요한 경비 중 일부를 지원 가능

경기도 사무위임조례(별지별표)

조례공포 : 최초 '98. 9. 14.   최종개정 : '22. 1. 6.

목적	「지방자치법」 제117조에 따라 행정능률의 향상 및 행정사무의 간소화와 행정기관의 권한과 책임을 일치시키기 위하여 각종 법령에 규정된 경기도지사의 권한 중 의회사무처장, 소속기관의 장, 시장·군수 및 경기경제자유구청장에게 위임할 사항을 규정함

시장·군수 위임 주요사무

▶ 공간전략과 소관 위임사무

- 복합단지 개발에 관한 다음 사무(종전 제7695호 「지역균형개발 및 지방중소기업육성에 관한 법률」 부칙 제2항)
  - 실시계획의 승인   - 준공인가

▶ 도시정책과 소관 위임사무

- 용도지역 변경에 관한 사항

- 도시지역에서 지구단위계획 결정, 변경 결정이 수반되는 부지면적 3만㎡ 미만의 용도지역변경(결정 또는 변경결정 후 5년 이내에 연접하여 결정 또는 변경 결정할 경우에는 그 합한 면적 및 규모 적용)의 결정 및 지형도면의 승인·고시
- 도시지역 외에서 지구단위계획 결정 또는 변경 결정이 수반되는 부지면적 30만㎡ 미만의 용도지역 변경(단, 체육시설 중 골프장 및 스키장이 포함된 경우 제외, 결정 또는 변경결정 후 5년 이내에 연접하여 결정 또는 변경·결정할 경우에는 그 합한 면적 및 규모 적용) 결정 및 지형도면의 승인고시

- 용도지구의 지정에 관한 다음 사무
  - 용도지구의 지정, 변경지정의 결정 및 지형도면의 승인·고시

- 도시·군계획시설 결정 또는 변경결정 및 지형도면의 승인·고시(부지면적 3만㎡ 미만의 용도지역 변경 포함), 실시계획 인가 등에 관한 다음 사무(다만, 「국토의 계획 및 이용에 관한 법률」 제24조 제6항에 따라 경기도지사가 직접 또는 시장·군수의 요청으로 입안한 도시·군관리계획의 결정 또는 변경결정 사항 제외)

  - 도로   - 주차장   - 자동차정류장   - 궤도
  - 자동차 및 건설기계 검사시설
  - 광장
  - 공원(소공원, 어린이공원, 역사공원, 문화공원, 수변공원, 체육공원, 도시농업공원에 한함)
  - 녹지   - 공공공지   - 수도공급설비   - 전기공급설비
  - 가스공급설비   - 열공급설비
  - 방송·통신시설(방송국 제외)
  - 공동구   - 시장   - 유류저장 및 송유설비
  - 학교(「고등교육법」 제2조제1호~제4호까지 규정에 의한 학교 제외)
  - 공공청사(도 단위 이상의 기관 제외)
  - 문화시설(도 단위 이상 기관이 설치하는 도서관은 제외)
  - 공공필요성이 인정되는 체육시설(골프장 및 스키장, 「도시·군계획시설의 결정·구조 및 설치기준에 관한 규칙」 제99조 제7호의 종합운동장은 제외)
  - 연구시설
  - 사회복지시설   - 공공직업훈련시설
  - 청소년수련시설
  - 하천   - 유수지   - 저수지
  - 방화설비   - 방풍설비   - 방수설비
  - 사방설비   - 방조설비
  - 장사시설(광역시설에 해당하는 화장시설 공동묘지 제외)
  - 도축장
  - 종합의료시설
  - 하수도
  - 폐기물처리 및 재활용시설(광역시설 제외)
  - 수질오염방지시설   - 빗물저장 및 이용시설
  - 폐차장
  - 실시계획의 인가(서류의 열람 등, 실시계획의 고시)
  - 도시·군관리계획시설사업 공사완료의 공고 등

- 도시·군관리계획의 결정 및 고시에 관한 사항
  - 경미한 도시·군관리계획의 변경결정 및 지형도면의 승인.고시
  - 도시·군계획시설결정의 실효고시
  - 기 결정시설 세부시설 조성계획의 변경결정

- 종전의 법률에 관한 경과사무
  - 종전 제2291호 「도시계획법」에 따라 도시계획이 결정된 주택지조성사업, 일단의 공업용지조성사업, 시가화조성사업, 토지구획정리사업에 관한 사항

- 도시개발사업에 관한 다음 사무
  - 부지면적 10만㎡ 이상의 도시개발구역의 변경지정, 개발계획 변경에 관한사항 및 실시계획 변경인가
  - 부지면적 10만㎡ 미만의 도시개발구역의 지정 및 변경지정, 개발계획의 수립 및 변경, 실시계획인가 및 변경인가(부지면적을 10만㎡ 이상으로 변경하고자 하는 경우 제외)
  - 도시개발사업에 관한 규약 제정
  - 도시개발사업 시행자 지정 및 변경지정
  - 신탁개발 승인
  - 조합설립인가 및 변경인가
  - 선수금 승인
  - 조성토지 등의 공급계획 수립
  - 도시개발사업의 준공검사 및 준공검사 참여요청
  - 준공검사 증명서 교부, 공사완료 공고, 필요한 조치명령
  - 준공검사에 따른 협의(도지사가 시행자인 경우 제외)
  - 조성 토지 등의 준공 전 사용허가(도지사가 시행자인 경우 제외)
  - 도시개발구역 밖의 기반시설의 설치 또는 설치비용을 부담시키는 권한(도지사가 시행자인 경우 제외)
  - 국·공유지의 용도폐지 또는 처분에 관한 협의(도지사가 시행자인 경우 제외)
  - 공공시설의 귀속에 따른 관리청 의견수렴 및 통보
  - 「건설기술진흥법」에 따른 감리전문회사의 도시개발사업의 공사에 대한 책임감리 또는 시공 감리자 인정 및 이에 대한 지도·감독(도지사가 시행자인 경우를 제외)
  - 도시개발구역 지정의 해제 고시[단, 도시개발사업의 공사 완료(환지방식에 따른 사업인 경우에는 그 환지처분)의 공고일 다음 날에 해제되는 경우에 한정]
  - 도시개발구역으로 지정하려는 지역 및 주변지역에 대한 투기방지대책 수립

▶ 도시재생과 소관 위임사무

- 도시재생 전략계획의 변경 및 도시재생 활성화계획의 수립·변경·취소 승인에 관한 사무(인구 50만 이상 대도시의 장에 한정)
  - 도시재생 전략계획의 변경 승인에 관한 권한
  - 도시재생 활성화계획의 수립 또는 변경 승인에 관한 권한
  - 도시재생 활성화계획의 취소 결정에 관한 권한

- 재정비촉진지구 지정 및 해제에 관한 다음 사무(다만, 재정비촉진사업이 필요하다고 인정되는 지역이 그 관할지역에 있고 다른 시·군에 걸쳐 있지 아니하는 경우에 한정)
  - 재정비촉진계획 결정(변경 포함) 및 고시.보고
  - 재정비촉진구역 지정의 효력 상실 등에 관한 사무

- 재정비촉진계획 수립 및 결정에 관한 사무(다만, 재정비촉진사업이 필요하다고 인정되는 지역이 그 관할지역에 있고 다른 시·군에 걸쳐 있지 아니하는 경우에 한정)
  - 재정비촉진계획 수립 관련 총괄계획가의 위촉 등
  - 재정비촉진구역 지정의 효력 상실 등에 관한 사무
  - 재정비촉진계획 결정(변경 포함) 및 고시.보고

- 건축규제의 완화 등에 대한 특례 관한 다음 사무(다만, 재정비촉진사업이 필요하다고 인정되는 지역이 그 관할지역에 있고 다른 시·군에 걸쳐 있지 아니하는 경우에 한정)
  - 용도지역 변경 및 특정 용도의 건축물의 건축 허용을 위한 자문

- 토지 등 분할거래에 관한 사무(다만, 재정비촉진사업이 필요하다고 인정되는 지역이 그 관할지역에 있고 다른 시·군에 걸쳐 있지 아니하는 경우에 한정)
  - 투기 억제 등을 위한 기준일 산정 및 고시

- 도시재정비위원회에 관한 다음 사무(다만, 위임 사무를 이행하기 위해 관할 지역별 구성인 경우로 한정)
  - 도시재정비위원회 설치.운영 등

- 도시·주거환경정비기본계획의 승인(변경 포함)에 관한 권한
  - 대도시의 시장이 아닌 시장이 수립·변경하는 도시·주거환경정비기본계획의 승인사무

- 소규모 주택정비 관리계획 수립에 관한 사무
  - 주민공람 및 의견수렴에 관한 권한
  - 고시에 관한 권한

▶ **택지개발과**

- 택지개발에 관한 사무 (다만 「경제자유구역 지정 및 운영에 관한 특별법」 제6조의 경제자유구역 개발계획에 의한 개발사업지구 내 한함)
  - 택지개발지구의 지정 등
  - 자료 제공의 요청
  - 토지에의 출입 등
  - 공공시설 등의 귀속
  - 토지수용
  - 국유지·공유지의 처분 제한 등
  - 서류의 열람 및 송달

▶ **주택정책과**

- 주택건설사업의 시행 등에 관한 다음 사무
  - 「주택법」 제15조제1항제1호에 따른 주택건설사업계획 승인 및 대지조성사업 승인, 사업계획 승인을 얻는 사업의 공사 착수 신고 및 사업계획 승인의 취소에 관한 사항 (다만, 국가·한국토지주택공사 등 「주택법」 제15조에 따른 국토교통부 장관의 승인사무와 지방자치단체 및 경기주택도시공사가 시행자가 되는 사업은 제외한다)
  - 주택정책관련 자료 등의 종합관리, 제공, 자료 요청

▶ **공동주택과**

- 공동주택관리에 관한 감독
  - 「공동주택관리법」에 따른 공동주택관리 감사 (인구50만 이상 대도시에 한정)
    다만, 대도시 시장의 감사결과에 이의를 제기하여 도지사가 감사할 필요가 있다고 인정되는 경우에 한하여 도지사가 감사 실시

▶ **건축디자인과 소관 위임사무**

- 공사중단 장기방치 건축물의 정비에 관한 다음 사무
  - 철거명령에 관한 사항
  - 대집행에 관한 사항
  - 안전조치명령
  - 분쟁의 조정

- 건축허가 제한 등에 관한 다음 사무(2개 이상 시·군에 걸쳐 건축허가제한을 하는 경우는 제외)
  - 건축허가 제한 등에 관한 사항(「건축법」제18조제1항에 관한 사항은 제외)

- 특별건축구역 지정에 관한 다음 사무(인구 50만 이상 대도시의 장에 한함)
  - 특별건축구역의 지정, 변경 및 해제에 관한 사항(「건축법」제69조제1항제1호, 제71조제4항에 관한 사항은 제외)
  - 특별건축구역에서 특례를 적용한 건축물에 대한 모니터링에 관한 사항

- 건축사의 자격 및 업무에 관한 다음 사무(인구 50만 이상 대도시의 장에 한함)
  - 처분 등 내용의 통지
  - 건축사사무소 개설신고의 접수
  - 건축사사무소 개설신고의 효력상실 처분 또는 업무정지명령 (건축사보 또는 실무수련자에 대한 업무정지명령을 포함)
  - 건축사법에 따른 건축사 개설신고의 효력상실처분에 관한 청문
  - 건축사사무소 개설신고부의 정리
  - 보고명령 및 검사
  - 과태료의 부과·징수(법 제11조 제3항의 규정에 위반한 사람에 대한 과태료의 부과·징수를 제외)

▶ **공원녹지과 소관 위임사무**

- 가로수에 관한 다음의 사무
  - 가로수의 조성·관리

- 도시공원에 관한 다음 사무
  - 도시공원 조성계획의 결정 및 변경결정
  - 도시공원 결정의 실효 고시
  - 공동체정원(마을정원) 조성 및 관리

경기경제자유구역청장 위임사무

- 도시관리계획에 관한 다음 사무
  - 도시계획시설결정의 실효(20년경과) (다만,「경제자유구역의 지정 및 운영에 관한 법률」 제6조의 경제자유구역 개발 계획에 의한 개발사업지구 내 및 같은 법 제18조에 따라 설치되는 도시계획시설에 한함)
  - 지구단위계획구역의 지정에 관한 도시관리계획 결정의 실효 고시(3년 경과)

- 도시계획시설사업의 시행에 관한 사무(다만, 「경제자유구역의 지정 및 운영에 관한 법률」 제6조의경제자유구역 개발계획에 의한 개발사업지구 내 및 같은 법 제18조에 따라 설치되는 도시계획시설에 한함)
  - 공사완료의 공고(준공검사)   - 보조 또는 융자   - 타인토지에의 출입   - 법률 등의 위반자에 대한 처분   -청문

- 국토이용정보체계에 관한 다음 사무
  - 국토이용정보체계의 구축·운영 및 활용

- 도시개발사업에 관한 다음 사무 (다만, 「경제자유구역의 지정 및 운영에 관한 법률」제6조의 경제자유구역 개발계획에 따른 개발사업지구 내에 한함)
  - 기초 조사 등
  - 도시개발사업시행 위탁 등
  - 도시개발사업에 관한 공사의 감리
  - 토지상환채권의 발행계획 승인
  - 선수금 수급의 승인
  - 조성토지 등의 공급계획 작성 및 변경
  - 준공검사 및 공사 완료의 공고
  - 준공 검사 시 의제규정 협의
  - 조성토지의 준공 전 사용 허가
  - 지방자치단체의 비용부담 요청
  - 도시개발구역 밖의 도시기반시설의 설치 비용
  - 국공유지의 처분·용도폐지 시 협의
  - 조세 및 부담금 등의 감면
  - 사업시행과 관련된 보고 및 검사 등
  - 법률 등의 위반자에 대한 행정처분
  - 청문 실시
  - 과태료의 부과·징수

- 주택건설사업의 시행 등에 관한 다음 사무
  - 주택정책 관련 자료 등의 종합관리, 제공, 자료 요청

- 택지개발에 관한 다음 사무(다만, 「경제자유구역의 지정 및 운영에 관한 특별법」 제6조의 경제자유구역 개발계획에 의한 개발사업지구 내에 한함)

  - 택지개발지구의 지정 등   - 토지에의 출입 등   - 토지수용   - 서류의 열람 및 송달
  - 자료 제공의 요청   - 공공시설 등의 귀속   - 국유지·공유지의 처분 제한 등

- 주택건설사업의 시행 등에 관한 다음 사무

  - 주택의 감리 등   - 부실감리자 등에 대한 조치   - 공동주택관리에 관한 감독

시·군별 조례상 건폐율

단위 : %

시군명	제/개정일	전용주거		일반주거			준주거	상업				공업		
		제1종	제2종	제1종	제2종	제3종		중심	일반	근린	유통	전용	일반	준공업
수원시	'22.2.7.	40	30	60	60	40	70	90 공동주택과 주거외 용도 복합 -10	80	70	60	70	60	60
성남시	'21.12.13.	50	50	60	60	50	70	80	80	70	80	70	70	70
부천시	'21.8.17.	50	50	60	60	50	60	80	60	60	60	70 산업단지 80	60	60 공장70, 산단 80
용인시	'21.11.3.	50	50	60	60	50	70	90	80	70	80	70	70	70
안산시	'21.11.10.	40	50	60	60	50	70	70	70	70	60	70	70 산업단지 80	70
안양시	'21.12.30.	50	50	60	60	50	60	80	80	-	-	-	70	70
평택시	'21.9.27.	50	50	60	60	50	70	90	80	70	60	70	70	70
시흥시	'22.1.13.	50	50	60	60	50	70	90	80	70	-		70	70
화성시	'22.3.14.	50	50	60	60	50	70	80	80	70	70	70	70	70
광명시	'22.3.2.	50	50	60	60	50	70	80	80	70	70	70	70	70
군포시	'21.4.26.	40	50	60	60	50	60	70	70	60	60	70	70	70
광주시	'20.3.13.	50	50	60	60	50	70	90	80	70	60	70	70	60
김포시	'22.4.6.	50	50	60	60	50	70	90	80	70	80	70	70	70
이천시	'22.3.7.	50	50	60	60	50	70	90	80	70	80	70	70	70
안성시	'21.12.17.	50	50	60	60	50	70	90	80	70	80	70	70	70
오산시	'22.1.13.	50	50	60	60	50	70	80	80	70	60	70	70	70
하남시	'22.4.12.	50	50	60	60	50	70	90	80	70	80		70	
의왕시	'21.11.15.	50	50	60	60	50	70	80	80	60	60	70	70	70
여주시	'22.4.20.	50	50	60	60	50	70	90	80	70	80	70	70	70
양평군	'21.9.27.	50	50	60	60	50	70	90	80	70	80	70	70	70
과천시	'20.11.4.	50	50	60	60	50	70	90	80	70	80			
고양시	'22.4.29.	50	50	60	60	50	60	80	70	60	70	70	70	70
남양주시	'21.7.29.	50	50	60	60	50	70	90	80	70	80	70	70	70
의정부시	'21.2.15.	40	50	60	60	50	70	80	80	60	60	70	70	70
파주시	'21.12.27.	40	50	60	60	50	60	80	80	70	70	70 국가산단 및 일반산단 80	70	70
구리시	'21.9.28.	50	50	60	60	50	70	90	80	70	80	70	70	70
양주시	'20.10.5.	50	50	60	60	50	70	90	80	70	80	70	70	70
포천시	'21.9.29.	50	50	60	60	50	70	90	80	70	80	70	70	70
동두천시	'21.7.29.	50	50	60	60	50	70	90	80	70	80	70 국가산단 및 일반산단·도시첨단산단 및 준산업단지 80	70	70
가평군	'22.2.9.	50	50	60	60	50	70	90	80	70	80	70	70	70
연천군	'21.9.16.	50	50	60	60	50	70	90	80	70	70	70	70	70

시군명	녹지지역			관리지역			농림	자연환경보전	취락지구	자연공원	농공단지	공업 내 산단
	보전	생산	자연	보전	생산	계획						
수원시	20	20	20						40	-	70	80
성남시	20	20	20						40	60	-	80
부천시	20 자연취락30	20	20 자연취락40									80
용인시	20	20	20 (성장 30,)	20	20 (성장30)	40 (성장50)	20	20	60	60	70	80
안산시	20 취락 30, 성장30	20	20 (취락40,성장30)					20	40	60	70	80
안양시	20	-	20						40	60		80
평택시	20	20 (성장30)	20 (성장30)	20	20	40 (성장50)	20	20	60	60	70	80
시흥시	20		20						60			80
화성시	20	20	20 (성장30)	20	20 (성장30)	40 (성장50)	20	20	50	60	70	80
광명시	20	20	20						60			80
군포시	20	20	20						50	40	70	80
광주시	20	20	20	20	20	40	20	20	60	60	70	80
김포시	20	20	20 (성장30)	20	20 (성장30)	40 (성장50)	20	20	60	60	70	80
이천시	20	20	20 (성장30)	20	20 (성장30)	40 (성장50)	20	20	60	60	70	80
안성시	20	20	20 (성장30)	20	20 (성장30)	40 (성장50)	20	20	60	60	70	80
오산시	20	20	20 (성장 30)						40	60		80
하남시	20	20	20							60		
의왕시	20	20 취락지구 40	20									
여주시	20	20	20 (성장30)	20	20 (성장30)	40 (성장50)	20	20	60	60	70	80
양평군	20	20	20 (성장30)	20	20 (성장30)	40 (성장50)	20	20 (자연취락40)	60	60	70	80
과천시	20 (취락30)	20	20 (취락40)									
고양시	20	20	20 (성장30)	20	20 (성장30)	40 (성장50)	20	20	50	60	70	80
남양주시	20	20	20 (성장30)	20	20 (성장30)	40 (성장50)	20	20	60	60	70	80
의정부시	20	20	20						50	60		80
파주시	20	20	20	20	20	40	20	20				80
구리시	20	20	20	20	20	40	20	20	60	60	70	80
양주시	20	20	20 (성장30)	20	20 (성장30)	40 (성장50)	20	20	60	60	70	80
포천시	20	20	20 (성장30)	20	20 (성장30)	40 (성장50)	20	20	50	60	70	80
동두천시	20	20	20 (성장30)	20	20 (성장30)	40 (성장50)	20	20	60	60	70	80
가평군	20	20	20 (성장30)	20	20 (성장30)	40 (성장50)	20	20	60	60	70	80
연천군	20	20	20 (성장30)	20	20 (성장30)	40 (성장50)	20	20	60	60	70	80

시군별 조례상 건폐율

시군명	기존 창고, 연구소	자연녹지 내 도시계획시설	녹지지역 내 전통사찰, 문화재, 한옥	자연녹지 내 학교 건폐율 완화[6]	생산녹지등에서 기존공장의 건폐율 완화
수원시	자연녹지40	유원지 30, 공원 20	30	30	40
성남시	-	유원지 30, 공원 20		23	-
부천시	자연녹지 40	유원지 30	30	30	생산녹지, 자연녹지 내 기존 공장 부지에 다음 조건 충족시[7] 40
용인시	계획관리 내 50% 자연녹지 내 40(지정당시 이미 준공된 기존 부지 내 증축)	유원지 30, 공원20	등록문화재 용도지역 내 150% 녹지, 보전관리, 생산관리, 농림 또는 자연환경보전지역 내 전통사찰, 등록문화재, 한옥은 30% 이하	30	생산녹지, 자연녹지 또는 생산관리 내 기존 공장의 준공당시 부지 내 증축 40% 이하(20.12.31 증축허가 신청 한정)
안산시	자연녹지 내 40(지정당시 이미 준공된 기존 부지 내 증축)	유원지 30	30	30	
안양시		유원지 30, 공원20	녹지지역 내 전통사찰 30	30	자연녹지지역 내 40% 이하
평택시	계획관리 50 자연녹지 내 창고 또는 연구소 40	유원지 30, 공원20	30	30	기존 공장 부지를 확장 추가 편입되는 부지 내 증축 40 공업용지조성사업구역 내 공장으로 기반시설 부담 및 환경 오염 우려가 없는 공장 : 80
시흥시		유원지 30, 공원20	30	30	
화성시	자연녹지 40 계획관리 50	유원지 30, 공원20	등록문화재 용도지역 내 150% 녹지, 보전관리, 생산관리, 농림, 자연환경보전 내 30	30	일단의 공업용지조성사업 구역 내 공장으로 위원회 심의를 거쳐 기반시설의 설치 및 환경오염 우려가 없는 공장 : 80
광명시		유원지 30, 공원20	30		자연녹지 내 기존 공장 부지 확장하여 건축물 증축 40
군포시			30	30	
광주시	계획관리 50[8]	유원지 30, 공원20	녹지, 보전관리, 생산관리, 농림, 자연환경보전30	30	생산녹지 등 40
김포시	계획관리 50[9]	유원지 30, 공원20	녹지, 보전관리, 생산관리, 농림, 자연환경보전 30	30	생산녹지, 자연녹지, 생산관리 또는 계획관리지역 내 40
이천시	자연녹지 40 계획관리 50	유원지 30, 공원20	녹지, 보전관리, 생산관리, 농림, 자연환경보전 30	30	생산녹지, 자연녹지, 생산관리, 계획관리 40
안성시	계획관리 50	유원지 30, 공원20	녹지, 보전관리, 생산관리, 농림, 자연환경보전 내 기존 건축 30	30	생산녹지, 자연녹지, 생산관리 계획관리 내 부지 확장하여 증축 40
오산시		유원지 30, 공원20	30	30	생산녹지, 자연녹지 내 40 ('20.12.31.까지 증축허가)
하남시	자연녹지 40	유원지 30, 공원20	30	30	
의왕시	자연녹지 40	유원지 30		30	
여주시	계획관리 50	유원지 30, 공원20	녹지, 보전관리, 생산관리, 농림 또는 자연환경보전 30	30	
양평군	자연녹지 40 계획관리 50((2003.1.1.이후 준공되고 기존 부지 증축)	유원지 30 공원20	녹지, 보전관리, 생산관리, 농림, 자연환경보전30	30	생산녹지, 자연녹지, 생산관리 또는 계획관리 40(18.12.31.까지 증축허가)
과천시					
고양시	계획관리 50(03.1.1. 전에 준공)	유원지 30, 공원 조례별표25 (20%이하)	녹지, 보전관리, 생산관리, 농림, 자연환경보전30	30	생산녹지, 자연녹지, 생산관리, 계획관리 내 기존 공장이 추가 편입 부지 증축(20.12.31 허가신청) 40
남양주시	자연녹지 40 계획관리 50[10]	유원지 30	녹지, 보전관리, 생산관리, 농림, 자연환경보전30	30	생산녹지, 자연녹지, 생산관리 또는 계획관리 내 40
의정부시		유원지 30 공원20	녹지지역 내 30	30	생산녹지, 자연녹지 40
파주시	자연녹지 40, 계획관리 50[10]	유원지 30 공원20	녹지, 보전관리, 생산관리, 농림, 자연환경보전30	30	자연녹지 40
구리시	자연녹지40 (창고, 연구소)	공원 20	녹지지역 30	30	생산녹지, 자연녹지, 생산관리 지역 내 40
양주시	자연녹지 40 계획관리 50	유원지 30, 공원20	녹지, 보전관리, 생산관리, 농림, 자연환경보전30	30	생산녹지, 자연녹지, 생산관리, 계획관리 40
포천시	자연녹지 40 계획관리 50	유원지 30 공원20	녹지, 보전관리, 생산관리, 농림, 자연환경보전30	30	생산녹지, 자연녹지, 생산관리, 계획관리 40
동두천시	계획관리 50	유원지 30 공원20	녹지, 보전관리, 생산관리, 농림, 자연환경보전30	30	생산녹지, 자연녹지, 생산관리, 계획관리 40
가평군	자연녹지 40 계획관리 50	유원지 30 공원20	녹지, 보전관리, 생산관리, 농림, 자연환경보전30	30	생산녹지, 자연녹지, 생산관리, 계획관리 40
연천군	자연녹지 40 계획관리 50	유원지 30 공원20	녹지, 보전관리, 생산관리, 농림, 자연환경보전30	30	생산녹지, 자연녹지, 생산관리, 계획관리 40

6) 조건(①기존 부지에서 증축, ②학교 설치 이후 개발행위 등으로 해당 학교의 기존 부지가 건축물, 그 밖의 시설로 둘러싸여 부지 확장을 통한 증축이 곤란한 경우로 해당 도시계획위원회의 심의를 거쳐 기존 부지에서의 증축이 불가피하다고 인정 ③「고등교육법」에 따른 학교의 경우「대학설립·운영 규정」별표 2에 따른 교육기본시설, 지원시설 또는 연구시설의 증축)
7) 건축물을 증축('20년 12월 31일 까지 증축 허가를 신청만)하는 경우로서 다음을 모두 갖춘 경우에 그 건폐율은 40% 이하. 이 경우 추가편입부지에서 증축

시군명	건폐율 강화11)	방화지구 내 건축물로 내화구조 완화	방재지구 건축물로 재해예방시설 설치시 완화	농지법에 의한 건폐율 완화	
				보전관리, 생산관리, 농림 또는 자연환경보전 60	생산녹지 60 농수산물 가공처리시설 및 농수산업 시험연구시설, 농산물 건조 보관시설, 산지유통시설
수원시	O	준주거 80, 일반상업 90, ·근린상업 80 전용공업 80, 일반공업 70, 준공업 70	-	-	-
성남시	-	-	-		
부천시		준주거, 일반상업, 근린상업 80	녹지지역 건폐율의 150% 이하		O
용인시	O	준주거, 일반상업, 근린상업 80	녹지, 관리, 농림, 자연환경보전 내 150%	O	
안산시	O	준주거 80, 일반상업 및 근린상업 90	녹지, 관리, 농림, 자연환경보전 내 150%	자연환경보전 50	O
안양시	O	준주거 80, 일반상업 90			
평택시	O	준주거, 일반상업, 근린상업 80	녹지, 관리, 농림, 자연환경보전 내 150%	O	O
시흥시	O	준주거, 일반상업, 근린상업, 전용공업, 준공업 80	녹지지역 건폐율 150% 이하		
화성시	O	준주거, 일반,근린상업, 전용,일반, 준공업지역 80	녹지, 관리, 농림, 자연환경보전 내 150%	O	O
광명시	O	준주거, 일반상업, 근린상업, 전용공업, 일반공업, 준공업 80	녹지지역 내 150%		
군포시	O	준주거, 일반상업, 근린상업 80			
광주시	O	준주거, 일반상업, 근린상업 80		O	O
김포시	O	준주거, 일반상업, 근린상업 90	녹지·관리·농림 및 자연환경보전 내 150%	O	
이천시	O	준주거, 일반상업, 근린상업 90	녹지, 관리, 농림, 자연환경보전 내 150%	O	O
안성시	O	준주거, 일반상업, 근린상업 80	녹지지역, 관리지역, 농림지역, 자연환경보전지역 내 150%	O	O
오산시	O	준주거, 일반상업, 근린상업, 전용공업, 일반, 준공업 80	해당 용도지역별 건폐율 150%		40
하남시	O	준주거, 일반상업, 근린상업, 일반공업, 준공업 80			
의왕시	O				
여주시	O	준주거, 일반상업, 근린상업 80	녹지지역, 관리지역, 농림지역, 자연환경보전지역 내 150%	O	O
양평군	O	준주거, 일반상업, 근린상업 90	녹지지역, 관리지역, 농림지역, 자연환경보전지역 내 150%	O	O
과천시	O	준주거, 일반상업, 근린상업 80			
고양시	O	준주거, 일반상업, 근린상업, 전용공업, 일반공업, 준공업 80	녹지지역, 관리지역, 농림지역, 자연환경보전지역 내 150%	O(버섯재배사 콩나물재배사 제외)	O
남양주시		준주거, 일반상업, 근린상업 90	녹지지역, 관리지역, 농림지역, 자연환경보전지역 내 150%		
의정부시	O			O	
파주시					O
구리시	O	준주거, 일반상업, 근린상업 90			
양주시			녹지지역, 관리지역, 농림지역, 자연환경보전지역 내 150%	O	
포천시	O	준주거, 근린상업 80 일반상업90	녹지지역, 관리지역, 농림지역, 자연환경보전지역 내 150%	O	O
동두천시	O	준주거,일반상업·근린상업,전용공업, 일반공업, 준공업 90	녹지지역, 관리지역, 농림지역, 자연환경보전지역 내 150%		
가평군	O	준주거, 일반상업, 근린상업 90	녹지지역, 관리지역, 농림지역, 자연환경보전지역 내 150%	O	O
연천군	O	준주거 및 근린생업 80 일반상업 90			

하려는 건축물에 대한 건폐율 기준은 추가편입부지에 대해서만 적용. ① 추가편입부지의 규모가 3천㎡'이하로서 준공 당시의 부지면적의 50% 이내 ② 위원회의 심의를 거쳐 기반시설의 설치 및 그에 필요한 용지의 확보가 충분하고 주변지역의 환경오염 우려가 없다고 인정

8) '03년 1월 1일 전에 준공되고 기존 부지에 증축하는 경우로서 위원회의 심의를 거쳐 도로·상수도·하수도 등 기반시설이 충분히 확보되었다고 인정되거나, 폭 6미터 이상 개설이 완료된 도로에서 직접 진·출입하고 일반수도가 공급되며 발생하수가 공공하수도에 유입처리

9) '03년 1월 1일 전에 준공되고 기존 부지에 증축하는 경우로서 시도시계획위원회의 심의를 거쳐 도로·상수도·하수도 등 기반시설이 충분히 확보되었다고 인정

10) '03년 1월 1일 전에 준공되고 기존 부지에 증축하는 경우로서 시도시계획위원회의 심의를 거쳐 도로·상수도·하수도 등 기반시설이 충분히 확보되었다고 인정

11) 도시지역에서 토지이용의 과밀화를 방지하기 위하여 건폐율을 낮추어야 할 필요가 있는 경우 시 도시계획위원회 심의를 거쳐 해당 구역에 적용할 건폐율의 최대한도의 40퍼센트까지 낮출 수 있음

시군명	시장정비사업구역	개발진흥지구	수산자원보호구역	기타
수원시	일반주거나 준주거 및 준공업 지역 70, 상업지역 90	-	-	-
성남시	주거지역 70, 상업지역 80			
부천시	주거지역 60 이하, 상업지역 80	자연녹지지역에 지정 30		성장관리방안 수립 30
용인시		도시지역 외 40 자연녹지지역 30		미세분 관리지역은 20
안산시	시장정비사업구역 중 주거, 준공업 내 시장은 60, 상업지역 내 시장 80	도시지역 외 40	30	자연녹지지역 내 주유소 또는 액화석유가스 충전소(21.7.13. 이전 준공) 30, 연구개발 특구 내 녹지지역 중 교육,연구 및 사업화 시설의 경우 녹지지역 건폐율 150%
안양시	일반주거지역 60 준주거 65, 상업지역 80			녹지지역 내 성장관리방안 수립 30% 자연녹지지역 내 주유소 및 액화석유가스 충전소 30% 등록문화재 건축물 대지는 150% 완화
평택시	일반주거 60, 상업지역 내 90	도시지역 외 40 자연녹지지역 30	40	
시흥시	일반주거·준주거 70, 상업지역 90			자연녹지지역 내 주유소 및 액화석유가스 충전소 30%
화성시	일반주거, 준주거, 준공업 70, 상업지역 90	도시지역 외 40 자연녹지지역 30	30	공업용지조성사업 구역 내 공장으로 기반시설 및 환경오염 우려가 없는 공장인 경우 80
광명시	일반주거 70 상업지역 80			자연녹지지역 내 주유소 및 액화석유가스 충전소(21.7.13. 이전 준공) 30%
군포시	주거지역 65, 상업지역 80			
광주시		도시지역외 40	30	용도지역 미지정 미세분지역 20 성장관리방안을 수립한 지역은 성장관리방안에서 정한 건폐율
김포시		도시지역 외 40 자연녹지지역 30	30	공업용지조성사업구역 내 공장으로서 시도시계획위원회를 거쳐 기반시설 및 용지의 확보, 주변지역의 환경오염 오염이 없는 공장 80%
이천시	일반주거 70, 상업지역 90	도시지역 외 40 자연녹지지역 30		등록문화재 150% 장수명주택 중 최우수 등급 115%, 우수등급 110% 미만에서 완화 가능. 단 최대한도 초과 불가
안성시	일반주거·준주거·준공업 70, 상업지역 90	도시지역 외 40 자연녹지지역 30	30	자연녹지지역 내 주유소 및 액화석유가스 충전소 30%
오산시	일반주거 70, 상업지역 90	자연녹지지역 30	30	등록문화재 150% 자연녹지지역 내 주유소 및 액화석유가스 충전소 30%
하남시				
의왕시	일반주거 70 상업지역 80			주유소 또는 액화석유가스 충전소 30
여주시	일반주거 및 준주거 지역 70	도시지역 외 40 자연녹지지역 30	40	
양평군	일반주거지역 70, 상업지역 90	도시지역 외 40	40	등록문화재 150%
과천시				
고양시	일반주거, 준주거 60 근린상업 70	도시지역 외 40 자연녹지지역 30	30	등록문화재 150% 자연녹지지역 내 주유소 및 액화석유가스 충전소(21.7.13. 이전 준공) 30%
남양주시		도시지역 외 40 자연녹지지역 30		등록문화재 150 일의 공업용지조성사업구역 내 위원회 심를 거쳐 기반시설 설치, 용지확보, 주변의 환경오염 영향이 우려가 없다고 인정하는 공장은 80 이하
의정부시	일반주거, 준주거, 준공업지역 70 상업지역 90			등록문화재 150%
파주시	일반주거, 준주거, 70 상업지역 90			장수명주택 중 최우수 및 우수등급은 110%
구리시	일반주거 60, 준주거 70, 상업지역 90	도시지역 외 40	40	주유소 또는 액화석유가스 충전소 30
양주시		도시지역 외 40 자연녹지지역 30	40	등록문화재 150%
포천시	일반주거, 준주거 70 상업지역 90	도시지역 외 40 자연녹지지역 30	30	공업용지조성사업구역 내 공장 80
동두천시	일반주거, 준주거, 준공업 70 상업지역 90	도시지역 외 40 자연녹지지역 30	30	공업용지조성사업구역 내 공장 80
가평군	일반주거, 준주거, 준공업 70 상업지역 90	도시지역 외 40	40	
연천군		도시지역 외 40 자연녹지지역 30	30	기업도시개발특별법에 따라 개발구역으로 지정된 지역의 건폐율은 해당 건폐율의 150% 자연녹지지역 내 주유소 및 액화석유가스 충전소 30%

시군별 조례상 용적률

단위 : %

시군명	개정일	전용주거 제1종	전용주거 제2종	일반주거 제1종	일반주거 제2종	일반주거 제3종	준주거	상업 중심	상업 일반	상업 근린	상업 유통	공업 전용	공업 일반
수원시	'22.2.7.	100	150	200	250[12]	300[13]	400	1000[14]	800	600 [15)	400	300	350 (고시원과 고시원용도 복합 200%)
성남시	'21.12.13.	100	120	160	210 (도정법 정비사업 및 소규모주택정비 사업 공동주택 중 아파트 250)	280	400	1000	800	600	600	300	350
부천시	'21. 8. 17.	100	120	190	230	280	400[16]	1000 공동주택과 다른 용도 복합 건축은 다음에서 정하는 비율이하[17]	800	600	600	300	350
용인시	'21. 11. 3.	100	150	200	240 (정비사업 공동주택250)	290	450	1100	900	700	800	250 (산단 내 공장 300)	300 (산단 내 공장 350)
안산시	'21. 11. 10.	100	150	200	250	300	500	1100 (공동주택과 주거용 외 복합 500)	1100 (공동주택과 주거용 외 복합 400)	800	1000	300	350
안양시	'21. 12. 30.	100	100	200	250	280	400	1000	800				300 (지식산업센터 공장 350)
평택시	'22. 4. 20.	100	150	200 (시장정비 400)	250 (시장정비 400)	300 (시장정비 400)	500 (시장정비 500, 공동주택 300)	1500	1300	900	1100	300	350
시흥시	'22. 1. 13.	100	150	200	250	300	500	1500	1300	900			350
화성시	'22. 3. 14.	80	120	180	250 (시장 500)	270	400	1000	800	400	400	300	350
광명시	'22. 3. 22.	80 (지단100)	120 (지단150)	150 (지단200)	240 (지단250)	280 (지단300)	450 (지단500)	1100 (지단1500)	800 (지단1300)	700 (지단900)	700 (지단1100)	250 (지단 300)	300 (지단 350)
군포시	'22. 4. 25.	80	120	200	230 (재건축250)	280	300	1000	800	600	500	250	350
광주시	'20. 3. 13.	100	150	180	230 (전통시장 400)	300 (전통시장 450)	450 (전통시장 500)	1000	900	500	400	300	350
김포시	'22. 7. 1.	100	150	200	250[18]	300[19]	500	1500	1300	900	1100	300	350
이천시	'22. 3. 7.	100	150	200	250	300	500	1500	1300	900	1100	300	350
안성시	'21. 12. 17.	100	150	200	250	300	500	1500	1300	900	1100	300	350
오산시	'22. 1. 13.	80	120	180	230 (지단250)	280	400	1000	800	500	400	300	350
하남시	'22. 4. 12.	100	150	200	250	300	500	1500	1300	900	1100		350
의왕시	'21. 11. 15.	100	150	200	250	300	500[20]	1000 정비사업은 도시 및 주거환경정비기본계획에서 정한 용적률 적용	1300	700	700	300	350
여주시	'22. 4. 20.	100	150	200	250	300	500	1500	1300	900	1100	300	350
양평군	'21. 9. 27.	100	150	200	250	300	500	1500	1300	900	1100	300	350
과천시	'20. 11. 4.	100	150	200	250	300	500	1500 주거복합건물(주거+오피스텔+그외)은 주거용 및 오피스텔로 사용되는 부분 용적률을 400% 이하	1300	900	1100		
고양시	'22. 4. 29.	100	150	180	230	250	380	1200	900	700	400	300	350
남양주시	'21. 7. 29.	100	150	200	250	270 (재건축 300)	400 (공동주택 270)	1500	900	900	900	300	350
의정부시	'21. 11. 24.	80	120	200	250	300	500	1000	1000	500	500	300	350
파주시	'21. 12. 27.	80	120	180	250	300	300	1000	900	600	600	200 산단300	250 산단 350
구리시	'21. 9. 28.	100	150	200	250	280	500	1500	1300	900	1100	300	350
양주시	'21. 11. 29.	100	150	200	250	300	500	1500	1300	900	1100	300	350
포천시	'21. 9. 29.	80	120	200 (공동주택 180)	250 (공동주택 230)	300 (공동주택 270)	500	1000	800	600	600	250	350
동두천시	'21. 7. 29.	100	150	200	250	300	500	1500	1300	900	1100	300	350
가평군	'22. 2. 9.	100	150	200	250	300	500	1500	1300	900	1100	300	350
연천군	'21. 9. 16.	80	120	200	250	300	500	1500	1300	900	1000	300 산단 및 준산단 공장 300%	300 산단 공장 전용공업 350% 일반공업 400%

12) 공동주택과 공동주택 용도가 복합된 건축물은 230%, 지구단위계획구역 및 「도시 및 주거환경정비법」및 「빈집 및 소규모주택 정비에 관한 특례법」에 따른 공동주택과 공동주택 용도가 복합된 건축물은 250% 이하
13) 공동주택과 공동주택 용도가 복합된 건축물은 230%, 지구단위계획구역 내 공동주택 또는 공동주택 용도가 복합된 건축물은 280% 이하, 「도시 및 주거환경정비법」및 「빈집 및 소규모주택 정비에 관한 특례법」에 따른 공동주택과 공동주택 용도가 복합된 건축물은 300% 이하

시군명	공업 준공업	녹지지역 보전	녹지지역 생산	녹지지역 자연	관리지역 보전	관리지역 생산	관리지역 계획	농림	자연환경보전	임대주택 추가허용	학교 부지외 기숙사	학교 부지 내 기숙사
수원시	400	50	100	100						O(20%)	O(최대한도)	O(최대한도)
성남시	400	70	50	100						O(20%)	-	
부천시	400[21]	50	50	80						O(20%) (준주거 최대 360)		
용인시	350 (산단 내 공장 400)	70	100	100	80	80	100(성장 125)	70	70	O(20%)	O(최대한도)	
안산시	400	50	80	80 (산업기술단지100)					50			
안양시	300 (지식산업센터 공장 400, 아파트 250)	50		80 (학교 100)						O(10%)		O(최대한도)
평택시	400	80	100	100	80	80	100(성장125)	80	80	O(20%)	O(최대한도)	
시흥시	400	80	100	100						O(20%)		
화성시	400	60	80	80	60	80	100(성장125)	60	50	O(20%)	O(최대한도)	O(최대한도)
광명시	300 (지단400)	50	100	80						O(20%)	O(최대한도)	O(최대한도)
군포시	300 (지단 지식산업센터400)	50	60	80								
광주시	400	80	80	100	80	80	100(성장125)	50	50	O(20%)		
김포시	400	80	100	100			100(성장125)	80	80	O(20%)		
이천시	400	80	100	100			100(성장 125)					
안성시	400	80	100	100	80	80	100	80	80	O(20%)	O(최대한도)	
오산시	400	50	80	100						O(20%)	O(최대한도)	
하남시	400									O(20%)		
의왕시	400	60	60	100								
여주시	400[22]	80	100	100	80	80	100(성장125)	80	80	O(20%)	O(최대한도)	O(최대한도)
양평군	400	80	100	100			100(성장125)	80	80			
과천시		50 (공익시설 70) 도시계획시설은 위원회 심의로 따로 정함		60								
고양시	400	50	90	100	80	80	100	80	50	O(20%)	O(최대한도)	
남양주시	400 (아파트 270)	80	100	100	60	80	100(성장125)		60	O(20%)	O(최대한도)	O(최대한도)
의정부시	400	50	60	80						O(20%)		
파주시	250 (산단400)	50	50	80	80	80	100(성장125)	50[23]	50	O(20%)	O(최대한도)	
구리시	400	80		100			80	50	50			
양주시	400	80	80	100			100(성장125)	80	80			
포천시	350 (지식산업센터 산단 400)	80	80	100			100(성장125)	80	80			
동두천시	400	80	80	100			100(성장125)	80	80	O(20%)	O(최대한도)	
가평군	400	80	80	100	80	80	100(성장125)	80	80	O(20%)	O(최대한도)	O(최대한도)
연천군	350	80	100	100	80	80	100(성장125)	80	80	O(20%)	O(상한적용)	O(상한적용)

---

14) 공동주택 또는 공독주택 용도가 복합된 건축물은 500% 이하(「도시 및 주거환경정비법」에 따른 재건축은 600%이하), 오피스텔 및 오피스텔과 그 외의 용도가 복합된 건축물은 각 700% 이하, 생활숙박시설 또는 생활숙박시설 용도가 복합된 건축물 500%이하

15) 공동주택 또는 공독주택 용도가 복합된 건축물(「도시 및 주거환경정비법」에 따른 재건축은 600%이하), 오피스텔 또는 오피스텔 용도가 복합된건축물, 생활숙박시설 또는 생활숙박시설 용도가 복합된 건축물 각 500% 이하

16) 공동주택을 건축하는 경우와 준주거지역에서 공동주택과 다른 용도를 복합하여 건축하는 경우 공동주택 부분(「주택법 시행령」제4조에 따른 준주택을 포함)의 용적률은 300퍼센트 이하. 다만 위원회 심의를 거쳐 타당성 인정시 완화 가능

17) 연면적에 대한 주거용 사용부분의 비율에 따라 상업지역의 용적률을 다음에 정한 비율 이하로 함

60%이상 70% 이하	- 중심상업: 720%, 일반상업: 600%, 근린상업: 480%	30%이상 40% 이하	- 중심상업: 930%, 일반상업: 750%, 근린상업: 570%
50%이상 60% 이하	- 중심상업: 790%, 일반상업: 650%, 근린상업: 510%	30% 미만	- 중심상업: 1,000%, 일반상업: 800%, 근린상업: 600%
40%이상 50% 이하	- 중심상업: 860%, 일반상업: 700%, 근린상업: 540%		

18) 공동주택과 복합 230, 지구단위계획구역 지정 240, 도정법에 따른 공동주택과 복합 250

19) 공동주택 복합 250, 지구단위계획구역 280, 도정법에 따른 공동주택 복합 300

20) 준주거에서 공동주택을 건축하는 경우에는 제3종일반주거지역에서 정하는 비율을 초과하여서는 아니된다. 다만, 의왕시 도시계획위원회 또는 공동위원회에서 심의를 거쳐 타당성이 인정되는 경우 제3종일반주거지역에서 정하는 비율의 120% 이하로 완화

21) 준공업지역 안에서 「주택법 시행령」제4조에 따른 준주택(기숙사를 제외)을 건축과 준주택과 다른 용도를 복합하여 건축시 준주택 부분의 용적률은 300%

22) 준공업 내 연립, 다세대, 오피스텔, 다중생활시설(그 밖의 용도와 함께 건축하는 경우 포함) 250% 이하

23) 「농지법」제32조에 따라 허용되는 건축물 중 같은 법 제32조제1항 각 호에 해당하는 건축물의 용적률은 60%

시군명	직장어린이집 별도 건축	사회복지시설 기부채납시 완화	공원 등 인접대지 용적률 완화	공공시설 설치 조성 후 용적률 완화[24]	시장정비사업구역
수원	O(최대한도)	O(연면적 2배)[25]		O	일반주거 및 준주거 500, 준공업 400
성남			O		일반주거 및 준주거의 500 이하
부천	O(최대한도)	O(120%~최대한도) 사회복지시설(최대한도 허용)		대지 일부 공원, 광장, 도로 및 하천 등의 공공시설을 설치·조성 제공 200%	일반주거나 준주거 시장 500%. 시장정비사업은 심의 후 인정
용인		O(어린이집, 노인복지관, 사회복지시설) (120%~최대한도)	O	O	
안산		O(어린이집 노인복지관)(120%~최대한도)	O	O	일반주거 준주거 500, 준공업 400
안양	O(최대한도)	연면적 2배	O	O[26]	일반주거480, 준주거 500
평택		연면적 2배 내 120%~최대한도	O		일반주거 400, 준주거 500
시흥			O	주택재개발, 도시환경정비 및 주택재건축을 위한 정비구역 또는 상업지역 내 공공시설 설치·조성제공 시 용적률의 200%	일반주거, 준주거 500, 준공업 400
화성	O(최대한도)	O(120%~최대한도)	O	대지의 일부를 공공시설부지로 제공하는 경우 그 건축물에 대한 용적률 200% 이하	일반주거, 준주거 500, 준공업400
광명	O(최대한도)	연면적2배 O(120%~최대한도)	O	O	일반주거, 준주거 450
군포		O(어린이집 노인복지관) 연면적 2배 (120%~최대)	O	O	주거 500
광주		O(경로당)연면적 2배 이내	O	O	
김포			O	O	
이천		O(어린이집, 노인복지관)(연면적 2배 추가 건축허용. 단 120%~최대한도)	O	O	일반주거, 준주거 500
안성시			O	O	일반주거, 준주거 500, 준공업 400
오산시		O(어린이집, 노인복지관, 사회복지시설) 연면적의 2배 이하 범위 내 120%~최대한도	O	O	일반주거 내 400
하남시	O(최대한도)	O(경로당, 연면적 2배 이하)			
의왕시			O	O	일반주거 500
여주시		O연면적의 2배 이하(120%~최대한도)		O(아파트지구, 재개발구역 또는 상업지역)	일반주거, 준주거 500
양평군			O		일반주거 준주거 500
과천시		O(어린이집, 노인복지관)(연면적 2배 이하)	O	O[27]	
고양시		O(사회복지시설)(연면적 2배 이하)		O[28]	일반주거, 준주거 500
남양주시		O(어린이집, 노인복지관)(120%~최대한도)		O(상업지역 또는 재개발 재건축을 시행하기 위한 정비구역 내 용적률 200퍼센트 이하)	
의정부시		O(120%~최대한도)	O	O(재개발, 도시환경정비사업, 재건축을 위한 정비사업 및 상업지역)	2종·3종일반·준주거 500
파주시		O(2배 이하. 120%~최대한도)	O	O(재개발, 도시환경정비사업, 재건축을 위한 정비사업 및 상업지역)	일반주거 500 준공업 400
구리시			O	O(200%)	일반주거, 준주거 500
양주시			O	O(200%)	일반주거, 준주거 500 준공업 400
포천시		O(2배 이하)	O	O(재개발사업 및 재건축사업)	일반주거, 준주거 500 준공업 400
동두천시		O(2배 이하, 120%~최대한도)	O	O(200%)	일반주거, 준주거 500 준공업 400
가평군	O(최대한도)	O(2배 이하, 120%~최대한도)	O	O	일반주거, 준주거 500 준공업 400
연천군	O(상한적용)		O	O	

---

[24] 대지일부 공지로 설치·조성한 후 제공하였을 경우 용적률=[(1+0.3@/(1-@)*이 조례에 따른 해당 용적률) 이 경우 @는 공공시설 제공면적을 공공시설 제공 전 대지면적으로 나눈 비율을 말함
[25] 건축허가 신청 전 사회복지시설 수요 및 기부 후 운영관리 등에 관하여 관계부서와 사전협의가 이루어진 건에 한함
[26] 재개발 및 재건축을 위한 정비구역 또는 상업지역에서 건축주가 대지의 일부를 공공시설로 설치·조성하여 제공하는 경우에는 도시계획위원회의 심의를 거쳐 다음의 산식으로 산출된 용적률 이하 [(1+0.3α)/(1-α)]× (제1항 각 호에 따른 지역에서의 용적률)
[27] 대지의 일부를 공지로 설치·조성한 후 제공하였을 경우의 용적률 = 당해 용도지역에 적용되는 용적률+[1.5×(공공시설 등의 부지로 제공하는 면적×공공시설 등 제공 부지의 용적률)÷공공시설 등의 부지제공후의 대지면적]이내 (주택재개발, 주택재건축, 상업지역 내 건축에 한함)
[28] 대지의 일부를 공지로 설치·조성한 후 제공하였을 경우의 용적률 ={(1+0.3a)/(1-a)} × (제61조 각 호에 따른 해당 용적률). 이 경우 a는 공공시설 제공면적을 공공시설 제공전 대지면적으로 나눈 비율

시군별 조례상 용적률

시군명	개발진흥지구	자연공원	농공단지	수산자원 보호구역	방재지구 재해예방시설	등록 문화재	기타
수원시	-	-	-		-		-
성남시	-	100	-		-		
부천시	-	-	-		120%		공공이 설치하는 도시계획시설은 100
용인시	도시지역외 100	80(집단시설지구100)	150		120%	150%	미세분관리지역 80
안산시	도시지역외 100	80	150	80	120%	-	기반시설 용적률(보존80, 자연생산100 역개발법 특구 내 녹지지역 중 교육연 구 및 산학화시설 구역 150%
안양시		100				150%	리모델링을 하는 경우 건축위원회 심의를 거쳐 정할 수 있음
평택시	도시지역외 100	자연공원 및 공원보호구역 100 (공원집단시설지구 150)	150	80	120%		관광호텔업, 한국전통호텔업을 위한 관광부대시설 20% 이하 완화 경제자유구역 내 1.5배
시흥시							
화성시	도시지역외 100	자연공원 100(공원집단시설지구 및 집단취락지구 150)	150	80	120%		기반시설 중 도시관리계획으로 설치하는 시설은 도시계획위원회 심의를 거쳐 최대한도 적용
광명시					120%		자연녹지지역 내 기반시설 중 도시관리계획으로 설치하는 시설은 위원회 심의를 거쳐 100% 이하
군포시		자연공원 및 보호구역 80(공원집단시설지구 100)	150				
광주시	도시지역외 100	80	150		120%	150%	용도지역 미지정 미세분 50
김포시	도시지역외 100	100	150 (도시지역외)	80	120%		녹지·관리·농림 또는 자연환경보전 지역에서 도시계획시설은 시·도시계획 위원회의 심의를 거쳐 따로 정함
이천시	도시지역외 100	100	150 (도시지역외)		120%	150%	녹지·관리·농림·자연환경보전 내 도시계획시설은 도시계획위원회 심의로 별도로 정할 수 있음 장수명 주택 중 최우수 등급 115%, 우수 110%
안성시	도시지역외 100	80	150 (도시지역외)	80			녹지 관리 농림 자연환경보전 안에 도시계획시설은 시·도시계획위원회 심의를 거쳐 따로 정함
오산시		80		80	120%	150%	
하남시		100					상업지역 내 주상복합과 오피스텔은 별도 산식으로 산정29)
의왕시		자연공원 및 공원녹지보호구역 80 (공원집단시설지구 100)					
여주시	도시지역외 100		150 (도시지역외)	80	120%		
양평군	도시지역외 100	자연공원 100 공원마을지구 150	150	80	120%	150%	
과천시							상업지역 주거복합건물은 주거용 및 오피스텔 사용부분의 용적률 400%이하
고양시	도시지역외 100	80	150	80	120%	150%	
남양주시	도시지역외 100	80	150 (도시지역외)		120%	150%	준주거 중심·일반·근린상업 전용·일반공업준공업 지역 내 위원회서 인정하는 경우 120%
의정부시		80				150%	
파주시	도시지역 외 100	자연공원 80, 집단시설지구 150	150	80	120%		농산물가공처리, 농산물저장관 산지유통시설 60 장수명주택 중 최우수 및 우수등급 110
구리시	도시지역외 100	자연공원 및 공원보호구역 100	150 (도시지역외)	80			
양주시	도시지역외 100	100	150 (도시지역외)	80	120%	150%	
포천시	도시지역외 100	80	150	80	120%		어린이집 노인복지관 최대한도
동두천시	도시지역외 100	자연공원 및 공원보호구역 100	150 (도시지역외)		120%		
가평군	도시지역외 100	100	150 (도시지역외)	80	120%		
연천군	도시지역외 100	80	150 (도시지역외)	80			산업단지 및 준산업단지의 공장: 전용공업 300, 일반공업 350, 400 기업도시개발 특별법에 따른 개발구역의 용적률 조례상 용적률 150%

---

29) (상업용도비율* 해당 용도지역 용적률)+(주거용도 비율 또는 업무시설 중 오피스텔 용도 비율)*준주거지역 용적률(500%), 공동주택과 오피스텔 복합시는 오피스텔을 주거용으로 계상

(개정판) 토지관련 주요법령 해설

초판 인쇄 2023년 02월 08일
초판 발행 2023년 02월 11일

저 자 경기도
발행인 김갑용

발행처 진한엠앤비
주소 서울시 서대문구 독립문로 14길 66 205호(냉천동 260)
전화 02) 364 - 8491(대) / 팩스 02) 319 - 3537
홈페이지주소 http://www.jinhanbook.co.kr
등록번호 제25100-2016-000019호 (등록일자 : 1993년 05월 25일)
ⓒ2023 jinhan M&B INC, Printed in Korea

ISBN 979-11-290-4580-5 (93530)   [정가 32,000원]

☞ 이 책에 담긴 내용의 무단 전재 및 복제 행위를 금합니다.
☞ 잘못 만들어진 책자는 구입처에서 교환해 드립니다.
☞ 본 도서는 [공공데이터 제공 및 이용 활성화에 관한 법률]을 근거로 출판되었습니다.